丛枝菌根与土壤修复

王发园　林先贵　编著

科学出版社
北　京

内 容 简 介

本书系统总结了陆地生态系统中分布最广泛的植物-真菌共生体——丛枝菌根对污染土壤的修复作用，是国内外第一部系统总结丛枝菌根应用于污染土壤修复的专著。全书共 7 章，全面介绍了丛枝菌根真菌的基础知识及研究方法，土壤修复技术及我国土壤修复研究概况，丛枝菌根对有机污染土壤、重金属污染土壤、放射性污染土壤的修复作用，丛枝菌根修复的强化措施等研究进展，对污染土壤的菌根修复理论与技术的研究和应用具有重要的学术价值和指导意义。

本书可作为土壤微生物学、环境科学、生态学、植物营养学、农学等领域科研工作者、技术人员的参考书，也可作为高等院校、研究所相关专业研究生课程的教材。

图书在版编目（CIP）数据

丛枝菌根与土壤修复/王发园，林先贵编著. —北京：科学出版社，2015.1
ISBN 978-7-03-042348-1

Ⅰ. ①丛… Ⅱ. ①王…②林… Ⅲ. ①丛枝菌属-应用-污染土壤改良
Ⅳ. ①S156.99

中国版本图书馆 CIP 数据核字（2014）第 253917 号

责任编辑：王海光　夏　梁　韩书云 / 责任校对：刘亚琦
责任印制：赵　博 / 封面设计：北京铭轩堂广告设计有限公司

科学出版社 出版
北京东黄城根北街 16 号
邮政编码：100717
http://www.sciencep.com

北京科印技术咨询服务有限公司数码印刷分部印刷
科学出版社发行　各地新华书店经销

*

2015 年 1 月第 一 版　　开本：787×1092　1/16
2025 年 1 月第五次印刷　　印张：22
字数：496 000

定价：118.00 元
（如有印装质量问题，我社负责调换）

作者简介

王发园，男，1975年生，山东费县人，中国科学院南京土壤研究所植物营养学博士，现为河南科技大学农学院教授。主要从事丛枝菌根与生物修复、农产品质量安全等方面的研究。主持、参与多项国家自然科学基金、中国博士后科学基金等项目，出版学术专著2部，发表学术论文80余篇，被国内外引用1000余次。邮箱：wfy1975@163.com。

林先贵，男，1955年生，广东汕头人，博士生导师。现任中国科学院南京土壤研究所研究员，全国土壤质量标准化技术委员会主任，中国土壤学会土壤生物与生物化学专业委员会主任。1993年起享受国务院政府特殊津贴。长期从事土壤微生物多样性和生态功能的研究。曾主持国际IFS、国家自然科学基金、863计划重点项目、973计划课题等20多项国家项目和国际合作项目，发表论文200多篇（其中SCI论文60余篇），授权发明专利10多项，出版专著多部，获国家、省部级科技成果奖多项。邮箱：xglin@issas.ac.cn。

自　序

　　从 2005 年到 2008 年，再到 2014 年，近 10 年的时间，从洛阳到北京，再到哈佛，半个地球的距离，本书的诞生，可以说是来之不易。本书的创作念头，最早源于 2005 年 10 月，正值第九届全国菌根学术会议召开之际，那时我已经离开南京到洛阳工作近半年，又有机会与我最敬爱的导师林先贵先生及师兄弟相聚于北京，幸福、兴奋之情难以言表。会上林先贵先生做了"菌根对污染土壤的修复作用"的学术报告，会后讨论时，我们一致认为有必要对本课题组及国内外的工作进行归纳总结。于是，决定合写一本能够反映菌根与土壤修复现状的专著，并在现场讨论后做了简单分工。

　　返回洛阳后，我立即着手收集资料，开始撰写自己负责的部分。如果从 1999 年开始攻读硕士学位算起，我从事菌根研究也不能算是"新手"了。之初，还得意于自己发表过数十篇学术论文，而且自己的博士学位论文也是厚厚一本，颇有些"分量"。但是一旦开始撰写专著，就深感自己的知识层次和知识储备远远不足。专著不同于论文，论文着重于解决一些"小"的问题，而专著则对研究工作和学科知识的系统性要求更高。更难的是，丛枝菌根与土壤修复属于交叉学科，涉及微生物学、环境科学、植物营养学、土壤学、毒理学等各学科。但多年来，我仅仅在自己的专业、方向略知一二，还有太多新的知识、新的领域要去学习。这既是压力，也是动力，既然决定了，就不要给自己留退路！于是我收集了大量相关专业书，查阅了更多的资料，以期充实自己。

　　就这样，边学边写，写写停停，期间自己负责的大部分初稿已经完成，但由于某些内容研究还比较欠缺，而国内外不断有新的成果发表，同时也由于自己的惰性，本书一直没有结稿。就这样一直到了 2008 年 7 月，由于工作需要，我到清华大学环境系（现环境学院）做博士后研究。利用清华大学丰富的图书文献资源，我补充了更多新的资料。但是，随着研究的不断深入，我却越来越感到自己的知识还不够丰富、资料还不够齐全。这也是本书迟迟没有结稿的重要原因。

　　2013 年 8 月，我被国家留学基金委公派到哈佛大学进行为期一年的访问学习。在哈佛，合作导师 Anne Pringle 教授给予了充分宽松的工作环境。我除了参与一部分课题研究、学习之外，业余还有一些时间供自己利用。我深感自己要充分利用哈佛大学的学术资源和为期一年的时间，兑现自己多年前的承诺！于是我毅然决定完成该任务！我再次补充并系统归纳了近 10 年来的文献资料，并总结了近些年林先贵先生学术团队及自己的一些研究成果。期间我一直与林先贵先生进行沟通交流，并从他那儿获得了大量资料和数据。2014 年暑假，也是本人即将回国之际，本书终于即将完成！

　　感谢哈佛大学、清华大学，更感谢中国科学院南京土壤研究所、河南科技大学，我在这些地方度过了美好的时光！更感谢为本书提供了大量素材的实验室同门和所有研究者！

从 2014 年到 2008 年，再回到 2005 年，跨越近 10 年的时间，从哈佛到北京，再到洛阳（我将要取道北京回国），跨越半个地球的距离，这本专著终于即将诞生了！由于作者的知识水平和写作水平所限，这本专著并不完美，还有很多地方有待完善！然而，世界上又有多少"完美"呢？我唯希望，未来能有更多的跨越！

王发园

2014 年 7 月于美国哈佛大学

前　言

丛枝菌根真菌是一类重要的土壤微生物，能够与地球上绝大部分的植物共生。丛枝菌根被认为是陆地生态系统中分布最广泛的互惠共生体，对于维持土壤健康、植物多样性和生态系统的稳定具有重要意义。更重要的是，丛枝菌根真菌也广泛分布于各类污染土壤，能增强宿主植物抵御重金属、农药等污染物胁迫的能力，改变植物对于污染物的吸收和转运，这对污染环境的生物修复有重要意义。同时，丛枝菌根真菌可以改善宿主植物营养，提高植物抗逆性，减少农药和化肥的施用量，在保障农产品质量安全方面也具有较大的应用潜力。

据最新调查公报显示，我国土壤环境状况总体不容乐观，部分地区土壤污染较重，耕地土壤环境质量堪忧，工矿业废弃地土壤环境问题突出。全国土壤总的超标率高达 16.1%，其中不仅有镉、镍、铜、砷、汞、铅等重金属污染，也有农药、石油和多环芳烃等有机污染。鉴于此，我国已启动重金属严重污染耕地治理工程。

作为环境友好的低成本修复技术之一，植物修复在污染土壤的修复中显示出良好的应用前景，但由于自身的局限，这一技术仍然需要不断发展和完善。作为土壤生态系统中的重要成员，丛枝菌根真菌有利于脆弱生态系统的植被恢复和重建。菌根修复技术将丛枝菌根真菌与植物修复技术联合起来，比单纯植物修复体现出更高的修复效率。

鉴于国内外菌根研究的发展和我国土壤修复的需要，有必要系统总结国内外菌根修复研究的相关进展，为我国环境污染治理提供一些借鉴。然而，我国尚没有全面、系统介绍菌根修复的著作出版。本书作者长期从事菌根修复及相关领域研究，在不断取得原始成果的同时，注意收集国内外资料，借鉴国内外同行的最新研究成果，经过近 10 年的准备，得以完成本书。本书共包括 7 章，介绍了丛枝菌根真菌的基础知识、研究方法及土壤修复技术，重点总结了丛枝菌根对有机污染土壤、重金属污染土壤、放射性污染土壤的修复作用，以及丛枝菌根修复的强化措施等研究进展。相信本书的出版能够为国内外研究者提供参考，并希望为解决我国的"净土、洁食"问题做一些贡献。

本书在撰写过程中，部分科研成果和数据来自于王曙光、陈瑞蕊、廖继佩、秦华、白建峰、华建峰、胡君利、杨婷、刘魏魏、肖艳平等的论文，并参考了国内外同行的资料，在此一并致谢！书中也有部分成果是由中国科学院南京土壤研究所尹睿博士完成并提供的，特别感谢！本书涉及的部分研究成果及本书的撰写和出版得到国家高技术研究发展计划（863 计划）重点项目（2007AA061101）、国家自然科学基金（41171369、40801120）、中国博士后科学基金（200902095、20080440373）等项目的资助，科学出版社的编辑也为本书的编辑出版付出了辛勤汗水，在此致以诚挚的谢意！

本书在内容上力争全面、系统，能够反映国内外最新进展，但由于菌根研究的快速发展，无法涵盖该领域的全部内容，某些内容需要进一步补充和完善甚至更正。由于作者知识水平有限，有些观点可能存在一定偏差，不足之处也在所难免，敬请广大读者批评指正。

王发园　林先贵
2014 年 7 月 26 日

目 录

自序
前言
第一章 丛枝菌根真菌及其研究方法 1
  第一节 菌根概述 1
    一、菌根的类型及特征 1
    二、菌根研究的发展 2
  第二节 AM 真菌的结构 4
    一、菌丝 5
    二、丛枝 5
    三、泡囊 7
    四、孢子 7
    五、辅助细胞 9
  第三节 AM 真菌的分类地位 9
    一、AM 真菌的分类简史 9
    二、AM 真菌的最新分类系统 10
  第四节 AM 真菌资源和分布 11
    一、AM 真菌资源 11
    二、AM 真菌的分布 12
    三、AM 真菌的宿主多样性 16
  第五节 AM 真菌的功能 18
    一、AM 真菌的营养功能 18
    二、AM 真菌在逆境生理中的作用 19
    三、AM 真菌在生态系统中的作用 21
  第六节 AM 真菌的研究方法 22
    一、样品采集 22
    二、样品的处理和保存 22
    三、菌根侵染率的测定方法 23
    四、孢子的分离方法 24
    五、孢子的清洗及表面消毒 25
    六、AM 真菌培养方法 25
    七、菌剂的保藏方法 28
    八、AM 真菌的接种方法 28
    九、菌丝密度的测定 28

十、菌丝酶活性的测定 … 29
　　十一、球囊霉素相关土壤蛋白的测定 … 30
第二章　土壤污染及其修复技术 … 32
　第一节　土壤污染概述 … 32
　　一、土壤污染的概念 … 32
　　二、土壤污染的类型和来源 … 32
　　三、土壤污染的危害 … 38
　　四、我国土壤污染现状 … 39
　第二节　土壤污染修复技术概述 … 40
　　一、物理修复 … 40
　　二、化学修复 … 41
　　三、生物修复 … 42
　　四、各种修复技术的优缺点 … 43
　第三节　我国土壤修复研究概况 … 44
第三章　丛枝菌根对有机污染土壤的修复 … 47
　第一节　丛枝菌根对多环芳烃污染土壤的修复 … 47
　　一、多环芳烃概述 … 47
　　二、多环芳烃对丛枝菌根的影响 … 47
　　三、丛枝菌根对多环芳烃污染土壤的修复作用 … 48
　　四、丛枝菌根修复多环芳烃污染土壤的强化措施 … 52
　第二节　丛枝菌根对石油污染土壤的修复 … 64
　　一、石油污染概述 … 64
　　二、AM 真菌在石油污染土壤中的分布和侵染状况 … 65
　　三、丛枝菌根在修复石油污染土壤中的作用 … 67
　　四、丛枝菌根修复石油污染土壤的强化措施 … 68
　第三节　丛枝菌根对酞酸酯污染土壤的修复 … 69
　　一、酞酸酯概述 … 69
　　二、丛枝菌根对酞酸酯污染土壤的修复作用 … 69
　　三、丛枝菌根修复酞酸酯污染土壤的强化措施 … 74
　第四节　丛枝菌根对农药污染土壤的修复 … 78
　　一、农药概述 … 78
　　二、农药污染土壤中的 AM 真菌 … 78
　　三、农药污染对丛枝菌根的影响 … 79
　　四、丛枝菌根对农药污染土壤的修复作用 … 80
　第五节　丛枝菌根修复有机污染土壤的机制 … 83
　　一、AM 真菌的直接作用 … 84
　　二、AM 真菌的间接作用 … 84
　　三、小结 … 85

第四章　丛枝菌根对重金属污染土壤的修复 ……………………………………… 87

第一节　丛枝菌根与重金属污染 ……………………………………………… 87
一、如何认识菌根修复 …………………………………………………… 87
二、应用丛枝菌根进行植物修复的理论基础 …………………………… 87
三、丛枝菌根对重金属污染土壤的修复作用 …………………………… 97
四、小结 …………………………………………………………………… 105

第二节　丛枝菌根对铜污染土壤的修复 ……………………………………… 106
一、AM 真菌在铜污染土壤中的分布 …………………………………… 108
二、铜污染条件下 AM 真菌的侵染情况 ………………………………… 108
三、铜污染条件下 AM 真菌对植物生长和营养的改善作用 …………… 110
四、AM 真菌对植物铜含量和吸收量的影响 …………………………… 116
五、AM 真菌影响植物生长和铜吸收的机制 …………………………… 120

第三节　丛枝菌根对锌污染土壤的修复 ……………………………………… 124
一、AM 真菌在锌污染土壤中的分布 …………………………………… 125
二、锌污染条件下 AM 真菌的侵染情况 ………………………………… 125
三、锌污染条件下 AM 真菌对植物生长和营养的改善作用 …………… 126
四、AM 真菌对植物锌含量和吸收量的影响 …………………………… 129
五、AM 真菌影响植物生长和锌吸收的机制 …………………………… 131

第四节　丛枝菌根对镉污染土壤的修复 ……………………………………… 133
一、AM 真菌在镉污染土壤中的分布 …………………………………… 134
二、镉污染条件下 AM 真菌的侵染情况 ………………………………… 134
三、镉污染条件下 AM 真菌对植物生长和营养的改善作用 …………… 138
四、AM 真菌对植物镉含量和吸收量的影响 …………………………… 140
五、AM 真菌影响植物生长和镉吸收的机制 …………………………… 143

第五节　丛枝菌根对砷污染土壤的修复 ……………………………………… 147
一、AM 真菌在砷污染土壤中的分布 …………………………………… 148
二、砷污染条件下 AM 真菌的侵染情况 ………………………………… 148
三、砷污染条件下 AM 真菌对植物生长和营养的改善作用 …………… 149
四、AM 真菌对植物砷含量和吸收量的影响 …………………………… 153
五、AM 真菌影响植物生长和砷吸收的机制 …………………………… 157

第六节　丛枝菌根对铅污染土壤的修复 ……………………………………… 159
一、AM 真菌在铅污染土壤中的分布 …………………………………… 160
二、铅污染条件下 AM 真菌的侵染情况 ………………………………… 160
三、铅污染条件下 AM 真菌对植物生长和营养的改善作用 …………… 161
四、AM 真菌对植物铅含量和吸收量的影响 …………………………… 165
五、AM 真菌影响植物生长和铅吸收的机制 …………………………… 167

第七节　丛枝菌根对铬、镍、硒、汞、锰等污染土壤的修复 ……………… 168
一、AM 真菌在铬、镍、硒、汞污染土壤中的分布和侵染情况 ……… 169

二、铬、镍、硒、汞污染条件下 AM 真菌对植物生长和营养的改善作用 … 171
　　三、AM 真菌对植物铬、镍、硒、汞含量和吸收量的影响 …………… 175
　　四、AM 真菌影响植物生长和铬、镍、硒、汞吸收的机制 …………… 177
　　五、AM 真菌对植物抵抗锰胁迫的作用 ………………………………… 178
　　六、AM 真菌对植物抵抗其他金属胁迫的作用 ………………………… 179
　第八节　丛枝菌根对重金属复合污染土壤的修复 ……………………… 182
　　一、AM 真菌在重金属复合污染土壤中的分布 ………………………… 182
　　二、重金属复合污染条件下 AM 真菌的侵染状况 …………………… 187
　　三、重金属复合污染条件下 AM 真菌对植物生长和营养的改善作用 … 189
　　四、重金属复合污染条件下 AM 真菌对植物重金属含量和吸收量的影响 … 192
　　五、重金属复合污染条件下 AM 真菌影响植物生长和重金属吸收的机制 … 197
　第九节　丛枝菌根的耐铝（酸）性及其对铝污染土壤的修复 ………… 200
　　一、AM 真菌的耐铝（酸）性 …………………………………………… 200
　　二、AM 真菌在富铝（酸）性土壤中的分布和侵染状况 ……………… 200
　　三、AM 真菌对铝胁迫下（酸性土壤中）宿主植物的影响 …………… 201
　　四、AM 真菌影响植物生长和耐铝（酸）性的机制 …………………… 202
　第十节　丛枝菌根对金属纳米颗粒污染土壤的修复 …………………… 204
　　一、丛枝菌根对纳米氧化锌污染土壤的修复 …………………………… 205
　　二、丛枝菌根对纳米银污染土壤的修复 ………………………………… 210

第五章　丛枝菌根对放射性污染土壤的修复 …………………………… 215
　第一节　丛枝菌根对铀污染土壤的修复 ………………………………… 215
　　一、AM 真菌在铀污染土壤中的分布和侵染状况 ……………………… 215
　　二、铀污染条件下 AM 真菌对植物生长和营养的改善作用 ………… 216
　　三、AM 真菌对植物铀含量和吸收量的影响 …………………………… 216
　　四、AM 真菌影响植物生长和铀吸收的机制 …………………………… 217
　第二节　丛枝菌根对铯、锶污染土壤的修复 …………………………… 218
　　一、AM 真菌在铯、锶污染土壤中的分布和侵染状况 ………………… 218
　　二、铯、锶污染条件下 AM 真菌对植物生长和营养的改善作用 …… 218
　　三、AM 真菌对植物铯、锶含量和吸收量的影响 ……………………… 219
　　四、AM 真菌影响植物生长和铯、锶吸收的机制 ……………………… 220

第六章　丛枝菌根修复重金属污染土壤的强化措施 …………………… 222
　第一节　有益微生物的应用 ……………………………………………… 222
　　一、土壤微生物在植物修复中的应用 …………………………………… 222
　　二、其他微生物在菌根植物修复中的作用 ……………………………… 225
　　三、小结 …………………………………………………………………… 236
　第二节　化学调控剂的应用 ……………………………………………… 236
　　一、化学螯合剂对 AM 真菌的影响 ……………………………………… 238
　　二、化学螯合剂和 AM 真菌对植物生长和营养状况的影响 ………… 238

三、化学螯合剂和 AM 真菌对植物重金属含量和吸收量的影响 ………… 239
　　四、化学螯合剂和 AM 真菌影响植物生长和重金属吸收的机制 ………… 242
　　五、小结 ……………………………………………………………………… 244
第三节　土壤动物的应用 ………………………………………………………… 244
　　一、污染条件下蚯蚓对 AM 真菌的影响 …………………………………… 245
　　二、污染条件下蚯蚓和 AM 真菌对植物生长和营养状况的改善作用 …… 246
　　三、污染条件下蚯蚓和 AM 真菌对植物重金属含量和吸收量的影响 …… 247
　　四、污染条件下蚯蚓影响丛枝菌根和重金属吸收的机制 ………………… 248
　　五、小结 ……………………………………………………………………… 250
第四节　施肥 ……………………………………………………………………… 251
　　一、磷肥 ……………………………………………………………………… 251
　　二、有机肥和有机废弃物 …………………………………………………… 252
　　三、秸秆 ……………………………………………………………………… 257
　　四、小结 ……………………………………………………………………… 258
第七章　菌根修复技术的局限和展望 ………………………………………………… 259
　第一节　菌根修复技术存在的局限 ……………………………………………… 259
　　一、植物修复技术存在的问题 ……………………………………………… 259
　　二、菌根修复技术存在的问题 ……………………………………………… 260
　　三、小结 ……………………………………………………………………… 261
　第二节　菌根修复技术的研究热点和展望 ……………………………………… 261
　　一、丛枝菌根吸收和转运重金属的分子机制 ……………………………… 261
　　二、丛枝菌根的蛋白质组学研究 …………………………………………… 262
　　三、菌根植物降解有机污染物的机制 ……………………………………… 262
　　四、AM 真菌对超富集植物重金属吸收的影响及其机制 ………………… 262
　　五、基因工程技术在菌根修复中的应用 …………………………………… 262
　　六、其他土壤生物在菌根修复中的复合作用 ……………………………… 263
　　七、丛枝菌根与化学修复剂在植物修复中的复合作用 …………………… 263
　　八、AM 真菌对放射性污染的修复作用 …………………………………… 263
　　九、AM 真菌对复合污染土壤的修复作用 ………………………………… 263
　　十、丛枝菌根-植物修复的田间试验和现场试验研究 ……………………… 263
　　十一、新兴污染物的菌根修复 ……………………………………………… 264
参考文献 …………………………………………………………………………………… 265

第一章 丛枝菌根真菌及其研究方法

第一节 菌根概述

一、菌根的类型及特征

菌根（mycorrhiza）是指土壤真菌侵染植物营养根后所形成的共生体。"mycorrhiza"一词最早是由德国植物病理学家 Frank 在 1885 年提出的（Frank, 1885），由希腊文"mukes"（真菌，英文为 myco）和"rhiza"（根）所合成的。植物界菌根侵染是一种极为普遍的现象，在自然界中大多数植物是菌根化植物。据统计，在已经调查的植物中，95% 的植物是可以形成菌根的（Trappe, 1987），甚至有学者指出："自然界中没有纯的根，只有菌根。"

菌根的类型可以根据解剖学特征或宿主植物特征进行划分。按照菌根在植物体内的着生部位和形态特征分为内生菌根（endomycorrhizas 或 endotrophic mycorrhizas）、外生菌根（ectomycorrhizas 或 ectotrophic mycorrhizas）和内外生菌根（ectoendomycorrhizas）；按照宿主类型划分为兰科菌根（orchid mycorrhizas）、杜鹃花科菌根（ericoid mycorrhizas）、水晶兰类菌根（monotropoid mycorrhizas）和浆果鹃类菌根（arbutoid mycorrhizas）等。

菌根主要是侵入植物根系的表皮和皮层部分，一般不侵入中柱。外生菌根最典型的特征是根内菌丝不侵入根细胞内，而在皮层细胞的间隙中形成密质的网状结构——哈氏网（Hartig net），根外菌丝缠绕在幼根的外面形成一个菌套（mantle）（图 1-1）。内生

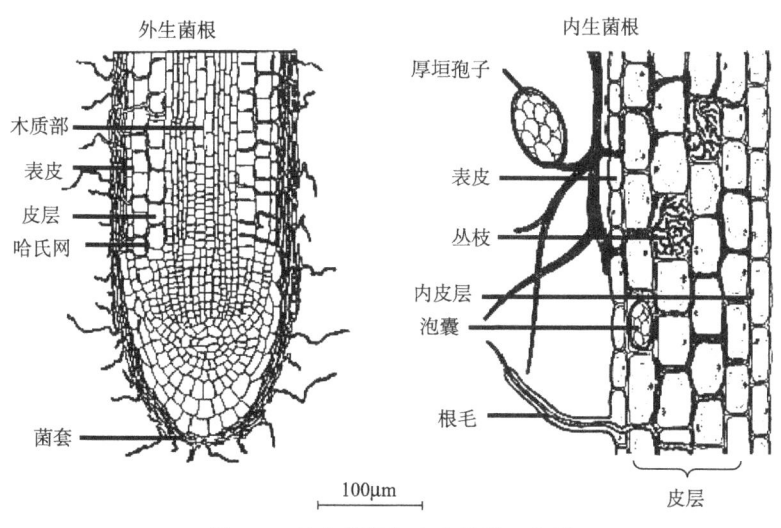

图 1-1 外生菌根与内生菌根示意图

菌根不仅能够着生在根系皮层细胞间隙之中,而且还能够侵入皮层细胞内,与细胞原生质膜直接接触,进行信息和物质交换。丛枝菌根、兰科菌根和杜鹃花科菌根都属于内生菌根,其中丛枝菌根最典型的特征是形成特有的结构——丛枝。内外生菌根是一类兼具内生菌根和外生菌根的主要形态学和生理学特征的菌根,其菌丝既可形成菌套和哈氏网结构,又能够进入皮层细胞内部形成形状各异的菌丝团。形成内外生菌根的植物主要有松科(Pinaceae)、桦木属(*Betula*)、杜鹃花科的浆果鹃属(*Arbutus*)和熊果属(*Arctostaphylos*)、水晶兰亚科(Monotropoideae)、鹿蹄草科(Pyrolaceae)等木本和草本植物。通常将浆果鹃属和熊果属灌木上形成的菌根称为浆果鹃类菌根,把水晶兰科植物上形成的菌根称为水晶兰类菌根。不同类型菌根的特征见表1-1。

表1-1 不同类型菌根的特征

真菌的特征	菌根类型						
	内生菌根	外生菌根	内外生菌根	浆果鹃类菌根	水晶兰类菌根	杜鹃花科菌根	兰科菌根
菌丝隔膜	−	+	+	+	+	+	+
是否侵入细胞	+	−	+	+	+	+	+
菌鞘	−	+	+(−)	+(−)	+	−	−
哈氏网	−	+	+	+	+	−	−
丛枝	+	−	−	−	−	−	−
泡囊	+(−)	−	−	−	−	−	−
真菌分类	球囊菌	担子菌,子囊菌	担子菌,子囊菌	担子菌	担子菌	子囊菌	担子菌
宿主植物	苔藓植物、蕨类植物、裸子植物、被子植物、蓝细菌	裸子植物、被子植物	裸子植物、被子植物	杜鹃花目	水晶兰科	杜鹃花目、苔藓植物	兰科
宿主有无叶绿素	+(−)	+	+	+(−)	−	+	+(−)

注:"−"和"+"分别表示"无"和"有";所有兰科植物在幼苗早期都不含叶绿素,大部分兰科植物在生长中期含叶绿素;真菌的结构都是按成熟期的特征来描述的;蓝细菌只与 *Geosiphon pyriformis* 共生(Schüßler and Wolf, 2005);本表根据 Smith and Read(2008)制作,有改动

二、菌根研究的发展

1885年,Frank将"菌根"概念的提出,是人们开始对菌根进行科学研究的标志。1885~1950年,外生菌根的研究一直处于平稳进展阶段,在外生菌根生理、纯培养、生态和效应等方面开展了一系列研究。自20世纪60年代起,外生菌根研究有了快速发展,在菌根分离鉴定、超微结构、生理生化、分子生物学及应用等方面都有了很大进展。

早在1842年，Nägeli（1842）就对丛枝菌根进行了描述，但是其绘图仅仅是"像"丛枝菌根。对丛枝菌根真正开始研究并做出贡献的要算是法国的微生物学家Dangeard，他详细研究了杨树的丛枝菌根（Dangeard，1896），精细地绘制了杨树菌根的泡囊、丛枝及菌丝中的油滴等形态特征图，使人们对丛枝菌根有了初步的了解。Janse（1897）观察并命名"泡囊"（vesicle）及其他菌根结构，包括后来被Gallaud（1905）命名的"丛枝"（arbuscule），"泡囊丛枝菌根"的名字得以确立。Gallaud（1905）还对疆南星型（Arum）和重楼型（Paris）两种类型的丛枝进行了区分。Jones（1924）描述了附着孢（appresorium）。但1885～1950年，丛枝菌根研究发展较为缓慢，陷入"黑暗的中世纪"（Mosse，1985）。进入20世纪50年代后，菌根研究方法的日益完善促进了丛枝菌根研究的发展，进入一个启蒙时代（Schenck，1985）。1953年，英国女菌根学家Mosse首次利用未消毒的孢子果接种到草莓（*Fragaria Ananassa*）根系并获得侵染（Mosse，1953）。此后Mosse（1956）利用表面消毒的孢子果在苹果（*Malus pumila*）、小麦（*Triticum aestivum*）、多种草类、番茄（*Lycopersicon esculentum*）和莴苣（*Lactuca sativa*）等植物的接种获得成功。Mosse（1961）创立了纯盆培养法。Gerdemann和Nicolson（1963）应用线虫学家采用的"湿筛技术"从土壤中分离出丛枝菌根真菌的孢子。Nicolson和Gerdemann（1968）首先描述了第1个种*Endogone mosseae*（后来改为*Glomus mosseae*）。Phillips和Hayman（1970）利用KOH脱色和曲利苯蓝对菌根根系进行染色，这种方法的确立，使得丛枝菌根在更多环境中被发现。Sparling和Tinker（1975）把划线交叉法用于测定菌根侵染，并在Giovannetti和Mosse（1980）明确后被广泛接受。McGonigle等（1990）将此方法进一步标准化。这些研究方法的不断完善及新技术新方法的应用，有力地推动了丛枝菌根研究进程，相关研究内容更加广泛深入。1969年，在美国召开了第一届北美菌根会议（NACOM）。

20世纪80年代以后，菌根研究日益受到重视，菌根研究非常活跃。1991年第一份菌根专业杂志*Mycorrhiza*在荷兰出版。1926～1927年，Rayner最早撰写系列菌根著作，截至2008年，全世界出版菌根方面的专著达70余部，发表菌根研究论文的期刊在百种以上，仅2013年就有近1100余篇期刊论文发表（根据ISI数据库统计）。1985年，Schenck在美国佛罗里达大学建立了国际丛枝菌根菌种保藏中心（INVAM），1990年移至西弗吉尼亚大学，由Morton担任馆长。1993年，国际球囊菌库（BEG）建立。北美菌根会议（NACOM）在1969～1993年共召开9届，每3年1次；欧洲菌根会议1985年开始，每3年1次，到1996年共召开4次。为避免重复，把NACOM、欧洲菌根会议和其他一些地方的菌根会议合并为国际菌根会议（ICOM），并于1996年8月在加利福尼亚大学伯克利分校召开第一届，至今已召开7届（表1-2）。

表1-2 历届国际菌根会议

序号	ICOM1	ICOM2	ICOM3	ICOM4	ICOM5	ICOM6	ICOM7	ICOM8
地点	美国加州伯克利	瑞典乌普萨拉	澳大利亚阿德莱德	加拿大蒙特利尔	西班牙格拉纳达	巴西贝洛奥里藏特	印度新德里	美国弗拉格斯塔夫
时间	1996年8月4～9日	1998年7月5～10日	2001年7月8～13日	2003年8月10～15日	2006年7月23～27日	2009年8月9～14日	2013年1月6～11日	2015年8月3～7日

Simon 等（1992）首次对 AM 真菌 18S 核糖体基因进行分析，得到第一条 DNA 序列。此后，分子生物学技术广泛应用并促进了 AM 真菌分类、鉴定、多样性、分子生态学和系统学等领域的发展。在分类学上 AM 真菌被单独列出，成立了与担子菌、子囊菌和接合菌相并列的球囊菌门，大大提高了 AM 真菌的分类地位。2013 年，AM 真菌 *Rhizophagus irregularis*（即 *Glomus intraradices*）的基因组测序完成（Tisserant et al.，2013），这势必对 AM 真菌的相关研究产生积极作用。因此，菌根研究已成一门多种学科相互渗透、交叉的生物科学。

我国菌根研究起步较晚，1955 年中国科学院林业科学研究所着手油松苗菌根接种试验，标志着我国菌根研究的开始，随后又处于 20 年的研究停滞状态，直至 20 世纪 70 年代中期，菌根研究才悄然兴起。何新华等（2012）根据论文发表数量，将中国菌根研究划分为 3 个不同阶段，初始零星第一阶段（1950～1980 年）、缓慢恢复第二阶段（1981～1990 年）与蓬勃发展第三阶段（1991 年后至今）。第一阶段主要是集中在外生菌根对松属植物生长的影响方面，70 年代末开始了丛枝菌根的研究。第二阶段主要对外生菌根和丛枝菌根的资源、效应进行了研究。第三阶段菌根资源及生物多样性、促生效应、生物修复、分子生物学等分支均快速发展，且丛枝菌根研究所占的比例越来越大。目前国内已有多部菌根专著出版，每年发表的论文达数百篇。尤其是近几年，随着国际交往的日益频繁和我国科研水平的提高，我国科学家在国际刊物发表的英文论文也逐年增加。我国学者还成立了中国菌物学会菌根及内生真菌专业委员会，极大地促进了学术交流，截至 2014 年，国内菌根学术研讨会已经召开 12 届（表 1-3）。

表 1-3 国内历届菌根学术会议

序号	年份	地点	参加人数	序号	年份	地点	参加人数
1	1979	辽宁沈阳	30	7	1997	北京	70
2	1980	广东阳江	46	8	2001	湖北武汉	60
3	1981	浙江富阳	40	9	2005	北京	120
4	1984	重庆	71	10	2008	云南昆明	116
5	1988	江苏南京	46	11	2011	重庆	150
6	1993	河北保定	55	12	2014	甘肃兰州	224

第二节 AM 真菌的结构

丛枝菌根是内生菌根最主要的类型，也是分布最广泛的一类菌根。一般情况下，其菌丝可以在根细胞内形成特殊结构——泡囊和丛枝，因此过去一直称其为泡囊-丛枝菌根（或 VA 菌根）。近几年的研究发现，巨孢囊霉科（Gigasporaceae）的丛枝菌根真菌不形成泡囊，而丛枝结构是这一类菌根真菌典型的和普遍的特征。因此，现在一般统称为丛枝菌根真菌（arbuscular mycorrhizal fungus, AM 真菌）。AM 真菌的结构主要有菌丝（hyphae）、丛枝（arbuscule）、泡囊（vesicle）、孢子（spore）、辅助细胞（auxiliary cell）等。

一、菌丝

丛枝菌根的菌丝有根内和根外两种，分布在土壤中的菌丝称为外生菌丝或根外菌丝（external hyphae）。根外菌丝（图 1-2）是 AM 真菌从土壤中吸收养分的器官，菌丝在土壤中的密度、活性及其分布状态，直接关系到 AM 真菌的功能。根外菌丝通过物理的缠绕和分泌球囊霉素［glomalin，后改称球囊霉素相关土壤蛋白（glomalin-related soil protein，GRSP）］使土壤颗粒形成稳定的团粒结构，提高土壤抗侵蚀能力，在保持土壤结构中具有重要作用。大多数根外菌丝可以存活 5~6 天（Staddon et al.，2003）。

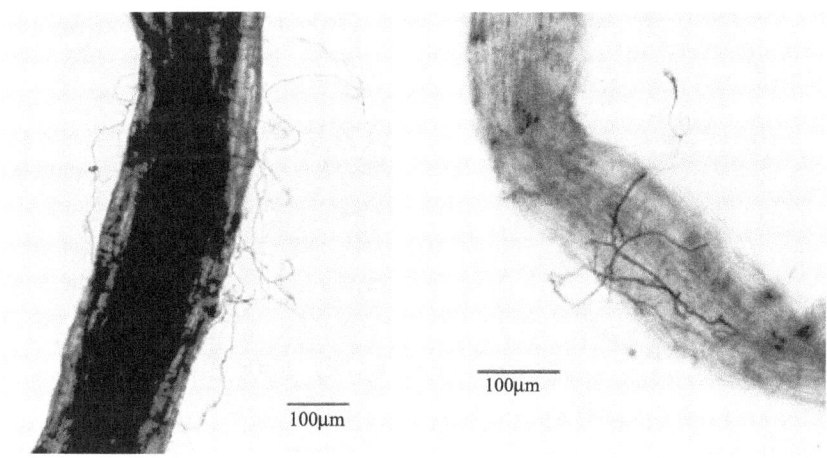

图 1-2 根外菌丝

根内的菌丝称为内生菌丝或根内菌丝（internal hyphae），内生菌丝又可分为胞间菌丝（intercellular hyphae）和胞内菌丝（intracellular hyphae），根内菌丝是植物-AM 真菌共生体进行物质、信息和能量交流的界面。

另外，有的菌丝末端可以产生孢子，孢子连接的部分菌丝也称为连孢菌丝。因此，菌丝除了具有运输营养物质的重要功能外，还与孢子的产生有关。

二、丛枝

根内菌丝生长进入细胞内经过连续的双叉分枝成为灌木状结构，即丛枝（arbuscule）（图 1-3）。丛枝是 AM 真菌侵染根细胞组织中后进一步延伸的端点（Bonfante and Perotto，1995；Gianinazzi-Pearson et al.，1995），被认为是植物与 AM 真菌进行物质交换的优势位点或主要场所（Bonfante-Fasolo，1984；Smith and Smith，1990），因此丛枝的丰富程度与发生强度，被广泛用作反映菌根共生体中功能单位的数量及真菌代谢和功能潜力的指标。丛枝的寿命很短，一般从形成到被植物消化掉只有 1~2 周（Peterson and Bonfante，1994；Toth et al.，1991）。丛枝的类型一般有疆南星型和重楼型两类

(图1-4),前者是指在根系皮层内形成大量胞间菌丝,侧生的二叉状丛枝直接透过皮层细胞壁形成典型丛枝结构,胞间菌丝一般是沿着根系伸长方向生长;后者在根内侵染结构主要是菌丝圈,从一个细胞直接进入另一个细胞,丛枝在菌丝圈上产生,很少在细胞间产生。

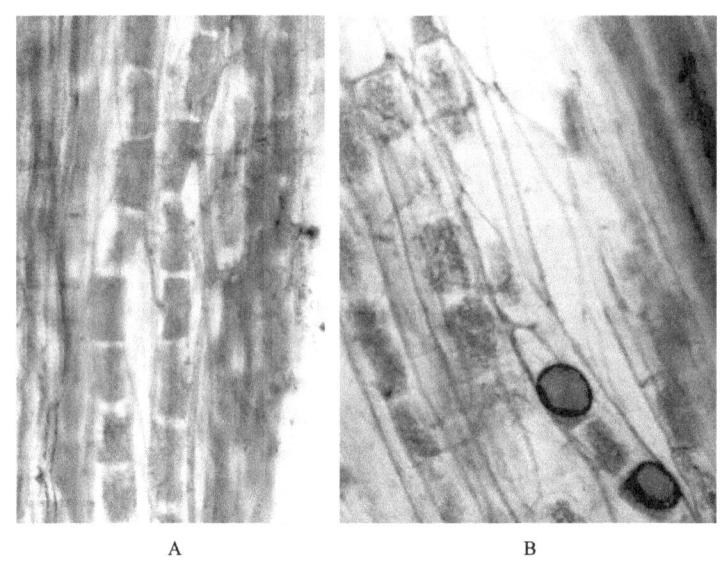

图1-3 小车前(*Plantago minuta*)根系中的丛枝(A)和囊瓣顶冰花(*Gagea sacculifera*)根系的丛枝和泡囊(B)(引自王发园和石兆勇,2012)

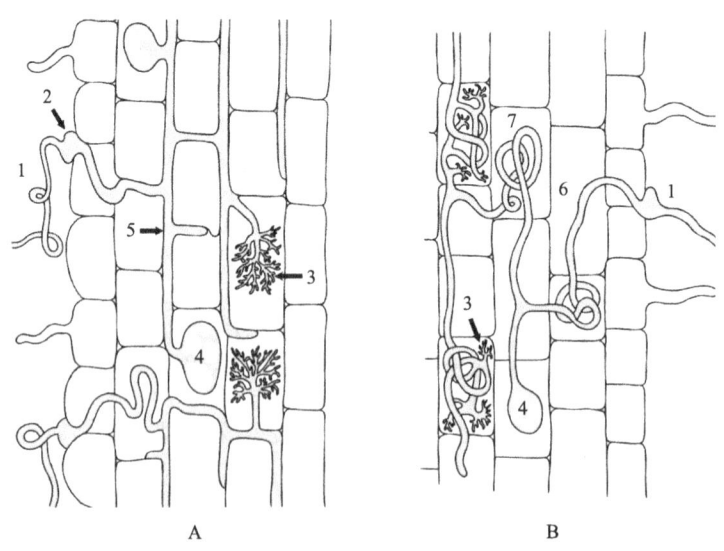

图1-4 疆南星型(A)和重楼型(B)的丛枝菌根
1.根外菌丝;2.附着孢;3.丛枝;4.泡囊;5.根内菌丝;6.胞内菌丝;7.菌丝圈

三、泡囊

泡囊是由侵入细胞内或细胞间的菌丝末端或菌丝中部膨大而形成，直径 30~100μm，形状一般呈圆形、椭圆形或方形等，通常有一层泡囊壁使它与菌丝隔开，但有时也与菌丝相通（图 1-5）。泡囊内有很多油状内含物和细胞质，它是 AM 真菌储存养分的器官，对某些种也是繁殖器官（Biermann and Linderman，1983）。有些种（*Glomus intraradices*）的泡囊也可以逐渐硬化为根内孢子。除巨孢囊霉科以外，大多数 AM 真菌都能产生泡囊结构。

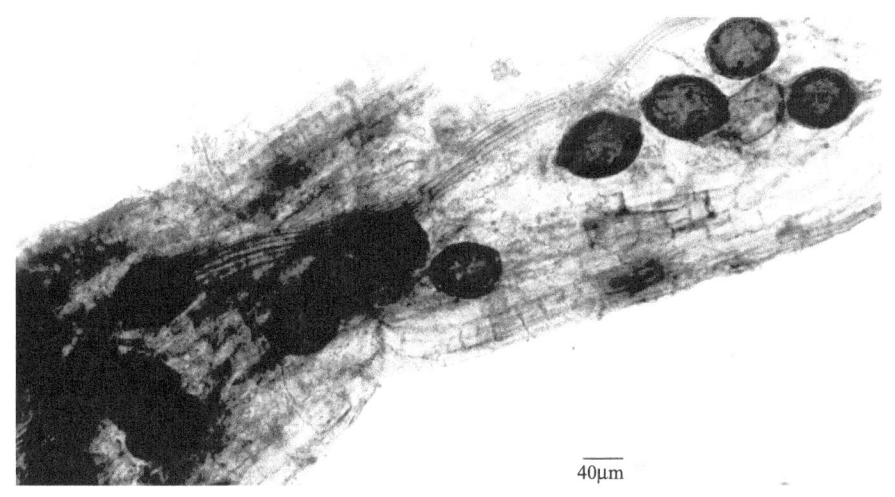

图 1-5　根内泡囊

四、孢子

孢子是 AM 真菌最重要的繁殖体，常在菌丝的末端膨大而成，内含储藏性脂肪、细胞质和大量细胞核（图 1-6）。孢子一般为圆形或椭圆形，其大小、形状、颜色和孢子壁的结构均因种而异，同种类的孢子壁的层数、厚度、颜色都不相同，因此孢子的上述结构和各种形态特征都是形态分类上的重要依据。孢子大小多数为 100~200μm，最大的孢子直径可达 500μm 以上。与孢子相连的菌丝称为连孢菌丝（subtending hyphae），不同属 AM 真菌的连孢菌丝形态有很大差异。不同属的 AM 真菌产孢方式不一样，*Glomus* 是在菌丝末端产孢，*Acaulospora* 则在菌丝侧端形成产孢子囊。

孢子常见于根外土壤中，但有些种也常在根内形成根内孢子，如 *Glomus intraradices*。数个孢子集合在一起被菌丝包被就成为孢子果（sporocarp），能否形成孢子果、孢子果的形状、孢子的排列方式等特征都与 AM 真菌的种类有关系，一般 *Glomus* 的 AM 真菌常形成孢子果。孢子果的直径一般约 1mm。

也有小孢子存在于大孢子的现象发生。Wang 等（2009）从江苏江都某麦田土壤中

分离到的 *Glomus caledonium* 孢子中就含有很多 *Glomus microaggregatum* 的小孢子（图1-7），但是二者之间的关系还需要深入研究。例如，二者是否共生？小孢子是从宿主植物中还是直接从大孢子中获取碳源？大、小孢子是否具有活性？

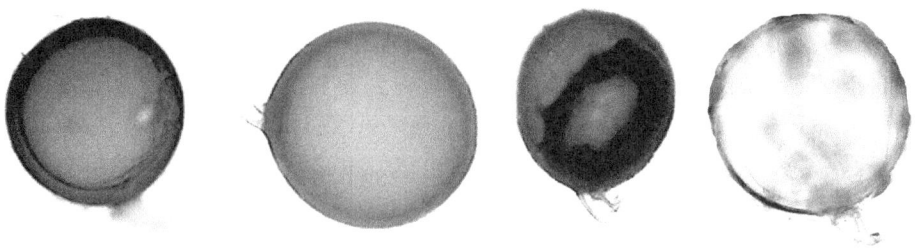

图1-6 几种AM真菌孢子

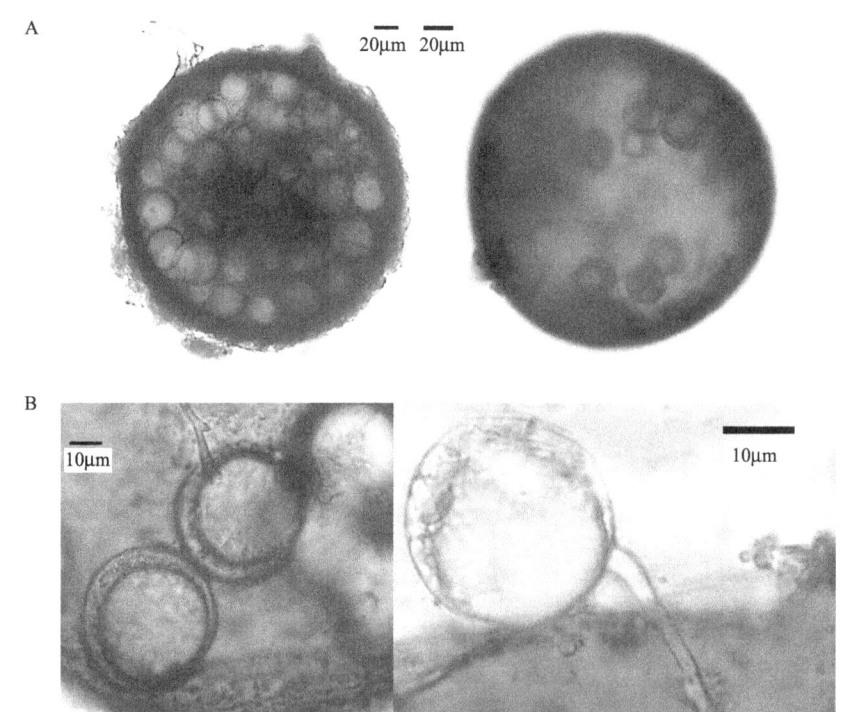

图1-7 含有小孢子（*Glomus microaggregatum*）(B) 的 *Glomus caledonium* 孢子（A）

不同属孢子的发芽方式也不一样，如 *Glomus* 形成芽管（germ tube）通过连孢菌丝腔发芽，*Acaulospora* 和 *Entrophospora* 从最内层韧性双层内壁相连的球形"发芽环面"（germination orb）伸出芽管，*Gigaspora* 的芽管从层状壁中的一层具疣的发芽层（germinal wall）伸出，*Scutellospora* 的孢子发芽管形成于最内层韧性壁的发芽盾室（germination shield）。

五、辅助细胞

巨孢囊霉科 AM 真菌繁殖体在萌发但尚未侵染宿主根系的过程中，以及侵入根系后，菌丝会在根外分叉，末端隆起、膨大形成辅助细胞（也称根外泡囊）（图 1-8）。巨孢囊霉科的根外辅助细胞与球囊霉科（Glomaceae）和无梗囊霉科（Acaulospraceae）的根内泡囊一样，被认为是储存营养的器官。但研究表明 *Glomus* 泡囊可以作为繁殖体（Strullu et al.，1991），而巨孢囊霉科在建立菌根共生联合体后，产生的根外辅助细胞是否也具有同样的功能尚不清楚。

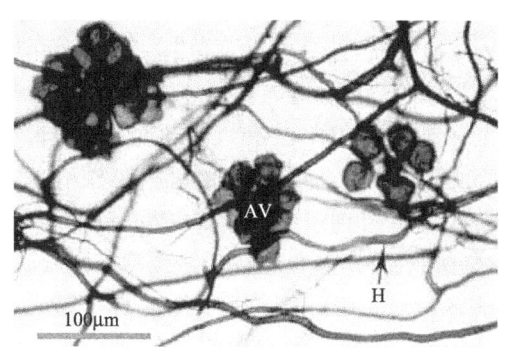

图 1-8 *Scutellospora* 的辅助细胞（AV）和菌丝（H）（引自 Brundrett，2008）

第三节　AM 真菌的分类地位

AM 真菌早期的分类比较混乱，早期 AM 真菌分类主要是根据孢子的形态特征，如孢子的大小、颜色、孢壁结构及连孢菌丝等，但由于对多数 AM 真菌的生活史不清楚，孢子特征不仅因年龄而异，而且地区间的差异及宿主的影响等也常给鉴定工作带来困难或造成分类混乱。最近十多年来，现代分子生物学技术在分类学中的应用越来越受到重视，为 AM 真菌的分类注入了新的活力。目前已报道 AM 真菌有 250 种左右，并不断有新种发表。

一、AM 真菌的分类简史

AM 真菌最早被归入 Link（1809）建立的内囊霉属（*Endogone*）。1844 年，Tulasne 兄弟描述了球囊霉属（*Glomus*）及本属包含的两个种 *Glomus microcarpum* 和 *Glomus macrocarpum*（Tulasne and Tulasne，1844）。Fries（1849）建立内囊霉科（Endogonaceae），归入块菌目（Mucorales）。Berkeley 和 Broome（1873）建立硬囊霉属（*Sclerocystis*）。Bucholtz（1912）把这一科归入接合菌纲毛霉目。Thaxter（1922）将 *Glomus* 的种归入 *Endogone*，但保留 *Sclerocystis* 并把这两个属归入内囊霉科。Gerdemann 和 Trappe（1974）重新设立 *Glomus*，并描述两个新属 *Acaulospora* 和 *Gigaspora*，并对内囊霉科重新分类，下设 *Glomus*、*Modicella*、*Endogone*、*Gigaspora*、*Acaulospora*、*Sclerocystis* 和 *Glaziella* 共 7 个属。实际上这 7 个属中只有 *Glomus*、*Gigaspora*、*Acaulospora*、*Sclerocystis* 4 个属形成丛枝菌根。Benjamin（1979）将内囊霉科由毛霉目移入 Moreau（1953）建立的内囊霉目（含内囊霉科一个科）。之后，*Glaziella* 和

Modicella 分别被移出。Walker 和 Sanders（1986）从 *Gigaspora* 中分出 *Scutellospora*，加上 Ames 和 Schneider（1979）报道的 *Entrophospora*，内囊霉科仍包括 7 个属：*Endogone*、*Glomus*、*Gigaspora*、*Acaulospora*、*Sclerocystis*、*Entrophospora* 和 *Scutellospora*，其中 *Endogone* 不形成丛枝菌根。Pirozynski 和 Dalpé（1989）建立了球囊霉科。Morton 和 Benny（1990）对 AM 真菌和繁殖体形态特征及个体发育做了详尽研究后，在系统发育和进化树的基础上提出了能反映亲缘关系的分类系统，建立了球囊霉目（Glomale），下设 2 个亚目，即球囊霉亚目和巨孢囊霉亚目，包括除 *Endogone* 外的 6 个属。Almeida 和 Schenck（1990）把 *Sclerocystis* 中除 *Sclerocystis coremioides* 外的所有种移入 *Glomus*。Redecker 等（2000）通过研究核 18S rRNA 基因序列并结合形态及分子特征，提出 *Sclerocystis coremioides* 也应属于 *Glomus*，从而取消了 *Sclerocystis*，把其中的所有种都归入 *Glomus*。Morton 和 Redecker（2001）总结了一些有关 AM 真菌分子特征的研究，如单克隆抗体的特性、脂肪酸构型等，发现原属于 *Glomus* 和 *Acaulospora* 的某些 AM 真菌在系统发育上与同属其他种关系较远，他们把这些种归入新设的原囊霉科（Archaeosporaceae）和类球囊霉科（Paraglomaceae），它们分别包括原囊霉属（*Archaeospora*）和类球囊霉属（*Paraglomus*）。

二、AM 真菌的最新分类系统

Schüßler 等（2001）、Schüßler（2002）、Walker 和 Schüßler（2004）对 AM 真菌的 SSU rRNA 基因序列进行系统分析后，发现 AM 真菌与接合菌门、子囊菌门和担子菌门中的真菌具有共同的起源，因此把 AM 真菌从接合菌门中移出，建立了具有同等分类地位的球囊菌门（Glomeromycota），下设 1 纲 4 目 8 科 10 属。Oehl 等（2011）根据对 AM 真菌的 DNA 序列（包括 rDNA 和 β-微管蛋白基因序列）及形态学特征的综合分析，进一步对球囊霉门分类系统调整为 3 纲 5 目 14 科 29 属。最近，Redecker 等（2013）对 AM 真菌的分类系统做了一个统一的划分，拒绝了一些分类单位，形成了 1 纲 4 目 11 科 25 属的最新分类系统（表 1-4）。但需要指出的是，某些种的分类单位还未确定，或者缺乏充分证据，可以预见，AM 真菌分类还需要进一步完善。

表 1-4 AM 真菌的最新分类系统

目	科	属	中国记录种数量
Glomerales 球囊霉目	Glomeraceae 球囊霉科	*Glomus* 球囊霉属	43
		Funneliformis 管柄囊霉属	7
		Rhizophagus 根生囊霉属	5
		Sclerocystis 硬囊霉属	8
		Septoglomus 具隔球囊霉属	2
	Claroideoglomeraceae 近明球囊霉科	*Claroideoglomus* 近明球囊霉属	5

续表

目	科	属	中国记录种数量
Diversisporales 多孢囊霉目	Gigasporaceae 巨孢囊霉科	*Gigaspora* 巨孢囊霉属	6
		Scutellospora 盾巨孢囊霉属	6
		Racocetra 叶盾囊霉属	5
		Intraornatospora* 内饰孢囊霉属	0
		Paradentiscutata* 齿状盾囊霉属	0
		Dentiscutata* 盾孢囊霉属	6
		Cetraspora* 切特拉囊霉属	2
	Acaulosporaceae 无梗囊霉科	*Acaulospora* 无梗囊霉属	30
	Pacisporaceae 和平囊霉科	*Pacispora* 和平囊霉属	5
	Sacculosporaceae* 囊孢霉科	*Sacculospora** 囊孢霉属	1
	Diversisporaceae 多形囊霉科	*Diversispora* 多孢囊霉属	5
		Otospora* 耳孢囊霉属	0
		Redeckera 雷德克囊霉属	1
		Tricispora* 瘢痕孢囊霉属	0
		Corymbiglomus* 伞状球囊霉属	0
Paraglomerales 类球囊霉目	Paraglomeraceae 类球囊霉科	*Paraglomus* 类球囊霉属	2
Archaeosporales 原囊霉目	Geosiphonaceae 地管囊霉科	*Geosiphon* 地管囊霉属	0
	Ambisporaceae 两性囊霉科	*Ambispora* 两性囊霉属	4
	Archaeosporaceae 原囊霉科	*Archaeospora* 原囊霉属	2
未明确位置	Entrophosporaceae 内养囊霉科	*Entrophospora* 内养囊霉属	1

注：*缺乏充分证据，尚需要进一步验证

第四节 AM 真菌资源和分布

一、AM 真菌资源

从 1968 年描述第一个新种开始，许多国家都开展了 AM 真菌资源调查工作，调查范围涉及热带、亚热带、温带、寒带、干旱和高海拔地带等。目前世界范围内描述的形态种有 250 余种。事实上，由于当前 AM 真菌的分类系统和鉴定方法不完善，AM 真菌的种质资源研究受到了极大限制，随着分类系统的科学化和分类技术的完善，相信有更多的种质资源得以调查开发。

我国对丛枝菌根的研究虽然起步比较晚，但十分重视对种质资源的调查工作。自从 20 世纪 80 年代开始，先后对我国华北地区（包括盐碱土壤和黄土高原）、东北地区、东南(含台湾地区)和西南地区进行了 AM 真菌资源调查工作,近期还开展了新疆、西藏、内蒙古等地的调查工作。2003 年,建立了中国丛枝菌根真菌种质资源库(BGC)和数据库,截至 2014 年 7 月,库存菌种 5 属 27 种 155 株。截至 2014 年 7 月,已经报道了 20 属 144 种 AM 真菌,包括记录种 132 个,新种 12 个[注:根据 Redecker 等(2013)的分类系统和 INVAM 资料统计;Chou 等(1991)报道的新种 *Gigaspora alboaurantiaca* 与 *Gigaspora candida* 合并为一个种]。我国气候条件多样,自然资源非常丰富,植物资源种类繁多,因此我国 AM 真菌多样性资源具有很大的开发潜力。

二、AM 真菌的分布

AM 真菌的分布是世界性的,广泛分布于各种陆地生态系统中。除大量存在于农田、森林、果园、菜地、草原、热带雨林、热带原始林、人工林、天然次生林、自然保护区、灌木丛、湿地、高山、低地、海滩、贫瘠土壤外,还广泛存在于各种逆境环境中,如荒漠、酸土、盐沼和盐滩、盐碱地、火山、污泥、火烧迹地、极地海岛等。近年来,各种退化土壤及污染土壤中的 AM 真菌资源也成为研究热点。已经报道的有:煤矿污染土壤(Ganesan et al.,1991;Mehrotra,1998)、工业污染区(Vallino et al.,2006)、多环芳烃污染土壤(Cabello,1997)、石油污染土壤(黄继塑等,2007;黄玲玲等,2012)、废水污染土壤(Mahesh and Selvaraj,2007;Stahl and Williams,1986),尤其是各种重金属污染土壤,如 Cu、Mn、Ni、Zn、Pb、Cd、Au 和 U 等(见第四章)。在处理有机污染的人工湿地中,也有 AM 真菌存在(Fester,2013)。我国研究发现,AM 真菌遍布我国华北、西北、东北、东南和西南等各个地区各种地形的土壤中(表 1-5)。事实上,AM 真菌是全球性分布的(Kivlin et al.,2011;Treseder and Cross,2006)。

表 1-5 我国报道的 AM 真菌

学名	中文名	参考文献
Acaulospora bireticulata	双网无梗囊霉	彭生斌等,1990
Acaulospora capsicula	椒红无梗囊霉	蔡邦平等,2007
Acaulospora cavernata	空洞无梗囊霉	邢晓科等,2000
Acaulospora colombiana	哥伦比亚无梗囊霉	张英等,2003
Acaulospora colossica	大型无梗囊霉	蔡邦平等,2009
Acaulospora delicate	脆无梗囊霉	赵丹丹等,2006
Acaulospora denticulata	细齿无梗囊霉	吴铁航和郝文英,1995
Acaulospora dilatata	膨胀无梗囊霉	张美庆等,1998
Acaulospora elegans	丽孢无梗囊霉	胡弘道,1988
Acaulospora excavata	凹坑无梗囊霉	张美庆等,2001
Acaulospora foveata	孔窝无梗囊霉	吴继光和陈瑞青,1986
Acaulospora gedanensis	格但无梗囊霉	高清明等,2006
Acaulospora kentinensis*	屏东无梗囊霉*	Wu et al.,1995

续表

学名	中文名	参考文献
Acaulospora koskei	柯氏无梗囊霉	Zhang and Guo, 2007
Acaulospora lacunosa	浅窝无梗囊霉	盖京苹和刘润进, 2000
Acaulospora laevis	光壁无梗囊霉	吴继光和陈瑞青, 1986
Acaulospora longula	稍长无梗囊霉	张美庆和王幼珊, 1991
Acaulospora mellea	蜜色无梗囊霉	胡弘道, 1988
Acaulospora morrowiae	莫氏无梗囊霉	胡弘道, 1988
Acaulospora myriocarpa	多果无梗囊霉	胡弘道, 1988
Acaulospora nicolsonii	尼氏无梗囊霉	张英等, 2007
Acaulospora paulinae	疏线无梗囊霉	Cai et al., 2008
Acaulospora polonica	波兰无梗囊霉	张美庆等, 2001
Acaulospora rehmii	瑞氏无梗囊霉	石兆勇等, 2003
Acaulospora rugosa	皱襞无梗囊霉	张美庆等, 1998
Acaulospora scrobiculata	细凹无梗囊霉	吴继光和陈瑞青, 1986
Acaulospora spinosa	刺无梗囊霉	胡弘道, 1988
Acaulospora taiwania *	台湾无梗囊霉*	胡弘道, 1988
Acaulospora tuberculata	疣状无梗囊霉	赵之伟和社刚, 1997
Acaulospora undulata	波状无梗囊霉	张美庆等, 2001
Ambispora callosum	厚皮两性囊霉	姜攀等, 2012
Ambispora fecundisporum	多产两性囊霉	王幼珊等, 1998
Ambispora gerdemannii	詹氏两性囊霉	方宇澄等, 2000
Ambispora leptoticha	薄壁两性囊霉	胡弘道, 1988
Archaeospora schenckii	单氏内生囊霉	蔡邦平等, 2009
Archaeospora trappei	崔氏原囊霉	吴继光和陈瑞青, 1986
Cetraspora gilmorei	吉尔莫切特拉囊霉	胡弘道, 1988
Cetraspora pellucida	透明切特拉囊霉	胡弘道, 1988
Claroideoglomus claroideum	近明球囊霉	彭生斌等, 1990
Claroideoglomus etunicatum	幼套近明球囊霉	吴继光和陈瑞青, 1986
Claroideoglomus lamellosum	层状近明球囊霉	张英等, 2007
Claroideoglomus luteum	纯黄近明球囊霉	Zhang and Guo, 2007
Claroideoglomus walkeri	沃克近明球囊霉	肖艳萍等, 2008
Dentiscutata nigra	黑色盾孢囊霉	胡弘道, 1988
Dentiscutata calospora	美丽盾孢囊霉	胡弘道, 1988
Dentiscutata erythropa	红色盾孢囊霉	Chou et al., 1991
Dentiscutata heterogama	异配盾孢囊霉	吴铁航等, 1994b
Dentiscutata reticulata	网纹盾孢囊霉	王幼珊等, 1998
Dentiscutata savannicola	萨凡纳盾孢囊霉	张伟等, 2014
Diversispora eburneum	象牙白多孢囊霉	王森焱等, 2006
Diversispora globiferum	球泡多孢囊霉	张英等, 2003
Diversispora spurca	沾屑多孢囊霉	张英等, 2007

续表

学名	中文名	参考文献
Diversispora tortuosum	扭形多孢囊霉	吴重华和马义生，2000
Diversispora trimurales	三壁多孢囊霉	蔡邦平等，2012
Entrophospora infrequens	稀有内养囊霉	吴继光和陈瑞青，1986
Funneliformis badium	褐色管柄囊霉	张英等，2007
Funneliformis caledonium	苏格兰管柄囊霉	吴继光和陈瑞青，1986
Funneliformis coronatum	副冠管柄囊霉	张英等，2007
Funneliformis geosporum	地管柄囊霉	王平和胡正嘉，1989
Funneliformis mosseae	摩西管柄囊霉	方宇澄等，1986
Funneliformis verruculosum	疣壁管柄囊霉	李涛等，2004
Funneliformis xanthium	苍耳管柄囊霉	蔡邦平等，2012
Gigaspora albida	微白巨孢囊霉	方宇澄等，2000
Gigaspora candida	白橙黄巨孢囊霉	Chou et al.，1991
Gigaspora decipiens	易误巨孢囊霉	Chou et al.，1991
Gigaspora gigantea	极大巨孢囊霉	吴继光和陈瑞青，1986
Gigaspora margarita	珠状巨孢囊霉	彭生斌等，1990
Gigaspora ramisporophora	分支巨孢囊霉	蔡邦平等，2007
Glomus albidum	白色球囊霉	王平和胡正嘉，1989
Glomus ambisporum	双型球囊霉	王平和胡正嘉，1989
Glomus arenarium	沙生球囊霉	蔡邦平等，2012
Glomus aureum	金黄球囊霉	Cai et al.，2008
Glomus australe	澳洲球囊霉	张英等，2003
Glomus brohultii	布氏球囊霉	包玉英等，2000
Glomus canadense	加拿大球囊霉	石兆勇等，2004
Glomus citricolum*	柑橘球囊霉*	唐振尧和臧穆，1984
Glomus convolutum	卷曲球囊霉	张英等，2003
Glomus delhiense	德里球囊霉	刘延荣等，2001
Glomus dimorphicum	两型球囊霉	王幼珊等，1998
Glomus dolichosporum*	长孢球囊霉*	张美庆，1997
Glomus flavisporum	黄孢球囊霉	高清明等，2006
Glomus formosanum*	台湾球囊霉*	吴继光和陈瑞青，1986
Glomus gibbosum	肿涨球囊霉	张英等，2003
Glomus glomerulatum	团集球囊霉	刘延荣等，2001
Glomus heterosporum	异型球囊霉	张英等，2003
Glomus hoi	何氏球囊霉	王平和胡正嘉，1989
Glomus hyderabadensis	海得拉巴球囊霉	王淼焱等，2006
Glomus invermaium	英弗梅球囊霉	吴重华等，2001
Glomus lacteum	乳白球囊霉	方宇澄等，2000
Glomus macrocarpum	大果球囊霉	胡弘道，1988
Glomus magnicaule	宽柄球囊霉	石兆勇，2003

续表

学名	中文名	参考文献
Glomus melanosporum	黑球囊霉	王发园和刘润进，2002
Glomus microaggregatum	微丛球囊霉	张美庆等，1996
Glomus microcarpum	小果球囊霉	胡弘道，1988
Glomus monosporum	单孢球囊霉	赵之伟，1998
Glomus mortonii	莫顿球囊霉	蔡邦平等，2012
Glomus multicaule	多梗球囊霉	赵之伟和社刚，1997
Glomus multiforum	凹坑球囊霉	赵丹丹等，2006
Glomus pallidum	淡色球囊霉	彭生斌等，1990
Glomus pansihalos	膨果球囊霉	王发园和刘润进，2002a
Glomus pustulatum	具疱球囊霉	王发园和刘润进，2002a
Glomus reticulatum	网状球囊霉	盖京苹等，2000
Glomus spinosum *	刺球囊霉*	Hu，2002
Glomus spinuliferum	微刺球囊霉	蔡邦平等，2009
Glomus tenebrosum	荫性球囊霉	王发园和刘润进，2002a
Glomus versiforme	地表球囊霉	张美庆和王幼珊，1991
Glomus zaozhuangianus *	枣庄球囊霉*	王发园和刘润进，2002b
Pacispora boliviana	玻利维亚和平囊霉	高清明等，2006
Pacispora chimonobambusae *	方竹和平囊霉*	Wu et al.，1995
Pacispora dominikii	道氏和平囊霉	乔红权等，2005
Pacispora robigina	锈棕和平囊霉	Cai et al.，2008
Pacispora scintillans	闪亮和平囊霉	胡弘道，1988
Paraglomus brasilianum	巴西类球囊霉	蔡邦平等，2009
Paraglomus occultum	隐和平囊霉	彭生斌等，1990
Racocetra castanea	栗色叶盾囊霉	程俐陶等，2010
Racocetra coralloidea	珊瑚状叶盾囊霉	Chou et al.，1991
Racocetra fulgida	亮色叶盾囊霉	王幼珊等，1998
Racocetra gregaria	群生叶盾囊霉	吴继光和陈瑞青，1986
Racocetra persica	桃形叶盾囊霉	赵之伟，1998
Racocetra verrucosa	疣壁叶盾囊霉	杨安娜等，2005
Redeckera fulvum	黄雷德克囊霉	吴重华等，2001
Rhizophagus aggregatum	聚丛根生囊霉	胡弘道，1988
Rhizophagus clarum	明根生囊霉	胡弘道，1988
Rhizophagus diaphanum	透光根生囊霉	彭生斌等，1990
Rhizophagus fasciculatum	聚生根生囊霉	吴继光和陈瑞青，1986
Rhizophagus intraradices	根内根生囊霉	方宇澄，1986
Rhizophagus manihotis	木薯根生囊霉	吴铁航等，1994b
Sacculospora baltica	波罗的海囊孢霉	蔡邦平等，2007
Sclerocystis clavisporum	棒孢硬囊霉	吴继光和陈瑞青，1986
Sclerocystis coremioides	帚状硬囊霉	吴继光和陈瑞青，1986

续表

学名	中文名	参考文献
Sclerocystis cunninghamia *	杉木硬囊霉*	胡弘道，1988
Sclerocystis liquidambaris *	枫香硬囊霉*	吴继光和陈瑞青，1987
Sclerocystis pakistanica	巴基斯坦硬囊霉	胡弘道，1988
Sclerocystis rubiforme	悬钩子状硬囊霉	吴继光和陈瑞青，1986
Sclerocystis sinuosum	弯丝硬囊霉	汪洪钢等，1992
Sclerocystis taiwanensis *	台湾硬囊霉*	吴继光和陈瑞青，1987
Scutellospora arenicola	沙生盾巨孢囊霉	郭绍霞等，2010
Scutellospora aurigloba	全球盾巨孢囊霉	彭生斌等，1990
Scutellospora cerradensis	塞拉多盾巨孢囊霉	王森焱等，2006
Scutellospora dipapillosa	双疣巨孢囊霉	蔡邦平等，2009
Scutellospora dipurpurescens	双紫盾巨孢囊霉	赵丹丹等，2006
Scutellospora trirubiginopa *	三红盾巨孢囊霉*	潘幸来等，1997
Septoglomus constrictum	缩具隔球囊霉	方宇澄等，1986
Septoglomus viscosum	粘质具隔球囊霉	李涛等，2004

注：*表示中国科学家报道的新种

三、AM 真菌的宿主多样性

AM 真菌的宿主范围十分广泛，无论是单子叶植物还是双子叶植物大多可以形成丛枝菌根（Trappe，1987）。据调查，除灯芯草科（Juncaceae）、十字花科（Brassicaceae）等少数几个科的植物不能或不易形成菌根外，大多数的植物包括苔藓、蕨类、裸子植物、被子植物都能被 AM 真菌侵染。其中农田作物、野生植物、热带植物、极地高山植物、盐生植物、旱生植物、地下芽植物、寄生植物上都有发现（王发园等，2005b）。水生植物也有 AM 的形成（Clayton and Bagyaraj，1984；Nielsen et al.，2004；Søndergaard and Laegaard，1977）。有研究发现原先被认为不能形成丛枝菌根的苋科（Amaranthaceae）、莎草科（Cyperaceae）、石竹科（Caryophyllaceae）、藜科（Chenopodiaceae）植物及十字花科植物也能被 AM 真菌侵染（陈欣等，2001；董昌金和赵斌，2004；刘润进等，2002；王发园和刘润进，2002；杨玲等，2002）。

我国 AM 真菌的资源调查涉及农作物、经济作物、园艺作物、药用植物、蕨类植物、野生植物和林木等（表 1-6）。近几年对野生植物的菌根资源进行了大量研究。

表 1-6 我国报道的 AM 真菌宿主植物

宿主植物	举例
粮食作物	小麦、玉米、大麦、甘薯、水稻、高粱、荞麦、谷类、燕麦、绿豆等
油料作物	花生、大豆、芝麻等
经济作物	棉花、烟草、桑、茶、麻、向日葵、咖啡、橡胶、胡椒、甘蔗等

续表

宿主植物	举例
果树	银杏、石榴、猕猴桃、苹果、花红、湖北海棠、白梨、杜梨、仙顶梨、桃、李、梅、杏、山杏、中国樱桃、贴梗海棠、山楂、湖北山楂、石楠、草莓、山莓、刺梨、川榛、板栗、果桑、枳椇、枣、酸枣、葡萄、山核桃、核桃、山茱萸、柿、重瓣石榴、无花果、油梨、杨桃、番木瓜、莲雾、蒲桃、番石榴、余甘、枇杷、杨梅、菠萝、人心果、柚、宽皮橘、甜橙、酸橙、金柑、枳、红木黎檬、酸橘、粗柠檬、黄皮、橄榄、三角榄、乌榄、龙眼、荔枝、芒果、桃叶芒果、油橄榄、菠萝、香蕉、椰子、椰枣等
蔬菜	茄子、黄瓜、马铃薯、辣椒、韭菜、姜、芹菜、葱、莴苣、大蒜、丝瓜、苦瓜、豆角、苋菜、生菜、菠菜、香椿、芦笋、茭笋、石刁柏、荷兰豆、直生刀豆、芋、洋葱、胡萝卜、番茄、青椒、豇豆、菜豆、扁豆、四季豆等
花卉	非洲菊、希茉莉、黄秀凤菊花、建兰、金银花、茉莉花、芦荟、牡丹、野牡丹、月季、百合、玫瑰、新银合欢、灰金合欢、缅甸合欢、含羞草、非洲紫罗兰、矮牵牛、菊花、勿忘草、马兰、仙人掌、梅等
药用植物	人参、西洋参、枸杞、曼陀罗、荆芥、薄荷、黄芩、芦荟、厚朴、黄连、芍药、牡丹、玄参、白术、紫菀、苍耳、青蒿、白芷、麦冬、郁金、玉竹、百合、射干、白芨、石斛、石蒜、九里香、枳壳、黄柏、吴茱萸、半夏、金银花、补骨脂、栀子、车前草、蓖麻、细辛、益母草等
野生植物	马唐、牛筋草、碱茅、柽柳、狗尾草、车前草、芦苇、荆条、紫穗槐、野菊、瓦松、野艾蒿、野罂粟、山葡萄、酸枣、白茅、鸡眼草、飞蓬、射干、刺儿菜、獐毛、剪股颖、大米草、疏花雀麦、看麦娘、早熟禾、画眉草、升马唐、莩草、金茅、棒头草、白车轴草、海州香薷、蜈蚣草等
牧草	苜蓿、紫花苜蓿、三叶草、羊草、黑麦草等
林木	桉树、赤桉、雷林桉、巨尾桉、棕榈藤、杉木、柳杉、水杉、台湾杉、冷杉、栎、槐、柏、杨、竹、毛白杨、西南桦、相思树、砚木、荷树、楠属树木、龙脑香科树木、红树林（海漆、桐花树、秋茄、白骨壤）、银合欢、台湾相思、大叶相思、大叶合欢、金合欢、肯氏相思、刺桐等

AM 真菌具有生存环境多样、宿主类型多样、繁殖方式多样、代谢类型多样、功能多样等特点。目前国外对 AM 真菌生物多样性的研究已达到分子水平，我国 AM 真菌生物多样性研究工作与国外相比还有很大差距。但我国地大物博，生态环境复杂多样，开展 AM 真菌多样性研究具有独特的优势。未来的研究工作应着重向以下几个方向发展：①开展 AM 真菌资源的收集和保藏工作；②开展极端环境中 AM 真菌多样性研究，这些环境中的 AM 真菌很可能具有独特的生物学特性，有较高的应用价值；③利用分子生物学技术，在分子水平上研究 AM 真菌侵染及其生物多样性，尤其是遗传多样性，目前我国在这一领域的研究已经起步并得到快速发展（董秀丽和赵斌，2006；郑世学等，2004）；④结合其他生物技术，研究 AM 真菌的功能多样性（功能基因），尤其是在脆弱生态系统中的作用。

第五节 AM 真菌的功能

近年来，随着现代生理学的发展，AM 真菌生理功能的研究也越来越深入，主要集中于 AM 真菌改善宿主的营养功能和抗逆性等方面。但 AM 真菌的功能不仅仅体现在植物个体水平上，对于维持植物的群落结构、多样性和生态系统的生产力也有重要意义（van der Heijden et al.，1998a，1998b）。

一、AM 真菌的营养功能

AM 真菌在促进宿主植物对土壤养分的吸收，尤其在 P 吸收方面有突出的作用（Feng et al.，2003；Li et al.，1991a，1997；Smith et al.，2003；Yao et al.，2001）。已经从 AM 真菌菌丝中分离到 4 个磷酸盐转运基因。Sokolski 等（2011）从 Glomus 10 种 25 个菌株中鉴定出磷酸盐转运基因，这说明磷酸盐转运基因很可能广泛存在于 AM 真菌中。另外，植物组织中的磷酸盐转运基因受到 AM 真菌调控（表 1-7）。Smith 等（2013）认为 AM 真菌提供了菌根植物吸收 P 的主要通道，在某些情况下可以吸收植物所需的全部 P。AM 真菌促进植物吸收 P 的作用机制概括起来有以下几种（李晓林和冯固，2001）：①丛枝菌根扩大宿主植物根的吸收面积（Li et al.，1991c；姚青等，2000）；②吸 P 动力学研究认为，丛枝菌根与磷酸盐的亲和力大，且具有较低的吸收临界浓度；③AM 真菌能从紧实土壤中获取 P（Li et al.，1997）；④AM 真菌通过分泌有机酸活化土壤 P（张玉凤等，2003）；⑤AM 真菌菌丝对 P 的运输速率比在根中快（Smith et al.，1994）。

表 1-7 AM 真菌中及植物中受 AM 真菌调控的部分磷酸盐转运基因

磷酸盐转运基因	来源	参考文献
GvPT	Glomus versiforme	Harrison and van Buuren，1995
GiPT	Glomus intraradices	Maldonado-Mendoza et al.，2001
GmosPT	Glomus mosseae	Benedetto et al.，2005
TPT	Rhizophagus irregularis（即 Glomus intraradices）	Halary et al.，2013
LePT1	番茄（Lycopersicon esculentum）	Rosewarne et al.，1999
StPT3	马铃薯（Solanum tuberosum）	Rausch et al.，2001
MtPT4	蒺藜苜蓿（Medicago truncatula）	Harrison et al.，2002
OsPT11	水稻（Oryza sativa）	Paszkowski et al.，2002
StPT4，StPT5	马铃薯（Solanum tuberosum）	Nagy et al.，2005
HORvu	大麦（Hordeum vulgare）	Glassop et al.，2005
TRIae	小麦（Triticum aestivum）	Glassop et al.，2005
ZEAma；PhT1；6	玉米（Zea mays）	Glassop et al.，2005
OsPT1～OsPT13	水稻（Oryza sativa）	Chen et al.，2013
LjPT3	百脉根（Lotus japonicus）	Maeda et al.，2006

续表

磷酸盐转运基因	来源	参考文献
CfPT3, CfPT4, CfTT5	小米辣 (Capsicum frutescens)	Chen et al., 2007a
SmPT3, SmPT4, SmPT5	茄 (Solanum melongena)	Chen et al., 2007a
NtPT3, NtPT4, NtPT5	烟草 (Nicotiana tabacum)	Chen et al., 2007a
LePT4	番茄 (Lycopersicon esculentum)	Xu et al., 2007
AsPT1, AsPT4	紫云英 (Astragalus sinicus)	Xie et al., 2013
PtPT8, PtPT9, PtPT10	毛果杨 (Populus trichocarpa)	Loth-Pereda et al., 2011
GmPT10, GmPT11	大豆 (Glycine max)	Tamura et al., 2011
PhPT1, PhPT2, PhPT3, PhPT4, PhPT5, PhPT7	矮牵牛 (Petunia hybrida)	Breuillin et al., 2010
PhPT4	矮牵牛 (Petunia hybrida)	Tan et al., 2012

AM 真菌改善宿主植物的 N 营养（Feng et al., 2002b; Suzuki et al., 1999）。有报道发现 AM 真菌可以促进有机物（草叶）的分解并从中获取 N（Hodge et al., 2001）。从 Glomus intraradices 根外菌丝中分离出铵运输基因 GintAMT1、GintAMT2（López-Pedrosa et al., 2006; Pérez-Tienda et al., 2011）。其主要机制有：①AM 真菌菌丝能够促进 N 的运输（Ames et al., 1983; Amora-Lazcano et al., 1998; Azcon-Aguilar et al., 1993; Haystead et al., 1988; Subramanian and Charest, 1999），也可以直接吸收铵，并同化成氨基酸（Azcón and Tobar, 1998; Johansen et al., 1996）。据报道，AM 真菌可以通过合成谷氨酰胺的途径同化 NH_4^+（Smith et al., 1985）。菌丝吸收铵态氮后，先通过合成谷氨酰胺途径同化成氨基酸，再运输到宿主体内（Smith and Read, 1997）。②AM 真菌侵染可改变植物根系分泌物组成（Bansal and Mukerji, 1994），提高某些固氮微生物的活性（Andrade et al., 1998; Singh, 1998）。③AM 真菌菌丝能够产生某些水解酶，如磷酸酶、果胶酶、纤维素酶、木聚糖酶和几丁质酶等（Varma, 1999），也可提高植物体内硝酸还原酶的活性（Azcón and Tobar, 1998; Subramanian and Charest, 1998）。④对于豆科（Leguminosae）植物来说，AM 真菌可促进豆科植物根瘤菌的生长发育，增加根瘤数量，提高固氮能力（Toro et al., 1998; 李晓明, 1994）。

此外，AM 真菌还可以促进宿主对 K（Smith and Gianinazzi-Pearson, 1988; 李晓林和曹一平, 1992）、Ca（唐振尧等, 1989）、Mg（Giri and Mukerji, 2004）的吸收，并改善宿主微量元素的营养状况（Clark and Zeto, 2000），如 Zn（Sharma et al., 1999）、Fe（唐振尧和何守林, 1990; 王明元和夏仁学, 2009）、Cu（Li et al., 1991b）和 Mo（刘柏玉和雷泽周, 1992）等，但有关作用机制尚需深入了解。

二、AM 真菌在逆境生理中的作用

近年来对 AM 真菌的抗逆生理研究比较多，主要集中于抗旱性、抗病性、耐盐碱性、耐酸性、耐重金属等几个方面（Miransari, 2010; 罗巧玉等, 2013a, 2013b; 孙吉庆等，2012）。

AM 真菌提高宿主抗旱性的机制主要有以下几个方面。AM 真菌侵染后改善了宿主的 P、N 营养状况（Cui and Nobel，1992；Subramanian and Charest，1998，1999），改变了植物体内超氧化物歧化酶（SOD）、硝酸还原酶、谷氨酸合成酶、过氧化氢酶（CAT）的活性（Ruiz-Lozano and Azcón，1996；Ruiz-Lozano et al.，1996a；王元贞等，1995）、脯氨酸和可溶性糖（Ruiz-Lozano et al.，1996a；鹿金颖等，2003），以及脱落酸（Duan et al.，1996；Goicoechea et al.，1997）、细胞分裂素（Drüge and Schonbeck，1993；Green et al.，1998）、赤霉素和生长素（刘润进和李晓林，2000b；齐国辉和郁荣庭，1997）的含量，从而改变了植物叶片水势、蒸腾速率、气孔导度、净光合作用速率和永久凋萎点等，提高植物的抗旱性。Ruiz-Lozano 等（2001）发现合成 SOD 的基因受到 AM 真菌和干旱胁迫的调控。另外，AM 真菌也可通过直接吸收水分或增加宿主根长、根深等促进水分的吸收（李晓林和冯固，2001）。水孔通道蛋白是一类促使和调控水分被动运输的蛋白质，植物和 AM 真菌的细胞膜上都有水孔通道蛋白的存在。Li 等（2013）从 Glomus intraradices 中克隆了两个水孔蛋白基因 GintAQPF1 和 GintAQPF2，并且用缺陷型酵母杂交验证了其功能。AM 真菌通过上调根系及自身水孔通道蛋白基因表达提高玉米（Zea mays）抗旱性（李涛和陈保冬，2012），对逆境中植物水分吸收发挥着重要的作用（贺忠群等，2006）。

AM 真菌可以减轻线虫、真菌、细菌等病原物引起的毒害，作用机制主要有：①改善了宿主的营养状况，尤其是 P（Karagiannidis et al.，2002；Nurlaeny et al.，1996），其他还有 N（Karagiannidis et al.，2002）、K（Tarafdar and Marschner，1995）及微量元素（Cuenca and Azcón，1994；Karagiannidis et al.，1995）。②激活宿主防御机制，促进合成一些次生代谢物质或生防物质，如酚类物质、黄酮类及异黄酮类物质（Morandi，1996；Morandi et al.，1984）、苯丙基化合物（唐明等，2000）、精氨酸、苯丙氨酸、丝氨酸（Baltruschat and Schönbeck，1975；Suresh et al.，1985；熊礼明和史瑞和，1988）、植保素（Harrison and Dixon，1993）等，并能提高几丁质酶（Benhamou et al.，1994；Blee and Anderson，1996；Dumas-Gaudot et al.，1992）、过氧化物酶（POD）和多酚氧化酶（PPO）（唐明等，2000）及某些蛋白水解酶（Slezack et al.，1999）等的活性，并诱导合成病程相关蛋白（Liu et al.，1995）。③AM 真菌通过改变植物内源激素平衡状况间接影响植物抗逆性（刘润进和李晓林，2000a），AM 真菌能够直接合成或诱导植物体内产生一些激素类物质，如生长素、细胞分裂素、赤霉素、油菜素内酯、茉莉酸、水杨酸、乙烯、脱落酸等，这些激素也参与了 AM 真菌诱导宿主植物产生病虫害防御体系的建立（罗巧玉等，2013a）。④影响微生物区系（Meyer and Linderman，1986b；顾向阳和胡正嘉，1994）。⑤与病原物竞争宿主侵染位点（Cordier et al.，1996；Dehne，1982；刘润进等，1994），可减少土传病原物对根的侵染位点。⑥AM 真菌诱导与植物防御反应相关基因的表达，如 PAL5 基因和几丁质酶基因 hib1（Li et al.，2005），或者通过调控各种抗病基因的表达量及特异性表达来增强宿主植物的抗病性（Liu et al.，2007）。⑦AM 真菌与病原物竞争光合产物，会限制病原物的生长（罗巧玉等，2013a）。⑧AM 真菌与植物共生后能诱导合成一氧化氮（NO）、茉莉酸、水杨酸、乙烯、H_2O_2、ABA、Ca^{2+}信号、糖信号等多种信号物质，这些信号物质在植物与 AM 真菌的识别、菌根共生体建立和激活植物防御系统过程中发挥着重要作用。⑨AM 真菌共生能够使宿主植物根系增长、增粗，分枝增加；加速细胞壁木质化，使根尖表皮加厚、细胞层数增多；改变根系形态结构，从而有效减缓病原体侵染根系的进程（罗巧玉等，2013a）。

三、AM 真菌在生态系统中的作用

（一）AM 真菌影响植物的群落结构和多样性

植物影响 AM 真菌的功能、群落结构和多样性，反之，AM 真菌也深刻地影响着植物系统中的生物结构和组成及其生物多样性（Johnson et al.，2005）。在草地生态系统中，丛枝菌根的丰富程度与长叶车前（*Plantago lanceolata*）的丰富程度密切相关（Newman et al.，1981）。Grime 等（1987）调查了 AM 真菌对坪草生态系统植物多样性的影响，结果发现接种处理没有显著影响坪草的种数，但是其相对多样性指数为 0.43，显著高于不接种处理的 0.23。接种 AM 真菌使多样性指数增加的原因是矿质营养改善而使生物量得到提高。Read（1998）认为，在没有 AM 真菌侵染的情况下，植物生态系统中存在优势种群，其个体数或生物量远远高于从属种群，多样性水平较低；AM 真菌侵染后，生态系统由于菌丝桥的联络和菌根依赖性的差异而导致植物群落对资源的高效利用和资源在群落内部进一步均匀分配，多样性水平随之提高；由于不同的 AM 真菌和植物组合具有不同的共生效率，随着 AM 真菌种类的增加，系统多样性水平也进一步提高。van der Heijden 等（1998b）利用模拟试验研究了接种不同数量 AM 真菌（即接种 0 种、1 种、2 种、4 种、8 种、14 种 AM 真菌）对植物多样性的影响，随着接种的 AM 真菌种类增加，植物的辛普森多样性指数响应增加，生物量也表现出同样的趋势；土壤中丝密度也随着 AM 真菌种数增加，导致植物磷水平提高。这进一步证实了 AM 真菌引起的土壤资源（尤其是养分）的高效利用和均匀分配是多样性提高的关键。基于此，他们认为 AM 真菌生物多样性决定着植物生物多样性和植物生态系统生产力，从而使人们对 AM 真菌的生态功能的认识有了新的突破。

（二）AM 真菌与营养元素循环

AM 真菌可以通过以下几种途径调控碳循环（Zhu and Miller，2003）：①促进贫瘠环境中的植物生长和光合作用，增加植被的碳固定；②宿主植物的光合产物的 10%～20% 转移到 AM 真菌（Johnson et al.，2002）；③AM 真菌本身含碳量为 50%；④AM 真菌增加土壤有机质的稳定性。AM 真菌共生体是一个巨大的碳流动站，估计全球每年大约 50 亿 t 的碳被 AM 真菌消耗（Bago et al.，2000）。Miller 等（1995）报道土壤中 AM 真菌菌丝密度为 0.03～0.5mg/kg，根据这个密度，Zhu 和 Miller（2003）计算出菌丝对土壤中有机碳的贡献是 54～900kg/hm^2。Cornelissen 等（2001）发现相对于兰科菌根和外生菌根植物，AM 真菌宿主植物有较高的相对生长率，叶片氮、磷含量及落叶的分解速率，这说明 AM 真菌对于碳的循环和营养循环的贡献更大。

接种 AM 真菌后，由于外生菌丝的延伸，根际和非根际土壤溶液中可溶性磷都能被吸收，同时根外菌丝也分泌有机酸、磷酸酶以活化土壤中的难溶性无机磷和有机磷，大大地加速了植物对土壤磷库的吸收和利用。在农田生态系统中，AM 真菌促进植物吸收磷素、加快磷养分的循环、提高土壤磷的利用效率、降低磷肥使用量、减少磷肥对环境的污染并提高植物的生产力，这对于可持续农业具有重要的现实意义。

人们对 AM 真菌在氮的全球循环方面的作用认识越来越多，AM 真菌可以调节氮循环（Hawkes, 2003）。AM 真菌加速有机物（草叶）分解，并从中获取氮（Hodge et al., 2001）。Govindarajulu 等（2005）利用同位素标记法研究氮从 AM 真菌向宿主植物的转移的一种机制，首先 AM 真菌根外菌丝获取无机氮源合成氨基酸，然后以精氨酸的形式运输到根内菌丝，但并不向宿主提供碳。对豆科作物而言，AM 真菌增加植物的吸磷量，刺激根瘤数量的增加和活性的增强，固氮量增加。

（三）AM 真菌促进脆弱生态系统的恢复

AM 真菌可以提高植物的抗逆能力，如抗盐碱、抗酸、抗病、抗旱、抗重金属等。国内外大量研究证实，AM 真菌能促进植物在污染、退化等脆弱生态系统中生存，并提高植物多样性，有利于脆弱生态系统的植被恢复和生态系统的稳定。

第六节　AM 真菌的研究方法

一、样品采集

野外调查 AM 真菌资源时，要根据研究目的确定如何采样。例如，是调查某个生态环境中的资源？还是调查某些植物上的资源？调查前要根据调查区域面积确定调查尺度和有代表性的采样点，或者选择代表性的植物，并设置重复。采集土样时去掉土层表面的枯枝落叶、石块等杂物，在植物根围挖取 0~30cm 的土样，并采集一些植物根系，以用于测定菌根侵染状况。如果用于分析不同土层深度的菌根状况，可以先做土壤剖面，用带标尺的工具分层取样。如果采样带内无植被分布，则只取土样。一般需要去掉大块沙石和其他杂质，采样量可根据需要采集 1~2kg 或以上。同时记录样品编号、采样地点的地理状况，并分析土壤的理化状况。

如果是盆栽试验，可将植物地上部分剪去，将整盆土样混匀后取样。植物根系可根据需要在不同部位取样，但需要有代表性，并设置重复。如果只测定菌根侵染，取鲜根 1g 左右即可。

二、样品的处理和保存

根样洗净后可以直接用于观察，或者保存于 FAA 固定液（甲醛-乙酸-乙醇）中。土样可将根系、石块等挑出后用于分析或保存。所有土样和根样应尽快分析，如果需要短时保存，可置于 4℃ 冰箱中。土样风干后，可置于低温通风处长期保存。

三、菌根侵染率的测定方法

(一) 根样的采集和准备

用于测定菌根侵染率的根段一般选择较细的须根，采集根样应该具有代表性，如果是从多个植物根系收集，则应分别每株取样后再进行混合取样，如果是单株植物，则应分别从不同部位取样后再混合取样。所取的根样可先洗净泥沙，用洁净吸水纸吸去水分，或者晾干，然后按上述取样要求剪取根段，一般选取幼根并剪成1cm长的根段，放入FAA固定液中固定，并保存备用。

(二) 脱色

把植物根段装入试管或其他染色容器，加入5%~10%的KOH溶液，放入90℃水浴锅中保存20~60min，也可以煮沸几分钟到几十分钟，具体时间需要根据不同植物的根系特点和年龄确定，通常幼嫩根系时间短而老根系时间长，草本植物根系时间短而木本植物根系时间长。如果某些根系难以脱色或软化，可以适当增加KOH溶液的浓度到20%，并可以在脱色过程中加入几滴H_2O_2，但是需要注意碱液可能会随H_2O_2释放的O_2而溢出。

(三) 染色

脱色完成后去掉碱液，自来水漂洗几次，加入2%的HCl溶液浸泡5min，去掉酸液，后加入0.01%的酸性品红（m/V）乳酸甘油染色液（乳酸：甘油：水＝14:1:1或1:1:1）浸泡，放回90℃水浴锅中保存20~60min，或者煮沸15min，也可室温下保存1至数天。染色后用水漂洗，观察前在乳酸甘油中分色。提高品红浓度（如0.1%）可以增加根与真菌之间的对比度。也可用0.05%曲利苯蓝染色液（乳酸：甘油：水＝1:1:1或5:1:1）染色，用水分色即可。植物根组织一般不着色，真菌结构如孢子、菌丝、丛枝、泡囊等染成红色（品红）或蓝色（曲利苯蓝）。

另一种常用的染色液是0.03%的卡拉唑黑（Brundrett et al.，1984），溶剂按照乳酸、甘油和水1:1:1的比例配成。在90℃水浴中染色直至染色均匀，或者煮沸15min，或者室温保存1到数天。观察前可用50%甘油分色，根段也可保存在50%甘油中。

由于曲利苯蓝、卡拉唑黑等具有致癌、致突变作用，Vierheilig等（1998）发展了一种更安全、廉价和方便的染色技术，利用黑、蓝或红墨水作染色剂。把用KOH脱色的根在5%的墨水（墨水：含5%乙酸的白醋＝1:20）中煮沸3min，然后用加几滴醋的自来水分色20min（黑、蓝墨水），或者直接在醋中分色10min（红墨水）。墨水也可以用曲利苯蓝（0.05%）、棉蓝（0.05%）、品红（0.01%）等代替，不同的是曲利苯蓝和棉蓝用自来水分色，品红用醋分色。

(四) 镜检与侵染率的计算

将染色的根段置于解剖镜或显微镜下可清楚看到菌根组织结构。侵染率的计算方法常见的有方格交叉法和根段频率标准法等。方格交叉法（Giovannetti and Mosse, 1980) 主要操作是将已经染色的根段剪碎，置于带有方格交叉线的培养皿中，在显微镜下检查与线交叉的地方是否有菌根侵染，然后计算侵染根段与总根段的比例（图1-9），即菌根侵染率。

根段频率标准法是将一定数量（100条以上）已经染色的根段置于载玻片上（可加少量水或乳酸），加盖玻片盖住，在显微镜下观察每条根的侵染情况，然后估算每条根的侵染率，例如，没有侵染可记为0，全部侵染可记为100%，其他根据情况分别记为10%、20%、30%……，然后计算样品的平均侵染率（%）。

$$侵染率(\%) = \frac{\sum(0 \times 根段数 + 10\% \times 根段数 + \cdots\cdots + 100\% \times 根段数)}{观察的总根段数}$$

同时，也可用目镜测微尺测定单位根长的丛枝、泡囊等，并根据需要对真菌组织结构进行拍照记录。玻片经树脂胶、无色指甲油封固后可长期保存。

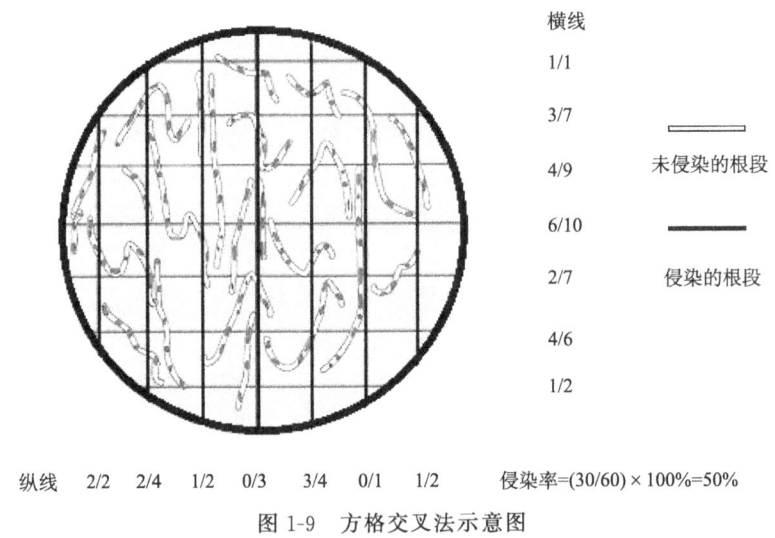

图1-9 方格交叉法示意图

四、孢子的分离方法

通常用湿筛倾析-蔗糖离心法分离土壤中的孢子。在离心管中配制由蔗糖、甘油等不同密度媒质溶液组成的不同浓度的梯度柱，随着离心力的作用，使不同密度的孢子分别析离在不同的梯度浓度的界面上，从而达到分离出不同孢子的目的。

将采集的土壤样品分别混匀，称取100g放入容器中，用清水浸泡20～30min。用孔径500～38μm洁净的土壤筛分层重叠放置，小孔径在最底层，并使筛面适当倾斜。用玻璃棒搅拌土壤浸泡液，停放后待大的石砾或杂物沉积在容器底部，将上层的土壤悬浮液慢慢地倒入最上一层的土壤筛内，最好集中在一小范围内倾倒，以保证筛出的孢子尽量集中，减少损失。将用清水冲洗的筛出物，装入离心管内，加水至1/2处，1500r/min离心5min。除去水面杂物及上清液，有时上清液中含有较轻的孢子，应先检查后再弃。保留下部沉淀物，加2mol/L（40%）的蔗糖溶液至离心管的1/2，再离心1min。离心后AM真菌孢子多浮于液体表面。因此，可分别将上清液倒入放有滤纸的最小孔径的筛网上，用清水仔细冲洗糖液，即可获得不同直径的孢子。

五、孢子的清洗及表面消毒

AM真菌孢子在进行单孢培养等研究时，需要进行清洗和消毒。一般是将孢子在含2%氯胺T、0.02%链霉素和0.01%庆大霉素的溶液中先后各浸泡10min，然后无菌水清洗。也有报道用5%的氯胺T和0.04%的链霉素混合液中浸泡15min，然后用无菌水冲洗7次以上。也可依次用2%氯胺T、2%硫酸链霉素和1%硫酸庆大霉素-链霉素浸泡10min消毒（Chabot et al.，1992）。如果孢子表面杂质较多，也可先用0.05%的Tween 20进行超声波清洗，然后再表面消毒。董昌金和赵斌（2003）发现采用"差别灭菌法"即先用含2%氯胺T、0.02%链霉素和0.01%庆大霉素的溶液对孢子表面消毒10min，然后在25~27℃条件下培养3天，再用含2%氯胺T、0.02%链霉素和0.01%庆大霉素的溶液对孢子表面消毒10min，其消毒效果最好，孢子萌发率较高，污染率较低。

六、AM真菌培养方法

（一）单孢培养法

用单孢培养法可以获得单一菌种的纯净菌系（Fang et al.，1983）。一般用半水培法，先是在灭菌基质中培养高粱（*Sorghum bicolor*）、烟草（*Nicotiana tabacum*）、苏丹草（*Sorghum sudanense*）等幼苗，长至2周后把幼苗取出，用流水将根部冲洗干净。将湿筛得到的孢子表面消毒后，接种至幼苗根部，栽于装有灭菌河沙等基质的黑塑料锥形管中，锥形管底部的孔用玻璃珠堵住。将塑料管的下1/3浸于营养液中，生长一段时间后即可检查收获。一般用1/3或1/4的低浓度Hoagland营养液，由于磷含量影响孢子侵染，可以把磷浓度适当降低。也可以把消毒的单个孢子直接放入容器内的消毒基质中，然后播种经消毒的萌芽种子。经过3~4个月的生长，培养基质中就有从单一孢子繁殖而来的新一代的孢子，而获得一个纯系。

（二）诱集培养法

有时候为了扩大繁殖来自单孢分离培养的纯系，或者研究野外土壤中的AM真菌种类，需要进一步对AM真菌进行扩繁。一般使用加富培养法。将石英砂、河沙经消毒处理后装入盆钵，把需要扩增的土样或来自单孢分离培养物（包括孢子、孢子果、菌丝体或菌根根段等）混合于盆钵的培养基质中，然后播种消毒的宿主植物的种子。在培养过程中定期施加稀释的Hoagland营养液，3~4个月即可获得该纯系的加富培养物。

一般选用苏丹草、三叶草、玉米、高粱、烟草等须根系发达的植物作为宿主。

(三) 分室玻璃珠培养法

传统方法是用盆栽宿主植物获取真菌，可以较容易地分离到真菌孢子，但通常需要手工去除孢子表面的污染物，也很难获得研究所需足够量的纯净菌丝。通常用分室玻璃珠培养系统（图1-10A）来获取菌丝（陈保东等，2000）。玻璃珠直径为0.8～1.2mm。培养室用有机玻璃板分成1～5室，各室间用不同粒径的尼龙网隔开，尼龙网依次编号为a、b、c、d，尼龙网a、d孔径为1mm，尼龙网b、c孔径为30μm。两个边室（1、5）为植物生长室，装入沙土和细沙混合物，2、4室为菌根室，转入河沙或玻璃珠，中室（3室）为真菌生长室，装入玻璃珠。根系可以从植物生长室穿越尼龙网a、d进入菌根室，菌丝可以穿越尼龙网b、c进入真菌生长室，经过一段时间的生长，即可收集到真菌菌丝、孢子或孢子果。Chen等（2001）发现用粗河沙代替2和4室中的玻璃珠后能获得更多的菌丝（图1-10B）。

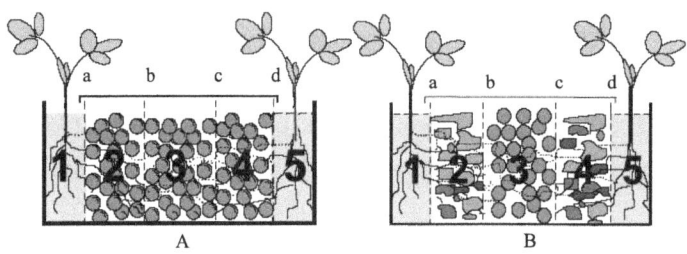

图1-10 分室玻璃珠培养系统（引自陈保东等，2000）

也可以采用易于盆栽的简易尼龙网分室根外菌丝培养系统（图1-11），植物生长于根室中，根室和菌丝之间用38μm的尼龙网制成的两层根袋分开，两层根袋中间装有1～2mm沙子，菌丝室内填充玻璃珠或粗沙子。菌丝体能够通过双层根袋附着生长在玻璃珠或粗沙子上。

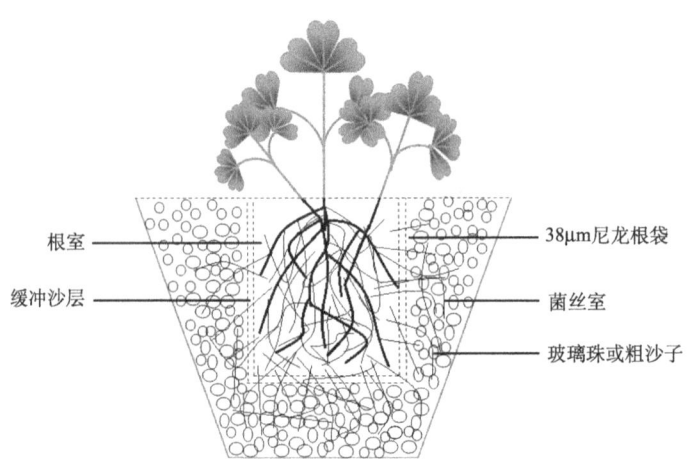

图1-11 简易尼龙网分室根外菌丝培养系统

(四) 根器官培养法

根器官双重培养系统在同一平板上同时培养根器官和 AM 真菌，可以原位观察 AM 真菌。多采用两室培养系统（毕银丽等，1999，2000），装置的具体制备方法是：将 0.3cm 厚、9cm 长及 0.5cm 高的有机玻璃条用玻璃胶紧粘在直径为 9cm 的培养皿底部，将培养皿分成两室。玻璃条一方面是为了固定尼龙网，另一方面是为了隔开两室中的培养基组成，防止它们之间进行物质交换。将孔径为 30μm 的尼龙网粘贴在有机玻璃条及培养皿壁上，并延伸至培养皿的上盖，菌丝只有穿过有机玻璃条上部的尼龙网网孔才能进入菌丝室，而根将被阻止于菌根室内。培养根与 AM 真菌孢子的室称为菌根室（MC），菌丝穿过培养皿中间的尼龙网进入的室为菌丝室（HC）。

转移 Ri T-DNA 胡萝卜（*Daucus carota*）根器官双重培养体系基本方法如下（毕银丽等，1999，2000），首先将发根农杆菌（*Agrobacterium rhizogenes*）Ri 质粒上的 T-DNA（Ri T-DNA）转移到胡萝卜肉质根细胞中去，使胡萝卜根形成多分支并旺盛生长的毛状根（hairy root），毛状根经抗生素选择培养和多次继代培养后，即菌根研究理想的离体根器官。

常采用 M 培养基培养，具体配方为：$MgSO_4 \cdot 7H_2O$ 731mg/L、KNO_3 80mg/L、KCl 65mg/L、KH_2PO_4 4.8mg/L、$Ca(NO_3)_2 \cdot 4H_2O$ 288mg/L、NaFeEDTA 8mg/L、KI 0.75mg/L、$MnCl_2 \cdot 4H_2O$ 6mg/L、$ZnSO_4 \cdot 7H_2O$ 2.65mg/L、H_3BO_4 1.5mg/L、$CuSO_4 \cdot 5H_2O$ 0.13mg/L、$Na_2MoO_4 \cdot 2H_2O$ 0.0024mg/L、甘氨酸 3mg/L、盐酸硫胺素 0.1mg/L、盐酸吡哆醇 0.1mg/L、烟酸 0.5mg/L、肌醇 50mg/L、蔗糖 10 000mg/L、琼脂 10 000mg/L，调整 pH 至 5.5。

孢子表面消毒后接种到 0.8% 的琼脂培养基上，27℃恒温黑暗培养 4 天，观察孢子是否发芽。然后在 M 培养基上生长的胡萝卜根器官附近用直径 7mm 的打孔器打穿去除培养基，置换成正在萌发的 AM 真菌孢子。接种后用封口膜将平板封住。观察 AM 真菌侵染、生长情况。共生体系建立后，根外菌丝大量产生，根外菌丝越过培养皿中间的横隔，从贴附在横隔上孔径为 30μm 的尼龙网眼中进入培养皿菌丝室。

(五) 菌剂的大田生产

在大田条件下可以大量生产菌剂，但是往往纯度不够，可以应用于蔬菜等园艺作物的生产。一般选用地势较高、排水良好的地块进行，如果要求纯度，首先应该用甲醛或甲基溴等进行土壤熏蒸消毒，杀死土著 AM 真菌。然后将宿主植物的种子和接种菌剂一起条播到土壤中，也可以先培养菌根化苗，然后移栽到大田中。在管理过程中避免施用速效磷肥，如果土壤速效磷过低抑制植物生长，可以施用骨粉、磷矿石等作磷源。有研究发现，用堆肥和蛭石 1∶4（V/V）混合有利于菌剂的大田生产，而且在生产过程中一般不需要再施肥（Douds Jr et al.，2006）。总之，大田生产菌剂时要考虑到土壤的理化状况及宿主植物的生长需求，并有针对性地进行田间管理。

七、菌剂的保藏方法

少量菌剂可以在风干后装入塑料袋，保存于 4℃冰箱，可以保存一年左右。大量菌剂可风干后室温于阴凉处保存，可以保存半年左右。不同菌种保藏时间不同，*Gigaspora* 和 *Scutellospora* 等属的孢子较大，保存时间较短，而 *Glomus* 和 *Acaulospora* 等属保存时间较长。也可以把孢子与根段等混合物的菌剂过筛除去大颗粒的泥沙，装入冷冻管，再放入中液氮罐中保存。少量孢子可以在 4℃生理盐水中短期保存。

八、AM 真菌的接种方法

（一）盆栽接种方法

盆栽时一般采用混施法，把一定量（3%～5%）的菌剂与土壤充分混合，播种或移栽即可。也可以采用穴施法，先把盆钵装土，在土壤上插几个孔，装入一定量的菌剂，再点入种子。常用的还有层施法，分一层或数层施用于土壤，播种种子于菌剂上。从侵染角度来讲，穴施和种子球衣化效果最好，而且较为节省菌剂（施亚琴等，1993）。

（二）大田接种方法

一般是先制备菌根化苗，再移栽到大田，把种子种植于含有菌剂的盆钵内或苗床上，等 2 周左右检查菌根侵染情况，一般侵染 30% 以上即可用于移栽，当然也要考虑到幼苗的生长情况，这种方法适用面积有限，一般用于一些高附加值的园艺作物、药用植物等。

对于直接播种的作物，可以采用穴施的办法，在种子下面施用 10g 左右的菌剂，也可以和种子一起条播。比较节省菌剂的方法是种子球衣化，把种子与菌剂混合，加入一定量的黏合剂，使菌剂附着在种子上，然后一起播种。

九、菌丝密度的测定

用打孔器在需要进行观测的植物根系周围进行打孔取样，称 5g 土壤于干净烧杯中浸泡，将土壤悬浊液放在 300μm 筛中反复清洗，直至洗净为止。收集冲洗物，并在搅拌机中高速搅拌 30s，将悬浊液转移到一个三角瓶中，用手剧烈摇动，然后在实验台上放置 1min。分两次吸取 10ml（每次 5ml）溶液到微孔滤膜（1.0μm）上，真空抽滤，在滤膜上直接加入 0.05% 酸性品红或曲利苯蓝，5min 后，将染料抽干，或者将滤膜放在显微镜的载玻片上，使之干燥，滴加 0.05% 酸性品红或曲利苯蓝 5min，盖上盖玻片，在 200 倍显微镜下，随机观察 30 个视野，用方格交叉法估计菌丝长度。

十、菌丝酶活性的测定

(一) 根内菌丝琥珀酸脱氢酶和碱性磷酸酶活性的测定方法

用冰水将根从土壤中洗出，保存于冰水中。将根切成 1cm 长的根段，在水或 10% 的 KOH 中冲洗干净。混匀后，称取 2 份根样，各 0.5~1.0g。放入标记有琥珀酸脱氢酶（SDH）和碱性磷酸酶（ALP）的瓶中。加入 20ml 酶解液 [0.05mol/L Tris/citric acid buffer (pH 9.2)，0.05% 山梨醇 (sorbitol)，15U/ml 纤维素酶 (cellulase) 和 15U/ml 果胶酶 (pectinase)]，室温下培养 2h。倾出消化液，用水稍冲洗。向标有 SDH 的瓶中加入 20ml 培养液 A，向标有 ALP 的瓶中加入培养液 B，室温下培养过夜。倾去 A 瓶和 B 瓶中的染色液，分别用 3% 和 1% 的次氯酸钠溶液浸泡 5~10min，再用水冲洗。分别取 30 条根段制片。在 100~400 倍显微镜下观察，镜检颗粒状沉淀（SDH 活性的菌丝呈现蓝紫色沉淀颗粒，ALP 活性的菌丝呈现棕黑色或褐色沉淀颗粒）[注：根据毛达如和申建波（2004）整理]。

(二) 根外菌丝琥珀酸脱氢酶和碱性磷酸酶活性的测定方法

打孔取土，放入置于冰浴的烧杯中。将样品充分混合，称取 2g 样品，两份。将两份土壤样品分别装入两个分别标有 SDH 和 ALP 的瓶中，立刻用 20ml 冰水或 10% 山梨醇溶液覆盖。向标有 SDH 的瓶中加入 20ml 培养液 A（表 1-8），向标有 ALP 的瓶中加入 20ml 培养液 C（表 1-9，表 1-10）。室温下培养土壤悬液 3h。倾出消化液，用 20ml 蒸馏水冲洗，将土壤悬液通过 300μm 筛子。收集土壤悬液滤液，在搅拌机中高速搅拌 25s。将土壤悬液转移到一个三角瓶中，静置 1min。吸取 10ml（5ml×2）溶液，于微孔滤膜上真空抽滤。将滤膜转移到载玻片上。将菌丝用 0.05% 酸性品红复染 5min。盖上盖玻片，在 200 倍显微镜下观察。用网格交叉法估计染色的菌丝长度（SDH 活性的菌丝呈现蓝紫色沉淀颗粒，ALP 活性的菌丝呈现棕黑色或褐色沉淀颗粒）[注：根据毛达如和申建波（2004）整理]。

表 1-8 溶液 A 的配制

试剂名称	浓度	用量/ml
Tris/HCl (pH 7.4)	0.2mol/L	5
$MgCl_2$	5mmol/L	2
氮蓝四唑 (NBT)	4mg/ml	2
H_2O		6
Na-succinate	2.5mol/L	2

表 1-9　溶液 B 的配制

试剂名称	浓度
Tris/citri acid (pH 9.2)	0.05mol/L
α-naphthyl acid phosphate	1mg/ml
Fast Blue RR salt	1mg/ml
$MgCl_2$	0.5mg/ml
$MnCl_2 \cdot 4H_2O$ (pH 8.5)	0.8mg/ml

表 1-10　溶液 C 的配制

试剂名称	浓度	用量
Tris/citri acid (pH 9.2)	0.05mol/L	18ml
α-naphthyl acid phosphate	1mg/ml	20mg
Fast Blue RR salt	1mg/ml	20mg
10% $MgCl_2$	0.5%	1ml
10% $MnCl_2 \cdot H_2O$ (pH 8.5)	0.5%	1ml

十一、球囊霉素相关土壤蛋白的测定

球囊霉素相关土壤蛋白（GRSP）是指一种由 AM 真菌产生的含金属离子的特殊糖蛋白，GRSP 的测定分析已逐渐被研究人员所重视。GRSP 根据提取的难易程度可分为易提取 GRSP（easily extractable GRSP，EE-GRSP）和总 GRSP（total GRSP，T-GRSP）。EE-GRSP 指 1g 土加入 8ml pH 7.0 的 20mmol/L 柠檬酸钠，121℃、30min（高压灭菌条件）所能获取的球囊霉素，T-GRSP 指 1g 土加入 8ml pH 8.0 的 50mmol/L 柠檬酸钠，121℃、90min 所能提取的球囊霉素的最大值。紧接着高压处理之后，以 3220r/min 离心 15～20min，倾出上清液，4℃保存备测；如果提取总球囊霉素，下层沉淀（土团）需用相同体积的新鲜提取液反复悬浮、提取，直至上清液无色，每次提取的单独测定（林先贵，2010）。显然，T-GRSP 提取方法不能从土壤中提取出所有的 GRSP。值得注意的是，土样储存温度、粒径、离心转速和时间、土壤有机质等均会影响 GRSP 的测定（吕华军等，2011；谢小林等，2011）。

目前测定 GRSP 的方法有 Bradford 反应和与单克隆抗体 MAb32B11（用 *Glomus intraradices* 的破碎孢子作为抗原制备的抗体）的酶联免疫反应（enzyme-linked immunosorbent assay，ELISA）两种。Bradford 反应采用 96 孔平底微板，使用与球囊霉素具有相近分子质量的牛血清蛋白作为参照蛋白，每孔盛 50μl Bio-Rad 显色试剂（Bio-Rad 500-0006）和 200μl 标准溶液或经磷酸盐缓冲液稀释的土壤提取液（相当于含 1～5μg 标准牛血清蛋白），测定在 590nm 处的吸光率，标准溶液与样品各重复 4 次。该方法简单、快速、可重复，检测的是所有大于 3000Da 的蛋白质，但基于一个假设：提取过程已使球囊霉素之外的所有蛋白质全部变性，即通过 AM 真菌菌丝与土壤提取物的

SDS-PAGE 图谱的类似处得出推断。然而，该假设近来已被提出疑义，而且 Bradford 试剂可与那些和 GRSP 同时提取出来的多酚或腐殖酸发生反应，学者因此认为这些应为 "Bradford 反应物"（Bradford-reactive substances，BRS），组分分馏程序比较麻烦。

与此相比，ELISA 反应的特异性比较突出，但可能会因降解或干扰而低估 GRSP 含量。首先，吸取 $50\mu l$ 经磷酸盐缓冲液稀释的土壤提取液于聚氯乙烯微平板的 U 形孔中（4 个重复），38℃条件下干燥；然后，每孔添加 $250\mu l$ 含 2% 脱脂牛奶的磷酸盐缓冲液，静置 30min；再后，添加 $50\mu l$ MAb32B11、维生素 H 标记的 IgM 抗体、链霉菌抗生素蛋白-过氧化物酶（streptavidin peroxidase，SP）的混合稀释液，置旋转摇床上培养 1h。每个步骤后使用 Tween 20 磷酸盐缓冲液清洗 3 次，最后 1 步加洗 1 次。培养物与 Bio-Rad horseradish 过氧化物酶试剂盒（Bio-Rad172-1064）反应显色，在 405nm 处读数。标准曲线是每孔 $0.005\sim0.04\mu g$ GRSP，每个用于 ELISA 反应的样品最好用磷酸盐缓冲液稀释到每孔约含 $0.023\mu g$ GRSP。需要说明的是，T-GRSP 和 EE-GRSP 与 MAb32B11 发生免疫反应的部分分别称为免疫反应性 T-GRSP 和免疫反应性 EE-GRSP。

第二章 土壤污染及其修复技术

第一节 土壤污染概述

一、土壤污染的概念

土壤污染的定义尚不统一,存在多种观点(陈怀满,1996)。一种看法是人类活动向土壤中添加了有害物质,此时土壤即受到了污染;另一种看法是以土壤元素背景值来判断,认为以背景值加两倍标准差为临界值,只要超过这一数值,即认为土壤受到污染。这两种看法各有局限,污染物必须有一个量的概念,现代工农业的发展使得大多土壤中都可以检测出一定量的农药和重金属,但是其含量并不一定足以显示出毒害作用,而有些有害物毒性较低,即使含量超过背景值和两倍标准差之和仍不足以造成危害。科学的定义不仅要看量的增加,而且更要注重所造成的后果。现在一般采用第三种方法定义土壤污染(黄昌勇,2000),即当加入土壤的污染物超过土壤的自净能力,或者污染物在土壤中积累量超过土壤基准量,造成土壤功能退化,而给人类和生态系统造成了危害,把这种现象称为土壤污染。

夏家淇和骆永明(2007)在综合国内外主要观点的基础上,将土壤污染定义为:"土壤污染是指人类活动产生的污染物进入土壤,产生土壤环境质量现存的或潜在的恶化,对生物、水体、空气或/和人体健康产生危害或可能有危害的现象。"他们认为,土壤污染应该包含2种情况:一是土壤质量已恶化并产生危害;二是有恶化、危害之虞。据此,可将土壤环境质量恶化并产生危害的土壤,称为重度污染土壤;而土壤环境质量潜在恶化但尚未引起危害的土壤,称为轻度污染或中度污染土壤。

二、土壤污染的类型和来源

所有造成土壤污染的物质都称为土壤污染物(contaminant 或 pollutant)。土壤污染物可以改变土壤的理化性质和组成,导致土壤的功能失调和土壤质量恶化。土壤污染物的种类繁多,既有化学污染物也有物理污染物、生物污染物和放射污染物等,其中以土壤的化学污染物最为普遍、严重和复杂。按污染物的性质一般可分为五类,即重金属污染、有机污染、放射性污染、多种污染物所造成的复合污染,以及生物污染。

(一)重金属污染

重金属是指那些密度等于或大于 $5.0g/cm^3$ 的金属元素,如铁(Fe)、锰(Mn)、铜(Cu)、锌(Zn)、铅(Pb)、镉(Cd)、汞(Hg)、镍(Ni)、钴(Co)、铬(Cr)等。砷(As)、硒(Se)等类金属由于其化学性质和环境行为与重金属多有相似之处,故在讨论重金属时往往也将其包括在内。在这些重金属元素中，一些尚未发现具有生理功能，如 Hg、Cd、Pb、As，但具有很强的生物毒性，即使很低浓度仍可对人类和各种生物造成危害；其他一些是植物生长所必需的微量营养元素或有益元素，如 Fe、Zn、Cu、Mn、Ni、Co，但土壤含量过高时也能对生物产生毒害作用。由于土壤中 Fe 和 Mn 含量较高，因而一般不认为它们是土壤污染元素，但是在强还原条件下，Fe 和 Mn 所引起的毒害也应引起足够重视。

土壤中的重金属污染主要来自金属矿藏的开采与冶炼、灌水（特别是污灌）、固体废弃物（污泥、垃圾）、农药和肥料、燃煤和石油等化石燃料及大气沉降物等。例如，含重金属的矿产开采和冶炼；金属加工排放的废水、废气和废渣；煤、石油等燃烧过程中排放的飘尘（含 Cr、Hg、As、Pb）；电镀工业废水（含 Cr、Cd、Ni、Pb、Cu 等）；塑料、电池、电子等工业排放的废水（含 Ni、Cd、Pb）；采用 Hg 接触剂合成有机物的工厂排放的废水；燃料、化工、制革工业排放的废水（含 Cr 和 Cd 等）；汽车废气尘降造成的土壤 Pb 污染；杀虫剂、杀菌剂、杀鼠剂、除草剂等而引起的 As 污染；电子产品垃圾中往往含有大量重金属，处置不当也会引起重金属污染。污泥含有较多的重金属，利用污泥作肥料时若施用不当，必然会引起土壤污染。磷肥中含有 Cd，大量施用会造成 Cd 在土壤中的累积和污染。此外，在木材工业中，含有 As、Cr、Cu 的木材防腐剂会引起木材厂附近土壤和地下水的污染（表 2-1）。

表 2-1 土壤污染的主要物质及其来源

	污染物	主要来源
无机污染物	砷	含砷农药、硫酸、化肥、医药、玻璃等工业废水
	镉	冶炼、电镀、染料等工业废水，含镉废气，肥料杂质
	铜	冶炼、铜制品生产等废水，含铜农药
	铬	冶炼、电镀、制革、印染等工业废水
	汞	制碱、汞化物生产等工业废水，含汞农药，金属汞蒸气
	铅	颜料、冶炼等工业废水，汽油防爆剂燃烧排气，农药
	锌	冶炼、镀锌、炼油、燃料等工业废水
	镍	冶炼、电镀、炼油、燃料等工业废水
	氟	氟硅酸钠、磷肥及磷肥生产等工业废水，肥料污染
	盐碱	纸浆、纤维、化学工业等废水
	酸	硫酸、石油化工业，酸洗、电镀等工业废水
有机污染物	酚类	炼油、合成苯酚、橡胶、化肥农药生产等工业废水
	氰化物	电镀、冶金、印染工业废水，肥料
	苯并芘、苯丙烯醛等	石油、炼焦等工业废水
	石油	石油开采、炼油厂、输油管道漏油
	有机农药	农药生产及使用
	多氯联苯类	人类合成品及生产工业废气废水
	有机悬浮物及含氮物质	城市污水，食品、纤维、纸浆业废水

注：引自黄昌勇，2000

(二) 有机污染

土壤中常见的有机污染物主要是化学农药、石油、多环芳烃、多杂环烃、多氯联苯、多氯二苯二噁英等。此外，据估计，目前有 6 万～9 万种化学品进入商业使用阶段，而且以每年上千种的速度递增，其中许多都是潜在的土壤污染物。

1. 农药

广义上的农药不仅包括杀虫剂，还包括除草剂、杀菌剂、杀真菌剂、除锈剂、杀鼠剂及植物生长调节剂等。我国目前大量使用的化学农药有 50 多种，其中主要包括有机磷农药、有机氯农药、氨基甲酸酯类、苯氧羧酸类、苯酚、胺类等。我国农药生产量和出口量居世界首位，消费量占世界第二位。农药的广泛使用对保障作物生长和提高作物产量发挥了巨大作用，但也引起了严重的土壤污染。

农药污染土壤的主要途径有：①将农药直接施入土壤或以拌种、浸种和毒谷等形式施入土壤；②向作物喷洒农药时，农药直接落到地面上或附着在作物上，经风吹雨淋落入土壤中；③大气中悬浮的农药或以气态形式或经雨水溶解和淋洗，落到地面；④工业"三废"排放到农田或污水灌溉将药带入土壤。在喷洒的农药中，真正对病虫害起到防治作用的农药仅占喷施量的 0.1%，其余 99.9% 的农药都挥发到大气中或淋溶流失到土壤和水域中或残留于作物中，对生物多样性产生影响（张壬午等，2001）。虽然土壤自身的净化作用（如挥发、扩散、稀释、吸附、降解等）可以减少其中农药的污染程度，但是如果进入土壤中的农药含量在数量和速度上超过土壤的自净能力，即超过土壤的环境容量，终将会导致土壤的农药污染。农药污染不仅会改变土壤的正常结构和功能，影响植物的生长发育，而且可通过食物链影响人体健康。

2. 多环芳烃

多环芳烃（polycyclic aromatic hydrocarbon，PAH）是一类由两个及两个以上苯环稠合在一起的有机化合物，一般具有较低的水溶性和较高的亲脂性。多环芳烃是一类广泛存在于环境中并具有致癌、致畸、致突变性的持久性有机污染物（persistent organic pollutant，POP）（Wilcke，2000），目前已发现的致癌性 PAH 及其衍生物已超过 400 种。PAH 由于具有半挥发性、生物毒性、"三致"作用和环境持久性等特点，已受到科学界和各国政府的广泛关注。1976 年，美国环保署（USEPA）将 16 种 PAH 类物质（表 2-2）列为优先控制污染物（priority pollutant）；1987 年，美国卫生与公众服务部（USDHHS）及 USEPA 又将 5 种 PAH 列入对人类健康威胁最大的有害物质清单之中；1990 年，我国国家环保局也将 7 种 PAH 类物质列入中国环境优先污染物黑名单（周文敏等，1991）。PAH 具有低水溶性和憎水性，会强烈吸附于颗粒物上，土壤便成为其主要的环境归宿之一。近年来，随着经济的快速发展和工业化进程的加快，排放到环境中的 PAH 越来越多，进入环境中的 PAH 通过大气沉降和污水灌溉等途径进入土壤，导致目前世界各国土壤中 PAH 含量呈逐渐上升趋势。农田土壤中的 PAH，不仅影响土壤的正常功能，而且还可以通过生物富集进入食物链，对农产品安全和人类健康产生潜在威胁。

表 2-2 16 种 USEPA 优控 PAH 物理化学性质

PAH	简称	苯环数	分子式	相对分子质量	熔点/℃	沸点/℃	水溶性 (25℃)/(mg/L)	结构式
萘 naphthalene	NaP	2	$C_{10}H_8$	128	80	218	31.6	
苊烯 acenaphthylene	AcPy	2	$C_{12}H_8$	152	91.8	280	3.93	
苊 acenaphthene	AcP	2	$C_{12}H_{10}$	154	93.4	279	3.93	
芴 fluorene	Flu	2	$C_{13}H_{10}$	166	117	295	1.99	
菲 phenanthrene	Phe	3	$C_{14}H_{10}$	178	101	332	1.60	
蒽 anthracene	AnT	3	$C_{14}H_{10}$	178	215.8	340	0.044	
荧蒽 fluoranthene	FluA	3	$C_{16}H_{10}$	202	110.8	375	0.265	
芘 pyrene	Pyr	4	$C_{16}H_{10}$	202	145~148	404	0.135	
苯并[a]蒽 benzo[a]anthracene	B[a]A	4	$C_{18}H_{12}$	228	158	438	0.010	
䓛 chrysene	Chr	4	$C_{18}H_{12}$	228	254	448	6.76×10^{-3}	
苯并[b]荧蒽 benzo[b]fluoranthene	B[b]F	4	$C_{20}H_{12}$	252	168	481	1.2×10^{-3}	
苯并[k]荧蒽 benzo[k]fluoranthene	B[k]F	4	$C_{20}H_{12}$	252	217	481	7.6×10^{-4}	
苯并[a]芘 benzo[a]pyrene	B[a]P	5	$C_{20}H_{12}$	252	179	495	2.3×10^{-3}	
二苯并[a,h]蒽 dibenzo[a,h]anthracene	DbA	5	$C_{22}H_{14}$	278	262	524	5×10^{-4}	
茚并[1,2,3-cd]芘 indeno[1,2,3-cd]pyrene	IcdP	5	$C_{22}H_{12}$	276	162	534	0.062	
苯并[g,h,i]苝 benzo[g,h,i]perylene	B[g,h,i]P	6	$C_{22}H_{12}$	276	273	542	2.6×10^{-4}	

PAH 的基本结构单元是苯环,苯环数目和连接方式的不同引起 PAH 分子质量和分子结构的变化,进而导致了某些不同的理化性质。16 种 USEPA 优先控制 PAH 的一般物理化学性质见表 2-2。一般而言,PAH 在水中的溶解度随分子质量的增加而减小,低分子质量 PAH 水溶性较高,易被微生物利用,而高分子质量 PAH 水溶性低,易与土壤有机碳强烈吸附,在土壤中残留持久并难以降解。

3. 酞酸酯类

酞酸酯,又称邻苯二甲酸酯(phthalic acid ester,PAE),是约 30 种化合物的总称,一般为无色油状黏稠液体,难溶于水,易溶于有机溶剂,常温下不易挥发,主要用作塑料和橡胶的增塑剂,少量用于生产化妆品、涂料、香料、农药载体、驱虫剂等。表 2-3 列出了 18 种常用的 PAE 及其简称。高分子质量的 PAE 具有稳定性高、流动性好、挥发性低的特点,非常适合于作改性添加剂,因此 PAE 是最常见、用量最大的塑料增塑剂,用量可以达 20%～50%,仅次于塑料中高聚体的含量。由于 PAE 并没有聚合到 PVC 塑料的高分子碳链上,因此,随着使用时间的推移,PAE 会不断释放到环境中。酞酸酯的污染主要是随相关产品的使用进入土壤。在许多国家和地区,大气、水体、土壤中均已检测出 PAE 的存在(吴杰民,1994)。加之 PAE 用量日益增加,生物体对其富集作用强,具有致畸、致突变等特点,可能通过食物链浓缩对人体造成危害,因此引起人们的广泛关注。

表 2-3　常见的邻苯二甲酸酯类化合物

中文名称	英文名称	简称
邻苯二甲酸二甲基酯	dimethyl phthalate	DMP
邻苯二甲酸二乙基酯	diethyl phthalate	DEP
邻苯二甲酸二丙烯基酯	diallyl phthalate	DAP
邻苯二甲酸二丙基酯	dipropyl phthalate	DPP
邻苯二甲酸二丁基酯	di-n-butyl phthalate	DnBP
邻苯二甲酸二异丁基酯	diisobutyl phthalate	DIBP
邻苯二甲酸丁基苯甲基酯	butylbenzyl phthalate	BBP
邻苯二甲酸二己基酯	dihexyl phthalate	DHP
邻苯二甲酸二辛基酯	di-n-octyl phthalate	DnOP
邻苯二甲酸丁基乙基己基酯	buty-l 2-ethylhexyl phthalate	BEP
邻苯二甲酸二(己基,辛基,癸基)酯	di-(n-hexyl, n-octyl, n-decyl) phthalate	610P
邻苯二甲酸二(2-乙基己基)酯	di-(2-ethylhexyl) phthalate	DEHP
邻苯二甲酸二异辛基酯	diisooctyl phthalate	DIOP
邻苯二甲酸二异壬基酯	diisononyl phthalate	DINP
邻苯二甲酸二异癸基酯	diisodecyl phthalate	DIDP
邻苯二甲酸二(庚基,壬基,十一烷基)酯	di-(heptyl, nonyl, undecyl) phthalate	D711P
邻苯二甲酸二(十一烷基)基酯	diundecyl phthalate	DUP
邻苯二甲酸二(十三烷基)酯	ditridecyl phthalate	DTDP

4. 石油

石油是由上千种化学性质不同的物质组成的复杂混合物，主要包括多种烃类（烷烃、环烷烃、芳香烃）、硫化物、氮化物、环烷酸类、沥青质、树脂类等。通常来说，饱和烃和芳香烃（主要是 n-烷烃，支链烷烃，环烷烃，单、双、多环芳香烃）占石油总量的75%。这些物质毒性大，部分有致癌、致突变等作用，因此被列为重要污染物。目前，世界石油总产量每年约有22亿t，其中约有800万t进入环境造成污染（任磊和黄延林，2000）。我国每年有近60万t石油进入环境，对土壤、河流、湖泊、海洋和地下水等环境造成污染（陆秀君等，2003）。在石油勘探、开采、冶炼、储存、运输、使用和处理过程中，偶然事故的发生均有可能导致土壤污染。石油对土壤的污染主要是破坏土壤结构，影响土壤通透性，损害植物根部，阻碍根的呼吸与吸收，最终导致植物死亡。其次，石油等污染物能通过食物链在动植物体内富集，从而对生态环境、食品安全和人身健康造成严重威胁。因此，加快石油污染土壤的修复和治理，显得尤为迫切和重要。

石油污染的来源主要有4个方面：①燃料储藏、运输、过程及交通事故所造成的渗漏；②使用过剩润滑油的土地的处置，尤其是在汽车消费多的发达国家问题较为突出；③煤的不适当储藏导致土壤污染；④工业场所有机溶剂的排放和泄露。

（三）放射性污染

主要的放射性元素有U、Th、Ra、Sr、Cs等及其同位素。放射性元素主要来源于核试验时大气层中的沉降物，原子能和平利用过程（如核电站）中所排放的各种废气、废水和废渣，放射性物质的泄漏事故，铀矿、钍矿的开采和冶炼，以及放射性同位素的生产和使用。含有放射性元素的物质不可避免地随自然沉降、雨水冲刷和废弃物的堆放而污染土壤。土壤一旦被放射性物质污染就难以自行消除，只能自然衰变为稳定元素，而消除其放射性。例如，^{90}Sr、^{137}Cs 的半衰期分别达28年和30年，引起长期污染问题，其化学行为类似于Ca和K，可通过食物链进入人体，造成危害。

（四）复合污染

所谓复合污染是指2种或2种以上不同种类不同性质的污染物，或者不同来源的同种污染物，或者2种或2种以上不同类型的污染同时存在，对土壤联合作用所造成的污染。污染物之间常存在加和作用、颉颃作用或协同作用。常见的类型是有机复合污染、无机复合污染和有机-无机复合污染。事实上，土壤-植物系统中的污染多具伴生性和综合性，大多是由多种污染物形成的复合污染（郭观林和周启星，2003）。土壤中有机污染物-重金属复合污染是非常普遍的。例如，污水处理厂的污泥、城市生活垃圾及工业废水等造成的污染大都为有机-无机复合污染。

（五）生物污染

生物污染一般是指外来生物侵袭一个新的生态系统，或者本土有害生物的大量聚集，并对该系统造成负面影响或危害的现象。细菌、病毒及寄生虫等都可以引起土壤污染，其主要来源包括人畜粪便、生活废水、工业废水、医院废水及含有病原生物的废弃物、垃圾等未经处理进入土壤，患者、病畜尸体处置不当等。此外，天然土壤中也含有一些病原生物，如破伤风梭状芽孢杆菌、肉毒梭状芽孢杆菌及一些病原霉菌等。这些污染物可以进一步污染地表水和地下水，并随各种途径传染给人畜。

三、土壤污染的危害

（一）危害人体健康

土壤污染物可通过植物的吸收和食物链的积累等过程，进而对人体健康构成危害。人类吃了含有残留农药的各种食品后，残留的农药转移到人体内，这些有毒有害物质在人体内不易分解，经过长期积累会引起内脏机能受损，使肌体的正常生理功能发生失调，造成慢性中毒，影响身体健康。特别是杀虫剂所引起的致癌、致畸、致突变"三致"问题，令人十分担忧。农作物体内的重金属主要是通过根部从被污染的土壤中吸收的。土壤重金属被植物吸收以后，可通过食物链危害人体健康。例如，著名的日本富山"痛痛病"事件和熊本"水俣病"事件分别是由于食用 Cd 含量过高的稻米和含甲基汞的鱼体而导致的。放射性物质进入人体后，可造成内照射损伤，使受害者头昏、疲乏无力、脱发、白细胞减少或增多、发生癌变等。此外，长寿命的放射性核素因衰变周期长，一旦进入人体，其通过放射性裂变而产生的 α 射线、β 射线、γ 射线，将对机体产生持续的照射，使机体的一些组织细胞遭受破坏或变异。此过程将持续至放射性核素蜕变成稳定性核素或全部被排出体外为止。

（二）导致农产品污染和品质下降

土壤污染的结果是导致农产品被污染和品质下降。我国近年来时常有关于蔬菜、水果、粮食等农产品质量安全问题的报道。据调查，我国部分市售稻米 Cd 含量超标（食品卫生质量标准）的达 10%（甄燕红等，2008）。2002 年对全国 2.2 亿千克粮食调查发现，粮食中 Pb、Cd、Hg、As 的超标率达 10%。广东 9 个商品粮生产基地 10 种农产品中有 5 种重金属超标。2000 年农业部对 11 省、自治区和直辖市城市市场的 30 多种蔬菜 17 种水果进行抽样检测，结果表明农药检出率达 32.3%，总超标率达 25.3%，某些城市的蔬菜农药残留超标率超过 50%。因此，我国对农产品、食品中的污染物残留进行了严格限定（表 2-4）。我国新的食品农药最大残留限量标准（2763—2014）于 2014 年 8 月 1 日实施。

表 2-4 我国部分食品中污染物限量标准

	谷物及其制品	豆类	蔬菜	水果	其他
As≤	0.5 总砷 0.2 无机砷(稻谷、大米)		0.5(新鲜蔬菜)		
Cd≤	0.1 0.2(稻谷、大米)	0.2	0.05(新鲜蔬菜) 0.2(叶类蔬菜、芹菜)	0.05	0.5(坚果类)

续表

	谷物及其制品	豆类	蔬菜	水果	其他
			0.1（豆类、块根、茎类蔬菜）		
Cr≤	1.0	1.0	0.5		
Hg≤	0.02		0.01（新鲜蔬菜）		
Pb≤	0.2	0.2	0.1	0.1（新鲜）	0.2（坚果及籽类）
	0.5（麦片、面筋、八宝粥、带馅面米制品等）	0.05（豆浆）	0.3（芸薹类、叶菜类）	0.2（浆果和其他小粒水果）	0.5（咖啡豆）
		0.5（豆类制品）	0.2（豆类、薯类）	1.0（水果制品）	
			1.0（蔬菜制品）		
Ni≤					1.0（氢化植物油）
Sn≤	250				
稀土元素	2.0（稻谷、玉米、小麦）	1.0（绿豆）	0.7	0.7	0.5（花生仁、马铃薯）
亚硝酸盐			20（腌渍蔬菜）		
苯并[a]芘	5.0				10（油脂及其制品）

注：本表根据 GB 2762—2012 整理

（三）引起经济损失

据估计，我国每年因土壤污染而直接减产粮食 1000 万 t，被重金属污染的粮食也多达 1200 万 t，两者共计经济损失超过 200 亿元。据估算，由农产品的重金属污染而导致的经济损失逐年增加，2000 年已达 320 亿元。虽然农药污染等其他土壤污染引起的损失尚难以估计，但是其导致的经济损失是确实存在的，并日趋严重。

（四）导致次生污染

土壤污染势必影响地下水、地表水和大气环境。土壤中的各种污染物可以在降水、灌溉等水力的作用下进入到水体中，污染地表水和地下水。重金属污染的表土易随风力进入大气环境中，导致空气质量下降，并随呼吸作用进入人体，危害人体健康。

四、我国土壤污染现状

我国的土壤污染问题十分突出（周启星和宋玉芳，2004）。据调查，全国受到有机污染（农药、石油烃和 PAH）的农田达 3600 万 hm^2，其中农药污染面积 1600 万 hm^2，主要农产品的农药残留超标率高达 16%～20%，经常有农药中毒事故发生。全国受到重金属污染的农业土地约 2500 万 hm_2，每年被重金属污染的粮食达 1200 万 t，农业部环保监测系统对全国 24 个省市 320 个严重污染区 8223 万亩[①]土壤调查发现，大田类农产品污染超

---

① 1 亩≈666.7m^2

标面积占污染区农田面积的20%，其中重金属超标占污染土壤和农作物的80%。中国农膜污染土壤面积达780万 hm^2，这些残存农膜引起土壤理化性状的恶化，同时影响农产品品质。此外，化肥污染引起的农产品硝酸盐和亚硝酸盐污染也十分严重。

根据2014年4月17日发布的《全国土壤污染状况调查公报》，全国土壤环境状况总体不容乐观，部分地区土壤污染较重，耕地土壤环境质量堪忧，工矿业废弃地土壤环境问题突出。工矿业、农业等人为活动及土壤环境背景值高是造成土壤污染或超标的主要原因。全国土壤总的超标率为16.1%，其中轻微、轻度、中度和重度污染点位比例分别为11.2%、2.3%、1.5%和1.1%。污染类型以无机型为主，有机型次之，复合型污染比例较小，无机污染物超标点位数占全部超标点位的82.8%。从污染分布情况看，南方土壤污染重于北方；长江三角洲、珠江三角洲、东北老工业基地等部分区域土壤污染问题较为突出，西南、中南地区土壤重金属超标范围较大；镉、汞、砷、铅4种无机污染物含量分布呈现从西北到东南、从东北到西南方向逐渐升高的态势。所调查耕地土壤点位超标率为19.4%，其中轻微、轻度、中度和重度污染点位比例分别为13.7%、2.8%、1.8%和1.1%，主要污染物为镉、镍、铜、砷、汞、铅、二氯三苯三氯乙烷（DDT）和多环芳烃。在调查的13个采油区494个土壤点位中，超标点位占23.6%，主要污染物为石油烃和多环芳烃。在调查的55个污水灌溉区中，有39个存在土壤污染。在1378个土壤点位中，超标点位占26.4%，主要污染物为镉、砷和多环芳烃。

总体看来，我国土壤污染有以下几个特点：①污染面积大，有上千万公顷的土壤受到污染，接近我国耕地总面积的20%；②污染后果严重，污染造成农产品减产和农产品质量下降并导致出口贸易受到影响，已经引起严重经济损失；③污染状况仍在恶化，由于土地保护意识的缺乏和执法不力等原因，土壤污染状况仍在不断恶化；④污染治理难以进行，我国人多地少的实际状况导致许多污染土壤仍在被用于农业生产，同时污染修复技术落后，难以有效治理土壤污染。

第二节 土壤污染修复技术概述

目前发展较为成熟和应用较广的土壤修复技术可以分为物理修复、化学修复、生物修复等几大类，其内容涉及玻璃化修复、热处理修复、淋洗修复、固化修复、电动修复、微生物修复和植物修复等，有些修复技术已经进入现场应用阶段并取得较好的治理效果。本节就各种修复技术做一简单介绍。

一、物理修复

（一）换土法

换土法就是用未受污染的土壤替换或部分替换污染的土壤，以稀释原污染物浓度，增加土壤环境容量，从而使土壤功能得到恢复的一种方法。换土法又可分为换土、翻土、去表土和客土等多种方法。换土就是把污染土壤取走，换入干净的土壤。翻土是将污染的表土翻至下层，使表层污染物埋于更深的土层，以稀释污染物，防止进一步扩散，该法适用于土层较厚的土壤。去表土是直接将污染的表土移出原地，把污染土壤置于较为安全的地方。客土是将未受污染的新土覆盖在污染的土壤上，使污染物浓度降低到临界危害浓度以下或减少污染物与植物根系的直接接触，从而达到减轻危害的目的。总的说来，这些方法都属于较为保守的修复技术，并未从根本上治理污染的土壤，对于小面积严重污染且具有放射性或易扩散难分解污染物的土壤较为适宜，但是对换出的土壤应妥善处理，以防止二次污染。

（二）热处理修复技术

热处理修复也称蒸气浸提，是将受污染的土壤通过加热（常用的加热方法有蒸气、红外辐射、微波和射频）等手段，降低土壤孔隙内的蒸气压，使土壤中的挥发性污染物转化为气态形式而加以去除的方法。该方法最适用于高挥发性的污染物，如汽油及各种有机溶剂、重金属 Hg 等。

（三）玻璃化技术

玻璃化（vitrification）技术是指利用热能和高温使污染土壤熔化而形成玻璃产品或玻璃状的物质。在这一过程中，有机污染物往往被燃烧降解或挥发，重金属污染物则形成玻璃态物质，被永久性地固定于玻璃状物中。这种技术工程量大、费用高昂，而且严重破坏土壤理化性状和功能，因而只适用于由重金属严重污染区土壤的抢救性修复。

（四）电动修复技术

电动修复技术是在污染土壤两端通入低压直流电源，利用溶剂电渗和溶质电泳将污染物定向迁移到某一电极附近的富集室（一般为阴极室），从而使土壤得以修复的一种方法。该方法最适用于重金属污染土壤的治理，但是不适合大面积的土壤治理。

二、化学修复

（一）淋洗法

淋洗法就是把水或某些能促进污染物溶解或迁移的化合物（助洗剂）的水溶液注入污染的土壤中，然后再把含有污染物的水溶液从土壤中浸提出来，运送到污水处理场进行处理。当然也可以把污染土壤转移到浸提剂中处理。此方法适用于排除溶解性大的污染物，因此淋洗液的选择是此技术的关键所在。可以针对污染物的溶解性不同，选择水、无机溶剂和有机溶剂进行使用。

（二）化学改良

可以利用不同化学改良剂的吸附固定作用、氧化还原作用、催化作用、螯合作用等使土壤中污染物的毒性降低甚至消除，从而达到修复土壤的目的。例如，生石灰加入土壤后可以使土壤的 pH 升高，降低重金属的生物有效性，某些化学螯合剂同样具有类似的作用。

(三) 固化修复技术

可以利用某些固化剂对污染物加以固定。最常用的固化剂如水泥、石灰等。水泥中的硅酸钙和羟基硅铝酸钙等可以与污染物固定，石灰中的氧化钙可以有效固定矿物油污染的土壤。

三、生物修复

(一) 微生物修复

通常意义上的生物修复即指微生物修复，主要是利用微生物的活动使土壤中的污染物得以降解或转化为低毒和无毒的形态。目前比较成熟的微生物修复方法包括生物处理床技术、生物反应器法及生物通气法等。筛选或利用生物学手段构建具有高效降解污染物功能的工程菌是此技术的关键。许多微生物可以利用多种有机污染物作为碳源，最终降解为 CO_2 和水，因此此技术多适用于有机污染物的修复。

(二) 植物修复

植物修复是指利用植物对污染物的吸收富集、转化固定、挥发及降解等过程使得污染物得以降解或转化为低毒甚至无毒的形态。该技术主要包括以下 5 种类型。①植物提取 (phytoextraction)，指利用植物吸收污染物 (重金属) 并在地上部累积，之后将植株 (包括地上部和部分根) 收获并集中处理，使土壤污染水平得以降低。目前这一技术主要应用于重金属污染的修复，又可以分为基于超富集植物 (hyperaccumulator) 的连续植物提取 (continuous phytoextraction) 和化学螯合剂辅助作用的诱导植物提取 (induced phytoextraction)，研究较多的是超富集植物对重金属的植物提取作用。②植物挥发 (phytovolatilization)，利用植物将某些易挥发的污染物吸收到植物体内，然后将其转化为气态物质而释放到大气中，从而使污染土壤得以修复。这一技术主要集中于重金属 Hg 和 Se 的治理，对于有机污染物研究较少，而且污染物直接释放到大气中，有二次污染的危险。③植物稳定 (phytostabilization) 或植物固定 (phytoimmobilization)，指利用植物根系及其分泌物累积和沉淀污染物，降低其生物有效性，减少污染物的毒害作用并避免污染物向周边环境进一步扩散。这一技术对于非农业利用的废弃矿山和放射性污染物的修复具有良好的应用前景。④植物降解 (phytodegradation)，利用植物的转化和降解作用使有机污染物最终降解为 CO_2 和水。在此过程中，植物可以吸收污染物到体内加以降解，也可以利用根系分泌物中的多种酶对污染物直接进行催化降解。⑤根际降解 (rhizodegradation)，利用植物根际的菌根真菌、根际促生菌及各种共生、非共生微生物的降解作用来转化和降解有机污染物。在此过程中，植物根系分泌不仅可以对污染物有直接降解作用，更重要的是为微生物提供了养分，对微生物起到活化作用。这种修复方式的实质是植物和微生物的联合作用。

(三) 菌根修复

菌根修复（mycorrhizoremediation）实质上是植物修复技术和微生物修复技术的联合应用，具体来说，菌根修复就是利用菌根真菌和植物根系共生的特性，将菌根真菌的作用引入到植物提取、植物稳定、植物降解等各种修复过程中，提高修复效率，强化修复效果。此过程与根际降解不同，根际降解只是针对于有机污染物的修复，而菌根修复的范围则广得多。例如，在重金属的植物提取和植物稳定中，菌根真菌也能发挥重要作用。

四、各种修复技术的优缺点

总的来说，物理修复和化学修复技术修复效率较高，但是对土壤的理化性状和土壤上植被的破坏也很严重，严重影响了土壤的功能，而且花费较高，也受限于污染物的特性。微生物修复和植物修复的成本较低，不易带来二次污染，通过对植物的集中处理，还可达到回收环境中某些贵重金属的目的，更重要的是不破坏土壤生态环境，使土壤保持良好的结构和肥力，处理后即可种植其他植物，而且植物修复的过程也是植被恢复和绿化环境的过程，易于为社会接受。但是微生物修复和植物修复往往是一个长期过程，效率还有待提高，而且微生物修复对于重金属污染土壤的修复几乎无能为力。因此必须针对污染土壤的实际情况，选择较为适宜的修复技术。各种修复技术的不适用性和局限性见表 2-5。

表 2-5 某些修复技术的不适用性和局限性

修复技术	技术不适用性		技术局限性
	土壤	污染物	
淋洗法	黏（质）土和泥炭土	二噁英/呋喃、多氯代联苯基（PCB）、杀虫剂/除草剂、氰化物、石棉、非金属	土壤必须具有一定的高渗透能力；淋洗剂的二次污染；影响土壤结构和理化性状
热处理修复	黏（质）土	重金属等无机污染物	只局限于挥发性和半挥发性的有机污染物；影响土壤结构和理化性状
电动修复		某些溶解性差的重金属和有机污染物；土壤深层的污染物	不适合大面积处理土壤；可能影响土壤生态系统的稳定；助修复剂的二次污染
生物泥浆反应器	泥炭土	PCB、金属、氰化物、石棉等无机污染物及腐蚀性物质	影响土壤结构和土壤生态系统健康
生物通气	黏（质）土和泥炭土	二噁英/呋喃、PCB、杀虫剂/除草剂、重金属等无机污染物及腐蚀与爆炸性物质	生物通气和营养物质的加入影响污染物的挥发和抽取

续表

修复技术	技术不适用性		技术局限性
	土壤	污染物	
植物提取	污染严重导致植物不能生长的土壤；深层污染的土壤		修复效率低；植株收获后处理不当会二次污染
植物挥发	污染严重导致植物不能生长的土壤；深层污染的土壤；不易挥发的污染物		只局限于少数污染物，易造成二次污染
植物稳定	污染严重导致植物不能生长的土壤；深层污染的土壤		没有根本上去除污染物，条件改变时污染物可能重新活化
植物降解	污染严重导致植物不能生长的土壤；深层污染的土壤；不能应用于重金属等无机污染物和难降解的有机污染物		只局限于可以降解的有机污染物

从长远来看，植物修复更具有发展前景，可以复合以微生物和化学调控剂等手段提高植物修复效率。目前正在研究各种技术强化措施提高植物修复效率，如开发化学螯合剂活化土壤中的重金属，使用各种有益微生物促进植物生长和对污染物的抗性，研究各种农艺措施促进植物生长、缩短修复周期，筛选对重金属有富集作用的超富集植物，搭配种植多种植物治理对于多种污染物造成的复合污染等。本书所重点探讨的菌根修复也是植物修复的强化措施之一。

第三节　我国土壤修复研究概况

土壤修复是土壤化学、土壤生物、植物营养、农业化学、生物化学、环境化学、环境工程、环境信息等多分支学科的交叉领域（骆永明等，2005）。20 世纪 80 年代以来，鉴于土壤污染的危害，世界上许多国家特别是发达国家均制定与开展了污染土壤治理与修复的计划，并开始研究污染土壤的修复理论、方法及技术，其中 20 世纪 80 年代至 90 年代初在重金属污染的超富集植物修复和石油污染的微生物修复等基础理论与应用方面取得了显著进展。1994 年在墨西哥召开第 15 届世界土壤科学大会期间，提出组建国际土壤修复专业委员会的倡议，1998 年在法国召开的第 16 届世界土壤科学大会上国际土壤修复专业委员会正式成立，土壤修复（soil remediation）一词应运而生，并在全球广泛应用。近 20 年来，土壤修复理论与技术的研究得到了长足进步，已经成长为土壤学的一个分支学科（骆永明等，2005）。

自 20 世纪 90 年代中叶开始，我国在重金属污染土壤的植物修复，农药、石油和多环芳烃污染土壤的微生物修复等方面进行了许多理论性和技术性的探索。之后，在国家自然科学基金委员会、中国科学院和国家科学技术部等部门的资助下，我国土壤修复研究进入了一个新阶段。1998 年全球土壤修复网络-亚洲中心在南京土壤研究所挂牌，2000 年第一届土壤污染与修复国际会议在杭州召开，之后 2004 年、2008 年、2012 年的 3 届规模进一步扩大。2002 年东亚地区环境污染及其修复技术国际专题研讨会（南京)、2010年在南京成功地举办了第一届污染场地修复国际会议。这些会议的成功举办不仅加强了土壤修复领域的国际间交流和合作，提升了我国在相关领域的学术影响和国际形象，而且大大促进了土壤修复学科的研究与发展。"十五"期间国家科学技术部"863计划"首次立项研究重金属污染土壤的植物修复技术，研发了As、Cu、Zn等污染土壤的植物修复技术，建立了植物修复示范工程，为土壤修复技术的实际应用做出了样板。

我国对土壤修复的研究队伍主要分布在科研院所和高校，其中不乏中国科学院的"百人计划"、教育部的"长江特聘教授"和"国家杰出青年科学基金获得者"及其研究团队。许多研究机构都成立了以土壤修复为研究中心的实验室、研究中心或研究所，比较著名的有中国科学院的几个研究所。例如，南京土壤研究所分别在1998年和2002年挂牌成立全球土壤修复网络-亚洲中心和土壤与环境生物修复研究中心，2008年成为中国科学院土壤环境与污染修复重点实验室。中国科学院地理科学与资源研究所、中国科学院沈阳应用生态研究所、中国科学院生态环境研究中心、浙江大学、香港浸会大学、中山大学、同济大学、中国农业大学、南京大学、南京农业大学、中南大学、华南农业大学等也在土壤修复领域做了大量工作。

我国的土壤修复研究水平也得到进一步的提高，对近些年我国土壤修复方面文献的查询结果表明，1991~2000年有关文章仅有30余篇，而2001~2010年迅猛增至1000多篇。在国际期刊上也有大量文章发表，同时还出版了一些专著（黄铭洪，2003；李法云等，2006；骆永明，2012；孙铁珩等，2005；唐世荣，2006；周启星和宋玉芳，2004）或教材（沈德中，2002；吴启堂和陈同斌，2007；夏立江和王宏康，2001；张从和夏立江，2000；赵景联，2006），内容涉及植物修复、微生物修复、物理化学修复、电动修复及多途径联合修复等技术和方法。我国科学家在无机（重金属、放射性核素等）污染土壤修复和有机（持久性有机污染物、农药和石油等）污染土壤修复方面做了大量研究，尤其是在重金属污染土壤的植物修复方面已处于国际先进行列（孙铁珩等，2005；周启星和宋玉芳，2004）。近年来已经报道了多种重金属超富集植物（表2-6），并在植物修复机制和技术推广方面做了大量工作。

表2-6 我国科学家报道的重金属超富集植物

重金属	超富集植物	参考文献
As	蜈蚣草（*Pteris vittata*）	陈同斌等，2002b
	大叶井口边草（*Pteris cretica*）	韦朝阳等，2002
Cd	宝山堇菜（*Viola baoshanensis*）	刘威等，2003
	龙葵（*Solanum nigrum*）	魏树和等，2005
Mn	商陆（*Phytolacca acinosa*）	薛生国等，2003
Pb	金丝草（*Pogonatherum crinitum*）	侯晓龙，2012
	柳叶箬（*Lsache globosa*）	侯晓龙等，2012
Zn	东南景天（*Sedum alfredii*）	杨肖娥等，2002
Cd、Zn	滇苦菜（*Picris divaricata*）	Tang et al.，2009
Pb、Zn、Cd	圆锥南芥（*Arabis paniculata*）	汤叶涛等，2005
	滇白前（*Silene viscidula*）	肖青青等，2009

续表

重金属	超富集植物	参考文献
稀土元素	芒萁（*Dicropteris dichotoma*）	Shan et al., 2003
Se	遏蓝菜（*Thlaspi arvense*）	邵树勋等, 2008
	壶瓶碎米荠（*Cardamine hupingshanensis*）	Yuan et al., 2013

随着我国土壤污染的进一步加重，土壤修复研究越来越受到重视。据中国政府网 2014 年 2 月 4 日消息，我国将启动重金属严重污染耕地治理工程。我国有相当多的潜在植物、微生物等生物修复资源尚待发现和挖掘，土壤修复的场地和对象多，随着国际合作的加强和先进研究手段的应用，我国的土壤修复研究工作也必将得到更大的发展。

第三章 丛枝菌根对有机污染土壤的修复

第一节 丛枝菌根对多环芳烃污染土壤的修复

一、多环芳烃概述

多环芳烃（PAH）通常指含有两个或两个以上苯环以线状、角状或簇状排列的稠环化合物。在污染土壤中，它是一类广泛分布的有毒污染物，其主要来源于有机物的不完全燃烧或热解过程。PAH 具有疏水性、蒸气压小及辛醇-水分配系数高的特点。随着苯环数量的增加，其脂溶性越强，水溶性越小，在环境中存在时间越长，遗传毒性越高，其致癌性随着苯环数的增加而增强。在世界范围内每年有约 43 000t PAH 释放到大气中，同时有 230 000t 进入海洋环境。由于其较高的亲脂性，进入海洋环境中的 PAH 易分配到生物体和沉积物中，并通过食物链进入人体，对人类健康和生态环境具有很大的潜在危害，已引起各国环境科学家的极大重视。PAH 属难降解有机物，其降解难度一般随分子质量的增大和环数的增加而增加。

土壤中的 PAH 来源有工业源、交通源、农业源和自然源等，但人为的化石燃料和有机物质的不完全燃烧是土壤中 PAH 的主要来源，包括炼焦和石化工业的催化裂解、碳黑和沥青的生产、垃圾焚烧、交通运输等（Joner et al.，2002）。此外，污水灌溉和废弃物的土地利用也是 PAH 进入土壤的另一重要途径，我国从 20 世纪 50 年代开始，先后在全国建立了面积达 $1\times 10^4 km^2$ 的污灌区，长期污灌可造成土壤 PAH 的普遍积累，PAH 的最高值主要集中在渠首（宋玉芳等，1997）。

二、多环芳烃对丛枝菌根的影响

PAH 的生物毒性与分子质量和分子结构密切相关，对 AM 真菌具有一定生物毒性，影响孢子萌发和菌根侵染。在水琼脂培养条件下，菲显著降低了 *Gigaspora margarita* 孢子萌发和菌丝长度，孢子萌发率降低了 90% 以上（Alarcón et al.，2006）；在浓度为 100μg/ml 的苯并［a］芘中，孢子萌发率降低了 42.8%。但萌发孢子的菌丝暴露在 75μg/ml、100μg/ml 时反而更长。苯并［a］芘没有影响菌根或对照植物的干重。菲污染显著降低红三叶（*Trifolium pratense*）地上部生物量，但根系生物量变化不大，而且菌根侵染较好；但黑麦草（*Lolium perenne*）及其共生体受影响较小，说明菲的菌根毒性与宿主种类密切相关（Desalme et al.，2011）。Desalme 等（2012）研究了 PAH 大气污染对土著 AM 真菌侵染力的影响，在空气中施加 180μg/m³ 的菲，沉降 2 周后，利用韭葱（*Allium porum*）检测 AM 真菌的侵染率，结果发现，菲主要沉降在土壤表层（0~1cm）（达 500~1350μg/kg），不易向下层迁移，菲污染显著降低了 AM

真菌的侵染力和韭葱的生长。利用体外培养试验研究发现苯并[a]芘氧化胁迫下，菊苣（*Cichorium intybus*）菌根侵染率、根外菌丝长度和孢子形成均随苯并[a]芘浓度的增加（35～280mmol/L）而降低；通过脂肪酸构型分析表明，苯并[a]芘对根内 AM 真菌发育不利（Debiane et al., 2009, 2012）。苯并[a]芘会影响膜脂代谢，在苯并[a]芘污染条件下 AM 真菌 *Rhizophagus irregularis* 可以活化三酰甘油的生物合成以补偿储藏油脂的消耗，同时脂肪酶活性增加。AM 真菌可能通过两种途径来应对苯并[a]芘的毒性：①为膜的再生和（或）苯并[a]芘的转运和降解提供碳骨架和必要的能量；②通过激活细胞防御中的磷脂酸和己糖代谢（Calonne et al., 2014）。

三、丛枝菌根对多环芳烃污染土壤的修复作用

AM 真菌可以在 PAH 污染土壤中存活并发挥积极作用，如促进植物生长、提高植物存活率、减轻 PAH 对植物的胁迫、加速 PAH 降解等。利用体外培养试验研究发现，在苯并[a]芘胁迫下，菌根根系的长度比非菌根根系长，意味着菌根化降低了苯并[a]芘的毒性，菌根根系中的丙二醛和 8-羟基-2'-脱氧鸟苷含量较低，而 SOD 酶活性较高，这说明菌根化可以减轻 PAH 引起的氧化胁迫（Debiane et al., 2009）。在蒽严重污染的工业土壤中，菌根化黑麦草明显比非菌根化黑麦草存活率高、根际蒽的降解率明显高于非菌根化黑麦草，这可能是由于 AM 真菌加速了蒽的降解（Binet et al., 2000）。在 PAH 污染土壤上接种 *Glomus mosseae* 可提高黑麦草的存活率和生长量，在 5g/kg 时只有菌根化植物才能生长，菌根不仅能增加宿主植物对营养和水的吸收，而且能增加 PAH 的生物可利用性，提高吸收率与矿化率（Leyval and Binet, 1998）。接种 *Glomus caledonium* 能提高黑麦草在蒽污染土壤中的存活率，并促进植物生长，接种 AM 真菌的紫花苜蓿（*Medicago sativa*）土壤中苯并[a]芘含量显著低于未接种的处理；90 天后，1mg/kg、10mg/kg、100mg/kg 处理在没有菌根时降解率分别为 76%、78%、53%，有菌根时为 86%、87%、57%（Liu et al., 2004）。Volante 等（2005）研究了给韭葱接种 3 种 AM 真菌对基质中芳香烃污染物苯、甲苯、乙苯和二甲苯残留的影响，结果发现，接种 AM 真菌后基质中的污染物显著减少，而不种植物或不接 AM 真菌的处理中，污染物残留量较高。

丛枝菌根的降解能力可能与 AM 真菌侵染能力有一定关系。杨婷等（2009b）在温室盆栽条件下研究了接种 *Glomus caledonium* 90036 和 PAH 污染土壤土著 AM 真菌对豆科植物紫花苜蓿与禾本科（Poaceae）植物黑麦草修复 PAH 污染土壤的影响。供试土壤采自江苏无锡安镇某受工业废水污染农田的表层土壤（0～20cm），PAH 含量为 13.3mg/kg。结果发现，接种外源 AM 真菌 *Glomus caledonium* 90036 显著提高紫花苜蓿和黑麦草的 AM 真菌侵染率并促进植物生长，而接种土著菌剂或土著菌剂与 *Glomus caledonium* 90036 双接种对 AM 真菌侵染和植物生长没有促进作用，甚至降低了黑麦草苗期的 AM 真菌侵染率（图 3-1，图 3-2）。种植紫花苜蓿和黑麦草促进了土壤中 PAH 的降解，这两种植物接种 *Glomus caledonium* 90036 的处理 60 天时土壤 PAH 降解率分别从对照处理的 33.2% 和 32.9% 显著提高到 42.2% 和 42.3%（图 3-3），说明

Glomus caledonium 90036 菌剂可以明显地提高植物修复效率，而接种土著菌剂对修复作用没有明显影响，土著菌剂与 36 号菌剂双接种对紫花苜蓿的修复效果也没有显著影响，但 60 天时显著提高黑麦草的修复效率；土壤中 PAH 的降解率与植物根系的 AM 真菌侵染率呈显著的正相关关系（$P<0.05$），表明 AM 真菌侵染可以提高紫花苜蓿与黑麦草修复 PAH 污染土壤的效率。

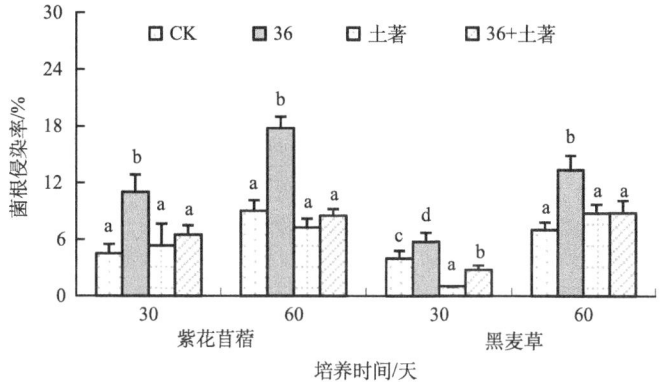

图 3-1 不同接种处理的 AM 真菌侵染率

CK. 对照；36. 接种 *Glomus caledonium* 90036；土著. 接种土壤 AM 真菌；36+土著. 联合接种 *Glomus caledonium* 90036 和土著 AM 真菌；竖棒上不同字母表示同一植物同一时期在 $P<0.05$ 水平差异显著

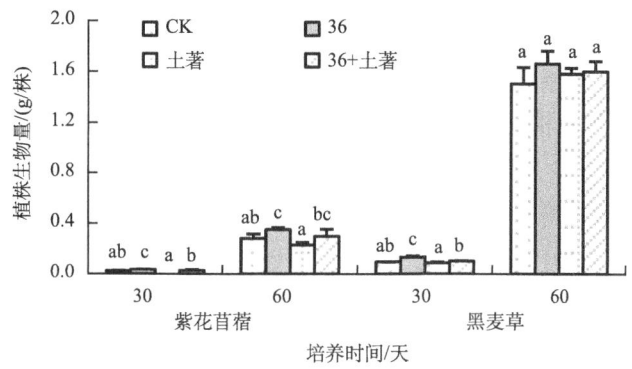

图 3-2 不同接种处理的植株生物量

CK. 对照；36. 接种 *Glomus caledonium* 90036；土著. 接种土壤 AM 真菌；36+土著. 联合接种 *Glomus caledonium* 90036 和土著 AM 真菌；竖棒上不同字母表示同一植物同一时期在 $P<0.05$ 水平差异显著

AM 真菌可在 PAH 污染条件下改善植物营养、促进生长、利于 PAH 的生物降解。Liu 和 Dalpé（2009）在温室盆栽条件下研究了接种 AM 真菌对韭葱生长、养分吸收和 PAH 降解的影响。试验设置 3 个菌根处理（对照、*Glomus intraradices*、*Glomus versiforme*），2 种土壤微生物处理（有、无），2 种 PAH（蒽、菲）及 4 个浓度水平。结果表明，土壤中添加蒽或菲显著抑制韭菜生长。接种 *Glomus intraradices* 或 *Glomus versiforme* 不仅增加了氮、磷吸收和促进植物生长，而且也促进了多环芳烃在土壤中的消减。经过 12 周盆栽，蒽、菲在土壤中的浓度分别降低了 9%～31% 和 43%～88%。

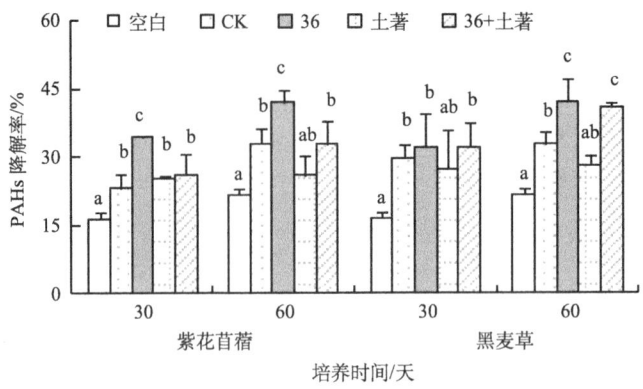

图 3-3 不同接种处理对 PAH 降解率的影响

CK. 对照；36. 接种 *Glomus caledonium* 90036；土著. 接种土著 AM 真菌；36+土著. 联合接种 *Glomus caledonium* 90036 和土著 AM 真菌；竖棒上不同字母表示同一植物同一时期在 $P<0.05$ 水平差异显著

菲比蒽减少更多。此外，土壤微生物提取物（SM）加速多环芳烃的消解。土壤中 PAH 的减少主要归因于 AM 真菌增强养分吸收，从而改善植物的生长，反过来可能会刺激土壤微生物活性。这项研究表明，AM 真菌、植物、其他微生物和多环芳烃在土壤中消减之间存在相互作用关系。

AM 真菌对 PAH 的吸收可能对土壤中 PAH 的消减有一定贡献，而菌丝可能对 PAH 的吸收和转运发挥重要作用。与对照植物相比，接种 *Glomus etunicatum* 后紫花苜蓿根系内菲含量增加，地上部含量降低（Wu et al.，2009b）；固体 ^{13}C 核磁共振谱表征结果表明，接种后根系菲吸收量增加，但向地上部的转运减少；双光子激发显微镜（TPEM）表明，与非菌根植物相比，菲更多地存在于菌根植物的表皮细胞中，较少被运输到根系内部和茎中。显然，这证明菌根影响植物对 PAH 的吸收和运输。Wu 等（2011a）使用三室根箱研究了接种 AM 真菌对菲、芘在玉米吸收和土壤中消减的影响，发现接种 *G. mossese* 显著增加了玉米根中菲和芘的含量，显著增加中间室（菲+芘）中芘从根到茎的转运。玉米根际的菲、芘消减最大，距离根际越远，消减越小；*Glomus mosseae* 对根际中的菲和芘的消减只有微弱影响。他们认为 AM 真菌菌丝和根外菌丝可以对植物吸收和转运菲和芘发挥重要作用，AM 真菌和植物具有应用于修复多环芳烃污染土壤的潜力。

不同的 AM 真菌会影响 PAH 的修复作用，并与宿主植物种类有关。李秋玲等（2008）比较了给紫花苜蓿接种 5 种 AM 真菌 *Glomus mosseae*、*Glomus etunicatum*、*Glomus versiforme*、*Glomus constrictum* 和 *Glomus intraradices* 对土壤中菲和芘降解的影响。结果表明，PAH 污染土壤中，紫花苜蓿的菌根侵染状况良好。供试 5 种 AM 真菌对土壤中菲的修复效率均在 91% 以上。接种 AM 真菌后土壤中菲和芘的残留浓度明显降低，其中 *Glomus mosseae*、*Glomus versiforme*、*Glomus constrictum* 对菲和芘降解的促进效果最好。程兆霞等（2008）采用温室盆栽试验研究了两种 AM 真菌 *Glomus mosseae* 和 *Glomus etunicatum* 对地三叶（*Trifolium subterraneum*）和辣椒（*Capsicum annuum*）修复芘污染土壤的影响。结果表明，接种 AM 真菌可促进供试植物对土壤中芘的吸收，并且显著提高地三叶根的芘含量、根系富集系数、根和茎叶的芘积累量,但对辣椒根和茎叶芘含量、根系富集系数的影响不显著,他们认为这主要与植物的菌根侵染率和菌根依赖性不同有关。Zhou 等(2013)比较了接种 *Glomus intraradices* 对 4 种植物紫花苜蓿、苇状羊茅(*Festuca arundinacea*)、黑麦草和芹菜(*Apium graveolens*)降解菲、芘和二苯并(a,h)蒽的影响。结果表明,AM 真菌显著增加植物生物量、磷的吸收,提高菲去除率。PAH 消耗随植物种类而变,并随 PAH 分子质量的增加而降低。4 种植物均对菲消减产生积极的影响,苜蓿促进芘和二苯并(a,h)蒽的消减。此外,这 3 项研究均发现植物吸收积累对修复的贡献率较小,并推测 AM 真菌作用下良好的根际环境有利于土壤微生物数量和活性的提高,进而促进土壤中 PAH 降解,这可能是菌根修复的主要机制。Alarcón 等(2006)研究了 *Gigaspora margarita*-多穗稗(*Echinochloa polystachya*)共生体系对 PAH 的修复作用,结果发现在施加 0mmol/L、0.2mmol/L、0.3mmol/L 苯并[a]芘时,菌根处理中根际土壤的脱氢酶活性更高,但 PPO 活性仅在较高苯并[a]芘时活性比对照高。非菌根植物根际的苯并[a]芘消耗率比菌根植物要高。这说明 AM 真菌能否在修复中发挥作用,可能与宿主植物有密切关系。

多数研究认为,降解加速主要是源于 AM 真菌侵染导致的土壤微生物数量和活性的改变。接种三叶草根瘤菌(*Rhizobium leguminosarum v. trifolii*)的白三叶(*Trifolium repens*)和黑麦草的土壤,蒽降解比只有三叶草、黑麦草和菌根的土壤快,这种作用不是丛枝菌根降解蒽的结果,而是植物与菌根的协同作用,丛枝菌根提高了白三叶和黑麦草的活力和生长,促进了根际微生物区系对蒽的降解(Johnson et al., 2004)。Joner 等(2001)研究了植物根和 AM 真菌共生在根际修复 PAH 污染土壤中的作用,供试土壤中添加了 500mg/kg+500mg/kg+50mg/kg 的蒽、䓛和二苯并[a,h]蒽,种植白三叶和黑麦草一段时间后,结果发现,菌根处理中 PAH 的去除得到加强,䓛和二苯并[a,h]蒽分别减少了 66% 和 42%,而在无菌根处理中二者分别减少了 56% 和 20%。磷脂脂肪酸(PLFA)分析表明有菌根的处理改变了微生物种群结构,这说明和菌根有关的微生物区系可能导致 PAH 浓度降低。其原因可能是微生物与根系分泌物的组成和数量密切相关,菌根侵染改变了根系分泌物的组成和数量,从而导致微生物群落的变化。此外,根外菌丝长度比植物的根系大几个数量级,形成的"菌丝际"(hyphosphere)也会改变土壤环境,包括土壤微生物群落结构。

不同的 PAH 共存时对其各自降解也有影响。Gao 等(2011b)利用温室盆栽试验研究给紫花苜蓿单一或复合接种 *G. mosseae*、*G. etunicatum* 对菲、芘污染土壤的菌根修复作用。菌根处理中超过 98.6% 的菲和 88.1% 的芘在 70 天后在土壤中被降解。使用混合 AM 真菌显著促进土壤中的多环芳烃的降解。芘共存时会抑制菲在土壤中的降解。菌根侵染会增加多环芳烃在植物根部的积累,但减少地上部的积累。同样,他们认为植物吸收的贡献可以忽略不计(低于降解总额的 3.24%)。进一步研究发现,接种 *Glomus mosseae*、*Glomus etunicatum* 后土壤中的微生物数量比对照显著增加,细菌、真菌、放线菌分别增加了 9.85%~48.2%、270.1%~328.5%、46.1%~91.8%,表明 AM 真菌显著促进了微生物的生长繁殖,这些微生物可能是促进 PAH 降解的主要原因。另外,丛枝菌根不仅改变土壤微生物活性和区系,土壤酶活性也发生改变。肖敏等

(2009a) 采用温室盆栽试验方法，研究了 *Glomus mosseae* 对菲、芘复合污染土壤中微生物数量和酶活性的影响，结果表明，接种 *Glomus mosseae* 显著增加了白三叶根际和菌丝际土壤中细菌、真菌和放线菌的数量，并对微生物区系有选择性。在供试菲、芘污染浓度范围内，低浓度菲、芘对土壤 PPO、酸性磷酸酶和 CAT 活性有激活作用；但当菲、芘浓度升高时，3 种酶活性受到抑制。与无植物对照土壤相比，接种 *Glomus mosseae* 后白三叶菌根际酸性磷酸酶活性降低了 2.4%~23.1%，CAT 活性增加了 12.6%~20.3%，除高浓度处理外 PPO 活性均增加；菌丝际 PPO 活性比菌根际低 12.9%~62.9%，酸性磷酸酶活性比菌根际高 3.3%~24.0%，CAT 活性则高于菌根际。但是，*Glomus mosseae* 和 *Glomus etunicatum* 对菲芘复合污染土壤中三叶草、黑麦草根际酶活性的影响存在差异（肖敏等，2009b），这意味着不同 AM 真菌-植物组合对菲芘的耐性是不一样的。

四、丛枝菌根修复多环芳烃污染土壤的强化措施

（一）发酵牛粪和造纸干粉的应用

有机废弃物含有大量的有机物质和 N、P、K 等营养元素，排放到环境中不但产生严重的污染，而且造成资源的浪费，所以对有机废弃物进行资源化研究与利用，具有有效利用资源和预防环境污染的双重意义。目前已有利用堆肥和葡萄糖、淀粉等碳源物质来提高 PAH 降解效率的相关研究（Kästner and Mahro，1996；Wischmann and Steinhart，1997；邹德勋等，2006）。已经研究证实，添加发酵牛粪和造纸干粉均有利于提高土壤中 PAH 降解菌的数量，进而促进 PAH 的降解，4~6 环 PAH 降解率显著提高（杨婷，2010；杨婷等，2009a）。利用这些有机废弃物作为材料来强化菌根修复 PAH 污染土壤值得深入研究。

杨婷（2010）利用某受工业废水污染农田土壤（PAH 17.3mg/kg）进行了盆栽试验。种植植物为紫花苜蓿。供试 AM 真菌为本实验室分离保藏的 *G. caledonium* 90036。供试有机废弃物为发酵牛粪（FD）和造纸干粉（PP）。发酵牛粪由南京某公司提供，造纸干粉由安徽某造纸厂亚硫酸铵法麦草制浆废液浓缩而得，具有较强的黏性。各供试有机废弃物的基本性质见表 3-1。

表 3-1 有机废弃物的基本性质

有机废弃物	pH	有机质/(g/kg)	全 N/(g/kg)	全 P/(g/kg)	全 K/(g/kg)
发酵牛粪	6.89	169.3	15.10	3.71	4.92
造纸干粉	5.74	83.5	29.64	0.05	8.73

结果发现，添加 0.5%~2.0% 发酵牛粪基本不影响 AM 真菌侵染率（图 3-4），但均显著促进紫花苜蓿生长（图 3-5），其中添加 1.0% 和 2.0% 处理的土壤 PAH 含量相较对照趋于下降；添加 0.05% 和 0.1% 造纸干粉均显著提高 AM 真菌侵染率和植株生物量，但添加 0.2% 处理则产生了显著的抑制作用，仅添加 0.05% 处理土壤 PAH 含量

显著低于对照,且3~5环PAH降解率均显著提高(图3-6;表3-2)。此外,土壤中PAH降解率与AM真菌侵染率之间呈显著正相关关系。这些结果表明,添加适量发酵牛粪可直接通过增强养分供应来促进植物生长,但对PAH降解影响较小;添加微量造纸干粉可通过增进AM真菌侵染来促进植株生长、加速PAH降解,因而可作为刺激性物质应用于菌根修复。

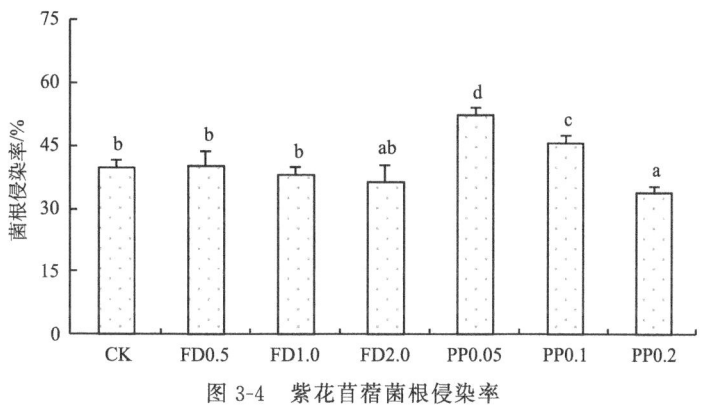

图 3-4　紫花苜蓿菌根侵染率

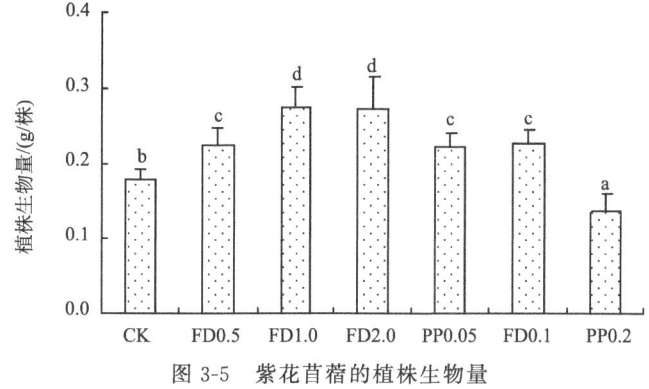

图 3-5　紫花苜蓿的植株生物量

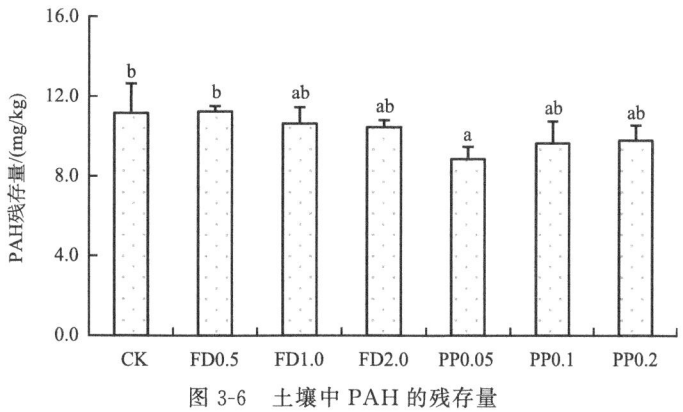

图 3-6　土壤中 PAH 的残存量

表 3-2 土壤中 PAH 的分环降解率

处理	不同环数 PAH 的降解率/%				
	2 环[1]	3 环[2]	4 环[3]	5 环[4]	6 环[5]
CK	67.0±14.8ab	13.7±1.1ab	21.8±4.4a	15.1±2.2a	32.1±3.2ab
FD0.5	78.4±22.9ab	18.6±3.5abc	21.4±3.0a	17.4±7.1a	23.8±1.8a
FD1.0	53.2±5.6a	12.5±0.6ab	32.9±6.1ab	28.9±6.0ab	30.9±7.2ab
FD2.0	85.4±20.7ab	9.3±9.0a	26.3±1.9ab	28.9±5.0ab	34.1±1.abc
PP0.05	85.2±29.5ab	46.3±6.5d	37.5±9.4b	39.0±10.4b	38.6±10.0b
PP0.1	91.8±14.1ab	27.9±7.2c	28.5±6.3ab	32.4±7.3cd	35.7±6.6ab
PP0.2	100.0±0.0b	22.0±8.4bc	27.6±4.5ab	27.9±3.0ab	36.8±7.6ab

[1] 萘（NaP）；[2] 苊（Acp），芴（Flu），菲（Phe），蒽（AnT）；[3] 荧蒽（FluA），芘（Pyr），苯并 [a] 蒽（B [a] A），(Chr)；[4] 苯并 [b] 荧蒽（B [b] F），苯并 [k] 荧蒽（B [k] F），苯并 [a] 芘（B [a] P），二苯并 [a，h] 蒽（DbA）；[5] 茚并 [1，2，3-cd] 芘（IcdP），苯并 [g，h，i] 苝（B [g，h，i] P）

（二）表面活性剂的应用

由于 PAH 在水相中的溶解度极小，强烈吸附在土壤上，生物可利用性差，使 PAH 的生物降解缓慢、降解率低。表面活性剂是一种既含有亲水基又含有疏水基的物质，对 PAH 具有增溶作用，可增加 PAH 与微生物之间的接触机会，提高土壤中 PAH 的生物可利用性和降解率，缩短修复时间。近年来，表面活性剂促进的污染土壤生物修复方法得到了广泛研究，取得了许多成果。已发现一定浓度的表面活性剂 Tween 80 能提高土壤中 PAH 的植物吸收率和生物降解率（Gao and Zhu，2004；Zheng and Obbard，2000；高彦征等，2004；李滢等，2000；宋玉芳等，1999）。

Wu 等（2008a）利用盆栽试验研究了紫花苜蓿接种 *Glomus etunicatum* 和使用非离子型表面活性剂（Triton X-100）对不同水平（0mg/kg、2.5mg/kg、5.0mg/kg、10.0mg/kg）菲的消减的影响。结果发现，植物收获后残留在土壤中的菲浓度明显下降。在所有菲水平下，菌根处理显著促进了菲在根际土壤及非根际土壤中的消减。添加 Triton X-100 后，各处理的根际土壤中菲的浓度最高，而在 AM 真菌和表面活性剂复合处理中非根际土壤中菲浓度最低。复合使用 AM 接种和添加表面活性剂促进了菲在土壤中的消减，降低了微生物生物量（PLFA 分析结果）。PLFA 构型表明，复合使用 AM 真菌和 Triton X-100 改变了根际土壤中微生物群落结构。

刘魏魏（2009）利用采自江苏无锡由于多年化工废水 PAH 污染的某农田（PAH 含量为 13.5mg/kg）的土壤进行盆栽试验，研究了表面活性剂、PAH 降解菌与 AM 真菌的联合修复作用。表面活性剂为鼠李糖脂（rhamnolipids），浓度为 4g/L，是由鼠李糖脂产生菌液体发酵所得。高效 PAH 降解菌为土著细菌芽孢杆菌（*Bacillus* sp.）和黄杆菌（*Flavobacterium* sp.）。供试 AM 真菌为 *Glomus caledonium* 90036。供试植物为紫花苜蓿。结果发现，接种 PAH 专性降解菌、接种 AM 真菌、添加鼠李糖脂两两因素联合修复作用显著提高了 PAH 降解率，其中 PAH 专性降解菌与 AM 真菌协同修复效果较好（图 3-7，图 3-8）。紫花苜蓿-PAH 专性降解菌-AM 真菌-鼠李糖脂联合修复

PAH污染土壤的根际生物协同强化修复效果最好，降解率最高达66.7%。另外，随着苯环数的增加，土壤中15种PAH的平均降解率逐渐降低。添加鼠李糖脂、接种微生物能够促进各环PAH的降解，其中对高分子质量PAH降解的促进作用大于对低分子质量PAH的降解促进作用。土壤PAH降解率与土壤脱氢酶活性、多酚氧化酶活性和PAH降解菌数量呈正相关关系，添加鼠李糖脂、接种微生物提高了土壤脱氢酶活性、多酚氧化酶活性和PAH降解菌数量（图3-9～图3-11），从而促进了土壤PAH的降解。

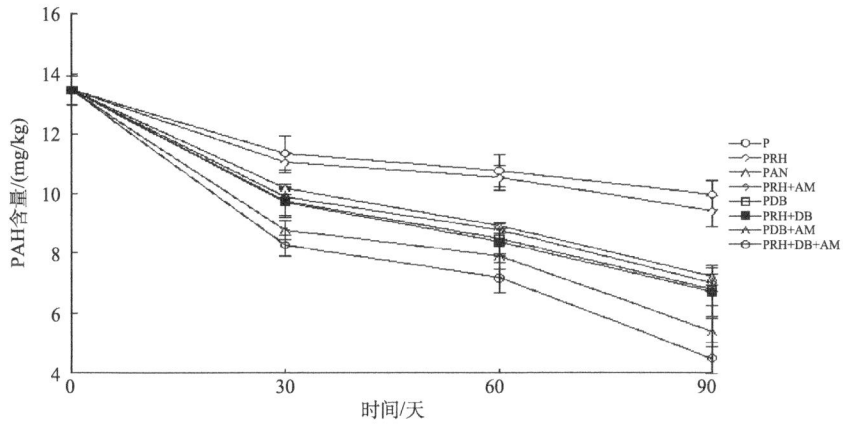

图3-7　不同处理土壤中PAH含量的动态变化

试验处理：①只种植紫花苜蓿（P）；②种植紫花苜蓿，添加鼠李糖脂（PRH）；③种植紫花苜蓿，接种AM真菌（PAM）；④种植紫花苜蓿，添加鼠李糖脂和接种AM真菌（PRH+AM）；⑤种植紫花苜蓿，接种PAH专性降解菌（PDB）；⑥种植紫花苜蓿，添加鼠李糖脂和接种PAH专性降解菌（PRH+DB）；⑦种植紫花苜蓿，接种AM真菌和PAH专性降解菌（PDB+AM）；⑧种植紫花苜蓿，添加鼠李糖脂、接种AM真菌和PAH专性降解菌（PRH+DB+AM）

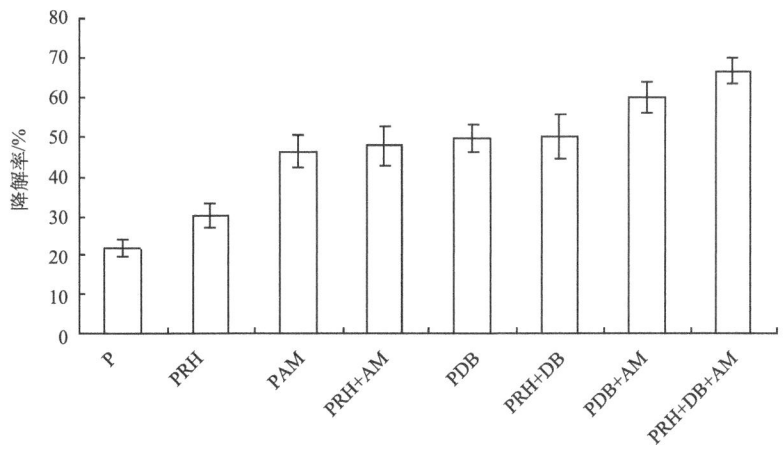

图3-8　不同处理土壤中PAH的降解率

试验处理：①只种植紫花苜蓿（P）；②种植紫花苜蓿，添加鼠李糖脂（PRH）；③种植紫花苜蓿，接种AM真菌（PAM）；④种植紫花苜蓿，添加鼠李糖脂和接种AM真菌（PRH+AM）；⑤种植紫花苜蓿，接种PAH专性降解菌（PDB）；⑥种植紫花苜蓿，添加鼠李糖脂和接种PAH专性降解菌（PRH+DB）；⑦种植紫花苜蓿，接种AM真菌和PAH专性降解菌（PDB+AM）；⑧种植紫花苜蓿，添加鼠李糖脂、接种AM真菌和PAH专性降解菌（PRH+DB+AM）

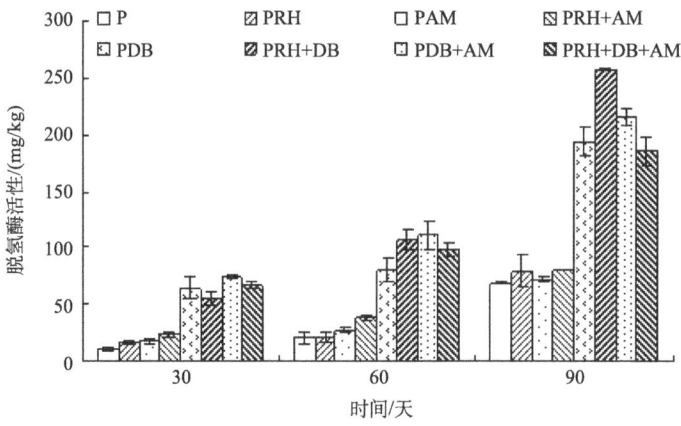

图3-9　不同处理土壤中脱氢酶活性动态变化

试验处理：①只种植紫花苜蓿（P）；②种植紫花苜蓿，添加鼠李糖脂（PRH）；③种植紫花苜蓿，接种AM真菌（PAM）；④种植紫花苜蓿，添加鼠李糖脂和接种AM真菌（PRH+AM）；⑤种植紫花苜蓿，接种PAH专性降解菌（PDB）；⑥种植紫花苜蓿，添加鼠李糖脂和接种PAH专性降解菌（PRH+DB）；⑦种植紫花苜蓿，接种AM真菌和PAH专性降解菌（PDB+AM）；⑧种植紫花苜蓿，添加鼠李糖脂、接种AM真菌和PAH专性降解菌（PRH+DB+AM）

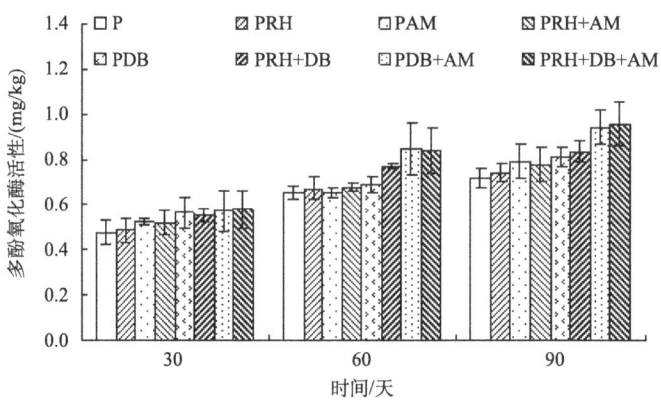

图3-10　不同处理土壤中多酚氧化酶活性动态变化

试验处理：①只种植紫花苜蓿（P）；②种植紫花苜蓿，添加鼠李糖脂（PRH）；③种植紫花苜蓿，接种AM真菌（PAM）；④种植紫花苜蓿，添加鼠李糖脂和接种AM真菌（PRH+AM）；⑤种植紫花苜蓿，接种PAH专性降解菌（PDB）；⑥种植紫花苜蓿，添加鼠李糖脂和接种PAH专性降解菌（PRH+DB）；⑦种植紫花苜蓿，接种AM真菌和PAH专性降解菌（PDB+AM）；⑧种植紫花苜蓿，添加鼠李糖脂、接种AM真菌和PAH专性降解菌（PRH+DB+AM）

田间试验也证实，AM真菌、鼠李糖脂PAH、降解菌菌剂单独使用可以促进玉米对PAH的修复，PAH降解率分别达41.97%、25.73%、32.81%，而三者复合处理PAH降解率是65.74%，说明鼠李糖脂、AM真菌和PAH专性降解菌三者在促进PAH降解方面存在协同作用。在玉米和黑麦草套种试验中，AM真菌、鼠李糖脂、降解菌菌剂单独使用时PAH降解率分别是34.34%、20.18%、25.35%，三者复合处理

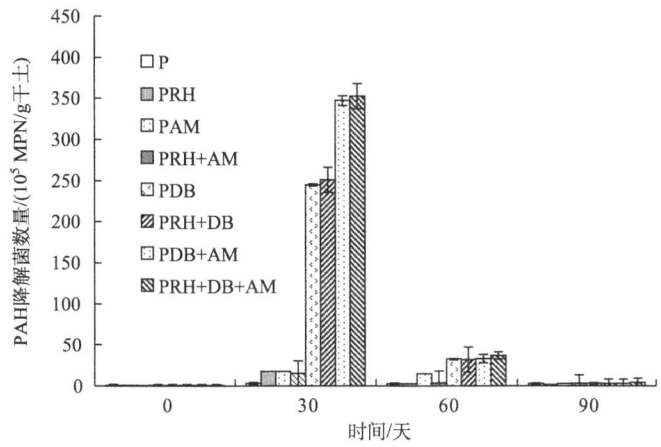

图 3-11 不同处理土壤中 PAH 降解菌数量动态变化

试验处理：①只种植紫花苜蓿（P）；②种植紫花苜蓿，添加鼠李糖脂（PRH）；③种植紫花苜蓿，接种 AM 真菌（PAM）；④种植紫花苜蓿，添加鼠李糖脂和接种 AM 真菌（PRH+AM）；⑤种植紫花苜蓿，接种 PAH 专性降解菌（PDB）；⑥种植紫花苜蓿，添加鼠李糖脂和接种 PAH 专性降解菌（PRH+DB）；⑦种植紫花苜蓿，接种 AM 真菌和 PAH 专性降解菌（PDB+AM）；⑧种植紫花苜蓿，添加鼠李糖脂、接种 AM 真菌和 PAH 专性降解菌（PRH+DB+AM）

PAH 降解率是 72.48%，鼠李糖脂、AM 真菌和 PAH 专性降解菌也能在促进 PAH 降解方面起到协同作用。

（三）PAH 降解菌在菌根修复中的应用

绝大多数情况下，AM 真菌与 PAH 降解菌复合使用有利于促进 PAH 的降解。Cheung 等（2008）研究了细菌、菌根和黄麻（*Corchorus capsular*）之间的相互作用对土壤中不同浓度的蒽的生物降解，把从黄麻根际分离的优势土著细菌和蒽降解微生物少动鞘氨醇单胞菌（*Sphingomonas paucimobilis*）、铜绿假单胞菌（*Pseudomonas aeruginosa*）进行电融合（electrofusion），能够产生不同类型的生物表面活性剂。蒽降解菌的生长由于电融合的转基因作用而得到改善。种植植物、接种微生物的土壤中蒽减少了 65.5%~75.2%，而空白土壤（无接种、无植物）只减少了 12.5%。土壤中高达 150mg/kg 的蒽没有显著抑制菌根侵染。接种 *Glomus mosseae* 和 *Glomus intraradices* 显著改善植物的生长，在少动鞘氨醇单胞菌共存下增强了蒽的去除效率。Yu 等（2011a）利用盆栽试验研究了黑麦草、PAH 降解菌（*Acinetobacter* sp.）及 AM 真菌（*Glomus mosseae*）的联合修复作用，发现黑麦草增加了 POD 活性，接种降解菌、AM 真菌促进了菲和芘在土壤中的消减；AM 真菌与 PAH 降解菌联合应用有助于芘的消减和黑麦草根系的吸收。紫花苜蓿和苇状羊茅接种 *Glomus intraradices* 主要是在高水分和低磷土壤中对高分子质量的二苯并（a, h）蒽的消减起到显著促进作用；而芘的消减和革兰氏阳性多环芳香烃环羟基化双加氧酶的基因在高水分高磷处理中存在正线性关系（Zhou et al., 2009）。在菲和芘复合污染土壤中，接种 *Glomus mosseae* 显著促进黑麦草,尤其是光合活性和叶绿素含量升高,地上部丙二醛(MDA)含量降低、SOD活性增加,可能与地上部较高的芘含量有关,说明AM真菌降低自由基造成的膜损伤,而接种PAH降解菌(*Acinetobacter* sp.)对植物生长和生理生化反应的作用有限,双接种对于PAH污染修复有利(Wu et al.,2014)。

田间试验结果也证实,AM真菌强化黑麦草、苜蓿与高效微生物菌剂联合使用,能够进一步提高联合体系对PAH污染土壤的修复效率。在种植黑麦草时,AM真菌的使用提高了植物对PAH污染土壤的修复效率,去除效率可达47.25%~70.90%,5~6环PAH去除率也略为提高,达27.75%~46.75%;其中细菌菌剂、真菌菌剂、AM真菌复合使用修复效果最好,对总PAH去除率为70.9%;对高环(5~6环)PAH去除率为46.75%。在种植苜蓿时,AM真菌的使用提高了植物对PAH污染土壤的修复效率,去除效率为52.42%~70.61%。在苜蓿使用AM真菌处理后,PAH修复效果的增幅好于黑麦草处理组,可能的原因是苜蓿为豆科植物,更易受到AM真菌的侵染。细菌菌剂、真菌菌剂、AM真菌复合使用修复效果最好,对总PAH去除率为70.61%;对高环(5~6环)PAH去除率为45.68%。

两种植物与菌剂、菌根菌的联合修复研究表明,细菌、真菌的混合菌剂比较适用于污染农田的原位修复,一方面它们可以协同作用,共同完成对PAH的降解,同时,植物对微生物的促进作用也不尽相同,相互促进有利于修复作用。丛枝菌根是植物根系与AM真菌的互惠共生体,利用菌根修复有机污染土壤综合了植物修复与微生物修复的优点,克服了两者在实际应用中的缺陷,起到了降解污染物并促进植物生长的作用。

(四)土壤动物在菌根修复中的应用

蚯蚓作为土壤中的大型动物,参与土壤有机质的分解和养分循环,使土壤迅速熟化,对植物生长有促进作用,影响土壤中的微生物群落结构、数量、微生物活性及土壤酶活性(Brown,1995)。PAH的生物降解主要在好氧条件下进行,土壤溶液中溶解氧含量是决定修复效果的关键因素,蚯蚓在土壤中的运动能增加土壤通气性,为微生物降解有机污染物提供了良好的透气条件。同时,蚯蚓的活动能促进AM真菌的传播,其吞食作用使得土壤中PAH与肠道中的微生物菌群充分接触,也促进土壤中PAH发生好氧降解及微生物代谢(Hickman and Reid,2008;白建峰等,2013)。已有研究表明蚯蚓能吸收大量的芘,且体内的芘处于未被降解状态(Stroomberg et al.,2004),并被用作土壤中PAH生物累积性和毒性评估(Jonker et al.,2007)。蚯蚓也会影响PAH的有效性(Gomez-Eyles et al.,2011)。因此,将蚯蚓引入植物-生物修复PAH污染土壤的技术中,充分发挥蚯蚓的作用,有着重要意义。

南瓜(*Cucurbita moschata*)能从土壤中吸收POP(如chlordane、p,p-DDE等)和PCB,并把这些化合物转移到地上部组织中,其吸收PAH的能力比黄瓜(*Cucumis sativus*)、西葫芦(*Cucurbita pepo*)高5.47倍,并且吸收的PAH主要包括3~6环化合物(Parrish et al.,2006),因此南瓜常被用于有机污染的植物修复。白建峰等(2013)在温室盆栽实验条件下研究了单独或共同接种AM真菌、蚯蚓(*Eisenia fetida*)对南瓜修复3环以上PAH污染农田土壤的影响。结果表明,同时接种AM真菌和蚯蚓促进 AM 真菌侵染南瓜,增加地上部和根系生物量(图 3-12);显著提高南瓜修复土壤中菲、蒽、芘、苯并(k)荧蒽、苯并(a)芘、苯并(g, h, i)苝等 PAH 污染物的效率,使土壤中大部分的 3~5 环高分子质量 PAH 化合物含量显著降低(图 3-13)。

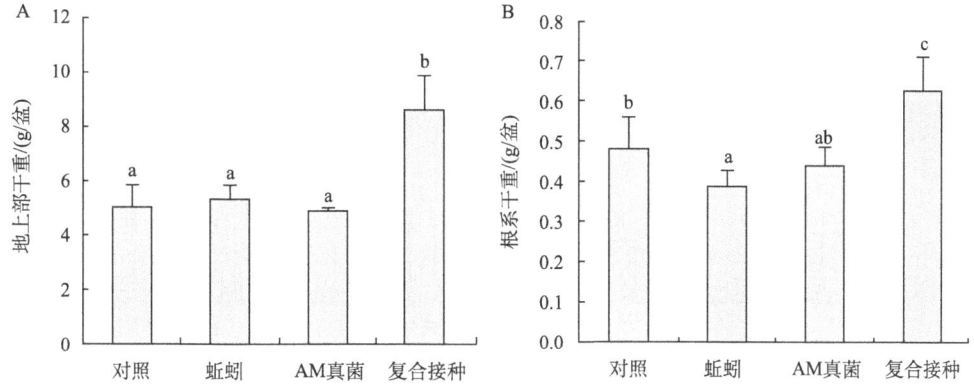

图 3-12 不同接种处理的南瓜地上部(A)和根系(B)干重
图中竖棒表示标准误差,不同字母表示在 $P<0.05$ 水平差异显著

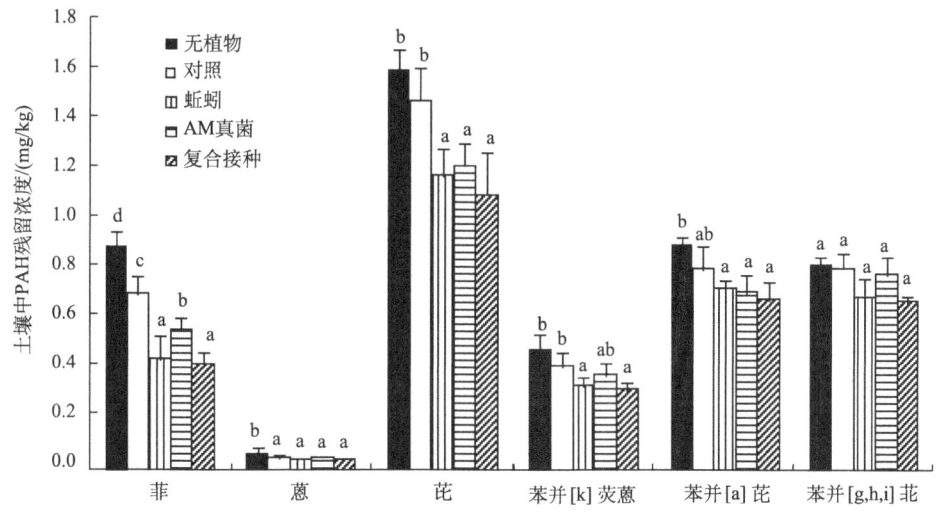

图 3-13 不同接种处理的土壤中 PAH 残留量
图中竖棒表示标准误差,不同字母表示在 $P<0.05$ 水平差异显著

AM 真菌、蚯蚓促进南瓜高效地吸收 3~5 环 PAH,尤其是 AM 真菌和蚯蚓共同接种条件下对南瓜修复土壤效果最优(图 3-14,图 3-15);AM 真菌利于南瓜转移根系吸收的高浓度 PAH 化合物至地上部,降低 PAH 对根系的胁迫,增强南瓜在高浓度 PAH 污染土壤中存活,有利于南瓜应用于高浓度 PAH 污染土壤的高效修复;蚯蚓对南瓜根系吸持 3~5 环高分子质量的 PAH 化合物有积极作用。因此,选用的 AM 真菌和蚯蚓在土壤中具有协同作用,促进南瓜高效修复 PAH 污染土壤。

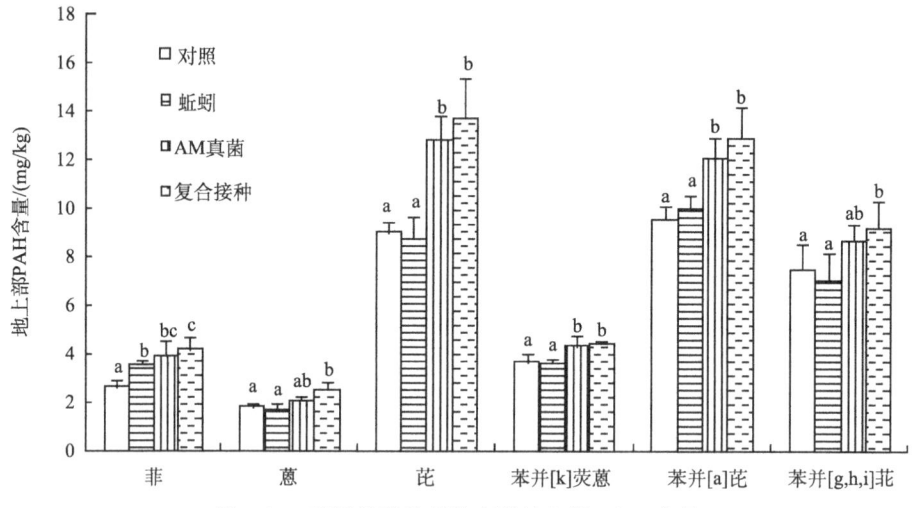

图 3-14 不同接种处理的南瓜地上部 PAH 含量

图中竖棒表示标准误差,不同字母表示在 $P<0.05$ 水平差异显著

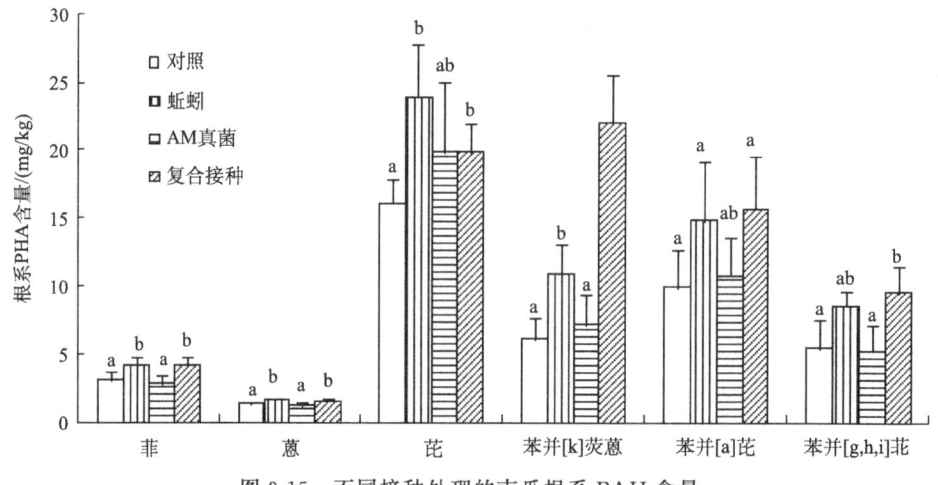

图 3-15 不同接种处理的南瓜根系 PAH 含量

图中竖棒表示标准误差,不同字母表示在 $P<0.05$ 水平差异显著

在863课题的资助下,在南京梅山上海宝山钢铁厂附近某PAH中度污染区进行了田间示范试验,研究了采用AM真菌、蚯蚓、南瓜联合修复PAH污染农田土壤的效应。示范区PAH平均含量为1000μg/kg左右,其中,4环(46.7%)>5环(25.3%)>6环(14.7%)>3环(13.8%)>2环(0%)。该区域为旱地耕作模式,基本农田主要农作物为玉米,占耕地面积的80%以上,其他农作物有大豆、水稻等。

研究结果表明(图3-16),对照小区南瓜根系也能检测到菌根侵染率,说明土壤中存在的土著AM真菌能够侵染南瓜根系,接种蚯蚓对菌根的形成有一定的促进作用,但是没有显著性差异。菌根化南瓜则一直保持了较高的菌根侵染率,且显著高于未接种的对照及单独接种蚯蚓的处理。

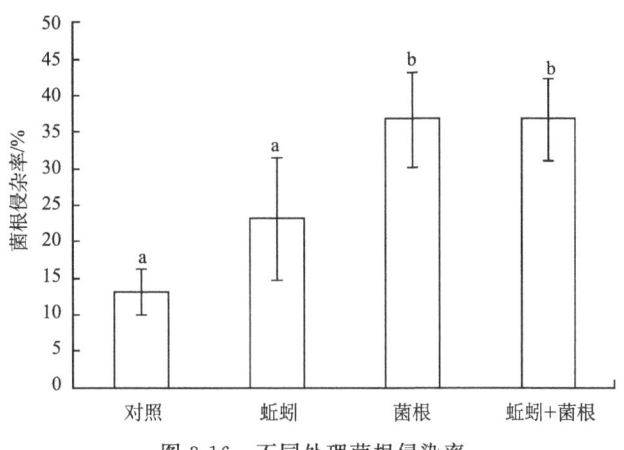

图 3-16 不同处理菌根侵染率

图中竖棒表示标准误差，不同字母表示在 $P < 0.05$ 水平差异显著

单独接种蚯蚓及 AM 真菌对南瓜的茎叶及根系干重没有显著影响，而同时接种蚯蚓和 AM 真菌的处理，无论是南瓜茎叶还是根系干重均显著高于对照及单独接种的处理，说明蚯蚓和 AM 真菌在南瓜生长过程中具有很好的协同作用。与对照相比，接种蚯蚓及蚯蚓和 AM 真菌联合接种对南瓜生物量没有显著影响，而接种 AM 真菌的处理南瓜生物量显著高于对照（图 3-17，图 3-18）。

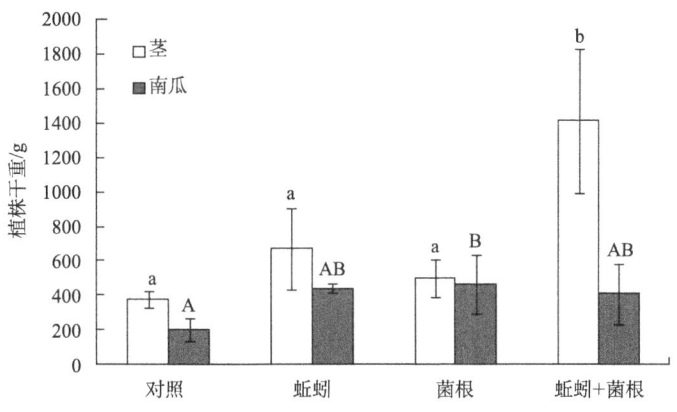

图 3-17 不同处理植株地上部干重

图中竖棒表示标准误差，不同字母表示在 $P < 0.05$ 水平差异显著

与种植前土壤 PAH 含量相比，对照及所有处理其土壤 PAH 含量显著降低，说明南瓜对 PAH 污染土壤具有良好的修复效果。单独接种蚯蚓能促进土壤中 PAH 的降解，但是与对照相比没有显著差异，而接种 AM 真菌的处理其土壤 PAH 含量显著低于对照。蚯蚓与 AM 真菌联合接种显著促进了土壤中 PAH 的消减，但是与单独接种 AM 真菌的处理没有显著差异，表明 AM 真菌在 PAH 污染土壤的修复中起了非常重要的作用（图 3-19）。

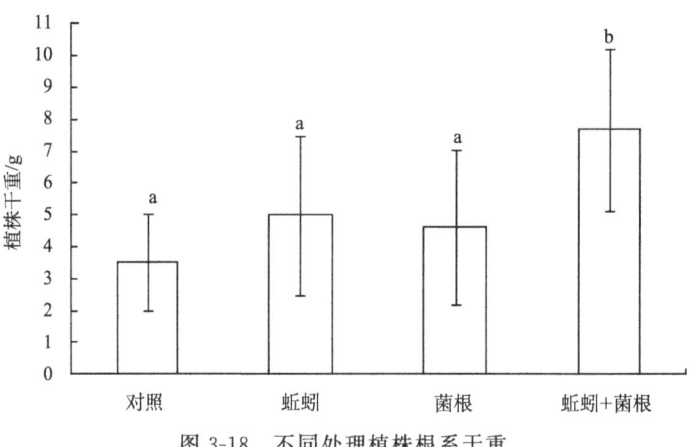

图 3-18 不同处理植株根系干重

图中竖棒表示标准误差，不同字母表示在 $P < 0.05$ 水平差异显著

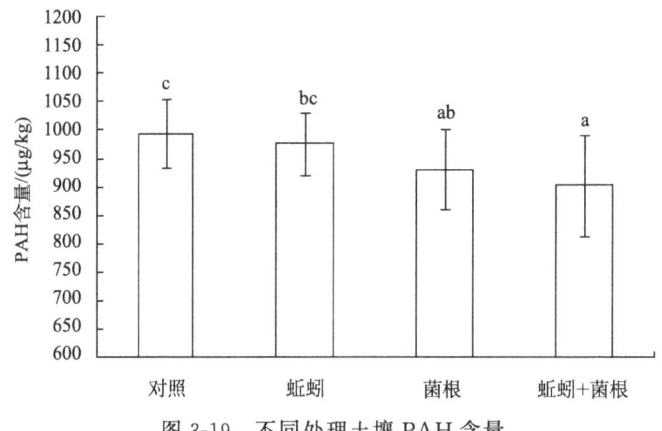

图 3-19 不同处理土壤 PAH 含量

图中竖棒表示标准误差，不同字母表示在 $P < 0.05$ 水平差异显著

南瓜植株各部分 PAH 含量的结果表明，南瓜根系中 PAH 含量最高，其次是地上部的茎叶，南瓜果实中 PAH 含量最低。接种 AM 真菌的处理，无论是单独还是联合接种，均显著促进了南瓜根系 PAH 含量，而地上部茎叶及果实 PAH 含量均显著低于接种蚯蚓的处理（图 3-20～图 3-22）。推测由于 AM 真菌的侵染，根外菌丝吸附了大量的 PAH，而蚯蚓的活动可能增加了 PAH 的生物有效性，导致南瓜根系吸收后大量转运到地上部。

根据各处理南瓜生物量及各部分 PAH 含量，计算出不同处理下南瓜对 PAH 的吸收量（图 3-23）。结果表明，接种蚯蚓及蚯蚓和 AM 真菌联合接种均显著促进了南瓜植株对 PAH 的吸收，而单独接种 AM 真菌与对照相比没有显著差异，同样表明土壤中蚯蚓的活动提高了 PAH 的生物有效性，促进了南瓜对 PAH 的吸收和转运。

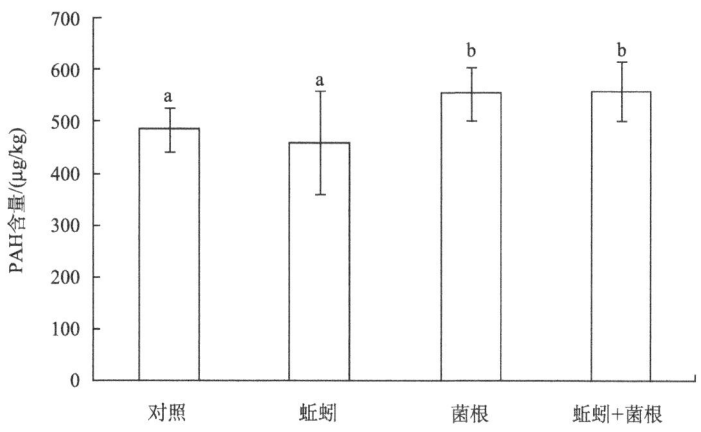

图 3-20　不同处理植株根系 PAH 含量
图中竖棒表示标准误差，不同字母表示在 $P<0.05$ 水平差异显著

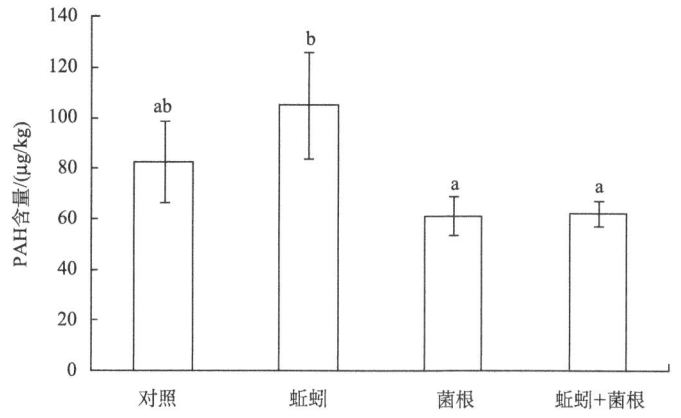

图 3-21　不同处理植株地上部 PAH 含量
图中竖棒表示标准误差，不同字母表示在 $P<0.05$ 水平差异显著

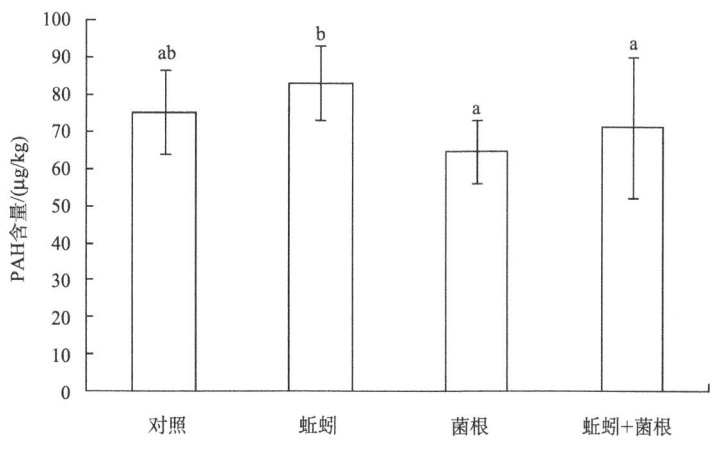

图 3-22　不同处理果实 PAH 含量
图中竖棒表示标准误差，不同字母表示在 $P<0.05$ 水平差异显著

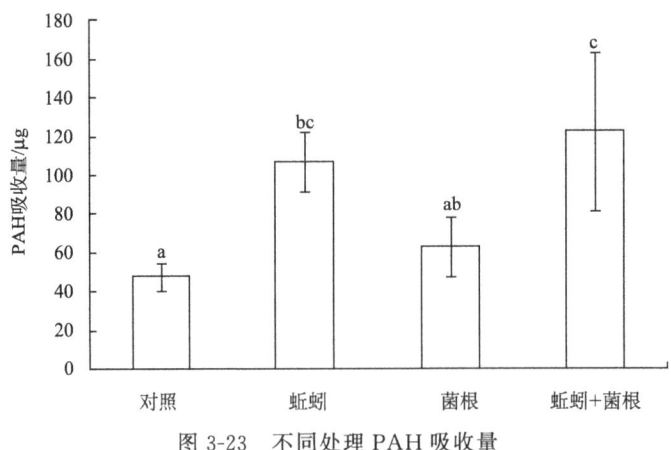

图 3-23 不同处理 PAH 吸收量

图中竖棒表示标准误差，不同字母表示在 $P < 0.05$ 水平差异显著

第二节 丛枝菌根对石油污染土壤的修复

一、石油污染概述

石油是链烷烃、环烷烃、芳香烃及少量非烃化合物的复杂混合物，这些物质毒性大，有的有致癌、致突变等作用，因此被列为重要污染物。石油对土壤的污染主要是破坏土壤结构，影响土壤通透性，损害植物根部，阻碍根的呼吸与吸收，最终导致植物死亡。其次，污染物进入食物链造成人体损伤。

石油污染土壤一般采用物理法、化学法、生物法进行修复，物理法通过焚烧而破坏大部分有机污染物，这种方法费用高，不利于处理。化学法采用化学浸提，效果较好，但因易造成二次污染而受限制。生物法费用低，操作简单，无二次污染，应用前景广阔。生物法的主要原理是微生物利用石油烃类作为碳源进行同化降解，使其最终完全矿化，转变为无害的无机物质（CO_2 和 H_2O）的过程。

石油的生物降解因其所含烃分子的类型和大小而异。链长度中等（C10～C24）的 n-链烷最易降解，短链烷对许多微生物都有毒，不过它们通常很快从油中蒸发。很长的链烷对生物的抗性增强。从烃分子类型看，链烃比环烃易降解；不饱和烃比饱和烃易降解；直链烃比支链烃易降解，支链烷基越多，微生物越难降解，链末端有季碳原子时特别顽固；多环芳烃很难降解或不降解（马文漪和杨柳燕，1998）。

降解石油的微生物很多，据报道有 200 多种，细菌有假单胞菌属（*Pseudomonas*）、棒杆菌属（*Corynebacterium*）、微球菌属（*Micrococcus*）、产碱杆菌属（*Alcaligenes*）等，放线菌主要是诺卡氏菌属（*Nocardia*），酵母菌主要是解脂假丝酵母（*Candida lipolytica*）和热带假丝酵母（*Candida tropicalis*），霉菌有青霉属（*Penicillium*）和曲霉属（*Aspergillus*）等。此外，蓝细菌和绿藻也都能降解多种芳烃。

二、AM 真菌在石油污染土壤中的分布和侵染状况

大量调查表明，AM 真菌对石油污染有一定耐性，能够广泛存在于石油污染土壤中。Cabello（2001）从生长于阿根廷 Ensenada 地区重度原油污染土壤狗牙根（*Cynodon dactylon*）根区分离到 *Glomus tortuosum*。黄继翠等（2007）调查了四川遂宁地区磨溪油田石油污染土壤中 AM 真菌资源和菌根发育状况。他们调查的 14 种植物中 13 种能形成丛枝菌根，分离出 AM 真菌 19 种，隶属于 *Glomus*、*Acaulospora* 和 *Archaeospora*，其中球囊霉属为该地区优势属，*Glomus constrictum* 和 *Glomus mosseae* 为优势种；植物根际土壤孢子密度在 39~548 个/100g 土壤，平均为 197 个/100g 土；菌根侵染率为 17%~69%，菌根侵染强度为 2%~24%，表明石油污染区植物具有较强的菌根依赖性。相关性分析表明，石油污染浓度与孢子密度呈显著负相关，与菌根侵染率及侵染强度无相关性。宿主植物一年蓬（*Erigeron annuus*）和艾蒿（*Artemisia argyi*）在石油污染浓度为 11 450mg/kg 和 14 950mg/kg 时侵染率仍高达 69% 和 47%，可能是抗石油胁迫的优势植物。

石油污染主要是破坏土壤结构，影响宿主植物根系生理活动，会导致孢子密度随之降低。Cabello（1997）研究了在阿根廷和德国的两块烃污染土壤中 AM 真菌的结构和侵染强度，Ensenada（阿根廷）土壤中污染物主要是原油（总脂族含量 18.5%，菲 857.46mg/kg、蒽 517mg/kg），Rositz（德国）土壤污染物主要是 PAH（700mg/kg）。结果发现，与污染土壤相比，非污染土壤中植物菌根侵染率高，丛枝与泡囊的比率大。从污染土壤中分离的 AM 真菌也具有较强的侵染力，从污染、非污染土壤中均分离到 *Glomus aggregatum*、*Glomus mosseae*；以苜蓿为供试植物，发现原油胁迫后导致 AM 真菌繁殖体的数量减少。耿春女等（2012）也发现随着石油浓度的增加，石油污染土壤中孢子密度逐渐下降。Franco-Ramírez 等（2007）调查了墨西哥 Tabasco 的长期石油污染土壤中多穗稗、来檬（*Citrus aurantifolia*）和酸橙（*Citrus aurantium*）根际和根系中的 AM 真菌，发现菌根侵染率为 63%~77%，孢子密度在 715~912 个/100g 土壤；从多穗稗中鉴定了 4 种 AM 真菌：*Glomus ambisporum*、*Glomus sinuosum*（即 *Sclerocystis sinuosum*）、*Acaulospora laevis*、*Ambispora gerdermanni*，从来檬和酸橙中鉴定出 *Scutellospora heterogama*、*Glomus ambisporum*、*Acaulospora scrobiculata*、*Glomus citricola*；研究还发现，原油中的挥发性成分、苯并[a]芘或菲均抑制孢子萌发和菌丝生长。

石油污染对菌丝生长和侵染能力的影响比较复杂。石油胁迫是通过影响植物根系的生理活动，从而使 AM 真菌孢子萌发后的菌丝生长阶段受到影响（Kirk et al.，2005）。AM 真菌的孢子不仅存在于石油污染土壤中，而且在油浓度 10 000mg/kg 时，其菌根侵染率仍高达 82.86%，其侵染率在一定范围内随石油浓度增加而递增（耿春女等，2002）。有研究发现，土壤中原油污染不影响 AM 真菌对黑杨的侵染（Nicolotti and Egli，1998）。而黄继翠等（2007）研究发现，石油污染对植物根系菌根发育无显著影响，而不同宿主植物其菌根侵染率和侵染强度差异较大，这可能是由于同种植物能被多

种 AM 真菌侵染，而不同 AM 真菌与植物之间的选择性及其生态适应性不同的结果。一定量的石油胁迫在某种程度上影响了 AM 真菌的生长及其产孢能力，但对 AM 真菌孢子萌发及侵染能力影响不大，仍然能够与植物形成菌根。

Langer 等（2010）利用分室盆栽系统（图 3-24）研究了原油的非均质性分布和菌根侵染对菜豆（*Phaseolus vulgaris*）生长和根系形态的影响，不接种 AM 真菌时，污染导致根室内根系生物量和根长增加、根系直径降低，而未污染根室内的根系反应则相反，这可能是污染导致植物水分、养分从未污染根室向污染根室中优先分配；而在接种 AM 真菌时，上述作用不显著，表明菌根植物受污染物的影响较小。植物可能会降低非菌根室内的营养供应，增加向菌根根系的碳源分配，这可能会导致植物总生物量降低。

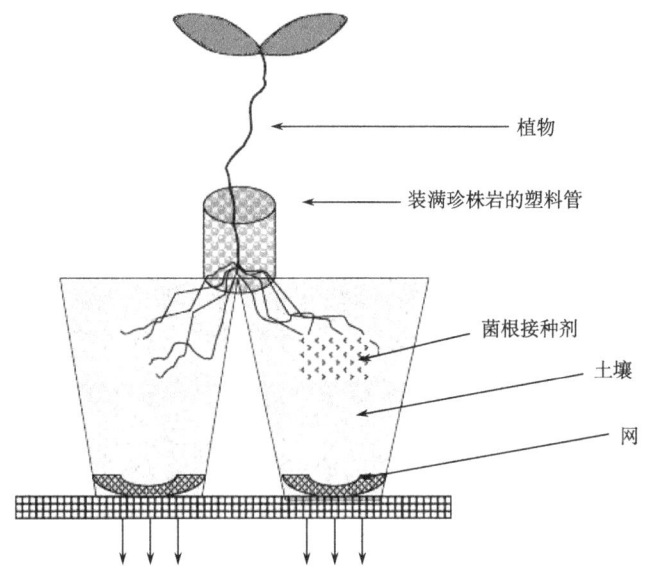

图 3-24 分室盆栽系统［根据 Langer 等（2010）重绘］

除了石油污染程度，菌根侵染可能与植物生长阶段有关。在芦苇（*Phragmites australis*）营养生长的早期阶段，污染土壤中的侵染率比未污染土壤中的高；而在营养生长后期则趋势相反（Nie et al.，2011）。

石油污染土壤中的林木也能形成丛枝菌根。黄玲玲等（2012）以陕西延长县石油污染区常见的 13 种人工种植林木为材料，测定了各人工种植林木根际 AM 真菌发育状况和 GRSP 含量。结果发现 13 种林木均能形成丛枝菌根，其定植率平均为 63.2%，孢子密度平均为 1.93 个/g 干土，其中受污染程度最低的柠条 AM 真菌定植率和孢子密度最高，分别为 91.6% 和 4.73 个/g 干土；各种人工种植林木的根际土壤 GRSP 含量、PPO 和 CAT 活性随根际土壤石油烃污染浓度的增加而明显升高，他们认为林木根际土壤 GRSP 含量、PPO 和 CAT 活性可以作为石油污染的敏感指标。

三、丛枝菌根在修复石油污染土壤中的作用

绝大多数研究证实了 AM 真菌对石油污染土壤中植物生长和生物修复有积极作用。Alarcón 等（2004）研究了接种 *Glomus intraradices* 对一年生黑麦草修复石油污染土壤的作用，土壤为沙质壤土，石油含量为 0mg/kg、3 000mg/kg、15 000mg/kg、45 000mg/kg，接种 500 个孢子，90 天后，菌根和非菌根植物均受到石油的显著影响，在 3 000mg/kg 时，*Glomus intraradices* 促进了植物生长，提高了叶绿素含量和气体交换，总叶面积、净光合速率也显著增加，水分利用效率比对照增加 3 倍以上；在 15 000mg/kg 和 45 000mg/kg 时 AM 真菌没有效果，但依然有侵染（分别为 11.8% 和 18.6%），但是比 0mg/kg（42.5%）和 3 000mg/kg（55.6%）时的要低得多。给小麦接种 AM 真菌可以用于修复长期石油污染土壤（Małachowska-Jutsz and Kalka，2010）。Hernández-Ortega 等（2012）利用沙培试验研究了 AM 真菌（*Glomus* Zac-19）对柴油污染（7 500mg/kg）下白花草木犀（*Melilotus albus*）生长、营养状况、总抗氧化能力（AOX）、可溶性总酚含量（TPC）、总硝酸还原酶活性（NRA）的影响，60 天后，污染显著降低了植物生长，菌根植物地上部干重与对照没有显著差异，但是叶面积较低；菌根植物微量元素含量较高；无论污染与否，叶片中 AOX 和 TPC 比根系中的高，但根中 NRA 比叶中的高；AM 真菌增加了根瘤数量；柴油污染增加了叶片中的 AOX，但是菌根植物中的较低；与之相反，菌根植物根系中 AOX 高于对照，NRA 却低于对照；污染显著降低菌根侵染；菌根植物处理柴油降解率达 47.7%，而对照只有 29.8%。

但是，丛枝菌根对石油污染的修复效果与 AM 真菌种类、植物种类、污染状况、土壤状况等密切相关。对石油耐性强的 AM 真菌，植物可能修复效果较好。Cabello（1999）比较了 5 种 AM 真菌（其中 3 种分离于烃污染土壤：*Glomus deserticola*、*Glomus geosporum*、*Glomus intraradices*；*Glomus fasciculatum* 和 *Glomus mosseae* 为实验室保存）与生长在 5% 原油污染土壤中的紫花苜蓿的共生效应。结果发现，除 *Glomus mosseae* 之外，其他 4 种能够增加植物株高和生物量，并改善磷和锌营养。把筛选到的 AM 真菌接种到生长在油污染土壤中的三叶草上后，能促进植物的生长（耿春女等，2002）。在柴油浓度 5 000mg/kg 时，接种 *Glomus geospora*、*Glomus mosseae*、*Glomus constrictum* 能够与万寿菊（*Tagetes erecta*）形成共生体，白色万寿菊比黄色万寿菊耐油能力强；接种 *Glomus geospora* 及混接 AM 真菌和细菌能显著提高柴油的降解率，分别比对照增加 16.51% 和 14.05%（耿春女等，2003）。王丽萍等（2009）模拟两种石油污染土壤浓度，研究了 *Glomus mosseae* 和 *Glomus versiforme* 单接种和双接种于玉米对土壤石油烃降解的作用，结果发现在石油污染浓度（质量分数）0.2% 和 2% 条件下，石油烃降解率与菌根侵染率、玉米根干重与植株干重均呈现相关性，两组相关系数分别为 0.8296～0.8785、0.9620～0.9745；接种 AM 真菌处理的菌根侵染率、玉米生长量和石油烃降解率均远高于对照处理，AM 真菌能有效促进石油烃降解；*Glomus versiforme* 比 *Glomus mosseae* 对高石油污染浓度具有更强的适应性，更适合作为处理高浓度石油污染土壤的接种菌。双接种处理的菌根侵染率和石油烃降解率等均高于单接种处

理，两种菌种的协同作用可有效促进植物生长和石油烃降解。

在盐渍条件下，丛枝菌根也具有修复石油污染的能力。添加 AM 真菌 *Glomus mosseae* 和种植碱蓬（*Suaeda glauca*）有助于盐渍石油污染土壤的联合修复（李丹，2013）；添加尿素后会进一步提高石油降解率，认为 AM 真菌-植物-氮添加是修复石油污染的较佳选择。

四、丛枝菌根修复石油污染土壤的强化措施

菌根菌丝团通过形成微生物薄膜支持形态多样的细菌群，能间接促进原油的降解（Sarand et al.，1998）。Heinonsalo 等（2000）提出了菌根根际假说：在自然界木质素富集的森林腐殖土或石油烃污染的土壤中，容易利用的富碳基质分泌到根际，特别是分泌到广泛存在的菌根根际，提高了微生物群落的代谢活性，使细菌群利用碳源的能力加强，促进了石油污染土壤中矿物油的降解。何翊等（2004）发现石油污染土壤中接种不同 AM 真菌也可以降低玉米与大豆（*Glycine max*）中石油污染物的含量，其石油类污染物降解率在 60% 以上。他们认为，菌根降解对于提高石油类污染物的降解速率作用明显，与细菌菌剂复合使用后，能够增加修复效果。Alarcón 等（2008）研究了黑麦草接种 AM 真菌（*Glomus intraradices*）、石油降解细菌少动鞘氨醇单胞菌、丝状真菌刺孢小克银汉霉（*Cunninghamella echinulata*），以及混合接种 AM 真菌和丝状真菌对原油污染土壤的作用。温室条件下黑麦草在原油浓度（6000mg/kg）污染土壤中生长 80 天，结果发现 AM 真菌的总侵染率和丛枝侵染率分别达 25% 和 8%。接种这些微生物均促进了原油降解率，其中以 AM 真菌和丝状真菌的复合接种作用最为显著，降解率达 59%。这说明 AM 真菌对石油污染的耐性很强，而且具有修复潜力。

豆科植物可以与固氮菌和 AM 真菌同时共生，被认为有植物修复石油污染的潜力。Bento 等（2012）对 7 个品种的豆科树木对石油污染的修复能力进行了研究：细叶相思（*Acacia angustissima*）、大叶相思（*Acacia auriculiformis*）、绢毛相思（*Acacia holosericea*）、马占相思（*Acacia mangium*）、*Mimosa artemisiana*、*Mimosa caesalpiniifolia*、雨树（*Samanea saman*）。给这些树木接种 5 种混合 AM 真菌和固氮细菌。结果发现，降低总石油碳氢化合物（TPH）的含量，特别是接种了微生物的 *Samanea saman* 生长在严重石油土壤污染时。生物量大的 *Acacia angustissima* 和 *Mimosa caesalpiniifolia* 及其接种的微生物并没有降低土壤的 TPH。*Mimosa artemisiana* 修复效果最好，但植物生长受到严重影响。结果表明，植物的修复能力与其生长和对污染的适应能力没有直接关系，但与微生物共生在修复过程中可能发挥了关键作用。Olusola 和 Anslem（2010）研究了绿穗苋（*Amaranthus hybridus*）、白腐真菌肺形侧耳（*Pleurotus pulmonarius*）、AM 真菌 *Glomus mosseae* 对原油污染土壤的修复作用，发现两类微生物对于原油的降解有促进作用。

从上述研究可以看出，在丛枝菌根修复石油污染中，不仅要考虑植物-AM 真菌组合的筛选，其他降解微生物与丛枝菌根的相互作用也值得关注。

第三节 丛枝菌根对酞酸酯污染土壤的修复

一、酞酸酯概述

酞酸酯（PAE）是约 30 种化合物的总称，主要用作塑料和橡胶的增塑剂。PAE 具有降解速度慢、降解途径少、生物体对其富集作用强、致畸、致突变等特点。随着地膜覆盖技术的推广和其他含 PAE 载体的应用，PAE 在环境中的散布越来越广，如大气、土壤、水体、生物体等均已被检出有不同浓度的 PAE。酞酸酯进入农田系统能使土壤质量和作物生长发育及产品品质受到影响。据报道，植物和生物体对 PAE 有较强的富集作用，胡萝卜根、大豆、稻米等中均有 PAE（刘小秋和程桂荪，1992）。美国环境保护署（EPA）把其中 6 种 PAE［DMP、DEP、邻苯二甲酸二丁酯（DBP）、BBP、邻苯二甲酸二（2-乙基己基）酯（DEHP）和 DOP］列入"优先检测污染物"。酞酸酯进入农田系统能使土壤质量和作物生长发育及产品品质受到影响。DBP 对蔬菜的减产幅度在 12.8%～60%（安琼等，1999）。因此，PAE 对环境的污染已引起了大家的重视。虽然在自然条件下，部分酞酸酯也能被降解，但光解、水解速率很慢，这通常受环境因素影响很大，如 DBP、DEHP 在土壤中的持留动态与土壤水分和温度有很大关系。尹睿等（2004）利用分室根箱法模拟根际微域环境研究了 DEHP 在土壤中的降解动力学方程，发现无论 DEHP 的初始浓度高低，都可以用一级反应动力学方程进行描述。PAE 降解途径主要是微生物降解（叶常明，1993）。但 DEHP 污染显著抑制土壤脱氢酶活性和土壤微生物的功能多样性（秦华等，2005），因此筛选 PAE 降解菌、研究 PAE 的生物修复有重要意义。

二、丛枝菌根对酞酸酯污染土壤的修复作用

（一）土壤中酞酸酯对菌根化植物生长的影响

以豇豆（*Vigna sinensis*）为供试植物，分别接种 AM 真菌 *Acaulospora laevis* 34 和 *Glomus caledonium* 90036，王曙光等（2003b）通过温室盆栽试验研究了 4mg/kg、20mg/kg、100mg/kg DEHP 和 DBP 对菌根化植物生长的影响。结果表明，土壤添加 DEHP 和 DBP 后，植物地上部和根系干重均有不同程度下降，高浓度 DEHP 和 DBP 还使植物叶绿素 a 和叶绿素 b 的含量及根瘤数降低；接种 AM 真菌后明显促进了植物的生长，尤其对植物早期根系和植物后期地上部的促进作用较为明显；同时，也增加了植物叶绿素 a、叶绿素 b 的含量及根瘤数。

（二）丛枝菌根对 DEHP 污染的修复作用

目前，利用菌根修复酞酸酯污染土壤的研究已取得很大进展。王曙光等（2002）以豇豆为供试植物，研究了接种 AM 真菌对菌根际（A）、菌丝际（B）和常规土（C）土

层中不同浓度 DEHP（4mg/kg、20mg/kg、100mg/kg）降解的影响。结果表明，在 3 个 DEHP 浓度下，接种 *Alomus lavis* 34 和 *Glomus caledonium* 90036 后，均能不同程度地促进 DEHP 在 A、B、C 土层中的降解，尤其以促进 B 层 DEHP 降解较为显著（表 3-3）。土壤中 DEHP 施加浓度为 4mg/kg 时，接种 AM 真菌后的 A、B、C 土层中 DEHP 残留浓度均略低于不接种，降幅为 0.19~1.06mg/kg，说明接种 AM 真菌促进了土壤中 DEHP 的降解。其中，DEHP 在 A 层残留浓度最高，在 B 层残留浓度最低，可能是菌丝在 DEHP 降解和转移过程中起了重要作用，即菌丝促进了 DEHP 向菌根际（A）的转移。在不接种和接种的 C 层 DEHP 残留浓度差异达 5% 显著水平。

DEHP 施加浓度增加到 20mg/kg 时，接种 AM 真菌的效果较为明显（表 3-3），接种 34、90036 使 A 层中 DEHP 残留浓度分别比不接种下降 25.07% 和 15.25%。比较 34 和 90036 的接种效果，34 优于 90036。DEHP 施加浓度增加至 100mg/kg 时，其在 A、B、C 中的残留趋势同前两个浓度相比有了明显变化（表 3-3）。但接种与不接种的 DEHP 残留浓度非常接近，差异不显著，可能由于高浓度的 DEHP 抑制了 AM 真菌的降解和吸收，使 AM 真菌作用减弱。

表 3-3 非灭菌土壤中接种 AM 真菌对 DEHP 残留的影响

DEHP 浓度 /(mg/kg)	处理	DEHP 初始浓度/(mg/kg)			DEHP 残留浓度/(mg/kg)		
		土壤底值	添加值	总浓度	A	B	C
4	空白	5.32	0	5.32	4.28a	3.90a	4.31a
	不接种	5.32	4	9.32	5.22a	3.77a	5.26b
	34	5.32	4	9.32	5.00a	3.58a	4.65ab
	90036	5.32	4	9.32	5.00a	3.25a	4.20a
20	不接种	5.32	20	25.32	14.56a	11.28a	12.67a
	34	5.32	20	25.32	10.91b	10.86a	12.29a
	90036	5.32	20	25.32	12.34c	10.87a	12.58a
100	不接种	5.32	100	105.32	16.47a	13.13a	14.79a
	34	5.32	100	105.32	16.24a	11.80a	13.52a
	90036	5.32	100	105.32	16.45a	11.62a	12.66a

注：空白表示非灭菌条件下既没施加 DEHP 也没接种 AM 真菌；不接种表示非灭菌条件下施加了 DEHP 但没接种 AM 真菌；同列数据后不同字母表示此 DEHP 添加浓度时在 $P<0.05$ 差异显著

微生物降解是 DEHP 降解的主要途径，因此，微生物活性的变化会直接影响 DEHP 的降解。多数研究认为，AM 真菌能改善根际微域环境，刺激微生物的活性，增加微生物数量。但王曙光等（2002）发现接种 AM 真菌反而降低了根际微域微生物的数量和活性（表 3-4）。这可能是由于菌根能选择性地影响外接和土著细菌的数量，或者通过根系分泌物改变菌根际微生物的数量，AM 真菌同土著微生物的竞争作用也会抑制后者的生长，当然，也不排除 AM 真菌作用下 DEHP 特殊降解产物对微生物的影响。

表 3-4　接种 AM 真菌对 100mg/kg DEHP 条件下土壤微生物数量变化的影响

处理	细菌/(10^7 个/g 干土)			放线菌/(10^7 个/g 干土)			真菌/(10^4 个/g 干土)		
	A	B	C	A	B	C	A	B	C
不接种	0.95	2.42	1.36	5.74	4.81	4.45	1.19	1.13	1.29
34	0.89	2.10	1.78	4.11	4.52	4.57	0.95	0.93	1.56

AM 真菌改善植物生长的途径之一就是增加磷酸酶活性，已证实，菌根化根系和菌丝能分泌不同性质的磷酸酶，增加磷酸酶的活性，促进植物对磷素的吸收。但王曙光等 (2002) 发现接种 AM 真菌降低了中性磷酸酶活性 (图 3-25)，这同微生物的数量变化是一致的。究其原因，一是试验所用菜园土营养丰富，氮、磷充足，不利于磷酸酶的分泌；二是根际磷酸酶部分来自根际微生物，微生物数量的下降导致磷酸酶活性降低；三是 DEHP 或其降解产物对菌根根系、菌丝和微生物分泌磷酸酶作用有抑制作用。

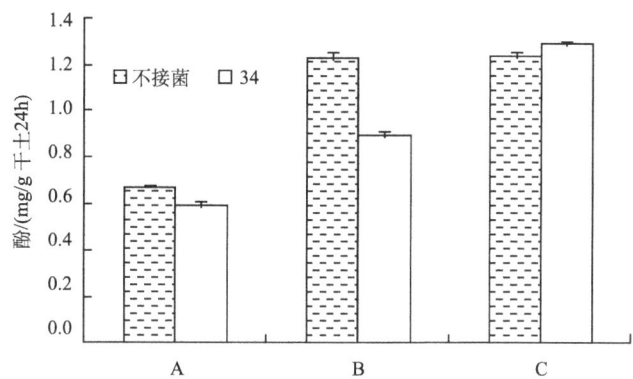

图 3-25　接种 AM 真菌对 100mg/kg DEHP 条件下中性磷酸酶活性的影响

不同土壤中的土著微生物群落不一样，AM 真菌的接种效果可能也存在差异。Chen 等 (2005e) 采用不灭菌的黄棕壤和红壤为供试土壤，分别向两种土壤中添加 100mg/kg、500mg/kg、1000mg/kg 的 DEHP，研究了接种 AM 真菌 *A. lavis* 34 对豇豆生长 (60 天) 和 DEHP 降解的影响。结果发现，黄棕壤中 DEHP 浓度高低和接种对豇豆的菌根侵染率均没有显著影响，而在红壤接种作用显著增加了侵染率，但 DEHP 浓度没有显著影响 (表 3-5)。总体上，随 DEHP 浓度升高，豇豆地上部干重有降低的趋势；接种 AM 真菌在红壤中显著提高了地上部干重，但在黄棕壤中没有显著作用 (表 3-6)。同时，接种 AM 真菌在红壤中极显著提高了豇豆地上部磷含量，而在黄棕壤中没有显著影响。

在黄棕壤中，地上部 DEHP 含量随土壤中施加 DEHP 浓度的增加而显著升高，但是在红壤中却没有类似规律。接种 AM 真菌在 2 种土壤中均显著降低了地上部 DEHP 含量 (表 3-7)。土壤中的 DEHP 残留量均随施加量的增加而升高，接种 AM 真菌的土壤中 DEHP 略有增加 (表 3-8)，这说明 AM 真菌降低了 DEHP 的降解速度。DEHP 在土壤中的残留显然与土壤中的降解菌有关系，微生物分析结果表明，黄棕壤中 AM 真菌没有显著影响 DEHP 降解菌的数量，而在红壤中 AM 真菌对 DEHP 降解菌有促进作用。但是这一结果却不能解释为何接种 AM 真菌没有促进 DEHP 在红壤中的降解，作者认为 DEHP 降解作用可能除了与微生物数量有关外，同时也与微生物活性和可利用碳源等多种因素有关。此外，菌根植物体内 DEHP 含量较低，说明接种 AM 真菌可能会抑制植物对 DEHP 的吸收，这也部分导致土壤中的 DEHP 残留增加。

表 3-5　高浓度 DEHP 污染的黄棕壤和红壤中豇豆的菌根侵染率

DEHP 添加浓度 /(mg/kg)	黄棕壤中菌根侵染率/%		红壤中菌根侵染率/%	
	—M	M	—M	M
本底	30.69A	39.18A	14.64A	77.75**A
100	45.17A	41.47A	10.06A	82.76**A
500	36.91A	44.21A	8.07A	69.10**A
1000	48.59A	42.37A	11.53A	77.28**A

注：** 表示接种（M）与不接种（—M）相比，差异达到极显著（LSD 分析，$P<0.01$）

表 3-6　接种 AM 真菌对不同 DEHP 水平下豇豆地上部干重的影响

DEHP 添加浓度 /(mg/kg)	黄棕壤/(g/盆)		红壤/(g/盆)	
	不接种	接种	不接种	接种
0	4.17	4.24	0.76	2.85
100	4.11	4.09	0.63	2.78
500	3.83	4.12	0.51	2.29
1000	3.55	3.79	0.78	2.26
DEHP 的 F 值	3.71*		7.65**	
AM 真菌的 F 值	1.39		808**	
DEHP×AM 真菌的 F 值	0.37		5.38**	

注：* 和 ** 分别表示在 $P<0.05$ 和 $P<0.01$ 水平下差异显著

表 3-7　接种 AM 真菌对不同 DEHP 水平下豇豆地上部 DEHP 含量的影响

DEHP 添加浓度 /(mg/kg)	黄棕壤/(mg/kg)		红壤/(mg/kg)	
	不接种	接种	不接种	接种
0	16.90	13.62	10.33	7.85
100	25.23	14.88	15.81	5.47
500	42.19	36.53	13.42	4.49
1000	54.75	38.40	9.36	3.28
DEHP 的 F 值	94.9**		1.93	
AM 真菌的 F 值	33.3**		29.3**	
DEHP×AM 真菌的 F 值	3.49*		1.77	

注：* 和 ** 分别表示在 $P<0.05$ 和 $P<0.01$ 水平下差异显著

表 3-8 接种 AM 真菌对不同 DEHP 水平下土壤中 DEHP 残留的影响

DEHP 添加浓度 /(mg/kg)	黄棕壤/(mg/kg)		红壤/(mg/kg)	
	不接种	接种	不接种	接种
0	0.35	0.54	1.10	2.11
100	1.94	2.81	8.21	13.28
500	24.61	25.64	49.56	67.37
1000	51.78	54.48	95.65	107.09
DEHP 的 F 值	186**		317**	
AM 真菌的 F 值	0.44		11.6**	
DEHP×AM 真菌的 F 值	0.09		2.02	

注：* 和 ** 分别表示在 $P<0.05$ 和 $P<0.01$ 水平下差异显著

（三）丛枝菌根对 DBP 污染的修复作用

王曙光等（2003a）以 DBP 为对象研究，分别接种 AM 真菌 A.lavis 34 和 G. caledonium 90036 对非灭菌黄棕壤中豇豆菌根侵染及其对植物 DBP 污染的影响。结果发现，土壤中 DBP 施加浓度为 4mg/kg 时，接种 AM 真菌的豇豆菌根侵染率明显比对照高，尤其是 A.lavis，在接种后 40 天时的侵染率是对照的 2.08 倍（图 3-26）。菌根侵染率随时间呈"V"型变化，即侵染率在 20 天和 60 天时较高，在 40 天时较低。土壤中 DBP 浓度增至 100mg/kg 时，接种处理植物的菌根侵染率仍明显大于对照，但菌根侵染率随时间变化的趋势与低浓度 DBP（4mg/kg）处理明显不同，即侵染率随着豇豆生长期的增加而增加。

接种 AM 真菌明显抑制了植物对 DBP 的吸收，降低了植物体内 DBP 含量。在低浓度 DBP（4mg/kg）土壤处理时，接种 A.lavis 和 Glomus caledonium 分别使植物体内 DBP 浓度比对照最大下降 32.7% 和 21.7%；高浓度 DBP（100mg/kg）土壤处理时，分别比对照最大下降 30.5% 和 30.0%。接种 AM 真菌还抑制了 DBP 由植物根系向地上部的迁移，对减轻植物遭受 DBP 污染有积极作用。

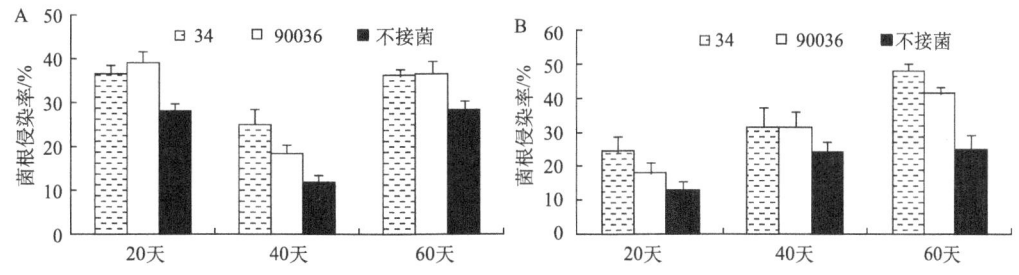

图 3-26 低浓度（A）和高浓度（B）DBP 对菌根侵染率的影响
不接菌. 不接种 AM 真菌；34. 接种 A.lavis 34；90036. 接种 Glomus caledonium 90036

三、丛枝菌根修复酞酸酯污染土壤的强化措施

丛枝菌根可能影响酞酸酯降解菌的数量和活性，二者联合应用可能提高酞酸酯污染的修复效率。秦华等（2006）用采自蔬菜地的黄棕壤为供试土壤，采用绿豆（*Vigna*

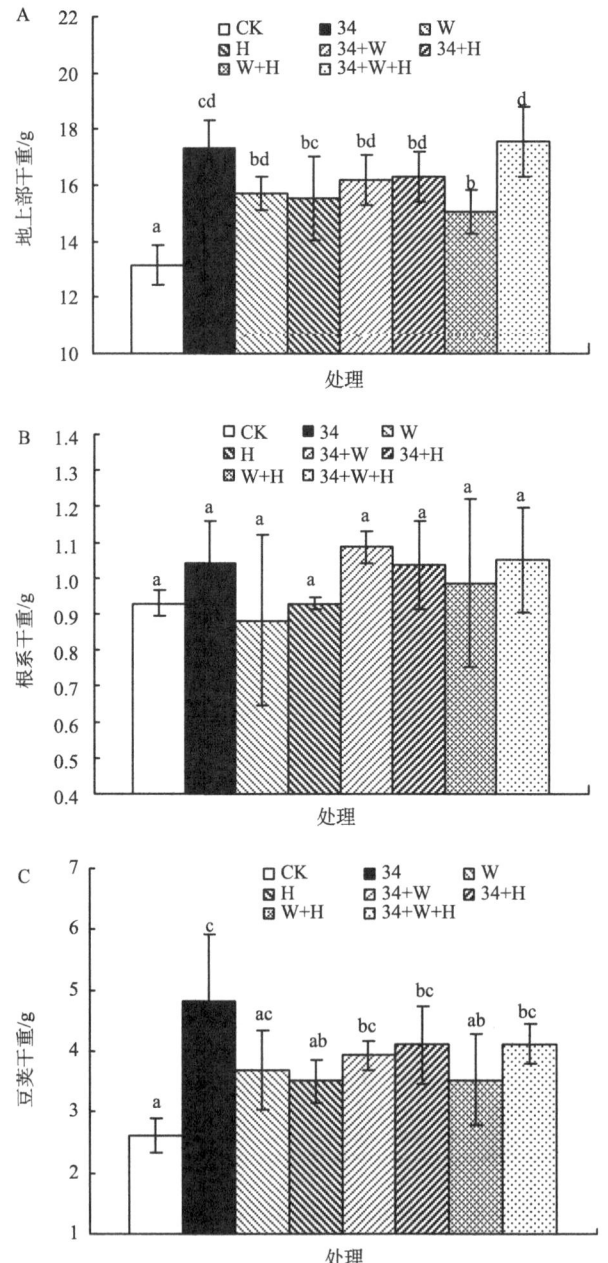

图 3-27 不同接种处理对绿豆的地上部（A）、根系（B）和豆荚（C）干重的影响
AM 真菌 34（34）；DW1（W）；DH3（H）；34＋W；34＋H；W＋H；34＋W＋H；CK 为不接种的对照

radiata）为供试植物，通过温室盆栽试验研究单独及联合接种 AM 真菌 *A. laevis* 34、两种 DEHP 降解菌 *Bacillus* sp. DW1 和 *Gordona* sp. DH3 对 DEHP 污染（100mg/kg）土壤的修复作用及对植物生长的影响。结果表明，AM 真菌能很好地侵染绿豆的根系，菌根侵染提高绿豆植株的干重，同时也改善了绿豆的磷营养，但接种 DW1 与 DH3 对菌根侵染率与绿豆生长都没有显著影响（图 3-27）。

接种 AM 真菌的处理其地上部 DEHP 含量都较低（图 3-28），尤其是在豆荚中的累积量，因此接种 AM 真菌能显著降低绿豆将 DEHP 向豆荚的转运，处理 34 及联合接种的处理 34＋W、34＋H 和 34＋W＋H 的豆荚中 DEHP 含量与对照及单独接种细菌的处理相比显著降低。绿豆茎叶中的 DEHP 含量也有相同的趋势。

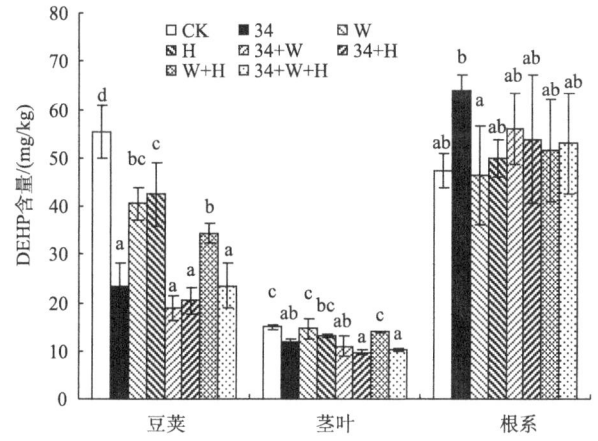

图 3-28 不同接种处理下绿豆豆荚、茎叶和根系的 DEHP 含量

AM 真菌 34（34）；DW1（W）；DH3（H）；34＋W；34＋H；W＋H；34＋W＋H；CK 为不接种的对照

菌剂 34、DW1 和 DH3 无论是单独接种还是联合接种，与对照相比都显著降低了土壤中 DEHP 的含量（图 3-29），其中 3 种菌剂联合接种的处理 34＋W＋H 的土壤中 DEHP 浓度仅为对照的 1/3。34、DW1 和 DH3 单独接种也能显著促进土壤中 DEHP 的降解，接种 34＋W 和 34＋H 的处理其土壤中 DEHP 浓度在 60 天时为对照浓度的一半左右。与单独接种相比，可以看出 34＋W、34＋H 及 34＋W＋H 的联合接种组合更能促进土壤中 DEHP 的降解，尽管没有达到显著差异，但它们的降解效果也要优于两株细菌联合接种的处理，其中 34＋W＋H 的组合修复效果最佳。这些为 AM 真菌和降解菌联合应用与 DEHP 污染农田土壤的生物修复提供了理论依据。

土壤中 DEHP 的降解可以用一级反应动力学方程进行描述：$\ln C = -kt + A$，式中：k 为动力学常数，C 为 DEHP 浓度，A 为常数（初始浓度的对数值）（Madsen et al.，1999）。本试验中各处理土壤中 DEHP 的降解动力学方程及 DEHP 降解的半衰期见表 3-9。从表 3-9 中可以看出，接种菌剂处理的土壤中，DEHP 半衰期明显缩短，其中 34＋W＋H 处理土壤中的 DEHP 半衰期仅为 23 天，远低于对照的 53 天，其他处理之间则没有显示出明显的差异。

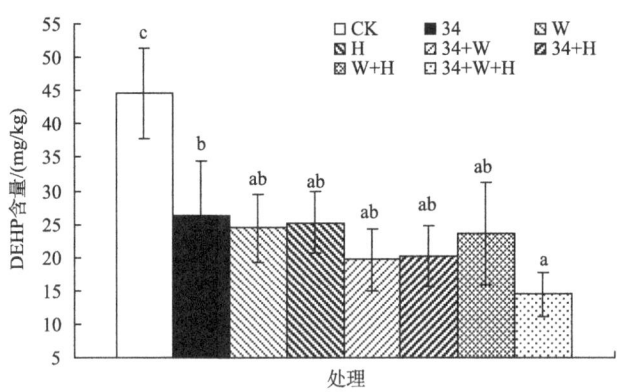

图 3-29 不同接种处理对土壤中 DEHP 降解的影响

AM 真菌 34（34）；DW1（W）；DH3（H）；34＋W；34＋H；W＋H；34＋W＋H；CK 为不接种的对照

表 3-9 不同接种处理下土壤中 DEHP 的降解动力学方程

初始浓度/(mg/kg)	处理	持留动力学方程	r	半衰期/天
100	CK	$\ln C = A - 0.0131t$	0.9682	53
	34	$\ln C = A - 0.0224t$	0.9348	31
	W	$\ln C = A - 0.0233t$	0.9337	30
	H	$\ln C = A - 0.0231t$	0.9208	30
	34＋W	$\ln C = A - 0.0275t$	0.9392	26
	34＋H	$\ln C = A - 0.0272t$	0.9292	26
	W＋H	$\ln C = A - 0.0249t$	0.9307	28
	34＋W＋H	$\ln C = A - 0.031t$	0.9232	23

注：AM 真菌 34（34）；DW1（W）；DH3（H）；34＋W；34＋H；W＋H；34＋W＋H；CK 为不接种的对照

秦华等（2008）在之后的研究中利用红壤重复了上述研究，取得了类似的结果。在红壤中 AM 真菌也能很好地侵染绿豆的根系，改善磷营养，并促进植物生长（图 3-30）。但接种 DW1 与 DH3 对菌根侵染率与绿豆生长都没有显著影响。3 种菌剂同时接种则对 DEHP 的降解能达到最好的协同作用，同时也减少 DEHP 在绿豆地上部的累积（图 3-31，图 3-32）。这对于土壤污染修复和农产品质量安全都具有积极的意义。

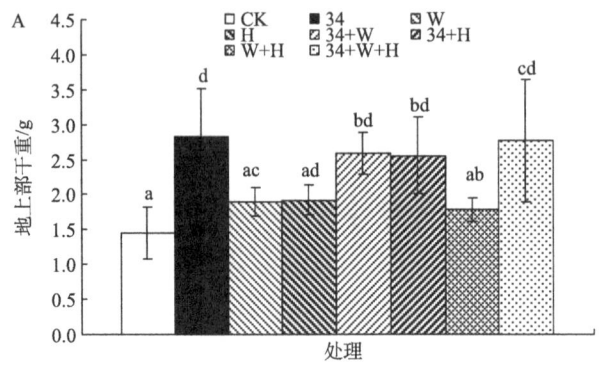

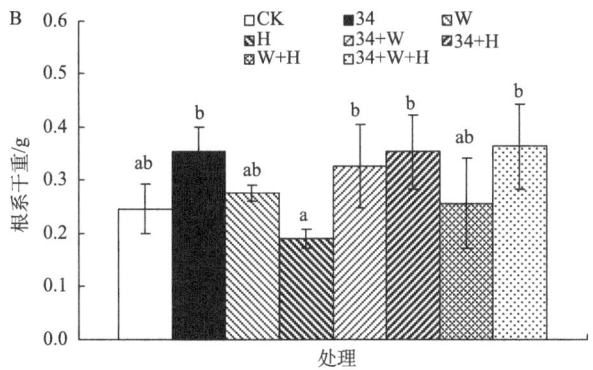

图 3-30　不同接种处理对红壤中绿豆地上部干重（A）和根系干重（B）的影响
AM 真菌 34（34）；DW1（W）；DH3（H）；34＋W；34＋H；W＋H；34＋W＋H；CK 为不接种的对照

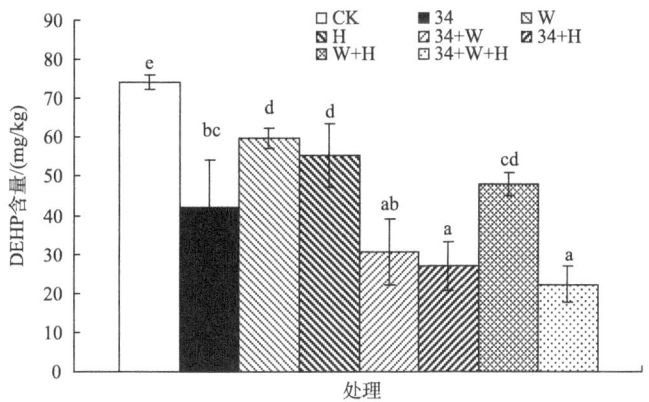

图 3-31　不同接种处理对红壤中 DEHP 降解的影响
AM 真菌 34（34）；DW1（W）；DH3（H）；34＋W；34＋H；W＋H；34＋W＋H；CK 为不接种的对照

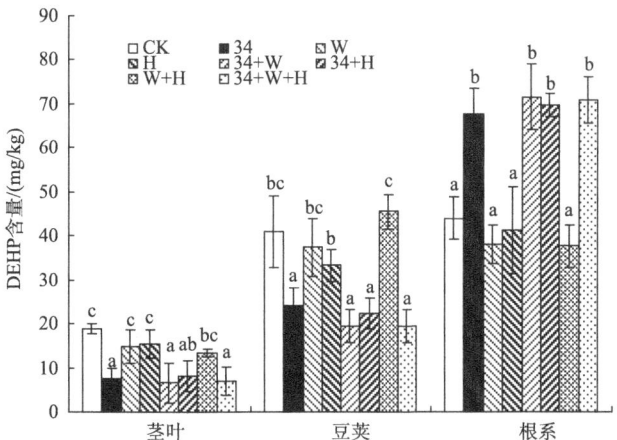

图 3-32　不同接种处理下红壤中绿豆豆荚、茎叶和根系中的 DEHP 含量
AM 真菌 34（34）；DW1（W）；DH3（H）；34＋W；34＋H；W＋H；34＋W＋H；CK 为不接种的对照

比较 Chen 等（2005e）和秦华等（2005，2008）的结果，AM 真菌对于 DEHP 的降解作用可能会受到诸多因素的影响，如植物种类、土壤状况、降解菌的数量和活性等。

第四节 丛枝菌根对农药污染土壤的修复

一、农药概述

我国是农药生产和消费大国，根据国家统计局数据，2011 年我国农药使用量达 178.70 万 t，2012 年全国化学农药原药产量已达 290.88 万 t。我国农药产品结构不尽合理，存在 3 个 70%：一是在各类农药产量中，杀虫剂占 70%；二是杀虫剂中有机磷农药占 70%；三是有机磷农药中高毒品种占 70%（2004 年中国农药发展年会）。虽然自 2007 年 1 月 1 日起，甲胺磷等 5 种高毒有机磷被禁用，但有机磷农药占主导地位的局面在短期内难以彻底改变。农业部 2008 年批准的农药产品生产批准证书名单中依然有敌敌畏、辛硫磷、马拉硫磷、乙酰甲胺磷、氧化乐果、水胺硫磷、甲拌磷、特丁硫磷、甲基异硫磷、甲基硫环磷、乙基硫环磷等多种有机磷农药（中国农业部网站），其中不少属于高毒品种。

农药的广泛使用对保障作物生长和提高作物产量发挥了巨大作用，但也引起了严重的环境污染。由于农药的本身特性及使用方式不合理，真正被作物利用的只有 10%，其余 80%～90% 的农药直接渗透到土壤、水体、空气中，严重影响了农业生态环境。有资料表明，我国农药污染土地面积已达 1600 万 hm^2，主要农产品的农药残留超标率高达 16%～18%（周启星和宋玉芳，2004）。因此，修复农药污染土壤，降低土壤中农药的含量，净化农产品生产环境，提高农产品质量安全引起了研究者的极大关注。

二、农药污染土壤中的 AM 真菌

多数调查表明，有植物生长的地方，AM 真菌多数能够与植物共生，但是农药施用量会影响 AM 真菌多样性。在中欧地区，土地利用强度会影响 AM 真菌多样性，传统的高投入（花费、农药施用量大）持续玉米种植会降低土壤中 AM 真菌生物多样性（Oehl et al.，2003）。Trindade 等（2006）在巴西化肥和农药投入水平很高的某番木瓜（Carica papaya）种植园分离到 24 种 AM 真菌，Glomus etunicatum、Paraglomus occultum、Acaulospora scrobiculata 和 Gigaspora sp. 最为常见，孢子密度为 34～44 个/30g 土壤，菌根侵染率为 6%～83%。许秀强等（2009）于 2006～2008 年调查了山东寿光、诸城和莱阳等农药施用不同年限的蔬菜保护地中的 AM 真菌。这些保护地长期使用化学农药，主要是甲胺磷、辛硫磷、马拉硫磷、乐果等有机磷农药，使用年限为 0～15 年。结果共分离出 AM 真菌 5 属 16 种，其中 Glomus 分离频度最高，其次为 Acaulospora，Glomus mosseae 和 Glomus etunicatum 为优势种。同时，随着化学农药施用

年限的增加，土壤中农药残留量也随着增加，AM真菌丰度、孢子密度和多样性均显著较低，可能是长期的农药逆境导致只有少数耐药性较强的AM真菌存活，而多样性则下降。

三、农药污染对丛枝菌根的影响

尽管多数化学农药尤其是杀菌剂对AM真菌的生存不利，但AM真菌对农药等污染物具有一定的耐受性。不同的农药及施用剂量对AM真菌的毒性不同，对其生长、繁殖及接种效应势必会产生不同影响。多数研究发现苯菌灵会抑制菌根侵染和作物对磷的吸收，也有研究虽然降低了作物生物量，但不会影响磷吸收；用甲基溴土壤熏蒸会抑制菌根形成（Entry et al., 2002）。大豆除草剂乙草胺、丁草胺、灵达、骠马、精喹禾灵会显著减少AM真菌菌丝总量和菌根侵染率（董昌金和赵斌，2005），但除草剂异恶唑草酮（isoxaflutole）不会抑制 *Glomus intraradices* 对玉米的侵染（Stokłosa et al., 2011）。低剂量灭克磷（0.5mg/kg）对AM真菌生长和代谢活性都有一定刺激作用，但是在高剂量时抑制活性菌丝的增长（范洁群等，2006）。大豆在被 *Glomus mosseae* 侵染后，生长不但没有受到0.15mg/L乐果的影响，反而促进了 *Glomus mosseae* 孢子的萌发（Menendez et al., 2010）。杀菌剂吡嘧磷、除草剂溴苯腈和百草枯、杀虫剂丙溴磷、除锈剂（sumi oil）等可显著抑制豆科植物菌根侵染、减少孢子数量，但能刺激豇豆根围孢子形成（Abd-Alla et al., 2000），作者认为农药的毒性与植物和农药种类有关。

3种广谱农药（杀真菌剂、杀线虫剂、杀虫剂）单独使用对AM真菌侵染儿茶树（*Acacia catechu*）和植物干重没有显著影响，但是在复合使用时有抑制作用（Tiwari et al., 2008）。Hernández-Dorrego 和 Mestre-Parés（2010）研究了25种杀真菌剂对韭葱共生作用的影响，发现有4种（Octagon、Ditiver、Parmex、Metaram）施入土壤中后完全消除菌根侵染，有3种（Rubigan、Frupica、Sinthane）叶面施用后也严重抑制菌根侵染。高尔夫草坪中AM真菌与杀真菌剂水平并没有显著关系，因为过去20年使用的杀真菌剂很少残留在土壤中，目前使用的杀真菌剂对AM真菌影响甚小（Bary et al., 2005）。生物杀虫剂多杀菌素（spinosad）、除虫菊（pyrethrum）、类萜（terpens）对AM真菌的侵染能力和群落结构没有显著影响，但印楝素（azadirachtin）对AM真菌具有选择性抑制作用，并引起群落结构改变（Ipsilantis et al., 2012）。杀虫剂联苯菊酯（bifenthrin）对玉米的菌根侵染没有显著影响，高浓度时会抑制玉米生长，但接种AM真菌会减轻其抑制作用（Corkidi et al., 2009）。Zocco 等（2008）利用转胡萝卜根系在离体培养条件下研究了杀菌剂丁苯吗啉（fenpropimorph）和环酰菌胺（fenhexamid）对 *Glomus intraradices* 孢子萌发、芽管伸长、产孢和根系侵染的作用，随杀菌剂浓度的增加，孢子萌发率和芽管程度降低，在高浓度时，根外菌丝和产孢作用均受到影响。

四、丛枝菌根对农药污染土壤的修复作用

菌根化植物对农药有很强的耐受性,并能把一些有机成分转化为 AM 真菌和植株的养分源,降低农药对土壤的污染程度。在多数情况下,污染土壤中接种 AM 真菌后,能够改善植物营养,促进植物生长,有利于农药污染的修复。

有机磷农药是目前应用最广泛的化学农药。AM 真菌对甲胺磷有较强的耐性,甲胺磷污染条件下接种 AM 真菌促进了番茄的生长,并可加速甲胺磷的矿化(刘茵等,2004c)。2011 年,作者以辛硫磷为例,利用温室盆栽试验研究了不同 AM 真菌(*Glomus intraradices* BEG 141、*Glomus mosseae* BEG 167)和施加辛硫磷对胡萝卜和葱的生长,以及对蔬菜和土壤中辛硫磷含量的影响(Wang et al.,2011b)。辛硫磷(40% 乳油)施加量为 4 个水平(0mg/L、200mg/L、400mg/L、800mg/L,其中400mg/L 为推荐施用量)。结果表明,所有的植物菌根率均高于 70%,施加辛硫磷抑制胡萝卜菌根侵染率,但是不影响葱的。与未接种的非菌根对照处理相比,在所有辛硫磷水平下,两种 AM 真菌处理均显著增加了两种蔬菜的地上部和根系鲜重。随着辛硫磷施加水平的增加,地上部、根系和土壤的辛硫磷含量都增加了,但在 AM 接种处理中显著降低(图 3-33,图 3-34)。土壤磷酸酶活性在 AM 接种处理中显著增加,但没有受辛硫磷水平的影响。总体上,在促进胡萝卜、葱生长和降低植物、土壤中辛硫磷含量方面,*Glomus intraradices* BEG 141 产生的影响比 *Glomus mosseae* BEG 167 更显著。

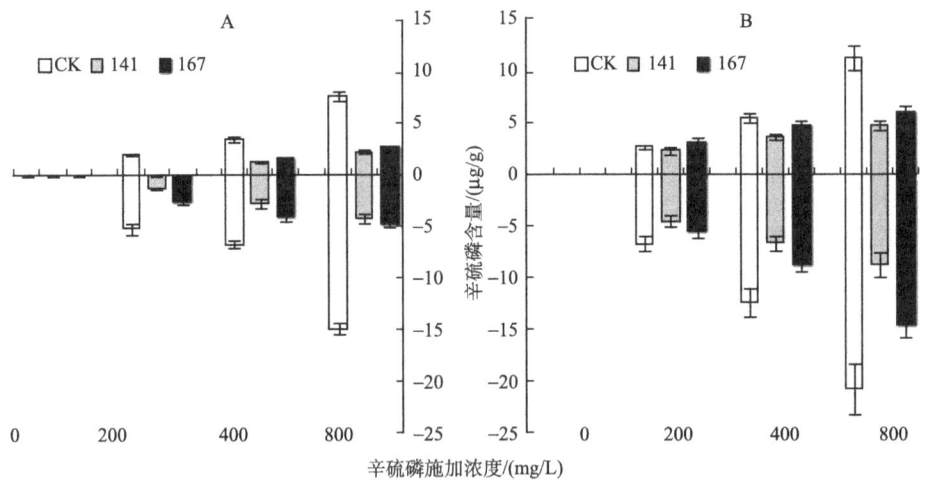

图 3-33 胡萝卜(A)和葱(B)的地上部(X 轴以上)和根系(X 轴以下)的辛硫磷含量
CK 表示不接种的对照;BEG 141 表示接种 *Glomus intraradices* BEG 141;
BEG167 表示接种 *Glomus mosseae* BEG 167

之后,作者又调查 2 种 AM 真菌 *Glomus caledonium* 90036 和 *Acaulopora mellea* ZZ 对在不同采收期葱(*Allium fistulosum*)和土壤中辛硫磷残留动态的影响。植物和土壤中辛硫磷残留量随收获日期逐渐下降,并在 AM 处理中显著降低(图 3-35,图 3-36)(Wang et al.,2011a)。动力学分析表明,辛硫磷在土壤中的降解遵循一级动力学模型。

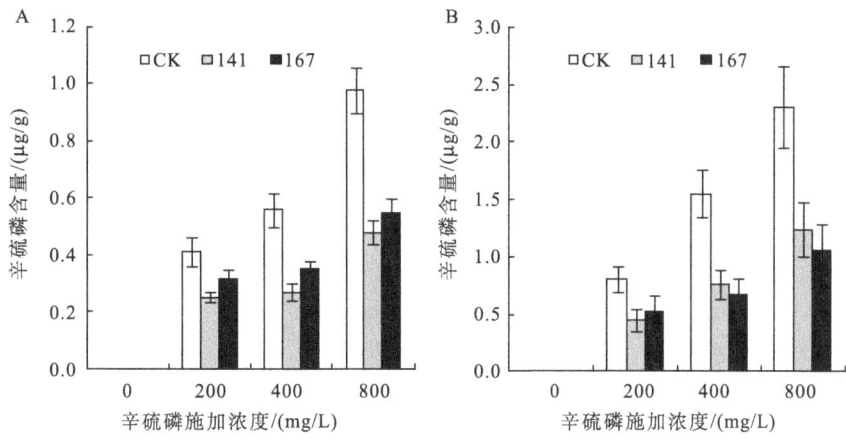

图 3-34　胡萝卜（A）和葱（B）收获后土壤辛硫磷含量

CK 表示不接种的对照；BEG 141 表示接种 *Glomus intraradices* BEG 141；
BEG167 表示接种 *Glomus mosseae* BEG 167

接种 AM 加速了辛硫磷降解过程，并降低了半衰期（表 3-10）。在对植物的生长和植物与土壤中辛硫磷残留方面，*Glomus caledonium* 90036 一般比 *Acaulopora mellea* ZZ 的影响更明显。我们的研究证实，AM 真菌对蔬菜中有机磷农药残留的控制及对有机磷农药污染土壤的植物修复有较大的潜力。

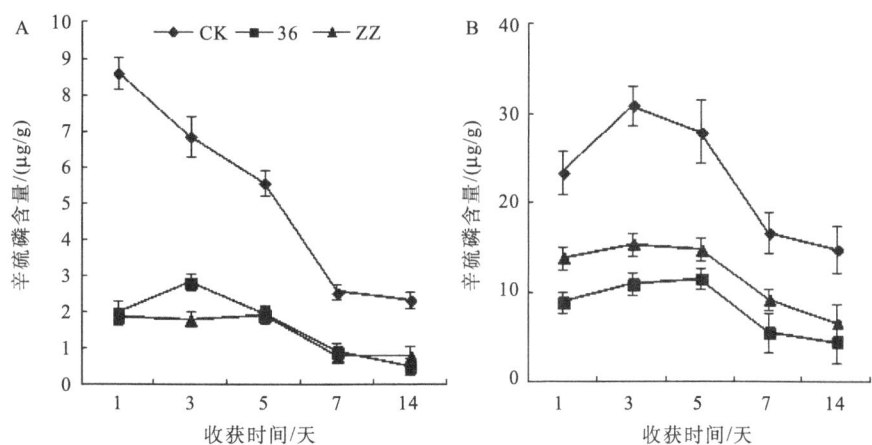

图 3-35　不同接种处理和收获时间葱的地上部（A）和根系（B）辛硫磷残留量

CK、36 和 ZZ 分别代表不接种、接种 *Glomus caledonium* 90036、接种 *Acaulospora mellea* ZZ

表 3-10　不同接种处理和收获时间土壤中辛硫磷的一级动力学方程和半衰期

处理	回归方程	r^2	P	半衰期/天
CK	$C_t = C_0 e^{-0.2003t}$	0.9924	<0.001	3.5
36	$C_t = C_0 e^{-0.3395t}$	0.9617	<0.001	2.0
ZZ	$C_t = C_0 e^{-0.3236t}$	0.9805	<0.001	2.1

注：CK、36 和 ZZ 分别代表不接种、接种 *Glomus caledonium* 90036、接种 *Acaulospora mellea* ZZ

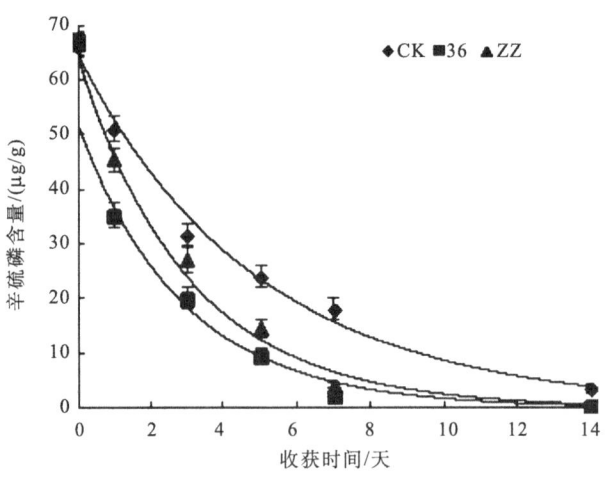

图 3-36　不同接种处理和收获时间土壤中的辛硫磷残留量
CK、36 和 ZZ 分别代表不接种、接种 *Glomus caledonium* 90036、接种 *Acaulospora mellea* ZZ

不同的除草剂可能会对 AM 真菌的作用产生不同的影响。AM 真菌也能减轻除草剂对植物的胁迫作用，影响植物对除草剂吸收、运输及在土壤中的降解。林先贵等（1991）研究了施用绿麦隆、二甲四氯和氟乐灵的土壤接种 AM 真菌对白三叶草生长的影响，发现接种 AM 真菌后，植株的菌根侵染率、生长量和 N、P 的吸收都显著高于不接种的对照植株。Pasaribu 等（2013）比较了两种除草剂甲草胺（alachlor）和草甘膦（glyphosate）对 AM 真菌在花生上接种效应的影响，发现 AM 真菌可以促进花生生长、改善 P 营养，但是甲草胺有抑制作用，并随施用量的增加而增加，而草甘膦没有显著影响。但草甘膦会降低孢子活力和菌根侵染（Druille et al.，2013）。在施用 175g（a.i）/hm^2 嗪草酮（metribuzin）时，接种 AM 真菌可以促进玉米和大麦的生长，增加其株高和叶绿素含量，减轻除草剂对植物的胁迫作用（Makarian et al.，2013）。

AM 真菌可以从土壤中吸收阿特拉津（或残留物）并运输到玉米的根中，但是与 AM 真菌种类有关（Nelson and Khan，1992）。利用离体根段和盆栽试验证实接种 AM 真菌（*Glomus epigaeus*）促进玉米和大豆根系对阿特拉津和氟乐灵的吸收，AM 真菌菌丝能够吸收阿特拉津并转运到玉米根系中（Nedumpara et al.，1999）。接种 AM 真菌后阿特拉津在玉米地上部的累积降低、在根中的累积增加，促进了阿特拉津的降解（Huang et al.，2007），作者认为 AM 真菌一般很少或不直接降解阿特拉津，而可能是接种导致根系酶活性增加和微生物增加所致。丛枝菌根和菌丝促进了阿特拉津的降解，改变土壤磷酸酶和脱氢酶活性及磷脂脂肪酸（PLFA）结构，这说明菌根可以影响微生物群落结构，继而影响阿特拉津的降解（Huang et al.，2009）。在重金属污染条件下，AM 真菌依然可以对除草剂的修复发挥作用。在阿特拉津和 Cd 复合污染条件下，*Glomus etunicatum* 侵染玉米根系后，会使阿特拉津和 Cd 在根系中的含量增加，而地上部的含量降低。Cd 处理降低了菌根植物根际和非根际土壤中阿特拉津的残留量（Huang et al.，2006）。

有研究发现杀真菌剂抑制 AM 真菌菌丝对 P 的吸收（Schweiger and Jakobsen，1998）。杀真菌剂丁苯吗啉能够干扰 AM 真菌的甾醇合成途径而对 AM 真菌产生不利影响（Campagnac et al.，2009）。但在豌豆（*Pisum sativum*）的田间试验中，田间推荐用量的杀真菌剂促进了菌丝室 AM 真菌对 P 的吸收，这可能与杀真菌剂对其他微生物（尤其是对 AM 真菌不利的微生物）的间接作用有关（Schweiger et al.，2001）。但在 100 倍的田间用量时，菌丝对 P 的吸收作用被完全抑制。杀菌剂百菌清对水稻（*Oryza sativa*）产生毒副作用，引起氧化胁迫，但接种 *Glomus mosseae* 的植株抗坏血酸过氧化物酶（APX）、POD、CAT 活性均降低（Zhang et al.，2006a），说明 AM 真菌可以减轻百菌清的毒副作用。接种 AM 真菌可以减轻杀真菌剂的胁迫作用，混合接种 3 种 AM 真菌比单独接种效果更好（Schreiner and Bethlenfalvay，1997）。

有机氯农药尽管已经在农业生产中被禁用，但是由于其持久性，其污染及修复仍然受到广泛关注。"六六六"污染对长叶车前的菌根侵染率没有显著影响，但是污染土壤中根际的孢子密度和菌丝减少（Sainz et al.，2006）；接种从"六六六"污染土壤中分离的 *Glomus deserticola* 促进了植物生长和菌根侵染，效果比外来菌和土著菌更好。这说明 AM 真菌提高宿主植物对有机氯污染的抗性，有助于土壤修复。White 等（2006b）研究了接种 3 种商品 AM 真菌剂对西葫芦 3 个品种植物提取农药 p, p-DDE 的影响，发现其影响与西葫芦品种和 AM 真菌种类密切相关；对于品种'Gold Rush'，接种 AM 真菌降低了其体内的生物富集，但生物量增加，总的吸收量变化不大；对于品种'Costata'，2 种 AM 真菌促进了生物富集作用；对于品种'Raven'，1 种 AM 真菌利于植物提取作用，另一种却降低了。进一步用田间试验证实，AM 真菌能够促进 p, p-DDE 的植物提取，但是与品种有关（White et al.，2006a）。西葫芦体内的 DDT 含量主要与组织距离根系的距离有关系，叶片中的 DDT 含量远低于茎中的，接种 AM 真菌没有显著影响（Whitfield Åslund et al.，2010）。

表面活性剂会影响农药在土壤中的化学行为，如吸附、溶解、迁移、降解等。接种 AM 真菌 *Glomus etunicatum* 后，苜蓿根系中的 DDT 含量增加，地上部含量降低（Wu et al.，2008b）；AM 真菌与非离子型表面活性剂 Triton X-100 复合使用后，根系和地上部的 DDT 含量均增加；Triton X-100 降低非根际土壤中的 DDT 残留；AM 真菌增加了根际土中的细菌和真菌数量及脱氢酶活性。这说明 AM 真菌和表面活性剂可以应用于修复 DDT 污染土壤。

第五节 丛枝菌根修复有机污染土壤的机制

菌根作为植物根系和土壤微生物之间的桥梁，在促进有机污染土壤中植物的生长、有机污染物的降解和转化、有机污染土壤的生物修复等方面具有积极的作用（陈瑞蕊等，2005；刘世亮等，2004a）。丛枝菌根用于植物修复有机污染土壤的机制可能是多样的，AM 真菌及宿主植物可以吸收、吸附、降解有机污染物，可以概括为直接或间接作用。

一、AM 真菌的直接作用

(一) 直接代谢作用

AM 真菌是异养微生物，需要从宿主植物体内获取碳水化合物或吸收外界的营养物质作为其生长和繁殖的物质与能量来源。一般认为，AM 真菌的腐生能力有限（Joner and Leyval, 2003），对有机污染物没有直接的代谢或氧化能力。但是也有报道发现，AM 真菌能够促进复杂有机物（草叶）在土壤中的降解，也能增加其对氮的获取，这意味着 AM 真菌具有一定的腐生能力（Hodge et al., 2001）。有机污染物多含有碳、氮、磷等有机形态成分，有可能作为 AM 真菌的营养源。AM 真菌有可能通过自身的代谢途径或其他途径将复杂的有机污染物分解为简单的有机物、碳水化合物、水和盐等，从而降低有毒污染物的环境风险，减轻对人类安全、健康的威胁。

(二) 吸收、吸附作用

AM 真菌的繁殖体包括丛枝、泡囊、孢子、菌丝等，总生物量较大，而这些结构有可能吸收有机污染物并把其积累于体内。此外，根外菌丝比表面积很大，对污染物的吸附作用也能够减轻环境中的污染物毒性和（或）含量。AM 真菌分泌的 GRSP 也可能改变有机污染物在土壤内的移动性，对有机污染物有固持作用，这需要进一步证实。

(三) 酶的作用

酶作为土壤的重要组成部分，是土壤生物化学过程的直接参与者，在土壤物质转化、能量代谢、污染物降解等方面发挥着重要的作用。已经证实，AM 真菌能产生多种水解酶，如磷酸酶（Joner and Johansen, 2000），提高土壤磷酸酶的活性（Tarafdar and Marschner, 1994）。在离体培养条件下，*Glomus intraradices* 根外菌丝能在无菌条件下水解 5-溴-4-氯-3-吲哚-磷酸对甲苯胺盐、二磷酸酚酞、肌醇六磷酸等有机磷源，并吸收转运给宿主植物（Koide and Kabir, 2000）。在一定限制的有机氮源条件下，氮可以作为信号分子诱导 *Glomus intraradices* 根外菌丝在转录水平的反应（Cappellazzo et al., 2007）。AM 真菌具有利用有机磷源的潜力（Feng et al., 2003；Koide and Kabir, 2000）。推测 AM 真菌有可能直接参与有机磷污染物的降解。

二、AM 真菌的间接作用

AM 真菌与宿主植物共生，可以通过多种机制间接影响有机污染物的吸收、吸附或降解。

(一) 改善植物营养状况，促进植物生长

有机污染物的存在使土壤的憎水性增加，矿质元素的溶解性降低，AM 真菌能提高植物对水分和矿质元素的吸收利用，缓解了矿质元素缺乏对植物造成的影响，从而促进

了植物的生长。植物生物量大，对污染物的吸收、吸附和降解作用会增强。

（二）提高植物对有机污染物的耐性

多数情况下，有机污染物具有一定的植物毒性，高浓度存在时会对植物产生胁迫。AM 真菌侵染改变宿主植物的生长代谢状况，增加植物对污染物的抗逆能力，减轻污染物对植物的胁迫作用，影响植物对有机污染物的吸收和分配（王发园等，2010）。

（三）促进植物分泌某些酶类

AM 真菌能够刺激宿主植物根系分泌某些水解酶（如磷酸酶、脲酶、酯酶等）和氧化酶（如 POD、CAT、PPO 等）来降解土壤中的有机污染物（Criquet et al.，2000；Salzer et al.，1999；Wu et al.，2008b）。某些豆科植物在受到 AM 真菌侵染后，POD 活性增加，而通常胞外 POD 的活性与 PAH 的氧化有关（Salzer et al.，1999）。接种 AM 真菌提高了土壤中 PPO 的活性，从而促进了土壤中苯并芘的降解（刘世亮等，2004b）。

（四）改变根际微生物群落结构

AM 真菌侵染根系后，根系的形态和结构发生变化，分泌物的组成和数量发生变化，对根际特殊降解微生物区系具有选择和促进作用，导致根际微生物群落和活性的改变（Joner and Leyval，2003；Wu et al.，2008a，2008b），影响污染物的生物降解。丛枝菌根可以通过菌根际效应为微生物提供微生态位和分泌物，改善微生物生存环境，提高微生物数量和生理活性；还可以为微生物提供生活空间和氧气，使降解微生物快速增殖。室内试验表明，菌根根际土壤中的细菌群落比非菌根根际高 1000 倍（耿春女等，2001）。

（五）影响土壤性质

丛枝菌根改变根系分泌物的同时，也会改变根际 pH、氧化还原电位，有机污染物的形态、移动性和生物有效性，进而调控土壤对污染物的吸附与解吸。

总之，AM 可以通过影响宿主植物的营养状况、影响根际微生物区系、促进有机污染物的降解等多种途径，来提高宿主植物对有机污染物的抗性，减轻毒性物质对植物造成的危害，有利于污染土壤的治理和恢复。

三、小结

丛枝菌根修复有机污染土壤还存在一些问题有待研究。①有机污染物种类多样、结构相对复杂，生物可降解性也存在差异，丛枝菌根的修复机制也可能存在多样性。丛枝菌根如何促进污染物的吸收或运输、迁移或转化、积累或降解等过程的作用机制还不很清楚，许多还存在争议或停留在假说阶段。研究这些机制的内在联系对于丛枝菌根生物修复是必要的，尤其是要利用分子生物学技术开展分子水平的研究。②加强高效菌种筛选和驯化，尤其是极端环境（如长期污染土壤）中，污染物的选择作用可能使 AM 真菌具备了特殊的生物学特性和适应能力，对其进行筛选和驯化后，可能获得能修复多种污染物污染土壤的优良菌种。③AM 真菌和其他微生物（降解菌）间的相互作用。从目前的证据看来，AM 真菌直接降解有机污染物的能力有限，而其他一些高效降解微生物又不能与植物共生，较难应用于植物修复中。研究 AM 真菌与这些微生物的相互作用机制和效应，配合使用，以期发挥最佳修复作用。④无论植物、AM 真菌还是其他微生物，其生长和（或）降解能力不仅受污染物的影响，而且也受环境因素的影响，如光照、温度、土壤养分等。需要开展田间应用试验，研究影响菌根修复的环境因素，摸索最佳的实施条件，以实现最佳修复效果。随着植物修复技术的不断发展，菌根生物修复技术在有机污染土壤修复中的研究和应用值得更加关注。

第四章 丛枝菌根对重金属污染土壤的修复

第一节 丛枝菌根与重金属污染

土壤重金属污染是指由于人类活动将重金属加到土壤中，致使土壤中重金属含量明显高于原有土壤，并造成生态环境质量恶化的现象。重金属也可通过生物体的富集，经食物链进入人和动物体，危害人畜健康。与其他类型的污染物相比，重金属不能被微生物分解，只能在环境中迁移和转化。植物修复是近年发展起来的一种绿色低成本的土壤修复技术，主要包括植物提取、植物稳定、植物挥发等，在重金属污染土壤的修复治理中显示了良好的应用前景。但由于自身的局限，这一技术仍然需要不断地发展和完善。

丛枝菌根广泛分布于各陆地生态系统中，对于维持植物的多样性和生态系统的稳定有着重要的意义，不仅可以减少农药和化肥的施用量，减轻对环境的压力，而且可以提高宿主植物抵御重金属毒害的能力，加快土壤中重金属元素的植物提取或植物稳定，因而在重金属污染土壤的植物修复中受到越来越多的关注。

一、如何认识菌根修复

人们对菌根在重金属污染土壤上的作用的认识并不是从丛枝菌根开始的。Bradley 等（1981）在 Nature 上报道欧石楠（*Calluna vulgaris*）菌根降低植物对过量重金属 Cu 和 Zn 的吸收以后，人们对菌根与重金属的研究产生了浓厚的兴趣。之后的研究涉及重金属污染下的菌根生理、生态、应用等多个方面（Leyval et al.，1997）。菌根修复（mycorrhizoremediation）的概念最早是由 Jamal 等在 2002 年提出的，他们发现接种 AM 真菌提高了污染土壤中大豆和兵豆（*Lens culinaris*）对 Zn 和 Ni 的吸收（Jamal et al.，2002）。之后，Khan（2003）提出利用香根草（*Vetiveria zizanioides*）和 AM 真菌共同修复重金属污染土壤。因为菌根是植物与 AM 真菌的共生体，菌根修复只是植物-微生物联合修复的一种，所以菌根修复的核心仍是植物修复（王发园和林先贵，2007）。针对重金属污染的植物修复来说，可以利用土著的或外接的 AM 真菌，调节菌根化植物的生长和对重金属的吸收与转运，从而达到强化修复重金属污染土壤的目的。本章将重点介绍 AM 真菌对植物生长和重金属吸收及转运的效应、丛枝菌根的重金属耐性机制及其在植物提取和植物稳定中的应用等各方面的进展。

二、应用丛枝菌根进行植物修复的理论基础

（一）AM 真菌在重金属污染土壤和植物中的广泛分布

AM 真菌广泛分布于各种重金属污染土壤和植物中，无论是单一重金属污染还是复

合污染，AM 真菌都可广泛存在。已经报道的有 AM 真菌分布的各种重金属污染土壤见表 4-1。

表 4-1 已经报道的有 AM 真菌存在的重金属污染土壤

重金属	参考文献
As	Meharg and Cairney, 2000; Sharples et al., 2000; Gonzalez-Chavez et al., 2002b; Leung et al., 2006; Wu et al., 2007; Ultra et al., 2007b; Nonomura et al., 2011; Schneider et al., 2012, 2013
Cu	Griffioen et al., 1994; Sambandan et al., 1992; Gonzalez-Chavez et al., 2002a; da Silva et al., 2005; Lins et al., 2006; Chen et al., 2005d, 2007c; Yang et al., 2010; Castañón-Silva et al., 2013
Pb	Walker et al., 1984; Malcová et al., 2003b; Diaz and Honrubia, 1993; 吴春华等, 2005; 许加和唐明, 2013; Vivas et al., 2003a
Mn	Bethlenfalvay and Franson, 1989; Malcová et al., 2003a
Ni	Lioi and Giovannetti, 1989; Turnau and Mesjasz-Przybylowicz, 2003; Boulet and Lambers, 2005; Perrier et al., 2006; Amir et al., 2007, 2008; Lagrange et al., 2011; Doubkova et al., 2011
Zn	Dueck et al., 1986; Weissenhorn et al., 1994; Shetty et al., 1995; Pawlowska et al., 1996; Hildebrandt et al., 1999; Kaldorf et al., 1999; Liu et al., 2000; Turnau et al., 1998, 2001; Gucwa-Przepiora and Turnau, 2001; Orlowska et al., 2002; Ryszka and Turnau, 2007; Moreira et al., 2011; Hermann et al., 2013
Cd	Gildon and Tinker, 1981; Weissenhorn and Leyval, 1995; Weissenhorn et al., 1993; Griffioen, 1994; Turnau et al., 1996; Vivas et al., 2003b, 2003e; Gonzalez-Chavez et al., 2009
Cr	Raman and Sambandan, 1998; Khan, 2001; Nakatani et al., 2011
Cd、Pb	孔凡美等, 2004
Zn、Pb	Diaz et al., 1996; Slomka et al., 2011; Zarei et al., 2008a, 2008b, 2010; 牛振川等, 2007; Xu et al., 2012; 许加和唐明, 2013; 梁昌聪等, 2007; Wu et al., 2007; 班宜辉等, 2012
Zn、Fe	Chaudhry et al., 1999
Zn、Mn	Arines and Vilarino, 1991
Zn、Cu	Christie and Kilpatrick, 1992
Zn、Cd	Tonin et al., 2001; Rashid et al., 2009; 孔凡美等, 2004
Au、U	Weiersbye et al., 1999
Zn、Fe、Mn	Ietswaart et al., 1992
Zn、Cd、Pb	Pawlowska et al., 1996; Whitfield et al., 2004a; Orlowska et al., 2005a; Vogel-Mikus et al., 2005; Vogel-Mikus et al., 2006; Weissenhorn et al., 1995c; Gucwa-Przepiora et al., 2013; 孔凡美等, 2004
Zn、Cd、Ni	Voros et al., 1998

续表

重金属	参考文献
Cu、Pb、Zn	Bell et al., 1988; Bedini et al., 2010
Cu、Zn、Pb、Cd	Wang et al., 2005; 龙良鲲等, 2009; Long et al., 2010; Ortega-Larrocea et al., 2007; Gildon and Tinker, 1983a; 孔凡美等, 2004
Fe、Zn、Cr、As	Khade and Alok, 2008; Khade and Alok, 2009
Cd、Ni、Pb、As	Ortega-Larrocea et al., 2010
Zn、Cu、Pb、Ni	Selvaraj et al., 2005
As、Pb、Zn、Cd、Cu	Wu et al., 2007
Cu、Zn、Pb、Cd、Ni	Sambandan et al., 1992; Leyval et al., 1995; Del Val et al., 1999a; Mahesh and Selvaraj, 2007
Pb、Zn、Cd、Cu、Mn	Weissenhorn et al., 1995a
Pb、Zn、Cd、Cu、As	Turnau et al., 2001; Wu et al., 2010a
Pb、Cd、Ni、Hg、As	Mandal et al., 2007
Pb、Cd、Cr、Cu、Ni、Hg、Zn	Del Val et al., 1999b
Al、Cd、Cu、Fe、Mn、Pb、Zn	Alguacil et al., 2011
As、Cd、Cu、Pb、Sn、Zn	Hassan et al., 2011
As、Cr、Co、Cu、Ni、Cd、Hg、Pb	Vallino et al., 2006
Cd、Ni、Zn、Cu、Pb、Mn	Weissenhorn et al., 1995b; Leyval et al., 1995
Zn、Pb、Cd、Co、Mn、Cu	Abdel-Azeem et al., 2007

（二）AM 真菌对重金属的耐性及机制

1. AM 真菌忍耐重金属毒害的能力

AM 真菌在重金属污染土壤中的广泛存在（表 4-1）可以反映出 AM 真菌对重金属污染的毒害作用有一定的忍耐性，但由于 AM 真菌不能离体培养，无法在灭菌培养基上对其耐重金属的真实能力进行评价。AM 真菌与植物分离的唯一阶段是孢子萌发时期，许多鉴定 AM 真菌耐重金属污染的研究都是在此阶段进行的。将真菌孢子分别放在 Cd 污染过的土壤和浇含 Cd 溶液的砂子中观察其萌发率，结果发现从金属污染的土壤中分离到的 *Glomus mosseae* 的菌株 BEG 69 对 Cd 的忍耐性比从非污染的土壤中分离到的 *Glomus mosseae* 菌株 BEG12 要强；与菌丝生长相比，重金属 Cd 对孢子萌发的抑制作用更大一些（Weissenhorn et al., 1993, 1994）。

其他研究多是在共生条件下开展的。从长期施用污泥（含 Pb、Cd、Cr、Cu、Ni、Hg、Zn）的土壤中分离到 6 种 AM 真菌生态型菌株，对重金属的耐性差异很大（Del Val et al., 1999b）。重金属处理对 *Glomus* sp. Ⅲ 孢子密度影响很大，这种真菌生态型对土壤中逐渐增加的重金属显得很敏感，中等程度污染时 *Glomus* sp. Ⅲ 被其他菌种（如 *Glomus claroideum*）所取代，在污染程度高的土壤中几乎完全消失。事实上，在

所有处理中 *Glomus claroideum* 保持相似的相对密度，这表明 *Glomus claroideum* 耐受重金属的能力比其他 AM 真菌强（Del Val et al.，1999a）。可见，不同 AM 真菌菌种或菌株对重金属的耐受性表现不一。

某些极端环境会对不同生态型 AM 真菌有选择作用，而使 AM 真菌产生了适应性。由于受含有很高可溶性金属盐类的废水的影响，一个开采页岩油达 4 年的矿区土壤中的 AM 真菌种群在 4 年间发生了很大改变（Stahl and Williams，1986）。长期生长在重金属污染环境中的 AM 真菌也会产生适应性，因此从重金属污染土壤中获得的 AM 真菌一般对重金属的耐受性要强些（Weissenhorn et al.，1993，1994）。来自重金属污染土壤中的 *Glomus mosseae* 菌株对 Cd 和 Zn 的耐受性比从无污染土壤分离的菌株要强，其生长几乎不受 Cd 的抑制，含 40μg/g Cd $(NO_3)_2$ 土壤中的孢子比无污染土壤中的孢子更耐 Cd 和 Zn，Zn 污染土壤中的孢子更耐 Zn（Gildon and Tinker，1983a）。在 Cd（17.7mg/kg）、Zn（1220mg/kg）和 Pb（895mg/kg）污染土壤中，玉米菌根侵染率可高达 40%（Weissenhorn et al.，1995c）。生长在 Zn 污染土壤的野草莓（*Fragaria vesca*），有 70% 的根被 *Glomus mosseae* 侵染（Turnau et al.，2001）。在重金属污染条件下，从 Zn 冶炼厂污染土壤中分离的孢子比对照更易萌发（Leyval et al.，1995）。在 As 污染土壤中的 AM 真菌对 As 具有抗性（Meharg and Cairney，2000）。

AM 真菌对重金属的耐受能力有可能随生存环境的改变而改变。从长期施用含 Zn 污泥的土壤中分离到的一菌株对 Cd 和 Zn 均有耐受性，仅在 Cd 盐处理土壤一年后，就发现混合培养的真菌对 Cd 的耐受力有所提高（Boyle and Paui，1988）。当 AM 真菌长期处于高浓度重金属逆境下，存活的真菌已适应高浓度的重金属，以致于生态环境对各季节中 AM 真菌数量的影响大于土壤中的重金属（王银波等，1995）。可见，AM 真菌易适应外界环境因子的改变，且同一菌种因来源不同而对重金属的抗性有差异，从而可以通过筛选和驯化的方式提高 AM 真菌对重金属的耐受性。

2. AM 真菌忍耐重金属毒害的机制

对 AM 真菌而言，因为其不能进行纯培养，所以不利于研究 AM 真菌耐受重金属的机制，其耐受重金属的机制仍不十分清楚。

跟其他生物体一样，AM 真菌可以通过"躲避机制"而在重金属胁迫条件下生存（Pawlowska and Charvat，2004）。此外，AM 真菌与重金属的螯合作用可能是其解毒机制之一，AM 真菌在菌丝内有可能有结合重金属的位点，使重金属积聚于真菌体内。当土壤中的重金属达到毒害水平时，真菌细胞壁分泌的黏液和真菌组织中的聚磷酸、有机酸等均能结合过量的重金属元素（Bradley et al.，1981）。重金属在真菌和土壤界面上可能被吸附或螯合（El-Kherbawy et al.，1989），也可能是通过真菌表面的吸附作用，或者是外生菌丝分泌的多糖物质的结合作用使其毒性降低（Dueck et al.，1986）。AM 真菌中具有半胱氨酸配位体，从而对过量的 Zn 和 Cd 起螯合作用（Dehn and Schuepp，1990），形成一类被称为"金属硫因"类结合物质（Lerch，1980）。AM 真菌分泌的一种糖蛋白-GRSP，也可以固持一定量的重金属，如 Cu、Pb、Cd 等（Gonzalez-Chavez et al.，2004），其可能在 AM 真菌抵抗重金属毒害的过程中起重要作用。总 GRSP

(T-GRSP)含量与速效磷和速效钾含量呈极显著正相关，与土壤阳离子交换量（CEC）呈显著正相关，这可能在促进土壤团聚体的形成、增强土壤的保肥和缓冲能力方面也有重要作用（许加和唐明，2013）。

已经证实，AM 真菌中含有金属硫蛋白基因，从 *Gigaspora margarita* 中分离出 *GmarMT1*，此基因受到外界 Cu 的调控（Lanfranco et al.，2002），很可能对 AM 真菌抵抗重金属毒害发挥重要作用。此外，Lanfranco 等（2005）还从 *Gigaspora margarita* 分离出 SOD 酶编码基因（*GmarCuZnSOD*），SOD 酶是一种防御酶，此基因的表达会增加 AM 真菌对重金属毒害的抵抗能力。

AM 真菌另外一种解毒机制可能是菌丝对重金属的"过滤"作用。通过能谱技术对元素的定位分析结果表明，在 Cd 污染土壤上被菌根侵染的欧洲蕨（*Pteridium aquilinum*）的根系中，AM 真菌内部的 Cd、Ti 和 Ba 等重金属元素的含量比植物根细胞内的高得多（Turnau et al.，1993）。大多数的 Cd 位于真菌细胞质中，并且和含有 S 与 N 的聚磷酸盐颗粒结合在一起，同时有 Al、Fe、Ti 和 Ba 等元素的存在，菌丝内的聚磷酸盐可能与 Cd、Ti 和 Ba 结合，减少重金属向植物体内运输。聚磷酸盐颗粒对潜在的毒害重金属的结合作用称为"过滤"机制（Turnau et al.，1993）。

根外菌丝对重金属有较强的吸持能力，这些金属主要与细胞壁成分如几丁质、纤维素、纤维素衍生物、黑色素有关（Galli et al.，1994）。另外，与其他微生物相比，AM 真菌菌丝有较高的阳离子交换量和金属吸附能力（Joner et al.，2000），这同样有助于耐受重金属。AM 真菌的菌丝和孢子能吸附固持大量的金属，*Glomus mosseae* 菌体组织中的 Zn 超过 1200mg/kg，*Glomus versiforme* 中超过 600mg/kg（Chen et al.，2001）。不同菌种和菌株的根外菌丝对 Cu 的吸附和积累能力不同，与阳离子交换量直接有关；TEM/SEM-EDAX 分析证明 Cu 主要积累在菌丝壁的黏液层、细胞壁和菌丝细胞质中（Gonzalez-Chavez et al.，2002a）。有研究发现重金属主要存在于根内菌丝中（Kaldorf et al.，1999；Turnau，1998）。

(三) 重金属污染条件下 AM 真菌对植物生长和吸收重金属的影响

1. AM 真菌对植物生长和吸收重金属的效应

总的说来，在重金属胁迫条件下，AM 真菌可以在一定程度上保护宿主植物免受重金属毒害，提高植物对重金属的耐性。但这种保护作用也因不同的 AM 真菌菌株、植物种类、不同的重金属及其浓度、土壤条件等而异，因此 AM 真菌对植物生长和吸收重金属的影响也是不确定的。

一般而言，在重金属污染条件下，AM 真菌侵染降低了植物体内（尤其是地上部）金属含量，提高植物对重金属的耐性，从而有利于植物生长（Chen et al.，2003；Gonzalez-Chavez et al.，2002b；Heggo et al.，1990；Rufyikiri et al.，2004b）。在中等 Zn 污染条件下，AM 真菌降低植物地上部 Zn 含量，增加产量，从而对植物起到保护作用（Chen et al.，2003；Diaz et al.，1996；Dueck et al.，1986）。有报道发现，AM 真菌同时提高植物的生物量和体内重金属含量（Davies et al.，2001；Jamal et al.，2002）。

也有研究发现，外界金属浓度高时，菌根植物增加了对金属的吸收，结果出现抑制植物生长的负面作用（Gildon and Tinker，1983a；Killham and Firestone，1983；Weissenhorn and Leyval，1995）。还有报道认为在重金属胁迫下 AM 真菌对植物的生长影响不大（Wang et al.，2006b）。可见，AM 真菌对重金属污染条件下植物生长的影响是不一致的。

AM 真菌对植物重金属吸收和转运的影响也是不确定的。在重金属胁迫条件下接种 AM 真菌可以增加植物体内的重金属含量（Jamal et al.，2002；Joner and Leyval，1997，2001；Tonin et al.，2001；Weissenhorn and Leyval，1995），或降低植物体内的重金属含量（Heggo et al.，1990；Li and Christie，2001；Weissenhorn et al.，1995a；Zhu et al.，2001），或对植物体内的重金属含量没有影响（Dueck et al.，1986；Galli et al.，1995）。AM 真菌对重金属从根向地上部转运的影响也是不一致的，有时是抑制向地上部转运（Christie et al.，2004；Janouskova et al.，2005b；Tullio et al.，2003；Zhang et al.，2005），有时则是促进作用（Citterio et al.，2005；Jamal et al.，2002；Wang et al.，2005）。

AM 真菌对植物吸收和转运重金属的效应受到多种因素的影响。

(1) 重金属元素的种类和浓度

不同重金属的化学性质存在很大差异，在土壤中的化学行为和生物毒性明显不同。例如，Zn、Cu 等是植物生长必需的营养元素，只有在较高浓度时才会对植物和 AM 真菌产生毒害。在锌冶炼厂附近的被 Zn 和 Cd 污染了的土壤中，细弱剪股颖（*Agrostis capillaris*）根系的 AM 真菌感染强度很大，而同时调查的一个旧铜矿里生长的植物的 AM 真菌感染率就很低（Griffioen et al.，1994）。重金属浓度不同时 AM 真菌对重金属的吸收和迁移的影响是不同的。用 0.01mmol/L Pb 处理玉米时，接种 *Glomus intraradices* 的两个菌株降低地上部和根中 Pb 含量；0.1mmol/L Pb 处理时，接种降低根中 Pb 含量，不影响地上部；细弱剪股颖地上部 Pb 含量与施 Pb 水平和是否接种无关，根中 Pb 含量与 Pb 水平和菌株有关（Malcová et al.，2003b）。在低含量重金属时，菌根植物体内 Zn 或 Pb 的含量与非菌根植物相同或高些，然而，高含量重金属时接种 *Glomus mosseae* 的植物体内金属含量要低于相应的对照，而接种 *Glomus macrocarpum* 的植物其体内金属含量与对照相近或更高（Diaz et al.，1996）。接种 AM 真菌在 As 中等污染时（75mg/kg 以下）可以促进番茄对 As 的吸收，而在 As 污染较重时（150mg/kg）降低对 As 的吸收（Liu et al.，2005b）。接种 AM 真菌显著促进银合欢（*Leucaena leucocephala*）的生长，尤其是在中等程度 Cu 污染土壤中效果最显著（Lins et al.，2006）。在 200mg/kg 及以下 Cu 水平，接种 AM 真菌提高海州香薷（*Elsholtzia splendens*）地上部 Cu 含量，在 400mg/kg Cu 水平时，没有显著影响地上部 Cu 含量，但在所有 Cu 水平下均显著提高地上部生物量，因而显著提高了海州香薷对 Cu 的提取效率（王发园等，2005a）。Chen 等（2003）认为存在一个临界含量，低于此含量时 AM 真菌可促进植物吸收 Zn，高于此含量抑制 Zn 向地上部转运。

(2) 植物的种类、生态型和基因型

菌根的共生关系决定了 AM 真菌必然受到宿主植物种类的影响（Graham and Eissenstat，1994）。宿主植物的属性与重金属抗性有着密切的关系。例如，超富集植物主要把重金属积累在地上部，而排斥性植物根中的重金属含量则远高于地上部。接种 AM 真菌缓解了高 Zn 对紫羊茅（*Festuca ruba*）和拂子茅（*Calamagrostis epigejos*）两种植物生长的不利影响，尤其对于紫羊茅，AM 真菌在促进植物生长方面效果更显著，紫羊茅根系中 Zn 的含量没有提高，而拂子茅根系中 Zn 的含量却有所增加（Dueck et al., 1986）。接种 *Glomus intraradices* 两个菌株显著降低玉米体内 Pb 含量，而细弱剪股颖体内 Pb 含量没有变化或增加了（Malcová et al., 2003b）。安徽铜尾矿区的植物中狗牙根、金鸡菊（*Coreopsis drummondii*）菌根侵染良好，而其他植物则侵染很低甚至没有侵染，因此选择合适植物和菌种对于植物修复相当重要（Chen et al., 2005d）。

植物生态型的不同也影响着 AM 真菌的接种效果。接种 AM 真菌后双子叶植物和单子叶植物对过量重金属毒害的抗性效应是不一致的（Ricken and Hofner, 1996）。由于宿主植物种类不同，AM 真菌保护植物免受重金属毒害的方式也不同。对于菌根依赖性高的植物，如绒毛花（*Anthyllis cytisoides*），在 Zn 和 Pb 污染的土壤上必须有 AM 真菌的侵染才能生长，AM 真菌的侵染促进其生长的效应要比对兼性共生的植物偶针茅麻（*Lygeum spartum*）显著得多（Diaz et al., 1996）。在 Cu 和 Mn 污染的土壤上，对抗性和非抗性两种细弱剪股颖接种 AM 真菌后，两种植物的生物量没有显著变化，菌根侵染后显著促进了抗性植物对 Cu 的吸收，地上部重金属含量增加，同时重金属向地上部的转移量增多，而非抗性品种则无此变化（Griffioen and Ernst, 1990）。这可能是因为抗性菌根植物能积累重金属（Hayes et al., 2003），不需要 AM 真菌的保护，所以 AM 真菌反而能促进其对重金属的吸收。

宿主植物基因型的差异也影响着 AM 真菌的效果。Janouskova 等（2005b）研究了 *Glomus intraradices* 对于转基因（金属硫因）烟草和非转基因烟草生长和 Cd 吸收的影响，发现在所有情况下 AM 真菌都改善了 P 营养，在沙培条件下增加了生物量，在土培条件下，生物量降低或没改变，转基因烟草地上部 Cd 吸收量比非转基因烟草的低。在 Cd 胁迫条件下，接种 *Glomus intraradices* 可以缓解 Cd 对 3 种基因型豌豆的毒害作用，增加生物量和地上部 Cd 含量，但根中 Cd 含量与植物基因型有关（Rivera-Becerril et al., 2002）。不同基因型的水稻的 P、Zn 营养对于 AM 真菌的响应不同（Hajiboland et al., 2009）。

(3) AM 真菌的种类和菌株

不同 AM 真菌对重金属的耐性不同，污染土壤中分离出来的菌种（菌株）比未污染土壤中的菌种（菌株）往往对重金属有更强的抗性（Weissenhorn et al., 1994, 1995a；Weissenhorn and Leyval, 1995）。AM 真菌保护植物免受重金属毒害的效应也因菌种而异（Gildon and Tinker, 1981）。不同 AM 真菌对植物生长和重金属吸收和转运的影响是不一致的，可能与植物生长条件、接种剂类型和金属种类有关（Weissenhorn et al., 1995a）。在玉米沙培试验中，金属耐性菌株 *Glomus mosseae* P2（BEG 69）的侵染率高于金属敏感菌株 *Glomus mosseae*（Gm），但是由这两种真菌所侵染的植物对 Cd 的吸收无显著差异（Weissenhorn and Leyval, 1995）。在另一金属污染土壤的试验中，P2 菌株促进了玉米对 Cu 的吸收和迁移（Weissenhorn et al., 1995a）。分离自重金属污染土壤的土著 AM 真菌增加了地三叶（*Trifolium subterraneum*）根中 Cd、Zn 含量，没影响地上部重金属含量和生物量,而耐性菌株 P2 抑制植物生长,但体内 Cd 含量略有增加(Tonin et al.,2001)。植物接种 *Glomus mosseae*(来自污染土壤)地上部 Pb 含量比接种 *Glomus macrocarpum*(来自非污染土壤)的要低(Diaz et al.,1996)。分离自污染土壤的 AM 真菌可以在 Cu 含量高的条件下减少高粱对 Cu 的吸收,在 Cu 含量正常情况下增加 Cu 的吸收和转运;无论土壤 Zn 污染与否,都可以促进 Zn 的吸收和转运;而对照菌株则没有类似的作用(Toler et al.,2005)。有的研究却发现来自非污染地的 AM 真菌在中等污染条件下也可侵染宿主植物(Liu et al.,2000;陶红群等,1997),这意味着对重金属的耐性广泛存在于 AM 真菌中。接种抗 Cd 真菌 *Glomus mosseae* 和非抗 Cd 真菌对玉米的生长及重金属的吸收并没有多大影响(Weissenhorn et al.,1995a),这种差异可能和强光照引起生物量的变化有关。这些研究说明,在重金属过量的土壤上,AM 真菌对植物生长和重金属吸收的影响取决于 AM 真菌种类及其宿主植物的生长条件。不同的菌种在侵染能力、菌丝的生长及 P 运输效率方面都存在差异(Jakobsen et al.,1992a,1992b;Joner and Jakobsen,1994),进而也会影响重金属在植物体内的转移。这种差异可能和真菌与植物的适应性有关,而不仅仅只是个别真菌群落对重金属的忍耐性引起的。

(4) 土壤的理化性状

土壤的肥力水平可影响 AM 真菌的效应(Lambert et al.,1979;Thompson,1990)。像大蒜(*Allium ampeloprasum*)对污泥重金属的吸收受有机质施用量和 AM 真菌的影响(Oudeh et al.,2002)。土壤 pH 影响 AM 真菌的侵染、根外菌丝的生长和磷酸酶活性(van Aarle et al.,2002)。由于土壤 pH 影响重金属的有效性,AM 真菌对植物生长和吸收重金属的影响在一定程度上取决于土壤中最初的重金属的有效性。随着土壤酸度和重金属含量增加,菌根植物地上部重金属 Cu、Ni、Pb、Zn 的含量也随之增加,并会抑制植物的生长(Killham and Firestone,1983);而 El-Kherbawy 等(1989)指出,内生菌根对植物吸收金属的影响也与土壤 pH 有关,随着土壤 pH 的升高,DTPA 萃取态金属的量降低,但 AM 真菌增加紫花苜蓿(*Medicago truncatula*)地上部对 Cd、Zn 和 Mn 的吸收;土壤 pH 较低时菌根侵染降低对金属的吸收。Rufyikiri 等(2002)发现 AM 真菌菌丝对 ^{233}U 的吸收受基质 pH 的影响。

2. AM 真菌提高宿主重金属耐性的机制

Gohre 和 Paszkowski(2006)总结了丛枝菌根共生体对重金属的脱毒机制(图 4-1)。总的看来,这些耐性机制中包括了 AM 真菌和植物根系的共同作用。针对 AM 真菌来说,提高宿主对重金属毒害的耐性是通过直接作用和间接作用两种方式实现的(李晓林和冯固,2001)。

AM 真菌对重金属的直接作用机制可能有螯合作用和菌丝的"过滤"作用。有很多研究发现,AM 真菌抑制重金属从植物根向地上部的转运,这意味着 AM 真菌很可能通过螯合作用或菌丝固持作用抑制重金属的移动性。抑制 Cd 从根转移到地上部是 AM 真菌提高宿主耐性的机制之一(Tullio et al.,2003)。在根器官培养条件下研究发现,*Glomus lamellosum* 根外菌丝对放射性金属元素 Cs 可吸收、积累并转运到植物根中

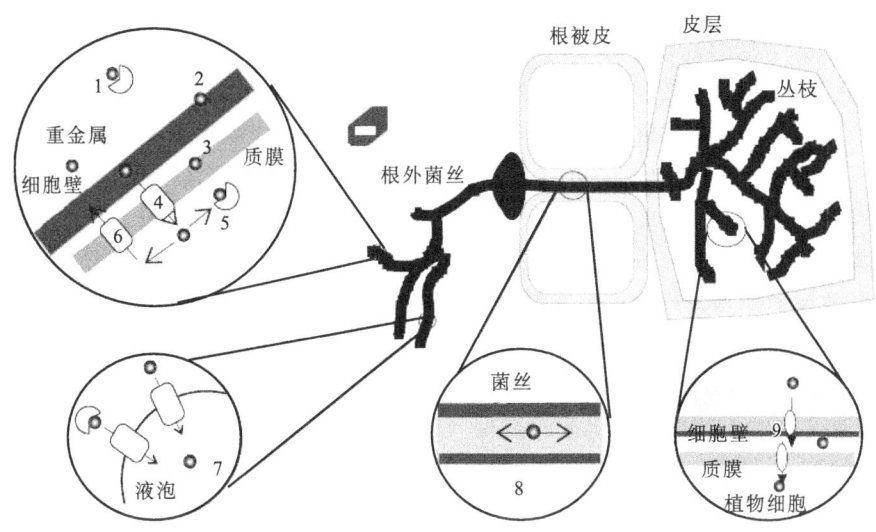

图 4-1 丛枝菌根共生体的重金属脱毒机制

1. 螯合物对重金属的固持作用，如植物分泌的组氨酸、有机酸等，AM 真菌分泌的球囊霉素；2. 植物和真菌细胞壁组分对重金属的固持作用；3. 植物、真菌质膜的天然屏障作用；4. 植物、真菌质膜上特异性和非特异性的重金属转运子和孔道（主动和被动运输）；5. 植物、真菌细胞质中的螯合物，如金属硫蛋白、有机酸、氨基酸、金属伴侣蛋白等；6. 植物、真菌细胞特异性及非特异性主动和被动运输向外运出重金属；7. 植物、真菌细胞中的液泡对重金属的固持作用；8. 真菌菌丝对重金属的运输；9. 丛枝中重金属通过主动和被动运输途径从真菌中运输到植物中。本图根据 Gohre 和 Paszkowski（2006）重绘

(Declerck et al., 2003)。接种 *Glomus intraradices* BEG 87 促进大麦（*Hordeum vulgare*）对 P 和 U 的吸收，但抑制 U 向地上部转运（Chen et al., 2005b）。AM 真菌的根内组织可以积累 Cs，同时减少其向菌根内的转运，并且 AM 真菌根内结构可以诱导 Cs 向木质部运输通道的减量调节（de Boulois et al., 2005a）。

AM 真菌对重金属的间接作用主要是通过影响宿主植物来实现的，其中的生理生化机制研究较多较深入，此外 AM 真菌能调节宿主某些重金属吸收和转运基因的表达及重金属诱导蛋白的合成，分子水平的研究也有较多报道。

(1) AM 真菌改善宿主植物的矿质营养状况

土壤中重金属元素的离子如 Zn^{2+}、Cd^{2+}、Cu^{2+}、Pb^{2+}、Mn^{2+} 等都可以与磷酸根（HPO_4^{2-}、$H_2PO_4^-$）发生反应，使土壤溶液中磷酸根的活度降低，造成植物吸收 P 困难，而 AM 真菌的主要功能之一就是改善宿主的矿质营养状况，尤其是 P 营养。例如，在 Zn 污染条件下，AM 真菌对三叶草 P 含量的影响没有受到土壤 Zn 水平提高的影响，地上部 P 含量均增加了将近一倍，根系 P 含量增加了 2 倍多，但菌根植株地上部和根系中的 P 含量间差异不大（陶红群等，1997）。在 Cr 污染条件下，AM 真菌提高向日葵（*Helianthus annuus*）对 Cr 的耐性和积累量，在高 Cr 浓度时菌根依赖性（生物量）增加，P 营养也改善了（Davies et al., 2001）。在 U 污染条件下接种 *Glomus intraradices* 改善地三叶 P 营养，促进植物生长，降低植物对 U 的积累（Rufyikiri et al., 2004b）。在中等 Zn 污染条件下，菌根抑制 Zn 从根向地上部的转运，其机制包括菌根结构对 Zn

的固持作用及降低根际重金属的移动性,改善植物 P 营养,提高植物对重金属的耐性 (Christie et al.,2004)。

(2) AM 真菌改变根际环境的理化状况

接种 AM 真菌可以对根系分泌物 (Barea et al.,2002b;Laheurte et al.,1990)、根际 pH (Li and Christie,2001;Li et al.,1991c)、微生物群落 (Azcón-Aguilar and Barea,1992;Barea et al.,2002a;Linderman,1992;Mar Vázquez et al.,2000;Olsson et al.,1998) 等产生作用,而影响重金属的移动性和生物有效性。在 Cu 胁迫条件下,接种 AM 真菌玉米根系分泌物中氨基酸的量和种类都发生了改变,与非菌根化玉米相比,接种 *Glomus etunicatum* 的玉米根均分泌苯丙氨酸,中等含量 Cu 时分泌较多的苯丙氨酸,高等含量 Cu 时分泌少量的苯丙氨酸,但没有分泌缬氨酸 (廖继佩,2002)。接种 AM 真菌改变了红三叶根际有机酸的类型 (Po and Cumming,1998)。与非菌根植物相比,接种 AM 真菌后,能显著降低植物体内的 Mn 含量,缓解 Mn 的毒害 (Posta et al.,1994)。究其原因,主要是菌根的形成改变了根系分泌物数量和组成,进而影响到 Mn 氧化和 Mn 还原细菌的群落组成 (Arines et al.,1992;Kothari et al.,1990a,1990b,1991a,1991b;Posta et al.,1994)。例如,接种 AM 真菌的玉米根际中还原 Mn 的微生物减少 (Kothari et al.,1991a,1991b),而在三叶草菌根植物根际氧化 Mn 的微生物增加 (Arines et al.,1992),结果使得菌根际 Mn^{2+} 向 Mn^{4+} 转化,Mn 的有效性显著降低,从而使植物减少了对 Mn 的吸收量而避免其毒害作用。在重金属 Cd 或 Cu 胁迫条件下,接种 AM 真菌显著增加根际放线菌数量,根际细菌和真菌的数量与重金属种类、浓度和 AM 真菌种类密切相关,但没有显示出一定规律性 (廖继佩等,2002)。在 Zn 污染土壤中接种 *Glomus mosseae* 没有影响红三叶生长,降低了植物体内 Zn 含量和吸收量,同时发现菌根处理土壤 pH 比对照土壤高,土壤溶液中的 Zn 含量低,在施 Zn 量大时尤为显著 (Li and Christie,2001)。这意味着菌根可以通过改变根际 pH 或菌丝的固持作用降低植物对 Zn 的吸收。在施 Cu 水平为 200~800mg/kg 时,玉米接种 AM 真菌显著提高土壤 pH,在其他施 Cu 水平没有显著影响;接种 AM 真菌和施 Cu 水平均能影响土壤有机酸的组成和含量。结果显示,接种 AM 真菌提高玉米对 Cu 的耐性,但并不利于 Cu 的植物提取 (Wang et al.,2007c)。

(3) AM 真菌侵染改变植物根系形态

AM 真菌的侵染使得宿主植物的根系生物量、根长等发生变化 (Berta et al.,1995,2002;Gnekow and Marschner,1989;Kothari et al.,1990a,1990b) 而影响植物对重金属的吸收和转移。在 Zn、Cd 和 Ni 污染的土壤上接种 AM 真菌后,紫花苜蓿体内重金属由根系向地上部的转移量增加,而在燕麦 (*Avena sativa*) 体内重金属由根系向地上部的转移量明显降低,这可能是因为 AM 真菌的侵染使苜蓿的根变短,而燕麦的根长增加引起的 (Ricken and Hofner,1996)。由于燕麦菌根植物根长的增加,使根细胞壁表面积也随之增大,从而对重金属的结合能力也增强,这样就减少了重金属由根系向地上部的转移。

(4) AM 真菌调节某些基因的表达及重金属诱导蛋白的合成

在重金属胁迫条件下,菌根共生体可能会合成某种蛋白质,与重金属螯合。在 Zn

和 Cd 污染条件下，3 种 AM 真菌均降低植物地上部重金属含量，提高根对重金属的吸收，抑制重金属向地上部转运，作者认为重金属可与菌根中含有真菌蛋白配体的半胱氨酸形成复合体而滞留在根中（Dehn and Schuepp，1990）。尽管生长在经 Cu 处理过的石英砂中的菌根化和非菌根玉米对 Cu 的吸收没有差异，但其菌根体内半胱氨酸、γ-EC 和 GSH（谷胱甘肽）有所增加（Galli et al.，1995）。在 Cd 胁迫条件下接种 AM 真菌 *Glomus mosseae* 显著减轻 Cd 对敏感型豌豆的抑制作用，并通过二维凝胶电泳-液相色谱技术证实菌根调节合成了 Cd 诱导蛋白，认为这是菌根共生体对 Cd 的解毒机制之一（Repetto et al.，2003）。从紫花苜蓿质膜上分离到 Zn 转运子 *MtZIP2*，发现它不仅受到土壤中锌肥的增量调节，也受到菌根的减量调节（Burleigh et al.，2003）。在重金属胁迫下，AM 真菌侵染的番茄与对照植物在某些基因的表达上表现出差异（Ouziad et al.，2005）。从 *Glomus intraradices* 根外菌丝中分离出 Zn 转运子 *GintZnT*1，并认为此基因对 Zn 的分室化和保护 *Glomus intraradices* 抵抗 Zn 胁迫有关（Gonzalez-Guerrero et al.，2005）。这些研究说明重金属胁迫条件下菌根可能会调节某些与忍耐、运输和吸收重金属有关的基因的表达，从而影响宿主对重金属的耐性、运输和累积。

三、丛枝菌根对重金属污染土壤的修复作用

事实上，污染土壤中广泛存在着抗重金属的 AM 真菌，其中大多数可以缓解重金属对植物的毒害，应用于植物修复。已经有很多研究筛选了用于重金属植物修复的 AM 真菌和植物，主要有植物提取和植物稳定两个方面（表 4-2）。值得注意的是，AM 真菌对重金属的作用受到宿主植物和土壤性状等诸多因素的影响，不同 AM 真菌在侵染能力、菌丝的生长及 P 运输效率方面都存在差异，在应用 AM 真菌时应考虑 AM 真菌的种类和生物学特性的差异对重金属抗性的影响。

表 4-2　可能用于菌根修复重金属污染土壤的 AM 真菌和宿主植物

重金属	AM 真菌	宿主植物	参考文献
As	*Glomus mosseae*	蜈蚣草（*Pteris vittata*）	Liu et al.，2005a
	Glomus margarita、*Glomus mosseae*	蜈蚣草（*Pteris vittata*）	Trotta et al.，2006
	Glomus mosseae、混合土著 AM 真菌（*Glomus intraradices*、*Glomus geosporum*、*Glomus mosseae*）	蜈蚣草（*Pteris vittata*）	Leung et al.，2010b
	Glomus mosseae、*Glomus intraradices*	蜈蚣草（*Pteris vittata*）	Leung et al.，2013
	混合土著 AM 真菌	蜈蚣草（*Pteris vittata*）、狗牙根（*Cynodon dactylon*）	Leung et al.，2006
	混合土著 AM 真菌	蜈蚣草（*Pteris vittata*）	Al Agely et al.，2005
	Glomus mosseae	蜈蚣草（*Pteris vittata*）	Liu et al.，2009
	Glomus caledonium	玉米（*Zea mays*）	Bai et al.，2008
	Glomus etunicatum、*Glomus mosseae*	玉米（*Zea mays*）	Yu et al.，2010b

续表

重金属	AM 真菌	宿主植物	参考文献
	Glomus deserticola、*Glomus claroideum*	蓝桉（*Eucalyptus globulus*）	Arriagada et al., 2009a
	Glomus versiforme	烟草（*Nicotiana tabacum*）	Hua et al., 2009
	混合 AM 真菌	云南石梓（*Gmelina arborea*）	Barua et al., 2010
	Glomus mosseae	紫花苜蓿（*Medicago sativa*）	Chen et al., 2007b
	Glomus mosseae	蒺藜苜蓿（*Medicago truncatula*）	Xu et al., 2008
	Glomus aggregatum	向日葵（*Helianthus annuus*）	Ultra et al., 2007b
	Glomus intraradices、*Glomus geosporum*、*Glomus clarum*	长叶车前（*Plantago lanceolata*）	Orlowska et al., 2012
	Glomus mosseae、*Glomus caledonium*	绒毛草（*Holcus lanatus*）	Gonzalez-Chavez et al., 2002b
Cd	*Glomus mosseae*	白三叶（*Trifolium repens*）	Vivas et al., 2003b; Vivas et al., 2003e
	Glomus sp.、*Gigaspora* sp.	大麦（*Hordeum vulgare*）	Tullio et al., 2003
	Glomus mosseae	地三叶（*Trifolium subterraneum*）	Joner and Leyval, 1997
	Glomus mosseae	韭葱（*Allium porrum*）	Weissenhorn et al., 1993
	Glomus mosseae	玉米（*Zea mays*）	Weissenhorn and Leyval, 1995
	Glomus intraradices	豌豆（*Pisum sativum*）	Rivera-Becerril et al., 2002
	Glomus intraradices	烟草（*Nicotiana tabacum*）	Janouskova et al., 2005a, 2005b
	Glomus mosseae、*Glomus intraradices*	向日葵（*Helianthus annuus*）	Hassan et al., 2013
	Glomus caledonium	东南景天（*Sedum alfredii*）	Hu et al., 2013a
	Glomus versiforme	空心菜（*Ipomoea aquatica*）	Hu et al., 2013b
	Glomus intraradices	紫花苜蓿（*Medicago sativa*）	Wang et al., 2012b
	混合 AM 真菌（*Glomus clarum*、*Glomus intraradices*、*Glomus etunicatum*）	亚麻（*Linum usitatissimum*）	Hancock et al., 2012
	Glomus constrictum、*Glomus mosseae*、*Glomus intraradices*	万寿菊（*Tagetes erecta*）	刘灵芝等, 2012
	Glomus intraradices、*Glomus constricturn*、*Glomus mosseae*	万寿菊（*Tagetes erecta*）	Liu et al., 2011
	Glomus mosseae	紫云英（*Astragalus sinicus*）	Li et al., 2009
	Glomus deserticola	蓝桉（*Eucalyptus globulus*）、大豆（*Glycine max*）	Arriagada et al., 2004

续表

重金属	AM 真菌	宿主植物	参考文献
Cu	混合 AM 真菌	空心菜(*Ipomoea aquatica*)	Bhaduri and Fulekar, 2012
	混合土著 AM 真菌(*Acaulospora*、*Glomus*、*Scutellospora*)	长叶车前(*Plantago lanceolata*)	Hutchinson et al., 2004
	Glomus mosseae	木豆(*Cajanus cajan*)	Garg and Chandel, 2012; Garg and Aggarwal, 2011, 2012
	Glomus intraradices	蒺藜苜蓿(*Medicago truncatula*)	Aloui et al., 2009
	Glomus intraradices	蒺藜苜蓿(*Medicago truncatula*)	Redon et al., 2008
	混合土著 AM 真菌	宝山堇菜(*Viola baoshanensis*)	Zhong et al., 2012
	Glomus 混合菌种	一串红(*Salvia splendens*)	Nowak, 2007
	Glomus caledonium	玉米(*Zea mays*)	Liao et al., 2003
	Glomus mosseae	金鸡菊(*Coreopsis drummondii*)、蜈蚣草(*Pteris vittata*)、黑麦草(*Lolium perenne*)、白三叶(*Trifolium repens*)	Chen et al., 2007c
	Glomus mosseae、*Glomus versiforme*	白三叶(*Trifolium repens*)	肖雪毅等, 2006
	Glomus spp.	紫花苜蓿(*Medicago sativa*)	Novoa et al., 2010
	Glomus caledonium、*Acaulospora mellea*	海州香薷(*Elsholtzia splendens*)	Wang et al., 2005
	Glomus caledonium	玉米(*Zea mays*)	申鸿等, 2005
	Glomus etunicatum	银合欢(*Leucaena leucocephala*)	Lins et al., 2006
	Glomus spp.	向日葵(*Helianthus annuus*)	Castañón-Silva et al., 2013
	混合土著 AM 真菌、*Glomus claroideum*	向日葵(*Helianthus annuus*)	Meier et al., 2012
	Glomus intraradices	万寿菊(*Tagetes erecta*)	Castillo et al., 2011
	Glomus etunicatum	刀豆(*Canavalia ensiformis*)	Andrade et al., 2010a
	Glomus clarum、*Gigaspora margarita*、*Acaulospora* sp.	小粒咖啡(*Coffea arabica*)	Andrade et al., 2010b
	混合土著 AM 真菌、*Glomus claroideum*	月见草(*Oenothera picensis*)	Meier et al., 2011
	Glomus deserticola	蓝桉(*Eucalyptus globulus*)	Arriagada et al., 2009b
Ni	*Glomus caledonium*	玉米(*Zea mays*)	Liao et al., 2003
	混合土著 AM 真菌	百喜草(*Paspalum notatum*)等	da Silva et al., 2003
	混合土著 AM 真菌、*Glomus intraradices* *Gigaspora* sp.、*Glomus tenue*	*Berkheya coddii*	Turnau and Mesjasz-Przybylowicz, 2003
	混合土著 AM 真菌	*Berkheya coddii*	Orlowska et al., 2011

续表

重金属	AM 真菌	宿主植物	参考文献
Zn	*Glomus etunicatum*	高粱(*Sorghum vulgare*)、麦珠子属某植物(*Alphitonia neocaledonica*)、*Cloezia artensis*	Amir et al.，2013
	Glomus etunicatum、混合土著 AM 真菌	*Costularia comosa*	Lagrange et al.，2011
	Glomus intraradices	向日葵(*Helianthus annuus*)	Ker and Charest，2010
	Glomus mosseae	白三叶(*Trifolium repens*)	Vivas et al.，2006b
	Glomus mosseae	大豆(*Glycine max*)、兵豆(*Lens culinaris*)	Jamal et al.，2002
	Glomus sp.	芦苇堇菜(*Viola calaminaria*)	Hildebrandt et al.，1999；Tonin et al.，2001
	Glomus sp.	玉米(*Zea mays*)	Kaldorf et al.，1999
	Glomus sp.	野草莓(*Fragaria vesca*)	Turnau et al.，2001
	混合 AM 真菌	白三叶(*Trifolium repens*)	Zhu et al.，2001
	Glomus constrictum、*Glomus ambisporum*、*Scutellospora pellucida*	大须芒草(*Andropogon gerardii*)	Shetty et al.，1995
	Scutellospora dipurpurescens	细弱剪股颖(*Agrostis capillaris*)	Griffioen et al.，1994
	Glomus fasiculatum	紫羊茅(*Festuca rubra*)、拂子茅(*Calamagrostis epigejos*)	Dueck et al.，1986
	Glomus caledonium	玉米(*Zea mays*)	Chen et al.，2004a
	Glomus mosseae、*Glomus intraradices*	香根草(*Vetiveria zizanioides*)	Wong et al.，2007
	Glomus mosseae	红三叶(*Trifolium pratense*)	Bi et al.，2003
	Glomus versiforme	玉米(*Zea mays*)	Miransari et al.，2013
	Glomus intraradices	向日葵(*Helianthus annuus*)	Audet and Charest，2010
	Glomus deserticola	蓝桉(*Eucalyptus globulus*)	Arriagada et al.，2010
	Glomus claroideum、*Glomus intraradices*	龙葵(*Solanurn nigrum*)	Marques et al.，2006；Marques et al.，2007
	Glomus clarum、*Gigaspora margarita*、*Acaulospora* sp.	小粒咖啡(*Coffea arabica*)	Andrade et al.，2010b
	Glomus mosseae	红三叶(*Trifolium pratense*)	Chen et al.，2003
	混合 AM 真菌	白三叶(*Trifolium repens*)	Zhu et al.，2001
	Glomus mosseae	红三叶(*Trifolium pratense*)	Li and Christie，2001
	Glomus mosseae、*Glomus macrocarpum*	偶针茅麻(*Lygeum spartum*)、绒毛花(*Anthyllis cytisoides*)	Diaz et al.，1996
	Glomus fasiculatum、*Glomus etunlcatum*、*Glomus mossae*	莴苣(*Lactuca sativa*)	Dehn and Schuepp，1990

续表

重金属	AM 真菌	宿主植物	参考文献
Pb	*Glomus mosseae*、*Glomus intraradices*	香根草(*Vetiveria zizanioides*)	Wong et al.,2007
	Glomus intraradices	细弱剪股颖(*Agrostis capillaris*)、玉米(*Zea mays*)	Malcová et al.,2003b
	Glomus mosseae、*Glomus intraradices*	香根草(*Vetiveria zizanioides*)	Wong et al.,2007
	Glomus constrictum、*Glomus mosseae*	玉米(*Zea mays*)	Zhang et al.,2010
	Glomus etunicatum	毛蔓豆(*Calopogonium mucunoides*)	de Souza et al.,2012
	Glomus mosseae	香根草(*Vetiveria zizanioides*)	Punamiya et al.,2010
	Glomus 混合菌种	一串红(*Salvia splendens*)	Nowak,2007
	Glomus mosseae、*Glomus macrocarpum*	偶针茅麻(*Lygeum spartum*)、绒毛花(*Anthyllis cytisoides*)	Diaz et al.,1996
	混合 AM 真菌	鸡眼草(*Kummerowia striata*)、苦荬菜(*Ixeris denticulate*)、黑麦草(*Lolium perenne*)、白三叶(*Trifolium repens*)、无芒稗(*Echinochloa crusgalli* var. *mitis*)	Chen et al.,2005f
	Glomus intraradices	玉米(*Zea mays*)	Sudova and Vosatka,2007
Cr	*Glomus deserticola*	蓝桉(*Eucalyptus globulus*)	Arriagada et al.,2005
	Glomus intraradices PH5	烟草(*Nicotiana tabacum*)	Sudova et al.,2007b
	Glomus intraradices BEG 141	烟草(*Nicotiana tabacum*)	何永辉等,2013
	Glomus intraradices	向日葵(*Helianthus annuus*)	Davies et al.,2001,2002
	Glomus fasciculatum	向日葵(*Helianthus annuus*)	Nazir and Firdause,2011
	Glomus intraradices BEG72	长叶车前(*Plantago lanceolata*)	Nogales et al.,2012
	Glomus deserticola	牧豆树(*Prosopis juliflora*)	Arias et al.,2010
	Glomus mosseae、*Glomus intraradices*	辣椒(*Capsicum annuum*)	Ruscitti et al.,2011
	Glomus deserticola	星毛蕨(*Ampelopteris prolifera*)	Singh et al.,2014
As、U	*Glomus mosseae*、*Glomus caledonium*、*Glomus intraradices*	蜈蚣草(*Pteris vittata*)	Chen et al.,2006
Cd、Cu	*Glomus geosporum*	海紫菀(*Aster tripolium*)	Carvalho et al.,2006
Cd、Pb	*Glomus mosseae*	木豆(*Cajanus cajan*)	Garg and Aggarwal,2011,2012
	Glomus mosseae、*Glomus deserticola*	蓝桉(*Eucalyptus globulus*)	Arriagada et al.,2007b
Cd、Zn	*Glomus mosseae*	木豆(*Cajanus cajan*)	Garg and Kaur,2013a;Garg and Kaur,2013b;Garg and Kaur,2012

续表

重金属	AM 真菌	宿主植物	参考文献
Zn、Pb	*Glomus lamellosum*、*Acaulospora mellea*、*Glomus mosseae*、*Glomus intraradices*、*Glomus etunicatum*、*Glomus constrictum*、*Diversispora spurcum*、*Glomus aggregatum*	紫花苜蓿(*Medicago sativa*)	黄晶等，2012
	Glomus mosseae	玉米(*Zea mays*)	Shen et al.，2006
	Glomus intraradices	家山黧豆(*Lathyrus sativus*)、紫花苜蓿(*Medicago sativa*)、长柔毛野豌豆(*Vicia villosa*)	Nezami and Kalantari，2013
Zn、Cd	*Glomus intraradices*、*Glomus intraradices*、*Glomus deserticola*	牧豆树(*Prosopis juliflora*)	Solis-Dominguez et al.，2011
	Glomus intraradices、*Glomus mosseae*	香根草(*Vetiveria zizanioides*)	Wu et al.，2011b
	Glomus spp.	银合欢(*Leucaena leucocephala*)	Ma et al.，2006
	Glomus mosseae	地三叶(*Trifolium subterraneum*)	Joner et al.，2000
	混合 AM 真菌	大豆(*Glycine max*)	Heggo et al.，1990
	Glomus deserticola	茄子(*Solanum melogena*)	Mohammad and Mittra，2013
Zn、Cu	*Glomus intraradices*、*Glomus spurcum*	高粱(*Sorghum bicolor*)	Toler et al.，2005
	Glomus intraradices、*Glomus mosseae*	银白杨(*Populus alba*)	Cicatelli et al.，2010
	Glomus mosseae	银白杨(*Populus alba*)	Pallara et al.，2013
	Glomus intraradices	银白杨(*Populus alba*)	Lingua et al.，2012
	Glomus mosseae	巨尾桉(*Eucalyptus grandis* × *Eucalyptus urophylla*)	黄佳玉等，2013
	Glomus mosseae	*Coronilla juncea*	Carrasco et al.，2011
Cd、Zn、Pb	*Glomus claroideum* BEG、*Glomus intraradices*、*Glomus geosporum*、*Glomus etunicatum*	紫羊茅(*Festuca rubra*)、长叶车前(*Plantago lanceolata*)	Orlowska et al.，2005b
	Glomus intraradices	白柳(*Salix alba*)、黑杨(*Populus nigra*)	Mrnka et al.，2012
	Glomus intraradices	紫花苜蓿(*Medicago truncatula*)	Redon et al.，2009
	Glomus mosseae、*Glomus* sp.	玉米(*Zea mays*)	Liang et al.，2009
	混合土著 AM 真菌	菥蓂属某植物(*Thlaspi praecox*)	Vogel-Mikus et al.，2006
	Glomus intraradices	玉米(*Zea mays*)	Jurkiewicz et al.，2004
	混合土著 AM 真菌(*Glomus mosseae*、*Glomus caledonium*、*Glomus claroideum*、*Glomus intraradices*)	早生百里香(*Thymus polytrichus*)	Whitfield et al.，2004a

续表

重金属	AM 真菌	宿主植物	参考文献
As、Cu、Zn	*Entrophospora infrequens*	绒毛草(*Holcus lanatus*)	Gonzalez-Chavez et al., 2002b
Cd、Zn、Cu	*Glomus mosseae*	地三叶(*Trifolium subterraneum*)	Joner and Leyval, 2001
Zn、Cd、Ni	*Glomus* sp.	紫花苜蓿(*Medicago sativa*)、燕麦(*Avena sativa*)	Ricken and Hofner, 1996
Cu、Pb、Zn	*Glomus macrocarpum*	白花鬼针草(*Bidens pilosa* var. *radiate*)、龙珠果(*Passiflora foetida* var. *hispida*)	Tseng et al., 2009
Zn、Co、Mn、Cu	*Glomus deserticola*	蚕豆(*Vicia faba*)	Al-Amri, 2013
Cd、Ni、Cr	*Glomus mosseae*	大麻(*Cannabis sativa*)	Citterio et al., 2005
Cu、Zn、Pb、Cd	*Glomus caledonium*、混合土著 AM 真菌	海州香薷(*Elsholtzia splendens*)	Wang et al., 2005
	Glomus mosseae	长喙田菁(*Sesbania rostrata*)、田菁(*Sesbania cannabina*)、紫花苜蓿(*Medicago sativa*)	Lin et al., 2007
	Glomus mosseae	蚕豆(*Vicia faba*)	张旭红等, 2008; Zhang et al., 2006b
	Glomus mosseae	玉米(*Zea mays*)	Usman and Mohamed, 2009
	混合 AM 真菌(*Acaulospora morrowiae*、*Gigaspora albida*、*Glomus clarum*)	俯仰臂形草(*Brachiaria decumbens*)	Soares and Siqueira, 2008
	Acaulospora spinosa、*Acaulospora morrowiae*、*Gigaspora gigantea*、*Scutellospora gregaria*	俯仰臂形草(*Brachiaria decumbens*)	da Silva et al., 2006
	Glomus versiforme、*Glomus mosseae*、*Glomus diaphanum*	旱稻(*Oryza sativa*)	Zhang et al., 2005
	Glomus mosseae	玉米(*Zea mays*)	黄艺等, 2002
Cu、Cd、Mn、Ni	*Glomus versiforme*、*Glomus mosseae*	鬼针草(*Bidens bipinnata*)	刘德良和杨期和, 2013
Zn、Cd、Cu、Ni、Pb	*Glomus caledonium*、*Glomus mosseae*	高粱(*Sorghum bicolor*)、韭葱(*Allium porrum*)、白三叶(*Trifolium repens*)	Del Val et al., 1999a
Fe、Mn、Al、Zn、Pb、Cu、Cd、Ni、As、Cr	混合土著 AM 真菌(*Glomus mosseae*、*Glomus* spp.)	白三叶(*Trifolium repens*)	Azcon et al., 2010

续表

重金属	AM 真菌	宿主植物	参考文献
As、Cd、Co、Cu、Fe、Mn、Pb、U、Zn	*Glomus intradices*	艾菊叶法色草（*Phacelia tanacetifolia*）、白芥（*Sinapis alba*）、红三叶（*Trifolium pratense*）、向日葵（*Helianthus annuus*）	Neagoe et al.，2013
Zn、Cd、Cu、Pb、Ni、As、Cr	*Glomus mosseae*	白三叶（*Trifolium repens*）	Azcon et al.，2009
Zn、Pb、Cu、Cd、As	*Glomus mosseae*	紫花苜蓿（*Medicago sativa*）	Guralchuk et al.，2009
	Gigaspora rosea、*Glomus gerdemannii*、*Glomus occultum*	野草莓（*Fragaria vesca*）	Turnau et al.，2001

（一）AM 真菌在植物提取中的应用

对于重金属污染的农田土壤来说，利用植物提取除去多余的重金属从而避免通过食物链危害人体，这可能是个不错的选择，但植物提取成功与否主要取决于植物体内重金属含量的高低和植物生物量的大小。对于植物提取，AM 真菌可以在以下几个方面发挥作用：①AM 真菌可以促进植物生长，增加植物生物量尤其是地上部生物量；②AM 真菌可能提高植物体内尤其是地上部某些重金属的含量，或者降低地上部重金属含量，而此时 AM 真菌所增加的生物量往往抵消了这一负面作用，从而使重金属吸收量增加；③对于重金属耐性差（如高生物量作物）而污染严重的土壤来说，提高植物的存活率也是 AM 真菌的一个重要作用。有很多研究报道了 AM 真菌在植物提取中的作用。烟草生物量较大，接种 AM 真菌可以提高污染土壤中烟草对 Pb、Cd 的耐性，改善其矿质营养，促进生长，增加植物重金属吸收量；而且 AM 真菌分泌 GRSP，降低重金属生物有效性，因此有利于植物提取和植物稳定（Wang et al.，2013）。大麻（*Cannabis sativa*）是一种生长快且生物量大的植物，虽不是超富集植物，但对重金属耐性强，可在根中累积重金属，接种 *Glomus mosseae* 可以促进重金属从大麻的根部向地上部转运，这对于大麻在植物提取重金属中的应用有重要意义（Citterio et al.，2005）。菌根化的向日葵也能比对照植株积累更多的 Cr（Davies et al.，2002）。接种 AM 真菌可以提高黄花柳（*Salix caprea*）对重金属的提取量（Sommer et al.，2002）。对于超富集植物的植物提取来说，AM 真菌也能发挥重要作用。接种 AM 真菌提高菊科（Asteraceae）Ni 超富集植物 *Berkheya coddii* 地上部生物量和 Ni 含量，并与不同 AM 真菌的耐性和植物-真菌共生特性有关（Turnau and Mesjasz-Przybylowicz，2003）。接种 AM 真菌提高了蜈蚣草（*Pteris vittata*）地上部生物量，降低了地上部 As 含量，但蜈蚣草地上部对 As 的吸收量增加了，其原因可能是 AM 真菌使宿主 P 营养得到改善，根际 pH 升高，影响了蜈蚣草对 As 的吸收和运输（Liu et al.，2005a）。但在另外的研究中，在 As 污染条件下，

AM 真菌同时提高蜈蚣草地上部的生物量和 As 含量，从而显著增加了 As 的提取量（Al Agely et al.，2005；Leung et al.，2006）。此外，AM 真菌与其他一些细菌、腐生真菌可以在植物提取中发挥协同作用。Arriagada 等（2004，2005）发现接种 *Glomus deserticola* 提高了蓝桉（*Eucalyptus globulus*）地上部的生物量和 Cd、Pb 含量，有利于植物提取，复合接种康氏木霉（*Trichoderma koningii*）后能积极提高 AM 真菌的作用。当土壤中施 Pb 水平较高时，双接种短芽孢杆菌属的细菌（*Brevibacillus* A）和 AM 真菌提高红三叶生物量和地上部 Pb 含量（Vivas et al.，2003a）。Turnau 等（2008）发现工业废物中往往含有大量重金属而不利于植物生长，可以利用 AM 真菌和草本植物进行植被恢复。

（二）AM 真菌在植物稳定中的应用

而对于矿区污染土壤和放射性污染土壤的修复来说，植物稳定则更具有优势，而 AM 真菌多可以通过 GRSP 的螯合作用和菌丝的固持作用等钝化重金属、抑制有毒重金属向植物地上部转移，防止其进入地下水或食物链。AM 真菌可以侵染用于植物稳定 Zn 的紫羊茅和长叶车前，并有多种 AM 真菌可以提高植物在污染土壤中的存活率，但不同来源的菌株效应不同，从工业废矿分离的 *Glomus claroideum* 效果最好（Orlowska et al.，2005b）。这意味着 AM 真菌可在 Zn 污染土壤的植被恢复和植物稳定中发挥作用。在 U 污染条件下，接种 AM 真菌可以增加大麦、蒺藜苜蓿根中 U 含量，减少 U 向地上部的分配（Chen et al.，2005a，2005b）。在 U 和 As 污染的土壤中，菌根侵染抑制蜈蚣草的生长，尤其是在生长早期，对植物体内 As 含量没有影响，但增加根中 U 的含量和吸收量（Chen et al.，2006），这对于植物稳定铀尾矿和废水排放土壤中的 U 有一定作用。在根器官培养条件下研究发现 *Glomus lamellosum* 的根外菌丝可吸收、积累并转运放射性金属元素 ^{137}Cs 到植物根中，但无法确定菌根中的 ^{137}Cs 是滞留在菌根结构（根内菌丝、泡囊、丛枝）还是转移到根细胞内（Declerck et al.，2003）。Rufyikiri 等（2004a）发现 AM 真菌根外菌丝可以固持 ^{233}U。AM 真菌的根内组织可以积累 Cs，同时减少其向菌根内的转运（de Boulois et al.，2005a）。de Boulois 等（2008）认为在放射性污染土壤的植物稳定过程中可以应用 AM 真菌。柳、杨等树种据信可以用于重金属植物修复，可以筛选合适的 AM 真菌菌株 *Glomus intraradices* 用于白柳（*Salix alba*）、黑杨（*Populus nigra*）植物修复 Cd、Pb、Zn 污染土壤（Mrnka et al.，2012）。

四、小结

植物修复研究和菌根研究在各自领域还有待更大的突破，距离大面积应用尚有较大距离，还有很多问题尚未解决。①丛枝菌根的修复机制研究还不很清楚，尤其是要利用分子生物学技术开展分子水平的研究。AM 真菌如何影响植物对重金属的吸收或运输、迁移或积累等过程？这些过程最终可能体现在植物或菌根内相关基因的表达上，AM 真菌很可能参与调控这些基因的表达，但目前相关研究还不多，也不够深入。②AM 真菌与其他有益微生物之间相互作用也要深入研究，多种微生物复合作用于植物修复时，哪些参与改变了重金属的有效性？哪些参与改善了植物营养状况？是"各负其责"，还是"分工合作"？有必要深入研究它们间的相互关系。③AM 真菌等微生物在与化学螯合剂等修复增效剂复合施用时要考虑到增效剂的施用量。一般来说，微生物对重金属有脱毒作用，而螯合剂则增加重金属的毒性，如何优选螯合剂并协调二者间的关系，使它们能发挥出最佳效果？这是很重要的课题。④在筛选高效 AM 真菌和其他有益微生物菌种时，要针对植物的生物学特性，如植物能否固氮，菌根依赖性的强弱，对重金属胁迫的耐性等，还要考虑到重金属的毒性和污染水平。⑤污染土壤中不同 AM 真菌属间、种间和种内对重金属的耐受性存在差异。在许多重金属与 AM 真菌相互作用的试验中仅考虑了一株或几株菌株，而实际上土壤中分布着众多不同种属的 AM 真菌，强化土著 AM 真菌群落可能会对菌根修复更有效。⑥温室盆栽试验条件和大田试验条件有很大差异，盆栽试验的结果需要经过大田试验验证才能确认各种调控措施是否有效。⑦现在很多土壤的污染情况非常复杂，有多种重金属复合污染，也有无机物有机物复合污染，未来生物修复可能要向复合污染修复方向发展，这时综合利用 AM 真菌等微生物及化学螯合剂等多种修复强化措施就显得尤为重要。

第二节 丛枝菌根对铜污染土壤的修复

铜（Cu）是人体代谢所必需的元素之一，成人每日需要 2mg Cu，人体内有 30 种以上的酶和蛋白质中含有 Cu，其中主要存在于肌肉中，组成铜蛋白，促进血红蛋白的生成和细胞的成熟。Cu 也是植物必需的微量元素之一，在植物生长发育过程中发挥重要的生理功能，如参与组成某些氧化还原酶，在光合作用、呼吸作用等许多生理过程中起重要作用。Cu 缺乏或过量都将对人体、植物产生不良影响。Cu 在地壳中的平均含量仅为 70mg/kg，一般不会造成污染。人类的生产活动使得 Cu 在土壤中的含量超过背景值，进而可能造成土壤污染。不同土壤类型 Cu 的临界含量是不一样的（夏增禄，1992），我国的土壤环境质量标准和农用污泥也对土壤 Cu 含量做了界定（表 4-3，表 4-4）。土壤中 Cu 污染的来源除了自然源外，主要有冶炼、采矿、工业三废、城市生活污泥和污水污泥，以及含 Cu 污泥和农药化肥的施用等。土壤 Cu 污染造成的危害主要有：降低土壤微生物活性和土壤肥力，降低农产品产量和品质，通过食物链危害人类健康。

表 4-3 中国土壤重金属环境质量标准（GB 15618—1995）

重金属/(mg/kg)	一级 自然背景	二级			三级
		pH<6.5	pH6.5~7.5	pH>7.5	pH>6.5
Cd	≤0.20	0.30	0.30	0.60	1.0
Hg	≤0.15	0.30	0.50	1.0	1.5
As					
水田	≤15	30	25	20	30
旱地	≤15	40	30	25	40

续表

重金属 /(mg/kg)	一级 自然背景	二级			三级 pH>6.5
		pH<6.5	pH6.5~7.5	pH>7.5	
Cu					
农田等	≤35	50	100	100	400
果园	—	150	200	200	400
Pb	≤35	250	300	350	500
Cr					
水田	≤90	250	300	350	400
旱地	≤90	150	200	250	300
Zn	≤100	200	250	300	500
Ni	≤40	40	50	60	200

注：重金属（Cr 主要是正 3 价）和 As 均按元素量计，适用于阳离子交换量＞5cmol（+）/kg 的土壤，若≤5cmol（+）/kg，其标准值为表内数值的半数；水旱轮作地的土壤环境质量标准，As 采用水田值，Cr 采用旱地值

表 4-4　农用污泥中污染物控制标准（GB 4284—1984）

项目	最高容许含量/(mg/kg 干污泥)	
	酸性土壤（pH<6.5）	中性和碱性土壤（pH≥6.5）
镉及其化合物（以 Cd 计）	5	20
汞及其化合物（以 Hg 计）	5	15
铅及其化合物（以 Pb 计）	300	1000
铬及其化合物（以 Cr 计）*	600	1000
砷及其化合物（以 As 计）	75	75
硼及其化合物（以 B 计）	150	150
矿物油	3000	3000
苯并[a]芘	3	3
铜及其化合物（以 Cu 计）**	250	500
锌及其化合物（以 Zn 计）**	500	1000
镍及其化合物（以 Ni 计）**	100	200

注：*铬的控制标准适用于一般含正 6 价铬极少的具有农用价值的各种污泥，不适用于含有大量正 6 价铬的工业废渣或某些化工厂的沉积物；**暂作参考标准

植物根对 Cu 的吸收机制还远未弄清，有的研究认为植物根对 Cu 的吸收是被动吸收，而有的研究认为植物可以主动吸收 Cu，这种差异可能是因为所用植物不同而造成的。Cu 可以在植物根系的表皮细胞积累，也可以在内皮层和中柱鞘积累，而耐 Cu 植物可以在细胞壁中积累 Cu。土壤中 N 的状况是调节整株植株吸收 Cu 的重要因子；此外某些重金属元素可能与 Cu 有交互作用，促进或抑制植物 Cu 的吸收；菌根也是影响植物吸收 Cu 的因子之一（陈怀满，1996）。

一、AM 真菌在铜污染土壤中的分布

Cu 是某些杀真菌剂的成分，其真菌毒性较强。较高浓度的 Cu 对植物和菌根共生体有毒害作用（Graham et al.，1986；Griffioen et al.，1994；Lins et al.，2006），但是田间调查和温室模拟试验都证明 AM 真菌仍然广泛分布于 Cu 污染土壤中（Sambandan et al.，1992；Griffioen et al.，1994；da Silva et al.，2005；Chen et al.，2005d）。Yang 等（2010）在安徽铜矿区土壤发现 AM 真菌可以与海州香薷共生，分子鉴定显示均属于 *Glomus*；AM 真菌群落组成与取样点、土壤性质尤其是铜含量有关。在巴西某铜矿区，da Silva 等（2005）调查了 32 种植物的 AM 真菌资源，分离鉴定出 *Glomus*、*Acaulospora*、*Archaeospora*、*Entrophospora*、*Gigaspora*、*Paraglomus*、*Scutellospora* 7 个属的 21 种 AM 真菌，其中大多数属于 *Glomus*。

我们的调查发现，在浙江富阳某铜冶炼厂附近，在铜含量达 848mg/kg 时土壤中 AM 真菌仍能侵染宿主植物。在全铜含量高达 2800mg/kg 时植物仍能形成丛枝菌根，盆栽试验中人工模拟 Cu 污染在 1500mg/kg 时，AM 真菌仍然可以侵染宿主根系（Chen et al.，2005d），这说明 AM 真菌对于 Cu 毒害有一定的抗性。尤其是来自污染土壤的菌株，可能具有更强的耐性，这为 AM 真菌应用于 Cu 污染土壤的修复提供了基础。

二、铜污染条件下 AM 真菌的侵染情况

菌根侵染率的高低是菌根形成和建立的标志，这是 AM 真菌用于植物修复的前提。一般认为土壤中重金属含量过高时会抑制 AM 真菌对植物的侵染（Gildon and Tinker，1983a；Weissenhorn and Leyval，1995；Weissenhorn et al.，1995a，1995b），在某些极端情况下（如土壤沙性很强），重金属的毒害则会完全抑制 AM 真菌的侵染（El-Kherbawy et al.，1989；Koomen et al.，1990；Weissenhorn et al.，1994）。也有报道发现在重金属严重污染的土壤中菌根侵染率仍相当高（Gildon and Tinker，1981，1983a，1983b；Pawlowska et al.，1996）。但 Hagerberg 等（2011）发现即使施加低浓度（0.26μg/g）的生物活性铜仍能够显著抑制土壤中的菌根侵染；同时，铜污染对土壤微生物群落有选择作用，耐铜细菌的比例增加。

一般情况下，铜污染对菌根侵染是不利的。调查发现，在锌冶炼厂附近的被锌和镉污染的土壤中细弱剪股颖根系的 AM 真菌感染强度很大，而同时调查的一个旧铜矿里生长的植物的 AM 真菌感染率就很低（Griffioen et al.，1994）。这说明 Cu 对 AM 真菌的毒性较大。在 Cu 污染矿区土壤给向日葵接种 *Glomus* 的 AM 真菌，随铜含量增加，菌根侵染率显著降低（Castañón-Silva et al.，2013）。Chen 等（2005d）调查了安徽铜陵铜尾矿上主要植物的菌根侵染情况，这些植物主要有禾本科和菊科的白茅（*Imperata cylindrica*）、狗牙根、双穗雀稗（*Paspalum distichum*）、金鸡菊等，发现大部分植物有菌根侵染，但除狗牙根和金鸡菊侵染较好外，大部分侵染较低。同时发

现,大部分植物主要在根系中累积铜及其他重金属,因此选择合适的 AM 真菌和宿主植物应用于植物稳定铜尾矿是可能的。Chen 等(2007c)进一步在盆栽条件下进行了研究,结果发现,来自铜尾矿上的土著植物金鸡菊和蜈蚣草及非土著植物黑麦草和白三叶都能在铜尾矿土壤(232mg/kg Cu)中与 *Glomus mosseae* 形成菌根,白三叶、金鸡菊和蜈蚣草的侵染率均在 10% 以上,但黑麦草侵染很弱,仅有 3.2%。但在铜尾矿中黑麦草接种 *Glomus versiforme* 时菌根侵染有所增加,这说明不同的 AM 真菌与植物的共生特性不同,抵抗 Cu 毒害的能力也不一样(肖雪毅等,2006)。银合欢幼苗在铜矿土壤中也能被 *Glomus etunicatum*(UFPE 06)侵染,但是随着 Cu 含量增加,侵染率也逐渐降低(Lins et al.,2006)。在安徽某铜矿区土壤中,海州香薷菌根侵染率和 AM 真菌多样性较低,且与土壤中提取态铜的含量呈负相关(Yang et al.,2010)。

不论野外调查还是盆栽试验,结果都表明海州香薷易于形成丛枝菌根。从浙江诸暨铜矿区采集了海州香薷及其根围土壤,结果发现海州香薷的菌根侵染率相当高,并从土壤中分离到多个属的多种 AM 真菌。在人工模拟 Cu 污染的灭菌土壤中种植海州香薷并接种 AM 真菌 *Glomus caledonium* 90036(36)和 *Acaulospora mellea* ZZ(ZZ),结果表明,尽管菌根侵染率随施 Cu 水平的升高而降低,但都高达 50% 以上,这说明 AM 真菌对 Cu 有较强的耐性,而且易于侵染海州香薷(图 4-2)。

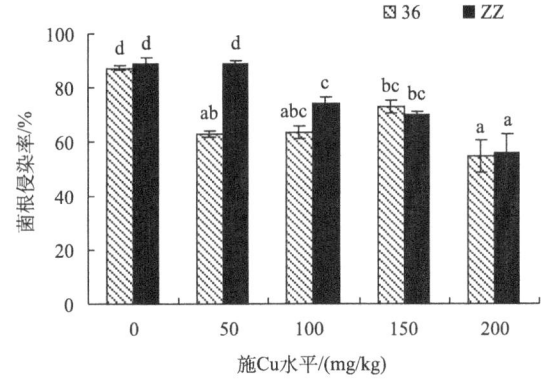

图 4-2 不同接种处理和施 Cu 水平下海州香薷的菌根侵染率
图中柱形上方竖棒表示标准误差,不同字母表示在 $P<0.05$ 水平差异显著

玉米通常被认为是重金属耐性较差的植物,我们在模拟铜污染条件下进行了盆栽实验,发现玉米接种 *Acaulospora mellea* ZZ 也能形成菌根。施 Cu 水平为 200mg/kg 及以下时,菌根侵染率没有显著差异。在施 Cu 水平为 400mg/kg 时菌根侵染率显著降低,但仍高达 60% 以上。施 Cu 水平为 800mg/kg 时严重抑制菌根侵染(图 4-3)。施铜含量达 150mg/kg 时,玉米接种 *Glomus caledonium* 90036 后菌根侵染率达 54.72%(申鸿等,2005)。这些结果均说明 AM 真菌对铜也有较高的耐性。

沙培条件下重金属活性很高,铜的毒性可能更强烈。沙培时 AM 真菌对玉米也能侵染,但是不同 AM 真菌的侵染率明显不同(廖继佩,2002)。铜浓度在 30μg/g 时玉米接种 *Glomus intraradices* 已经降低至 5% 左右(Galli et al.,1995)。

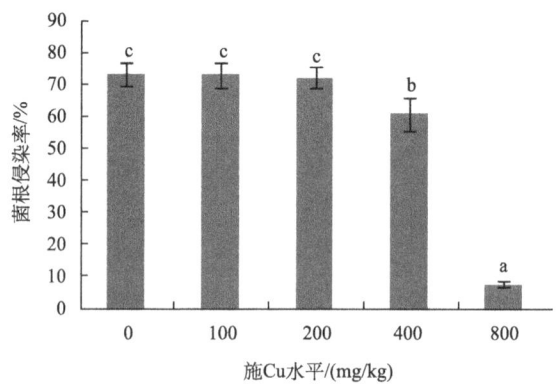

图 4-3 不同施 Cu 水平下玉米的菌根侵染率
图中柱形上方竖棒表示标准误差，不同字母表示在 $P<0.05$ 水平差异显著

三、铜污染条件下 AM 真菌对植物生长和营养的改善作用

AM 真菌最典型的作用是对植物矿质营养的改善作用，因此在低肥力的土壤中，AM 真菌的促生作用往往比较突出。在铜污染条件下，AM 真菌一般可以改善植物营养，减轻铜对植物的毒害，促进植物生长（表 4-5）。

在温室盆栽条件下给海州香薷接种 AM 真菌 *Glomus caledonium* 90036（36）和 *Acaulospora mellea* ZZ（ZZ），发现在施加不同 Cu 水平（0mg/kg、50mg/kg、100mg/kg、200mg/kg、400mg/kg）时对海州香薷的生长均有显著的促进作用（王发园等，2005a）。在各施 Cu 水平下，对照植株地上部干重普遍较低，但接种 AM 真菌普遍显著提高了植株地上部干重和根系干重，即使是在 400mg/kg 施 Cu 水平时也有显著促进作用，而且 2 种 AM 真菌之间没有显著差异（图 4-4，图 4-5）。这不仅意味着海州香薷的菌根依赖性强，而且 AM 真菌对其生长的效应可能具有普遍性。

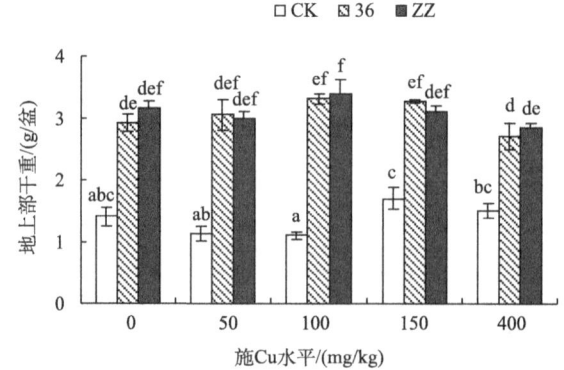

图 4-4 不同接种处理和施 Cu 水平下海州香薷地上部干重
图中柱形上方竖棒表示标准误差，不同字母表示在 $P<0.05$ 水平差异显著

表4-5 接种AM真菌对植物生长和Cu含量的影响

AM真菌	植物	土壤(基质)中铜含量/(mg/kg)	植物生物量 地上部	植物生物量 根系	植物铜含量 地上部	植物铜含量 根系	参考文献
Glomus caledonium 90036, Acaulospora mellea ZZ	海州香薷(Elsholtzia splendens)	50~400	增加	增加	增加	降低	王发园等, 2005a
Acaulospora mellea ZZ	玉米(Zea mays)	100~800	增加	增加	降低	无变化(100mg/kg, 200mg/kg), 降低(400mg/kg), 增加(800mg/kg)	Wang et al., 2007c
Glomus spp.	向日葵(Helianthus annuus)	382~7678	增加	增加	增加	增加	Castañón-Silva et al., 2013
混合土著AM真菌, Glomus claroideum	向日葵(Helianthus annuus)	150~450	增加	降低或没有影响	降低	依赖于铜含量：低时增加，高时降低	Meier et al., 2012
Glomus intraradices	万寿菊(Tagetes erecta)	500~2000	增加	增加	降低	降低	Castillo et al., 2011
Glomus spp.	紫花苜蓿(Medicago sativa)	53.8~620	增加	没有显著影响	降低或没有变化	无规律变化	Novoa et al., 2010
Glomus etunicatum	刀豆(Canavalia ensiformis)	50~450mg/dm³	增加	增加	降低	降低	Andrade et al., 2010a
Glomus deserticola	蓝桉(Eucalyptus globulus)	10~2000	增加	增加	增加	增加	Arriagada et al., 2009b
Glomus mosseae	旱稻(Oryza sativa)	1~100μmol/L	增加(100μmol/L时不显著)	增加(100μmol/L时不显著)	降低	降低	Zhang et al., 2009
Glomus clarum, Gigaspora margarita, Acaulospora sp.	小粒咖啡(Coffea arabica)	50~450	增加	增加	叶中降低，茎中增加	50mg/kg和150mg/kg时增加，450mg/kg时降低	Andrade et al., 2010b
Glomus intraradices	玉米(Zea mays)	50, 200	增加	增加	降低	增加	杨秀梅等, 2008

续表

AM 真菌	植物	土壤（基质）中铜含量/(mg/kg)	植物生物量 地上部	植物生物量 根系	植物铜含量 地上部	植物铜含量 根系	参考文献
Glomus caledonium	玉米（Zea mays）	50, 150	不显著（50mg/kg），增加（150mg/kg）	不显著（50mg/kg），增加（150mg/kg）	不显著	降低	申鸿等，2005
Glomus mosseae、Glomus versiforme	白三叶（Trifolium repens）	16.20(DTPA-Cu)	增加	增加	降低	降低	肖雪毅等，2006
Glomus mosseae	金鸡菊（Coreopsis drummondii）、蜈蚣草（Pteris vittata）、白三叶（Trifolium repens）	232	增加	增加	降低	不显著	Chen et al., 2007c
Glomus intraradices	玉米（Zea mays）	4.5~30(沙培)	降低	不显著	不显著	不显著	Galli et al., 1995
Glomus etunicatum	银合欢（Leucaena leucocephala）	25~100	增加	增加	降低	不显著	Lins et al., 2006
Glomus mosseae	旱稻（Oryzal sativa）	100, 200	不显著（100mg/kg），增加（200mg/kg）	增加（100mg/kg），不显著（200mg/kg）	不显著（100mg/kg），增加（200mg/kg）	降低（100mg/kg），增加（200mg/kg）	张旭红等，2012
Glomus aggregatum、Glomus etunicatum、Glomus intraradices、Glomus mosseae	玉米（Zea mays）	1867	不显著	不显著	降低	不显著	郭伟等，2013

接种 AM 真菌影响海州香薷地上部和根系的 P 营养状况，但这种影响与 AM 真菌的种类和施 Cu 水平有复杂而密切的关系（图 4-6）。在施 Cu 水平 0mg/kg 时，2 种 AM 真菌对植株地上部 P 营养有所改善，在施 Cu 水平 400mg/kg 时对地上部和根系 P 营养均没有显著影响。

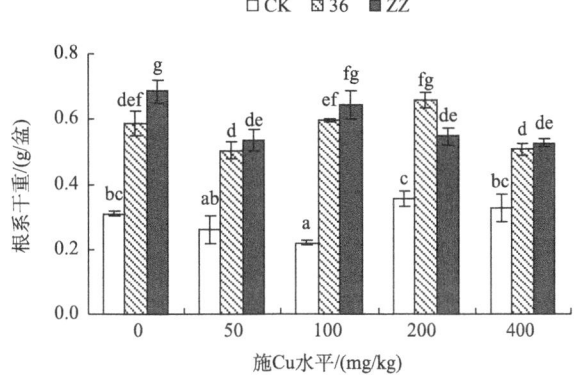

图 4-5　不同接种处理和施 Cu 水平下海州香薷根系干重
图中柱形上方竖棒表示标准误差，不同字母表示在 $P<0.05$ 水平差异显著

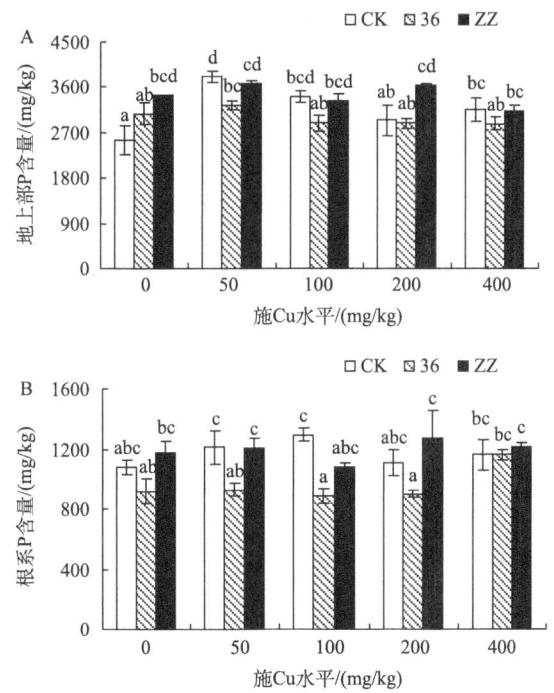

图 4-6　不同接种处理和施 Cu 水平下海州香薷地上部（A）和根系（B）P 含量
图中柱形上方竖棒表示标准误差，不同字母表示在 $P<0.05$ 水平差异显著

对于玉米来说，接种 AM 真菌在施 Cu 水平为 200mg/kg 和 400mg/kg 时显著增加植株地上部和根系干重，最能体现出促进效应，在不施 Cu、施 Cu 水平较低（100mg/

kg)和过高时(800mg/kg)时没有显著影响(图4-7,图4-8)。接种AM真菌改善植株地上部和根系P营养状况(图4-9,图4-10)。申鸿等(2005)也发现在不同铜污染水平,接种 *Glomus caledonium* 90036 对玉米生物量和磷营养均有显著改善。生长于Cu污染土壤中的小粒咖啡(*Coffea arabica*)接种混合AM真菌后体内P、K、S、Mn、Ca、Mg等元素含量升高(Andrade et al.,2010b)。

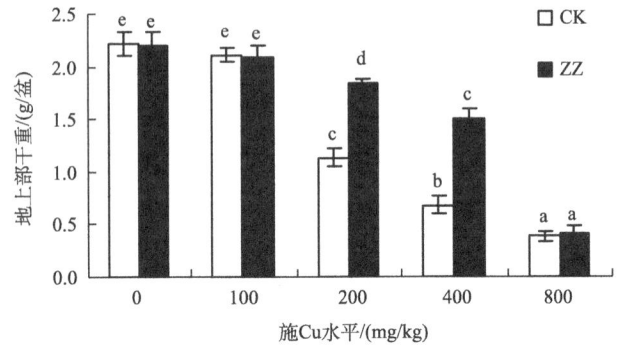

图 4-7 接种 AM 真菌对不同施 Cu 水平下玉米地上部干重的影响
图中柱形上方竖棒表示标准误差,不同字母表示在 $P<0.05$ 水平差异显著

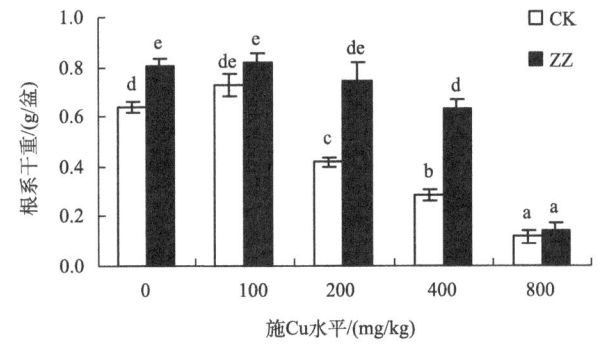

图 4-8 接种 AM 真菌对不同施 Cu 水平下玉米根系干重的影响
图中柱形上方竖棒表示标准误差,不同字母表示在 $P<0.05$ 水平差异显著

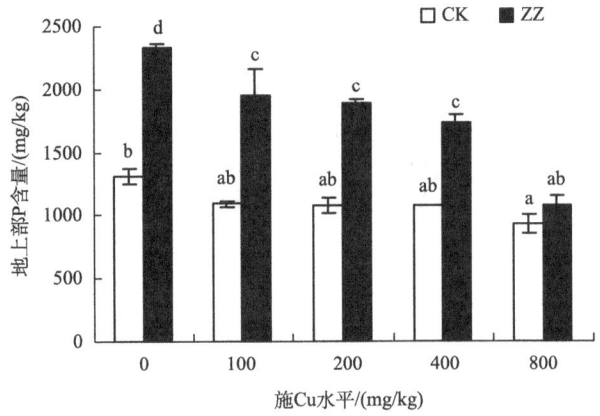

图 4-9 接种 AM 真菌对不同施 Cu 水平下玉米地上部 P 含量的影响
图中柱形上方竖棒表示标准误差,不同字母表示在 $P<0.05$ 水平差异显著

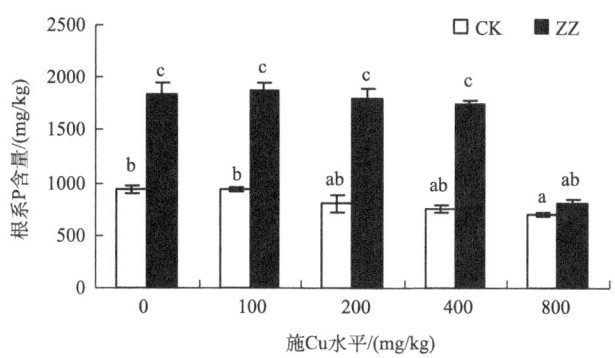

图 4-10 接种 AM 真菌对不同施 Cu 水平下玉米根系 P 含量的影响
图中柱形上方竖棒表示标准误差，不同字母表示在 $P<0.05$ 水平差异显著

其他多数研究也证实了铜污染条件下 AM 真菌的促生作用（表 4-5）。在高浓度 Cu（150mg/kg）污染土壤中，接种 *Glomus caledonium* 的玉米根系的生物量和根长均显著增高，其根系生物量可以提高 108.14%，根长增加 58.18%（申鸿等，2005）。接种混合 AM 真菌（*Glomus clarum*、*Gigaspora margarita*、*Acaulospora* sp.）改善小粒咖啡的 P 营养，促进其生长（Andrade et al., 2010b）。接种 AM 真菌 *Glomus* spp. 显著增加铜污染土壤中紫花苜蓿地上部生物量（Novoa et al., 2010）。

AM 真菌的促生作用受到植物菌根依赖性的影响。Meier 等（2012）研究了两种 AM 真菌菌剂（一种是耐铜土著混合 AM 真菌、一种是非耐性的 *Glomus claroideum*）对金属耐性植物月见草（*Oenothera picensis*）、白茅属植物（*Imperata condensata*）和普通作物向日葵在不同铜水平土壤中生长和铜吸收的影响，发现接种 AM 真菌对金属植物没有促生效应，但对向日葵地上部有显著改善，尤其是在高铜时；AM 真菌改变了植物体内铜的分配，但是与植物种类、AM 真菌种类和铜污染水平密切相关。在铜尾矿土接种 *Glomus mosseae* 显著促进金鸡菊、蜈蚣草和三叶草的生长，但是对黑麦草没有显著影响（Chen et al., 2007c）。除黑麦草外，AM 真菌改善了植物的 P 营养，并且对所有植物的 P 吸收量均有显著促进作用。在 Cu 污染土壤中，接种 *Glomus geosporum* 没有影响盐沼植物海紫菀（*Aster tripolium*）的干重和 P 营养（Carvalho et al., 2006）。肖雪毅等（2006）也发现黑麦草的菌根依赖性较差，原因可能与黑麦草自身对尾矿逆境适应能力强，而对菌根共生体的依赖性很低（表现为极低的菌根侵染率）有关。此外，他们还发现两种植物混合种植情况下菌根能够增强白三叶草的竞争优势或是存活能力，这对于提高尾矿上的植物多样性及利用豆科植物提高尾矿肥力具有重要意义。

但是在砂培条件下，接种 *Glomus intraradices* 的玉米生物量一般没有增加甚至降低（Galli et al., 1995）。Liao 等（2003）也发现沙培条件下接种 AM 真菌往往降低了玉米的生物量，但 Cu 含量却增加了。在砂培条件下，AM 真菌无法改善宿主植物的 P 营养，但是要消耗部分光合产物，这可能是导致宿主生物量降低的原因之一。同时，生物量降低，可能会对 Cu 含量造成一个"浓缩效应"，从而含量增加。

四、AM 真菌对植物铜含量和吸收量的影响

对于植物提取来说，除了生物量，最值得关注的是植物地上部的重金属含量。盆栽试验结果表明，接种 AM 真菌在 200mg/kg 及以下施 Cu 水平时提高海州香薷地上部 Cu 含量，在 400mg/kg 施 Cu 水平没有显著影响（图 4-11），由于接种 AM 真菌对海州香薷的生长也显示了良好的促进效应，因此显著提高了地上部 Cu 吸收量（图 4-12）。同时，虽然 AM 真菌显著降低了根系 Cu 含量（图 4-13），但是根系 Cu 吸收量在 200mg/kg 和 400mg/kg 时并未降低，这说明在中等污染条件下，接种并未影响植物稳定的效果（图 4-14）。虽然总体上 Cu 在地上部的分配有随着 Cu 水平升高而降低的趋势，但是接种 AM 真菌增加了 Cu 在地上部的分配比率（图 4-15）。这显示了 AM 真菌用于强化香薷植物提取的可能性。

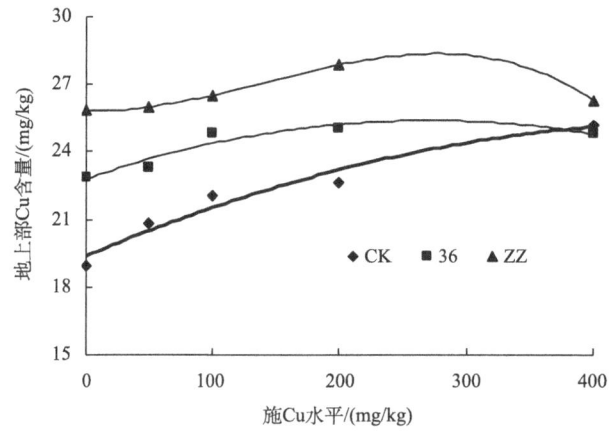

图 4-11 不同接种处理和施 Cu 水平下海州香薷地上部 Cu 含量

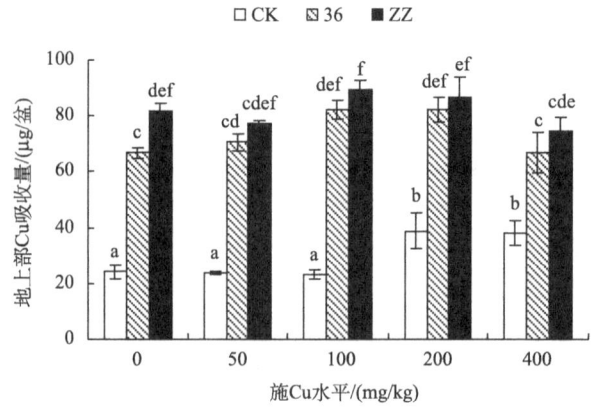

图 4-12 不同接种处理和施 Cu 水平下海州香薷地上部 Cu 吸收量
图中柱形上方竖棒表示标准误差，不同字母表示在 $P<0.05$ 水平差异显著

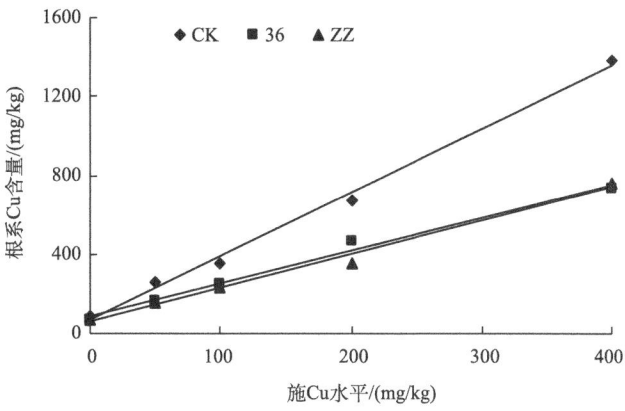

图 4-13　不同接种处理和施 Cu 水平下海州香薷根系 Cu 含量

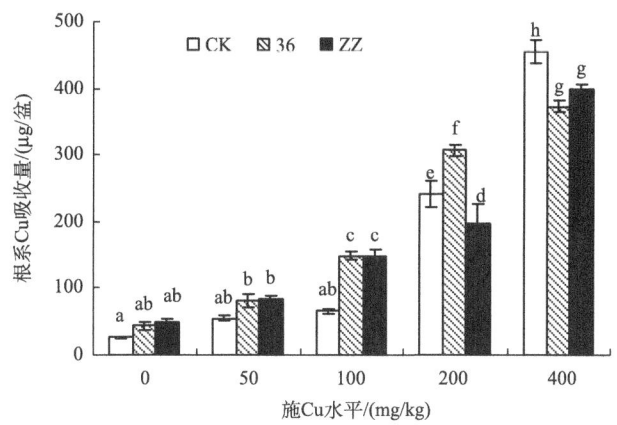

图 4-14　不同接种处理和施 Cu 水平下海州香薷根系 Cu 吸收量

图中柱形上方竖棒表示标准误差，不同字母表示在 $P<0.05$ 水平差异显著

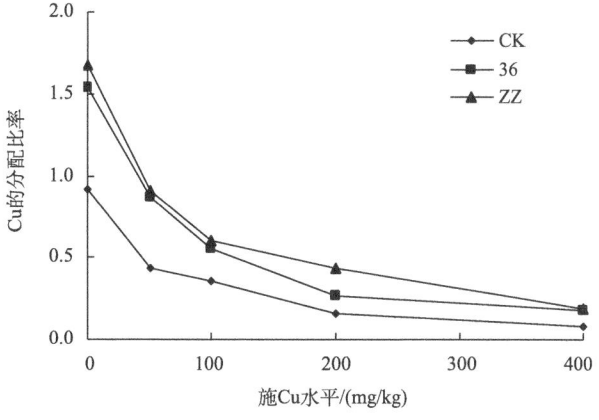

图 4-15　不同接种处理和施 Cu 水平下海州香薷体内 Cu 的分配比率

对于玉米来说，接种 AM 真菌虽然增加了生物量，但是总体上显著降低其地上部和根系 Cu 含量（图 4-16，图 4-17），地上部 Cu 的分配比率（地上部与根系金属吸收量之比）降低（表 4-6），地上部 Cu 吸收量总体降低（图 4-18），在中等污染条件下根系 Cu 吸收量有所增加（图 4-19），这说明 AM 真菌利于 Cu 污染土壤的植物稳定，但是不利于植物提取。

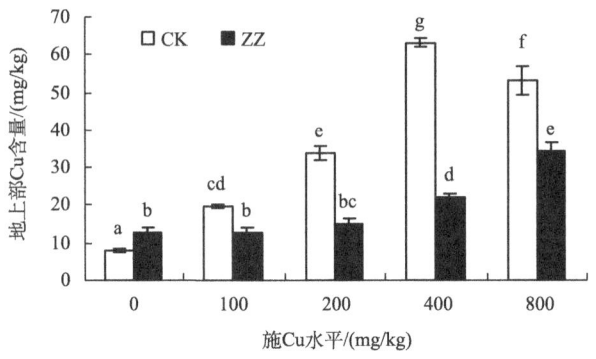

图 4-16 接种 AM 真菌对不同施 Cu 水平下玉米地上部 Cu 含量的影响

图中柱形上方竖棒表示标准误差，不同字母表示在 $P<0.05$ 水平差异显著

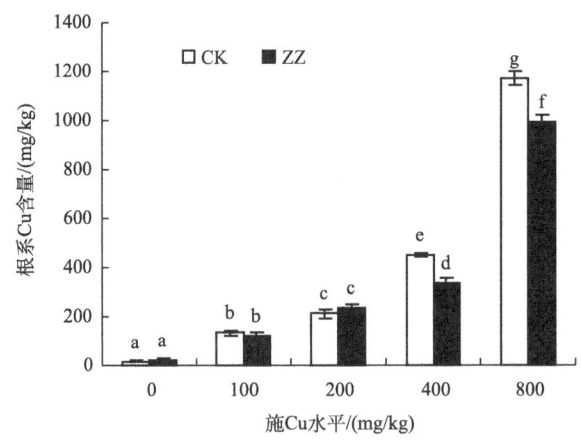

图 4-17 接种 AM 真菌对不同施 Cu 水平下玉米根系 Cu 含量的影响

图中柱形上方竖棒表示标准误差，不同字母表示在 $P<0.05$ 水平差异显著

表 4-6 不同处理下玉米对 Cu 的分配比率

接种处理	施 Cu 水平/(mg/kg)				
	0	100	200	400	800
对照	1.71	0.42	0.43	0.33	0.08
Acaulospora mellea ZZ	1.43	0.26	0.14	0.16	0.07

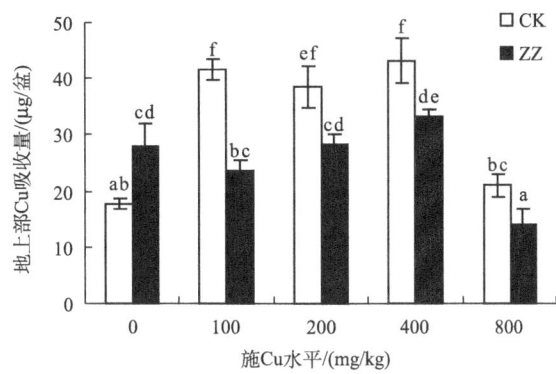

图 4-18 接种 AM 真菌对不同施 Cu 水平下玉米地上部 Cu 吸收量的影响
图中柱形上方竖棒表示标准误差，不同字母表示在 $P<0.05$ 水平差异显著

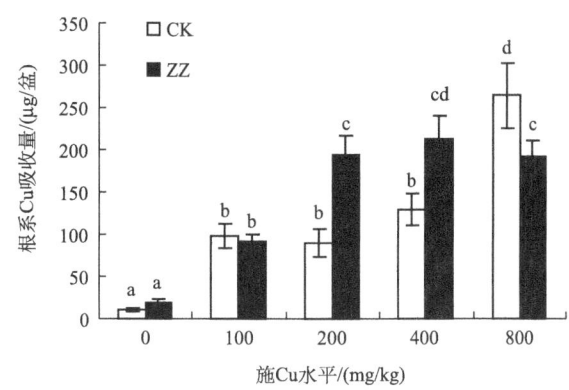

图 4-19 接种 AM 真菌对不同施 Cu 水平下玉米根系 Cu 吸收量的影响
图中柱形上方竖棒表示标准误差，不同字母表示在 $P<0.05$ 水平差异显著

申鸿等（2005）也发现接种 AM 真菌在不施 Cu 时改善玉米 Cu 营养状况，在施 Cu 水平 50mg/kg、150mg/kg 时降低地上部和根系 Cu 含量，但由于生物量显著增加，根系 Cu 吸收量在高 Cu 水平时显著增加了。

AM 真菌影响植物对铜的吸收和分配与植物的生物学特性密切相关，对不同植物的影响是不一样的（表 4-5）。接种 *Glomus clarum*、*Gigaspora margarita*、*Acaulospora* sp. 的混合接种物有利于小粒咖啡在高浓度 Cu 环境中的生存，同时促进了植株对 Cu 的吸收（Andrade et al.，2010b）。接种 *Glomus etunicatum* 的银合欢植株地上部 Cu 含量比不接种处理低（Lins et al.，2006）。但接种 AM 真菌 *Glomus* spp. 显著增加紫花苜蓿地上部生物量，对体内铜含量没有显著影响（Novoa et al.，2010）。接种 AM 真菌降低了白三叶的 Cu 含量，但增加了 Cu 吸收量，而对黑麦草的影响却不显著（肖雪毅等，2006）。在铜尾矿土接种 *Glomus mosseae* 显著促进金鸡菊、蜈蚣草、黑麦草和三叶草根系 Cu 吸收量和 Cu 向根系中的分配，有利于铜尾矿的植被恢复和植物稳定（Chen et al.，2007c）。在智利，采矿活动产生了大量铜污染土壤。在 Cu 污染矿区土壤给向日葵接种 Glomus 的 AM 真菌，随铜含量增加，菌根侵染率显著降低，接种显著促进植物生长，并增加体内铜含量（285～697mg/kg），根内 Cu 含量高于地上部（Castañón-Silva et al.，2013）。显然，接种 AM 真菌利于铜污染土壤的植物修复。

植物修复技术核心是植物的选择，当今研究主要集中于超富集植物、耐性植物和高生物量作物，Cu 的超富集植物种类很少，而且超富集植物生长条件比较严格，目前尚无法大量应用，因此类似海州香薷等耐性植物和玉米等高生物量作物是最有希望大面积应用的。

海州香薷对 Cu 有较高的耐性和较强的累积能力（Tang et al.，1999；Yang et al.，2002；姜理英等，2002）。作为铜矿的指示植物之一，海州香薷最早常用于植物探矿（谢学锦和徐邦梁，1952）。因其生物量大，并可吸收和积累相当高浓度的 Cu，被认为是一种可应用于重金属污染土壤修复的植物（Yang et al.，1998；束文圣和杨开颜，2001；唐世荣，2000）。AM 真菌可以提高海州香薷地上部和根系对 Cu 的吸收量，对于海州香薷应用于植物提取和植物稳定都有重要意义。玉米等高生物量作物可以从重金属污染土壤中提取数量可观的重金属，但是对重金属的耐性较差，这限制了其在重金属污染土壤中的应用。接种 AM 真菌可以增加高生物量作物对 Cu 的耐性，促进生长，但减少 Cu 向地上部的分配，这不利于 Cu 污染土壤的植物提取，但是有利于植物稳定和植被恢复。此外，AM 真菌广泛分布于各种铜矿区土壤中，可与绝大多数的土著植物共生，这同样为铜尾矿土壤的植物稳定和植被恢复提供了可能。

五、AM 真菌影响植物生长和铜吸收的机制

（一）AM 真菌适应铜胁迫的机制

AM 适应 Cu 胁迫的一个重要机制是"躲避"（avoidance）机制（Ferrol et al.，2009），包括限制高剂量的 Cu 进入细胞质、细胞内的络合作用及分室化作用。在高剂量的 Cu 或其他有毒重金属存在时，根外菌丝往往会停止生长、分支减少，这实际上一个"撤退策略"，避免了菌丝接触到毒害物质。同时菌丝会产生螯合物，降低重金属有效性和毒性。Cu 含量较低时促进了菌丝伸长，这实际可以看作菌丝尽快逃避污染环境以到达相对安全环境的一个策略（Fomina et al.，2003）。

分室化作用也有助于 AM 真菌适应 Cu 毒害。细胞壁对重金属的固持作用是一个被动的固定作用，可以发生于所有活着或死亡的生物体。利用 EDXS 分析发现 Cu 主要积累于 AM 真菌菌丝、孢子的细胞壁和液泡中（Gonzalez-Guerrero et al.，2008）。有研究发现（Joner et al.，2000），AM 真菌细胞壁固定的重金属可能占 50%。

Cornejo 等（2013）利用 *Claroideoglomus claroideum-Imperata condensata*、*Rhizophagus irregularis*-胡萝卜（*Daucus carota*）共生体系研究发现，在铜污染基质中绿蓝色孢子数量随污染强度而增加，而绿蓝色与孢子细胞质中的 Cu 含量有关（这些孢子没有代谢活性）；同时发现这些绿蓝孢子内液泡中积累了大量 Cu。而液泡中磷酸盐含量也很高，可能是磷酸盐与 Cu 结合。这意味着过量重金属可以在 AM 真菌孢子中分室化以避免毒害。除了孢子，泡囊也可能在重金属分室化中发挥类似作用（Orlowska et al., 2008；Weiersbye et al., 1999)。同时，在处于 Cu 胁迫的同一簇孢子中，只有某些孢子储存了大量 Cu（蓝绿色），这显然有利于保护其他孢子免受毒害（Gonzalez-Guerrero et al., 2008)。

AM 真菌的各种结构如孢子、泡囊、菌丝等均可积累 Cu，尤其是根外菌丝生物量大，吸收、积累 Cu 的潜力也较大。电镜观察显示，Cu 可以积累在菌丝外壁（分泌黏液）、细胞壁和细胞质，但不同来源的 AM 真菌对重金属的耐性不同，来自污染土壤的菌种（株）往往对 Cu 的耐性强、吸收能力也强（Gonzalez-Chavez et al., 2002a)。过量重金属环境中菌根依赖性植物可以把 Cu 积累在菌丝体内，以此来抑制污染物向地上部的转移（Andrade et al., 2010b)。

大量研究证实，AM 真菌菌丝不仅能固持重金属，而且可以将其转移到植物体内。AM 真菌根外菌丝能将 Zn 从砂质土壤转移到三叶草，但是不同 AM 真菌菌种之间有很大的差异，这是由于它们的菌丝在根外土壤的生长能力不同所致（Bürkert and Robson, 1994)，而豆科植物所吸收的 Cd、Cu 和 Zn 中分别有 37%、33% 和 44% 是由于菌丝从无根室（菌丝室）向植物运输所致（Guo et al., 1996)。

利用分室盆栽试验证实，AM 真菌根外菌丝可以吸收 Cu 供给海州香薷（表 4-7），并促进 Cu 向地上部的转运，增加了地上部 Cu 的分配比率（图 4-20），但这种吸收作用不随施 Cu 水平的升高而增加，说明 AM 真菌可以主动调节对 Cu 的吸收，避免过量吸收引起毒害。多数研究认为，AM 真菌促进重金属在植物根系的固定，减少向地上部运输，从而减轻重金属对植物造成的伤害，而海州香薷是耐 Cu 植物，AM 真菌增加它对 Cu 的吸收和转运可能与其较为特殊的生物学特性有关。

表 4-7 不同施 Cu 水平下菌丝吸收对海州香薷 Cu 吸收的贡献率

施 Cu 水平/(mg/kg)	0	50	100	200	400
菌丝贡献率/%	36	37	47	28	35

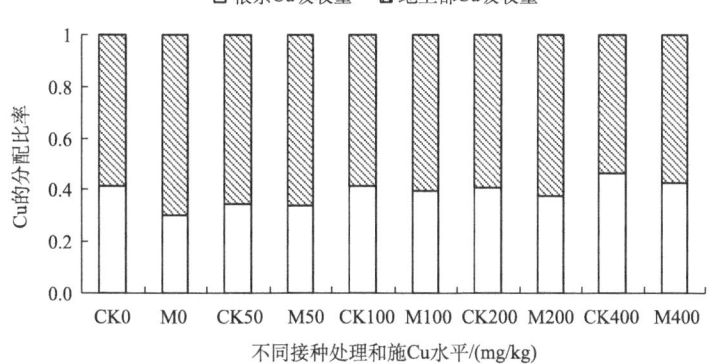

图 4-20 不同施 Cu 水平下接种 AM 真菌对海州香薷 Cu 分配比率的影响
CK. 对照；M. AM 真菌；字母后数字代表施 Cu 水平

但是在铜胁迫时，多数情况下接种 AM 真菌会降低植物体内铜含量，而且可以抑制其向地上部的转运。通过电化学分析表明，在铜胁迫条件下接种 AM 真菌后玉米根系内的蛋白质能够吸附铜，抑制其向地上部的运输（Zitka et al.，2012）。在 Cu 污染（50mg/kg、150mg/kg、450mg/kg）条件下，接种 AM 真菌的小粒咖啡幼苗叶片 Cu 含量较低、而茎中 Cu 含量较高（Andrade et al.，2010b），这说明 AM 真菌侵染改变 Cu 在植株中的分布。给旱稻接种 *Glomus mosseae* 后体内 Cu 含量均降低，但地上部降低幅度远大于根系（Zhang et al.，2009）；与对照相比，菌根根系细胞壁中固持了更多的 Cu，但共质体中含量较低。Castillo 等（2011）研究了接种 *Glomus intraradices* 对万寿菊植物修复铜的影响，发现万寿菊表现出"排斥"铜的特征，接种后植物体内积累量增加，尤其是在根系内，且根系中铜含量越高，根内泡囊越多，这可能与万寿菊的抗性有关。显然，这有利于铜污染土壤的植物稳定。

GRSP 能够固持土壤中的 Cu、降低 Cu 的生物有效性（Cornejo et al.，2008；Gonzalez-Chavez et al.，2004）。*Gigaspora margarita* 菌丝分泌的 GRSP 可以固持 28mg/g 的 Cu（Gonzalez-Chavez et al.，2004）。有研究证实，GRSP 可能是一种热激蛋白（HSP60），主要存在于菌丝中（80%），而并非分泌出来（Driver et al.，2005），因此其作用可能主要存在于活的菌丝中，分泌到土壤只是其次要作用（Purin and Rillig，2007）。热激蛋白是一种胁迫相关蛋白，因此重金属胁迫下产生的 GRSP 可能对降低重金属毒性有重要作用。此蛋白主要存在于细胞壁（Purin and Rillig，2008），推测可能与细胞壁强大的重金属络合能力有关。Cornejo 等（2008）发现铜冶炼厂附近的土壤中，GRSP 含量与土壤 Cu、Zn 含量密切正相关（Cu：$r=0.89$，Zn：$r=0.76$），每克土壤中 GRSP 固持的 Cu 达 3.76～89.0mg，占土壤中全铜含量的 1.44%～27.5%。铜污染条件下接种 AM 真菌的向日葵根际 GRSP 含量增加，GRSP 中铜含量最高可达 38μg/g（Meier et al.，2012）。

（二）AM 真菌影响植物的铜耐性和吸收机制

除了 AM 真菌的螯合作用和菌丝的"过滤"作用之外，AM 真菌也可以通过间接作用影响植物对重金属的耐性和生长状况，如改善植物的矿质营养、改变根际环境的理化状况、改变植物根系形态、调节某些基因的表达及重金属诱导蛋白的合成等（王发园和林先贵，2007）。

土壤中重金属元素的离子如 Zn^{2+}、Cd^{2+}、Cu^{2+}、Pb^{2+}、Mn^{2+} 等都可以与磷酸根（HPO_4^{2-}、$H_2PO_4^-$）发生反应使土壤溶液中磷酸根的活度降低，造成植物吸收 P 困难，而 AM 真菌的主要功能之一就是改善宿主的矿质营养状况，尤其是 P 营养。如在 Zn 污染条件下，AM 真菌对红三叶 P 含量的影响没有受到土壤加 Zn 水平提高的影响，地上部 P 含量均增加了将近一倍，根系 P 含量增加了 2 倍多，但菌根植株地上部和根系中的 P 含量间差异不大（陶红群等，1997）。在 Cr 污染条件下，*Glomus intraradices* 提高向日葵对 Cr 的耐性和积累量，在高 Cr 浓度时菌根依赖性（生物量）增加，P 营养也改善了（Davies et al.，2001）。在中等 Zn 污染条件下，菌根抑制 Zn 从根向地上部的转运，其机制包括菌根结构对 Zn 的固持作用及降低根际重金属的移动性，改善植物 P 营养，提高植物对重金属的耐性（Christie et al.，2004）。

植物可以通过分泌质子酸、有机酸等降低根际土壤 pH 对必需营养元素（如 P、Fe、Mn、Cu、Zn 等）进行活化，以利于根系吸收，但在金属胁迫条件下，植物根系分泌物往往发生改变（Rengel，2002）。许多溶 P 微生物也可以合成有机酸、降低 pH 以促进磷酸盐的溶解（Gyaneshwar et al.，2002）。接种 AM 真菌会改变植物根系分泌物中的氨基酸（廖继佩，2002）和根际土壤的有机酸（Po and Cumming，1998）。琼脂培养试验结果显示（王发园等，2006），菌根化海州香薷跟非菌根化的海州香薷根际 pH 的变化不一致。在不存在 Cu 胁迫时，对照苗根际 pH 升高，而菌根苗根际 pH 降低。在存在 Cu 胁迫时，菌根苗根际 pH 逐渐降低，对照苗根际 pH 先是升高，然后（24h 时）也逐渐降低。pH 影响重金属的生物有效性，菌根诱导的 pH 变化可能对海州香薷的 Cu 吸收有较大影响。

在高浓度 Cu（150mg/kg）污染土壤中，接种 *Glomus caledonium* 的玉米根际土壤 pH 显著升高，而生物有效态 Cu 浓度显著降低（申鸿等，2005）。在铜含量很高的锌冶炼废渣中，AM 真菌侵染使钟萼草（*Lindenbergia philippensis*）根际铜含量增加，而根系中铜含量降低，扫描电镜-X 射线能量色散谱仪（SEM-EDS）观测发现在菌根活性高的植物根际存在大量铜含量很高的规则或无定型固体颗粒，意味着菌根可以在根际改变铜的形态、抑制铜进入植物根系，一定程度上保护植物免受毒害，同时有利于铜的植物稳定（Kangwankraiphaisan and Suntornvongsagul，2013）。

AM 真菌调节宿主植物 Zn 转运基因的表达（Burleigh et al.，2003）。在重金属胁迫下，菌根侵染的番茄与对照植物在某些基因的表达上表现出差异（Ouziad et al.，2005）。截至目前，从 AM 真菌中分离到 3 个金属硫蛋白类基因，Stommel 等（2001）从 *Gigaspora rosea* 孢子中分离到 *GrosMT1*。Lanfranco 等（2002）从 *Gigaspora margarita* 孢子中分离出金属硫蛋白（MT）基因 *GmarMT1*，利于抵抗铜或镉的毒性。Gonzalez-Guerrero 等（2007）从 *Glomus intraradices* 根外菌丝中分离出 MT 基因（*GintMT1*），基因表达分析显示，菌丝暴露于 5mmol/L 的 Cu 或百草枯时能够促进其转录，而 50μmol/L Cu 或 450μmol/L Cd 抑制其转录。这意味着 *GintMT1* 能够保护 AM 真菌抵抗铜造成的氧化胁迫。此外，还从 AM 真菌中鉴定出 2 个转运基因 *GintABC1*（Gonzalez-Guerrero et al.，2010）以及 P（1B）型 Cu-ATPase 的基因（Benabdellah et al.，2007）。Gonzalez-Guerrero 等（2010）从 *Glomus intraradices* 根外菌丝中分离到 ABC 运输体基因 *GintABC1*，该基因的转录受 Cd、Cu，以及百草枯的增量调节，但不受 Zn 的影响，推测该基因可能与 *Glomus intraradices* 对 Cd 和 Cu 的脱毒作用有关。其基因表达产物主要存在于液泡中。这些研究说明重金属胁迫条件下菌根可能会调节某些与忍耐、运输和吸收重金属有关的基因的表达，从而影响宿主对重金属的耐性、运输和累积。

Cu 可以参与 Fenton 或 Haber-Weiss 反应产生 ROS 而产生胁迫。高剂量的 Cu 可以诱导产生膜脂过氧化（Gonzalez-Guerrero et al.，2007）。Benabdellah 等（2009）利用 ROS 敏感荧光染色剂 H2DCF-DA 证实了 Cu 胁迫下 *Glomus intraradices* 菌丝中产生了 ROS。从 AM 真菌中鉴定出一些推测能够缓解氧化胁迫的基因（Ferrol et al.，

2009），如 SOD 酶基因、谷胱甘肽 S-转移酶基因、谷氧还蛋白基因、维生素 B6 合成相关蛋白基因等。上述的 MT 基因 *GintMT*1 也可能与清除 ROS 有关。AM 真菌中存在 SOD 酶基因，已经报道的有从 *Glomus margarita* 中分离的 Cu，Zn-SOD 基因 *GmarCuZn-SOD*1 及从 *Glomus intraradices* 中分离的 *GintSOD*1，另一类是从 *Glomus intraradice* 中分离的 Mn-SOD 酶基因（*GintSOD*2）。

绝大多数的研究证实，铜胁迫下 AM 真菌可以影响植物的抗氧化酶系统和其他抗氧化系统，缓解氧化胁迫。接种铜耐性 AM 真菌的金属耐性植物月见草体内 SOD、CAT、APX、谷胱甘肽还原酶等抗氧化酶活性较低（Meier et al.，2011），说明耐铜 AM 真菌可以减轻铜对宿主植物的毒害。在不同铜污染水平土壤中，接种 *Glomus mosseae* 降低了辣椒各器官中的铜含量，促进了其生长，提高了叶绿素、可溶性糖、总蛋白，以及 P、K、Ca、Mg 的含量；铜污染较重时，对辣椒体内脯氨酸和总游离氨基酸含量增加，但菌根处理中含量较低；铜胁迫产生氧化胁迫，表现为膜脂过氧化增加，SOD、CAT、APX、谷胱甘肽还原酶活性升高；接种 AM 真菌使抗氧化酶活性增加，氧化胁迫减轻（Latef，2013）。在 Cu 污染较重时，菌根化刀豆（*Canavalia ensiformis*）叶片中的脯氨酸含量较高，抗氧化酶活性较低；菌根化改变了植物螯合肽种类和数量（Andrade et al.，2010a）。450mg/kg Cu 污染使小粒咖啡幼苗植株生物量降低，并导致一系列生理指标的变化，如叶片中的 MDA、脯氨酸、氨基酸及游离氨基酸含量，而菌根化能引起这些指标的显著变化，显示 AM 真菌能够帮助宿主植物抵御重金属毒害（Andrade et al.，2010b）。

当然，AM 真菌影响植物耐性和 Cu 吸收的机制远不止这些。不同的 AM 真菌-植物共生体往往会选择不同的机制减缓铜的毒害，而且受到环境因素的影响。

第三节　丛枝菌根对锌污染土壤的修复

锌（Zn）在地壳中的含量为 0.004%，是生物体内重要的必需微量元素，体内丰度仅次于铁，居第 2 位。哺乳动物和禽类体内含锌量为 10～100mg/kg，平均为 30mg/kg。锌是人体代谢所必需的微量元素之一。Zn 是许多蛋白质、核酸合成酶的成分，至少有 80 种酶的活性与 Zn 有关。Zn 在人体内的含量为 1.4～2.3g，正常人血浆中锌为 1200μg/L，缺锌影响儿童发育，引起人体一系列病症。过量的 Zn 可使新陈代谢失调，造成人体中毒。Zn 在植物体内也发挥重要功能，锌是多种酶的组成成分和激活剂，与植物的光合作用密切相关，能影响生长素的合成。植物缺 Zn 导致缺素症，影响植物生长，但过量时也对植物产生毒害作用。土壤 Zn 污染源主要是铅锌冶炼厂、铅锌矿开采，以及电镀（镀锌）工业的"三废"排放，长期使用含 Zn 的废水灌溉农田和施用含锌污泥可以造成土壤污染。因此，我国对土壤环境和农用污泥中的锌含量标准进行了控制（表 4-3，表 4-4）。

一、AM 真菌在锌污染土壤中的分布

AM 真菌广泛分布于各种 Zn 污染土壤中（Dueck et al., 1986; Shetty et al., 1995; Pawlowska et al., 1996; Turnau, 1998; Turnau et al., 2001; Hildebrandt et al., 1999; Orlowska et al., 2002; Ryszka and Turnau, 2007; Moreira et al., 2011; Hermann et al., 2013）。在波兰一锌矿废弃物中，从野草莓根内鉴定出至少有 5 种 AM 真菌（Turnau et al., 2001）。Gucwa-Przepiora 和 Turnau（2001）调查了 69 种 Zn 废弃物中生长的维管植物，发现 60% 以上的种类被 AM 真菌侵染。Moreira 等（2011）研究了葡萄牙某 Zn 污染的工业区土壤中土著植物的修复潜力，其中 Conyza bilbaoana（白酒草属）、灰白芥（Hirschfeldia incana）、四棱柳叶菜（Epilobium tetragonum）、苏门白酒草（Conyza sumatrensis）、欧洲蕨、丝毛雀稗（Paspalum urvillei）、Aster squamatus（紫苑属）有菌根侵染。Ryszka 和 Turnau（2007）调查了波兰某锌尾矿区土著和植物修复引进的草本植物菌根侵染情况，发现绝大多数的植物有菌根侵染。

已经从污染环境中分离出耐 Zn 的 AM 真菌菌株（Hildebrandt et al., 1999; Kaldorf et al., 1999; Weissenhorn et al., 1994）。此外，从未污染的环境中分离出的 AM 真菌对 Zn 也有很强的耐性（Liu et al., 2000; 陶红群等, 1997），这说明对 Zn 的耐性广泛存在于 AM 真菌中。

二、锌污染条件下 AM 真菌的侵染情况

与 Cu、Cd 等相比，Zn 对 AM 真菌和植物的毒性较低。在 Zn 污染的土壤中（如某些矿区土壤），多数植物被菌根侵染。Pawlowska 等（1996）调查了菱锌矿废土堆中植物的菌根状况，未扰动的土壤中优势植物羊茅（Festuca ovina）和糙等果菊（Leontodon hispidus）的侵染率达 51%～75%，扰动土壤匍茎剪股颖（Agrostis stolonifera）和宽叶百里香（Thymus pulegioides）的侵染率最高可达 20%。波兰某锌尾矿区，菌根侵染率甚至高达 85%（Ryszka and Turnau, 2007）。

菌根侵染一般会随土壤中 Zn 含量的增加而降低（Bi et al., 2003; Chen et al., 2003; Gildon and Tinker, 1983a; Marques et al., 2006; Shivakumar et al., 2011），但有时也会有刺激作用（Lee and George, 2005; Zhu et al., 2001），或没有影响（Diaz et al., 1996; Ortas et al., 2002）。在一个无菌培养试验中，Zn 浓度增加会抑制 AM 真菌孢子萌发，降低孢子密度和菌丝长度，但不同菌种表现不一致（Pawlowska and Charvat, 2004）。无论是在低磷还是高磷土壤中，番茄的菌根侵染率随施 Zn 水平的增加而逐渐降低，但是在所有 Zn 水平下低磷土壤中的菌根侵染率均高于高磷土壤中的（Watts-Williams and Cavagnaro, 2012）。

在重金属污染土壤中，三色堇（Viola tricolor）和欧洲堇菜（Viola lutea）均发现有菌根侵染，但在土壤中的 Zn 和 P 含量较高时侵染较弱（Hermann et al., 2013）。温室盆栽试验证实，AM 真菌对 Zn 的耐性较强，向土壤中施加 Zn 一般并不降低 AM 真

菌的侵染率。土壤中施加 Zn 的浓度 50～400mg/kg 时没有降低白三叶的菌根侵染率，甚至还随着 Zn 浓度的增加略有升高（Zhu et al.，2001）。不同施 Zn 水平（0mg/kg、50mg/kg、100mg/kg、250mg/kg）时，*Glomus intraradices* 对野生型烟草的菌根侵染率随着施 Zn 水平的增加而升高，从 14.2% 逐渐升高至 81.6%；丛枝、泡囊和菌丝也有类似的趋势（Audet and Charest，2006）。三室培养系统中，向根室施 50～300mg/kg Zn 时对 *Glomus mosseae* 侵染红三叶没有显著影响，在 Zn 1200mg/kg 时菌根侵染率仍高达 40% 以上（Chen et al.，2003）。向土壤中施加 300mg/kg 和 600mg/kg 的 Zn 虽然降低了 *Glomus caledonium* 90036 对玉米的侵染率，但是仍高达 49.6% 和 46.4%（申鸿等，2002）。

三、锌污染条件下 AM 真菌对植物生长和营养的改善作用

在 Zn 污染条件下，AM 真菌一般改善植物的 P 营养，促进植物的生长，但是其效果与植物、菌种（菌株）等有关（表 4-8）。在 Zn 污染特别严重时，AM 真菌往往无法起到保护作用。有趣的是，即使植物生长没有受到影响，其 P 营养也往往有显著提高。此外，P 与 Zn 之间存在交互作用，锌对植物生长、营养和菌根侵染的作用受到土壤中 P 含量的影响（Watts-Williams and Cavagnaro，2012）。不同施 Zn 水平（0mg/kg、50mg/kg、100mg/kg、250mg/kg）接种 *Glomus intraradices* 没有显著影响烟草的生长，但遗憾的是，作者没有测定植物的 P 含量（Audet and Charest，2006）。*Glomus mosseae* 可与台湾相思（*Acacia confusa*）树苗木良好共生，在土壤锌浓度为 $0\mu g/g$、$300\mu g/g$、$600\mu g/g$ 时，接种苗全株干重分别是对照的 1.68、1.27、2.16 倍，证实 *Glomus mosseae* 可有效增进相思树苗木在锌污染土壤的生长（彭婧媛和李明仁，2007）。根室中施 50～300mg/kg Zn 时接种 *Glomus mosseae* 显著提高红三叶地上部干重和根系干重，在施 Zn 水平 1200mg/kg 时仍有显著促生作用（Chen et al.，2003），显著增加了植物体内 P 含量和 P 吸收量，地上部和根系 P 吸收量增加了 2～3 倍。接种 *Glomus caledonium* 90036 对玉米茎叶生物量没有显著影响，对根系干重的影响与施 Zn 水平有关，在 0mg/kg 减少了根系干重，在 600mg/kg 增加根系干重，在 300mg/kg 时没有显著影响（申鸿等，2002）。Zn 污染（100mg/kg、300mg/kg、900mg/kg）对小粒咖啡幼苗生长不利，接种 AM 真菌显著促进植物生长（Andrade et al.，2010b）。

由于不同 AM 真菌对 Zn 的耐性和生物学特性不同，不同 AM 真菌的效应存在差异。两种 AM 真菌菌剂对白三叶生长的影响不一致，田间接种增加生物量，而诱集培养的接种剂降低了生物量（Zhu et al.，2001）；Zn 对白三叶的生长影响不大，只有在 400mg/kg 略有降低。两种菌剂都显著提高植物体内 P 含量，在 400mg/kg 施 Zn 水平时最高。锌污染条件下 AM 真菌显著提高了枳（*Poncirus trifoliata*）的生物量和根部磷含量，其中接种 *Glomus intraradices* 显著增加了枳地上部磷含量（杨慧等，2011）。但也有报道发现，在 Zn 污染土壤中，接种 AM 真菌 *Glomus* sp. BEG140、*Glomus claroideum*、*Glomus mosseae*、*Glomus intraradices* 及混合接种均没有显著影响龙葵（*Solanum nigrum*）的生物量（Marques et al.，2006，2007）。

表 4-8 接种 AM 真菌对植物生长和 Zn 含量的影响

AM 真菌	植物	土壤(基质)中锌含量/(mg/kg)	植物生物量 地上部	植物生物量 根系	植物锌含量 地上部	植物锌含量 根系	参考文献
Glomus mosseae	红三叶(Trifolium pratense)	50, 400	增加	无显著影响	降低	降低	Bi et al., 2003
Glomus intraradices	向日葵(Helianthus annuus)	50, 200, 400	增加(400mg/kg)	不显著	不显著	降低(400mg/kg)	—	Audet and Charest, 2013
Glomus versiforme	玉米(Zea mays)	100~300	增加	增加	降低	降低	Miransari et al., 2013
Glomus sp.	绿豆(Vigna radiata)	25~100	增加	增加	降低	增加	Shivakumar et al., 2011
Glomus intraradices	向日葵(Helianthus annuus)	50~400	增加	不显著	增加	增加	Audet and Charest, 2010
Glomus deserticola	蓝桉(Eucalyptus globulus)	100~1000	增加	增加	增加	增加	Arriagada et al., 2010
Glomus spp.、Glomus intraradiaces、Glomus macrocarpium、Glomus fasciculatum	小麦(Triticum aestivum)	130~650	增加	增加	降低	增加	Nasseem et al., 2010
Glomus claroideum、Glomus intraradices	龙葵(Solanum nigrum)	100~1000	不显著	不显著	增加	增加	Marques et al., 2006
Glomus claroideum、Glomus intraradices	龙葵(Solanum nigrum)	426	不显著	不显著	增加	增加	Marques et al., 2007
Glomus etunicatum	刀豆(Canavalia ensiformis)	100~900	增加	增加	增加	增加	Andrade et al., 2009b
Glomus clarum、Gigaspora margarita、Acaulospora sp.	小粒咖啡(Coffea arabica)	100~900	增加	增加	900mg/kg 时增加，其他不显著	不显著	Andrade et al., 2010b
Glomus mosseae	红三叶(Trifolium pratense)	50~300	增加	增加	降低	增加	Chen et al., 2003
Glomus mosseae	红三叶(Trifolium pratense)	600, 1200	增加	不显著	不显著	增加	Chen et al., 2003
混合 AM 真菌	白三叶(Trifolium repens)	50~400	降低或不显著	增加或不显著	降低	降低	Zhu et al., 2001
Glomus mosseae	红三叶(Trifolium pratense)	50~1000	不显著	不显著	降低	降低	Li and Christie, 2001

续表

AM 真菌	植物	土壤（基质）中锌含量/(mg/kg)	植物生物量 地上部	植物生物量 根系	植物锌含量 地上部	植物锌含量 根系	参考文献
Glomus mosseae	偶针茅麻（Lygeum spartum）、绒毛花（Anthyllis cytisoides）	10~1000 100, 1000	增加	增加	污染轻时增加，污染重时降低	污染轻时降低	Diaz et al., 1996
Glomus macrocarpum	偶针茅麻（Lygeum spartum）、绒毛花（Anthyllis cytisoides）	10~1000 100, 1000	增加	增加	污染轻时增加，污染重时没有显著影响或增加	污染重时没有显著降低	Diaz et al., 1996
Glomus fasciculatum, Glomus etunlcatum, Glomus mossae	莴苣（Lactuca sativa）	309.7	—	—	降低	增加	Dehn and Schuepp, 1990
混合土著 AM 真菌	番茄（Solanum lycopersicum）	25, 75	增加	增加	污染重时降低	污染重时降低	Cavagnaro et al., 2010
混合土著 AM 真菌	番茄（Solanum lycopersicum）	25~100	不显著	不显著	不显著	不显著	Watts-Williams and Cavagnaro, 2012
Glomus mosseae	香根草（Vetiveria zizanioides）	10, 100, 1000	增加	—	不显著（10mg/kg, 100mg/kg），降低（1000mg/kg）	不显著（10mg/kg），降低（100mg/kg, 1000mg/kg）	Wong et al., 2007
Glomus intraradices	香根草（Vetiveria zizanioides）	10, 100, 1000	不显著（10mg/kg, 100mg/kg），增加（1000mg/kg）	—	增加（10mg/kg, 100mg/kg），降低（1000mg/kg）	不显著	Wong et al., 2007
Glomus caledonium	玉米（Zea mays）	300, 600	不显著	不显著（300mg/kg），增加（600mg/kg）	不显著	不显著	申鸿等, 2002
Glomus versiforme, Glomus mosseae, Glomus intraradices, Glomus aggregatum, Glomus etunicatum	枳（Poncirus trifoliata）	600	增加	增加	降低	增加	杨慧等, 2011

除了 P 营养，AM 真菌对于其他微量元素营养也有影响。盆栽试验表明，即使在土壤锌施入量达 600mg/kg 时接种 Glomus caledonium 处理的玉米苗期植株叶、茎和根系中的铁、铜、镁、钙含量仍能保持相对的稳定，从而保证了宿主植物在锌污染土壤中的矿质营养平衡，增强宿主植物对锌污染的抗（耐）性（申鸿等，2006）。生长于 Zn 污染土壤中的小粒咖啡接种 AM 真菌后体内 P、K、S、Mn、Ca、Mg 等元素含量增加 (Andrade et al.，2010b)。

四、AM 真菌对植物锌含量和吸收量的影响

已经证实，在土壤缺 Zn 或 Zn 含量正常时，AM 真菌可以改善植物的 Zn 营养 (Cavagnaro，2008；Cavagnaro et al.，2010；Dehn and Schuepp，1990；Kothari et al.，1991a)。Thompson（1994，1996）、Thompson 等（2013）分别用温室试验和田间试验证实，给长期休耕土壤中的亚麻（Linum usitatissimum）接种 AM 真菌可以显著改善植物 P 和 Zn 营养，并增加植物生物量、株高和籽粒产量。也有研究证实，AM 真菌在 Zn 缺乏、中等或毒害时都能对宿主植物发挥有益作用（Cavagnaro et al.，2010；Watts-Williams et al.，2013）。利用胡萝卜根器官体外培养试验发现，在 Zn 微量时，AM 真菌可以促进其吸收，在 Zn 达到毒性水平时，可以减少吸收（Audet and Charest，2009）。在低 Zn 土壤中接种 AM 真菌可以促进水稻生长和植株对 Zn 的吸收，但是 AM 真菌对于 Zn 吸收低效基因型水稻更为有效（Gao et al.，2007）。接种 Glomus intraradices 可通过改善玉米根系形态、增加根系阳离子交换量、协调 Zn 和 P 之间的协同作用来改善 Zn 和 P 营养（Subramanian et al.，2008）。

在 Zn 污染条件下，AM 真菌一般降低植物体内 Zn 含量和 Zn 吸收量，从而对宿主起到保护作用。但不同的是，有的发现，接种 AM 真菌后地上部和根系 Zn 含量都有所降低，有的则发现，地上部 Zn 含量降低，而根系中有所增加（表 4-8）。因为一般情况下，植物的根系对重金属的耐性要比地上部强得多。在中等浓度 Zn 污染条件下，AM 真菌降低 Zn 从根系向地上部的转移，并且在土壤中可能存在一个临界值，低于此值 AM 真菌促进 Zn 向地上部转移，高于此值，则抑制其向地上部转移（Christie et al.，2004）。

利用三室培养系统研究了施加 Zn 对 Glomus mosseae 侵染红三叶及其 Zn 吸收的影响，结果发现向根室中施 50mg/kg Zn 时地上部和根系 Zn 含量均显著增加，施 Zn 水平高于 50mg/kg 时，植物地上部 Zn 含量降低，根系 Zn 含量增加。通过分析 Zn 在地上部和根系的分配，发现施 Zn 水平 50mg/kg 时接种 AM 真菌促进 Zn 向地上部转运，施 Zn 水平高于 50mg/kg 时，抑制 Zn 向地上部的转运（Chen et al.，2003）。在施 Zn 水平 600mg/kg、1200mg/kg 时 AM 真菌也有类似的作用。Audet 和 Charest（2006）研究了接种 AM 真菌对烟草 Zn 吸收的影响，发现在高 Zn 水平时，烟草根系中的 Zn 含量减少大约 50%，并且认为 Zn 临界值可能为 100~250mg/kg。

正因为 AM 真菌对植物 Zn 含量和吸收量的影响受很多因素影响，因此其效应表现出多样性和不一致性。Li 和 Christie（2001）用三室培养系统研究 Glomus mosseae 对

红三叶 Zn 吸收的影响，向菌丝室施加不同浓度的 Zn，发现在土壤 P 含量充足的情况下，接种 AM 真菌没有显著影响植物生长，地上部和根系中的 Zn 含量都显著降低，Zn 吸收量也都降低。在 Zn 污染条件下接种不同 AM 真菌增加了小麦地上部和根系干重，地上部 Zn 含量降低，根系 Zn 含量增加，其中分离自污染土壤中的 *Glomus* spp. 效果最好（Nasseem et al.，2010）。尽管菌根侵染率随土壤 Zn 污染程度（0～100mg/kg）升高而降低，但接种 AM 真菌均促进绿豆生长，降低了地上部 Zn 含量，增加 Zn 在根区的积累（Shivakumar et al.，2011）。接种 AM 真菌在土壤含 Zn 较高时显著促进了矮向日葵的生长，降低了其地上部 Zn 含量，降低幅度高达 40%；菌根处理土壤中的 Zn 生物有效性降低（Audet and Charest，2013）。接种 *Glomus caledonium* 90036 虽然对玉米茎、叶、根内 Zn 含量没有显著影响，但是 Zn 的吸收量却有一定差异，尤其是在施 Zn 水平为 600mg/kg 时，叶、根吸收量有所增加（申鸿等，2002）。在 300mg/kg、900mg/kg Zn 污染时接种 *Glomus etunicatum* 增加了刀豆植株组织中 Zn 含量、生物量和根瘤数，同时提高了植株对 Zn 的耐性，菌根植株在 300mg/kg 以下时没有表现出受害症状（Andrade et al.，2009b）。但 Zn 污染（100mg/kg、300mg/kg、900mg/kg）条件下，AM 真菌对小粒咖啡幼苗中 Zn 的分布影响不大（Andrade et al.，2010b）。Watts-Williams 等（2013）利用菌根缺陷型和野生型番茄研究发现，形成丛枝菌根的野生型番茄对 Zn 的抵抗能力更强，生物量大，体内 P 含量较高而 Zn 含量较低，但是菌根效应受到土壤 P 含量的显著影响，低磷条件下菌根效应更突出。

不同来源的 AM 真菌种类或菌株影响不一。在施 Zn 条件下，接种两种 AM 真菌菌剂后白三叶地上部和根系中的 Zn 含量都降低了，Zn 吸收量也有类似趋势，两类 AM 真菌菌剂略有差异（Zhu et al.，2001）。Zarei 等（2011）比较了接种不同 AM 真菌 *Glomus intraradices*、*Glomus mosseae*、*Glomus versiforme* 对玉米修复 Zn 污染土壤的作用，发现接种后 Zn 吸收量增加，*Glomus mosseae* 在 Zn 的提取和转运方面最有效，*Glomus intraradices* 在促进根系 Zn 积累方面最有效，而 *Glomus versiforme* 的效应介于二者之间。杨慧等（2011）通过盆栽试验研究了 *Glomus versiforme*、*Glomus mosseae*、*Glomus intraradices*、*Glomus aggregatum* 和 *Glomus etunicatum* 在锌污染条件下对枳实生苗的菌根侵染、生长、叶片和根系锌、磷含量及部分生理指标的影响，发现锌污染基质中接种 *Glomus intraradices*、*Glomus etunicatum* 和 *Glomus mosseae* 显著提高了枳苗的生物量，菌根侵染率与菌根依赖性均以接种 *Glomus intraradices* 处理最高，而 *Glomus versiforme* 接种处理最低，多数 AM 真菌显著降低了枳地上部锌含量，促进了根部锌的积累（*Glomus aggregatum* 处理除外）。在非 Zn 污染条件下，不同来源的 *Glomus mosseae* BEG-132（污染土壤）和 BEG-25（非污染土壤）对于生长在河沙中的金属植物芦苇堇菜（*Viola calaminaria*）的生物量、根系体积、P 和 Zn 含量均没有显著影响；但在水培条件下，Zn 含量在 50～400mg/L 时，接种 AM 真菌增加了其体内 Zn 含量，但是接种 BEG-25 的 Zn 积累量更高（Fernandez-Fernandez et al.，2008）。

龙葵是一种重金属超富集植物。Marques 等（2006）研究了 4 种不同 AM 真菌（*Glomus* sp. BEG140、*Glomus claroideum*、*Glomus mosseae*、*Glomus intraradices*）对龙葵 Zn 积累的影响，发现土壤 Zn 含量增加时显著降低了菌根侵染率，但不同菌种之

间差异不显著；接种没有显著影响龙葵生长和生物量，但是随 Zn 浓度的增加，生物量显著降低；接种 Glomus claroideum、Glomus intraradices 显著提高了植物各组织中的 Zn 含量；一般情况下，茎中 Zn 含量最高，叶中最低，接种 AM 真菌没有影响 Zn 的转运。在另外一项试验中，接种 Glomus claroideum 后，龙葵根、茎、叶中 Zn 的积累量分别增加了 58%、44% 和 120%；接种 Glomus intraradices 后，龙葵根、茎、叶中 Zn 的积累量分别增加了 54%、39% 和 122%；但是接种其他 AM 真菌其作用却没有如此显著（Marques et al.，2007）。进一步分析显示，接种 AM 真菌降低了 Zn 从根系向地上部的转运，电镜分析发现，根系中的 Zn 主要存在于胞间孔隙和细胞壁，这意味着质外体可能是存放 Zn 的主要部位，而接种 AM 真菌没有显著影响 Zn 的分布。施加 EDTA 或 EDDS 能够增加土壤中 Zn 的生物有效性，而施加有机肥可以增加龙葵生物量，降低地上部 Zn 含量，有利于 Zn 的植物稳定；综合考虑，利用龙葵、AM 真菌和有机肥的植物稳定更适合于此区域的植物修复（Marques et al.，2008a，2008b）。

不同植物基因型对 AM 真菌的响应不同。Lingua 等（2008）比较了 Zn 污染条件下两个不同的杨树克隆银白杨（Populus alba）和黑杨对 AM 真菌的响应，黑杨中的 Zn 含量低于银白杨，Zn 污染抑制菌根侵染，不利于植物生长，改变了银白杨叶片中的腐胺构型；而预接种 Glomus mosseae 可以扭转或减轻这些作用。研究证实 AM 真菌可以用于杨的植物修复，但要考虑不同的基因型-AM 真菌组合。

五、AM 真菌影响植物生长和锌吸收的机制

AM 真菌影响植物生长和 Zn 吸收、转运的机制研究主要集中在 AM 真菌结构的固持作用、AM 真菌对植物的矿质营养的改善作用、改变根际环境的理化状况、改变植物根系形态、调节某些基因的表达及重金属诱导蛋白的合成等几个方面（李晓林和冯固，2001；罗巧玉等，2013b；王发园和林先贵，2007）。

最早向世人展示 AM 真菌对重金属的相对独立吸收作用的是 Cooper 和 Tinker（1978），他们采用能区分根系和菌丝的装置，利用同位素示踪技术，演示了内生菌根菌丝吸收、累积和运输 ^{65}Zn 的过程。AM 真菌根外菌丝可以吸收 ^{65}Zn 并供给植物，但不同菌种表现出差异（Bürkert and Robson，1994）。Turnau（1998）利用扫描电镜-X 射线能量色散谱仪（SEM-EDS）分析了欧洲柏大戟（Euphorbia cyparissias）根系中重金属的分布，发现皮层和菌丝周围的晶体颗粒中 Zn 的含量比根细胞壁和真菌组织中的高。也有研究发现，菌根中与非菌根中 Zn 的分布模式不一样，菌根中 Zn 主要分布在丛枝和根内菌丝中，非菌根中的 Zn 主要分布在表皮细胞的细胞壁中（Kaldorf et al.，1999）。接种 Glomus mosseae 后红三叶地上部和根系中的 Zn 含量与 Zn 吸收量都降低了（Li and Christie，2001），这种作用在施 Zn 水平较高的情况下尤为显著。这说明 AM 真菌的根外菌丝可能对 Zn 有固持作用，限制了植物根系从土壤中吸收 Zn。Chen 等（2001）用改进的玻璃珠分室培养系统获得了足够的根外菌丝，发现菌丝中 Zn 和 Cu 的含量要比植物根系高很多，其中 Glomus mosseae 根外菌丝中 Zn 的含量高达 1200mg/kg，几乎是宿主根系 Zn 含量的 10 倍。这说明了 AM 真菌菌丝对 Zn 的高亲和

力和良好的固持能力。三色堇和欧洲堇菜属于重金属排斥植物，而菌根侵染很可能与重金属排斥有关（Hermann et al.，2013）。以上研究表明，AM 真菌根外菌丝和根内菌丝等真菌组织对重金属的固持作用是导致 Zn 在菌根中的累积，减少向地上部运输的主要原因。

在自然污染条件下，必需营养元素的缺乏往往限制植被恢复。在 Zn 污染条件下，AM 真菌可以改善植物 P 营养（Chen et al.，2003；Li and Christie，2001；Zhu et al.，2001），这对于 Zn 污染土壤的植被恢复重建有重要意义。已经有大量的研究证实了这一点（Chen et al.，2003；Li and Christie，2001；Zhu et al.，2001）。三室培养系统研究了接种 AM 真菌对红三叶生长和 Zn 吸收的影响，在供试土壤中加入了足够的磷肥，以消除 P 对植物生长的限制作用，结果发现接种 *Glomus mosseae* 后红三叶的生物量没有显著变化（Li and Christie，2001），这从侧面证实了 AM 真菌改善植物的 P 营养的确是促进植物生长的重要原因之一。

土壤 pH 是影响 Zn 的生物有效性和毒性的重要因素。Zn 污染条件下土壤接种处理的土壤溶液中 pH 增加，Zn 浓度降低（Chen et al.，2003；Li and Christie，2001；Zhu et al.，2001），这意味接种 AM 真菌后菌根共生体的分泌物可能会调节根际 pH，降低重金属的有效性，减轻重金属对植物的毒害作用。有必要定量研究菌根根系分泌物的成分，以确定哪些物质对土壤 pH 有决定性影响。土壤 Zn 含量高时接种 AM 真菌的处理土壤 pH 显著升高（Audet and Charest，2006）；在 Zn 污染条件下 AM 真菌根外菌丝的碱化作用降低了 Zn 的生物有效性，导致植物吸收降低（Audet and Charest，2010）。在锌冶厂附近，AM 真菌侵染使钟萼草根际锌含量显著增加，可高达 72 540mg/kg；这些 Zn 大部分以矩形晶体的形式出现于根表黏液鞘，锌化合物有碳酸锌、草酸锌和硫酸锌等，这说明 AM 真菌增加了土壤中 Zn 的固定，有助于植物定植（Kangwankraiphaisan and Suntornvongsagul，2013）。

GRSP 也影响 Zn 的生物有效性。在施加较低水平的锌肥（0~5.0mg/kg）时，菌根处理不仅增加了土壤有机碳、生物量碳含量和土壤脱氢酶、磷酸酶活性，也增加了 GRSP（40%），使有机结合态 Zn 比例增加，氧化物结合态和残留态比例降低，有利于增加土壤 Zn 的生物有效性（Subramanian et al.，2009）。但在 Zn 污染条件下，GRSP 的固持作用可能对降低 Zn 毒性有很大贡献。

Zn 污染往往对植物产生氧化胁迫，引起膜脂过氧化、细胞膜透性增加等。AM 真菌能够减轻氧化胁迫，增加植物的抗氧化能力。总体来看，重金属胁迫条件下，AM 真菌通过增强宿主植物体内 SOD、CAT 和 APX 等的活性清除植物细胞内的自由基，提高硝酸还原酶、谷氨酸合成酶的活性来改善氮代谢，增加植物体内脯氨酸和可溶性氨基酸的含量等以利于渗透调节，促进宿主产生酚类化合物、糖或氨基酸，防止蛋白质变性或保持蛋白质结构的稳定性和活性，或者通过抗氧化剂与重金属离子结合成螯合态，从而保护膜的完整性。脯氨酸是植物体内自由基的清除剂，能直接与重金属进行螯合作用。Zn 污染土壤中菌根化小粒咖啡叶片中脯氨酸含量显著增加（Andrade et al.，2010b）。锌污染条件下接种 *Glomus intraradices* 和 *Glomus etunicatum* 显著降低了枳叶片 MDA 含量，显著提高了枳根部 CAT 活性及脯氨酸含量，根部 POD 活性与不接种处理无显著性差异；但是不同 AM 真菌增加枳对锌污染的耐受性的效应不同，以接种 *Glomus intraradices* 最好（杨慧等，2011）。

根系被 AM 真菌侵染后，根系生物量和形态等发生变化，其对 Zn 的吸收能力往往也会改变。接种 *Glomus macrocarpum* 的高粱根系对 Zn 的吸收能力更强，其吸收动力学符合线性（低浓度）或米氏方程（高浓度），菌根根系的 V_{max} 或 k_m 比非菌根根系大（Sharma et al.，2007）。显然，这有利于菌根对 Zn 的固持作用。

在重金属胁迫条件下，菌根共生体可能会合成某种蛋白质，与重金属螯合。在 Zn 和 Cd 污染条件下，3 种 AM 真菌均降低植物地上部重金属含量，提高根对重金属的吸收，抑制重金属向地上部转运（Dehn and Schuepp，1990），作者认为重金属可与菌根中含有真菌蛋白配体的半胱氨酸形成复合体而滞留在根中。紫花苜蓿质膜上的 Zn 转运子 *MtZIP*2 不仅受到土壤中锌肥的增量调节，也受到菌根的减量调节（Burleigh et al.，2003）。*Glomus intraradices* 根外菌丝中存在 Zn 转运子 *GintZnT*1，此基因可能对 Zn 的分室化和保护 *Glomus intraradices* 抵抗 Zn 胁迫有关（Gonzalez-Guerrero et al.，2005）。这些研究说明重金属胁迫条件下菌根可能会调节某些与忍耐、运输和吸收重金属有关的基因的表达，从而影响宿主对重金属的耐性、运输和累积。

在重金属胁迫下，AM 真菌侵染后某些基因的表达表现出差异。与对照相比接种了 *Glomus intraradices* 的番茄植株在 Zn 或 Cd 污染条件下生长显著改善（Ouziad et al.，2005）；通过 Northern 杂交发现，对照和菌根植株体内植物络合素合成酶的编码基因 *LePCS*1、金属硫蛋白基因 *Lemt*1、*Lemt*3 和 *Lemt*4 及通用金属转运蛋白基因 *LeNramp*2 的 mRNA 表达均没有显著差异，但是对照植株 *Lemt*2 和 *LeNramp*1 基因表达强烈，而菌根化番茄中 *Lemt*2 及其他一系列与重金属运输有关的基因转录水平明显降低，因此推断在重金属胁迫条件下，仅部分基因增量表达，菌根化植株可能因根系重金属含量较低而使这些基因减量表达。

第四节 丛枝菌根对镉污染土壤的修复

镉在地壳中的平均含量为 0.2mg/kg，在土壤中的含量为 0.01~0.70mg/kg。镉通常与锌共生，并与锌一起进入环境。镉污染来源主要是铅、锌、铜的矿山和冶炼厂的废水、尘埃和废渣，以及电镀、电池、颜料、塑料稳定剂、涂料工厂废水等，在农业上，施用磷肥也能带来镉的污染。

镉是一种毒性很大的重金属，其化合物也大都属毒性物质。极微量的镉就可对人体造成伤害，1993 年世界肿瘤研究机构（IARC）将镉定义为人类致癌物（group I）。人体的镉中毒主要是通过消化道与呼吸道摄取被镉污染的水、食物、空气而引起的。镉在人体的积蓄作用，潜伏期可长达 10~30 年。据报道，当水中镉超过 0.2mg/L 时，居民长期饮水和从食物中摄取含镉物质，可引起"骨痛病"。例如，1995 年日本富山市居民因食用 Cd 含量过高的稻米而导致著名的"痛痛病"事件。动物实验表明，小白鼠最少致死量为 50mg/kg。进入人体和温血动物的镉，主要累积在肝、肾、胰腺、甲状腺和骨骼中，使肾脏器官等发生病变，并影响人的正常活动，造成贫血、高血压、神经痛、骨质松软、肾炎和分泌失调等病症。镉对鱼类和其他水生物也有强烈的毒性作用。其毒性最大的为可溶性氯化镉，当质量浓度为 0.001mg/L 时对鱼类和水生物就能产生致死作用。氯化镉对农作物生长危害也很大，其临界质量浓度为 1.0mg/L，灌溉水中含镉 0.04mg/L 时可出现明显污染，水中镉质量浓度为 0.1mg/L 时，就可抑制水体自净作用。

目前，我国土壤镉污染比较严重，被污染的耕地大约有 $1.33 \times 10^4 hm^2$，涉及 11 个省 25 个地区。沈阳张土灌区是污染面积最大，污染最严重的镉污染区，面积约 $2500hm^2$，我国有些稻米的 Cd 含量已超过诱发"痛痛病"的含 Cd 标准；1975 年测定糙米中镉含量是 1.06mg/kg（我国规定米中镉含量卫生标准为 0.2mg/kg）（陈英旭，2007）。2014 年全国土壤污染状况调查公报显示，镉是土壤污染超标率最高的重金属。

一、AM 真菌在镉污染土壤中的分布

自然条件下，镉往往与锌等重金属伴生，因此单一镉污染土壤比较少见，对镉污染土壤中的 AM 真菌资源调查也不多。田间调查发现，在高含量有效态 Cd 的渣堆中，有 11 科 22 种先锋植物可以定植，最常见的为豆科、菊科、禾本科，几乎所有植物与 AM 真菌共生，并观察到 *Gigaspora*、*Glomus*、*Scutellospora*、*Acaulospora* 等属的孢子，菌丝密度为 0.11~26.3mg/g（Gonzalez-Chavez et al.，2009）。Vivas 等（2003b）从匈牙利 Nagyhorcsok 一块长期 Cd 处理的田间实验地中分离出一株耐 Cd 的 AM 真菌（*Glomus mosseae*）。Gildon 和 Tinker（1981）从金属严重污染（Zn＞8.3%、Cd＞$863\mu g/g$）废矿土壤中分离到一株重金属耐性强的 AM 真菌（*Glomus mosseae*）。在 Zn、Cd 污染地有与细弱剪股颖共生的耐性 AM 真菌 *Scutellospora dipurpurescens*（Griffioen，1994）。

需要指出的是，一般情况下，从重金属污染土壤分离的菌株对 Cd 的耐性强，其菌丝对 Cd 的固持能力也强（Joner et al.，2000）。来自重金属污染土壤中的 *Glomus mosseae* 菌株对 Cd 和 Zn 的耐受性比从无污染土壤分离的菌株要强，其生长几乎不受 Cd 的抑制，含 $40\mu g/g$ Cd $(NO_3)_2$ 土壤的孢子比无污染土壤中的孢子更耐 Cd 和 Zn（Weissenhorn et al.，1994）。Weissenhorn 等（1993）在含镉的砂中和重金属污染土壤中检验了孢子的萌发能力后指出，从金属污染土壤中分离到的 *Glomus mosseae* P2（BEG 69）比从无污染土壤中分离到的 *Glomus mosseae* 菌株（BEG 12）更能耐镉。因此，可以通过筛选和驯化的方式提高 AM 真菌对重金属的耐受性。仅在镉盐处理土壤一年后，就发现混合培养的真菌对镉的耐受力有所提高（Weissenhorn et al.，1993）。

二、镉污染条件下 AM 真菌的侵染情况

Cd 的生物毒性较强，Cd 污染一般会抑制菌根侵染。在自然情况下，从金属严重污染（Zn＞8.3%、Cd＞$863\mu g/g$）废矿地上自然生长的三叶草菌根侵染率可达 35%（Gildon and Tinker，1981）。在低 pH 的酸性土壤上，对耐重金属污染能力较高的植物白花酢浆草（*Oxalis acetosella*）用镉和锌污染的工业灰尘处理后，菌根侵染率不仅未

降低反而升高（Turnau et al.，1996）。Griffioen（1994）在锌冶炼厂附近被锌和镉污染的土壤中调查发现，细弱剪股颖根系的 AM 真菌感染强度很大。盆栽试验发现，提高 Cd 的水平会抑制 AM 真菌的侵染，甚至在尚不影响植物生长的 Cd 水平条件下，AM 真菌的侵染率也有所降低（Chao and Wang，1990，1991）。

在土培条件下，施镉水平由 0mg/kg 增加到 200mg/kg 时，三叶草的菌根侵染率从 29.9% 降低至 14.8%，几乎降低了一倍；侵染根长也显著降低；200mg/kg 时接种使根系长度增加（李晓林和冯固，2001）。Tullio 等（2003）利用大麦进行的试验也有类似的结果，随着土壤镉含量的增加，侵染率逐渐降低，但是不同耐镉能力的菌株其侵染能力存在差异。Cd 胁迫（0~30mg/kg）能轻微降低紫云英（Astragalus sinicus）的生长和菌根侵染，抑制碱性磷酸酶活性和琥珀酸脱氢酶活性，尤其是 Glomus intraradices（Li et al.，2009）。

也有的研究结果表明，在一定范围内，镉污染增加不影响甚至反而刺激菌根对宿主植物的侵染。土壤中施加低浓度镉（5mg/kg）刺激了 Glomus mosseae 的生长，其菌丝总长度最大；高浓度镉（大于 25mg/kg）抑制了 Glomus mosseae 的生长，其菌丝总长度较小；AM 真菌的代谢活性与土壤镉浓度的关系也表现出与菌丝生物量相同的规律（张淑彬等，2005）。添加 20μmol/L 的 Cd 没有影响向日葵菌根侵染率或根外菌丝量（de Andrade et al.，2008）。土壤中施加即使 80mg/kg 的 Cd 也没有显著降低 Glomus macrocarpum 对芹菜的侵染率（Kapoor and Bhatnagar，2007）。土壤施加 15~50mg/kg Cd 对紫羊茅的菌根侵染率无显著影响（刘茵等，2004b）。黑麦草的菌根侵染率不受添加 Cd 浓度的影响（成杰民等，2005），土壤中 Cd 水平的提高甚至增加了黑麦草的菌根侵染率（冯海艳等，2005）。

在砂培条件下，玉米的菌根侵染率也随着镉（$CdSO_4$）浓度的增加而降低，在 Cd 达 10mg/L 时，几乎观察不到菌根侵染（Weissenhorn and Leyval，1995）。施加 100mg/kg 的 Cd（$CdCl_2$）对豌豆的菌根侵染没有显著影响（Rivera-Becerril et al.，2002）；而廖继佩（2002）则发现，溶液中 Cd（$CdCl_2$）浓度为 1mg/L 时 34 和 90036 的菌根侵染率均极显著高于溶液中 Cd 为 0.1mg/L 时的菌根侵染率。可见，高含量的镉促进 34 和 90036 对玉米根的侵染（表 4-9）。另外，在这两种镉浓度下 90036 的菌根侵染率均高于 34 的菌根侵染率。

表 4-9 不同浓度的镉对菌根侵染率的影响

溶液中镉浓度/(mg/L)	接种处理		
	不接种（NM）	34 菌	90036 菌
0.1	0b*	20.6±1.2a	24.3±4.7a
1.0	1.9±0.8c	34.6±4.3b	41.2±3.3a

注：*同一行不同小写字母表示差异显著（$P<0.05$）

上述盆栽试验结果与自然土壤中的调查结果存在差异，是不难理解的。一方面跟不同 AM 真菌的耐性存在差异有关；另一方面在盆栽和自然两种条件下土壤的重金属污染程度差别也很大，在盆栽条件下人工施入土壤的重金属元素的数量通常比自然土壤状

表 4-10 接种 AM 真菌对植物生长和 Cd 含量的影响

AM 真菌	植物	土壤（基质）中 Cd 含量 /(mg/kg)	植物生物量		植物镉含量		参考文献
			地上部	根系	地上部	根系	
Funneliformis mosseae、Rhizophagus irregularis	向日葵（Helianthus annuus）	0.75~40	不显著（Rhizophagus irregularis）,降低（Funneliformis mosseae）	增加（Rhizophagus irregularis）,降低（Funneliformis mosseae）	—	不显著	Hassan et al., 2013
Glomus caledonium 90036	东南景天（Sedum alfredii）	1.6	增加	增加	不显著	不显著	Hu et al., 2013a
Glomus versiforme	空心菜（Ipomoea aquatica）	1.6	增加	不显著	降低	降低	Hu et al., 2013b
Glomus caledonium、Glomus versiforme	含羞草（Mimosa pudica）	1.6	增加	不显著	降低	降低	Hu et al., 2014a
Glomus intraradices	紫花苜蓿（Medicago sativa）	0.5~20	增加	增加	降低	升高	Wang et al., 2012b
混合 AM 真菌（Glomus clarum、Glomus intraradices、Glomus etunicatum）	亚麻（Linum usitatissimum）	5~15	增加	增加	果壳、种子中增加，茎叶中无显著变化	增加	Hancock et al., 2012
Glomus constrictum、Glomus mosseae、Glomus intraradices	万寿菊（Tagetes erecta）	20~50	增加	增加	增加（20mg/kg 时），降低（50mg/kg 时）	降低	刘灵芝等, 2012
Glomus intraradices、Glomus constrictum、Glomus mosseae	万寿菊（Tagetes erecta）	5~50	增加	增加	降低	降低	Liu et al., 2011
Glomus constrictum	番茄（Solanum Lycopersicum）	50	增加	增加	降低	增加	Liu et al., 2012
Glomus mosseae	紫云英（Astragalus sinicus）	5~30	增加	增加	降低	增加	Li et al., 2009
Glomus macrocarpum	芹菜（Apium graveolens）	5~80	增加	增加或不变	降低	污染重时增加	Kapoor and Bhatnagar, 2007
Glomus deserticola	蓝桉（Eucalyptus globulus）、大豆（Glycine max）	50mg/L	增加	—	增加	—	Arriagada et al., 2004
混合 AM 真菌	空心菜（Ipomoea aquatica）	5~100	增加	增加	增加	增加	Bhaduri and Fulekar, 2012
混合土著 AM 真菌（Acaulospora、Glomus、Scutellospora）	长叶车前（Plantago lanceolata）	135	增加	增加	降低	增加	Hutchinson et al., 2004

第四章 丛枝菌根对重金属污染土壤的修复

续表

AM 真菌	植物	土壤(基质)中 Cd 含量/(mg/kg)	植物生物量 地上部	植物生物量 根系	植物镉含量 地上部	植物镉含量 根系	参考文献
Glomus mosseae	木豆(Cajanus cajan)	25~50	增加	增加	降低	降低	Garg and Chandel, 2012; Garg and Aggarwal, 2011, 2012
Glomus intraradices	蒺藜苜蓿(Medicago truncatula)	2	增加	增加	降低	降低	Aloui et al., 2009
混合土著 AM 真菌	高粱(Sorghum vulgare)	0.1%~5%	增加	增加	增加	增加	Arora and Sharma, 2009
Glomus intraradices	烟草(Nicotiana tabacum)	20~60	增加	增加	降低	无显著影响	Janouskova et al., 2005a
Glomus intraradices PH5	烟草(Nicotiana tabacum)	55	不显著	不显著	降低	降低	Janouskova et al., 2005b
Glomus intraradices PH5	烟草(Nicotiana tabacum)	0.6mg/L(沙培)	增加	增加	降低	降低	Janouskova et al., 2005b
Glomus intraradices	蒺藜苜蓿(Medicago truncatula)	3.84~7.87	增加	增加	降低	降低	Redon et al., 2008
混合土著 AM 真菌	宝山堇菜(Viola baoshanensis)	50~200	降低或不显著	—	降低或不显著	降低或不显著	Zhong et al., 2012
Glomus 的混合菌种	一串红(Salvia splendens)	10~40mg/dm³	降低	—	增加	—	Nowak, 2007
Glomus fasciculatum, Glomus etunicatum, Glomus mossae	莴苣(Lactuca sativa)	5.02	—	—	降低	增加	Dehn and Schuepp, 1990
Glomus diaphanum, Glomus mosseae	玉米(Zea mays)	50	增加	增加	降低	降低(Glomus mosseae)、增加(Glomus diaphanum)	胡振琪等, 2007
Glomus mosseae, Glomus intraradices	紫羊茅(Festuca rubra)	15、50	不显著	不显著	降低	不显著	刘茵等, 2004a
Glomus mosseae	紫羊茅(Festuca rubra)	15、50	不显著	降低	降低	增加	刘茵等, 2004b
Glomus mosseae, Glomus intraradices	黑麦草	15、50	不显著	不显著	不显著	增加	冯海艳等, 2005

况下的污染程度要大得多。此外，土培和砂培条件下也存在差异，即使同是土培或砂培，试验结果甚至完全相反，这说明 Cd 对菌根侵染能力的影响可能与很多因素有关，植物的种类（包括不同品种、不同基因型等）、AM 真菌的种类和耐性、所添加 Cd 的形态和浓度及试验的其他条件，都可能影响试验结果。

三、镉污染条件下 AM 真菌对植物生长和营养的改善作用

镉的生物毒性较强，在污染条件下显著抑制植物生长，接种 AM 真菌多数情况下增加了植物生物量（表 4-10）。温室盆栽研究发现，在所有镉水平条件下菌根化烟苗生物量显著高于对照，地上部生物量增加数倍，尤其是在重度污染（100mg/kg Cd）时，对照烟苗植株几乎不能生长，而菌根化植株显示出较好的耐性（图 4-21；表 4-11）。但是有研究发现，AM 真菌能否促进烟草生长与菌种（株）、烟草品种和土壤 Cd 含量（尤其是有效态含量）密切相关（Janouskova et al.，2007），大多数情况下，AM 真菌增加了茎的生物量，但对叶片生物量没有显著影响。

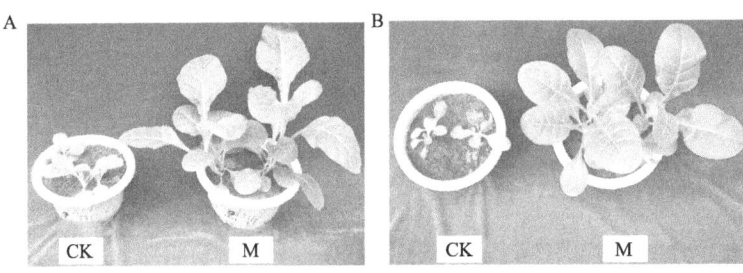

图 4-21 镉污染水平为 10mg/kg（A）和 100mg/kg（B）时对照（CK）和菌根化（M）烟草的生长状况

表 4-11 接种 AM 真菌对镉污染条件下烟草生长的影响

干重/(g/盆)	处理	Cd 污染水平/(mg/kg)			
		0	1	10	100
地上部	CK	1.65 (0.20)	0.95 (0.06)	0.53 (0.01)	0.04 (0.00)
	M	4.62 (0.20)	3.83 (0.11)	3.16 (0.14)	2.14 (0.09)
根系	CK	0.16 (0.01)	0.08 (0.01)	0.04 (0.00)	0.02 (0.00)
	M	0.47 (0.03)	0.33 (0.02)	0.31 (0.01)	0.27 (0.01)

注：表中数字表示平均值（标准误差）；CK 表示对照，M 表示接种 AM 真菌 *Glomus intraradices* BEG 141

随着镉水平增加，植株镉毒害程度增加，根系长度逐渐降低，在低 Cd 水平（0mg/kg 和 25mg/kg）下，接种 AM 真菌对三叶草植株根长没有显著影响，而 Cd 水平大于 50mg/kg 时，接种 AM 真菌处理的根长高于对照处理，表明高 Cd 水平时，AM 真菌对根系生长表现出明显的促进效应。在无菌根情况下，随着施镉量的增加，植株生长量迅速降低；在相同镉水平下，三叶草形成菌根后植株的生长量明显增加，尤其是受到毒害最严重时（200mg/kg 水平下），植株生物量增加幅度最大（李晓林和冯固，2001）。尽

管菌根植株的生物量也表现出随土壤施镉水平提高而逐渐降低的趋势，但降低的速率明显比对照的慢。接种 AM 真菌在一定程度上缓解了镉的毒害作用。

但也有研究发现 AM 真菌并无显著的促生作用。在不同 Cd 处理土壤中，接种 AM 真菌对大麦的叶面积、植物高度和生物量都没有显著影响（Tullio et al.，2003）。在 Cd 污染土壤中，接种 AM 真菌并未明显改善紫羊茅的磷营养状况，并且也没有明显增加其生物量（刘茵等，2004b）。土壤中 Cd 水平提高，明显增加了黑麦草的菌根侵染率，但对其生长无显著影响，表明黑麦草在磷营养和生长上对 AM 真菌依赖性较小（冯海艳等，2005）。

多数情况下，Cd 胁迫下接种 AM 真菌显著改善植物矿质营养，尤其是 P。Hu 等（2013a，2014a）研究了 Cd 污染（1.6mg/kg）土壤中接种 AM 真菌 Glomus caledonium 90036（Gc）、Glomus mosseae M47V（Gm）对东南景天（Sedum alfredii）、黑麦草、含羞草（Mimosa pudica）等植物的生长、Cd 和 P 吸收的影响，总体上，接种 AM 真菌后显著增加了土壤酸性磷酸酶活性、土壤速效磷含量和植物 P 吸收，以及植物地上部生物量，但不同 AM 真菌-植物组合的效应存在差异。在种植含羞草时，两种 AM 真菌均增加土壤酸性磷酸酶活性，但只有 Gc 显著增加了土壤速效磷含量、植物 P 营养和地上部生物量，Gv 降低了 P 向地上部的转运，使根系 P 含量增加。Hu 等（2013b）比较了两种 Gc、Gv 接种于东南景天对其与空心菜（Ipomoea aquatica）间作体系中 P 吸收的影响，结果同样发现两种 AM 真菌均提高了土壤酸性磷酸酶活性和速效磷含量，但只有 Gc 增加了东南景天的 P 吸收和地上部生物量，Gv 显著增加了空心菜的 P 吸收和地上部生物量。在此基础上，Hu 等（2013c）设计了收获后试验，在土壤中种植空心菜，进一步研究了两种 AM 真菌对空心菜 Cd 和 P 吸收的影响，证实 2 种 AM 真菌均增加土壤酸性磷酸酶活性和速效磷含量，改善空心菜 P 营养，但只有 Gv 显著增加其产量，Gc 仅增加地上部 P 含量。结果说明，AM 真菌能够促进间作体系中土壤 Cd 的稳定和 P 的有效性。

AM 真菌对植物生长和 P 营养的影响与生长基质中的 Cd 和 P 水平密切相关。随着土壤加 Cd 量的增加，各处理的植株地上部磷含量逐渐降低，在相同土壤 Cd 水平下，第 9 周时，接种处理的植株地上部磷含量低于相应的对照处理；到第 15 周时，该趋势相反；到第 30 周，各接种处理的植株 P 含量无显著差异（刘茵等，2004b）。随着土壤中 Cd 水平的增加，各接种处理的黑麦草地上部和根部的磷含量并无显著变化，在相同 Cd 水平下，第 1 次收获时接种处理的植株地上部磷含量均低于相应的对照处理，第 2 次收获时该趋势相反，到第 3 次收获时低 Cd 水平（0mg/kg、15mg/kg），各接种处理的植株磷含量有上升趋势，而在 50mg/kg 的高 Cd 水平，接种处理的黑麦草地上部磷含量显著高于相应的对照处理。可见，接种 AM 真菌有助于植物吸收营养元素磷，而加 Cd 与否对植株体内磷含量无明显影响（冯海艳等，2005）。在 Cd 污染土壤中，5 个 Glomus mosseae 菌株对 Cd 污染的响应不同，对白三叶的促生效应和 Cd 耐性的影响也不同，其中 2 个耐性菌株效应显著，接种植株的大量和微量矿质营养均得到改善（Biro et al.，2009）。Zhong 等（2012）研究了土著 AM 真菌对不同 Cd（0mg/kg、50mg/kg、100mg/kg、200mg/kg）污染土壤、矿区土壤（均设 0mg/kg、50mg/kg、250mg/kg、

500mg/kg 4 个 P 水平）对 Cd 超富集植物宝山堇菜（*Viola baoshanensis*）生长与重金属吸收的影响，发现 AM 真菌只在低 P 水平下增加地上部生物量。Chen 等（2004b）利用两室盆栽系统研究了不同 P 沙培下 *Glomus mosseae* 对低磷石灰性土壤中玉米对 Cd 吸收的影响，Cd 和 P 对菌根侵染均无影响，但 Cd 抑制植物生长；菌根侵染、施 P 和 Cd 沙培增加会导致 Cd 更多地分布于植物根系；所有 Cd 水平下菌根均改善植物 P 营养；当 Cd 施加于根室、P 施加于菌丝室时，AM 真菌促进植物生长，高量 Cd 时效果更显著；当 P 施加于根室、Cd 施加于菌丝室时，植物生长很少受菌根影响。

在砂培条件下，镉浓度不同时，接种不同 AM 真菌均降低了玉米生长量（廖继佩，2002）。低量镉时不接种的地上部生物量略高于接种 90036，它们均极显著高于接种 34。高量镉时接种 34 和 90036 的地上部生物量显著低于不接种的地上部生物量，接种 90036 的玉米地上部生物量略高于接种 34 的地上部生物量。玉米的生物量随着 Cd 水平的增加而降低，与对照处理比较，接种 AM 真菌只有在 5mg/L 时降低了生物量，其他 Cd 水平下没有显著影响（Weissenhorn and Leyval，1995）；研究同时发现，在 5mg/L Cd 水平时植物 P 含量显著得到提高，显然这可能是与生物量较小有关。一般认为，AM 真菌促进植物生长主要是由于改善矿质营养尤其是 P 营养引起的，在砂培条件下，AM 真菌无法像在土壤中一样增加 P 的生物有效性，也就无法体现出生长效应，相反，由于 AM 真菌的生长代谢还消耗了一部分碳源，从而引起生物量的降低（Bethlenfalvay et al.，1982；Buwalda and Goh，1982；Clapperton and Reid，1992）。

四、AM 真菌对植物镉含量和吸收量的影响

在 Cd 污染条件下，接种 AM 真菌多数情况下降低了植物地上部 Cd 含量，而对于根系 Cd 含量的影响则较为复杂（表 4-10）。随着施镉水平的增加，植株体内的含镉量也迅速上升，但主要累积于根系。接种 AM 真菌往往会降低地上部 Cd 含量，改变分配比例。地上部含镉量最高只有 10mg/kg 左右，而根中可达 1500mg/kg（李晓林和冯固，2001）。对于多数施镉水平而言，菌根侵染不同程度地降低了地上部含镉量，表明菌根的侵染具有降低根系吸收过量镉的作用，而且减少根中镉向地上部的转移，从而减小镉对三叶草的毒害作用，进而增强植株对介质中过量镉的抗性。施 Cd 条件下，接种处理的植株地上部 Cd 积累大部分低于小接种处理的，只有在 15mg/kg Cd 水平，接种 *Glomus mosseae* 的第 1、3 次收获和接种 *Glomus intraradices* 的第 3 次收获例外（差异不显著）；而在根系中，接种处理根系吸 Cd 量均显著高于相应的对照处理，在 15mg/kg Cd 水平时，接种 *Glomus intraradices* 处理的根系吸 Cd 量甚至比对照处理的高出大约 3 倍，说明接种 AM 真菌显著增加植株对 Cd 的吸收。但随着施 Cd 量的增加，接种 AM 真菌显著抑制 Cd 向地上部的分配，植株吸收的 Cd 90% 以上累积于根部（冯海艳等，2005）。土壤中施加 80mg/kg 的 Cd 时，接种 *Glomus macrocarpum* 的芹菜植株的长势好、受害症状轻，菌根处理使根系 Cd 含量增加，地上部 Cd 含量降低（Kapoor and Bhatnagar，2007），他们认为生物量增加的稀释效应、根系固持增加、P 营养改善等菌根效应是减轻 Cd 胁迫的主要原因。水培条件下添加 20μmol/L 的 Cd 降低了向日葵的

生长，但接种 *Glomus intraradices* 的处理没有表现相互受害症状（de Andrade et al.，2008）；Cd 主要积累于根系，只有 22% 被转运到地上部（228mg/kg）；菌根植株的 Cd 吸收量比对照高 23%，但地上部/根系没有变化；根外菌丝中的 Cd 含量为 728μg/g 干重；菌根植株中光合色素及 P 含量高于对照，Cd 引起植株中的 POD 活性增加，但是对照植物的更为强烈。土著 AM 真菌在所有 Cd 水平下降低了地上部 Cd 含量，在 Cd 生物有效性较低时可以减少从宝山堇菜根系向地上部的转运，在 Cd 生物有效性较高时减少根系吸收（Zhong et al.，2012）。这说明宝山堇菜和 AM 真菌之间的相互作用能够改变 Cd 的有效性。Chen 等（2004b）利用两室盆栽系统研究了不同 P 沙培下 *Glomus mosseae* 对低磷石灰性土壤中玉米对 Cd 吸收的影响，发现当 P 施加于根室、Cd 施加于菌丝室时，植物生长很少受菌根影响，但地上部 Cd 吸收在低 Cd 时增加、在高 Cd 时减少，而根系 Cd 吸收与对照没有显著差异。在 Cd 污染土壤中，接种 *Glomus geosporum* 没有影响盐沼植物海紫菀的干重和 P 营养，但是增加了根系 Cd 含量，没有影响地上部含量，而来源于盐沼土壤的菌株和未污染环境中的菌株没有表现出差异（Carvalho et al.，2006）。

烟草生物量大，对重金属有较强的吸收、累积能力。有研究发现，Cd 易积累于烟草茎和叶片中（Lugon-Moulin et al.，2004，2006）。我国的烟草制品中含有较多的 Cd、Pb、As（O'Connor et al.，2010）。从农产品质量安全角度来讲，烟草中的重金属会随烟气进入吸烟者的体内，如果含量超标，往往会危害吸烟者身体健康。温室盆栽研究发现，接种 AM 真菌不仅能够增加烟草对 Cd 的耐性，而且也能降低 Cd 含量（表 4-12）。

表 4-12 烟草地上部和根系中 Cd 含量

Cd 含量 /(mg/kg)	处理	Cd 污染水平/(mg/kg)			
		0	1	10	100
地上部	CK	2.05a	26.56a	108.75a	389.29a
	M	0.85b	9.14c	66.67b	342.54b
根系	CK	2.65a	5.21a	45.52a	468.21a
	M	0.34b	2.24b	22.72b	423.71b

注：表中数字表示平均值，不同字母表示同一列数据在 $P<0.05$ 水平差异显著

在 30mg/kg 污染水平下，*Glomus mosseae* 单独或与 *Glomus intraradices* 复合接种在紫云英根系中固定了更多的 Cd、向地上部的分配降低（Li et al.，2009）。这说明 *Glomus mosseae* 可能对缓解 Cd 的毒性更有效。在 Cd 污染（1.6mg/kg）土壤中，接种 *Glomus caledonium* 90036（Gc）、*Glomus mosseae* M47V（Gm）后显著增加东南景天和黑麦草植物地上部生物量和 Cd 吸收（除 Gm-东南景天），但是只有 Gc-东南景天加速了 Cd 的植物提取（增加 78%）；两种 AM 真菌均没有显著影响含羞草中 Cd 的转运效率（Hu et al.，2013a，2014a）。结果显示，AM 真菌和东南景天能够用于 Cd 的植物提取和植物稳定。在东南景天、空心菜间作体系中，接种 Gc 促进了东南景天对 Cd 的吸收，从而导致空心菜对 Cd 的吸收减少、地上部和根系 Cd 含量降低；Gc、Gv 均显著使

土壤 pH 升高、DTPA-Cd 含量降低（Hu et al.，2013b）。上述植物收获后，在土壤中继续种植空心菜，结果进一步证实 2 种 AM 真菌均降低土壤 DTPA-Cd 含量（Hu et al.，2013c）。这说明不同 AM 真菌对间作体系中的作物的 Cd 吸收的影响不同，未来可以筛选 AM 真菌用于污染土壤中蔬菜生产和质量安全控制及植物修复。在此基础上，Hu（2014b）发现添加生物炭可以降低土壤中镉生物有效性，可以与 AM 真菌复合应用于降低蔬菜 Cd 残留，并有可能利于土壤修复。

在土壤不加 Cd 的处理中，接种与不接种的紫羊茅植株体内的 Cd 含量无显著差异（刘茵等，2004a）。与不接种处理相比，在土壤加 Cd 15mg/kg、50mg/kg 时接种处理植株地上部 Cd 含量显著降低，并且这一现象在 3 次收割时表现一致。在土壤施 Cd50mg/kg 时，接种处理比相应对照处理的植株地上部 Cd 含量降低了约 50%，总 Cd 吸收量减少了 60%。在土壤 Cd 污染情况下，在接种与不接种处理之间根系 Cd 含量没有显著差别，但是接种处理根系内 Cd 吸收量均低于相应不接种对照。这说明在土壤 Cd 污染的情况下，给紫羊茅接种 AM 真菌能有效减少 Cd 向地上部的运输，从而减轻 Cd 对植物体的毒害。在土壤加 Cd 15mg/kg、50mg/kg 条件下，接种 *Glomus mosseae* 的处理地上部 Cd 含量在第二次和第三次收割均显著高于接种 *Glomus intraradices*，表明 2 种 AM 真菌在促进 Cd 吸收和向植株地上部运转方面存在差异。

即使 AM 真菌降低植物体内 Cd 含量，但是由于生物量增加，Cd 的吸收量往往还是增加了，因此多利于 Cd 的植物提取。在 Cd 污染土壤中，接种 *Glomus intraradices* 提高了蒺藜苜蓿生物量，降低了地上部 Cd 含量，但是其吸收量增加，接种 AM 真菌增加了有效态 Cd 的含量，降低了渗滤液中的 Cd，作者认为 AM 真菌有利于 Cd 的植物提取（Redon et al.，2008）。

但是有研究也发现，AM 真菌会增加植物地上部 Cd 含量，但可能与 Cd 水平、植物、菌种及土壤性质有关。Janouskova 等（2007）研究了 5 个菌种（菌株）对 3 个不同品种烟草 Cd 吸收的影响，发现酸性土壤中（镉有效性高）某些菌种（株）降低了品种'K326'和'TN90'烟叶中的 Cd 含量，但品种'Basma BEK'中却增加了；接菌对根系 C 含量的影响多不显著。在土壤 Cd 含量为 0mg/kg 或 2.5mg/kg 时，接种 AM 真菌 *Glomus intraradices* 降低亚麻地上部 Cd 含量，但在土壤 Cd 含量为 10mg/kg 时增加了地上部 Cd 含量。此外，AM 真菌的作用只在施加低磷（10mg/kg）水平时显著（Gao et al.，2011a）。Deram 等（2008）研究发现菌根侵染率最高时燕麦草（*Arrhenatherum elatius*）的 Cd 含量也最高，这说明 AM 真菌可能与 Cd 积累有关，但其保护作用有季节性。Hassan 等（2013）利用温室盆栽试验研究了 2 种 AM 真菌 *Rhizophagus irregularis*（即 *Glomus intraradices*）和 *Funneliformis mosseae*（即 *Glomus mosseae*）对不同 Cd 污染水平下向日葵植物修复的影响，发现 3 个不同水平的 Cd 对菌根侵染率没有显著影响，在低 Cd 水平时，接种 *Rhizophagus irregularis* 的植物地上部 Cd、Zn 含量高于接种 *Funneliformis mosseae* 和对照处理；在高 Cd 水平时，接种 *Funneliformis mosseae* 的处理地上部 Cd、Zn 含量和生物富集因子（BCF）低于接种 *Rhizophagus irregularis* 和对照；*Rhizophagus irregularis* 处理中，Cd 主要转运到地上部，*Funneliformis mosseae* 处理中，Cd 主要固持在根际；这说明它的 AM 真菌保护宿主植物抵御 Cd 毒害的机制不同，*Rhizophagus irregularis* 适用于 Cd 的植物提取，而 *Funneliformis mosseae* 适用于 Cd 的植物稳定。刘灵芝等（2012）通过盆栽试验研究了土壤不同 Cd 水平（0mg/kg、20mg/kg、50mg/kg）下接种矿区污染土壤中混合 AM 真菌对万寿菊根系侵染率、植株生物量及 Cd 吸收与分配的影响，结果表明接种 AM 真菌显著提高了 Cd 胁迫下根系侵染率和植株生物量；各处理植株 Cd 含量和 Cd 吸收量随着施 Cd 水平提高显著增加；在 0mg/kg、20mg/kg Cd 水平下，接种 AM 真菌增加地上部 Cd 含量和吸收量；在 50mg/kg 水平时，接种处理降低了地上部 Cd 含量，但吸收量仍显著增加；接种处理降低根系 Cd 含量；Cd 主要分布在地上部，尤其在 20mg/kg Cd 水平下，接种处理地上部 Cd 吸收量是根系的 3.90 倍，对照处理地上部 Cd 吸收量是根系的 2.33 倍。这说明 AM 真菌促进了万寿菊对土壤中 Cd 的吸收，并增加了 Cd 向地上部的运转，表现出植物提取的应用潜力。在 Cd 污染条件下混合 AM 真菌菌剂（*Glomus clarum*、*Glomus intraradices*、*Glomus etunicatum*）显著促进了亚麻的地上部和根系生物量，以及果实、种子产量，根系、果壳、种子中的 Cd 含量增加，而茎、叶中 Cd 含量没有显著变化（Hancock et al.，2012）。AM 真菌有利于植物修复，但也可能会因为重金属含量增加而增加农产品安全和生态安全风险。

转金属硫因基因的植物往往对重金属具有更强的耐性，AM 真菌对其影响与非转基因植物不同。Janouskova 等（2005b）研究了 *Glomus intraradices* 对于转基因（金属硫因）烟草和非转基因烟草生长和 Cd 吸收的影响，发现在所有情况下 AM 真菌都改善了 P 营养，在沙培条件下增加了生物量；在土培条件下，生物量降低或没改变；沙培和土培条件下，AM 真菌均降低地上部 Cd 含量，但转基因烟草地上部 Cd 吸收量比非转基因烟草的低。Janouskova 等（2005a）研究还发现 AM 真菌 *Glomus intraradices* 显著促进转基因（金属硫蛋白基因）烟草和非转基因烟草的生长，但降低转基因烟草对 Cd 的植物提取效率，但在 Cd 胁迫时增加非转基因烟草的提取效率，其中一种菌株在减轻 Cd 方面比较有效，而另一种在非 Cd 胁迫条件下促生效应比较显著，并且他们认为与菌种、植物耐性和土壤中 Cd 水平等多种因素有关。

在水培条件下，廖继佩（2002）发现不同 AM 真菌对玉米体内镉含量的影响与菌种和基质中的 Cd 浓度有关，其效应是不一致的。与对照处理比较，接种 AM 真菌在 5mg/L 时玉米体内 Cd 含量较高，这可能是 AM 真菌吸收了更多的 Cd，同时 Cd 的毒害作用使得生物量较小，没有体现出稀释效应（Weissenhorn and Leyval，1995）。在 Cd 含量 5μmol/L 时 3 种 AM 真菌 *Glomus etunicatum*、*Glomus intraradices*、*Glomus macrocarpum* 对刀豆的生长没有促进作用，但增加了地上部和根系 Cd 含量，其中 Cd 主要分布于根系中，Cd 显著减少了根外菌丝密度但没有影响菌根侵染率，菌根根系中的 POD 活性低于对照（de Andrade et al.，2005）。

五、AM 真菌影响植物生长和镉吸收的机制

与 Cu、Zn 等重金属类似，AM 真菌改善植物 P 营养状况是促进植物生长和提高 Cd 耐性的重要机制之一，在土壤中 AM 真菌可以通过多种途径活化难溶性 P 供给植

物，而在水培或砂培条件下，这种作用几乎体现不出来，因此这也可以在一定程度上解释为什么水培或砂培条件下接种 AM 真菌的促生效应不显著。

AM 真菌能够显著提高植物对重金属的抗性，菌丝内聚磷酸可能参与了这种抗性的形成。杨瑞恒等（2010）研究了不同 P 和 Cd 水平对 *Glomus intraradices* 孢子萌发、菌丝生长、分支和外生菌丝中聚磷酸含量的影响。结果表明，孢子萌发率、菌丝分支和菌丝长度随着 Cd 浓度的增加不断降低；当 Cd 浓度达 0.1mmol/L 时，孢子萌发率为 0，表明 *Glomus intraradices* 的孢子萌发对 Cd 的耐受极限为 0.1mmol/L；1mmol/L 的 P 促进菌丝分支增加，却降低了萌发率，但对菌丝生长没有影响；在培养 23d 以后，三者基本不再变化。外生菌丝内的聚磷酸含量随着 P 的升高而增加；在 Cd 胁迫作用下，聚磷酸的含量降低，可能以聚磷酸-Cd 或水解形式减轻重金属对外生菌丝的伤害，从而增加菌丝密度。

根外菌丝的吸附、吸收等固持作用对植物的 Cd 吸收影响很大（Joner et al.，2000）。Joner 和 Leyval（1997）采用根箱方法，将 [109]Cd 加入到菌丝生长室中，结果证实根外菌丝能够从土壤中吸收镉并运输给植物。陶红群等（1998）采用三室根箱法，研究了土壤中不同 Cd 的含量水平对 AM 真菌菌丝吸收量的影响。试验中在不接种处理中室土壤中施 P 300mg/kg，接种处理施 P 50mg/kg，以期保证菌根植株与非菌根植株具有相同的生物量。所有处理的边室土壤施 P 量相同，均为 50mg/kg。在所有处理的各室土壤施 N 300mg/kg、K 200mg/kg，以保证植物生长期间对 N 和 K 的需求。对照处理中室的土壤施磷量保证了三叶草的正常生长，各处理之间生物量没有显著差异，达到了与接种处理植株保持相应的生长量的预期目的。接种处理植株吸收总量与相应不接种处理植株吸收量的差值，即菌丝吸收量。菌丝吸收量占菌根植株吸收总量的百分率为菌丝贡献。给菌丝生长室的土壤中分别施入 Zn（50mg/kg）和 Cd（200mg/kg）的情况下，菌根菌丝对三叶草体内锌和镉的贡献可以分别达 8.1%～22.4% 和 53.6%～63.5%，并且菌根菌丝对锌的贡献率随土壤锌水平的提高而降低，对镉的贡献率随土壤镉水平的提高而升高（陶红群等，1998）。土壤不施 Cd 时，接种 AM 真菌对黑麦草植株吸收 Cd 的菌丝贡献率为负值，表明 AM 真菌的侵染抑制了植株对 Cd 的吸收。施 Cd 条件下，接种 AM 真菌的菌丝贡献率为正值，说明 AM 真菌促进了植株吸收 Cd（冯海艳等，2005）。

同时 AM 真菌的根外菌丝对 Cd 等重金属有良好的固持能力（Joner et al.，2000），因此很可能将 Cd 固持在菌根组织中，减少植物对 Cd 的吸收，抑制 Cd 向植物地上部的转移。Janouskova 等（2006）利用河沙为基质研究了不同 Cd 水平下 AM 真菌对 Cd 的固定，以及对莴苣生长和 Cd 吸收的影响。结果发现，菌根植物生长更好，Cd 含量降低，但是 Cd 吸收量没有变化；此外研究发现，接种 AM 真菌后 Cd 的毒性降低，Cd 浓度较高时莴苣的根长显著增加；根外菌丝中 Cd 含量可达 2592mg/kg，是植物体内 Cd 含量的 10～20 倍。他们认为接种 AM 真菌可以降低 Cd 的毒性，固定土壤中的 Cd，减少植物对 Cd 的吸收运输，从而可能有利于植物稳定作用。Hutchinson 等（2004）用放射性 [109]Cd 标记研究发现，AM 真菌侵染的长叶车前根系中的 Cd 含量高于对照，而地上部的 Cd 含量低于对照，其中约 10% 是通过菌丝吸收的，说明 Cd 可能被固持在菌根结构中。

杨瑞恒等（2011）研究发现，Ca^{2+} 促进了 *Glomus intraradices* 孢子萌发、菌丝极性生长和菌丝分支；Cd^{2+} 起到了强烈的抑制作用；但 Ca^{2+} 没有减弱重金属对孢子萌发和菌丝生长的抑制；与此同时 Ca^{2+} 通道阻断剂抑制了菌丝生长和分支，并没有减弱重金属的毒害作用。这说明 Cd^{2+} 并非主要通过 Ca^{2+} 通道进入 AM 真菌的菌丝内。

可见，根外菌丝在植物吸收 Cd 过程中发挥了重要作用，但这种作用并非总是一致的。一种情况是，增加了根系对 Cd 的吸收，但是抑制向地上部转移；另一种情况是，减少了植物根系从土壤（或其他基质）中吸收 Cd。但无论哪种情况，接种 AM 真菌都不利于 Cd 的植物提取，而有利于 Cd 的植物稳定。

除了根外菌丝，泡囊、孢子等 AM 真菌结构也可能发挥固持作用。生长于 Cd、Zn 污染土壤中的白花酢浆草根系中的泡囊比对照的高（Turnau et al.，1996）。在重金属污染土壤中的早生百里香（*Thymus polytrichus*）的根内泡囊数高，并与土壤中的可提取态 Cd、Zn 成正相关（Whitfield et al.，2004b）。玉米根系泡囊内有 K、Fe、Ni 积累（Kaldorf et al.，1999），而狗牙根的根内泡囊则积累 Mn、Cu、Ni 和 U（Weiersbye et al.，1999），这说明 AM 真菌对不同元素的吸收积累有一定选择性。

AM 真菌也能改变 Cd 细胞、亚细胞水平的分布。在 Cd 污染条件下接种 *Glomus intraradices* 的紫花苜蓿地上部和根系生物量均显著增加，但地上部 Cd 降低，根系 Cd 含量增加（Wang et al.，2012b）；亚细胞水平分析发现接种 AM 真菌的植株地上部和根系细胞壁中的 Cd 增加了 37.2%~80.5%，细胞膜中的 Cd 降低，这意味着 AM 真菌侵染增加了非活性 Cd 的比例，从而使其毒性降低。

AM 真菌可以通过分泌有机物（如有机酸等）使基质 pH 升高、Cd 的生物有效性降低，从而降低 Cd 的生物毒性和吸收（Hu et al.，2013a，2014a），这一结论在利用其他重金属研究中也得到证实（见本章第二、三节）。我们发现 Cd 污染条件下，烟草收获后接菌处理中的土壤 DTPA-Cd 含量显著低于对照，而土壤 pH 则高于对照。接种 AM 真菌显著提高了高粱（*Sorghum vulgare*）对 Cd 的积累量，而且在含镉量 5% 时土壤 pH 显著高于对照（Arora and Sharma，2009）。Janouskova 和 Pavlikova（2010）研究了根外菌丝在根际固定 Cd 中的作用，认为根外菌丝诱导的碱化作用是其降低 Cd 毒性的主要机制之一。

AM 真菌可以通过分泌某些螯合物，与 Cd 发生螯合作用，降低 Cd 的生物有效性。据分析，GRSP 中含有的 Mn、Cd、Pb 含量可分别高达 1.88mg/g、0.08mg/g、1.12mg/g（Gonzalez-Chavez et al.，2004）。田间调查发现 AM 真菌菌丝含有 13~75mg/g 的 GRSP；渣堆中的 GRSP 含量为 0.36~4.74mg/g，GRSP 中 Cd 含量为 0.028mg/g（Gonzalez-Chavez et al.，2009）。在圣地亚哥某海域湾堤土壤中，GRSP 中可以含有 0~0.338μg/mg Cd、0.5~227.7μg/mg Fe、0.11~188.95μg/mg Pb、2.23~784.42μg/mg Mn（Chern et al.，2007）。

Cd 胁迫往往引起植物氧化胁迫、渗透调节和抗氧化酶活性的改变，而 AM 真菌可以改变酶活性和渗透调节物质含量，增加宿主植物的抗氧化胁迫能力。接种 *Glomus mosseae* 也能够显著提高葡萄（*Cabernet sauvignon*）根系中的 PPO、POD 和苯丙氨酸解氨酶（PAL）等次生代谢相关酶的活性，减轻 Cd 胁迫对植株细胞膜的伤害（屈雁朋等，2009）。接种 AM 真菌显著提高了空心菜的生物量和其中的 Cd 含量，同时 SOD、CAT、愈创木酚过氧化物酶（GPX）、PAX 活性显著增强，有利于 Cd 污染土壤的植物修复（Bhaduri and Fulekar，2012）。Cd 胁迫下接种 AM 真菌 *Glomus mosseae* 能够减轻 Cd 对木豆根瘤的不利影响，降低根瘤膜透性、减少根瘤中的硫代巴比妥酸反应产物、H_2O_2 和 Cd 含量，而 SOD、POD、CAT 活性增加，说明 AM 真菌能够减轻 Cd 引起的氧化胁迫（Garg and Bhandari，2012）。NaCl、Cd 共存时比单独存在时对木豆（*Cajanus cajan*）的毒性强，接种 *Glomus mosseae* 促进植物生长，根系和叶片中的 Cd 含量显著降低（Garg and Chandel，2012）；菌根植株体内合成了更多的应激代谢物，如糖、蛋白质、游离氨基酸、脯氨酸、甜菜碱及植物螯合肽等，说明 AM 真菌能够通过调控渗透调节物质帮助宿主植物抵御 Cd 和 NaCl 的毒性。Liu 等（2012）比较了 *Glomus constrictum*、*Glomus mosseae*、*Glomus intraradices* 对 Cd 胁迫下番茄生长、Cd 吸收和生理变化的影响，发现 *Glomus constrictum* 在 50mg/kg Cd 水平时显著提高生物量，AM 真菌侵染增加 Cd 在根系中分配比例、降低在地上部的含量，导致地上部生物量增加；AM 真菌减轻了膜脂过氧化，调节可溶性糖、POD 和 SOD 活性，有利于宿主植物抵抗 Cd 毒害。但在另外一项研究中，Cd 胁迫下接种 AM 真菌的万寿菊生物量增加，Cd 含量和吸收量降低，其体内 SDO、POD 和 CAT 活性增加，但不同的菌种之间存在差异（Liu et al.，2011）。在 Cd 胁迫条件下，接种 *Rhizophagus irregularis* 的蒺藜苜蓿受害较轻，Cd 胁迫使植物根系中异黄酮类物质及其衍生物［如刺芒柄花素、malonyl ononin、紫苜蓿素 3-氧-β-（6′-丙二酰糖苷）、紫苜蓿素、香豆雌酚］积累增加，而接种 *Rhizophagus irregularis* 减少了这些物质的积累，查尔酮还原酶受到 Cd 的增量调节及 AM 真菌的减量调节（Aloui et al.，2012）。

蛋白质组学分析显示，AM 真菌能够诱导 Cd 胁迫时的蛋白质组分变化，而这些蛋白质很可能参与缓解 Cd 的胁迫。Aloui 等（2009）研究了接种 *Glomus intraradices* 减轻蒺藜苜蓿 Cd 胁迫的蛋白质机制，根系中 15 种 Cd 诱导蛋白质多度发生变化，而在菌根根系中其中 9 种多度没有发生变化或变化趋势相反；在 26 种菌根相关蛋白中，其中 6 种在暴露于 Cd 时多度发生变化，推测这 6 种蛋白质可能与缓解 Cd 氧化胁迫有关。接种 *Glomus irregulare* 能够减轻 Cd 对蒺藜苜蓿的胁迫，诱导地上部的蛋白质组变化，光合作用相关蛋白增加（Aloui et al.，2011）。

值得注意的是，不同 AM 真菌受生长环境等因素的影响，对 Cd 的耐性存在差异。Janouskova 和 Vosatka（2005）利用转 Ri T-DNA 胡萝卜毛状根研究了 Cd（2mg/L、4mg/L）的毒害作用，发现高 Cd 水平抑制 *Glomus intraradices* 根外菌丝的生长，两个 Cd 水平均显著抑制根系生长，但抑制作用在接种 *Glomus intraradices* 处理中小得多；*Gigaspora margarita* 的菌丝生长没有受到 Cd 的影响，也没有影响根系生长。这说明不同 AM 真菌的 Cd 耐性不同。

根际微生物对于重金属的生物活性、对于植物的生长和重金属吸收都有重要影响，AM 真菌可能通过影响根际微生物间接对植物生长和 Cd 吸收发挥作用。廖继佩（2002）在砂培条件下研究了施 Cd 和接种 AM 真菌对玉米根际微生物和磷酸酶活性的研究，发现在 Cd 浓度较高的情况下，接种 AM 真菌对根际放线菌和碱性磷酸酶活性影响显著，并且与 AM 真菌的菌种有关。不同的 AM 真菌和不同的重金属之间的相互作用将对不同的微生物产生不同的影响。在不同浓度铜时接种 90036 菌有利于增加菌根际细菌数量，且有随着溶液中铜浓度增大而增加的趋势，而不接种、接种 34 和 38 菌间的细菌数量相差不大。在不同浓度镉时各处理间的细菌数量均变化不大，且差异较小。高含量的铜或镉抑制接种 AM 真菌的玉米根际真菌数量。不同浓度的铜和镉时接种 AM 真菌的根际放线菌数量均远高于不接种，说明接种 AM 真菌增加了菌根际的放线菌数量。

第五节 丛枝菌根对砷污染土壤的修复

砷是类金属元素，但是从其环境污染效应来看，常把它归为重金属。砷广泛分布于自然界中，在土壤、水、矿物、植物中都能检测出微量的砷，在地壳中平均含量为 5mg/kg，土壤中含砷 2～10mg/kg，我国土壤平均砷含量为 9.29mg/kg。正常人体组织中也含有微量的砷。

土壤中的 As 最初来源于土壤母质，并且主要是由火山活动引起的（胡省英和冉伟彦，2006）。但随着现代工农业的发展，As 进入土壤的来源也变得更多样化。As 污染的主要来源有：①砷化物的开采和冶炼，特别是在我国部分地区流传广泛的土法炼砷，造成 As 对环境的持续污染；②在某些有色金属的开发和冶炼中，常常有或多或少的砷化物排出，污染周围环境；③砷化物的广泛利用，例如，含砷农药的大量生产和使用，作为玻璃、木材、制革、纺织、化工、陶器、颜料、肥料等工业的原材料，均增加了环境中的 As 污染量；④煤的燃烧，可致不同程度的 As 污染。全世界向大气中排放 As 量达 6240t/年，这是全球 As 污染的另一重大来源，仅次于 Cu 的冶炼（12 800t/年）(Matschullat, 2000)。有科学家预计 As 在土壤中的滞留时间为 1000～3000 年（Matschullat, 2000）。

金属砷不溶解于水，没有毒性，但砷的化合物如 As_2O_3 却有剧毒，主要会影响神经系统和毛细血管通透性，对皮肤和黏膜有刺激作用。中毒后会出现恶心、呕吐、腹痛、四肢痛性痉挛，最后导致昏迷、抽搐、呼吸麻痹而死亡。如果是慢性中毒，也会导致肝肾损害与多发性周围神经炎，最终可致肺癌、皮肤癌。常人服入 As_2O_3 0.01～0.05g 即可中毒，出现中毒症状，服入 0.06～0.2g 即可致死。

据世界卫生组织公布，目前全球至少有 5000 万人正面临着地方性砷中毒的威胁，其中大多数为亚洲国家。澳大利亚、孟加拉国、印度、中国、日本、美国等多个国家已报道了地下水、地表水、土壤受 As 污染。

中国也是受砷中毒危害最为严重的国家之一。我国自 20 世纪 80 年代初在新疆发现地砷病以来，又先后在内蒙古、山西、吉林等省（区）发现地砷病病区。其中不但有饮水型地砷病病区，还有世界上独有的燃煤型地砷病病区。我国已成为受地砷病危害最为严重的国家之一，我国的湖南、云南、广西，包括湖北一些地区也面临着严重的 As 污染问题。其中，广西、湖南受到 As 污染的土壤有上千平方千米。这些地区除地质因素造成的 As 污染外，另一原因是矿藏开采中忽略了对环境的保护，使得这些矿区周围 30~40km 也都受到 As 污染物的影响，如湖南省石门县为亚洲最大的雄黄矿，已有 1500 多年的开采历史（韦朝阳和陈同斌，2002）。

一、AM 真菌在砷污染土壤中的分布

AM 真菌分布于砷污染土壤中。在 19 世纪末世界上最大的砷矿区，英格兰西南部的 Devon Great Consol 矿高度砷污染的废矿区土壤中，绒毛草（Holcus lanatus）被 AM 真菌侵染（Meharg and Cairney，2000），并从这个砷矿区生长的绒毛草根际分离出多种 AM 真菌，如 Glomus mosseae、Glomus caledonium、Glomus claroideum、Glomus constrictum、Glomus intraradices、Glomus fasciculatum、两种 Glomus spp.、Acaulospora delicata、Acaulospora undulata、Entrophospora infrequens（Gonzalez-Chavez et al.，2002b），这些 AM 真菌对砷的耐性较强。白建峰（2007）从湖南石门砷矿区废弃冶炼厂附近、采矿区山脚处及其 6km 外的农田里都分离到了 Glomus 和 Acaulospora 的 AM 真菌。Leung 等（2006）从湖南桂阳砷矿区蜈蚣草和狗牙根分离到土著 AM 真菌。内华达州中北部的富 As 土壤灰色赖草根际分离到 AM 真菌，耐 As 能力较强（Knudson et al.，2003）。Wu 等（2007）从浙江、湖南、广东等地的 As、铅/锌矿区的 As 超富集植物蜈蚣草和 Zn/Cd 超富集植物东南景天的根际土壤分离到 6 个属（Acaulospora、Diversispora、Gigaspora、Glomus、Paraglomus、Scutellospora）的 31 种 AM 真菌，孢子密度为每 25g 土 16~190 个，其中 Glomus microaggregatum、Glomus mosseae、Glomus brohultii、Glomus geosporum 最为常见。Nonomura 等（2011）通过分子鉴定在日本某高砷矿区分离出侵染禾秆蹄盖蕨（Athyrium yokoscense）的 AM 真菌（Acaulospora）。

二、砷污染条件下 AM 真菌的侵染情况

在高砷土壤中植物的菌根往往不足（Trappe et al.，1973）。Srivastava 等（2010）发现含 As^{3+} 废水随着其 As 含量增加，香根草的菌根侵染率降低。但不少研究发现，在砷矿区及砷污染农田，AM 真菌能对宿主植物有良好的侵染。室内试验也证实 AM 真菌对 As 具有一定的耐性，可以侵染宿主植物，但同时 As 对植物和菌根都有一定毒性，在高 As 污染情况下，菌根侵染率一般会降低。Ultra Jr 等（2007b）从大田市一个砷矿区采集土壤（As 浓度达 620mg/kg），室内种植向日葵发现有菌根侵染，这说明矿区土壤中土著 AM 真菌存在，同时接种 AM 真菌 Glomus aggregatum 后菌根侵染可达 40% 左右。白建峰（2007）研究发现，不论土壤含 As 水平高低，接种处理的菌根侵染率均显著高于对照（$P<0.05$）（图 4-22），玉米菌根侵染率在接种处理间的差异不显著，但接种土著 AM 真菌处理的玉米菌根侵染率略高于非土著菌根。在显微镜同样放大倍数下，接种土著 AM 真菌 M2 处理的玉米根表菌丝比非土著 AM 真菌 M1 处理的根表菌丝粗，且接种 M2 处理的玉米几乎没有根毛，可以看出，在 As 污染土壤中，玉米

可能通过这种形成菌根菌丝的方式便于自身存活。Schneider 等（2012）发现砷污染条件下热带蕨类植物（*Thelypteris salzmannii*、*Dicranopteris flexuosa*）均能被 AM 真菌侵染，但前者的菌根侵染率和孢子密度比后者的高。

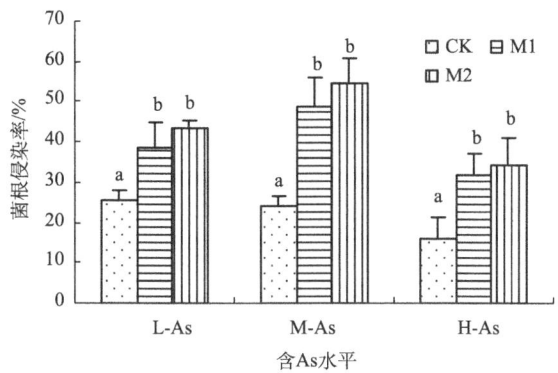

图 4-22　不同接种处理下玉米的菌根侵染率

L-As、M-As、H-As 分别代表土壤 As 含量为 24.42mg/kg、185.26mg/kg、286.82mg/kg；M1 为 *Glomus caledonium* 90036；M2 为从 As 污染土壤中分离的混合 AM 真菌；不同字母表示同一 As 浓度下不同处理的菌根侵染率差异达 $P<0.05$ 显著水平

在室内模拟污染（砷浓度 0~150mg/kg）条件下，接种 *Glomus mosseae* BEG167 对番茄有良好的侵染，在 0~75mg/kg 侵染率都高达 50%，在 150mg/kg 水平下有所降低，但仍高达 40%，说明 *Glomus mosseae* BEG167 对砷有良好的耐性（Liu et al.，2005b）。但是接种 *Glomus mosseae* UK115 兵豆的菌根侵染率却随着所浇水含砷浓度的增加而显著降低（Ahmed et al.，2006）。3 种 AM 真菌（*Glomus etunicatum*、*Glomus constrictum*、*Glomus mosseae*）对玉米的菌根侵染率显著不同，*G. mosseae* > *G. etunicatum* > *G. constrictum*，且随着 As 水平的增加而降低（Yu et al.，2010b）。

另外，蕨类植物蜈蚣草是一种 As 的超富集植物，也可以被 AM 真菌侵染。在室内盆栽试验中，施加 300mg/kg As 没有影响 *Glomus mosseae* BEG167 对蜈蚣草的侵染率（50%左右）（Liu et al.，2005a）。Leung 等（2006）把从湖南桂阳砷矿区分离的土著 AM 真菌接种到蜈蚣草，菌根侵染率良好，并且随着 As 污染水平的增加而升高。Al Agely 等（2005）也发现蜈蚣草的菌根侵染率在 100mg/kg As 时比 50mg/kg 时高。在砷、铅/锌矿区和冶炼区的蜈蚣草的菌根侵染率为 4.2%~12.8%，而东南景天为 8.5%~45.8%（Wu et al.，2007）。

三、砷污染条件下 AM 真菌对植物生长和营养的改善作用

AM 真菌通常对植物吸收营养元素有着显著的影响，尤其是 P（Smith et al.，2003）。在好氧土壤中，As 的形态通常以砷酸盐（As^{5+}）形式存在，植物从土壤中吸收的 As 形态通常也是砷酸盐，而砷酸盐进入植物体内正是通过磷酸盐转运系统（Meharg and Hartley-Whitaker，2002；Ullrich-Eberius et al.，1989）。因此，在 As 污

染土壤中，AM 真菌对植物的生长效应往往与 P 营养的改善有密切关系。

多数情况下，AM 真菌显著改善 As 污染胁迫下的植物生长状况（表 4-13）。在 10~100mg/kg As 含量时，随着 As 含量的增加，云南石梓（*Gmelina arborea*）的生长、菌根侵染、产孢作用均逐渐降低，菌根植株生长比对照好，株高平均增加 40%，生物量增加 2.4 倍（Barua et al., 2010）。在重金属和 As 复合污染土壤中，接种 *Glomus mosseae* 显著促进了紫花苜蓿的生长（Guralchuk et al., 2006）。AM 真菌利于 As 污染土壤中白三叶、黑麦草的生存，显著改善 P 营养；植物共存时，AM 真菌对白三叶更有利（Dong et al., 2008）。As 污染条件下 *Glomus mosseae*、*Glomus etunicatum* 增加了玉米生物量和 P 积累量，且前者作用大于后者，而 *Glomus constrictum* 几乎没有作用（Yu et al., 2010b）。As 污染时 AM 真菌改善小米辣（*Capsicum frutescens*）营养状况，促进其生长（Elahi et al., 2012）。接种 *Glomus mosseae* 能够明显提高旱稻地上部和根系磷的含量；提高磷从根系向地上部的转运能力，从而有效抑制了砷从根系到地上部的传输（刘云霞等，2012）。接种 *Glomus mosseae* 促进了兵豆的株高、地上部干重和 P 营养（Ahmed et al., 2011）。从砷矿中分离的 *Glomus mosseae*、*Glomus intraradices* 单独或混合接种均能提高蜈蚣草生物量，改善 N、P 营养（Leung et al., 2013）。绒毛草接种 AM 真菌后，地上部干重增加，根系没有显著变化，而 P 含量在根系显著增加，在地上部降低，但显然地上部的 P 吸收量还是显著增加了（Gonzalez-Chavez et al., 2002b）。这证实了 P 营养的改善是 As 污染条件下 AM 真菌促进植物生长的重要途径之一。在低磷条件下 *Glomus mosseae* 可以改善 As 污染土壤中玉米矿质营养、促进其生长（Xia et al., 2007）。As 污染条件下接种 AM 真菌 *Glomus aggregatum* 后向日葵受毒害症状减轻，地上部干重增加，而根系干重没受影响，植物地上部和根系 P 含量都显著增加，但无论生物量还是 P 营养都与土壤中的施 P 水平相关，低磷条件下接种 AM 真菌与高磷不接种处理的情况类似，说明 AM 真菌的作用与 P 的作用类似，但是在施 P 条件下接种 AM 真菌对植物生长和 P 营养仍有改善作用（Ultra et al., 2007a）。

Chen 等（2007b）利用 Cross-Pot 培养系统研究发现接种 *Glomus mosseae* 后紫花苜蓿地上部和根系干重都显著增加，而且与菌丝室中的 P 和 As 浓度没有关系，P 营养得到显著改善。在室内模拟污染（砷浓度 0~150mg/kg）条件下，接种 *Glomus mosseae* BEG167 在 25mg/kg、50mg/kg、75mg/kg As 浓度时显著增加番茄的地上部和根系干重，但在 150mg/kg 没有显著影响，同时在不施 As 时降低了番茄的生物量。显然在 150mg/kg 水平 As 毒性较强，AM 真菌的效应体现不出来，而在不施 As 时，植物没有受到毒害，相反，菌根发育还要消耗一部分碳水化合物，因此植物生物量反而有所降低。与生长效应相对应的是，AM 真菌在中等 As 水平时改善了番茄根系 P 营养，P 吸收量也显著增加（Liu et al., 2005b）。虽然兵豆的生物量随着所浇砷溶液的浓度增加而有所降低，但接种 *Glomus mosseae* UK115 促进了兵豆的株高、叶片数、豆荚数和生物量，而对根长没有显著影响（Ahmed et al., 2006）。

表 4-13 接种 AM 真菌对植物生长和 As 含量的影响

AM 真菌	植物	土壤（基质）中 As 含量 /(mg/kg)	植物生物量 地上部	植物生物量 根系	植物 As 含量 地上部	植物 As 含量 根系	参考文献
Glomus intraradices、Glomus geosporum、Glomus clarum	长叶车前（Plantago lanceolata）	21 300	增加	增加	降低	降低	Orlowska et al., 2012
混合 AM 真菌（Glomus intraradices、Glomus geosporum、Glomus mosseae）	蜈蚣草（Pteris vittata）	150~300	增加	增加	增加（300mg/kg），不显著（150mg/kg）	不显著	Leung et al., 2010b
混合土著 AM 真菌、Glomus mosseae	蜈蚣草（Pteris vittata）	9 623	增加	增加	增加	增加	Leung et al., 2010a
混合土著 AM 真菌	蜈蚣草（Pteris vittata）	50~100	增加	增加	增加	增加	Leung et al., 2006
Glomus mosseae	玉米（Zea mays）	1 204.99	增加	增加	降低	不显著	Xia et al., 2007
混合 AM 真菌	云南石梓（Gmelina arborea）	10~100	增加	增加	—	—	Barua et al., 2010
Glomus mosseae	豌豆（Pisum sativum）	30~90	增加	增加	降低	降低	Garg and Singla, 2012
Glomus mosseae	旱稻（Oryza sativa）	84	不显著	不显著	降低	降低	刘云霞等, 2012
Glomus etunicatum、Glomus mosseae	玉米（Zea mays）	25~100	增加或不显著	增加、降低或不显著	降低或不显著	增加或不显著	Yu et al., 2010b
Glomus mosseae	蒺藜苜蓿（Medicago truncatula）	10~200	增加	增加	降低	降低	Xu et al., 2008
Glomus aggregatum	向日葵（Helianthus annuus）	620	增加	增加	降低	增加	Ultra et al., 2007b
Glomus mosseae	紫花苜蓿（Medicago sativa）	25~100	增加	增加	降低	降低	Chen et al., 2007b
Glomus margarita、Glomus mosseae	蜈蚣草（Pteris vittata）	25	增加	不显著	不显著	降低	Trotta et al., 2006
混合土著 AM 真菌	蜈蚣草（Pteris vittata）	50~100	增加	不显著	增加	不显著	Al Agely et al., 2005

续表

AM真菌	植物	土壤(基质)中As含量 /(mg/kg)	植物生物量 地上部	植物生物量 根系	植物As含量 地上部	植物As含量 根系	参考文献
Glomus mosseae BEG167	番茄(Lycopersicon esculentum)	25~150	增加	增加	降低	降低(150mg/kg)、不显著(其他)	Liu et al., 2005b
Glomus mosseae	蜈蚣草(Pteris vittata)	300	增加	不显著	降低	降低	Liu et al., 2005a
Glomus caledonium 90036	玉米(Zea mays)	24、185、287	增加(287mg/kg)、不显著(24mg/kg, 185mg/kg)	增加(287mg/kg)、不显著(24mg/kg, 185mg/kg)	降低	降低	Bai et al., 2008
Glomus mosseae	蜈蚣草(Pteris vittata)	1 000μmol/L	增加	增加	增加	增加	Liu et al., 2009
Glomus intraradices	大麦(Hordeum vulgare)	2.08~4.16	降低	降低	降低	降低	Christophersen et al., 2009
Glomus deserticola, Glomus claroideum	蓝桉(Eucalyptus globulus)	25~100	增加	增加	增加	降低	Arriagada et al., 2009a
混合AM真菌	小米椒(Capsicum frutescens)	10~500	增加	增加	降低	降低	Elahi et al., 2012
Glomus intraradices AH01	水稻(Oryza sativa)	2, 8μmol/L (As^{3+})	增加	增加	不显著(2μmol/L)、增加(8μmol/L)	降低(2μmol/L)、增加(8μmol/L)	Chen et al., 2012
Glomus intraradices AH01	水稻(Oryza sativa)	2, 8μmol/L (As^{5+})	增加	增加	不显著	不显著	Chen et al., 2013
Glomus mosseae, Glomus intraradices	蜈蚣草(Pteris vittata)	100~200	增加	增加	增加	降低	Leung et al., 2013
Glomus mosseae	兵豆(Lens culinaris)	2.0~5.0mg/L	增加	不显著	降低	降低	Ahmed et al., 2011
混合AM真菌, Acaulospora mellea, Glomus versiforme, Glomus caledonium	烟草(Nicotiana tabacum)	36.12	增加(叶片)、不显著(稻秆)	不显著	降低	降低(叶片)、不显著(稻秆)	Hua et al., 2009
混合土著AM真菌	玉米(Zea mays)	31.20	不显著	不显著	不显著	不显著	肖艳平等, 2010

另外，尽管蜈蚣草对 As 的耐性较强，施加 300mg/kg As 后生物量远小于自然污染土壤中（95.9mg/kg）的，接种 *Glomus mosseae* BEG167 后蜈蚣草的羽叶体干重显著增加，但是根系干重没有达到显著水平（Liu et al.，2005a），而磷吸收量不论在羽叶体还是根系都显著增加了。Leung 等（2006）利用砷矿区的土著 AM 真菌接种到蜈蚣草，也有类似的发现，但是这种效应与蜈蚣草的不同种群有关。土著 AM 真菌在高 As 污染和施 P 条件下（100mg/kg As 和 50mg/kg P）的促生效应最显著（Al Agely et al.，2005）。在 As 污染条件下接种 *Glomus mosseae* 和 *Gigaspora margarita* 都显著增加了蜈蚣草羽叶体的干重，对根系影响不显著，同时显著改善了植株 P 营养状况（Trotta et al.，2006）。

在低、中 As 土壤中（图 4-23），与对照相比，接种 AM 真菌对玉米地上部和根系生物量无显著影响；但在高 As 土壤中与之不同，接种 AM 真菌处理的玉米地上部和根系生物量显著高于对照，且接种 M2 处理的地上部生物量显著高于接种 M1 处理。这可能与土壤中含 As 水平有关，在低、中 As 土壤中，AM 真菌对玉米生物量的提高无显著影响，可能与玉米吸收的 As 含量较低有关；而在高 As 土壤中，玉米吸收了高浓度的 As 可能不利于玉米生长，AM 真菌可能通过调节根际营养，利于玉米在高 As 土壤中生长。而接种土著 AM 真菌对玉米生物量的促进作用强于非土著 AM 真菌，可能是由于土著 AM 真菌提高了玉米对 As 的耐受性，增强了玉米在高浓度 As 土壤中的生存能力。在高 As 土壤中，接种 M2 处理的玉米地上部和根系 P 含量显著高于对照；接种 M1 仅显著增加地上部 P 含量（白建峰，2007）。

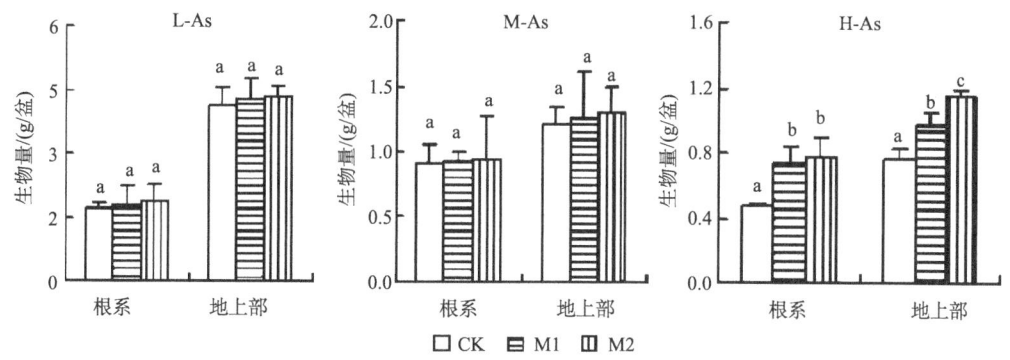

图 4-23 不同接种处理对玉米地上部和根系生物量的影响

L-As、M-As、H-As 分别代表土壤 As 含量为 24.42mg/kg、185.26mg/kg、286.82mg/kg；
不同字母表示同一 As 浓度下不同处理的生物量差异达到 $P<0.05$ 显著水平

四、AM 真菌对植物砷含量和吸收量的影响

多数情况下，接种 AM 真菌降低地上部、根系 As 含量（表 4-13），但是与植物种类、菌种（株）、As 水平和土壤性质等密切相关。接种 AM 真菌降低小米辣植株地上部和根系中 As 含量（Elahi et al.，2012）。AM 真菌降低 As 污染土壤中白三叶、黑麦

草地上部 As 含量及从根系向地上部的转运（Dong et al.，2008）。接种 *Glomus mosseae* 显著降低蒺藜苜蓿地上部和根系中 As 含量，说明 AM 真菌可以抑制 As 吸收而提高对 As 的耐性（Xu et al.，2008）。接种 *Glomus mosseae* 降低紫花苜蓿地上部和根系中 As 含量，但是 As 吸收量都增加了（Chen et al.，2007b），这可能是由生物量增加所造成的"稀释"效应和抑制了向地上部的转运。接种 *Glomus mosseae* 能够降低旱稻地上部和根系中砷的含量，有效抑制砷从根系到地上部的传输（刘云霞等，2012）；进一步研究发现，AM 真菌还可以降低土壤溶液中 As^{3+} 和总砷含量，即 AM 真菌能够降低水稻砷含量，从而减少砷对人体健康的威胁。*Glomus mosseae*、*Glomus etunicatum* 降低了玉米地上部 As 含量，而 *Glomus constrictum* 几乎没有作用（Yu et al.，2010b）。接种 AM 真菌显著降低了绒毛草地上部和根系中 As 含量（Gonzalez-Chavez et al.，2002b）。在好氧条件下，水稻品种'Guangyinzhan'接种 *Glomus intraradices*、旱稻'Handao 502'接种 *Glomus geosporum* 提高了植物的 As 耐性、籽粒产量和 P 含量；但是反过来的品种-AM 真菌组合却降低了籽粒产量和磷含量，以及籽粒中的 P/As，增加了 As 含量及籽粒与茎秆中的 As 含量比值（Li et al.，2011b）。这意味着不同的 AM 真菌对不同的植物（或品种）具有功能多样性。在砷浓度较高的情况下，接种 *Glomus mosseae* UK115 后 As 在兵豆地上部、豆荚和根系中的含量都降低了，但 As 吸收量在根系减少，在豆荚中增加，而在地上部没有显著变化（Ahmed et al.，2006）。由此看出，AM 真菌对于粮食质量安全是有一定意义的。

P 对植物 As 含量和菌根效应的影响比较显著。As 污染条件下接种 *Glomus aggregatum* 后向日葵地上部和根系中 As 含量没有显著变化，地上部 As 吸收量增加，但是统计分析显示，AM 真菌的贡献比施 P 小得多；接种 AM 真菌降低了根系 As 的吸收速率（Ultra et al.，2007a）。接种 *Glomus mosseae* 降低了兵豆地上部和根系 As 含量，但过磷酸钙增加 P 和 As 的吸收，抑制菌根作用（Ahmed et al.，2011）。在低磷条件下，*Glomus mosseae* 降低玉米地上部 As 含量，土壤中添加磷虽然会抑制菌根侵染，但提高了菌根植株地上部和根系 As 含量，有利于 As 的植物提取（Xia et al.，2007）。

分离于矿区土壤的菌种（株）的耐性较强，对植物 As 含量的影响也可能比较显著。AM 真菌对蜈蚣草 As 积累的效应存在种间和种内差异，不同菌种、菌株对蜈蚣草生长和 As 积累的作用表现出差异，而且与蜈蚣草不同种群有关（Wu et al.，2009a）。吴福勇等（2013）将分离于湖南省郴州市金川塘某铅锌尾矿蜈蚣草根际土壤（*Glomus mosseae* BGC GD01，简称污染菌株）和云南省未污染土壤（*Glomus mosseae* BGC YN05，简称非污染菌株）的 2 种菌株分别接种于非污染生态型和污染生态型蜈蚣草根际，并在水培条件下（100μmol/L 砷）研究了蜈蚣草对 As 的吸收，结果表明，接种非污染菌株显著促进了蜈蚣草根部砷的吸收，但接种污染菌株对蜈蚣草根部砷吸收的促进作用有限，说明 AM 真菌对蜈蚣草砷吸收存在种内差异。土著和非土著 AM 真菌均显著提高了长叶车前的地上部和根系生物量，降低了根系 As 含量，3 种 AM 真菌降低了地上部 As 含量（Orlowska et al.，2012）；但是 As 总吸收量均显著增加；土著 AM 真菌促进 As 向地上部转运，来自非污染土壤中 AM 真菌限制了植物对 As 的吸收，另一株从 Zn、Pb 废弃物中分离的 AM 真菌促进根系中 As 的积累，二硫腙染色显示 AM 真菌作用于 As 的积累，同时对根系中的 Cd、Zn、地上部和根系中的 Pb 含量有重要影响。从砷矿中分离的 *Glomus mosseae*、*Glomus intraradices* 单独或混合接种均能提高蜈蚣草生物量，改善 N、P 营养，但混合接种的蜈蚣草 As 转运系数最高（Leung et al.，2013），所有 As 污染水平其菌根侵染率和砷酸盐还原酶活性比狗牙根更高，根系内以重楼型菌根为主。从 As 污染土壤中耐性植物绒毛草根际分离的土著 AM 真菌 *Glomus mosseae* 和 *Glomus caledonium* 比非矿区菌株的耐 As 性更强，耐性 AM 真菌减少了绒毛草对砷酸盐的吸收（Gonzalez-Chavez et al.，2002b）。但也有不同的报道，接种从富 As 土壤分离的土著 AM 真菌对灰色赖草（*Leymus cinereus*）的生长、P 营养和 As 积累都没有显著影响，但是与土壤 P 水平密切相关（Knudson et al.，2003）。作者认为 AM 真菌对于灰色赖草的耐 As 能力没有影响。*Glomus mosseae*、*Glomus intraradices*、*Glomus etunicatum* 对粉叶蕨（*Pityrogramma calomelanos*）、万寿菊的生长没有影响，降低了植物体内 As 含量，而增加了野牡丹（*Melastoma malabathricum*）的生长和 As 积累量（Jankong and Visoottiviseth，2008）。Liu 等（2009）利用分根试验证实接种 *Glomus mosseae* 对蜈蚣草的生长和 P、As 含量均有促进作用，而且部分根系接种的效应与整株根系接种的效应近似。

Bai 等（2008）研究了 3 种 As 浓度下接种非土著 AM 真菌 *Glomus caledonium* 90036（M_1）和土著混合 AM 真菌（M_2）对玉米 As 吸收的影响，结果发现，随着土壤含 As 水平的升高，对照和接种处理的玉米地上部和根系 As 含量均显著升高（图 4-24）。在同一含 As 水平下，根系 As 含量是地上部的 8~12 倍。在 3 种浓度 As 土壤中，接种 M1 处理的玉米地上部 As 含量显著低于对照和接种 M2 处理。在中浓度 As 土壤中，接种 M2 处理的根系 As 含量显著高于对照。在高浓度 As 土壤中，接种 M2 处理的地上部 As 含量高出对照 51%，而接种 M1 处理的地上部 As 含量低于对照 36%；根系 As 含量则是接种 M1、M2 处理均显著高于对照，且接种 M2 处理的根系 As 含量达 108mg/kg，在所有处理中最高。与对照相比，地上部 As 吸收量最高为高浓度 As 土壤中的 M2 处理，而所有接种 M1 处理的地上部 As 吸收量均显著最低（图 4-25）。在低、中浓度 As 土壤中，接种 M1 处理的根系和地上部 As 吸收量显著低于对照和接种 M2 处

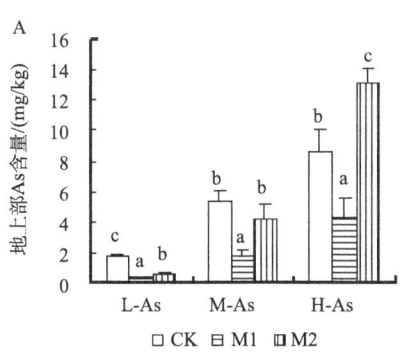 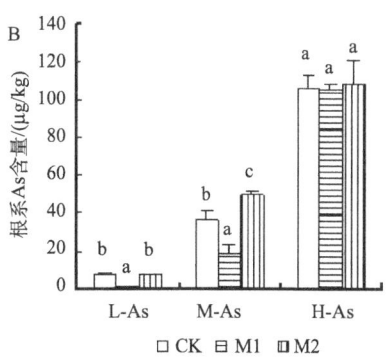

图 4-24 不同接种处理对玉米地上部和根系 As 含量的影响

L-As、M-As、H-As 分别代表土壤 As 含量为 24.42mg/kg、185.26mg/kg、286.82mg/kg；
不同字母表示同一 As 浓度下不同处理的 As 含量差异达到 $P<0.05$ 显著水平

理；在高浓度 As 土壤中，与对照相比，接种处理显著增加根系 As 吸收量（图 4-25）。由此可见，不同的 AM 真菌的保护机制可能不同。

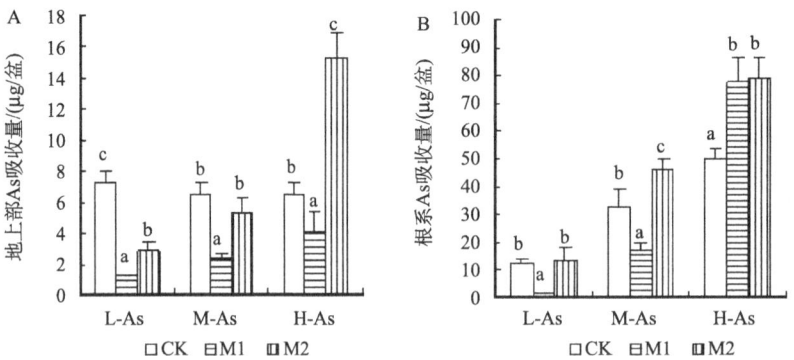

图 4-25　不同接种处理对玉米地上部（A）和根系（B）As 吸收量的影响

L-As、M-As、H-As 分别代表土壤 As 含量为 24.42mg/kg、185.26mg/kg、286.82mg/kg；
不同字母表示同一 As 浓度下不同处理的 As 吸收量差异达到 $P<0.05$ 显著水平

　　AM 真菌对 As 转运的影响也比较复杂，与土壤 As 水平密切相关。在室内模拟污染（砷浓度 0～150mg/kg）条件下，接种 *Glomus mosseae* BEG 167 在高污染水平时（150mg/kg）显著增加番茄地上部和根系中的 As 含量，但在其他 As 水平时没有显著影响；对于 As 吸收量来说，接种 AM 真菌在 150mg/kg 时降低地上部和根系 As 吸收量，在其他 As 水平没有影响地上部 As 吸收量，在 50mg/kg 和 75mg/kg As 水平增加了番茄根系 As 吸收量。进一步研究发现，接种 AM 真菌在较高 As 污染水平时（75mg/kg 和 150mg/kg）时降低了 As 从根系向地上部的转移，在较低 As 污染水平时（0mg/kg 和 25mg/kg）时增加 As 向地上部的转移，而在中等污染水平（50mg/kg）时没有显著影响。显然，AM 真菌到底发挥何种作用与外界 As 水平有关，很可能存在一个临界 As 浓度（Liu et al.，2005b）。

　　在高 As 污染条件下，接种 *Glomus mosseae* BEG167 后蜈蚣草的羽叶体和根系中 As 含量显著降低，但因为干重增加，羽叶体中 As 吸收量显著增加，而根系 As 吸收量没有显著变化，这样，AM 真菌显著促进了 As 从根系向羽叶体中的转运（Liu et al.，2005a）。接种 AM 真菌增加了蜈蚣草（矿区种群）地上部和根系中的 As 含量，促进 As 在地上部的分配（Leung et al.，2006）。在高 As 污染（100mg/kg）条件下，AM 真菌显著增加羽叶体中的 As 含量和吸收量，转运因子和生物富集因子都有所提高（Al Agely et al.，2005）。在 As 污染条件下接种 *Glomus mosseae* 和 *Gigaspora margarita* 没有显著影响蜈蚣草羽叶体的 As 含量，而显著降低根系 As 含量，因而显著提高了 As 的转运因子（Trotta et al.，2006）。这些研究为 AM 真菌在蜈蚣草植物提取 As、修复 As 污染土壤中的应用提供了理论基础。

五、AM 真菌影响植物生长和砷吸收的机制

砷与磷同属第 VA 族元素，化学性质相似，AsO_4^{3-} 在结构上与 PO_4^{3-} 很相似，它可通过磷转运途径进入细胞，干扰植物体内的氧化磷酸化过程而产生毒害。在普通植物大麦（Asher and Reay，1979）及砷耐性植物绒毛草（Meharg et al.，1994）中，砷、磷之间表现为竞争作用。因此，目前学术界的流行观点认为，在土壤和植物系统中的砷、磷呈竞争关系（Heeraman et al.，2001；Meharg and Macnair，1992）。但有研究发现，添加适量的磷肥可以提高蜈蚣草对砷的吸收效率，在蜈蚣草中磷、砷之间呈现协同效应（陈同斌等，2002a；廖晓勇等，2004）。

AM 真菌与磷酸盐有较大的亲和力，菌丝对于 P 的运输速率比在根中快，而且 AM 真菌中有磷酸盐转运子，因此菌根是菌根植物吸收和运输磷的主要完成者。接种 AM 真菌增加了水溶性 P 和土壤酸性磷酸酶活性（Ultra et al.，2007a）。在无菌根存在时，蜈蚣草羽叶中 P/As 较低（陈同斌等，2002a），接种 *Glomus mosseae* 在高浓度 As 条件下植物叶中具有更高的 P/As，从而认为利于接种的蜈蚣草在高 As 污染土壤中存活，增加了 As 的总吸收量（Liu et al.，2005a）。究其原因，植物往往是通过 P 运输体系运输 As 的，AM 真菌能高效吸收和运输 P，因此除了改善植物的 P 营养、促进植物生长以外，AM 真菌也极可能参与 As 的吸收和运输。但菌根植物一般比非菌根植物具有更高的 P/As，因此 P 和 As 的吸收途径很可能不一致（Smith et al.，2010）。

绝大多数研究发现，在 As 污染条件下，接种 AM 真菌限制植物从土壤中吸收 As，降低了植物体内的 As 含量，尤其是地上部 As 含量，从而对 As 起到稀释作用，降低 As 对植物的毒性。也有报道发现 AM 真菌没有显著影响或增加植物体内的 As 含量，也有研究认为 AM 真菌对于植物 As 的耐性没有作用（Knudson et al.，2003），这可能与植物、AM 真菌、As 的有效性及栽培条件等诸多因素有关。不同的植物（不同的品种和基因型）对 As 的耐性不同（Leung et al.，2006），AM 真菌对 As 的耐性也与种类、菌株、起源等有关（Gonzalez-Chavez et al.，2002b；Trotta et al.，2006），因此菌根植物对 As 的吸收和运输特性也是不一样的。

Gonzalez-Chavez 等（2002b）利用绒毛草的离体根研究发现，As 向菌根化根系的流入量降低，他们认为 AM 真菌侵染可以抑制高效 P/As（V）运输系统，从而减少植物对 As 的吸收和向地上部的运输，这可能是 AM 真菌增加植物抗 As 性的机制之一。Li 等（2011a）比较了接种 *Glomus intraradices* 对水稻和旱稻吸收不同形态 As（砷酸盐、亚砷酸盐、二甲基胂酸、单甲基胂酸）的影响，发现菌根减少了低亲和力吸收系统对砷酸盐的吸收、降低了高或低亲和力吸收系统对亚砷酸盐和单甲基胂酸的吸收，两个品种的低亲和力吸收系统中 4 种形态 As 的内流存在显著差异；在砷酸盐处理中，接种 AM 真菌降低了地上部砷酸盐与亚砷酸盐的比值，根系中却相反。AM 真菌也可能帮助根系把 As 抵御在根外，甚至会促进 As 从菌根中向外界的流失（Chen et al.，2007b）。Wang 等（2008）利用分根系统研究发现 AM 真菌侵染不影响 As 在植物体内的转运，但可能会影响根系 As 的外流，此外，根外菌丝对 As 的固持也利于植物对 As 的解毒作用。

AM 真菌可能参与 As 转化、改变 As 的形态。Gonzalez-Chavez 等（2014）利用胡萝卜根器官培养系统发现 *Glomus intraradices* 菌丝参与还原砷酸盐为亚砷酸盐，这可能保护宿主植物免受砷酸盐的毒害。接种 *Glomus mosseae* 降低了玉米根系中 As^{3+} 含量及地上部 As^{3+}、As^{5+} 含量，增加了地上部二甲基胂酸含量（根系无显著差异），而单甲基胂酸仅在菌根根系出现（Yu et al.，2009）；菌根离体根段对 As^{5+} 的吸收比对照根系低，对 As^{3+} 的吸收没有显著差异。给向日葵接种 *Glomus aggregatum* 后土壤中出现了二甲砷，而对照土壤中没有发现（Ultra et al.，2007b），这说明 AM 真菌可能促进 As 由无机态（毒性强）向有机态（毒性弱）的转化，从而减轻 As 的毒害。可能的机制有：一是 AM 真菌或菌根直接对 As 进行甲基化作用；二是 AM 真菌通过根系分泌物等改善菌根际微环境，提高土壤微生物活性，促进微生物分泌有机物对 As 进行甲基化作用。AM 真菌很可能参与 As 的生物甲基化，这可能是菌根解毒机制之一。

AM 真菌可以通过调节根际 pH 来影响植物对 As 的吸收（华建峰等，2009）。在 As 污染条件下烟草接种 *Glomus versiforme* 后烟叶干重和总植物干重高于对照，根系和茎中的 As 含量低于对照；同时，菌根处理中土壤 pH 和水溶性 As 含量降低，铁、铝水合氧化物结合态 As 含量更高，说明 AM 真菌可以调节 As 的形态以起到保护作用（Hua et al.，2009）。

AM 真菌可以改变酶活性和渗透调节物质含量，增加宿主植物的抗氧化胁迫能力。接种 *Glomus mosseae* 降低了玉米根系中的砷酸盐还原酶活性，以及地上部和根系中的 SOD、POD 含量，总体上，AM 真菌降低了玉米对 As^{5+} 的吸收及其还原为 As^{3+}，减轻了 As 的氧化胁迫（Yu et al.，2009）。接种 *Glomus mosseae* 促进豌豆生长，改善 N、P、K 营养，降低了其地上部和根系对 As 的吸收和积累（Garg and Singla，2012）；As 污染抑制植物生长、破坏叶绿素，并引起氧化胁迫（膜透性降低，H_2O_2 含量增加，SOD、CAT、POD 活性增加，渗透调节物质可溶性糖、脯氨酸、甘氨酸甜菜碱、总蛋白含量增加），而接种 AM 真菌降低 As 的植物毒性，缓解 As 引起的氧化胁迫。

大量研究证实，AM 真菌参与磷酸盐、砷酸盐相关基因的调控。Christophersen 等（2012）研究了 *Glomus mosseae*、*Glomus intraradices* 和施加砷酸盐、磷酸盐对蒺藜苜蓿 As 耐性的影响，发现所有菌根植株 *MtPT4*（磷饥饿诱导基因）表达上调，与对照和接种 *Glomus intraradices* 的植株相比，接种 *Glomus mosseae* 的植株表现出更高的 As 选择性、根表皮细胞中的 *MtPht1;1* 基因表达下调（*MtPht1;2* 基因也一定程度下调），菌根植株 P/As 增加（尤其是接种 *Glomus mosseae* 的），导致 P 吸收增加，而 As 很少或没有通过菌根途径被吸收，植物螯合肽合成酶基因（*MtPCS*）、砷酸盐还原酶基因（*MtACR*）的上调或许也与 As 耐性有关，但仍需要研究。在不同 As 水平下接种 *Glomus intraradices* AH01 影响水稻中磷酸盐转运基因 *OsPT11* 表达上调、*OsPT2* 下调，*OsPT11* 上调导致 P 营养改善，弥补了 *OsPT2* 下调的不足，菌根侵染轻微降低了水稻体内 As 含量，但显著提高了生物量，菌根植株根系的 As 吸收效率降低，接种 AM 真菌不能把无机 As 转变成有机 As（Chen et al.，2013）。砷酸盐可以诱导 AM 真菌 *Glomus intraradices* 根外菌丝和丛枝内亚砷酸盐泵出基因 *GiArsA* 的表达，此基因可能与 AM 真菌砷的排斥机制有关（Gonzalez-Chavez et al.，2011）。*Glomus intraradices*

对大麦生长没有促进作用，但降低了 As 含量和吸收量，导致 P 与 As 摩尔比增加，认为可能与 AM 真菌侵染上调了 $HvPht1;8$ 基因（负责高亲和力正磷酸盐运输，直接通过根表皮和根毛）的表达、而下调了 $HvPht1;1$ 和 $HvPht1;2$ 基因（负责把磷酸盐从菌-根界面转运到皮层细胞）有关（Christophersen et al.，2009）。

水稻可以富集 Si，硅酸的转运基因 $Lsi1$、$Lsi2$ 也可以同时运输亚砷酸盐，因此水稻往往可以富集 As。在 $2\mu mol/L$ 亚砷酸盐处理下，水稻接种 *Glomus intraradices* AH01 后 $Lsi1$、$Lsi2$ 的 mRNA 表达下调，导致根系减少吸收 As，同时，菌根可以把亚砷酸盐固定在根系中，减少其向地上部的转运，没有在植物体内检测到有机态的砷（Chen et al.，2012）。

蛋白质组学分析显示 As 胁迫下 AM 真菌调控某些蛋白质的合成。Bona 等（2010）发现，在 As 污染条件下 *Glomus mosseae*、*Gigaspora margarita* 侵染蜈蚣草后下调了氧化胁迫相关蛋白的表达，叶片中共有 130 个蛋白质表现出表达差异，*Glomus mosseae* 侵染植株中甘油醛-3-磷酸脱氢酶、磷酸甘油酸激酶、烯醇化酶表达上调；As 胁迫上调 $PgPOR29$ 的表达，此基因可能与 As 的转运有关。Bona 等（2011）对 AM 真菌和蜈蚣草共生体进行了蛋白质组学分析，图像显示 37 个点存在差异（21 个被鉴定），As 处理影响其中 14 个点（12 个上调、2 个下调），在有 *Glomus mosseae* 存在时仅 1 个点上调、2 个点下调；接种 *Glomus mosseae* 在 As 不存在时影响 17 个点（13 个上调、4 个下调），说明 AM 真菌对于蜈蚣草的耐 As 能力有积极作用。

总之，AM 真菌对于 As 的植物修复来说是有良好应用前景的，一方面，接种 AM 真菌后利于植物在 As 污染严重的环境中存活，提高了植物生物量；另一方面，虽然接种 AM 真菌减少植物从土壤中吸收 As，降低植物体内 As 含量，但是大多数情况下植物对 As 的吸收量没有降低，向地上部的转移也增加了，这对于植物提取来说有着重要的实际意义。

第六节　丛枝菌根对铅污染土壤的修复

铅（Pb）在地壳中的自然浓度不高，只有 14mg/kg，土壤中含铅量平均值为 35mg/kg。我国土壤平均 Pb 含量为 23.5mg/kg。

铅是有毒重金属元素，会对人体全身各个系统造成不同程度的毒害，尤以神经系统最易受铅元素的损害，尤其影响婴幼儿和儿童的智力发育。铅中毒可引起铅性贫血及心脏和血管的改变、血循环障碍一系列血液系统症状。铅对神经系统的损害可引起神经衰弱症候群和神经传导速度的改变、周围神经炎及中毒性脑病。长期低剂量接触铅会加强体内脂质过氧化，会诱发肿瘤的发生。铅可危害造血功能，影响免疫功能及内分泌系统、消化系统。此外，铅还可能是一种致癌物质。铅对植物的危害主要是影响光合作用，降低光合强度，蒸腾作用也受到抑制，污染严重会使植物出现中毒症状甚至死亡。

铅及其化合物是现代社会重要的工业原料，全世界年用铅量约 400 万 t，其中约 40% 用于制造铅蓄电池，此外，还用于汽油抗震剂（20%）、建筑材料（12%）、电缆包皮（6%）、弹药（5%），以及颜料、油漆、杀虫剂、媒染剂、放射性物质贮器、电脑显示器（合计17%）等方面。这些铅约有1/4被重新回收利用，其余大部分以各种形式排放到环境中造成环境污染。

除自然环境中的铅通过地壳侵蚀、火山爆发等可以进入土壤外，目前铅对土壤的污染主要来自工业和交通等方面的铅排放，含铅肥料、农药的使用和污水灌溉等。例如，含铅金属矿的开采和冶炼，工业"三废"的排放，含铅制品的加工、使用，燃煤、燃油、垃圾焚烧，磷肥生产和使用等。含铅汽油致使其尾气中的铅直接污染大气环境，是城市铅污染的主要来源，同时也是造成儿童铅中毒的主要原因，并且可随大气沉降进入土壤。

2004年我国年产铅达135万t，年消费铅80多万吨，是世界铅生产大国和消费大国。但我国铅企业普遍存在生产技术落后、设备现代化程度低、铅资源浪费和环境污染严重等现状。我国土壤铅污染现象比较普遍，特别是在污灌区和公路两侧。此外，我国约有一半的城市儿童血铅超标。

土壤中的铅主要以$Pb(OH)_2$、$PbCO_3$、$Pb_3(PO_4)_2$等难溶态化合物存在，迁移性较差，可溶性Pb含量低，因此，进入土壤中的铅绝大部分将残留于土壤中。植物体内的吸收以根系的富集量最多，向地上部和籽粒迁移量极少。这也不利于铅的植物提取。本节将重点讨论AM真菌在铅污染植物修复中的作用。

一、AM真菌在铅污染土壤中的分布

有研究发现在铅污染土壤中有AM真菌分布，Walker等（1984）从Pb污染土壤中分离到 *Acaulospora nicolsonii*。Malcová等（2003b）从捷克Pribram的铅精炼厂附近的铅污染废弃地（铅含量达25 150mg/kg）分离到耐铅性强的菌株 *Glomus intraradices* PH5，而且这一菌株要比对照菌株（*Glomus intraradices* BEG75）对Pb的耐性强。Diaz和Honrubia（1993）从Zn-Pb污染（258mg/kg DTPA-Zn、155mg/kg DTPA-Pb）土壤中分离到一株 *Glomus mosseae*。有理由相信，在有植物生长的Pb污染土壤，AM真菌应该较广泛存在。

二、铅污染条件下AM真菌的侵染情况

研究发现，在铅矿区及铅污染土壤中，AM真菌能侵染宿主植物（Malcová et al.，2003b；Walker et al.，1984）。作者调查发现，在含Pb达1141mg/kg的土壤中，某些杂草仍有高达50%以上的菌根侵染率。

室内试验也证实AM真菌对Pb具有一定的耐性，可以侵染宿主植物，但同时Pb对植物和菌根都有一定毒性，在高Pb污染情况下，菌根侵染率一般会降低。盆栽试验发现，不论是在花期还是在成熟期，大豆的菌根侵染率、产孢都与土壤中的Pb含量（0~600mg/dm³）呈负相关（Andrade et al.，2004）。铅污染条件下木本植物铁架木（*Caesalpinia ferrea*）、细花含羞草（*Mimosa tenuiflora*）、绒叶刺桐（*Erythrina velutina*）的菌根侵染率降低（Gattai et al.，2011）。Chen等（2005f）在砂培条件下研究了施Pb对5种植物鸡眼草（*Kummerowia striata*）、苦荬菜（*Ixeris denticulate*）、黑麦

草、白三叶和无芒稗（*Echinochloa crusgalli* var. *mitis*）的菌根侵染的影响，发现施Pb（300mg/kg 和 600mg/kg）时菌根侵染率降低了 3.8%~70.4%，泡囊数在 300mg/kg 水平时增加了 13.2%~51.5%，在 600mg/kg 时降低了 9.4%~50.9%。入侵植物加拿大一枝黄花（*Solidago canadensis*）菌根依赖性高，Pb 污染抑制其生物量和菌根侵染率，但没有影响孢子数（Yang et al.，2008）。

但也有研究发现，铅对菌根侵染没有影响甚至有刺激作用。Diaz 等（1996）研究发现向土壤中施加 100mg/kg、1000mg/kg 的 Pb 没有影响 *Glomus macrocarpum*（分离于非污染土壤）和 *Glomus mosseae*（分离于重金属污染土壤）对偶针茅麻和绒毛花的侵染。Malcová 等（2003b）利用砂培试验研究了不同 Pb 浓度水培下接种 2 个耐性不同的 *Glomus intraradices* 菌株（PH5 和 BEG75）对玉米和细弱剪股颖的影响，发现 Pb 对两种植物的菌根侵染没有显著影响，而且 2 个菌株之间也没有显著差异。

显然，AM 真菌的不同菌种或不同菌株的耐 Pb 能力是不一样的，侵染能力也可能不同，这可能是影响菌根侵染率高低的重要因素。Sudova 和 Vosatka（2007）比较了Pb 污染条件下 *Glomus intraradices* 的 3 个菌株对玉米的侵染能力，其中 BEG75 分离于非污染土壤，PH5-OS 分离于铅矿区土壤并保藏于污染介质中，PH5-IS 分离于铅矿区土壤并在非污染介质中保藏 45 个月。结果发现，对照菌株（BEG75）的侵染率比较低，丛枝、泡囊数、根外菌丝长度、NADH 心肌黄酶活性均低于另外 2 个菌株。这说明同一菌种的不同菌株对 Pb 的耐性不同，侵染能力也存在差异。

铅对菌根侵染率的影响在不同物种之间存在明显差异。与对照相比，在铅污染土壤中鸡眼草和升马唐（*Digitaria ciliaris*）的菌根侵染率变化不大，苦荬菜的菌根侵染率降低，而稗草的侵染率显著高于对照（吴春华等，2004）。吴春华等（2005）研究了施铅对 13 种杂草菌根侵染的影响，发现在施铅（334.5mg/kg）后土壤中杂草根系仍然有菌根形成，与无铅污染的对照土壤相比，苦荬菜、早熟禾（*Poa annua*）、黑麦草、野燕麦（*Aven afatua*）、野豌豆（*Vicia cracca*）、白三叶的菌根侵染率下降，而无芒稗、北美车前（*Plantago virginica*）、鼠曲草（*Gnaphalium affine*）和酢浆草（*Oxalis corniculata*）的菌根侵染率上升，只有鸡眼草、升马唐和婆婆纳（*Veronica didyma*）的变化不大（差异不显著）。鸡眼草、苦荬菜、升马唐、早熟禾、黑麦草、野燕麦、野豌豆的泡囊数没有明显变化，而无芒稗、婆婆纳、北美车前、鼠曲草、白三叶、酢浆草的泡囊数在铅污染土壤中明显增加。

三、铅污染条件下 AM 真菌对植物生长和营养的改善作用

一般情况下，铅污染条件下接种 AM 真菌可以提高植物对铅的抗性，改善植物矿质营养，促进植物生长（表 4-14）。在 0mg/kg、350mg/kg、500mg/kg、1000mg/kg Pb 污染水平下，随着施 Pb 水平升高，烟草地上部和根系干重总体上逐渐降低，尤其是在 1000mg/kg 水平下，烟草地上部和根系干重分别只有 0mg/kg 水平下的 47% 和 41%；接种 *Glomus intraradices* 在所有 Pb 水平下增加了烟草干重（图 4-26），地上部和根系平均增加了 2.5 倍和 2.6 倍，并显著增加其 P 含量（表 4-15）（何永辉等，2013）。

表 4-14 接种 AM 真菌对植物生长和 Pb 含量的影响

AM 真菌	植物	土壤(基质)中 Pb 含量 /(mg/kg)	植物生物量 地上部	植物生物量 根系	植物 Pb 含量 地上部	植物 Pb 含量 根系	参考文献
Glomus etunicatum	刀豆(Canavalia ensiformis)	250~1000	不显著	不显著	降低(1 000mg/kg)、增加(500mg/kg)	降低(1 000mg/kg)、增加(500mg/kg)	Souza et al., 2013
Glomus constrictum, Glomus mosseae	玉米(Zea mays)	50~1000	增加	增加	降低	增加	Zhang et al., 2010
Glomus macrocarpum	大豆(Glycine max)	150~600mg/dm³	增加	—	降低(600mg/kg)、不显著(150mg/kg, 300mg/kg)	—	Andrade et al., 2004
Glomus etunicatum	毛蔓豆(Calopogonium mucunoides)	250~1000	增加	增加	不显著	不显著	de Souza et al., 2012
Glomus mosseae	香根草(Vetiveria zizanioides)	400~1200	增加	增加	增加	增加	Punamiya et al., 2010
Glomus 的混合菌种	一串红(Salvia splendens)	10~200mg/dm³	降低	—	增加	—	Nowak, 2007
Glomus mosseae	偶针茅麻(Lygeum spartum)、绒毛花(Anthyllis cytisoides)	100, 1000	增加	增加	污染轻时增加, 污染重时降低	污染轻时降低	Diaz et al., 1996
Glomus macrocarpum	偶针茅麻(Lygeum spartum)、绒毛花(Anthyllis cytisoides)	100, 1000	增加	增加	污染轻时增加, 污染重时没有显著影响或增加		Diaz et al., 1996
混合 AM 菌种	鸡眼草(Kummerowia striata)、苦荬菜(Ixeris denticulate)、黑麦草(Lolium perenne)、白三叶(Trifolium repens)、无芒稗(Echinochloa crusgalli var. mitis)	300, 600	增加	—	增加	增加	Chen et al., 2005f
Glomus intraradices	玉米(Zea mays)	14 776	增加	增加	降低	降低	Sudova and Vosatka, 2007

续表

AM真菌	植物	土壤(基质)中Pb含量/(mg/kg)	植物生物量 地上部	植物生物量 根系	植物Pb含量 地上部	植物Pb含量 根系	参考文献
Glomus deserticola	蓝桉(Eucalyptus globulus)	1500	增加	—	增加	—	Arriagada et al., 2005
Glomus mosseae	香根草(Vetiveria zizanioides)	10, 100, 1000	增加	—	不显著(10mg/kg)、降低(100mg/kg、1 000mg/kg)	不显著(10mg/kg)、降低(100mg/kg)、1 000mg/kg)	Wong et al., 2007
Glomus intraradices	香根草(Vetiveria zizanioides)	10, 100, 1000	增加	—	降低(10mg/kg)、不显著(100mg/kg)、增加(1 000mg/kg)	增加(10mg/kg)、不显著(100mg/kg)、降低(1 000mg/kg)	Wong et al., 2007
Glomus intraradices PH5	烟草(Nicotiana tabacum)	1400	增加	增加	不显著	增加	Sudova et al., 2007b
Glomus intraradices BEG 141	烟草(Nicotiana tabacum)	350, 500, 1000	增加	增加	不显著(350mg/kg、500mg/kg)、降低(1 000mg/kg)	不显著(350mg/kg、500mg/kg)、增加(1 000mg/kg)	何永辉等, 2013
Glomus intraradices PH5	玉米(Zea mays)	0.01, 0.1mmol/L	降低(0.01mmol/L)、增加(0.1mmol/L)	不显著(0.01mmol/L)、不显著(0.1mmol/L)	降低(0.01mmol/L)、不显著(0.1mmol/L)	降低	Malcová et al., 2003b
Glomus intraradices BEG75	玉米(Zea mays)	0.01, 0.1mmol/L	不显著	降低	降低(0.01mmol/L)、不显著(0.1mmol/L)	降低	Malcová et al., 2003b
Glomus intraradices PH5	细弱剪股颖(Agrostis capillaris)	0.01, 0.1mmol/L	不显著	(0.01mmol/L)、不显著(0.1mmol/L)	不显著	增加(0.01mmol/L)、不显著(0.1mmol/L)	Malcová et al., 2003b
Glomus intraradices BEG75	细弱剪股颖(Agrostis capillaris)	0.01, 0.1mmol/L	降低	降低	不显著	不显著	Malcová et al., 2003b
Glomus mosseae	旱稻(Oryzal sativa)	300, 600	增加(300mg/kg)、不显著(600mg/kg)	增加	降低	增加(300mg/kg)、降低(600mg/kg)	Zhang et al., 2013
混合土著AM真菌	宝山堇菜(Viola baoshanensis)	500~1500	降低或不显著	—	降低或不显著	降低或不显著	Zhong et al., 2012

图 4-26 铅污染水平为 500mg/kg（A）和 1000mg/kg（B）时对照（CK）和菌根化（M）烟草的生长状况

表 4-15 不同处理和施铅水平下烟草的干重、P 含量、Pb 含量、土壤 pH 和 DTPA-Pb 含量

处理		施 Pb 水平/(mg/kg)			
		0	350	500	1000
地上部干重	CK	2.46(0.07)dA	2.00(0.25)cA	1.99(0.34)cA	1.15(0.33)cB
	M	6.18(0.04)aA	4.04(0.18)bB	3.94(0.18)bB	3.91(0.24)aB
根系干重	CK	0.27(0.01)cA	0.19(0.01)cB	0.18(0.01)cB	0.11(0.01)bC
	M	0.64(0.03)aA	0.40(0.03)bB	0.37(0.03)bB	0.39(0.03)aB
地上部 P 含量	CK	346.32(39.03)abA	339.98(44.70)aA	278.17(16.83)aA	339.59(35.62)aA
	M	410.58(7.12)bA	459.16(6.55)bAB	440.06(27.13)bAB	502.66(25.20)bB
根系 P 含量	CK	413.64(42.94)aA	341.19(54.99)aA	350.16(50.38)aA	300.50(55.71)aA
	M	572.01(35.48)bB	520.53(49.00)bAB	520.53(37.68)bAB	434.23(39.50)bA
地上部 Pb 含量	CK	0.09(0.02)aD	10.79(1.06)aC	15.50(1.34)aB	25.15(1.23)aA
	M	0.04(0.01)aD	8.12(1.14)abC	12.54(0.70)abB	18.06(0.83)bA
根系 Pb 含量	CK	0.33(0.01)aD	135.25(15.49)abC	209.81(20.55)aB	602.05(46.40)aA
	M	0.22(0.01)aD	156.48(12.58)aC	218.56(20.17)aB	330.70(29.10)cA
土壤 pH	CK	8.40(0.06)aA	7.85(0.01)cC	7.92(0.07)bB	7.88(0.06)cB
	M	8.28(0.07)abA	8.17(0.02)bB	8.21(0.03)aB	8.30(0.05)aA
DTPA-Pb	CK	1.73(0.17)aD	4.86(0.22)aC	6.79(0.17)aB	7.39(0.32)aA
	M	1.33(0.10)bC	4.10(0.20)bB	6.06(0.20)bA	6.42(0.29)bA

注：表中数字表示平均值（标准误差）；不同小写字母表示同一列数据在不同处理中差异显著（$P<0.05$）；不同大写字母表示同一行数据在不同施 Pb 水平差异显著（$P<0.05$）

盆栽试验发现，尽管施 Pb 对大豆结瘤具有抑制作用，但接种 Glomus macrocarpum 显著提高了植物生长，地上部干重增加了大约 90%，豆荚数增加了 150%，根瘤数、根瘤干重增加 4～15 倍（Andrade et al.，2004）；接种的植株地上部的 P 含量增加了约 2.5 倍，P 总吸收量也显著增加，N 含量有所降低，但总吸收量增加了。不施 Pb 时，接种 Glomus macrocarpum（分离于非污染土壤）和 Glomus mosseae（分离于重金属污染土壤）对偶针茅麻的生物量没有显著影响，在 100mg/kg 或 1000mg/kg Pb 水平时显著提高其生物量；对于菌根依赖性强的绒毛花来说，不论施 Pb 与否，均显著促进其生长；接种后 2 种植物叶片中的 P 营养得到显著改善。另外，Glo-

mus mosseae 的效应要比 *Glomus macrocarpum* 强得多，可能与它的耐性强有关（Diaz et al.，1996）。对于蓝桉来说，在施 Pb 水平达 1500mg/kg 时接种 *Glomus deserticola* 显著增加其地上部干重，N、P、Mg、Fe 营养也显著改善，而 *Glomus mosseae* 则没有显著作用（Arriagada et al.，2005）。

在砂培条件下的研究也证实 AM 真菌有类似的促生作用。无论施 Pb（300mg/kg 和 600mg/kg）还是不施 Pb，菌根化的鸡眼草、苦荬菜、黑麦草、白三叶和无芒稗地上部的干重都比对照高，地上部 P 含量显著增加（无芒稗除外），但是 N 含量没有显著改变（Chen et al.，2005f）。无论是水培和土培条件，Pb 污染土壤中接种 *Glomus mosseae* 能够显著增加香根草体内叶绿素含量、减少低分子质量巯基的含量，使光合作用增强，植物生物量提高（Punamiya et al.，2010）。

但是也有研究发现接种 AM 真菌并不一定促进宿主的生长。在添加了 Cd 或 Pb 的泥炭中，菌根化降低了一串红（*Salvia splendens*）地上部的生物量，促进了 Cd、Pb 的积累（Nowak，2007）。在砂培条件下，Pb 对玉米和细弱剪股颖这两种植物的生长没有显著影响（仅对细弱剪股颖的根系有一定影响）；耐性菌株 *Glomus intraradices* PH5 在不施 Pb 和高 Pb（0.1mmol/L）水平时促进玉米地上部的生长，在中等 Pb 水平（0.01mmol/L）时降低了玉米地上部干重，非耐性菌株 BEG75 对玉米生长没有作用；对于细弱剪股颖，2 个菌株都降低了其生物量。不施 Pb 时接种没有影响玉米 P 营养，施 Pb 时 2 种菌株对于玉米地上部的 P 营养有一定改善作用；接种只是在中等 Pb 水平时对于细弱剪股颖的 P 营养有改善作用（Malcová et al.，2003b）。Souza 等（2013）发现菌根处理在铅污染时没有促进刀豆的生长。

尽管 *Glomus intraradices* 的 3 个菌株的耐性和侵染能力不同，但在 Pb 污染土壤中都显著促进玉米生长，地上部和根系干重增加 1 倍多，分离于污染环境中的 2 株耐性强，菌根侵染率高，玉米 P 营养得到更大改善，对于根系来说，侵染良好（高达 97%）的根系其 P 含量高于侵染弱的根系（10%左右）和没有侵染（对照）的根系。尽管 PH5-O 和 PH5-IS 在培养时的介质不同（前者 Pb 污染，后者没有 Pb 污染），但是二者在改善玉米生长和 P 营养功能等效应上没有显示出差异（Sudova and Vosatka，2007）。

四、AM 真菌对植物铅含量和吸收量的影响

一般情况下，铅污染条件下接种 AM 真菌可以提高植物对铅的抗性，往往能促进植物生长、提高生物量，但是对植物体内 Pb 含量的影响却表现很不一致。显然，这受到 Pb 水平、植物种类、菌种（株）、土壤性质等诸多因素的影响。Pb 吸收量受植物生物量和体内 Pb 含量这两个方面的综合影响，也往往变异较大。

在 0mg/kg、350mg/kg、500mg/kg、1000mg/kg Pb 污染水平下，随着施 Pb 水平升高，烟草地上部和根系中 Pb 残留量随之增加，并且 Pb 主要是积累在根系中；接种 *Glomus intraradices* 仅在 1000mg/kg 时显著降低地上部和根系中 Pb 含量，在其他水平没有显著影响。土壤 pH 升高、铅有效性降低，可能是接种 AM 真菌降低铅毒性的原因（何永辉等，2013）。

不论在水培还是土培条件下接种 Glomus mosseae 均显著促进香根草的生长，增加其地上部和根系 Pb 含量，并促进了 Pb 从根系向地上部的转移，有利于植物提取；但是没有显著影响土壤中 DTPA-Pb 的含量（Punamiya et al.，2010）。在盆栽条件下，施 Pb 600mg/kg 时接种 AM 真菌后大豆地上部 Pb 含量降低了 30% 左右，而吸收量却比对照增加了 53%（Andrade et al.，2004），在 150mg/kg 和 300mg/kg 施 Pb 水平，Pb 含量没有显著变化，但是吸收量也增加了。他们认为，地上部 Pb 含量的降低主要是由"稀释"效应引起的。对于蓝桉来说，在施 Pb 水平达 1500mg/kg 时接种 Glomus deserticola 显著增加其茎中的 Pb 含量和吸收量，他们认为 AM 真菌可以用于蓝桉对 Pb 的植物提取（Arriagada et al.，2005）。

在 1000mg/kg Pb 水平时，接种 Glomus macrocarpum（分离于非污染土壤）和 Glomus mosseae（分离于重金属污染土壤）降低了偶针茅麻地上部 Pb 含量；对绒毛花来说，其地上部 Pb 含量接种 Glomus mosseae 降低了，接种 Glomus macrocarpum 却有所增加（Diaz et al.，1996）。这说明 AM 真菌对植物 Pb 吸收的影响与植物和真菌共生体系有关。

砂培条件下的研究也证实，Pb 污染条件下 AM 真菌一般降低宿主体内 Pb 含量和吸收量，抑制 Pb 从根系向地上部转运。接种 Glomus intraradices 的 2 个菌株在 0.01mmol/L Pb 时显著降低玉米地上 Pb 含量，在 0.1mmol/L Pb 时没有显著影响，而在两种 Pb 水平下均显著降低根系 Pb 含量；而对于细弱剪股颖，仅耐性菌株 Glomus intraradices PH5 在 0.01mmol/L Pb 水平时增加了根系 Pb 含量，其他情况下没有显著影响。无论是玉米还是细弱剪股颖，接种后其 Pb 吸收量降低或没有显著变化（Malcová et al.，2003b）。

也有研究发现，尽管接种 AM 真菌并不一定降低宿主体内的 Pb 含量，但是仍然降低了 Pb 向地上部的转运。在砂培条件下，在施 Pb 300mg/kg、600mg/kg 下，菌根化的鸡眼草、苦荬菜、黑麦草、白三叶和无芒稗地上部和根系中的 Pb 含量都显著高于对照，因此吸收量显著增加。此外，菌根化程度高的鸡眼草、苦荬菜、无芒稗根茎的 Pb 比对照显著增加，而侵染率低的黑麦草、白三叶没有显著变化（Chen et al.，2005f）。作者认为接种 AM 真菌增加了 Pb 在根中的固持，可能与根中的泡囊数密切相关。

不同菌种或菌株对其中生长和 Pb 吸收的影响存在差异，而且受到铅污染程度的影响。菌根处理在重度污染（1000mg/kg）时降低了刀豆对 Pb 的积累，但中度污染时（500mg/kg）时促进了 Pb 在植株中的积累（Souza et al.，2013）。在 10mg/kg、100mg/kg、1000mg/kg 的 Pb 污染土壤中，接种 Glomus mosseae、Glomus intraradices 促进香根草的生长和 P 吸收，在污染严重时作用最为显著，在污染水平 10mg/kg 时多促进 Pb 的吸收，在 100mg/kg、1000mg/kg 时抑制 Pb 的吸收，两种 AM 真菌之间有一定差异（Wong et al.，2007）。接种 Glomus intraradices 的 3 个菌株都显著降低了玉米地上部 Pb 含量，而根系 Pb 含量则变化不大。此外，尽管 3 个菌株的耐 Pb 性和侵染能力不同，但没有表现出显著差异；对于菌株 BEG75，根 Pb 含量与侵染强度没有关系，而对于耐性强的 2 个菌株 PH5-O 和 PH5-IS 来说，侵染强（高达 97%）的根系 Pb 含量高于侵染弱的根系（10% 左右），但与没有侵染（对照）的根系没有差异。这说明 AM 真菌的组织可能在把 Pb

固持在根系、抑制其向地上部运输等方面发挥了作用，但不同菌株表现出一定差异（Sudova and Vosatka，2007）。

五、AM 真菌影响植物生长和铅吸收的机制

显然，与提高植物对 Cu、Zn 等重金属的耐性类似，AM 真菌改善植物矿质营养状况是促进植物生长和提高 Pb 耐性的重要机制之一。大多数研究发现，在 Pb 污染下接种 AM 真菌改善了植物的 P 营养，有研究还发现对于 N、Fe、Mg 等其他矿质营养也有改善作用，对于豆科植物来说，接种 AM 真菌还增加了根瘤数和根瘤质量，这对于豆科植物的固氮作用和氮营养及抵抗 Pb 的毒害有重要意义。大多数的研究发现，Pb 污染下接种 AM 真菌降低了植物体内的 Pb 含量，这可能是植物生长改善后引起的"稀释"效应，显然这有助于宿主植物抵抗 Pb 胁迫。

首先，AM 真菌的菌丝、泡囊等各种结构对于 Pb 的固持可能发挥了主要作用。有研究发现，重金属污染条件下植物根系内泡囊数增加。Cd、Zn 污染环境中的白花酢浆草根内泡囊数比未污染土壤中的多（Turnau et al.，1996）。早生百里香根中泡囊丰度在 Cd、Pb、Zn 污染最重时增加，而且与土壤中可提取态 Cd、Zn 含量呈正相关（Whitfield et al.，2004b）。进一步研究发现，同样是被菌根侵染的根系，泡囊数多的根系固持 Pb 的比例高（Chen et al.，2005f），侵染强度高（丛枝、泡囊多）的 Pb 含量要高于侵染强度低的（Sudova and Vosatka，2007），这意味着 AM 真菌在根系内的一些组织如泡囊、丛枝、根内菌丝等很可能积累 Pb，避免过多的 Pb 转移到根组织内和向地上部转运，这有利于降低 Pb 对植物的毒害作用。已经有研究证实，玉米根系内泡囊积累了 K、Fe、Ni（Kaldorf et al.，1999），而狗牙根根系内的泡囊积累了 Mn、Cu、Ni、U（Weiersbye et al.，1999）。

许多研究发现，根外菌丝中的重金属含量远高于根系中的（Chen et al.，2005f；Janouskova et al.，2006），说明 AM 真菌根外菌丝对重金属具有固持作用（Joner et al.，2000），这可能是 AM 真菌减低植物吸收 Pb 的途径之一。Pb 污染条件下接种 AM 真菌促进了 Pb 在根系中的积累，而 Pb 主要固持在菌丝壁、菌丝内室、菌丝内室膜和液泡内室膜（Zhang et al.，2010）。显然 AM 真菌的固持作用可以减轻 Pb 对玉米的植物毒性。

细胞壁固持和液泡区隔化可能是植物抵御 Pb 毒害的重要机制。在高浓度 Pb 处理时，与对照植株相比，接种 AM 真菌使 Pb 在桉树根部细胞壁组分的比例增加而可溶组分则减小，在叶片可溶组分的比例增加而细胞壁组分则减少，说明随着 Pb 胁迫的增强，接种 AM 真菌可以加强根部细胞壁的滞留作用和叶片可溶组分液泡区隔化作用，这可能是 AM 真菌提高桉树耐 Pb 的机制之一（廖妤婕等，2014）。

根系分泌物往往含有多种有机成分，能够与 Pb、Mn 等重金属发生螯合作用，降低其 AM 真菌的毒性，对 AM 真菌起到保护作用（Malcová and Gryndler，2003）。相对应地，AM 真菌可以影响根系分泌物的分泌或改变其成分，间接降低 Pb、Mn 的毒性和对宿主植物及菌根的毒害作用。多数研究发现，在铅冶炼厂附近的土壤中，总 GRSP

占土壤有机碳的5.4%~21.2%,并与土壤铅、锌含量呈显著正相关,Pb、Zn主要与碳酸盐、有机质结合;每克GRSP(干重)中结合的Pb为0.69~23.4mg,占土壤中全铅含量的0.8%~15.5%;GRSP固定Pb的量与基质中总Pb浓度具有显著的正相关性,但与基质中Zn浓度具有负相关性,证明GRSP优先固定土壤中的Pb(Vodnik et al.,2008)。

同时,接种AM真菌能够调节氧化酶保护体系和其他解毒体系,有助于缓解Pb对宿主植物的氧化胁迫。铅污染土壤中菌根化玉米体内SOD酶活性也高于对照(Zhang et al.,2010)。Pb污染条件下接种 *Glomus etunicatum* 虽然没有显著降低其体内铅含量,但显著改善毛蔓豆(*Calopogonium mucunoides*)的矿质营养(P、S、Fe),降低叶片中MDA含量,接种AM真菌后膜脂过氧化程度降低(de Souza et al.,2012),说明AM真菌没能够增加毛蔓豆对Pb的耐性。对生长于Pb污染土壤上的香根草,接种 *Glomus mosseae* 能够显著增加植株体内叶绿素含量、减少低分子质量巯基的含量,使光合作用增强,植物生物量提高(Punamiya et al.,2010)。

已有证据显示,不同AM真菌菌种、菌株的耐Pb性存在差异,而且受保存环境的影响。利用从不同环境中分离的 *Glomus intraradices* 的几个株系研究发现,在重金属污染土壤中,分离并保存在污染土壤中的菌株比对照发育得好;从Mn污染土壤中分离的BEG140在非污染土壤中保存了5年后失去了其重金属耐性;从Pb污染土壤中分离的菌株没有这种现象(Sudova et al.,2007a)。这说明从重金属污染环境中分离的菌株最好保存在重金属污染土壤中以维持其重金属耐性。经过13个月的非污染河沙中培养后,分离于Pb污染土壤中的 *Glomus intraradices* 在Pb污染土壤中对细弱剪股颖根系的侵染能力和根外菌丝生长没有变化,但在促进植物生长和抑制Pb从根系向地上部转移的能力降低了(Rydlova and Vosatka,2003)。这说明AM真菌的耐Pb性可能随环境出现变化,可以利用这个特性对AM真菌菌种(株)进行驯化,以提高其适应能力。

即使作用机制尚未研究清楚,AM真菌仍可用于Pb污染土壤的植物修复,尤其是Pb的植物稳定,一方面,接种AM真菌改善植物营养和生长状况,有利于植物在Pb污染严重的环境中存活,此外,把Pb固持在根系内,限制了其向地上部的转移,这有利于植物稳定;另一方面,即使接种AM真菌降低植物地上部Pb含量,但是大多数情况下植物对Pb的吸收量没有降低,仍然有利于Pb的植物提取。当然也有研究者认为因为AM真菌降低玉米地上部Pb含量,不宜用于Pb的植物提取(Hovsepyan and Greipsson,2004)。但是,我们认为,不同的AM真菌和植物对Pb的耐性不同,共生特性也不一样,可以通过筛选适合的AM真菌-宿主组合以决定用于植物提取还是植物稳定。

第七节 丛枝菌根对铬、镍、硒、汞、锰等污染土壤的修复

除了前面几节讲述的Cu、Zn、Cd、As、Pb等重金属污染以外,Cr、Ni、Se、Hg等重金属也是重要的土壤污染源。

铬是人体必需的微量元素,一般情况下,人体每日从环境(主要是食物)中摄取数微克的铬。铬有多种价态,其中仅正3价铬和正6价铬具有生物学意义。铬可以经空

气、水和食物进入人体产生毒害，其中正 6 价铬的毒性比正 3 价铬约高 100 倍，但对人来说，除误服外，一般不会引起急性中毒。但近年来的研究表明，铬先以正 6 价铬的形式渗入细胞，然后在细胞内还原为正 3 价铬而构成"终致癌物"，与细胞内大分子相结合，引起遗传密码的改变，进而引起细胞的突变和癌变。铬在生产环境中会引起癌症已被证实。Cr 广泛存在于自然界中，在地壳中的平均含量是 200mg/kg，土壤中的 Cr 平均为 70mg/kg，我国土壤平均含量为 57.3mg/kg，在水体和大气中均含有微量的 Cr。Cr 的污染来源主要有与 Cr 有关的工业"三废"，如铬铁冶炼、耐火材料、电镀、制革、颜料和化工等工业生产及燃料燃烧排出的含铬废气、废水和废渣等都是铬污染源。土壤中的 Cr 可能会被植物吸收随食物链进入人体，具有潜在的危害，因此土壤 Cr 污染也受到人们关注。

镍是某些植物、微生物和温血动物必需的元素，但在人体中的生理功能尚未证实。镍及其化合物有毒，冶炼中产生的羰基镍毒性更强，镍及其化合物被确认为环境致癌物。有报道认为我国珠三角地区土壤重金属污染严重，其中 Hg、Ni 污染比较普遍。Ni 在地壳中的平均丰度为 75mg/kg，土壤平均含量为 50mg/kg，我国土壤平均为 24.9mg/kg。土壤 Ni 污染的人为来源主要是硫镍铁矿、砷镍矿等镍矿石的精炼和含镍燃料在燃烧过程中排出的废弃物。

硒是人体和某些植物必需的微量元素，人体每日硒的需要量为 50~200μg，但人体摄入硒过多也会对其产生毒性作用，如脱发、指甲脱落、周围性神经炎、生长迟缓及生育力降低等。地壳中的 Se 为 0.05~0.09mg/kg，土壤 Se 平均含量 0.4mg/kg，我国土壤平均含量为 0.2mg/kg 左右。我国湖北恩施 Se 中毒区土壤含 Se 量达 9.68mg/kg。早在 20 世纪 60 年代初就发现人们食用了高硒土壤上生长的蔬菜出现硒中毒的症状：脱发、掉指甲、皮肤损坏等。在美国南达科他州一些高硒地区出现硒中毒症，包括胃肠失调、坏牙、皮炎和流行性黄疸等。某些与 Se 生产、加工的工业所产生的"三废"是造成土壤污染的主要因素。例如，金属加工和燃煤可以导致 Se 释放到大气，通过沉降造成土壤污染。

汞是一种剧毒元素，它对人体的毒性效应主要是影响中枢神经及肾脏系统，对健康危害极大。过量的汞及其化合物被人体摄入会引起汞中毒。我国土壤中汞的几何平均值为 0.04mg/kg，含量为 0.001~45.9mg/kg，高于世界土壤中汞的自然含量的平均值。汞的天然释放是土壤中汞的重要来源，而人为污染主要来自工业和农业污染。其中农业污染大部分是有机汞农药所致；工业污染是由于含汞废水、废气、废渣的排放而污染土壤所致。用含汞废水灌溉农田，含汞废气沉降到土壤，含汞废渣淋溶，都会使土壤含汞量增加而造成土壤的汞污染。有报道显示，我国珠三角地区土壤汞污染严重，此外城市土壤汞污染也值得关注。

一、AM 真菌在铬、镍、硒、汞污染土壤中的分布和侵染情况

尽管 Cr、Ni、Se 等重金属具有生物毒性，高污染水平时会抑制菌根发育和孢子的形成（Amir et al.，2007；Jamal et al.，2002），但 AM 真菌对这些重金属也具有一定的

耐性，可以在 Cr、Ni、Se 污染土壤中生存。Lioi 和 Giovannetti (1989) 调查了蛇纹岩土壤（富含 Ni、Co、Cr）中矢车菊（*Centaurea paniculata*）、染料木属某植物（*Genista salzmannii*）、意大利腊菊（*Helichrysum italicum*）、百里香（*Thymus striatus*）、*Alyssum bertolonii* 5 种植物的菌根状况，除十字花科的 *Alyssum bertolonii* 之外，其他植物根系均有菌根侵染，并鉴定出 7 种 AM 真菌 [*Glomus mosseae*、*Glomus fasciculatum*、*Glomus caleclonicum*、*Glomus microcarpum*、*Glomus sinuosa*、*Glomus* sp. (2 种)]。在西澳大利亚富含 Ni 的土壤中，山龙眼科（Proteaceae）植物 *Hakea verrucosa* 能够被菌根侵染（可达 57%）(Boulet and Lambers, 2005)。从南非 Mpumalanga 省的富 Ni 土壤 (1070mg/kg) 上生长的一些菊科的 Ni 超富集植物 *Berkheya coddii*、*Berkheya zeyherii*、*Senecio anomalochrous*、*S. coronatus* 等都有典型丛枝、泡囊、根内菌丝及典型的疆南星型侵染，侵染率为 19%~100%，还发现大量 *Gigaspora* 的辅助细胞；在温室栽培条件下，接种土著 AM 真菌和 *Glomus intraradice* 也能与 *Berkheya coddii* 建立共生关系，但是土著 AM 真菌的侵染率更高（Turnau and Mesjasz-Przybylowicz, 2003）。新喀里多尼亚的红土镍矿资源非常丰富，而且在富 Ni 的红土中生长有多种 Ni 超富集植物。有研究发现，所调查的植物都有菌根侵染，其中包括 Ni 超富集植物 *Phyllanthus favieri*，而且在其根围发现大量孢子，有的孢子密度可以高达每 100g 土 4000 个以上（Perrier et al., 2006）。在富 Ni 蛇纹岩土壤中土著植物能够被 AM 真菌侵染，优势植物（*Costularia*）的菌根侵染率最高，从其根系中检出 *Glomus* 的 AM 真菌（Lagrange et al., 2011）。欧洲山萝卜（*Knautia arvensis*）的蛇纹岩种群菌根侵染率较低，且菌根侵染率与土壤 pH，Ca、K 含量和 Ca/Mg 呈正相关，接种 AM 真菌对部分种群有积极作用（Doubkova et al., 2011）。Amir 等（2007）调查了法属新喀里多尼亚的 9 种特有 Ni 积累植物的菌根状况，发现均有菌根侵染，但其中一些侵染强度较弱，3 种积累能力最强的植物 *Sebertia acuminata*、*Psychotria douarrei*、*Phyllanthus favieri*，菌根侵染比其他种类弱；菌根侵染率与叶片 Ni 含量和土壤中可提取 Ni 含量呈显著负相关。Amir 等（2008）研究了从法属新喀里多尼亚超基性土壤中分离的 5 株 AM 真菌对 Ni 的耐性，孢子发芽试验表明这些 AM 真菌比对照菌株耐 Ni 性强，在 30μg/g Ni 时可以萌发，而那些对照菌株在 15μg/g Ni 时萌发被完全抑制；其中 2 株分离自 Ni 超富集植物的 AM 真菌 Ni 耐性更强；沙培时添加 20μg/g Ni 可以诱导 AM 真菌产生 Ni 耐性。

Raman 和 Sambandan (1998) 调查了印度 Tamil Nadu 的某制革厂废水污染土壤中 AM 真菌的分布情况，调查选了 3 个地点，Cr 浓度为 179~210mg/kg，结果发现，所调查的 22 种被子植物中有 19 种被 AM 真菌侵染，侵染率为 11%~64%，夏季最高，雨季有所降低；共计分离到 *Glomus* 10 种、*Gigaspora* 3 种、*Scutellospora* 2 种：*Glomus aggregatum*、*Glomus citricola*、*Glomus constrictum*、*Glomus etunicatum*、*Glomus fasciculatum*、*Glomus geosporum*、*Glomus heterosporum*、*Glomus microcarpum*、*Glomus multicaule*、*Glomus pachycaulis*、*Gigaspora albida*、*Gigaspora gigantea*、*Gigaspora rosea*、*Scutellospora erythropa*、*Scutellospora nigra*，其中 *Glomus fasciculatum*、*Glomus feosporum*、*Gigaspora gigantea* 分布较广泛。Khan (2001) 调查了巴基斯坦卡拉沙喀库（Kala Shah Kaku）的一个制革厂废水污染土壤生

长的杨树（*Populus euroamericana*）、阿拉伯金合欢（*Acacia arabica*）和印度黄檀（*Dalbergia sissoo*）的 AM 真菌种类和侵染状况，发现这些植物都被菌根侵染，侵染率为 30%～80%；并从根际土壤中分离出了许多 *Gigaspora* 的 AM 真菌。但与未污染的土壤相比，Cr 污染显著降低了菌根侵染率、AM 真菌的多样性和丰度，说明 Cr 对 AM 真菌产生了一定选择压力。同样，这些 AM 真菌也在进化中对 Cr 产生了适应性。施加 Cr 降低 *Glomus intraradices* 对向日葵的菌根侵染率，Cr（+6）的毒性比 Cr（+3）大，高浓度时能显著抑制丛枝、泡囊和菌丝的发育，其中丛枝对 Cr 最为敏感，其次是泡囊（Davies et al., 2001）。Nakatani 等（2011）在施加不同含量 Cr 制革厂污泥的土壤中播种玉米，发现孢子密度较低（1～49 个/50cm³），并随施加量的增加而降低，菌根侵染率较高（64%），不受污泥施加量的影响，共鉴定出属于 *Acaulospora*、*Glomus*、*Gigaspora*、*Scutellospora*、*Paraglomus*、*Ambispora* 6 个属的 18 种 AM 真菌，9.0mg/hm² 和 22.6mg/hm² 的施加量降低了 AM 真菌丰度和多样性。

有关野外 Se、Hg 污染土壤中的 AM 真菌尚未有报道。在盆栽条件下，在含 12mg/kg Se 的土壤中 *Glomus mosseae* BEG69 对黑麦草的侵染率可以达 5% 左右（Munier-Lamy et al., 2007）。人工模拟 Se 污染条件下草木犀（*Melilotus officinalis*）和四翅滨藜（*Atriplex canescens*）也可以被 AM 真菌侵染（Wanek et al., 1999）。在 Se（+4）含量为 2、20mg/kg 的土壤中，接种 *Glomus mosseae* BGC XJ01 的玉米、三叶草、紫花苜蓿的菌根侵染率均高达 50%～70%（除 20mg/kg 时大豆菌根侵染率为 20% 外）（Yu et al., 2011c）。在另外一项研究中，土壤中施加 2mg/kg 硒酸盐或亚硒酸盐没有影响 *Glomus mosseae* 对玉米的菌根侵染率，均高达 60% 左右（Yu et al., 2011b）。在盆栽试验中，施加 0mg/kg、1.0mg/kg、2.0mg/kg、4.0mg/kg 的 Hg（加入 $HgCl_2$）没有影响 *Glomus mosseae* 对玉米的菌根侵染率，分别高达 77%、78%、74%、75%（Yu et al., 2010a）。沙培条件下，施加 375μmol/L 和 750μmol/L 的 Hg 降低了 *Gigaspora margarita* 对象耳豆（*Enterolobium cyclocarpum*）的菌根侵染率（Ekamawanti et al., 2014）。

二、铬、镍、硒、汞污染条件下 AM 真菌对植物生长和营养的改善作用

在 Cr、Ni、Se、Hg 等污染条件下，AM 真菌多数可以促进植物生长（表 4-16）。盆栽条件下，施加 Cr 尤其是 Cr（+6）显著抑制了向日葵的生长，接种 *Glomus intraradices* 有助于提高向日葵对 Cr 的耐性，增加叶面积、比叶面积、叶面积比和叶片 P 营养状况，显著提高叶、茎、根系干重和总干重，尤其是在 Cr 水平较高时效应较明显，不接种的植株出现受害症状，而接种 AM 真菌能一定程度上缓解 Cr 的毒害（Davies et al., 2001）。在另外一项研究中，发现在 Cr 污染条件下，接种 *Glomus intraradices* 主要是促进向日葵根系的生长，显著改善了叶片中的 K 营养，Al、Fe 含量有所降低，在 12mg/kg Cr（+3）时对 P 营养有改善作用（Davies et al., 2002）。Cr 污染严重影响长叶车前的存活率，在中度污染条件下接种 *Glomus intraradices* BEG 72 增加其存活率，

表 4-16 接种 AM 真菌对植物生长和重金属含量的影响

AM 真菌	植物	土壤（基质）中金属含量/(mg/kg)	植物生物量 地上部	植物生物量 根系	植物重金属含量 地上部	植物重金属含量 根系	参考文献
Glomus deserticola	星毛蕨（Ampelopteris prolifera）	12mmol/L Cr(+3) 或 0.1mmol/L Cr(+6)	增加	增加	降低	—	Singh et al.，2014
Glomus intraradices BEG72，2 种土著 AM 真菌	长叶车前（Plantago lanceolata）	200，400 Cr(+3)	增加	—	增加	—	Nogales et al.，2012
Glomus deserticola	牧豆树（Prosopis juliflora）	40~160 Cr(+6) 或 Cr(+3)	—	—	—	Cr(+6)：增加 Cr(+3)：80mg/kg 降低，160mg/kg 增加	Arias et al.，2010
Glomus mosseae，Glomus intraradices	辣椒（Capsicum annuum）	10~200μmol/500ml Cr(+3)	增加	增加	不显著	增加	Ruscitti et al.，2011
Glomus intraradices	玉米（Zea mays）	0.1~0.5mmol/L Cr(+3)（砂培）	—	—	降低(0.2mmol/L，0.5mmol/L)，增加(0.1mmol/L)	降低(0.5mmol/L)，不显著(0.1mmol/L，0.2mmol/L)	Rahmaty and Khara，2011
Glomus intraradices	向日葵（Helianthus annuus）	12mmol/L Cr(+3) 或 0.1mmol/L Cr(+6)	增加	增加	不显著	降低	Davies et al.，2002
Glomus intraradices	向日葵（Helianthus annuus）	0.4~10mmol/L Cr(+3) 或 0.01~1mmol/L Cr(+6)	增加	增加	增加（个别处理降低）	增加（个别处理不显著）	Davies et al.，2001
混合土著 AM 真菌	Berkheya coddii	(650±50) Ni	增加	增加	降低	降低	Orlowska et al.，2011
混合土著 AM 真菌，Glomus intraradices	Berkheya coddii	1070 Ni	增加	—	增加	—	Turnau and Mesjasz-Przybylowicz，2003

续表

AM 真菌	植物	土壤（基质）中金属含量 /（mg/kg）	植物生物量 地上部	植物生物量 根系	植物重金属含量 地上部	植物重金属含量 根系	参考文献
Glomus etunicatum	高粱（Sorghum vulgare）、Alphitonia neocaledonica、Cloezia artensis	20~40 Ni	增加	增加	降低	降低	Amir et al.，2013
Glomus intraradices	向日葵（Helianthus annuus）	100、200、400 Ni	不显著	增加（100mg/kg），其他不显著	不显著	增加（100mg/kg），无显著（其他）	Ker and Charest，2010
Glomus mosseae	白三叶（Trifolium repens）	(30~270)Ni	增加	增加	降低	—	Vivas et al.，2006b
混合 AM 真菌	Hakea verrucosa	640 Ni	降低	降低	不显著	—	Boulet and Lambers，2005
Glomus mosseae	大豆（Glycine max）、兵豆（Lens culinaris）	1~5g/kg Ni	增加	降低	增加	增加	Jamal et al.，2002
Glomus etunicatum，混合土著 AM 真菌	Costularia comosa	3.2~6.5g/kg Ni（以及 Cr、Mn、Co）	增加	增加	不显著	降低	Lagrange et al.，2011
Glomus mosseae	玉米（Zea mays）	2 Se(+4) 或 Se(+6)	无影响	无影响	降低(+4)、增加(+6)	降低(+4)、不显著(+6)	Yu et al.，2011b
Glomus mosseae	紫花苜蓿（Medicago sativa）、玉米（Zea mays）、大豆（Glycine max）	2、20 Se(+4)	增加	增加	降低	降低	Yu et al.，2011c
Glomus intraradices	大蒜（Allium sativum）	(5~20)Se(+6)	—	—	增加（鳞茎）	—	Larsen et al.，2006
Glomus fasciculatum、Glomus mosseae	大蒜（Allium sativum）	(5~25)Se(+4)	增加	增加	不显著	不显著	Patharajan and Raaman，2012
Glomus mosseae	玉米（Zea mays）	2.0、4.0 Hg^{2+}	不显著	不显著	不显著	降低	Yu et al.，2010a

促进生长（Estaun et al.，2010）。土壤中两种形态的 Cr（+3 价和+6 价）均显著降低星毛蕨（*Ampelopteris prolifera*）的生长、气孔导度和净光合，接种 *Glomus deserticola* 降低了 Cr 的毒性，菌根植株表现出更高的生物量和气体交换；菌根植株具有更高的株高和干重，说明 AM 真菌可以提高星毛蕨对 Cr 的耐性（Singh et al.，2014）。Nogales 等（2012）研究了 *Glomus intraradices* BEG72 和 2 种分离于 Cr 污染环境的 AM 真菌对长叶车前生长和 Cr 吸收的影响，在土壤 Cr 污染为 400mg/kg 时，只有接种了 *Glomus intraradices* BEG72 和分离重污染环境中的 AM 真菌的植株可以生存，在 200mg/kg Cr 水平土壤中，接种 3 种 AM 真菌均提高了地上部生物量。但在施加 Cr 的同时接种 *Glomus mossae* 没有显著影响苦味合欢（*Albizia amara*）、木麻黄（*Casuarina equisetifolia*）、柚木（*Tectona grandis*）和银合欢等植物的地径（Shanker et al.，2005）。

温室试验证实，在含 Ni 1070mg/kg 矿区土壤中，接种土著 AM 真菌显著增加 Ni 超富集植物 *Berkheya coddii* 的生长，地上部干重增加了近 1 倍，而接种外来 AM 真菌 *Glomus intraradices*，发现只有侵染强度高、丛枝发育好的植株生长得到改善，侵染率低、丛枝发育不良的植株地上部干重与非菌根植株的没有显著差异（Turnau and Mesjasz-Przybylowicz，2003）。Amir 等（2013）研究了 *Glomus etunicatum* 的 2 个菌株对模式植物高粱和当地特有植物 *Alphitonia neocaledonica*、*Cloezia artensis* 的 Ni 耐性的影响，Ni 抑制菌根侵染和产孢，但菌根共生增加了植物生物量和适应性，其中一个菌株效应较好，接种后植物生物量更大、磷营养更好，而地上部和根系中的 Ni 含量更低，受害症状较轻。菌根可以通过减少植物对 Ni 的吸收及从根系向地上部转运，起到保护作用。Vivas 等（2006b）发现在 Ni 污染土壤中白三叶接种 *Glomus mosseae* 能够提高生物量达 2.2~3.0 倍，地上部磷含量增加 5.1~9.9 倍。温室试验研究发现 Ni 污染时 *Glomus intraradices* 显著增加了向日葵生物量（Ker and Charest，2010）。在富 Ni 蛇纹岩土壤中，接种 AM 真菌显著增加了 *Costularia comosa* 的生物量，地上部干重增加了 2.4 倍，根系干重增加了 1.2 倍，但根系 Ni 含量降低了 2.5 倍（Lagrange et al.，2011）。土著 AM 真菌提高了 Ni 超富集植物 *Berkheya coddii* 的生长和存活率，并利用 PIXE 技术研究发现，AM 真菌增加了地上部的 K 和 Fe、根系中的 Zn 和 Mn、地上部和根系中的 P 和 Ca，降低了地上部的 Mn、地上部和根系中的 Co 和 Ni（Orlowska et al.，2011）。也有研究发现接种 AM 真菌对生物量的影响不一。在土壤 Ni 含量为 1~5g/kg 时，接种 *Glomus mosseae* 增加了大豆和兵豆地上部的干重，但降低了 2 种植物的根系干重（Jamal et al.，2002）。其原因可能是 AM 真菌改善植物 P 营养，根系不再需要获取更多的 P，因此根系长度、表面积、细根等反而受到抑制。在西澳大利亚富含 Ni 的土壤中，山龙眼科植物 *Hakea verrucosa* 能够被菌根侵染（可达 57%），但在盆栽条件下，接种 AM 真菌抑制植物生长，没有影响地上部 Ni 含量（Boulet and Lambers，2005）。

在施加 Se 的土壤中，接种 AM 真菌对植物生长的促生作用可能与 Se 水平、植物和 AM 真菌等相关。盆栽条件下，在含 12mg/kg Se 的土壤中接种 *Glomus mosseae* BEG69 没有对黑麦草的生长产生影响（Munier-Lamy et al.，2007）。人工模拟 Se 污染条件下接种 AM 真菌没有影响草木犀和四翅滨藜的生长（Wanek et al.，1999）。当土壤中施加 2mg/kg 的硒酸盐或亚硒酸盐时，均没有显著影响 *Glomus mosseae* 对玉米的菌根侵染率和生物量，接种均未影响玉米生长（Yu et al.，2011b）。但在 20mg/kg 时，接种显著增加了紫花苜蓿、玉米、大豆的生物量（Yu et al.，2011c）。随土壤中 Se 含量的增加（5～25mg/kg），大蒜（*Allium sativum*）植株的菌根侵染、产孢和植物生物量均逐渐降低，接种 AM 真菌显著增加大蒜生物量和蒜头产量（Patharajan and Raaman，2012）。

在 Hg 污染条件下的 AM 作用研究很少，仅有 2 篇论文发表。土壤中施加 1.0～4.0mg/kg 的 Hg 没有显著影响 *Glomus mosseae* 对玉米的菌根侵染率和植物生物量，接种也没有影响植物生物量（Yu et al.，2010a）。在沙培条件下，375µmol/L 和 750µmol/L 的 Hg 抑制象耳豆生长，接种 *Gigaspora margarita* 对其生长有抑制作用，Ca、Mg 吸收量增加，但 P 营养没有改善（Ekamawanti et al.，2014）。

三、AM 真菌对植物铬、镍、硒、汞含量和吸收量的影响

一般情况下，在高水平的 Cr、Ni、Se 污染条件下，接种 AM 真菌可以降低其对这些有毒重金属的吸收，缓解重金属毒性（表 4-16）。

沙培试验研究发现，在 0.5mmol/L Cr 胁迫条件下接种 *Glomus intraradices* 的玉米植株地上部和根系 Cr 含量也低于对照（Rahmaty and Khara，2011）。在中度 Cr 污染条件下接种 *Glomus intraradices* 降低长叶车前根系中 Cr 含量及其向地上部的迁移（Estaun et al.，2010）。在 Cr 污染条件下，接种 *Glomus intraradices* 降低或没有显著影响向日葵根系、茎、叶中的 Cr 含量，但是总的吸收量还是显著增加了（Davies et al.，2002）。在另外一项盆栽研究中（Davies et al.，2001），在施 Cr 水平高时 [10mg/kg 的 Cr（+3）和 1mg/kg 的 Cr（+6）] AM 真菌显著增加了向日葵叶、茎和根系中的 Cr 含量，在中等 Cr 水平，接种的植株 Cr 含量有所降低，可能是由于生长引起的"稀释"效应。总的看来，无论地上部还是根系，接种 *Glomus intraradices* 的向日葵对 Cr 的吸收量显著增加了，而且接种 AM 真菌的植株比对照受的毒害症状轻（Davies et al.，2001）。接种 AM 真菌能显著提高向日葵的植物提取系数，这意味着 AM 真菌可以应用于向日葵对 Cr 污染土壤的植物提取。接种 *Glomus deserticola* 降低了 Cr 的毒性，菌根植株表现出更高的生物量，总体上，星毛蕨体内 Cr 积累量增加，有利于 Cr 污染土壤的植物修复（Singh et al.，2014）。

也有发现接种 AM 真菌后植物体内的 Cr 含量可能增加。在高 Cr 污染下，接种 *Glomus mosseae* 或 *Glomus intraradices* 显著增加辣椒根系 Cr 含量，叶片中 Cr 未见显著差异（Ruscitti et al.，2011）。在施加 Cr 的同时接种 *Glomus mosseae* 后苦味合欢、木麻黄、柚木和银合欢等植物体内的 Cr 含量有增加的趋势，但是没有达到显著水平，植物的 Cr 富集因子有所增加（Shanker et al.，2005）。土壤中含 80mg/kg Cr（+6）时，接种 *Glomus deserticola* 的牧豆树（*Prosopis juliflora*）根系中的 Cr 含量分别比对照和 EDTA 处理高 21% 和 30%；施加 Cr（+3）时，EDTA 处理根系中的 Cr 含量最高

(Arias et al., 2010)。Nogales 等（2012）研究了 *Glomus intraradices* BEG72 和 2 种分离于 Cr 污染环境的 AM 真菌对长叶车前生长和 Cr 吸收的影响，在土壤 Cr 污染为 400mg/kg 时，只有接种了 *Glomus intraradices* BEG72 和分离于重污染环境中的 AM 真菌的植株可以生存，且前者地上部 Cr 含量高于后者；在 200mg/kg Cr 水平土壤中，接种 3 种 AM 真菌均提高了地上部生物量，显著降低地上部 Cr 含量，但分离于 Cr 污染环境的两株 AM 真菌效果最突出。

接种 AM 真菌也能降低植物 Ni 含量。在 Ni 污染土壤中白三叶接种 *Glomus mosseae* 降低地上部 Ni 含量（Vivas et al., 2006b）。在富 Ni 蛇纹岩土壤中，接种 AM 真菌后 *Costularia comosa* 根系 Ni 含量降低了 2.5 倍（Lagrange et al., 2011）。*Glomus etunicatum* 的 2 个菌株侵染高粱、*Alphitonia neocaledonica*、*Cloezia artensis* 后，地上部和根系中的 Ni 含量更低，受害症状较轻（Amir et al., 2013）。菌根可以通过减少植物对 Ni 的吸收及从根系向地上部转运，起到保护作用。Amir 等（2007）调查发现 Ni 富集植物叶片中的 Ni 含量与菌根侵染率呈负相关。这意味着 AM 真菌的侵染可能降低了 Ni 向植物体地上部的转运。土著 AM 真菌尽管显著降低了 Ni 超富集植物 *Berkheya coddii* 地上部和根系中的 Ni 含量，但由于菌根植株的生物量大大增加，总 Ni 吸收量最高可达对照的 20 倍（Orlowska et al., 2011）。

某些情况下，AM 真菌能够增加植物体内 Ni 含量。在 Ni 污染土壤中，*Glomus intraradices* 显著增加了向日葵生物量和 Ni 含量，尤其是在低土壤 Ni 水平时；在高 Ni 水平时，菌根植株地上部 Ni 含量高于对照（Ker and Charest, 2010）。在土壤 Ni 含量为 1~5g/kg 时，接种 *Glomus mosseae* 增加了大豆体内的 Ni 含量，兵豆叶片中的 Ni 含量也增加，因为其地上部干重增加，显然其地上部的 Ni 吸收量也增加了（Jamal et al., 2002）。他们认为这有利于 Ni 的植物提取。类似的研究也发现于 Ni 的超富集植物，在含 Ni 1070mg/kg 的矿区土壤中，接种土著 AM 真菌后 Ni 超富集植物 *Berkheya coddii* 地上部 Ni 含量（7206mg/kg）比对照增加了 45%，接种外来 AM 真菌 *Glomus intraradices*，发现侵染良好的植株地上部 Ni 含量高达 13 204mg/kg，是对照的 2.67 倍，侵染弱的植株地上部 Ni 含量也增加了 33%（Turnau and Mesjasz-Przybylowicz, 2003）。但遗憾的是，他们没有测定 *B. coddii* 根系中的 Ni 含量，无法了解 AM 真菌是否促进了 Ni 向地上部的运输。

自然土壤中接种 AM 真菌后大蒜体内 Se 含量增加 10 倍，同时施加硒酸盐和 AM 真菌显著增加大蒜中 Se 含量（Larsen et al., 2006）。但人工模拟 Se 污染条件下，接种 AM 真菌没有影响草木犀和四翅滨藜对 Se 的吸收（Wanek et al., 1999）。随土壤中 Se 含量的增加（5~25mg/kg），接种 AM 真菌显著增加大蒜生物量和蒜头产量，但没有显著影响植物体内的 Se 含量（Patharajan and Raaman, 2012）。盆栽条件下，在含 12mg/kg Se 的土壤中接种 *Glomus mosseae* BEG69 降低了黑麦草体内的 Se 含量，但是只在地上部达到显著水平，分析显示 AM 真菌显著降低了黑麦草对土壤中 Se 的生物富集，但是没有影响 Se 在植物体内的转运（Munier-Lamy et al., 2007）。当土壤中施加 2mg/kg 亚硒酸盐时，接种 *Glomus mosseae* 降低玉米地上部和根系中 Se 含量，施加 2mg/kg 硒酸盐时，接种增加了地上部 Se 含量，没有影响根系 Se 含量（Yu et al.,

2011b)。Yu 等（2011c）研究了接种 *Glomus mosseae* 对紫花苜蓿、玉米和大豆 Se 积累和形态的影响，发现在 2mg/kg Se（+4）水平下，接种 AM 真菌降低了所有植物地上部和根系中 Se 的积累，而在 20mg/kg 时，增加了紫花苜蓿地上部、玉米地上部和根系中 Se 的积累；菌根植株地上部和根系中无机态的 Se 含量高于对照，接种降低了植株中有机态 Se 的比例（除 20mg/kg 下紫花苜蓿和玉米地上部外）。

在 2.0mg/kg、4.0mg/kg 的 Hg 污染土壤中，接种 *Glomus mosseae* 的玉米根系中 Hg 含量低于对照根系，但地上部无显著差异，接种 AM 真菌显著降低了土壤中可提取态、总 Hg 含量及可提取态/总量，菌根处理的土壤对 Hg 的吸附能力高于对照土壤，而离体菌根根系比对照根系能吸收的 Hg 要少（Yu et al.，2010a）。这意味着接种 AM 真菌促进 Hg 在土壤中的固持、减少根系吸收。沙培条件下，接种 *Gigaspora margarita* 降低象耳豆根系 Hg 含量，但是无论接种与否，地上部均没有检测到 Hg（Ekamawanti et al.，2014）。

四、AM 真菌影响植物生长和铬、镍、硒、汞吸收的机制

Cr、Ni、Se、Hg 污染条件下 AM 真菌影响植物生长和重金属吸收机制的研究还不多，仅有的一些研究主要从 AM 真菌与植物的矿质营养、光合作用、抗氧化酶及元素形态方面进行了探讨。

在 1mmol/L Cr（+6）条件下，100% 的非菌根化向日葵植株死亡，而接种 *Glomus intraradices* 的植株却只有 80% 的死亡率；而在施加 10mmol/L Cr（+3）时，100% 的非菌根化植株出现受害症状（叶片枯萎、黄化），而此时菌根化植株叶片没有出现症状，其 P 含量也高于对照，这说明改善植物 P 营养很可能是 AM 真菌提高植物耐 Cr 毒害的途径之一（Davies et al.，2001）。随后的研究发现 Cr 胁迫下 AM 真菌对向日葵的 K 营养也有一定程度的改善（Davies et al.，2002）。沙培试验研究发现，在 0.5mmol/L Cr 胁迫条件下接种 *Glomus intraradices* 的玉米植株叶绿素含量高于对照，MDA 含量较低，根系中愈创木酚过氧化物酶（GPX）活性较低（Rahmaty and Khara，2011）。在高 Cr 污染下，接种 AM 真菌增加了叶片叶绿素和脯氨酸含量、降低了叶片蛋白质和根系脯氨酸含量，这可能是增加宿主植物耐 Cr 性的机制之一（Ruscitti et al.，2011）。另外，施加一定量的 Cr（+3）时，菌根化向日葵比对照的水气压差低，光合作用强，气孔导度增加（Davies et al.，2001，2002），这说明它们受到的 Cr 胁迫小，可能是 AM 真菌起到了保护作用。

He 等（1994）利用盆栽试验发现，黑麦草在施磷情况下硒吸收增加，外加硒肥，硒的吸收比在本土中更有效。磷促进植物对硒的吸收一般归结为两个原因：①磷酸根离子和亚硒酸根离子与土壤竞争吸附时，磷代替了硒的吸附位置，硒释放出利于植物对硒的吸收；②磷促使植物生长改善，根系生长旺盛，根系增大有利于包括硒离子在内的养分离子的吸收。AM 真菌在改善 P 营养方面突出，因此可能在 Se 吸收中起到作用。接种 *Glomus etunicatum* 的万寿菊吸收了更多的 ^{75}Se，其原因是 AM 真菌菌丝从土壤中吸收 Se 并运输到植物体内（Suzuki et al.，2001）。菌根化黑麦草根际土壤中水溶性 Se 的

浓度增加了，但其体内 Se 浓度降低，Se 在根系和地上部的转运也没有发生显著改变（Munier-Lamy et al.，2007），作者认为菌丝的固持作用是次要的，主要原因可能是根际微生物群落的改变引起的 Se 还原作用。遗憾的是，他们没有测定植物的磷营养状况。当土壤中施加亚硒酸盐时，接种 AM 真菌促进了 Se 的氧化（从正 4 价到正 6 价），抑制玉米对 Se 的积累，提高 Se（+6）的积累但减少有机态 Se 的积累（Yu et al.，2011b）；微束 X 射线荧光（micro-XRF）技术表明菌根抑制了 Se（+4）从根表向根内的运输。

接种 AM 真菌能够改变元素在植物体内的转运和分配，提高植物耐性。在含金属土壤中，*Glomus tenue* 侵染能够改变蕨类植物 *Pellaea viridis* 配子体和孢子体中的元素（Ni、Cr、Fe、Co、Ti）分布（Turnau et al.，2013），对于其生存策略可能有重要意义。Orlowska 等（2013）利用 micro-PIXE 研究了菌根侵染对 Ni 超富集植物 *Berkheya coddii* 根系中元素分布的影响，发现菌根植物侧根皮层中有 P、K、M、Zn 积累，根部维管柱有更高浓度的 P、K、铁、镍、铜、锌，说明 AM 真菌对这些元素的吸收和积累，以及向地上部的转运可能发挥重要作用。Arias 等（2010）用 X 射线图、透射电镜等分析了水培条件下 *Glomus deserticola* 侵染的牧豆树对 Cr（+3）、Cr（+6）的吸收和积累，X 射线图显示菌根植物维管系统中含有较多的 Cr，认为 AM 真菌对提高重金属耐性和重金属积累有作用。但 Guo 等（1996）通过三室培养系统研究发现 *Glomus mosseae* 菌丝对菜豆、玉米吸收 Ni 没有贡献。

有调查发现，Ni 富集植物叶片中的 Ni 含量、土壤中的 DTPA-Ni 浓度与菌根侵染率呈负相关（Amir et al.，2007）。AM 真菌的侵染可能降低了 Ni 向植物体地上部的转运，对植物起到保护作用（Amir et al.，2013）。这意味 AM 真菌可能会通过根外菌丝的固持作用或分泌有机螯合物等改变根际土壤中 Ni 的形态，降低 Ni 的生物有效性。此外，AM 真菌可能抑制了 Ni 向植物体叶片的转运，说明根内的真菌组织如丛枝、泡囊、根内菌丝等也可能具有固持作用。也有结果相反的报道，接种不同的 AM 真菌或同种 AM 真菌侵染程度不同时，生长在富 Ni 土壤中的 Ni 超富集植物 *Berkheya coddii* 地上部的 Ni 含量显著不同，对于接种外来 AM 真菌 *Glomus intraradices* BEG 侵染良好的植株，地上部 Ni 含量远高于侵染弱的植株（Turnau and Mesjasz-Przybylowicz，2003）。但是也有报道发现，AM 真菌尤其是非土著 AM 真菌反而加重了蛇纹岩土壤中 Ni 对欧洲山萝卜的毒性（Doubkova and Sudova，2014）。因此，AM 真菌影响 Ni 吸收运输的机制可能与土壤 Ni 含量及形态、植物的特性、AM 真菌及共生体的效率等多种因素有关，尚需要进一步探讨。

AM 真菌也能改变其他元素的化学形态。在 Hg 污染土壤中，接种 AM 真菌显著降低了土壤中可提取态、总 Hg 含量及可提取态/总量，菌根处理的土壤对 Hg 的吸附能力高于对照土壤，而离体菌根根系比对照根系能吸收的 Hg 要少；接种 AM 真菌促进 Hg 在土壤中的固持、减少根系吸收，同时促进土壤中 Hg 的挥发（Yu et al.，2010a）。

五、AM 真菌对植物抵抗锰胁迫的作用

锰是人体及植物必需元素之一。锰在地壳中的平均丰度为 950mg/kg，在土壤中的

含量也较高，一般不会造成毒害，但是在酸性土壤或强还原条件下也可造成污染。我国土壤锰污染主要是锰矿开采及选矿和冶炼过程中排放的"三废"。例如，重庆的秀山土家族苗族自治县和湖南的花坦县、贵州的松桃县，被称为中国的"锰三角"，锰污染现象非常严重。过量的 Mn 可对人体、植物和土壤生物造成毒害。中国规定生活饮用水中锰的含量不得超过 0.1mg/L，居住区大气中锰的最高容许浓度为日平均 0.01mg/m³，车间空气中 MnO_2 最高容许浓度为 0.2mg/m³。

Mn 能抑制 AM 真菌孢子萌发（Hepper，1979）和菌丝生长、侵染率（McGee，1987），0.05mmol/L Mn 抑制 *Glomus claroideum* BEG23 菌丝的延伸，在 0.5mmol/L Mn 时 AM 真菌受到全面抑制（Malcová et al.，2002b）。但 AM 真菌可以减轻 Mn 对植物的毒害（Bethlenfalvay and Franson，1989；Malcová et al.，2003a）。在沙培条件下，施加高浓度的 Mn 对 AM 真菌的侵染力有抑制作用，但是不同的菌株的耐性不一致，分离自重金属污染土壤的菌株 *Glomus* sp. 耐性比分离于非污染土壤的菌株（*Glomus intraradices*）更强，但是 *Glomus* sp. IS 保藏于非污染介质（不含重金属）中比 *Glomus* sp. OS 保藏于污染介质中耐性有所降低，表现在侵染率、根外菌丝长度和 NADH 心肌黄酶活性均有所降低，但仍高于对照菌株；接种耐性菌株 *Glomus* sp. IS 和 *Glomus* sp. OS 可以提高玉米地上部干重和根系干重，不显著影响地上部和根系 Mn 含量，但是 Mn 吸收量显著增加；接种 *Glomus intraradices* 没有显著影响玉米的生长，但是提高了地上部 Mn 吸收量和根系 Mn 含量；当外界 Mn 浓度达 1000μmol/L 时，AM 真菌侵染受到显著抑制，*Glomus* sp. OS 耐性表现更强，但都没有影响玉米的生长（Malcová et al.，2003a）。

在含 Mn（$KMnO_4$）的土壤中，与不接种相比，接种 *Glomus mosseae* 和根际微生物没有影响地上部干重，但略降低根系干重，地上部 Mn 含量高于不接种处理但低于接种根际微生物的处理，土壤中根际微生物数量最高，但非菌根处理中 Mn 还原细菌比菌根处理高 5 倍，根系分泌物还原能力高 2 倍，这可以解释为什么菌根植物中 Mn 含量较低（Posta et al.，1994）。在 45 天时接种 AM 真菌增加 Mn 对大豆的毒性、抑制其生长（Nogueira et al.，2004）；但在 90 天时，菌根植株 Mn 毒性较低，地上部和根系中的 P 含量较高但 Mn 含量较低。菌根促进 Mn 氧化细菌、抑制 Mn 还原细菌可能是其主要原因。但另外一项研究中，在低 P（30mg/kg）Mn 污染土壤中接种 *Glomus etunicatum* 或 *Glomus macrocarpum* 的大豆菌根圈中 Mn 还原细菌数分别是不接种处理土壤中的 45 倍和 30 倍（Nogueira et al.，2007）；相反，接种的植株菌根根围中 Mn 氧化类细菌数量比不接种 AM 真菌的植株根际中减少 45%；Mn 氧化/还原细菌的数量与植物 Mn 毒害没有关系；菌根植株地上部 P 含量比对照高 2 倍，但 Mn、Fe 含量较低，这说明 P 营养可能在减轻 Mn 毒害中起到作用。AM 真菌与植物 Mn 毒害的作用还需深入研究。

六、AM 真菌对植物抵抗其他金属胁迫的作用

（一）碱金属（耐盐性）

当前，全球共有盐渍化土地 $9.55 \times 10^8 hm^2$，约占全球可耕地面积的 10%。其中，

我国盐渍化土地面积约为 $9.99\times10^7 hm^2$，分布在全国 23 个省、市、自治区，是我国重要的土地类型之一（牛东玲和王启基，2002）。盐胁迫对 AM 真菌侵染不利。随着盐胁迫强度的加大，AM 真菌对植物根系的侵染率逐渐降低（Cantrell and Linderman，2001），且菌根侵染率与土壤电导率、Na^+ 浓度及渗透势呈负相关关系（Al-Karaki et al.，2001；Landwehr et al.，2002）。但 AM 真菌对盐胁迫具有一定的适应能力，接种后往往对宿主植物发挥有益作用。南非某碱性金尾矿自然植物恢复较慢，几种植物车桑子（Dodonaea viscosa）、须芒草（Andropogon eucomus）、白茅均被土著 AM 真菌侵染，盆栽试验发现接种土著 AM 真菌后显著增加其生物量和存活率，虽然侵染率低于对照菌株，但其促生作用强于对照菌株，说明其对尾矿的适应能力较强（Orlowska et al.，2010）。菌根侵染率随 NaCl 水平呈递减趋势，接种 AM 真菌后棉花（Gossypium herbaceum）、玉米和大豆的生物量均有不同程度的增加，但对甜瓜（Cucumis melo）的生物量未产生明显的菌根效应（冯固等，1999）。这可能是因为试验中采用的 AM 真菌与甜瓜的亲和力不高或甜瓜本身对 AM 真菌的依赖性较小。但是，不同生态型 AM 真菌菌株对植物的耐盐性的影响不同，这与 AM 真菌自身的生物学特性有关（冯固等，2001）。盐胁迫处理后，非菌根化玉米植株在 3~7 天均出现盐害症状，而 NaCl 浓度为 1.0~2.0g/kg 时菌根化植株才出现盐害症状，0.5~1.5g/kg 时，非菌根化玉米盐害级数显著高于菌根化玉米（盛敏等，2011）。高盐胁迫下接种 Glomus mosseae 显著提高了牡丹（Paeonia suffruticosa）的株高、根长和干重，各种渗透调节物质也明显增加（郭绍霞和刘润进，2010）。接种 AM 真菌能够显著提高盐碱土中小麦分蘖期和花期的叶片数、叶面积、地上部和根系生物产量，显著提高了小麦的抗盐性（Abdel-Fattah and Asrar，2012）。AM 真菌能提高盐胁迫下黄瓜（Cucumis sativus）（Rouphael et al.，2010）、紫花苜蓿（陆爽等，2011）的生物量、叶片含水量及细胞水势，提高刺槐（Robinia pseudoacacia）（Giri et al.，2007）叶片 K^+ 含量和 K^+/Na^+，以及柑橘（Citrus reticulata）（Wu et al.，2010b）叶片中 Ca^{2+}/Na^+，显著提高了这些植物的抗盐性。

在盐碱胁迫条件下，AM 真菌提高宿主耐盐碱的能力可能有以下几种机制。①AM 真菌增加矿质养分吸收、改善植物体内元素平衡。多数研究认为，AM 真菌提高植物耐盐碱能力与改善植物磷素营养有关（Pfeiffer and Bloss，1988；冯固等，2000b）。盐胁迫条件下，接种 AM 真菌的宿主植物体内 N、P、K、Mg 的吸收量及含量均高于未接种处理（Rabie，2005），表明 AM 真菌使植物的耐盐能力提高与营养状况的改善有关。AM 真菌增强宿主植物的耐盐性除了改善植物体内离子平衡和生理代谢活动、提高保护酶活性等间接作用外，最直接的作用是促进宿主根系对土壤矿质元素的吸收（贺学礼等，2005）。②AM 真菌侵染降低植株 Na^+ 和 Cl^- 含量（冯固等，1998）。菌根可以增强植物对营养物质特别是 P 的吸收，调节植物体内元素平衡，抑制过量的钠盐在植株体内的积累，减轻对细胞质膜和酶的损伤程度，降低细胞质膜透性，从而减轻盐害。随着盐浓度的增加，植物体内 Na^+ 含量也增加，但菌根植株体内 Na^+ 的总含量要显著低于对照处理（Al-Karaki，2000）。在盐浓度为 16.6ds/m 条件下，接种 AM 真菌可以显著降低植物组织中 Na^+ 含量（Mohammad et al.，2003）。③AM 真菌通过改变植物体内氨基酸（如脯氨酸）含量（Jindal et al.，1993）和含糖量（Feng et al.，2002a）等改变根组织中的渗透平衡,来提高植物耐盐能力(Rosendahl and Rosendahl,1991)。盐胁迫往往使膜透性增大,改变细胞内酶的活性,引起一系列生理代谢失调。*Glomus mosseae*可以通过改变玉米体内碳水化合物和氨基酸等物质的含量和组成,调节根组织中的渗透平衡,减少植物对Na^+和Cl^-离子的吸收,减轻由钠盐引起的毒害(Feng et al.,2002a)。在盐胁迫下 AM 真菌侵染使无芒雀麦根系中的可溶性糖含量明显提高,增强了植物根系耐受盐害的能力(冯固等,1998)。AM 真菌还可以激活植物体内酶的活性,减轻氧化胁迫,影响植物的代谢速率,从而影响植物的耐盐性。盐胁迫下接种 *Glomus etunicatum* 的大豆体内 SOD 和 POD 活性比非菌根植物显著提高,因而认为 SOD 和 POD 活性的增加也许是提高植物耐盐能力的机制之一(Ghorbanli et al.,2004)。接种 *Glomus mosseae* 能显著减少番茄植株叶片中 MDA 的积累、降低 O_2^-. 产生速率和细胞膜透性,增加叶片相对含水量,因而减缓了盐胁迫对番茄细胞膜的伤害;而且菌根植株的谷胱甘肽过氧化物酶活性显著高于对照,说明接种 AM 真菌减轻了活性氧对植株细胞膜的伤害,提高了番茄的耐盐性(贺忠群等,2006)。④AM 真菌改善植物光合作用。盐胁迫下 AM 真菌可以改善植物蒸腾速率等光合作用参数,增加了叶绿素含量,显著提高了接种处理植株的净光合速率。光合效率的提高,使植物光合产物增多,从而增加宿主植物的生物量,同时也降低了体内 Na 含量(Feng et al.,2002a)。⑤AM 真菌改善植物吸收能力(Ruiz-Lozano et al.,1996a,1996b)。土壤盐分过多提高了土壤溶液的渗透压,降低了水势,导致植物水分吸收困难,甚至出现体内水分外渗,造成生理干旱。AM 真菌改善植物吸水能力或提高水分利用效率,能间接提高植物的耐盐能力。盐胁迫下接种 *Glomus mosseae* 使番茄植株水孔蛋白 *LeAQP2* 基因表达上调,其余4个基因表达下调(贺忠群等,2011)。AM 真菌扩大根系吸收面积,增强植物对水分的吸收,缓解由盐胁迫引起的生理干旱(Ruiz-Lozano et al.,1996b)。NaCl 胁迫条件下,接种 *Glomus mosseae* 玉米根系和地上部的干重、叶片水势均高于未接种处理,但叶片脯氨酸含量低于未接种处理(冯固等,2000b),表明 AM 真菌提高玉米耐盐性的机制与改善植物的水分状况有关。AM 真菌提高植物耐盐能力的机制除了改善磷营养条件外,提高植株水势也是一个很重要的因素(Poss et al.,1985)。⑥AM 真菌也可以通过提高根系活力(Berta et al.,1990;冯固等,2000a)、改变根系形态(Gupta and Krishnamurthy,1996)等方式改善植物体的水分状况。

(二)对稀土元素的耐性

中国拥有较为丰富的稀土资源,稀土储量约占世界总储量的23%,2011年中国稀土冶炼产品产量为9.69万t,占世界总产量的90%以上。但稀土生产过程中产生了大量的尾矿废弃物,随着稀土矿藏的大量开采,导致了越来越多的稀土元素迁移到环境中,造成了严重的生态破坏和环境污染问题。稀土尾矿也会破坏土壤结构,影响土壤肥力。AM 真菌有可能在降低稀土元素毒害、提高植物抗逆性等方面发挥作用。稀土元素镧会抑制紫云英生长和 K、Ca、Mg、Cu、Zn、Fe 等矿质营养,降低菌根侵染率和菌根活性,接种 *Gigaspora margarita*、*Glomus intraradices*、*Acaulospora laevis* 等可以其改善生长和营养状况(Chen and Zhao,2007,2009);接种 *Gigaspora margarita*、

Glomus intraradices 在高含量镧水平（20mg/kg）下降低了紫云英地上部和根部的镧含量，但在较低镧含量（1mg/kg）时没有显著作用。但是也有研究发现，镧甚至对 AM 真菌有刺激作用，随着施加镧元素浓度的升高，白三叶菌根侵染率及孢子密度呈现先升高后降低的趋势；施加的镧溶液浓度为 0.005mmol/L 时，侵染率最高（82%），孢子密度最大（8.03 个/g）（韩亚楠等，2014）。在稀土矿砂中，不同干旱条件下，接种 AM 真菌可以增加黑麦草和狗牙根的株高和生物量，并降低了干旱处理下黑麦草和狗牙根叶片丙二醛和脯氨酸含量，表明接种 AM 真菌能有效提高植物的抗逆性（陈则友等，2012）。在稀土尾矿中，*Glomus versiforme* 能与大豆共生，菌根侵染率高达 67%，接种显著增加了大豆植株地上部和根部的干重，提高了大豆植株中 P 和 K 的含量，降低了 C、N 和 P 计量比；降低了大豆地上部 Fe 和 Cr 的含量，增加了根系 Cd 的含量，未显著影响其他重金属的含量；同时显著降低了大豆植株地上部和根部轻稀土元素 La、Ce、Pr 和 Nd 的含量（郭伟等，2013）。这证明 AM 真菌对于大豆适应稀土尾矿复合逆境及在稀土尾矿上植被重建具有潜在的作用。

第八节　丛枝菌根对重金属复合污染土壤的修复

顾名思义，复合污染（combined pollution）往往包含有多种不同的污染物。何勇田和熊先哲（1994）认为，复合污染是指 2 种或 2 种以上不同种类不同性质的污染物，或同种污染物的不同来源，或 2 种及 2 种以上不同类型的污染在同一环境中同时存在所形成的环境污染现象。陈怀满和郑春荣（2002）认为，复合污染是指多元素或多种化学品，即多种污染物对同一介质（土壤、水、大气、生物）的同时污染。重金属复合污染是指由多种重金属元素共存对环境造成污染。土壤重金属污染多是由于大气沉降、污水灌溉、污泥施用、工业固体废弃物的不当处置、采矿活动等引起的，在自然界多数情况下，重金属污染多是由多种重金属元素共存与作用造成的，有的还包括有机污染物、放射性污染物等。由于污染物之间具有加和作用、颉颃作用和（或）协同作用，使得复合污染对生态系统的效应有别于单元素污染。一般来说，元素周期表中同族元素之间及理化性质相似的元素之间容易出现颉颃作用，同周期元素化学性质极其相似可相互竞争结合部位，但由于土壤是一个复杂的有机无机多相体系，重金属元素之间的交互作用往往会受到共存重金属种类和浓度、土壤理化性质、植物的类型等多重因素的影响。近年来，AM 真菌与重金属复合污染相互关系的研究已经成为环境科学的新热点。

一、AM 真菌在重金属复合污染土壤中的分布

AM 真菌广泛分布于各种重金属污染土壤中，如最常见的 Cu、Zn、Pb、Cd、Cr、Ni、As、Hg 等（表 4-1）。很多研究证实 AM 真菌存在于矿区污染土壤及矿区周围农田土壤中。在英国南泰恩河沿岸，由于采矿导致 Cd、Zn、Pb 等重金属复合污染，通过分析 SSU rDNA 序列发现，AM 真菌的遗传多样性丰富，并获得了 21 种不同的 RFLP 类型；AM 真菌种类以 *Glomus* 的最多（Whitfield et al.，2004a）。在波兰一菱锌矿污染

土壤（富含 Cd、Pb、Zn）中，Pawlowska 等（1996）分离到多种 AM 真菌，其中 *Glomus fasciculatum* 和 *Entrophospora* sp. 的平均孢子密度是 20 个/100g 干土。Tonin 等（2001）从比利时某 Zn、Cd 污染土壤上生长的耐重金属的芦苇堇菜根际分离到 4 种不同形态的 AM 真菌孢子。在波兰南部某铅锌冶炼厂附近区域 Zn、Pb、Cd 严重污染土壤中，在 0～60cm 深度，发草（*Deschampsia caespitosa*）根系中均发现菌根侵染，但菌根侵染率与土壤中有效态 Cd、Pb、Zn 含量呈显著负相关，但在 0～10cm 表土中，菌根侵染很低，丛枝零星出现，菌根侵染频度、强度等指标在 20～60cm 显著增加，孢子密度也存在类似规律，土壤中发现 *Archaeospora trappei*、*Funneliformis mosseae*、*Scutellospora dipurpurescens* 等 3 种 AM 真菌的孢子，*Glomus tenue* 仅在发草根系中出现（Gucwa-Przepiora et al.，2013）。在墨西哥 Hidalgo 州某尾矿区（富含 Cd、Ni、Pb、As），在 29 科 56 种植物中，几乎全被 AM 真菌侵染，*Glomus* 分布最为广泛，*Acaulospora* 也有存在，在 Cd 污染中的土壤中，孢子密度仅为 0～19 个/150g 土（Ortega-Larrocea et al.，2010）。Zarei 等（2008a）调查了伊朗 Anguran 锌铅矿区不同区域的 AM 真菌，发现随着距离矿区由近及远，Zn、Pb 污染程度由重及轻，优势植物的菌根侵染率从 35% 增加至 85%，孢子密度从 80 个增加至 1306 个（每 200 干土），*Glomus* 在所有区域均占优势，而 *Acaulospora* 仅在中度污染和未污染区域出现；孢子密度比侵染率更受污染影响，与重金属有效态含量关系更为密切。Zarei 等（2008b）进一步调查了 Anguran 锌铅矿区的 *Veronica rechingeri* 的菌根侵染率和 AM 真菌多样性，经对 ITS 序列进行 PCR-RFLP 和测序分析，发现了 7 个不同的序列类型，均属于 *Glomus*；随着污染加重，孢子密度、菌根侵染和 AM 真菌序列类型数量均降低。Zarei 等（2010）继续调查了伊朗某铅锌污染土壤中的 AM 真菌分子多样性（ITS 序列），发现 9 个不同的 AM 真菌序列类型，随铅锌含量的降低，AM 真菌序列类型数量降低，在严重污染土壤中，只发现 1 个序列类型；多元统计分析显示，重金属含量显著影响 AM 真菌群落，碳酸钙和有效磷含量显著相关。在法国 Nord-Pas de Calais 地区的一个 60 余年的铅/锌冶炼厂，每年以每公顷 5.5kg Pb、40kg Zn、0.3kg Cd 的速度通过大气沉降进入周边土壤，种植的玉米农田土壤中有丰富的 AM 真菌孢子，孢子密度比对照土壤的高，与重金属的有效性没有显著相关性（Weissenhorn et al.，1995c）。锌冶炼厂附近重金属（Cu、Zn、Pb、Cd、Mn、Ni）污染土壤孢子密度达每 100g 干土 13～34 个（Leyval et al.，1995）。

我国也对多个矿区土壤中的 AM 真菌进行了调查。孔凡美等（2004）调查了沈阳附近重金属矿区自然和农田土壤中 AM 真菌种群及孢子密度，结果发现，调查污染区（Cd、Zn、Pb、Cu）土壤中 *Glomus* 为优势类群，*Acaulospora* 为少见类群，*Scutellospora* 为偶见类群；*Acaulospora*、*Scutellospora* AM 真菌对重金属污染特别是铜污染较为敏感；AM 真菌重金属污染土壤中广泛分布，在综合污染指数达 28.03 的严重污染土壤中仍能生存，其孢子密度在不同污染程度的土壤中变异很大，轻、中度污染土壤中较高，随重金属污染程度的增加而锐减。牛振川等（2007）从秦岭凤县铅锌污染区鉴定出 *Glomus* AM 真菌 12 种，其中 *Glomus constrictum* 是该区域的优势种；*Glomus constrictum*、*Glomus coronatum*、*Glomus caledonium* 和 *Glomus aggregatum* 对铅锌污染具有较强的耐性；Pb、Zn、速效 P 浓度和 pH 较高时对 AM 真菌丰度为抑制作用，Pb 是影响秦岭重金属污染区 AM 真菌丰度的主要因素，其直接和间接作用都较大。Xu 等（2012）调查了陕西凤县铅硐山铅锌矿区优势植物狼牙刺（*Sophora viciifolia*）根围 AM 真菌群落结构，发现 AM 真菌侵染率随土壤中的 Pb 含量增加而降低，Shannon-Wiener 指数与土壤有效 Pb 含量呈负相关。许加和唐明（2013）调查了铅硐山铅锌矿污染地区不同林木根际土中 AM 真菌与土壤因子的关系，发现菌根侵染率和孢子密度在不同林木根际土中差异显著，平均侵染率为 44.64%，孢子密度平均 2.34 个/g，侵染率和孢子密度无显著相关性。梁昌聪等（2007）对云南会泽者海废弃铅锌矿区的 17 科 21 种植物的丛枝菌根状况进行了调查，发现 15 种植物（占所调查植物的 71%）形成典型的丛枝菌根，2 种植物不确定是否形成丛枝菌根；4 种植物没有形成丛枝菌根；并从这些植物根际土壤中共分离鉴定出了 4 属 20 种 AM 真菌，其中 *Acaulospora* 4 种，*Glomus* 14 种，*Gigaspora* 1 种，*Scutellospora* 1 种；其中 *Glomus* 分离频率为 77%，是样地的优势属；*Glomus verruculosum* 分离频率最高，在 20 种植物的根际土中都有发现。此外，*Glomus fasciculatum* 的相对多度最大，为 56%，具有最强的产孢能力。调查研究表明，AM 真菌能普遍存在于 Pb、Zn 重金属污染土壤中。龙良鲲等（2009）发现粤北大宝山污染区（Cu、Zn、Pb、Cd 均超过国家二级标准）植物根系样品中 81.5% 存在 AM 真菌侵染；土壤样品中含有一定数量的各种 AM 真菌孢子和菌丝，表明大宝山重金属污染的土壤中存在着多样性的 AM 真菌。Long 等（2010）调查了粤北大宝山污染区美洲商陆（*Phytolacca americana*）、地黄（*Rehmannia glutinosa*）、紫苏（*Perilla frutescens*）、山鸡椒（*Litsea cubeba*）、土荆芥（*Dysphania ambrosioides*）5 种植物根系和根际中的 AM 真菌多样性，获得 6 个 SSU rRNA 基因克隆文库，分析显示，除土荆芥根系外，*Glomus* 在所有样品中均占优势，而 *Kuklospora* 和 *Ambispora* 在土荆芥根系和美洲商陆根际占优势。

除了金属矿，煤矿等也可以污染土壤，引起土壤重金属含量升高。我们从山东鲁西南地区的枣庄煤矿、滕州煤矿、肥城煤矿的废弃地中分离到 21 种 AM 真菌，每 50ml 土壤中的孢子数平均为 3 个，物种多样性指数（Shannon-Weiner）达 1.7640，其中 *Acaulospora mellea* 为优势种。在印度，Ganesan 等（1991）从煤矿、褐煤矿、方解石矿废弃地中分离到多种 AM 真菌：*Glomus aggregatum*、*Glomus ambisporum*、*Glomus botryoides*、*Glomus dimorphicum*、*Glomus microcarpus*、*Glomus globiferum*、*Glomus heterosporum*、*Glomus pulvinatum*、*Glomus pustulatum*、*Glomus sinuosa*、*Glomus tenue*、*Scutellospora aurigloba*、*Scutellospora dipapillosa*。Raman 等（1993）从印度南部的菱镁矿废弃地调查发现了 13 种 AM 真菌：*Acaulospora bireticulata*、*Gigaspora gigantea*、*Gigaspora rosea*、*Glomus aggregatum*、*Glomus dussii*、*Glomus fasciculatum*、*Glomus intraradices*、*Glomus microcarpus*、*Glomus pachycaulis*、*Scutellospora aurigloba*、*Scutellospora erythropa*、*Scutellospora nigra* 和 *Scutellospora persica*，其中 *Glomus fasciculatum* 和 *Gigaspora gigantea* 分布广泛。在加拿大的某油砂尾矿和煤矿废弃地，Zak 等（1982）观察到大量的 AM 真菌孢子，每 100g 干土的孢子有 390~2070 个，其中 *Glomus aggregatum* 和 *Glomus mosseae* 为常

见种。

农田施用污水污泥、工业冶炼污染等会引入大量重金属，对 AM 真菌多样性产生影响。我们在浙江富阳环山的某小高炉 Cu 冶炼厂周围的污染土壤（含大量的 Cu、Zn、Pb、Cd）杂草根围分离到大量土著 AM 真菌，大多属于 *Glomus* 和 *Acaulospora* 两个属。Del Val 等（1999b）调查了德国某长期施用含多种重金属的污泥对农田中 AM 真菌多样性的影响，发现施用污泥降低了孢子密度，AM 物种丰度和多样性指数（Shannon-Wiener 指数）在中等污染条件下有所增加，但在高度污染条件下降低了；种的相对多度也发生改变；孢子密度与 Zn、Cd、Ni、Pb、Cu 的总含量和（或）有效成分显著负相关；同时 AM 真菌种群类型和多样性都受到宿主植物的影响，说明宿主植物的选择性作用。他们认为即使是低于欧盟农业土壤质量标准上限的重金属含量也会对 AM 真菌的种群类型和多样性产生影响。此外，从这项研究中可以发现，所得到的 AM 真菌都属于 *Glomus*，一方面说明 *Glomus* 的真菌分布较广，另一方面也说明这个属的真菌对重金属有较强的耐性。Ortega-Larrocea 等（2007）调查了不同污水灌溉年限（5、35、65、95）的土壤（Zn、Pb、Cu、Cd）中 AM 真菌状况，灌溉年限对孢子丰度的影响与土壤类型有关，在 Vertisol 土壤中与灌溉年限呈负相关，在 Leptosol 中，灌溉 35 年的数量最高；优势属和优势种分别是 *Glomus* 和 *Glomus mosseae*，认为长期灌溉可能会降低 AM 真菌多样性。Mahesh 和 Selvaraj（2007）从被工业废水污染（Cu、Zn、Pb、Ni、Cd）的土壤中生长的香蕉（*Musa nana*）根际发现 4 个属（*Glomus*、*Gigaspora*、*Acaulospora*、*Sclerocystis*，注 *Sclerocystis* 并入 *Glomus*，后又分出）的 10 种 AM 真菌，*Glomus aggregatum* 和 *Sclerocystis sinuosa*（即 *Glomus sinuosa*）为优势种，菌根侵染率平均为 45%，孢子密度比未污染土壤中的低。在施用污泥造成的重金属（Cd、Ni、Zn、Cu、Pb 和 Mn）污染的农田，孢子每 50g 土壤有 16～67 个（Weissenhorn et al.，1995b）。Mandal 等（2007）调查了印度塔坝（Dhapa）地区某施加了市政废物和污水的农田中 12 种作物和 25 种杂草的 AM 真菌，污染土中含重金属（Pb、Cd、Ni、Hg、As）较高，27 种植物有 AM 真菌侵染，夏季侵染率为 3.2%～70.2%，孢子密度为 34～408，冬季侵染率为 42%～80%，孢子密度为 33～320；共分离到 11 种 AM 真菌，6 种属于 *Glomus*，3 种属于 *Gigaspora*，2 种未鉴定。Selvaraj 等（2005）调查了印度某工业污染（主要是 Zn，以及 Cu、Pb、Ni）土壤中的菌根状况，发现 18 种植物中有 13 种有菌根侵染，并分离出 15 种 AM 真菌，每 100g 土壤中的孢子数量为 45～640 个，与菌根侵染率有显著正相关，如 热带铁苋菜（*Acalypha indica*）（孢子密度 45、侵染率 20%）和海雀稗（*Paspalum vaginatum*）（孢子密度 640、侵染率 98%）；AM 真菌与植物间有选择性，*Gigaspora gigantea*、*Gigaspora fasciculatum* 主要存在于麻德拉斯叶下珠（*Phyllanthus maderaspatensis*）、热带铁苋菜，而 *Gigaspora fasciculatum* 在 11 种植物根际均有发现。工业废水污染土壤（Cd、Zn）中，AM 真菌具有较强侵染，菌根植物中 Cd 的根冠比较低（Rashid et al.，2009）。利用 Nested PCR 技术在波兰南部某工业废物污染区（富含 Pb、Zn、Cd、Cu、As）野草莓根系中鉴定出多种 *Glomus* 的 AM 真菌，其中 70% 的根系样品有 *Glomus mosseae* 存在（Turnau et al.，2001）。Vallino 等（2006）对意大利北部萨沃纳省某化学药品公司污染区（有机物、重金属）晚生一枝黄花（*Solidago gigantea*）根系进行 18S rDNA 扩增，用 PCR-RLFP 分析了污染土壤中 AM 真菌的生存状况，鉴定出 14 种 AM 真菌类型，其中 *Glomus* 是该地区 AM 真菌的主要属。在埃及某污水灌溉（Zn、Pb、Cd、Co、Mn、Cu）引起的污染土壤中分离到 3 个属（*Acaulospora*、*Gigaspora*、*Glomus*）的 8 种 AM 真菌，其中 Glomeraceae 的 6 种，Gigasporaceae 的 2 种（Abdel-Azeem et al.，2007）。在印度某临近制革厂被 Fe、Zn、Cr、As 等污染的土壤中生长的高粱根际土壤中，孢子密度仅有 24 个（100g 土壤），而且只发现 *Glomus claroideum* 1 种 AM 真菌（Khade and Alok，2008）。但是，进一步调查发现污染土壤中平均植物菌根侵染率和孢子密度分别为 100% 和 19 个/g 土壤，而未污染土壤分别为 34.16% 和 9 个/g 土壤；共鉴定出 *Glomus* 和 *Scutellospora* 的 6 种 AM 真菌（Khade and Alok，2009）。因此，对于某种特定植物，重金属污染可能利于 AM 真菌侵染和孢子繁殖。

其他各种原因造成的重金属污染土壤中也有 AM 真菌分布。Hassan 等（2011）调查了蒙特利尔市社区花园中重金属污染（As、Cd、Cu、Pb、Sn、Zn）土壤中大车前（*Plantago major*）根内和土壤中的 AM 真菌分子多样性和群落结构，发现与非污染土壤相比，土壤及根内 AM 真菌多样性降低，同时重金属污染改变了其群落结构，*Glomus* spp.、*Scutellospora aurigloba*、*Stellospora calospora* 是非污染土壤中的优势种，*Glomus etunicatum*、*Glomus irregulare*/*Glomus intraradices*、*Glomus viscosum* 在非污染、污染土壤中均有发现，而 *Glomus mosseae*、*Glomus* spp. 在污染土壤中占优势。Bedini 等（2010）调查了威尼斯的岛屿 Sacca San Biagio（被固体废弃物覆盖，重金属 Cu、Pb、Zn 含量较高）土壤中 AM 真菌多样性，利用 SSU rRNA 基因序列从 3 种植物中发现了 9 种序列类型，绝大部分可能来自于 *Glomus intraradices*、*Glomus fasciculatum* 和 Glo18，优势植物根际土壤中的 GRSP 含量达 1.6～2.3mg/kg。在重金属污染（Al、Cd、Cu、Fe、Mn、Pb、Zn）土壤中有土著 AM 真菌种群存在，但是高度依赖于宿主植物。例如，金属型植物阿拉伯补骨脂（*Psoralea bituminosa*）AM 真菌多样性最高，AM 真菌多样性与植物和土壤中重金属含量没有显著相关性（Aguilera et al.，2011）。有意思的是，重金属植物提取会影响 AM 真菌的群落，尤其是植物和土壤改良剂（如施肥）的选择，非菌根植物狗筋麦瓶草（*Silene vulgaris*）或天蓝遏蓝菜（*Thlaspi caerulescens*）根际的 AM 真菌孢子密度低于玉米根根际的，施加硫肥增加根系内泡囊数，但降低玉米根系孢子密度（Pawlowska et al.，2000）。

值得深入研究的是，在某些重金属超富集植物根围也有 AM 真菌分布。在浙江衢州某铅锌矿、砷矿和冶炼区，蜈蚣草和东南景天根际孢子密度为 16～190 个（25g 土壤），*Glomus microaggregatum*、*Glomus mosseae*、*Glomus brohultii*、*Glomus geosporum* 是两种植物的常见种（Wu et al.，2007）。Wu 等（2010a）调查了重金属污染土壤中狗牙根的重金属累积和 AM 真菌侵染状况，地上部含量最高可达 94.7mg/kg As、417mg/kg Pb、498mg/kg Zn、5.8mg/kg Cd、27.7mg/kg Cu，菌根侵染率可达 33.0%～65.5%，从根际中分离出 14 种 AM 真菌，1 种属于 *Acaulosporea*，13 种属于 *Glomus*，污染土壤中的优势种为 *Glomus etunicatum*，孢子密度为 22～82 个/25g 土壤，远低于未污染土壤中的 371 个/25g 土壤；但污染土壤中的物种多样性高于未污染土壤。

二、重金属复合污染条件下 AM 真菌的侵染状况

AM 真菌对重金属有一定的耐性,在复合重金属污染条件下仍然有侵染能力。在野外自然污染土壤中的调查发现,菌根侵染现象非常普遍。重金属污染土壤中狗牙根菌根侵染率可达 33.0%~65.5% (Wu et al., 2010a)。Zhan 等 (2013) 调查了云南个旧铅锌废弃地 (Pb、Zn、Cd、As 含量很高) 中 13 个科的 21 种植物,发现其中 7 种植物 AM 真菌侵染率高于 20%,7 种低于 20%,另外 7 种没有菌根侵染。在 DTPA-Zn 和 Pb 分别达 236mg/kg、456mg/kg 的污染土壤中种植紫花苜蓿,仍然有菌根侵染,但都低于 56% (Diaz and Honrubia, 1993)。在含 Zn、Pb 等重金属的土壤中,三色堇、欧洲堇菜均与菌根侵染,这些 AM 真菌的存在可能降低对重金属的吸收,从而保护植株的组织和器官 (Slomka et al., 2011)。在 Zn、Cd 污染土壤中,细弱剪股颖的侵染强度很大 (Griffioen et al., 1994)。在大气沉降和污泥施用造成的重金属 (Cd、Ni、Zn、Cu、Pb、Mn 等) 污染的农田,玉米的菌根侵染水平依然很高 (Weissenhorn et al., 1995b, 1995c),但有时候菌根侵染被延迟了 (Koomen et al., 1990)。重金属耐性植物白花酢浆草能在酸性土壤上生长,施用 Cd、Zn、Pb 的工业粉尘处理后,其菌根侵染率增加了 (Turnau et al., 1996)。这些事实都证实了 AM 真菌的重金属耐性。Raman 等 (1993) 调查了印度南部的菱镁矿废弃地上生长的 14 种植物,发现均被 AM 真菌侵染,侵染率为 32%~82%。在波兰一菱锌矿污染土壤 (富含 Cd、Pb、Zn) 中,绝大多数的植物都有 AM 真菌侵染,其中 25 种菌根植物占了 77% 的相对盖度 (Pawlowska et al., 1996)。荷兰某重金属 (Cd、Pb、Zn) 污染区细弱剪股颖的菌根侵染率存在季节变化,冬季最低,夏末和秋季最高 (Ietswaart et al., 1992)。Leung 等 (2007) 在湖南郴州多个金属 (Pb、Zn、Cu、Cd、As) 尾矿区调查发现,杭白菊 (*Chrysanthemum moritolium*)、狗牙根、五节芒 (*Miscanthus floridulus*)、蜈蚣草等几种优势植物中绝大多数有菌根侵染,狗牙根和蜈蚣草有典型菌根结构 (丛枝、泡囊、菌丝卷),蜈蚣草叶片中地上部 As 含量高于根系 24 倍,菌根侵染达 73%;而狗牙根根系 As 含量是地上部的 57 倍,菌根侵染达 85%。这说明不同的植物对重金属的适应策略不同。他们认为与 AM 真菌共生是这些植物在金属矿区土壤的生存策略之一,其对于矿区的植被恢复和植物稳定有应用潜力。

也有研究发现,菌根侵染率与土壤或植物中的重金属含量没有显著相关性 (Weissenhorn et al., 1995c)。菌根侵染率与污泥处理农田土壤中的有效 Cd 没有显著关系,而是与其他土壤性状如有机质、pH、CEC、P 含量等有关 (Weissenhorn et al., 1995a)。但 Leyval 等 (1995) 发现菌根侵染水平与土壤中的 NH_4NO_3 提取态的 Cd 和 Zn 呈显著负相关。因此,土壤中的有效态重金属含量/重金属总量可能对菌根侵染有更大的影响。Whitfield 等 (2004b) 调查了在英国南泰恩河沿岸 Cd、Zn、Pb 污染土壤上生长的旱生百里香的菌根侵染情况,发现所有调查的样品均有较高的菌根侵染,而且与重金属污染程度没有相关性;而根内泡囊的丰度却是在污染最严重的地方最高,与土壤有效 Cd 和 Zn 呈正相关;侵染率和泡囊丰度没有显著季节性变化。班宜辉等 (2012)

调查了陕西凤县铅硐山铅锌矿区 4 个不同程度铅锌污染样地植物根系的 AM 真菌，发现无铅锌污染的矿山上调查的 15 种植物中除黄连木（*Pistacia chinensis*）没有检测到菌根侵染外，其他植物均能与之共生，但平均侵染率较低（32.3%），铅锌轻度污染的尾矿荒地和铅中度污染、锌重度污染的尾矿坝植物根系内侵染率明显提高，平均侵染率分别为 53.3% 和 68.3%，铅锌重度污染的废弃冶炼厂样地植物侵染率明显下降，平均只有 17.6%。这说明轻度和中度的铅锌污染能促进 AM 真菌与宿主共生关系的建立，而重度污染则显著抑制 AM 真菌侵染。

有意思的是，在某些重金属超富集植物根围也能被 AM 真菌侵染。Wu 等（2007）调查了浙江衢州某铅锌矿、砷矿和冶炼区的 6 个种群的蜈蚣草和 4 个种群的东南景天的菌根侵染状况，发现污染或未污染条件下蜈蚣草的侵染率为 4.2%～12.8%、东南景天为 8.5%～45.8%。十字花科植物一般很难被 AM 真菌侵染。Vogel-Mikus 等（2005）、Pongrac 等（2008）发现斯洛文尼亚某铅矿和冶炼区附近的 Cd、Zn 超富集植物 *Thlaspi praecox*（十字花科）可以被 AM 真菌侵染，但侵染率较低，污染土壤中多为重楼型，而非污染土壤中疆南星型更常见。利用传统方法和 TTGE 方法调查发现，*Thlaspi praecox* 中菌根频度较高，但是丛枝率很低（Sonjak et al.，2009）。Pongrac 等（2009）研究发现 *Thlaspi praecox* 根系能够被土著 AM 真菌侵染，菌根频度为 33%～68%，而较少观察到丛枝，除 AM 真菌外，深色有隔内生菌疣状瓶霉（*Phialophora verrucosa*）、丝核菌（*Rhizoctonia* sp.），子囊菌和担子菌如 *Capnobotryella* sp.、短密青霉（*Penicillium brevicompactum*）、橙黄红酵母（*Rhodotorula aurantiaca*）、斯鲁菲亚红酵母（*Rhodotorula slooffiae*）也有存在。在重金属污染土壤中，给 *Thlaspi praecox* 接种土著混合 AM 真菌后，在植物营养需求旺盛期（如生殖期）可以观察到 AM 真菌的发育，菌根侵染与土壤中总 Pb、总 Cd 呈正相关，菌根植株营养状况得到改善，Zn、Cd 含量降低，意味着可能菌根会影响植物对重金属的耐性（Vogel-Mikus et al.，2006）。Pongrac 等（2007）研究了 *Thlaspi praecox* 在不同发育期元素吸收和菌根侵染之间的关系，发现在花期菌根侵染强度大，此时根系 Cd、Zn、Pb 和 Fe 含量也高，说明 AM 真菌可以影响植物对养分的选择，对繁殖期的植物有保护性作用。

重金属污染一般对菌根侵染不利，但是与植物和 AM 真菌的重金属耐性及重金属污染水平密切相关。土壤中施加镉、锌抑制菌根侵染，施加石灰可以减轻重金属胁迫（Rajapaksha and Amarakoon，2011）。在 Cd、Ni、Cr 复合污染土壤中，*Glomus mosseae* 对大麻的菌根侵染率从对照中的 42% 降至 9%（Citterio et al.，2005）。射击场重金属（Cd、Cr、Cu、Ni、Pb、Zn）污染降低了韭葱的菌根侵染率（Mozafar et al.，2002）。在被 Cd、Pb、Zn 污染的土壤中，燕麦草的菌根侵染率较低，菌丝、丛枝和泡囊均受到重金属的不利影响（Deram et al.，2011）。在 Cu、Zn、Pb、Cd 复合污染土壤中，田间施用磷酸钙和褐煤等化学固定剂有利于发草的菌根侵染，菌根侵染参数与土壤中 Cu、Zn 有效态含量呈显著负相关（Gucwa-Przepiora et al.，2007）。高水平的重金属污染抑制韭葱和高粱的菌根侵染（Del Val et al.，1999a），而重金属耐性植物芦苇堇菜在重污染土壤中侵染率较高（Hildebrandt et al.，1999）。在 Cu、Zn、Pb、Cd 复合污染条件下给旱稻的两个品种接种 3 种不同的 AM 真菌，侵染率为 30%～70%（Zhang et al., 2005)。Diaz 等（1996）通过在 DTPA 萃取态 Zn 和 Pb 含量分别高达 236mg/kg、456mg/kg 的尾矿上种植紫花苜蓿发现，尽管其孢子数远低于附近不受开采活动干扰的土壤，但这些孢子仍有一定的侵染力。冶炼厂的大气沉降物和污泥改良剂所造成的重金属污染土壤中的菌根侵染率也较高（Weissenhorn et al., 1995b, 1995c）。在灰钙土上使土壤含铅、镉、铜、砷量分别达 20mg/kg、100mg/kg、200mg/kg、400mg/kg 时，3 年后重金属不但没有抑制 AM 真菌侵染小麦根系，反而表现出一定的促进作用（张美庆和王幼珊，1990）。由此可知，AM 真菌对重金属有耐受性，并能侵染生长在重金属污染场地的植物。

在盆栽条件下，不论是用人工模拟污染还是用自然污染土壤，土著 AM 真菌或是外来菌种，一般都具有侵染能力，但是盆栽条件与野外自然条件不同，如重金属有效性、植物密度、土壤总量、微生物群落及光照、水肥等条件都有诸多差异，尤其是模拟污染条件下重金属的有效性可能较高，因此，菌根侵染率往往与自然条件下存在差异。我们利用自然条件下的 Cu、Zn、Pb、Cd 污染土壤进行了盆栽试验，发现玉米和海州香薷都有较高的侵染率（Wang et al., 2006b），不接种的处理侵染率也能达 30% 以上，而接种外来菌种侵染率显著提高了（图 4-27）。而在人工模拟污染条件下，重金属有效性较高，毒害作用往往较强，会抑制菌根侵染。在 500mg/kg Zn、5mg/kg Cd 及 2000mg/kg Zn、20mg/kg Cd 人工模拟条件下，地三叶不能生存，只在 200mg/kg Zn、2mg/kg Cd 条件下生长，侵染率较低（Tonin et al., 2001）。

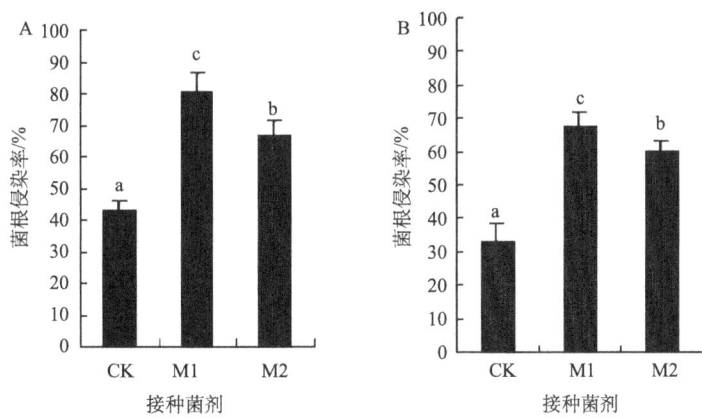

图 4-27 重金属复合污染土壤中海州香薷（A）和玉米（B）的菌根侵染率

CK. 不接种；M1. 接种 *Glomus caledonium* 90036；M2. 混合土著 AM 真菌；竖棒表示标准误差（$P<0.05$）

三、重金属复合污染条件下 AM 真菌对植物生长和营养的改善作用

一般情况下，重金属污染对植物生长和营养吸收不利，接种 AM 真菌可以通过减少植物对重金属的吸收、降低重金属活性等各种机制降低其毒性以保护植物免受毒害，直接结果是改善了植物生长和营养状况（Gildon and Tinker, 1981; Diaz et al.,

1996）。但是重金属复合污染情况下各元素间的相互作用可能使其生物毒性发生改变，AM 真菌的促生效应可能也会改变。Cd、Zn 共存时，Zn 能够减轻 Cd 对木豆的毒性、降低 Cd 吸收、增加产量，但是不同基因型的木豆反应不一；接种 *Glomus mosseae* 也可以降低重金属毒性（Garg and Kaur，2012）。在重金属和 As 复合污染土壤中，接种 *Glomus mosseae* 显著促进了紫花苜蓿的生长（Guralchuk et al.，2006）。在 Cu、Zn、Pb、Cd 复合污染土壤中，*Glomus mosseae* 促进了 3 种豆科植物长喙田菁（*Sesbania rostrata*）、田菁（*Sesbania cannabina*）和紫花苜蓿的生长，并促进根瘤形成和 N、P 吸收（Lin et al.，2007）。在有效磷较低的石灰型土壤中，Cd、Zn 显著降低玉米的菌根侵染率（从 56% 降至 27%），Cd 污染水平高时，接种 *Glomus mosseae* 的菌根植株生物量高于对照，接菌改善 P 营养（Shen et al.，2006）。在废水污染土壤中接种 *Glomus deserticola* 显著减轻了污染对蚕豆（*Vicia faba*）的不利影响，植物生长，叶绿素含量，N、P、K 营养含量，菌根侵染率均得到改善，地上部和根系中的重金属含量（Zn、Co、Mn、Cu）降低（Al-Amri，2013）。蛇纹岩土壤 Ca/Mg 低、缺乏必需营养元素、重金属含量高而持水能力低，被认为是胁迫环境之一。在蛇纹岩土壤中 AM 真菌对欧洲山萝卜侵染良好，显著促进其生长和 P 吸收，对 Mg 吸收有轻微影响，没有影响 Ca 和 Ni 吸收，二者共生有利于其适应蛇纹岩土壤环境（Doubkova et al.，2012）。香根草可以在铅锌尾矿中生长，接种 *Glomus intraradices*、*Glomus mosseae* 可以使干重提高 8.1%～13.8%，地上部 N、P 含量高于对照，但降低了根系中重金属含量，不影响地上部含量（Wu et al.，2011b）。

植物和 AM 真菌的抗性会影响其共生效应，来自污染土壤的细弱剪股颖克隆和 *Glomus intraradices* 菌株对重金属的耐性较强，AM 真菌对其生长和重金属吸收的效应与植物克隆-AM 真菌组合有关（Sudova et al.，2008）。在 Cu、Zn、Pb、Cd 复合污染条件下，接种 3 种不同的 AM 真菌促进了旱稻两个品种的生长（Zhang et al.，2005），但对于品种'91B3'的效果更好，菌种之间也存在差异，以 *Glomus mosseae* 效果最好；植物体内 P 含量没有显著改变（'91B3'）或略有降低（'277'），但是 P 吸收量却略有增加或没有显著改变。接种 *Glomus intraradices* 对复合重金属污染土壤中艾菊叶法色草（*Phacelia tanacetifolia*）、白芥（*Sinapis alba*）、红三叶和向日葵耐性和生长的影响与植物种类、重金属种类有关系（Neagoe et al.，2013）。Zaefarian 等（2011）比较了 *Glomus mosseae*、*Glomus. etanicatum*、*Glomus intraradices* 和混合 AM 真菌（*Glomus mosseae*、*Gigaspora hartiga*、*Glomus fasciculatum* 混合物）对紫花苜蓿生长和营养吸收的影响，发现 *Glomus mosseae* 在促进 P、N 吸收和生长方面最为有效。在 Zn、Pb、Cu、Cd、As 污染土壤中，接种 *Glomus mosseae* 等 AM 真菌促进紫花苜蓿生长，地上生物量显著增加，污染程度较重时菌根效应显著，而 *Glomus mosseae* 比其他菌株显著（Guralchuk et al.，2009）。来源于煤矿区的 AM 真菌适应性较强，接种后利于北美枫香（*Liquidambar styraciflua*）在煤矿区土壤中生长（Taheri and Bever，2010）。在 Cd、Zn、Pb 复合污染的低 P 土壤中，Whitfield 等（2004a）研究了接种 AM 真菌（包括 *Glomus mosseae*、*Glomus caledonium*、*Glomus claroideum*、*Glomus intraradices*）对不同耐性的旱生百里香的影响，发现接种后植物地上部干重和根系干重都显著增加，地上部 P 营养显著改善，而地上部 Zn 含量没有变化（耐性克隆）或有增加（敏感克隆）。

海州香薷是一种对重金属尤其是 Cu 耐性很高的植物，而玉米的重金属耐性相对较弱。我们研究了 Cu、Zn、Pb、Cd 复合污染对玉米和海州香薷生长的影响，发现 AM 真菌的效应与菌种有关系：其中接种（M1）*Glomus caledonium* 90036 和分离自污染土壤的复合菌种（M2）都显著促进了海州香薷的地上部和根系干重，而且后者比前者效果好；而对于玉米来说，只有 M1 显著促进其地上部干重和根系干重，而且增加的绝对值也很小（表 4-17）。这说明不同植物的菌根依赖性不同，而且存在菌种间差异。另外，海州香薷在接种 M2 时显著改善 P 营养，M1 没有显著影响；对于玉米来说，M1 和 M2 增加根系 P 含量，没有显著影响地上部 P 含量。另外，植物收获时分析发现土壤中的磷酸酶和脲酶活性有所增加（图 4-28，图 4-29），这意味着 AM 真菌可能对于土壤中的 P 和 N 转化起重要作用。

表 4-17 不同接菌处理下海州香薷和玉米地上部和根系干重

处理	地上部干重/(g/盆)		根系干重/(g/盆)	
	海州香薷	玉米	海州香薷	玉米
CK	7.7 (0.23) a	2.4 (0.05) a	1.3 (0.03) a	1.9 (0.19) a
M1	8.7 (0.43) b	2.7 (0.06) b	1.9 (0.11) b	2.2 (0.04) b
M2	10.9 (0.94) c	2.4 (0.04) a	2.7 (0.16) c	2.0 (0.03) a

注：CK. 不接种；M1 接种 *Glomus caledonium* 90036；M2. 接种混合土著 AM 真菌；竖棒表示标准误差（$P < 0.05$）

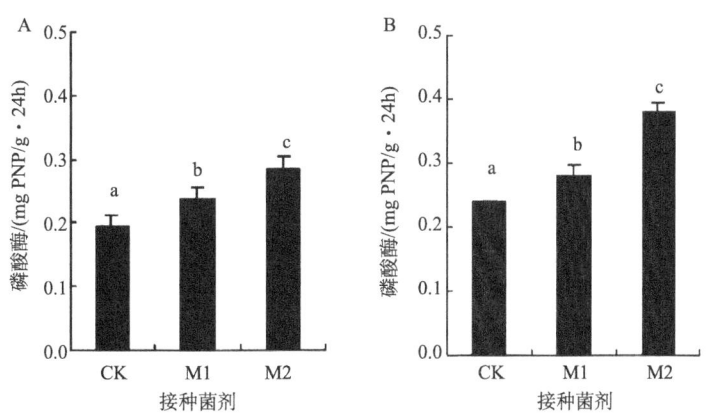

图 4-28 海州香薷（A）和玉米（B）土壤中磷酸酶活性

尽管上述大多数研究认为 AM 真菌可以提高宿主植物对重金属的耐性，促进其生长，但是也有研究发现 AM 真菌对植物生长和营养状况的效应是不一致的，也可能抑制或没有影响。与未污染土壤相比，人工模拟 Zn、Cd 污染显著抑制地三叶的生长，然而在污染条件下接种分离自污染土壤的 AM 真菌或 *Glomus mosseae* P2 对地三叶的干重都没有显著影响（Tonin et al.，2001）。在含有 111mg/kg U 和 106mg/kg As 的污染土

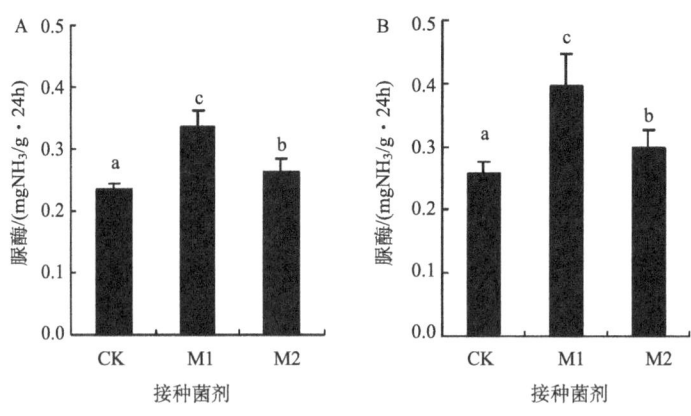

图 4-29 海州香薷（A）和玉米（B）土壤中脲酶活性

壤中，接种 *Glomus mosseae*、*Glomus caledonium* 或 *Glomus intraradices* 抑制蜈蚣草生长，体内 As 含量没有显著变化（Chen et al.，2006）。在重金属复合污染土壤中，与对照植株比较，土著 AM 真菌侵染的玉米生物量增加，但是 P 营养并没有显著改变（Weissenhorn et al.，1995a）。在 Zn、Cd、Pb 污染条件下，AM 真菌可以侵染十字花科植物 *Thlaspi praecox*，并改善了 P、K、S、Ca、Cu、Ni 等营养状况，但是却没有影响地上部生物量，反而降低了根系生物量（Vogel-Mikus et al.，2006）。

四、重金属复合污染条件下 AM 真菌对植物重金属含量和吸收量的影响

在重金属复合污染条件下，由于重金属间的相互作用，重金属的有效性、毒性更为复杂，AM 真菌对重金属吸收和运输的影响也是非常复杂的，研究显示 AM 真菌对重金属吸收的影响可能是促进、抑制或不显著影响。影响因素主要有：土壤中重金属的浓度、种类和有效性，AM 真菌的种类、菌株和重金属耐性；植物的种类和重金属耐性；土壤理化性状；栽培措施和生长条件等。

多数研究证实，在重金属胁迫条件下接种 AM 真菌会降低植物体内重金属含量（尤其是地上部含量），降低重金属从根系向地上部的迁移，并降低土壤中重金属的有效性，从而减轻重金属的毒害（Joner and Leyval，1997；Schuepp et al.，1987；Weissenhorn et al.，1995a）。在 Cu、Zn、Pb、Cd 复合污染土壤中接种 *Glomus mosseae* 显著增加了蚕豆的生长和对重金属的耐性，降低重金属从根系向地上部的运输（Zhang et al.，2006b）。盆栽试验显示，在含 Cu 或（和）Zn 模拟污染土壤中，桉树菌根侵染率没有受到显著影响，接种 *Glomus mosseae* 可使桉树苗生物量增加 1～3 倍，显著降低桉树苗中 Cu 和 Zn 的含量，分别减少 5%～40% 和 50%～80%；土壤中外加的 Zn 也使桉树苗中 Cu 的含量显著减少，而 Cu 也能显著降低桉树苗中 Zn 的含量（黄佳玉等，2013）。在有效磷较低的石灰型土壤中，玉米接种 *Glomus mosseae* 使土壤 pH 升高，减少植物对 Cd、Zn 的吸收，降低其在土壤中的有效性（Shen et al.，2006）。在 Cu、Zn、Pb、Cd 复合重金属污染土壤中，*Glomus mosseae* 降低长喙田菁、田菁和紫花苜蓿植物体内

重金属含量（如地上部 Cu），并减少从根系向地上部的运输（Lin et al.，2007）。Cd、Pb 交互作用时接种 *Glomus mosseae* 减少木豆根系吸收 Cd、Pb 及其向地上部的转运（Garg and Aggarwal，2011，2012）。在 Cd、Zn 单一或复合污染时接种 AM 真菌也减少重金属吸收、减轻氧化胁迫、增加防御系统而改善其固氮能力（Garg and Kaur，2012，2013b）。在水培条件下重金属耐性植物大花滨菊（*Chrysanthemum maximum*）根系排斥 Pb，但是积累 Cd、Cu、Ni，接种 *Glomus mosseae* 降低根系和地上部 Pb、Cu 含量（Gonzalez-Chavez and Carrillo-Gonzalez，2013）。Bissonnette 等（2010）研究发现试验第二年接种 *Glomus intraradices* 降低了 Cu、Cd 向杨柳科（Salicaceae）植物蒿柳（*Salix viminalis*）、格氏杨（*Populus x generosa*）地上部的转运。在 Pb、Zn、Cd 污染土壤中，*Glomus mosseae*、*Glomus sp.* 显著促进玉米的生长，Pb、Zn、Cd 主要积累于根系中，在高污染水平下 AM 真菌降低地上部 Pb、Zn、Cd 和根系中的 Pb 达 50%（Liang et al.，2009），说明 AM 真菌主要是促进植物生长、降低重金属吸收，从而减轻重金属毒害。在 Zn、Cd、Cu、Pb 污染土壤中，接种 *Acaulospora spinosa*、*Acaulospora morrowiae*、*Gigaspora gigantea* 等 AM 真菌后，俯仰臂形草（*Brachiaria decumbens*）的生物量增加 84%，地上部 Zn、Cd、Cu 分别降低了 20%、28%、63%，但由于生物量增加，重金属提取量显著增加了，这显然有利于植物提取（da Silva et al.，2006）。

也有研究发现，接种 AM 真菌增加植物耐性的同时会增加植物体内重金属含量，从而有利于植物提取（地上部）或植物稳定（根系）。Killham 和 Firestone（1983）以模拟酸雨的形式向土壤中施加 Cu、Ni、Pb、Zn、Fe、Co，发现接种 *Glomust fasciculatum* 的常年大草原草（*Ehrharta calycina*）重金属吸收量增加，但生物量降低。接种耐性 AM 真菌 *Glomust deserticola* 促进了茄子（*Solanum melogena*）的生长和对盐与重金属（Zn、Cd）胁迫的耐性，菌根植株中的重金属含量高于对照（Mohammad and Mittra，2013）。接种 *Glomus intraradices* 促进了家山黧豆（*Lathyrus sativus*）、紫花苜蓿、长柔毛野豌豆（*Vicia villosa*）对铅锌矿污染土壤中重金属的吸收（Nezami and Kalantari，2013）。在 Cu、Pb、Zn 污染土壤中，AM 真菌能够提高白花鬼针草（*Bidens pilosa* var. *radiate*）根系和地上部的 Cu 含量，以及龙珠果（*Passiflora foetida* var. *hispida*）根系中 Cu、Pb 含量，由于龙珠果生物量增加，其根系 Cu、Pb、Zn 吸收量比对照增加了 9~14 倍（Tseng et al.，2009）。刘德良和杨期和（2013）研究了不同黄土与煤矸石基质配比条件下 4 种 AM 真菌对煤矿尾矿区土著先锋植物鬼针草（*Bidens bipinnata*）重金属吸收的影响，结果表明，从宿主生物量、菌根侵染率及侵染强度、孢子密度、根系活力来看，*Glomus versiforme* 是最适合鬼针草的菌种。与对照相比，*Glomus intraradices* 可显著促进地上部 Cd 吸收；4 种 AM 真菌对 Cu 和 Mn 的吸收-排斥效应均不显著，但接种 *Glomus mosseae* 对根系 Cu 和 Mn，以及接种 *Glomus versiforme* 对根系 Mn 的移除量显著增加；接种 4 种 AM 真菌处理的 Ni 移除量均显著增加。在 Cd、Ni、Cr 复合污染土壤中，大麻接种 *Glomus mosseae* 没有影响土壤 pH、重金属有效性和植物对重金属的吸收量，但菌根植株地上部 Ni 含量较高，污染土壤中绝大部分重金属在根系中，但接菌促进了 3 种重金属向地上部的运输，有利于植物提取（Citterio et al.，2005）。Cd、Zn 污染条件下接种 AM 真菌使得地三叶根系比对照中的

Cd 增加 8 倍，Zn 增加 3 倍，而生物量和地上部重金属含量没有显著变化（Tonin et al.，2001）。

还有研究发现，AM 真菌对植物重金属含量的影响不显著。自然或人工菌根化则没有影响重金属耐性克隆白杨叶片中重金属的积累（Baldantoni et al.，2011）。Ogiyama 等（2010）发现可以利用玉米和番薯（*Ipomoea batatas*）植物修复施加猪粪（Cu 和 Zn）土壤中的 Cu 和 Zn，而可食部分 Cu、Zn 含量没有受 AM 真菌或木炭的影响，他们认为利用农作物植物修复是安全的。

不同来源的菌种或菌株对重金属的耐性不同，因此对植物吸收重金属的作用也不一致。*Glomus etunicatum* 比 *Glomus intraradices* 对 Cd、Pb、Zn 敏感（Pawlowska and Charvat，2004）。AM 真菌影响长叶车前对重金属的吸收，但是依赖于 AM 真菌对重金属的耐性，接种分离于未污染土壤的菌株的植株体内重金属含量比接种污染土壤菌株的高；分析显示，地上部 Zn、Pb 含量与 AM 真菌 ALP 活性、菌丝和丛枝等指标呈负相关（Orlowska et al.，2005a）。而作者的结果则相反，分离重金属污染土壤中的 AM 真菌在促进重金属吸收方面有良好作用（Wang et al.，2005，2007b）。在 Cu、Zn、Pb、Cd 复合污染条件下，我们发现两种不同的 AM 真菌菌剂（M1 为 *Glomus caledonium* 90036，M2 为混合土著 AM 真菌）对海州香薷和玉米的重金属含量有不同的影响，M2 增加了海州香薷地上部 Cu、Zn、Pb 含量和根系 Zn、Pb 含量，M1 降低了地上部 Zn、Pb 含量，而接种两种 AM 真菌对 Cd 都没有显著影响（表 4-18）；对于玉米来说，M1 降低了地上部重金属含量，而 M2 却增加了重金属含量（表 4-19）。可见，虽然两种植物的重金属耐性不同，但两种 AM 真菌菌剂对它们吸收重金属的影响大致有类似的趋势：M1 降低地上部重金属含量，M2 增加植物体内重金属含量。

表 4-18 接种不同 AM 真菌对海州香薷体内 P、Cu、Zn、Pb、Cd 含量（mg/kg）的影响

		CK	M1	M2
地上部				
	P	1408.2 (65.7)	1593.4 (65.9)*	1722.8 (54.9)*
	Cu	5.1 (0.3)	5.0 (0.3)	6.6 (0.3)*
	Zn	71.3 (0.9)	65.3 (2.8)*	79.0 (3.8)*
	Pb	5.8 (0.3)	4.6 (0.1)*	7.0 (0.4)*
	Cd	0.14 (0.01)	0.12 (0.01)	0.12 (0.01)
根系				
	P	654.9 (14.6)	728.6 (20.1)	890.3 (35.0)*
	Cu	899.5 (30.6)	869.2 (37.4)	898.3 (48.8)
	Zn	948.8 (26.2)	957.4 (23.6)	1092.5 (68.2)*
	Pb	432.1 (10.2)	354.4 (9.3)	674.9 (93.3)*
	Cd	6.5 (0.7)	7.0 (0.7)	7.1 (0.7)

注：表中数字表示平均值（标准偏差）；* 表示在 $P<0.05$ 水平下差异显著

表 4-19 接种不同 AM 真菌对玉米体内 P、Cu、Zn、Pb、Cd 含量（mg/kg）的影响

		CK	M1	M2
地上部				
	P	1862.1 (61.0) a**	1716.5 (110.7) a	1988.6 (43.6) a
	Cu	18.0 (0.5) b	15.2 (0.4) a	20.3 (0.5) c
	Zn	774.2 (12.1) b	695.1 (21.3) a	846.2 (10.6) c
	Pb	10.1 (0.5) b	8.3 (0.5) a	12.1 (0.3) c
	Cd	14.2 (0.8) b	11.9 (0.2) a	14.6 (0.8) c
根系				
	P	1328.8 (44.4) a	1600.0 (63.2) b	1469.5 (82.7) b
	Cu	659.7 (24.7) a	672.3 (25.0) a	722.1 (18.0) b
	Zn	1607.5 (61.6) a	1821.7 (89.2) b	1596.7 (91.2) a
	Pb	195.9 (20.9) a	282.6 (42.9) b	336.4 (47.9) b
	Cd	23.9 (2.4) a	23.7 (0.9) a	23.3 (1.5) a

注：表中数字表示平均值（标准偏差）；同一行不同字母表示差异显著（$P<0.05$）

两种 AM 真菌菌剂对重金属的吸收量的影响也大致类似，接种 M2 增加了玉米体内的重金属吸收量，而 M1 降低了地上部 Cu、Zn、Pb 吸收量（图 4-30）；对于海州香薷，M2 增加了地上部和根系重金属吸收量，M1 对地上部没有显著影响，增加了根系重金属吸收量。由于 M2 显示出了对植物提取的效应，进一步研究它的田间效果（Wang et al.，2007a），发现大田条件下，接种菌剂显著改善植物 P 营养（地上部 P 含量增加近 1 倍），显著增加了地上部生物量和 Cu、Zn、Pb 含量，因此地上部重金属吸收量都显著提高，这说明 M2 是可以辅助用于海州香薷对重金属污染土壤的植物提取。

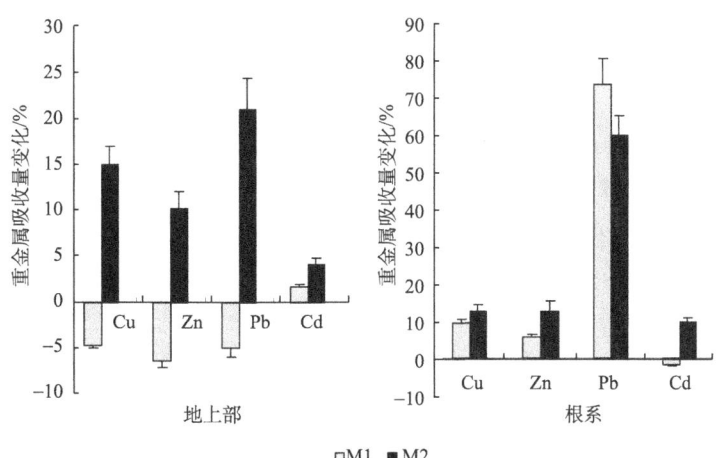

图 4-30 接种不同 AM 真菌对玉米体内 Cu、Zn、Pb、Cd 吸收量增加率的影响

大量研究报道了不同 AM 真菌菌种（株）对植物吸收、转运重金属的作用，得出的结论也不尽一致。在 Cu、Zn、Pb、Cd 污染土壤中，*Glomus versiforme*、*Glomus* mosseae、Glomus diaphanum 对旱稻的两个品种'91B3'、'277'的侵染率为 30%～70%，显著增加其生物量，降低重金属从根系向地上部的转运，其中 Glomus mosseae 效果最为显著（Zhang et al.，2005）。分离自重金属污染土壤的混合 AM 真菌（Acaulospora morrowiae、Gigaspora albida、Glomus clarum）可以促进俯仰臂形草的生长，减少 Zn、Cd、Cu、Pb 向地上部的转运，从而起到保护作用；磷也可以起到保护作用，并且与 AM 真菌之间具有累加作用（Soares and Siqueira，2008）。在污水污泥处理的土壤中，AM 真菌 Glomus sp. 的两个菌株（T6 和 D13）对紫花苜蓿和燕麦的作用存在差异，对紫花苜蓿的促生作用较小，增加了紫花苜蓿中的 P 含量和吸收量，降低了根系和地上部的 Zn、Cd、Ni 含量，向地上部转运略有增加；AM 真菌对燕麦的促生作用更显著，增加根系 Zn、Cd、Ni 含量，降低地上部 Zn 含量，减低向地上部的转运（Ricken and Hofner，1996）。Redon 等（2009）研究了 Cd、Zn、Pb 污染农田土壤中 5 个不同的 AM 真菌菌株对紫花苜蓿生长和重金属吸收的影响，来源不同，对重金属吸收的影响不一样，分离自污染土壤中的菌株对于降低地上部 Cd 含量有效，Glomus intraradices 与结瘤根际细菌共存可以有效提高生物量和 2 倍以上的地上部 Cd、Zn 含量；AM 真菌能够能显著降低土壤浸出液中的 Cd 含量。黄晶等（2012）研究了 Cd、Zn 复合污染土壤中 8 种不同 AM 真菌对紫花苜蓿吸收 Cd、Zn 的影响，发现不同 AM 真菌的效应和植株不同部位对重金属的吸收、积累规律存在差异，AM 真菌处理下根部 Cd、Zn 含量和积累量明显增加，但地上部 Cd、Zn 的含量则降低，地上部 Zn 的积累量也减小，这表明 AM 真菌处理减弱了 Cd、Zn 由根部向地上部的转运，减轻了植物地上部所受毒害。在 Cu、Zn、Pb、Cd 复合污染土壤中，接种 Glomus intraradices 和 Glomus caledonium 能明显减少红三叶对 Cu、Cd 和 Pb 的吸收，并强化限制 Pb 和 Cd 从根系向地上部运输，地上部 Pb 和 Cd 含量分别降低 24.2%～55.3% 和 65%～97.9%；Glomus intraradices 对减少红三叶对重金属的吸收及其在地上部可食部分的累积的作用优于 Glomus caledonium（孔凡美等，2007）。菌根化红三叶地上部 Cd 和 Pb 含量均低于我国牧草重金属安全含量，提高了红三叶可食部分的质量安全，减轻重金属对食物链的污染风险。

在 Cu、Zn、Pb、Cd 等污染土壤中，一个试验发现菌根植物有更高的生物量及低的 Cd、Cu、Zn、Mn 含量，另一试验则发现接种 AM 真菌对植物生长和重金属吸收没有显著影响。作者认为这与根系密度、生长条件和菌剂不同有关（Weissenhorn et al.，1995a）。而利用同样的土壤，接种 AM 真菌的玉米和地三叶地上部和根系 Zn、Cd、Cu、Pb 含量都增加了，但是向地上部转运的比例降低，而且 AM 真菌的效应与宿主植物的根系密度密切相关（Joner and Leyval，2001）。田间条件下，当土壤有效态重金属含量较高时，玉米和莴苣地上部的 Cd 和 Zn 降低；但是在金属浓度较低时，AM 真菌降低了植物体内的 Cd，却增加了对 Zn 的吸收（Schuepp et al.，1987）。AM 真菌影响重金属的吸收与土壤 pH 相关，当 pH 较高时，土壤 DTPA 提取态重金属浓度降低，AM 真菌增加了紫花苜蓿地上部 Cd、Zn、Mn 含量；当 pH 较低时，菌根侵染降低了重金属的吸收；两种条件下，AM 真菌都显著促进了植物的生长（El-Kherbawy et al.，1989）。在重金属复合污染土壤中，十字花科的 Thlaspi praecox 也可以被 AM 真菌侵染（Vogel-Mikus et al., 2006），但没有促进植物地上部生物量，相反还降低了根系干重，降低了地上部和根系 Cd 的含量及根系 Zn 含量，没有影响 Pb 的变化。因此，尽管 AM 真菌体现出对植物的保护性作用，但对于植物提取来说是不利的。可以认为，十字花科植物与 AM 真菌的共生效率较低。

总之，AM 真菌可以增加和降低植物对重金属的吸收（Khan et al., 2000；Leyval et al., 1997），因此重金属污染土壤中，它们或者降低作物可食部分的重金属，可以用于减少重金属污染带来的健康风险；或者促进了植物对重金属的吸收，用于重金属污染的植物提取治理工程中（Jurkiewicz et al., 2004；Turnau and Mesjasz-Przybylowicz, 2003）。

五、重金属复合污染条件下 AM 真菌影响植物生长和重金属吸收的机制

不同种类的重金属具有不同的生物毒性，一般认为 Hg、Cd、Pb 的毒性比 Cu、Zn 的强（但 Cu 的真菌毒性较强）。不同重金属之间有交互作用，彼此可以体现出颉颃或协同作用。例如，镉和锌一起施入土壤比单独施锌对水稻产生的毒害更为严重（Dudka et al., 1994）。在介质中施加一定量的 Zn 有助于减轻 Cd 或 Pb 对 AM 真菌的毒害（Shalaby, 2003）。Cd、Pb 重金属复合污染下单一污染毒害作用更大（Garg and Aggarwal, 2011, 2012），而 Zn 共存时可以减轻 Cd 的毒害作用（Garg and Kaur, 2012, 2013a）。因此，AM 真菌影响植物生长或重金属吸收时不仅与此种重金属有关，同时也受到共存重金属的影响。

菌根植物比非菌根植物更易在矿区定植，说明菌根可能有更强的重金属耐性或其他有益的作用（Shetty et al., 1994）。重金属复合污染条件下，改善植物 P 营养仍是 AM 真菌帮助植物抵抗重金属毒害最重要的机制之一，许多研究发现接种 AM 真菌改善植物 P 营养，尤其是在低 P 土壤中。同时，也有报道发现 AM 真菌可以改善植物的 K、N、Fe 等营养状况。此外，在生物量增加的同时会对重金属起一个"稀释"作用，降低重金属的毒害。

另外一种机制是接种 AM 真菌抑制植物对重金属的吸收，降低植物体内重金属含量，以降低重金属对植物（尤其是地上部）的毒害；或者接种 AM 真菌的植物体内重金属吸收量虽然增加，但是改变其分配比率，使大部分的重金属以无毒化合物的形态累积于根系（菌根）中，减少向地上部的转运。这也是菌根植物在重金属污染条件下的生存策略之一。菌根侵染使得燕麦根系内 Cu、Zn、Cd 含量增加，但是向地上部的转运降低了（Loth and Hofner, 1995）。

接种 AM 真菌后植物可能会有选择地吸收重金属，在尽可能保证正常生长的前提下，可能会多吸收毒性小的重金属，降低对毒性大的重金属的吸收，或者把毒性小的转运到地上部。AM 真菌可以通过菌丝从土壤中吸收 Na、Zn、Se、Rb、Sr、Y 并运输给植物，但对 Be、Sc、Cr、Mn、Fe、Co、Zr、Tc 的作用较小（Suzuki et al., 2001）。AM 真菌菌丝可以吸收重金属元素并运输给宿主植物，但是具有选择性，对 Cu、Zn 必需元素吸收较多，而对 Ni、Cd 非必需元素吸收较少（Lee and George, 2005）。在 Cu、Zn、Pb、Cd 复合污染条件下，接种 AM 真菌的旱稻品种'277'体内 Cu 在地上部的分

配增加，而 Zn、Pb、Cd 分配却降低了（Zhang et al.，2005）。接种 AM 真菌的玉米地上部 Cu、Zn 含量和 Cu、Zn 分配都有所增加，而 Pb 和 Cd 没受显著影响，这可能与 Pb、Cd 的毒性比 Cu、Zn 强有关（Weissenhorn et al.，1995a），当然也可能跟其在土壤中的总量和有效态含量及植物、AM 真菌的生物学特性有关。

植物根系能影响根际中金属形态的变化，且菌根能发挥更大影响。黄艺等（2000）分析了生长在污灌土壤中菌根、非菌根小麦根际 Cu、Zn、Pb、Cd 的形态分布和变化趋势，结果发现，菌根际土壤中交换态 Cu 含量显著增加，交换态 Cd 呈减少的趋势，有机结合态 Cu、Zn、Pb 在菌根根际中显著增加，而 4 种金属的碳酸盐态和铁锰氧化态都没有显著改变，这证明菌根可通过调节根际中金属形态从而调节土壤中金属的生物有效性。进一步研究发现（黄艺等，2002），污染条件下，Cu、Zn、Pb 在菌根玉米中的积累量比非菌根中积累量分别减少 10%、18% 和 29%，而 Cd 积累量没有改变；菌根植株生物量是对照的 1.5 倍；根际中除 Cu 交换态显著增加外，Zn、Pb、Cd 各形态相对改变量显著大于非菌根，且菌根根际土中 Cu、Zn、Pb 有机结合态增加量显著大于非根际土，说明菌根际金属向稳定状态转移的程度显著大于非菌根际。

利用分室栽培技术研究发现，菌丝对植物吸收 Cd、Cu、Zn 的贡献率分别达 37%、33% 和 44%（Guo et al.，1996），但是植物并没有生长在重金属胁迫条件下。通过胡萝卜根器官培养发现，AM 真菌对金属元素 Zn 的吸收起到双向调节作用，在低剂量时增加其吸收，在高剂量时通过固持作用减少吸收，两种作用可同时或独立进行（Audet and Charest，2009）。更多的研究表明，AM 真菌结构会对重金属有固持作用。例如，重金属可以在真菌细胞壁成分几丁质、纤维素、纤维素衍生物、黑色素等，或者以磷-重金属复合物的形式储存在真菌液泡内（Galli et al.，1994；Joner et al.，2000；Leyval et al.，2001）。AM 真菌根外组织如孢子和根外菌丝的固持作用可以减少土壤中有效态重金属含量、抑制重金属向植物根内的运输；根内组织如根内菌丝、泡囊、丛枝等的固持作用可以增加重金属在菌根内的分配、减少向地上部的运输。AM 真菌菌丝能够固持溶液中的重金属，依次为 Cu>Zn≫Cd>Pb，*Glomus clarum* 的菌丝容易固持 Cu、Cd、Pb，而 *Gigaspora gigantea* 的菌丝容易固持 Zn（Cabral et al.，2010）。Joner 等（2000）利用菌丝段研究发现，AM 真菌菌丝对重金属有强大的吸附能力和较高的阳离子交换量，吸附过程快（30min），属于被动吸收，耐性强的 *Glomus mosseae* 菌株吸附能力最强，对 Cd 的吸附量可以达 0.5mg/mg 干重，比少根根霉（*Rhizopus arrhizus*）的高 10 倍以上。有研究发现 Zn、Cu、Cd 主要积累于 AM 真菌的细胞壁和液泡中，这意味着细胞壁的结合和液泡的分室化可能是 AM 真菌的脱毒机制之一（Gonzalez-Guerrero et al.，2008）。在从 Zn 废弃物中分离的 *Glomus intraradices* 的孢子中，EDS 分析显示在周质空间或细胞壁内层和质膜之间观察到重金属沉淀物（Turnau，1998），在欧洲柏大戟根内，大约 80% 根内菌丝含有更高的重金属。分析显示，长叶车前地上部 Zn、Pb 含量与 AM 真菌 ALP 活性、菌丝和丛枝等指标呈负相关（Orlowska et al.，2005a）。这些都意味着 AM 真菌在固持重金属方面的可能作用。

GRSP 的结合作用能够影响重金属的有效性和毒性。在 Pb、Cd 复合污染条件下，菌根化烟草土壤中 GRSP 总含量显著增加（Wang et al.，2012a）。Xu 等（2012）调查了陕西凤县铅硐山铅锌矿区优势植物狼牙刺根围 AM 真菌群落结构，发现 AM 真菌侵染率随土壤中的 Pb 含量增加而降低，Shannon-Wiener 指数与土壤有效 Pb 含量呈负相关，而总 GRSP 却随 Pb 含量增加而增加。在铅冶炼厂附近的污染土壤中（Vodnik et al.，2008），总 GRSP 占土壤有机碳的 5.4%～21.2%，且与土壤 Pb、Zn 含量显著正相关，Pb 和 Zn 主要被碳酸盐和有机质结合；GRSP 固持的 Pb 达 0.69～23.4mg/g（干重），占土壤总 Pb 的 0.8%～15.5%；GRSP 固持的重金属与土壤总铅显著正相关，但与 Zn 显著负相关，说明 GRSP 主要是固持 Pb。在受铜冶炼厂大气沉降影响的半干旱地中海生态系统土壤中（Cornejo et al.，2008），GRSP 可达 6.6～36.8mg/g，与土壤 Cu、Zn 含量显著正相关；土壤中 GRSP-固持态 Cu 可达 3.76～89.0mg/g，占土壤全铜的 1.44%～27.5%。此外，*Pellaea viridis* 根际水溶性团聚体可达 89%，GRSP 中的碳占土壤有机碳的含量可高达 89%。这说明 GRSP 在固持 Cu、Zn 方面有显著作用，可能是 AM 真菌减轻重金属胁迫的机制之一。

AM 真菌能够调节重金属耐性相关蛋白的表达，增加宿主植物的耐性。Lingua 等（2012）研究了重金属（Cu、Zn）和 *Glomus intraradices* 对银白杨叶片蛋白质组的影响，分别在生长 4、6、16 个月后取样，发现蛋白质表达分别受到 AM 真菌、重金属及二者间交互作用的显著影响，研究认为取样时间对于研究多年生植物的蛋白质变化非常重要。Cicatelli 等（2010）利用 qRT-PCR 研究发现 Cu、Zn 重金属污染土壤中接种 *Glomus mosseae* 或 *Glomus intraradices* 增加了银白杨的生物量，并诱导叶片中金属硫蛋白基因（*PaMT*1、*PaMT*2、*PaMT*3）和多胺合成基因（*PaSPDS*1、*PaSPDS*2、*PaADC*）等基因的表达，精胺和亚精胺含量增加，但是生长于非污染土壤上的植株中没有以上基因的表达。在 Cu、Zn 污染土壤中，接种 *Glomus* spp. 多是在转录水平下调或没有影响银白杨叶片中的重金属胁迫相关基因（如金属硫蛋白基因、谷胱甘肽合成酶基因、精氨酸脱羧酶基因等）的表达，但显著上调植物螯合肽合成酶和网格蛋白（clathrin）基因的表达（Cicatelli et al.，2012）。在 Cu、Zn 复合污染条件下，接种 *Glomus mosseae* 降低了杨树根系、叶片中抗氧化基因的转录丰度，诱导叶片中植物螯合肽合成酶基因的表达，说明重金属螯合途径可能是菌根植物叶片中的防御机制之一（Pallara et al.，2013）。

重金属复合污染会引起木豆氧化胁迫，如膜脂过氧化增加、H_2O_2 和 MDA 含量增加，细胞膜稳定性降低、电解质渗出增加等，接种 *Glomus mosseae* 减少木豆根系吸收重金属及其向地上部的转运，植物螯合肽和 GSH 含量增加，SOD、CAT、POD、GR 活性增加。这说明 AM 真菌能够通过上调产生更多的非蛋白巯基和抗氧化酶活性，减轻氧化胁迫（Garg and Aggarwal，2011，2012；Garg and Kaur，2013b）。在重金属（Zn、Cd、Cu、Pb、Ni、As、Cr）污染土壤中，接种 *Glomus mosseae* 增加白三叶中 CAT、APX、GR 活性（Azcon et al.，2009）。Cu、Zn、Pb、Cd 复合污染引起蚕豆氧化胁迫、造成 DNA 损伤，接种 *Glomus mosseae* 可以增加 POD 活性和可溶性蛋白含量，证实 AM 真菌可以减轻氧化胁迫（张旭红等，2008；Zhang et al.，2006b）。已经从 *Glomus intraradices* 根外菌丝中鉴定出谷胱甘肽-S-转移酶基因，而且会受到重金属（Cd、Zn、Cu）胁迫的增量调节（Waschke et al.，2006）。AM 真菌种间和种内的 Cu-

Zn SOD 酶基因（*SOD1*）存在多样性，可能对消除宿主植物活性氧引起的氧化胁迫起作用（Corradi et al.，2009）。

第九节 丛枝菌根的耐铝（酸）性及其对铝污染土壤的修复

土壤酸化是农业生产的限制因子之一，全球约 40% 的农田是酸性土壤（Sumner and Noble，2003）。我国酸性土壤的分布遍及 14 个省区，总面积达 203 万 km²，约占全国耕地面积的 21%（熊毅和李庆逵，1987）。我国长江以南的广大丘陵和山区普遍分布着红壤土，总面积约有 117 万 km²，占全国总土地面积的 12% 左右（贺湘逸，1978）。这些土壤大多酸性较强，属于中低产田，急需改造治理。生长于酸性土壤中的植物主要受到 H、Al、Mn 的毒害，并容易缺乏 P、Ca、Mg、Mo 等营养元素（Bolan et al.，2003；Driscoll et al.，2001；Fageria and Baligar，2008），此外，由于高浓度的 Al 而造成微生物活性降低也制约着农田生产力（Seguel et al.，2013）。

铝是地壳中最丰富的金属元素（约占 8%），也是地表上第三大元素。铝虽然不属于重金属元素，但大量存在时也能表现出毒性，如在酸性土壤中，铝毒是限制作物产量的主要因子。作为一种非必需元素，铝对植物的毒性很强，较低浓度的 Al^{3+} 就能对植物产生毒害效应，主要表现是限制根系的伸长和发育，造成植物吸水困难和营养缺乏。因此，利用 AM 真菌提高植物抗铝（酸）能力和加快贫瘠土壤肥沃进程是现代微生物技术领域中一个新的课题。

一、AM 真菌的耐铝（酸）性

土壤 pH 能影响 AM 真菌孢子的生存和萌发及菌丝的生长，继而影响 AM 真菌的生存和侵染势。模拟酸雨降低 AM 真菌孢子的萌发、菌丝长度和菌根侵染率，但是分离于酸性土壤中的 *Acaulospora tuberculata* BEG41 受影响较小（Vosatka and Dodd，1998）。因此，低 pH 很可能会减少土壤中 AM 真菌的生长，制约 AM 真菌的侵染和作用。

AM 真菌对铝有一定的耐性，但是具有种间和种内差异，酸性环境中的菌种（株）往往耐性较强（Bartolome-Esteban and Schenck，1994；Clark，1997；Siqueira et al.，1984；Vosatka and Dodd，1998）。*Gigaspora* 的 AM 真菌对 Al 有较强的耐性，在土壤 Al 饱和状态下孢子萌发和菌丝生长都没有受到 Al 的抑制，*Scutellospora* 的孢子萌发没受到抑制，但菌丝生长降低，*Glomus*（除 *Glomus manihotis* LMNH 980 外）的耐性最差（Bartolome-Esteban and Schenck，1994）。

二、AM 真菌在富铝（酸）性土壤中的分布和侵染状况

AM 真菌几乎在所有类型土壤中分布。早在 20 世纪七、八十年代，就有人在 pH3 左右的土壤中分离到 AM 真菌，并发现了被侵染的根系（Daft and Nicolson，1974；Morton，1986；Siqueira et al.，1984）。我国的红壤土中有丰富的 AM 真菌分布。吴铁

航等 (1994a) 调查了中国科学院红壤生态站生态区内的幼林中 19 科 31 种栽种植物的田间自然侵染情况，结果表明，调查的 31 种栽种植物中除松科的马尾松 (*Pinus massoniana*) 只有外生菌根真菌侵染外，其余种均有 AM 真菌的侵染。从江西红壤茶园、桔园、林地和耕地等分离到 4 属 (*Glomus*、*Acaulospora*、*Gigaspora*、*Scutellospora*) 13 种 AM 真菌: *Acaulospora denticulata*、*Acaulospora elegans*、*Acaulospora laevis*、*Glomus aggregatum*、*Glomus clarum*、*Glomus fasiculatum*、*Glomus geosporum*、*Glomus manihotis*、*Glomus versiforme*、*Gigaspora gigantea*、*Gigaspora margarita*、*Scutellospora calospora*、*Scutellospora heterogama* (吴铁航和郝文英，1995；Wu et al.，2002)。陈欣等 (2001) 调查了浙江常山县 (属金衢盆地) 红壤坡地幼龄果园杂草群落的物种多样性及主要物种被 AM 真菌的侵染率和侵染强度，对 17 科的 39 个物种的调查发现，所调查的物种均不同程度上被 AM 真菌侵染，但科与科之间存在显著差异，同一科的不同种之间也差异明显。

三、AM 真菌对铝胁迫下（酸性土壤中）宿主植物的影响

诸多研究证实，AM 真菌共生在酸性土壤中（富含 Al）利于植物生存，如热带风化土壤 (Cardoso and Kuyper，2006)、落叶林 (Berliner and Torrey，1989；Diehl et al.，2008；Postma et al.，2007；Yamato and Iwasaki，2002) 及极度酸性土壤 (Cumming and Ning，2003；Maki et al.，2008；Taheri and Bever，2010)。红壤中接种 *Glomus citricolum* 显著改善柑桔钙、磷营养 (唐振尧和程安宙，1986；唐振尧等，1989)。把 5 个耐性 AM 真菌菌株接种到豆科先锋植物胡枝子 (*Lespedeza bicolor*) 上，菌根侵染率、根瘤数、养分吸收和生长明显增加 (Wu et al.，2002)。Nurlaeny 等 (1996) 把 AM 真菌接种到生长在热带酸性土壤的植物上，发现植株根系干重明显增加，尤其是地上部干重、植株磷含量增加更为显著，单位根长吸收的有效磷增加很多。热带豆科植物和草类在 pH4.36 土壤中，菌根化植物地上部和根生物量增加 (Saif，1987)。在盆栽试验中，非菌根化蒙大拿山金车 (*Arnica montana*) 在 pH2.5～3.5 时死亡，而菌根化植株仍能存活，且菌根化植株生长快得多，这表明菌根能减轻酸胁迫 (Heijne et al.，1996)。模拟酸雨对接种了 *Acaulospora tuberculata* 的红丁香拂子茅 (*Calamagrostis villosa*) 的不利影响较小 (Vosatka and Dodd，1998)，这说明 AM 真菌有助于植物在酸性环境下的生存。Clark 等 (1999a) 把 8 个 AM 真菌接种到生长在 pH4 和 pH5 环境中的柳枝稷 (*Panicum virgatum*) 上，发现在 pH4 时，菌根化植物干重是非菌根化植物的 52 倍，在 pH5 时，菌根化植物干重是非菌根化植物的 26 倍。接种 *Gigaspora margarita* 减轻了土壤酸胁迫对番薯的毒害 (Yano and Takaki，2005)。Lin 等 (2001) 将耐酸的 AM 真菌接到绿豆和猪屎豆 (*Crotalaria pallida*) 上进行耐酸性试验时发现，在 pH3.5～6.0 的土壤中菌根化植物的结瘤数分别比对照增加 3～4 倍，干重增加 2～4 倍；同时，接种 AM 真菌的土壤交换性 Al 浓度低，并提高了土壤 pH。可见，AM 真菌对克服酸性土壤的改良有很好效果，这很大程度上依赖于植物根系与 AM 真菌建立的共生体。

Al 胁迫下 AM 真菌对植物的促生效应与 Al 水平和真菌生态型及二者间的交互作用显著相关。Cavallazzi 等（2007）发现 *Glomus etunicatum*、*Scutellospora pellucida*、*Scutellospora heterogama*、*Acaulospora scrobiculata* 对苹果树的菌根侵染率与菌种和 Al 的有效性有关，在高 Al 水平时，接种 *Scutellospora heterogama* 的植株叶片磷含量最高、Al 含量最低，而 *Acaulospora scrobicalata* 菌根侵染率降低，生物量和磷含量最低，Al 含量最高。这种作用还受 AM 真菌生态型和植物种类影响（Klugh-Stewart and Cumming，2009；Klugh and Cumming，2007）。对须芒草来说，*Glomus clarum* 对 Al 的抗性最强，*Scutellospora heterogama* 中等，而 *Acaulospora morrowiae* 最低（Kelly et al.，2005）。在模拟酸雨条件下，拂子茅属红丁香和曲芒发草（*Deschampsia flexuosa*）分别种植时，*Glomus mosseae* 对曲芒发草的增产效应高于拂子矛属红丁香；两种植物混种时，AM 真菌对拂子茅的效应更为显著（Malcová et al.，1999）。Mendoza 和 Borie（1998）研究了接种 *Glomus etunicatum* 对 2 种不同耐铝大麦品种吸收 Al、P、Ca、Mg 的效应，结果表明，接菌处理、不同品种、不同 Al 处理间表现出差异，接菌后茎叶干重增加 30%～70%；Al 敏感大麦品种茎叶和根系中的 Al 含量低到原来的一半；Al 处理下敏感品种茎叶中的 Ca 含量增幅很大；两个品种的叶中 P 的含量和含量均有显著提高。嗜酸的 AM 真菌提高须芒草（*Andropogon virginicus*）对 Al 的耐性，减少植物对 Al 的吸收和转运，菌根植物根际无机态 Al 的有效性降低，地上部 P 含量降低（P 利用效率较高），根系酸性磷酸酶活性降低；Al 降低所有植物体内 Ca、Mg 含量，但菌根植物程度较轻（Cumming and Ning，2003）。接种土著 AM 真菌 *Scutellospora reticulata*、*Glomus pansihalos* 对豇豆修复 Al、Mn 土壤有显著作用，均降低了土壤中 Al、Mn 含量，*Scutellospora reticulata* 效果优于 *Glomus pansihalos*（Alori and Fawole，2012）。

植物被 AM 真菌侵染后，改变了植物根系释放 H^+ 和 OH^- 的量及空间分布，从而改变了根际的 pH 和根际附近各种元素的形态和活性，并为微生物提供了一个适宜的活动"场所"。菌根化植物不仅有较强的抗酸能力，还可充分利用非菌根化植物不能利用的元素，加快自身生长。同时，菌根能够减轻土壤酸度，在一定程度上起到修复酸性土壤的作用。

四、AM 真菌影响植物生长和耐铝（酸）性的机制

AM 真菌提高宿主耐铝（酸）性的有关机制研究还很少，主要包括根外菌丝对 Al 的生物吸附和固持作用（Joner et al.，2000）、改变 Al 的化学形态（Cumming and Ning，2003；Lux and Cumming，2001）。根外菌丝能够固持铝（Gohre and Paszkowski，2006；Joner et al.，2000），或者在菌根际中对 Al 进行脱毒（Li et al.，1991a；Tarafdar and Marschner，1994）。有研究发现菌根侵染的根系固持 Al 的能力增加，沙培条件下，被 *Glomus clarum* 和 *Glomus diaphanum* 侵染的北美鹅掌楸（*Liriodendron tulipifera*）根系 Al 含量比对照高 51%（Lux and Cumming，2001）。酸性土壤中 *Gigaspora margarita* 侵染的番薯（Yano and Takaki，2005）及被几种 *Acaulospora*

真菌侵染的 *Clusia multiflora*（Cuenca et al.，2001）根系 Al 含量均比对照高 210%。多数情况下，Al 可以积累于细胞壁或者与聚磷酸盐颗粒结合于液泡中（Gonzalez-Mendoza and Zapata-Perez，2008；Toler et al.，2005；Zhang et al.，2009）。

AM 真菌也能调控根系分泌物以结合金属，也利于抵抗 Al 的毒害。暴露于 Al^{3+} 时，AM 真菌能诱导北美鹅掌楸、须芒草分泌有机酸尤其是柠檬酸（Klugh-Stewart and Cumming，2009；Klugh and Cumming，2007），以能够降低 Al 的毒性、减少对植物 Al 的吸收。但情况并非总是如此，有时也发现 AM 真菌增加或没有影响叶片和根系中的 Al 含量（Klugh-Stewart and Cumming，2009；Klugh and Cumming，2007）。嗜酸 AM 真菌群落降低了须芒草根系 Al 含量，但是没有影响叶片（Cumming and Ning，2003）。这或许与 AM 真菌、植物的性质有关。GRSP 对高价金属阳离子具有高亲和力。在富含 Al 的酸性土壤中，GRSP 含量增加（Lovelock et al.，2004）。GRSP 可以固持 Al，有利于提高 Al 的固定，并可能在降低其植物毒性方面起到较大作用（Aguilera et al.，2011）。据调查，智利北部某酸性的温带森林土壤中 GRSP 含有 4.2%～7.5% 的 Al（Etcheverría，2009）。Dudhane 等（2012）认为 GRSP 参与 Al 的生物固定。

AM 真菌改善铝胁迫下宿主植物的营养状况。在酸性土壤中，矿质元素的有效浓度比较低，往往导致植物体内 P、K、Ca、Mg 不足（Andrade et al.，2009a）。菌根侵染使柑橘根系分泌磷酸酶活性增强，进而促进植株对难溶性磷肥的吸收（唐振尧和何首林，1991）。Clark 等（1999b）把 8 种 AM 真菌接种到生长在 pH4 和 pH5 土壤中的柳枝稷上，发现菌根化植物地上部有高含量的 S、K、Cu、Ca、Mg 和 Zn，但 B、Mn、Fe 和 Al 的含量则较低，这说明 AM 真菌使酸性土壤中的一些元素活性增加，从而有利于植物吸收。在自然酸性土壤中，施加酸溶性磷肥时，接种 *Glomus etunicatum* 有利于小麦的生长和营养，但是在施加水溶性磷肥时作用不显著（Rubio et al.，2002）。因此，许多 AM 真菌对增加植物矿质营养元素，降低有毒元素，克服酸性土壤中有效矿质元素的缺乏和毒害起到了很大作用，如抑制低 pH 下植物 Al 毒害的发生等（Clark，1997）。富含 Al 的土壤中磷会与 Al 反应生成 $AlPO_4$ 沉淀，导致其有效性降低，植物吸磷困难。Al 胁迫（78μmol/L、180μmol/L）条件下，*Glomus intraradices* 增加小果野蕉（*Musa acuminata*）地上部生物量，改善植物对水分和养分的吸收（包括 P），同时体内 Al 含量降低（Rufyikiri et al.，2000）。*Glomus clarum* 对 Al 胁迫（50μmol/L、100μmol/L、200μmol/L）下酸敏感树种北美鹅掌楸的 P 营养和生长至关重要（Klugh and Cumming，2007；Lux and Cumming，2001）。Rohyadi 等（2004）利用沙培试验发现，在 pH4.7、4.9、5.2（用铝调节）条件下，豇豆生长很差，尤其是在低 pH 时，接种 *Gigaspora margarita* 或 *Glomus etunicatum* 显著促进其生长，在低 pH 时效果更显著，P、Zn 营养得到改善，而 *Gigaspora margarita* 效果要优于 *Glomus etunicatum*，可能与其侵染率较高有关。AM 真菌对 Ca、Mg 的吸收也有显著作用（Borie and Rubio，1999；Lux and Cumming，2001；Rufyikiri et al.，2000）。施加 1500mg/kg 的铝降低了蓝桉的地上部生物量，叶绿素和 P、Mg、Cd 含量，但接种 *Glomus mosseae* 或 *Glomus deserticola* 均起到显著改善作用，复合施加康氏木霉对 *Glomus deserticola* 具有协同作用（Arriagada et al.，2007a）。在沙培铝胁迫条件下，接种 *Glomus intraradi-*

ces、*Glomus etunicatum* 显著增加高粱干物质重，地上部和根系中的 P、S、K、Ca、Mg、Fe、Mn、Zn、Cu 吸收量均显著增加，且 *Glomus etunicatum* 效果较好（Medeiros et al.，1994）。

AM 真菌也能改善宿主植物代谢状况。与其他重金属类似，Al 也能引起氧化胁迫（Hossain et al.，2011；Ma et al.，2012；Naik et al.，2009）。在 Al 胁迫条件下，接种 *Glomus intraradices* 的云南石梓生长更好，并能够增加根系脯氨酸含量，增加 POD、SOD 活性（Dudhane et al.，2012）。AM 真菌可能会通过调节抗氧化酶活性、渗透调节物质等增加植物对 Al 的耐性（Seguel et al.，2013）。

第十节　丛枝菌根对金属纳米颗粒污染土壤的修复

人工纳米颗粒（engineered nanoparticles，ENPs）是指至少有一维在 1~100nm 的纳米材料，是应用最广泛也是人们关注的主要对象。由于尺寸小、结构特殊，ENPs 具有许多特殊的理化性质，又称"纳米效应"，包括小尺寸效应、体积效应、表面-界面效应、量子尺寸效应等。ENPs 被广泛应用于化工、冶金、电子、宇航军事、环境保护、医学和生物工程等领域。银、富勒烯和碳纳米管、氧化锌、二氧化硅、二氧化钛纳米颗粒是用途最广泛的 ENPs。金属纳米颗粒（metal-based nanoparticles，MNPs）泛指含有金属元素的纳米颗粒，主要包括纳米金属和纳米金属氧化物，如纳米银、纳米氧化锌、纳米铜等。

2003 年开始，*Science* 和 *Nature* 数次载文讨论纳米材料的生物效应（Maynard et al.，2006；Nel et al.，2006；Service，2003）。随后，美国化学会、英国皇家化学会、Elsevier、Springer、Wiley 等旗下诸多环境科学类、毒理学及纳米专业期刊发表了大量纳米生物效应相关研究论文及综述（Fabrega et al.，2011；Levard et al.，2012；Lowry et al.，2012；Ma et al.，2010；Navarro et al.，2008）。Hansen 和 Baun（2012）在 *Nature Nanotechnology* 上的论文统计发现，有不少于 18 篇的综述论文涉及纳米银的生物安全性问题。国内研究者也对纳米颗粒生物效应和毒理学进行了很多关注（白伟等，2009；李晶等，2011；汪冰等，2005；王震宇等，2010）。

纳米颗粒进入水体、大气和土壤等环境后会对各生态系统产生潜在的影响。国内外就纳米颗粒环境行为和生物效应等进行了总结和展望，前期大多数研究集中于水体环境（Fabrega et al.，2011；Marambio-Jones and Hoek，2010；Navarro et al.，2008；白伟等，2009；李晶等，2011；王震宇等，2010），而近几年来，陆地生态系统和土壤环境中的研究受到越来越多的重视（Lowry et al.，2012；Rico et al.，2011；吕继涛和张淑贞，2013；王发园，2012；杨新萍和赵方杰，2013；张海等，2013）。更值得关注的是，纳米颗粒不仅会对土壤生物产生毒性，威胁生态系统的稳定，而且可以被植物吸收，随食物链进行传递和富集，具有潜在的环境和健康风险（Anjum et al.，2013；Holbrook et al.，2008；Judy et al.，2010；Priester et al.，2012；Rico et al.，2011）。有研究显示，MNPs 能够被作物吸收导致可食部分金属含量增加，作物的农艺性状、产量和生产力降低，并引起营养价值的改变，随营养水平传递（Gardea-Torresdey et al.，2014；Rico et al.，2011)。因此，纳米颗粒对于植物（作物）和土壤微生物的生物效应、吸收、积累、转运研究值得重视。开展此领域的研究对于认识纳米颗粒的安全性和在土壤生态系统（尤其是农田）中的安全使用、污染治理和残留控制有重要意义。

MNPs含有金属组分，可能以多种途径释放金属到环境中，某些MNPs的化学行为和毒性与金属有相似之处。有研究发现AM真菌有助于芦苇和黄菖蒲在根土界面形成Cu纳米颗粒（Manceau et al.，2008）。这意味着AM真菌可能对植物的解毒机制有重要影响。而AM真菌可以增加植物抵御重金属毒害的能力，因此具有修复金属纳米颗粒污染土壤、提高农产品质量安全的潜力。

一、丛枝菌根对纳米氧化锌污染土壤的修复

纳米ZnO是用途最广泛的MNPs之一，有研究发现它对萝卜、油菜、黑麦草（Lin and Xing，2007，2008)、拟南芥（Lee et al.，2010)、绿豆芽（王振红等，2011）等均表现出一定的植物毒性，同时可能对洋葱（*Allium cepa*）（Kumari et al.，2011）具有致畸变特性、基因毒性和细胞毒性，甚至使大豆不能产生籽粒（Yoon et al.，2014)，并引起Zn在大豆叶片、籽粒等器官中的积累（Priester et al.，2012）。因此，其生物效应也受到广泛关注（王发园，2012；张海等，2013）。王卫中等（2014）以玉米（品种为'郑单17'）为供试植物，以 *Acaulospora mellea* ZZ为供试AM真菌，在土壤盆栽条件下研究了AM真菌与纳米ZnO的相互作用，试验设置5个纳米ZnO（平均粒径为90nm）施加水平（0mg/kg、500mg/kg、1000mg/kg、2000mg/kg、3000mg/kg），每个水平下设置接种AM真菌（M）和不接菌（N）处理。

(一) 菌根侵染率

不同纳米ZnO水平下，接菌处理后对玉米侵染较好，菌根侵染率随土壤纳米ZnO施加水平升高呈降低趋势，这说明纳米ZnO高施加水平下对菌根有一定生物毒性。多数ENPs具有一定的真菌毒性（Navarro et al.，2008)，纳米Ag/Ti降低向日葵的菌根侵染率（Dubchak et al.，2010）。但即使在3000mg/kg纳米ZnO水平下，玉米根系依然能够被侵染，这说明AM真菌对纳米ZnO存在一定耐性。施加量较低时，纳米FeO、纳米Ag没有降低甚至增加了 *Glomus caledonium* 对白三叶的菌根侵染率（Feng et al.，2013)，这说明不同种类的ENPs对菌根的毒性不同，可能与ENPs的性质和施用量、植物和AM真菌种类等有关，尚需深入探讨。

(二) 玉米生物量和根系形态

随着土壤中纳米ZnO施加水平的升高，接菌与不接菌处理的地上部干重、根系干重、株高都呈现下降趋势，而根冠比逐渐增加（表4-20)，总根长、总表面积、总体积逐渐降低，根平均直径无显著变化（表4-21）。接菌处理的玉米地上部干重、根系干重和株高在较低纳米ZnO施加水平下显著高于不接菌处理，而在3000mg/kg水平下接菌效果不显著。接菌对根冠比没有显著影响。多数纳米ZnO施加水平下接菌处理显著增

加总根长、总表面积和总体积。双因素方差分析显示，纳米 ZnO 施加水平对地上部干重、根系干重、根冠比、株高均有显著影响，接菌对地上部干重、根系干重和株高有显著影响，纳米 ZnO 施加水平和接菌处理对地上部和株高有显著交互作用。

表 4-20 不同处理下玉米干重、根冠比、株高和菌根侵染率

纳米 ZnO /(mg/kg)	接菌处理	干重/(g/盆) 地上部	干重/(g/盆) 根系	根冠比	株高/cm	菌根侵染率/%
0	M	16.13(1.69)a	2.03(0.24)a	0.126(0.009)e	77.1(1.71)a	52(1.4)a
0	N	10.79(1.31)b	1.71(0.24)b	0.159(0.011)cde	63.8(6.17)b	0
500	M	7.91(1.47)c	1.29(0.18)c	0.164(0.012)cde	65.3(2.62)c	45(2.5)ab
500	N	4.46(0.60)e	0.63(0.15)d	0.141(0.018)de	51.6(4.26)d	0
1000	M	5.91(0.57)d	1.18(0.128)c	0.201(0.025)bc	57.0(4.28)d	43(3.8)ab
1000	N	3.67(0.42)ef	0.66(0.15)d	0.183(0.051)bcd	49.6(2.60)d	0
2000	M	3.99(0.45)ef	1.02(0.17)c	0.256(0.037)a	53.3(2.76)d	32(2.5)bc
2000	N	3.03(0.51)ef	0.70(0.23)d	0.224(0.048)ab	46.1(2.77)de	0
3000	M	2.60(0.49)f	0.65(0.08)d	0.255(0.045)a	41.8(2.94)f	29(9.4)c
3000	N	2.48(0.75)f	0.55(0.22)d	0.218(0.036)ab	41.2(6.37)ef	0
施加水平		169.4***	54.1***	15.2***	110.1***	5.3**
接菌		66.0***	41.8***	2.0ns	14.5**	—
施加水平×接菌		9.6***	2.6ns	1.4ns	4.5**	—

注：M 和 N 代表 AM 真菌接种处理和不接种处理；表内数据为平均值（标准偏差）；同列括号后不同字母表示单因素 Duncan 分析结果在 $P<0.05$ 水平差异显著；双因素方差分析结果：* 表示 $P<0.05$，** 表示 $P<0.01$，*** 表示 $P<0.001$，ns 表示差异不显著，—表示无双因素分析结果

表 4-21 不同处理下玉米总根长，根系总表面积、总体积、平均直径

纳米 ZnO/(mg/kg)	接菌处理	总根长/(cm/盆)	总表面积/(cm²/盆)	总体积/(cm³/盆)	平均直径/mm
0	M	25 863(3980)a	2 223(300)a	15.6(1.74)a	0.281(0.006)bc
0	N	25 443(6047)a	1 975(443)ab	12.6(2.63)b	0.252(0.008)c
500	M	16 392(885)b	1 633(123)bc	13.1(1.37)b	0.322(0.010)ab
500	N	10 672(3246)cde	1 002(230)de	7.6(1.20)c	0.306(0.021)ab
1000	M	15 312(1 769)bc	1 536(125)c	12.3(0.82)b	0.323(0.014)ab
1000	N	10 095(4 234)de	941(314)def	7.2(1.88)c	0.317(0.075)ab
2000	M	12 533(2 779)bcd	1 283(245)cd	10.5(1.72)b	0.331(0.014)ab
2000	N	8 975(3131)de	847(248)ef	6.4(1.53)cd	0.306(0.027)ab
3000	M	8 335(1 200)de	869(59)ef	7.3(0.92)c	0.335(0.035)a
3000	N	6 084(2264)e	590(240)f	4.6(2.07)d	0.308(0.030)ab
施加水平		35.7***	31.4***	25.2***	4.7**
接菌		10.8**	29.4***	61.0***	4.5*
施加水平×接菌		0.9ns	0.9ns	1.1ns	0.2ns

注：M 和 N 代表 AM 真菌接种处理和不接种处理；表内数据为平均值（标准偏差）；同列括号后不同字母表示单因素 Duncan 分析结果在 $P<0.05$ 水平差异显著；双因素方差分析结果：* 表示 $P<0.05$，** 表示 $P<0.01$，*** 表示 $P<0.001$，ns 表示差异不显著

有研究表明，纳米 ZnO 使黑麦草根尖缩窄，表皮和皮层细胞空泡化甚至崩解，从而降低了生物量（Lin and Xing，2008）。纳米 ZnO 的植物毒性甚至强于同等浓度的 Zn^{2+}（Lee et al.，2010）。随着纳米 ZnO 浓度的升高，洋葱的有丝分裂指数降低、染色体畸变指数增加、细胞微核率增加，并伴有膜脂过氧化现象和细胞内化作用（Kumari et al.，2011）。本结果也证明纳米 ZnO 对玉米存在植物毒性，且随施加水平升高而增加。根冠比增加表明纳米 ZnO 抑制玉米干物质在地上部的积累。根冠比增加可能是植物适应 Zn 毒害的一个机制，根系生物量增加有利于植物吸收更多的营养元素（如 P）（Watts-Williams et al.，2013）。纳米 ZnO 对接菌处理植株也有显著抑制作用，且随施加水平增加其抑制作用更强，这说明纳米 ZnO 的植物毒性具有一定的剂量效应。Feng 等（2013）发现菌根化白三叶的生长受到高剂量纳米 FeO 的抑制，但高剂量纳米 Ag 反而促进其生长，这说明不同 ENPs 的毒性与剂量的关系较为复杂，并非单一正相关或负相关。

（三）玉米地上部与根系 N、P、K、Fe、Cu 吸收量

随纳米 ZnO 施加水平的增加，植株地上部 N、P、K、Fe、Cu 吸收量均呈降低趋势（表 4-22）。与对照处理相比，纳米 ZnO 0mg/kg 水平时，接菌处理地上部 N、P、K、Fe、Cu 吸收量均显著增加；在 500～2000mg/kg 时，地上部 P 吸收量显著增加；在 500mg/kg、1000mg/kg 时，地上部 N、K 吸收量显著增加；而 Fe、Cu 吸收量在施加纳米 ZnO 时均没有显著变化。双因素方差分析显示，纳米 ZnO 施加水平对 5 种元素地上部吸收量作用显著，接菌对 N、P、K 作用显著，其交互作用对 5 种元素均作用显著。

表 4-22 不同处理下玉米地上部 N、P、K、Fe、Cu 吸收量

纳米 ZnO /(mg/kg)	接菌处理	N /(mg/盆)	P /(mg/盆)	K /(mg/盆)	Fe /(mg/盆)	Cu /(mg/盆)
0	M	422.6(43.3)a	18.2(3.1)a	626.8(65.7)a	3.95(1.10)a	0.144(0.016)a
	N	289.3(42.2)b	10.1(1.7)c	411.1(53.0)b	2.60(0.36)b	0.122(0.013)b
500	M	228.7(45.4)c	14.4(2.9)b	289.0(57.8)c	1.42(0.34)c	0.058(0.013)c
	N	160.0(21.0)de	4.4(0.4)de	120.0(21.8)e	1.15(0.38)c	0.058(0.007)c
1000	M	183.9(11.2)cd	11.9(0.6)c	192.9(39.8)d	1.35(0.15)c	0.044(0.007)cde
	N	136.0(16.0)def	4.2(0.8)de	92.4(17.8)ef	1.81(1.06)c	0.053(0.007)cd
2000	M	132.0(7.7)efg	6.0(2.5)d	105.9(24.6)ef	0.71(0.20)c	0.033(0.006)ef
	N	109.8(24.7)fgh	3.1(0.5)e	66.0(17.7)ef	0.93(0.27)c	0.043(0.009)de
3000	M	85.5(16.1)gh	3.0(0.7)e	53.0(19.2)f	0.62(0.17)c	0.020(0.002)f
	N	83.8(28.9)h	2.3(0.5)e	45.6(18.1)f	0.57(0.11)c	0.030(0.008)ef
施加水平		90.4***	53.8***	195.0***	23.9***	151.0***
接菌		36.8***	116.7***	78.5***	0.0ns	0.2ns
施加水平×接菌		3.8*	10.2***	10.4***	5.7**	4.2**

注：M 和 N 代表 AM 真菌接种处理和不接种处理；表内数据为平均值（标准偏差）；同列括号后不同字母表示单因素 Duncan 分析结果在 $P<0.05$ 水平差异显著；双因素方差分析结果：* 表示 $P<0.05$，** 表示 $P<0.01$，*** 表示 $P<0.001$，ns 表示差异不显著

由表 4-23 可以看出，玉米根系 N、P、K、Fe 吸收量在纳米 ZnO 0mg/kg 水平时最高，但在 500～3000mg/kg 没有呈现规律性降低；而根系 Cu 吸收量在 3000mg/kg 时显著降低。与对照处理相比，在纳米 ZnO 0mg/kg 水平时，接菌处理根系 N、P、K、Fe、Cu 吸收量均没有显著变化；在 500～2000mg/kg 水平时，根系 P 吸收量显著增加；在 500mg/kg 时，根系 N、P、K 吸收量显著增加；而 Fe、Cu 吸收量在所有纳米 ZnO 水平均没有显著变化。双因素方差分析显示，纳米 ZnO 施加水平对 5 种元素根系吸收量作用显著，接菌对 N、P、K 作用显著，其交互作用对 P、K 作用显著。

表 4-23 不同处理下玉米根系 N、P、K、Fe、Cu 吸收量

纳米 ZnO /(mg/kg)	接菌处理	N /(mg/盆)	P /(mg/盆)	K /(mg/盆)	Fe /(mg/盆)	Cu /(mg/盆)
0	M	2.14(0.26)a	0.32(0.06)a	12.9(2.85)a	6.09(1.81)a	0.039(0.006)ab
	N	1.86(0.27)ab	0.28(0.08)ab	12.3(0.59)a	6.22(2.03)a	0.046(0.011)a
500	M	1.44(0.25)bcd	0.26(0.03)bc	11.9(2.99)ab	1.45(0.19)b	0.034(0.005)abc
	N	0.79(0.19)f	0.10(0.03)d	3.0(0.81)e	0.59(0.20)b	0.030(0.004)bc
1000	M	1.37(0.20)cde	0.21(0.03)c	7.9(2.22)bcd	1.11(0.19)b	0.039(0.008)ab
	N	0.92(0.37)ef	0.13(0.03)d	6.3(2.90)cde	1.16(0.52)b	0.027(0.006)bc
2000	M	1.48(0.24)bc	0.20(0.03)c	9.4(3.73)abc	1.01(0.39)b	0.034(0.006)abc
	N	1.23(0.36)cdef	0.12(0.05)d	9.2(4.69)abcd	0.86(0.48)b	0.039(0.016)ab
3000	M	1.08(0.17)cdef	0.12(0.01)d	5.0(2.10)de	0.68(0.37)b	0.027(0.006)bc
	N	1.00(0.56)def	0.10(0.06)d	6.3(1.45)cde	1.63(0.33)b	0.024(0.011)c
施加水平		14.6***	23.3***	7.9***	70.5***	4.6**
接菌		13.9**	31.3***	5.6*	0.0ns	0.4ns
施加水平×接菌		1.1ns	3.0*	4.5**	1.4ns	1.8ns

注：M 和 N 代表 AM 真菌接种处理和不接种处理；表内数据为平均值（标准偏差）；同列括号后不同字母表示单因素 Duncan 分析结果在 $P<0.05$ 水平差异显著；双因素方差分析结果：* 表示 $P<0.05$，** 表示 $P<0.01$，*** 表示 $P<0.001$，ns 表示差异不显著

纳米 ZnO 具有 ENPs 的通性，粒径小、比表面积大、吸附能力强，附着在细胞壁后会聚集在一起，附着在根系表面抑制营养元素吸收，从而影响植物生长（Lin and Xing，2008；王发园，2012）。本研究再次证实这是纳米 ZnO 的植物毒性机制之一。值得深入研究的是，纳米 ZnO 不仅影响根系对营养元素的吸收，而且也影响这些营养元素向地上部的转运（吸收量根冠比发生变化）。此外，ENPs 毒性与剂量之间的关系颇为复杂，因为 ENPs 毒性与表面积密切相关，而在大剂量的情况下，ENPs 可能会凝聚成大的颗粒，反而导致其生物有效性和毒性降低，因此 ENPs 毒性与剂量之间的关系并不总是线性相关（Bernhardt et al.，2010）。但本研究证实纳米 ZnO 对玉米生长有剂量效应，与他人结果类似（Lin and Xing，2008）。

在重金属胁迫条件下，AM 真菌对宿主植物的营养改善作用（尤其是 P）是 AM 真菌增加植物生长和耐性的重要机制之一（王发园和林先贵，2007）。除了 P，某些条件

下 AM 真菌对宿主植物的 N、K、Ca、Mg、Fe、Zn、Mn、Cu 等营养元素也具有一定的改善作用（Miransari, 2013）。我们首次证实，在纳米 ZnO 胁迫条件下，接菌显著促进玉米生长，并能够改善 P、N、K 等矿质营养，说明 AM 真菌能够降低 ZnO 的植物毒性、增加玉米的耐性。此外，接种 AM 真菌能够改变抗氧化酶活性、缓解纳米 ZnO 产生的氧化胁迫，这也是其中一个保护机制。

（四）玉米地上部和根系 Zn 含量和吸收量

由表 4-24 可知，随着纳米 ZnO 施加水平的升高，所有处理植株地上部和根系 Zn 含量均呈现显著上升趋势，但从 2000mg/kg 到 3000mg/kg 时，根系 Zn 含量不再增加。由生物量和 Zn 含量可计算得知，在施加纳米 ZnO 时，根系 Zn 吸收量呈增加趋势（除最高水平外），而地上部 Zn 吸收量则没有显著变化。有研究发现，水培条件下黑麦草根系 Zn 含量随纳米 ZnO 浓度升高而增加，但是地上部 Zn 含量很低（仅 0.25～1.36mg/kg），认为纳米 ZnO 很难被运输到地上部（Lin and Xing, 2008）。但在土培条件下，我们发现玉米地上部 Zn 含量很高，且与纳米 ZnO 施加水平显著相关，一种原因可能是纳米 ZnO 颗粒易于被玉米吸收并转运到地上部，另一种可能是纳米 ZnO 易于释放出 Zn^{2+}，被玉米吸收并转运，也可能二者兼而有之，需要利用同位素等试验进一步明确植物体内 Zn 的形态和来源。此外，土壤栽培与水培条件不同，土壤 pH、有机质、矿物、微生物等均可能影响到纳米 ZnO 的形态、吸收和运输。

表 4-24 不同处理下玉米地上部和根系 Zn 含量和吸收量

纳米 ZnO/(mg/kg)	接菌处理	Zn 含量/(mg/g)		地上部与根系 Zn 含量之比	Zn 吸收量/(mg/盆)	
		地上部	根系		地上部	根系
0	M	0.127(0.017)g	0.111(0.056)d	0.82(0.04)efg	2.06(0.49)cd	0.220(0.100)c
	N	0.113(0.024)g	0.116(0.031)d	0.81(0.10)fg	1.21(0.24)e	0.209(0.085)c
500	M	0.392(0.021)f	0.603(0.028)bc	0.65(0.04)g	3.10(0.57)bc	0.776(0.108)ab
	N	0.680(0.079)e	0.494(0.088)c	1.41(0.37)ab	3.06(0.68)bc	0.312(0.092)c
1000	M	0.735(0.051)e	0.765(0.038)b	0.96(0.05)def	4.33(0.35)a	0.902(0.114)a
	N	1.049(0.098)d	0.793(0.123)b	1.33(0.18)bc	3.83(0.48)ab	0.529(0.167)bc
2000	M	1.176(0.100)c	1.071(0.088)a	1.10(0.09)cde	4.68(0.55)a	1.091(0.217)a
	N	1.404(0.083)b	1.256(0.266)a	1.13(0.17)bcd	4.25(0.72)a	0.888(0.371)ab
3000	M	1.403(0.085)b	1.153(0.135)a	1.26(0.27)bc	3.67(0.87)ab	0.769(0.148)ab
	N	1.949(0.138)a	1.232(0.086)a	1.63(0.22)a	4.80(1.35)a	0.765(0.272)ab
施加水平		476.5***	121.7***	13.7***	22.4***	18.6***
接菌		118.4***	1.9ns	31.7***	0.39ns	12.4**
施加水平×接菌		12.8***	2.8*	6.6***	2.4ns	2.4ns

注：M 和 N 代表 AM 真菌接种处理和不接种处理；表内数据为平均值（标准偏差）；同列括号后不同字母表示单因素 Duncan 分析结果在 $P<0.05$ 水平差异显著；双因素方差分析结果：* 表示 $P<0.05$，** 表示 $P<0.01$，*** 表示 $P<0.001$，ns 表示差异不显著

与对照处理相比，纳米 ZnO 0mg/kg 水平时，接菌处理地上部 Zn 含量没有显著变化，地上部 Zn 吸收量显著增加，而根系 Zn 含量和 Zn 吸收量均没有显著变化。在其他施加水平时，接菌处理地上部 Zn 含量显著降低，Zn 吸收量没有显著变化，根系 Zn 含量没有显著变化，但 Zn 吸收量在 500mg/kg、1000mg/kg 时显著增加。双因素方差分析显示，纳米 ZnO 施加水平和接菌对地上部和根系 Zn 含量有显著交互作用。

一般认为植物体内正常 Zn 含量为 8~400mg/kg，高于 400mg/kg 时植物就会出现中毒症状（Allaway，1968）。在施加纳米 ZnO 条件下，除 500mg/kg 接菌处理，其他处理中的植物 Zn 含量均已经超过 400mg/kg，结合生物量等指标，说明纳米 ZnO 已经引起植物毒害。释放 Zn^{2+} 是纳米 ZnO 的生物毒性机制之一（Franklin et al.，2007），因此纳米 ZnO 可能会造成 Zn 胁迫。诸多研究表明，接种 AM 真菌在缺 Zn 土壤中能够改善植物 Zn 营养，但在 Zn 毒害条件下，能够降低植物中 Zn 含量以减轻其毒害作用，而且往往增加 Zn 在根系中的分配比例（Cavagnaro et al.，2010；Watts-Williams et al.，2013；王发园和林先贵，2007）。我们的研究结果类似，土壤中不施加纳米 ZnO 时，接菌对玉米地上部 Zn 营养有改善作用（地上部吸收量增加），而在土壤中施加纳米 ZnO 时，接菌能增加 Zn 在根系中的分配比例，降低 Zn 向玉米地上部的转运，从而减轻 Zn 胁迫。其原因可能是 Zn 积累于 AM 真菌组织结构中，并降低其在植物体内的移动性（Lee and George，2005；王发园和林先贵，2007）。同时，生物量增加而引起的"生物稀释效应"也减轻了 Zn 的毒害作用。

二、丛枝菌根对纳米银污染土壤的修复

纳米银是目前最常见的人工纳米颗粒，广泛应用在导电涂层、医疗领域、绿色家电及家具产品、催化材料、电镀工业、新能源等领域。纳米 Ag 是将粒径做到纳米级的金属银单质，具有表面效应、量子尺寸效应、抗菌性等特点。纳米 Ag 在生产、消费、废弃过程中势必会流失到环境中，对生态环境和人体健康产生潜在威胁。

纳米 Ag 的微生物毒性强于 Ag^+，抑菌效果与其形状和粒径有关，粒径小于 5nm 的纳米 Ag 毒性最强（Choi and Hu，2008）。有报道称纳米 Ag/Ti 降低向日葵的菌根侵染率及植物对 Cs 的吸收（Dubchak et al.，2010）。但是在沙培条件下，0.01~1mg/kg 的纳米 Ag 没有降低甚至增加了 *Glomus caledonium* 对白三叶的菌根侵染率（Feng et al.，2013），0.01mg/kg 的纳米银对菌根植株体现出抑制作用，AM 真菌可以降低植株内银含量、提高抗氧化酶活性，降低纳米银的毒性；而较高浓度（1mg/kg）的纳米银却没有体现出抑制作用，可能与高浓度时纳米银凝聚有关，植株体内银含量与纳米银施加量呈负相关，也证实了纳米银的凝聚作用。

我们模拟不同污染水平的纳米银（平均粒径 60~120nm），在土壤盆栽条件下研究了接种 AM 真菌的修复作用。设置 4 个纳米 Ag 施加水平（0mg/kg、500mg/kg、1000mg/kg、2000mg/kg），每个水平下设置接菌（M）与不接菌（N）处理。同时，选择纳米银、硝酸银和微米银粉，浓度均设置为 1000mg/kg，比较不同形态的银与 AM 真菌的相互作用。

(一) 菌根侵染率

在土壤灭菌条件下，不接菌的处理未受到 AM 真菌侵染，0mg/kg 浓度纳米 Ag 的接菌处理菌根侵染率为 52%，而所有施加纳米 Ag 的处理侵染率都为 0，说明纳米 Ag 完全抑制了菌根侵染。接菌处理和不接菌处理同样都没有受到 AM 真菌的影响，所以接下来的讨论将施加纳米 Ag 的接菌处理的 4 次重复并入到不接菌处理中进行分析，0mg/kg 浓度使用不接菌处理的 4 个重复。

(二) 玉米生物量、株高和根冠比

由表 4-25 可知，在 0~1000mg/kg，随着土壤中纳米 Ag 施加浓度的增加，地上部和根系干重降低，株高降低，证明纳米 Ag 对玉米生长有抑制作用，与对照相比，500mg/kg 和 1000mg/kg 浓度下地上部干重分别减少 53% 和 65%，根系干重分别减少 18% 和 29%，地上部和根系干重减少幅度的不同，也导致玉米的根冠比随着施加纳米 Ag 浓度的增加而增高，根冠比在一定程度上反映干物质在植物不同部位的积累，说明纳米 Ag 抑制玉米干物质向地上部分配。但与 1000mg/kg 浓度相比，2000mg/kg 浓度地上部干重和株高降低不显著，根系干重甚至升高，这可能是由于 ENPs 施加剂量越大，越容易团聚，导致其毒性达到一定浓度后不再升高。

表 4-25 不同浓度纳米 Ag 处理下玉米干重、根冠比和株高

纳米 Ag/(mg/kg)	地上部干重/(g/盆)	根系干重/(g/盆)	根冠比	株高/cm
0	10.8 (1.31) a	1.7 (0.24) a	0.16 (0.01) c	63.8 (6.2) a
500	5.12 (0.46) b	1.4 (0.17) b	0.27 (0.02) b	53.1 (2.6) b
1000	3.8 (0.70) c	1.2 (0.07) c	0.33 (0.05) b	46.8 (4.2) c
2000	3.5 (0.39) c	1.5 (0.11) b	0.43 (0.04) a	44.0 (2.1) c

注：表内数据为平均值（标准偏差）；同列括号后不同字母表示 $P<0.05$ 水平差异显著

(三) 根系形态

根系是植物吸收水分和养分的主要器官，根系形态也是反映植物受到毒害的一个敏感指标。由表 4-26 可知，玉米的根系总长、总表面积、总体积在 0~1000mg/kg 纳米 Ag 施加水平呈降低趋势，跟 0mg/kg 浓度对照相比，500mg/kg 和 1000mg/kg 纳米 Ag 施加水平下玉米根系总长分别降低 52% 和 69%，总表面积分别降低 40% 和 51%，总体积分别减少 21% 和 25%，说明在这个浓度范围内随着纳米 Ag 浓度的升高，根系受到的抑制作用越强。跟 1000mg/kg 施加浓度相比较，2000mg/kg 浓度下根系形态没有显著差别。根平均直径随浓度升高而显著增加，跟 0mg/kg 浓度对照相比，500mg/kg、1000mg/kg 和 2000mg/kg 纳米 Ag 施加水平下玉米根系平均直径分别增加 24%、36% 和 42%，根系平均直径增加可能是因为毛细根数量较少，同样反映了纳米 Ag 抑制玉米新根的生长。

表 4-26　不同处理下玉米根系总长、总表面积、总体积、平均直径

纳米 Ag/(mg/kg)	总长/(cm/盆)	总表面积/(cm²/盆)	总体积/(mm³/盆)	平均直径/mm
0	25 544 (6 047) a	1 975 (443) a	12.6 (2.6) a	0.25 (0.01) d
500	12 225 (2 233) b	1 187 (183) b	10.0 (1.2) bc	0.33 (0.03) c
1 000	7 831 (1 031) c	965 (122) b	9.5 (1.4) c	0.39 (0.03) b
2 000	7 817 (386) c	1 057 (74) b	11.5 (1.5) ab	0.43 (0.03) a

注：表内数据为平均值（标准偏差）；同列括号后不同字母表示 $P<0.05$ 水平差异显著

（四）地上部与根系的 Ag 含量和吸收量

随着土壤中纳米 Ag 施加浓度的增加，根系 Ag 含量和吸收量呈增长趋势（图 4-31，图 4-32），但在 500～1000mg/kg 时差异不显著，2000mg/kg 时 Ag 含量和吸收量分别比 1000mg/kg 时高 74% 和 121%。地上部没有检测到 Ag，说明玉米没有将纳米 Ag 输送到地上部。

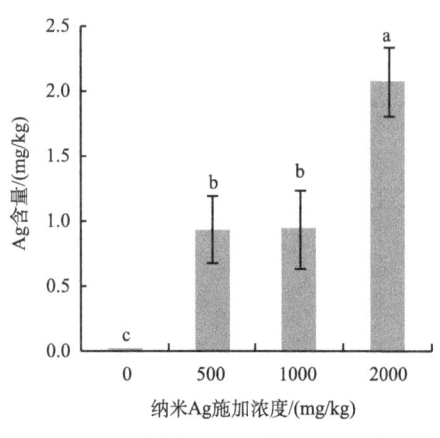

图 4-31　不同处理下玉米根系 Ag 含量
图中不同字母表示 $P<0.05$ 水平差异显著

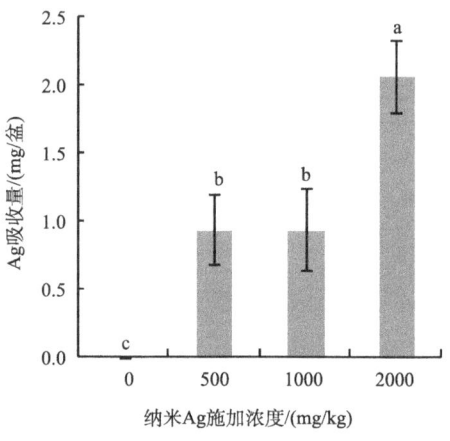

图 4-32　不同处理下玉米根系 Ag 吸收量
图中不同字母表示 $P<0.05$ 水平差异显著

（五）地上部和根系 N、P、K、Zn、Fe、Cu 吸收量

由表 4-27 可以看出，与 0mg/kg 浓度对照相比，地上部各种元素吸收量（除 Fe 外）均降低，这与施加纳米 Ag 降低生物量有关系。N 和 Cu 吸收量在 500mg/kg、2000mg/kg 浓度下有差异，K 吸收量 1000mg/kg 浓度时要显著低于 500mg/kg 时。其余的各浓度之间没有显著差异。根系吸收量 N、K、Cu 除了 1000mg/L 浓度下要显著低于其他处理外，其他各浓度之间没有显著差异，P 各处理间均没有显著差异，Zn 吸收量在 1000mg/kg、2000mg/kg 浓度下比 0mg/kg、500mg/kg 浓度下显著要低，Fe 含量施加纳米 Ag 的各处理都显著低于 0mg/kg 处理对照。

表 4-27 不同处理下玉米地上部和根系 N、P、K、Zn、Fe、Cu 吸收量

	纳米银/(mg/kg)	N/(mg/盆)	P/(mg/盆)	K/(mg/盆)	Zn/(mg/盆)	Fe/(mg/盆)	Cu/(mg/盆)
地上部	0	289(42.2)a	10.1(1.72)a	411(52.9)a	1.21(0.24)a	0.412(0.052)a	0.122(0.013)a
	500	145(25.3)b	3.6(0.68)b	164(25.0)b	0.54(0.33)b	0.303(0.070)b	0.043(0.013)b
	1000	108(18.8)c	2.7(0.61)b	97(20.3)c	0.47(0.18)b	0.260(0.066)b	0.031(0.010)c
	2000	102(13.8)c	2.9(0.44)b	88(13.8)c	0.37(0.08)b	0.332(0.090)ab	0.026(0.005)c
根系	0	18.6(2.67)b	2.83(0.79)a	12.3(0.59)a	0.209(0.104)a	6.22(0.203)a	0.046(0.011)a
	500	18.8(2.67)ab	2.42(0.52)ab	11.2(3.2)a	0.135(0.045)b	2.51(2.23)b	0.028(0.005)b
	1000	15.9(3.03)b	1.89(0.82)b	7.0(2.0)b	0.075(0.033)b	1.77(1.63)b	0.018(0.004)b
	2000	21.8(1.64)a	2.63(0.43)ab	10.8(3.0)a	0.088(0.052)b	1.65(2.00)b	0.021(0.002)c

注：表内数据为平均值(标准偏差)；同列括号后不同字母表示 $P<0.05$ 水平差异显著

（六）不同形态的银对菌根侵染率和植物生长的影响

微米 Ag 对菌根侵染率影响不显著，纳米 Ag 和 Ag^+ 完全抑制了菌根侵染（表 4-28）。这说明 Ag 的毒性与其粒径有关系，银离子、纳米级别的单质态 Ag 要比微米级别的 Ag 毒性强。所有形态的银均显著降低玉米生物量，对照处理和微米 Ag 处理条件下，接种 AM 真菌对玉米生长有一定促进作用。尽管还缺乏直接证据，AM 真菌对于某些轻度、中度纳米 Ag 污染土壤的修复会有一定改善作用。

表 4-28 不同处理下玉米干重、根冠比、株高和菌根侵染率

不同形态银处理	接种处理	地上部干重/(g/盆)	根系干重/(g/盆)	根冠比	侵染率/%
对照	M	16.1(1.7)	2.0(0.2)	0.13(0.01)	52(1.4)
	N	10.8(1.3)	1.7(0.2)	0.16(0.01)	0
纳米 Ag	M	3.8(1.0)	1.2(0.1)	0.34(0.07)	0
	N	3.7(0.4)	1.1(0.2)	0.29(0.07)	0
微米 Ag	M	7.8(1.1)	1.8(0.2)	0.23(0.02)	50(4.9)
	N	8.4(0.7)	1.3(0.2)	0.16(0.01)	0
Ag^+	M	2.9(0.4)	0.7(0.1)	0.23(0.03)	0
	N	3.2(0.3)	0.8(0.1)	0.24(0.03)	0

注：表内数据为平均值(标准偏差)

在上述已积累的研究工作中，丛枝菌根可以通过多种机制增加植物对重金属、农药等污染物的耐性，而且能影响植物对污染物的吸收和转运。ENPs 作为新兴的污染物，丛枝菌根对 ENPs 也可能具有解毒效应，提高植物对 ENPs 的耐性，并影响 ENPs 在植物中的吸收和转运。反之，ENPs 很可能也会对丛枝菌根产生毒性，继而对植物产生不利影响。ENPs 对丛枝菌根的毒性如何？丛枝菌根对 ENPs 的耐性怎样？

ENPs 在丛枝菌根中的迁移和归趋有何规律……同时，土壤中重金属存在多种形态（如可交换态、碳酸盐结合态、铁锰氧化物态、有机结合态、残渣态等），这些形态的重金属自身性质不同，而 MNPs 自身含有重金属成分（常释放金属离子），推测二者之间存在显著的共环境行为和交互作用。同时，纳米技术（Karn et al.，2009）和丛枝菌根均在治理污染土壤中发挥重要作用，因此未来丛枝菌根对 ENPs 污染的修复作用值得深入研究。

第五章 丛枝菌根对放射性污染土壤的修复

放射性污染也称核污染，放射性核素衰变产生的射线是污染的根源。形成长期污染的物质主要是一些长寿命裂变产物和核材料，如 ^{3}H、^{137}Cs、^{90}Sr、^{239}Pu 及 U 等。污染的放射性核素不仅对环境造成射线辐照，而且通过环境-食物的迁移进入食物链，造成伤害更大的内辐照，严重威胁人类的健康。

土壤环境中放射性污染物质有天然来源和人为来源。天然放射性核素所造成的人体内照射剂量和外照射剂量都很低，对土壤环境一般不会造成污染。土壤放射性污染主要来源于人为放射性核素，如 U、^{137}Cs、^{90}Sr、^{240}Pu、^{131}I 等，主要来源于核试验、核武器制造、核能生产和核事故，放射性同位素的生产和应用，矿物的开采、冶炼和应用等几个方面。

放射性污染是当今难以治理的环境污染问题。对于放射性污染的表层土壤，通常的处理方法是集中挖掘后运送至偏远废物处理场填埋，地表水或地下水污染处理产生的放射性淤泥、沉积物也如此处理。此外，还有土壤清洗、离子交换、螯合剂浸取、絮凝技术及反渗透超滤技术等物理化学方法。近年来发展起来的植物修复技术使土壤放射性污染治理有了一种新的选择（董武娟和吴仁海，2003；唐秀欢等，2008）。显然，AM 真菌也能在放射性污染的植物修复中发挥作用，研究较多的主要是对 U、Cs、Sr 等几种污染土壤的修复。

第一节 丛枝菌根对铀污染土壤的修复

铀在地壳中的含量比较丰富，平均丰度为 2.6mg/kg。天然铀由 3 种同位素组成：^{235}U 占 0.714%，^{238}U 占 99.274%，^{234}U 占 0.0058%，其中 ^{235}U 属于易裂变核素，是核试验的主要元素之一。引起铀污染的主要途径是铀矿开采和冶炼及核试验等。铀的释放不仅可以污染土壤，也可以进一步污染地表水及地下水，或者随着食物链进入人体，威胁人体健康。作为放射性重金属，铀不仅有化学风险，而且有放射风险。有研究发现，人体长期接触铀会有致癌的危险。随着我国核武器试爆基地逐步对外开放、铀矿勘探和采冶活动增加及越来越多的铀矿退役，放射性铀污染场地的治理与修复问题已初露端倪。

一、AM 真菌在铀污染土壤中的分布和侵染状况

铀尾矿中的放射性核素含量一般比本底高 2~3 个数量级。铀尾矿受风吹、雨淋、冲刷等外界因素的影响，产生粉尘、废水等污染空气、水体，也可通过尾矿库渗漏污染地下水。铀污染土壤中的 AM 真菌资源调查还比较少。

在世界上最大金矿带——南非威特沃特斯兰德（Witwatersrand）矿带金/铀尾矿上生长的植物大部分是菌根侵染的，并有大量 AM 真菌孢子存在于尾矿中（Weiersbye et al.，1999）。在南非西北省的某金/铀尾矿中，5 种指示植物菌根侵染普遍强度较高，根围有大量 AM 真菌孢子，而且孢子密度受宿主植物和年龄的影响很小（Straker et al.，2007）。在江西上饶铀矿开采导致 U、As 污染的土壤中，接种 *Glomus mosseae*、*Glomus caledonium* 和 *Glomus intraradices* 可以侵染蜈蚣草，侵染率在 20% 以上（Chen et al.，2006）。在模拟 U 污染（5~87mg/kg）条件下，地三叶接种 *Glomus intraradices* 后菌根侵染良好，并发现根内泡囊、菌丝和丛枝等结构，菌根侵染频度和强度没有受到土壤 U 含量的显著影响（Rufyikiri et al.，2004b）。

在田间条件下，U 污染（111mg/kg）土壤中野生型和突变型大麦均可以被 *Glomus caledonium* 侵染，但是施加 60mg/kg 的水溶性磷（KH_2PO_4）显著降低侵染率，尤其是野生型大麦（Chen et al.，2005c）。另外一项研究中，大麦也能与 *Glomus intraradices* 良好共生，但施加磷矿粉（含 30.3% P_2O_5）和水溶性磷（KH_2PO_4）均抑制菌根侵染，而且磷矿粉的抑制作用远强于水溶性磷（Chen et al.，2005b）。

二、铀污染条件下 AM 真菌对植物生长和营养的改善作用

U 除了具有放射性之外，也具有和其他重金属相似的性质，在 U 生物有效性较低时对植物的毒性不大。Chen 等（2005a）利用分室盆栽系统研究发现，在 U 污染条件下接种 *Glomus intraradices* 显著增加了蒺藜苜蓿的地上部和根系干重，P 营养得到显著改善。在模拟 U 污染（5~87mg/kg）条件下，不同 U 水平没有显著影响地三叶的生长，植物接种 *Glomus intraradices* 后地上部干重增加 19%~39%，而根系干重只是在 5g/kg U 水平时显著增加，菌根植株地上部与根系干重之比比对照植株增加 6%~30%。另外，AM 真菌显著改善了植物地上部和根系 P 营养，而对于 K、Ca、Mg 等却没有类似作用（Rufyikiri et al.，2004b）。Chen 等（2005c）利用田间试验研究发现，在 U 污染条件（111mg/kg）下，接种 *Glomus caledonium* 对大麦的生长有一定的改善作用，但是与施 P 水平和大麦基因型有关，在不施 P 时效果最显著，在 20mg/kg P 时只对突变型有促进作用，在 60mg/kg P 水平接种 AM 真菌没有显著影响大麦的生长；对植物 P 营养的改善作用也有类似趋势。

在 U（111mg/kg）、As（106mg/kg）污染的土壤中，接种 *Glomus mosseae*、*Glomus caledonium* 和 *Glomus intraradices* 没有显著影响蜈蚣草生长或降低蜈蚣草的生物量，与植物生长期有关，而且不同菌种间存在差异；其地上部和根系 P 浓度增加或没有显著变化，而 P 吸收量没有显著变化甚至降低了（Chen et al.，2006）。

三、AM 真菌对植物铀含量和吸收量的影响

作为一种植物非必需元素，植物累积较高浓度 U 时会产生毒害症状。在 U 污染条件下，AM 真菌往往会对 U 有固持作用，减少植物对 U 的吸收和（或）向地上部的转运。

在模拟 U 污染（5~87mg/kg）条件下，地三叶生长没有受到 U 的毒害，接种 *Glomus intraradices* 只是在 87mg/kg U 条件下降低了地上部 U 含量，所有 U 水平下对根系 U 含量有显著影响。这说明在高 U 污染时，AM 真菌会减少植物对 U 的吸收，尤其是抑制向植物地上部的转运（Rufyikiri et al.，2004b）。但也有研究发现，接种 AM 真菌后植物体内 U 含量会有所增加，但是往往更多的是分配到植物根系中。接种不同 AM 真菌对蜈蚣草地上部 U 含量及 U 吸收量的影响不尽一致，但是根系 U 含量都增加了，同时研究发现，接种 AM 真菌减少了 U 在地上部的分配比率（Chen et al.，2006）。利用田间试验发现，接种 *Glomus caledonium* 在 U 污染（111mg/kg）条件下对大麦 U 吸收和分配的影响也是类似的，增加根系吸收量，减少地上部 U 的比例，但显然这种作用与施 P 水平和大麦基因型有关（Chen et al.，2005c）。室内研究也证实大麦可以从磷矿石中吸收 P 和 U，但是抑制 U 向地上部转运（Chen et al.，2005b）。

四、AM 真菌影响植物生长和铀吸收的机制

U 元素的物理化学性质比较特殊，没有发现类似的营养元素，它在植物根际的行为不能用一般相似性来预测，有富集作用的植物目前已发现有向日葵、印度芥菜等，但种数较少。

同其他重金属污染类似，在 U 污染条件下，改善植物的 P 营养是 AM 真菌提高植物抵抗 U 毒害、促进植物生长的重要机制之一。AM 真菌的保护作用体现在，一是减少植物对 U 的吸收，降低植物体内 U 含量，二是增加植物对 U 的吸收，但是减少向地上部的运输。研究证实，AM 真菌的菌丝、孢子、泡囊等组织对 U 具有强大的固持能力。AM 真菌的泡囊中积累的 U、Mn、Ni、Cu 比植物组织中的高，从铀尾矿中分离的孢子也积累了较多的 Ca、Cr、Fe、Ni、Cu、Br、Y、Th 和 U（Weiersbye et al.，1999）。利用转移 Ri T-DNA 胡萝卜根器官双室培养系统可以研究菌丝对 U 的吸收和转运的作用。Rufyikiri 等（2003）利用此装置研究了菌丝对 U 的吸收能力，发现 *Glomus intraradices* 菌丝中的 U 含量比菌根根系和非菌根根系中的 U 含量高 5.5 和 9.6 倍，菌根 U 含量比非菌根根系的高 1.8 倍。这可能是因为菌根比非菌根对 U 的吸收能力强，也可能因为根内菌丝等对 U 的累积作用。U 可能是以磷酸盐沉淀的形式存在于真菌组织中。这些真菌组织对 U 的固持作用一方面可以降低 U 的生物有效性，减少植物对 U 的吸收和 U 对植物的毒性；另一方面可以把 U 固持在菌根中，减少向地上部的运输。

U 的生物有效性与介质 pH 密切相关，Rufyikiri 等（2002）利用根器官分室培养系统研究发现，在 4.0、5.5 和 8.0 等不同 pH 条件下，菌丝和菌根中的 U 含量存在差异，AM 真菌从菌丝室中吸收转运到根室中的 U 分别占培养基起始 U 浓度的 2.2%、1.4% 和 0.9%。其原因可能是菌丝的 CEC 比根系的高，负电荷组分对 UO_2^{2+} 具有吸附作用，在 pH 低较低时，负电荷位点被 H^+ 占据，因此对 UO_2^{2+} 的吸附能力降低。同时，接种 AM 真菌提高了菌丝室中的 pH（Rufyikiri et al.，2003，2004a），这说明 AM 真菌可能通过改变根际 pH 影响 U 的生物有效性和毒性。

另外有研究发现，被甲醛杀死的菌丝 U 含量比活菌丝中的高（Rufyikiri et al.，2003），这说明 AM 真菌除有解毒机制外，还有主动的"避毒"机制。

某些细菌具有能氧化重金属铀的能力，可以将可溶的铀转化成不可溶的固体二氧化铀（Marshall et al.，2006）。AM 真菌也可能具有类似的作用，通过分泌某些氧化还原作用物质改变 U 的化学形态，降低 U 的毒性。或者，AM 真菌也可以改变植物根系分泌物或直接分泌某些有机成分，对土壤中的 U 产生螯合作用，改变 U 的有效性和毒性。这些机制有待进一步研究。总之，AM 真菌对 U 有固持作用，可以降低 U 的生物有效性或把 U 固持在植物根系中，可以应用于 U 的植物稳定修复中。

第二节　丛枝菌根对铯、锶污染土壤的修复

稳定的铯（^{133}Cs）是碱金属中最稀少的元素，不是生物必需的营养元素。引起放射性污染的主要是长寿命的放射性同位素^{137}Cs。锶（Sr）是碱土金属中丰度最小的元素，能产生放射性污染的主要是^{90}Sr。环境中放射性 Cs 和 Sr 主要有 3 种来源：①20 世纪 50~60 年代进行的核武器试验，有报道显示，北半球进行过的 423 次核试验向环境释放^{137}Cs 7.4×10^{17}Bq；②核事故，如 1986 年的切尔诺贝尼核电站泄漏事故、2011 年由地震引发的日本福岛核泄漏事故均导致大量^{137}Cs 和^{90}Sr 外泄；③核反应器和核燃料后处理厂有控制地排放废物。1945 年日本广岛的原子弹爆炸释放出大量的放射性裂变产物，虽然短寿命的核素已基本衰减完毕，但长寿命核素如^{137}Cs 依然存在。^{137}Cs 和^{90}Sr 在生物地球化学循环中起着重要的作用，同时也与水域和陆地生态系统中的食物链关系密切，在植物、微生物体内的积累和毒性引人关注。

包括 AM 真菌在内的许多微生物对有毒的放射性核素表现出高度的忍耐性，并对 Cs、Sr 有吸附、吸收、转化等作用，从而影响 Cs、Sr 在土壤中的形态和对植物的有效性及毒性，进一步影响植物对 Cs、Sr 的吸收和运输。在对放射性污染土壤进行治理时，AM 真菌-植物修复技术将可能发挥重要作用。本节将重点讨论丛枝菌根对放射性 Cs、Sr 污染土壤的修复作用。

一、AM 真菌在铯、锶污染土壤中的分布和侵染状况

Cs、Sr 污染多是核试验或核泄漏事故等造成的，对人体健康存在巨大危害，因此 Cs、Sr 污染土壤中的 AM 真菌资源和菌根侵染状况鲜有报道，但是植物、微生物的抗放射能力较强，菌根植物完全可以在放射性污染土壤中生存，并在放射性污染土壤的植物稳定中发挥作用（de Boulois et al.，2005b）。在模拟污染条件下的土壤中，AM 真菌对宿主植物有良好的侵染能力（Entry et al.，1999）。在体外培养条件下，AM 真菌也能在 Cs 存在条件下正常生长、繁殖并侵染宿主根系（Declerck et al.，2003）。

二、铯、锶污染条件下 AM 真菌对植物生长和营养的改善作用

在 Cs、Sr 污染条件下，AM 真菌多体现出促生效应，但可能与植物种类、污染程

度、土壤性质等密切相关。在 Cs 和 Co 污染土壤中，接种 AM 真菌促进了苏丹草的生长，对黄花草木犀（*Melilotus officinalis*）的生长却没有显著影响，同时 AM 真菌的效应与土壤类型有关（Rogers and Williams，1986）。在 ^{137}Cs 或 ^{90}Sr 污染条件下，接种 AM 真菌 *Glomus mosseae* 和 *Glomus intraradices* 对 3 种草本植物百喜草（*Paspalum notatum*）、石茅高粱（*Sorghum halpense*）和柳枝稷（*Panicum virginatum*）3 种草本植物地上部生物量有显著促进作用（Entry et al.，1999）。在 ^{137}Cs 污染条件下，接种混合 AM 真菌没有显著改变韭葱、黑麦草生物量（Rosén et al.，2005）。在施加了 1.56ng/g Cs 的土壤中，接种 *Glomus mosseae* 没有影响或降低了细弱剪股颖的地上部和根系干重，对根系 K、Ca、Na 等矿质营养有一定程度的改善作用，而且与土壤施 K 水平有关（Berreck and Haselwandter，2001）。

三、AM 真菌对植物铯、锶含量和吸收量的影响

多数研究发现，接种 AM 真菌后植物体内的 Cs、Sr 含量和吸收量增加了。这意味着 AM 真菌对于利用这些菌根植物进行放射性污染土壤的修复有重要意义。例如，生长 13 天的大豆植株在施加 ^{90}Sr 1 天、3 天、7 天后，菌根化植株从灭菌土壤或非灭菌土壤中都吸收了更多的 ^{90}Sr（Jackson et al.，1973），但在生长早期，生物量有所降低。百喜草在接种 AM 真菌后叶片中 ^{134}Cs 放射性活度增加了 2 倍，在田间试验中，植株 Cs 含量增加了 10 倍（McGraw et al.，1979）。在 ^{137}Cs 污染条件下，接种混合 AM 真菌后黑麦草地上部和根系中 Cs 的含量显著增加了，但对黑麦草却没有显著作用（Rosén et al.，2005）。

显然，植物对 Cs、Sr 的吸收与植物本身的生物学特性有关，不同的植物对 Cs、Sr 的累积能力存在差异。在 Cs 和 Co 污染土壤中，苏丹草生长 65 天和 93 天后收获，接种 AM 真菌的植株体内 Cs 含量分别是对照的 2 倍和 1.7 倍，而菌根化黄花草木犀体内 Cs 含量虽然增加了，但却没有达到显著水平（Rogers and Williams，1986）。

此外，植物对 Cs、Sr 的吸收也受 AM 真菌的影响。在 ^{137}Cs 或 ^{90}Sr 污染条件下，接种 AM 真菌 *Glomus mosseae* 和 *Glomus intraradices* 对百喜草、石茅高粱和柳枝稷 3 种草本植物体内 Cs、Sr 含量和吸收量都显著增加，具有更高的生物富集率（Entry et al.，1999）。但是两种 AM 真菌的菌根侵染率不同，对植物生长和金属吸收的影响也有差异。

但是也有研究发现，接种 AM 真菌的植株体内 Cs 含量降低了（Dighton and Terry，1996；Haselwandter et al.，1994）。接种 AM 真菌后，生长 3 周和 5 周后羊茅（*Festuca ovina*）地上部 Cs 含量降低到对照的一半（Haselwandter et al.，1994）。在放射性标记 Cs 污染土壤中，白三叶 Cs 含量比对照低（Dighton and Terry，1996）。在生长的前 6 周，接种 *Glomus mosseae* 显著降低了细弱剪股颖地上部和根系中 Cs 含量（Berreck and Haselwandter，2001）。

也有研究发现 AM 真菌对植物生长和放射性 Cs 的吸收没有影响，因而不推荐应用于植物修复。Joner 等（2004）利用三叶草、蓝桉、玉米、苜蓿等研究发现 AM 真菌对

于放射性 Cs 从土壤到植物体内的转运没有影响。Vinichuk 等（2013）于 2009～2010 年在乌克兰切尔诺贝利西南 70km 处利用田间试验研究了 AM 真菌对 4 种作物（大麦、黄瓜、黑麦草、向日葵）^{137}Cs 吸收的影响，发现大麦、黄瓜和向日葵的根系被轻度或中度侵染，侵染率与植物的 ^{137}Cs 吸收呈负相关或没有相关性，黑麦草被中度侵染，与其 ^{137}Cs 吸收中度相关；田间施用 AM 真菌没有促进植物生长或 Cs 吸收，因此在轻度 ^{137}Cs 污染土壤中不推荐施用 AM 真菌。

四、AM 真菌影响植物生长和铯、锶吸收的机制

^{90}Sr 和 ^{137}Cs 分别与营养元素 Ca、K 的化学行为相近，此外 Cs^+ 具有特殊的性质，如电荷低、半径小，与配位体相互作用的倾向弱。AM 真菌可以直接或间接影响植物对 Ca、K 的吸收，也有可能影响 Sr、Cs 的吸收和运输。真菌一般具有较高的流入通量和较低的流出通量，累积放射性 Cs 的能力一般要比高等植物强（Steiner et al., 2002）。

对 AM 真菌吸收、运输 Sr 的研究比较少，Suzuki 等（2001）发现接种 *Glomus etunicatum* 的万寿菊吸收了更多的 ^{85}Sr，认为 AM 真菌菌丝可以从土壤中吸收 Sr 并运输到植物体内（Suzuki et al., 2001）。AM 真菌菌丝对 Sr、Cs 等元素在不同植物之间的转移也有作用（Meding and Zasoski, 2008）。

利用转 Ri T-DNA 胡萝卜根器官分室培养系统可以在体外研究 AM 真菌菌丝等对元素的吸收和运输作用。Declerck 等（2003）利用这一系统研究了 AM 真菌在吸收和转运放射性 ^{137}Cs 中的作用，发现 *Glomus lamellosum* 根外菌丝可以吸收和积累 ^{137}Cs 并转运到根室中，根系中 Cs 的含量是菌丝室中起始浓度的 0.85%，这一含量比对照根系中 Cs 高 30 倍。但无法确定菌根中的 ^{137}Cs 是滞留在菌根结构（根内菌丝、泡囊、丛枝）还是转移到根细胞内。根室中介质（根外菌丝、孢子和凝胶等）的 Cs 浓度比对照根系（无菌根侵染）和对照（无根系）高约 60 倍，而菌丝室中加入甲醛时则没有在根系中检测到 Cs；菌丝室中菌丝和孢子的 Cs 含量是起始 Cs 含量的 0.47%。分析显示，根系中的 Cs 吸收量和含量与根室、菌丝室中的菌丝长度和孢子数量呈显著正相关。之后，de Boulois 等（2005a）测定根外菌丝和根系对 Cs 吸收和转运的贡献，发现菌丝吸收的 Cs 仅占菌丝室中 Cs 含量的 5.2%，而菌根（根系、菌丝）和根系（无真菌侵染）吸收的 Cs 占介质 Cs 含量的 33.3% 和 32.8%，但是菌丝吸收的 Cs 有 80.8% 被转运到培养室的根系中，而菌根、根系的转运能力要低得多。其原因可能是缺乏运输动力如地上部没有分生组织，也可能是 Cs 积累在根细胞中维持渗透势。培养介质中 K 的缺乏也可能会限制 Cs 向木质部中运输 Cs，在缺 K 的情况下，K 流通道关闭，K、Cs 从根细胞的泵出受到限制。作者还发现 Cs 在菌根内的转运与菌根化和侵染密切相关，菌根化会削弱 Cs 的转运，可能的原因是 K/Cs 质膜转运子的减量调节，这也可能是 AM 真菌侵染导致 Cs 向地上部转运减少的原因。

因为胡萝卜根器官培养系统不能培养植物地上部，缺少运输动力，研究 Cs 的吸收和运输有一定局限性。de Boulois 等（2006）利用新的体外培养系统研究了 AM 真菌对紫花苜蓿 Cs 吸收和转运的影响，结果发现，菌丝室中 21% 的 Cs 被转运到根室中，转

运到植物体内的Cs占菌丝室中Cs起始量的17.7%,其中有15.9%被转运到根系中,1.8%被转运到地上部;植物体内的Cs有89.8%在根系中,10.2%在地上部;菌丝吸收的Cs有83.6%转运到植物体内,有16.4%被固持在AM真菌中。这个研究进一步证实了AM真菌可以吸收、转运并累积Cs。在同一项研究中,de Boulois等(2006)还发现菌丝室中98.3%的^{33}P被运输到根室中,而这部分P被植物吸收的占91.7%;在植物体内P在根系和地上部的比例分别是76.9%和23.1%;而在菌丝室中加入甲醛后,植物根系中的^{33}P很少,在地上部没有发现^{33}P。

Joner等(2004)认为AM真菌对于植物Cs的吸收和转运没有显著作用,原因是农业土壤普遍施用K肥。但作者没有讨论其他非农业土壤系统或K含量低的土壤系统,还需要开展大量试验来研究AM真菌影响植物吸收Cs的作用。因为K对Cs的吸收运输有较大影响,未来需要在不同K水平下研究AM真菌对Cs的吸收和运输机制;还要研究AM真菌如何影响Cs从根系向地上部的转运及Cs在木质部中的运输。

需要指出的是,无论是植物提取还是植物稳定,即使AM真菌没有影响放射性核素的吸收转运,也可能对污染场地中植被的建立和生长有益。在筛选修复植物及进一步研究修复效果时,需要充分考虑到AM真菌的作用。

第六章 丛枝菌根修复重金属污染土壤的强化措施

第一节 有益微生物的应用

一、土壤微生物在植物修复中的应用

在植物修复中，重金属污染往往会对植物产生毒害，即使超富集植物在高浓度重金属污染环境中，生长也会受到抑制。施用化学螯合剂可以提高植物修复效率，但同时也带来一定的生态风险。尽管 EDTA 使植物修复效率提高了，但同时增加了污染地下水的风险，未来应该选择自然连续植物修复（Wenzel et al., 2003）。而把某些有益微生物应用于植物修复具有环境友好的特点，是强化植物修复效率的重要手段之一。

微生物广泛分布于重金属污染土壤中，有些微生物具有很强的重金属抗性，并能影响植物的生长和对重金属的吸收。植物修复技术的成功应用，不仅依赖于植物的选择，根际微生物类群与植物根系的相互作用也相当关键。

土壤微生物包括菌根真菌、PGPR、植物内生菌等可以通过影响植物或重金属而对重金属的植物修复产生作用（Ma et al., 2011; Phieler et al., 2014; Tak et al., 2013）。污染土壤一般营养匮乏，施加重金属耐性土壤微生物可以供给植物养分，有助于提高植物的防御机制和重金属污染土壤的解毒。微生物在维持土壤结构、肥力和修复中起到关键作用。某些根际微生物可以抑制病原微生物的作用，也可以促进植物根系从环境中吸收养分或直接合成某些化合物供给植物，从而可以直接或间接地影响植物的生长发育。已知的机制有（Lucy et al., 2004）：固定大气中的 N 供给植物；合成 Fe 载体（siderophore）从土壤中溶解并吸收 Fe 供给植物；合成生长素、细胞分裂素等植物激素促进植物生长；分泌有机酸、促进某些难溶矿质元素的溶解利于植物吸收；合成某些酶调节植物生长发育等。微生物可以通过以上一种或多种机制对植物产生作用。在重金属胁迫条件下，植物生长受到抑制常由以下两个原因引起：①合成逆境乙烯；②Fe 缺乏。某些微生物可以减少植物乙烯水平、供给植物 Fe 而缓解重金属对植物的毒性。

微生物对土壤重金属的作用主要有：①微生物可把大分子化合物转化成小分子化合物，这些转化产物对植物根际的重金属有显著的活化作用；②微生物可分泌出质子、有机酸、Fe 载体等物质，增加对植物根际重金属的活化能力；③微生物通过氧化还原作用改变根际重金属的形态，增加重金属的生物有效性；④微生物转化 Hg、Se、As 等为甲基金属化合物，提高植物对它们的吸收，然后通过蒸腾、挥发作用而进入大气中。

（一）植物根际促生细菌

植物根际促生细菌（plant growth-promoting rhizobacteria，PGPR）主要包括一些具有固氮、溶磷、解钾等功能的细菌，如假单胞菌、芽孢杆菌、根瘤菌、溶磷细菌、自

生或联合固氮菌等。它们可以通过产生生长激素如 IAA、固氮作用及提高土壤 P、K 的可溶性等途径直接促进植物生长，也可通过提高植物抗病、抗逆能力等方式间接促进植物生长。PGPR 可以在促进植物生长、重金属耐性和吸收方面发挥作用（Shilev et al.，2001）。PGPR 用于植物修复重金属污染的实例已经有很多（Lucy et al.，2004）。在 Ni 胁迫下，抗坏血酸克吕沃尔氏菌（*Kluyvera ascorbata* SUD 165）促进植物生长，但没有降低 Ni 吸收（Burd et al.，1998）。接种 PGPR 后玉米和天蓝遏蓝菜对重金属的吸收都增加了（Hoflich and Metz，1997；Whiting et al.，2001）。PGPR 促进了芥菜（*Brassica juncea*）对 Se 的积累和挥发（de Souza et al.，1999b）。内生菌也能促进重金属污染土壤中植物的生长（Belimov et al.，2001；Burd et al.，1998，2000）。未来把 PGPR 和转基因植物联合用于植物修复可能是个不错的选择（Nie et al.，2002）。有人报道了具有 Cr 抗性的非根际假单胞菌，能促进重铬酸钾胁迫下小麦种子发芽，并减少植物对 Cr 的吸收，促进植物生长（Hasnain and Sabri，1997）。

PGPR 对植物修复的影响可能与细菌产生的 Fe 载体有关（Lodewyckx et al.，2002；Sessitsch et al.，2004）。Fe 载体不仅缓解植物的 Fe 缺乏，而且提高了金属的生物有效性（Abou-Shanab et al.，2003；Whiting et al.，2001），也可以降低重金属对植物的毒性（Burd et al.，2000），从而影响植物的生长和重金属吸收。PGPR（包括内生菌）影响植物吸收重金属的另外一个机制可能是产生 1-氨基环丙烷-1-羧酸（ACC）脱氨酶，降低植物体内重金属胁迫诱导产生的乙烯，促进植物生长（Burd et al.，1998，2000；Glick et al.，1998）。

大量研究证明根际微生物在植物修复中具有协同作用（Glick，2003；Tak et al.，2013）。PGPR 可以降低重金属对植物的毒害（Burd et al.，2000），促进植物生长（Burd et al.，1998；Ma et al.，2001）。在 Cd 污染土壤中给玉米接种 PGPR 有利于植物修复，蕈状芽孢杆菌（*Bacillus mycoides*）及两种细菌复合接种促进了植物提取，而玫瑰色微球菌（*Micrococcus roseus*）有利于植物稳定（Malekzadeh et al.，2012）。施加砷酸盐还原细菌可以促进蜈蚣草生长，活化土壤难溶性砷增加砷积累，减少砷的淋滤（Yang et al.，2012）。根际细菌能大大提高土壤中水溶性 Zn 的生物有效性，从而提高超富集植物天蓝遏蓝菜积累 Zn 的能力（Whiting et al.，2001）。de Souza 等（1998）和 Zayed 等（1998）认为植物体内挥发态硒产生的限速步骤是 SeO_4^{2-} 向 SeO_3^{2-} 的还原，氨苄青霉素（ampenicillin）使印度芥菜（*Brassica juncea*）的挥发和积累分别减少 35% 和 70%，根际微生物（细菌）显著促进硒的积累和挥发，这可能与根际细菌促进 SeO_4^{2-} 在植物组织内的积累有关；硫酸盐也显著抑制植物对硒的挥发，因为硫酸盐可以减少硒代蛋氨酸的生成。根际细菌也能促进非积累植物对 Se、Hg、Cd 等的累积（de Souza et al.，1999a，1999b；Salt et al.，1999）。磷肥、根际细菌提高粉叶蕨的生物量和 As 含量，有利于 As 的植物提取；而根际真菌增加生物量、降低 As 含量，有利于 As 的植物稳定（Jankong et al.，2007）。

许多研究者从微生物中分离出抗重金属的基因并成功转入植物中，以构建高效工程植物。Sriprang 等（2002）构建了根瘤菌和豆科植物的共生体用于重金属生物修复，他们在华癸根瘤菌（*Mesorhizobium huakuii* subsp. *rengei* B3）中成功表达了人类金属硫因基因（MTL4），发现转基因后该菌与紫云英形成的根瘤中可以累积更多的 Cd^{2+}。Bizily 等（1999，2000）成功地将细菌体内的基因 merA 和 merB 转移到拟南芥（Arabidopsis thaliana）体内，结果表明，转有 merB 基因的植株体内富集甲基 Hg 的含量是自然生长植株的 10 倍，而同时转有 merB 和 merA 基因的植株体内富集甲基 Hg 的能力是自然植株的 50 倍。Rugh 等（1998a，1998b）也从微生物中筛选了相关基因改造植物，修复 Hg 污染。可见，结合根际微生物的植物修复技术有望更有效地修复金属污染土壤（Whiting et al.，2001）。利用微生物提高植物修复重金属污染土壤的效率是一个值得研究和开发的新技术。

尽管一般认为超富集植物体内高含量的重金属可能会阻止细菌和病原真菌进入植物，但在天蓝遏蓝菜根际存在与 Zn 移动性有关的细菌，并能显著提高植物吸收 Zn（Whiting et al.，2001）。在 Ni 超富集植物根围发现大量抗性强的细菌，而生长在同样土壤条件下的非超富集植物根围的抗 Ni 细菌数目较少，抗性也较差（Delorme et al.，2001；Schlegel et al.，1991），可能是超富集植物较为特殊的根际环境对微生物有一定的选择作用。从十字花科庭荠属 Ni 超富集植物 Alyssum murale 根际分离到的一株 Ni 抗性解聚乙二醇鞘氨醇单胞菌（Sphingomonas macrogoltabidus），可以促进植物对重金属的吸收（Abou-Shanab et al.，2003）。Idris 等（2004）确认有许多微生物与 Ni 超富集植物 Thlaspi goesingense 共生，并对 Ni 有抗性，能缓解 Ni 胁迫，对金属吸收有利。某些化能无机营养菌能通过土壤酸化提高金属的有效性，也可与之形成硫化物沉淀降低其溶解性（Kelley and Tuovinen，1988）。根际细菌如何影响超富集植物可能存在某些特殊机制，尚需深入研究。

（二）土壤腐生真菌

土壤腐生真菌的细胞壁有很强的离子交换能力，常用作生物吸附剂，除去废水中的重金属（Galun et al.，1983）。真菌的壳聚糖-葡聚糖复合物可有效螯合金属离子（Gadd，1986）。少根根霉和产黄青霉（Penicillium chrysogenum）可用于吸附贵重金属（de Rome and Gadd，1991；Tsezos and Volesky，1982）。土壤真菌黑曲霉（Aspergillus niger）和鲁氏毛霉（Mucor rouxii）也可用于生物吸附重金属（Mullen et al.，1992）。

大量研究表明，跟细菌相似，某些腐生真菌也具有溶 P 能力（Silva Filho and Vidor，2001），对于改善植物 P 营养有促进作用（Tarafdar and Rao，1996）。土壤腐生真菌也可通过不同的机制提高重金属的植物可利用性，如通过氧化还原反应使某些离子由不溶状态转变为可溶状态（Kelley and Tuovinen，1988），分泌有机酸降低土壤的 pH 或转化重金属以改变其结合态（Fomina et al.，2005；Gadd，1999）。重金属 Pb 在土壤中是高度不溶的，但产有机酸的真菌（如黑曲霉）可使其成为可溶状态（Sayer et al.，1999）。某些真菌具有重金属抗性，如赭绿青霉（Penicillium ochro-chloron）可在 Cu 浓度达 5000mg/L 的环境中生长（Stokes and Lindsay，1979），可在菌丝中与 Cu 形成溶解度低的化合物，如磷酸铜和草酸铜，这是真菌的解毒机制之一。

腐生真菌多应用于生物吸附处理废水中的重金属，在植物修复中的应用研究不是很多。Jankong 等（2007）发现根际真菌增加粉叶蕨生物量、降低 As 含量，有利于 As

的植物稳定。在 Cd、Pb 等重金属污染土壤中，接种同色镰孢菌（*Fusarium concolor*）或康氏木霉有利于菌根化蓝桉的生长和 N、P、K 营养（Arriagada et al.，2007b）。康氏木霉、同色镰孢菌对于 As（Arriagada et al.，2009a）、Cu（Arriagada et al.，2009b）、Al（Arriagada et al.，2007a）、Cr（Firdause and Nazir，2010）等污染土壤中的植物生长和营养及重金属耐性等也有一定程度的改善作用。土壤中施加腐生真菌彩绒革盖菌（*Trametes versicolor*）、硬拟革盖菌（*Coriolopsis rigida*）能增加菌根侵染率和代谢活性、蓝桉植株地上部干重和对 Zn 的耐性（Arriagada et al.，2010）。在 Cd 污染土壤中接种黑曲霉能提高白三叶的生物量和结瘤量及 P 含量（Medina et al.，2005，2010）。从复合重金属污染土壤中分离到的近平滑假丝酵母（*Candida parapsilosis*）对白三叶的生长和重金属耐性有一定促进作用（Azcon et al.，2010）。拟康氏木霉（*Trichoderma pseudokoningii*）促进制革厂污泥中的向日葵生长（Nazir and Firdause，2011）。但桔灰青霉（*Penicillium aurantiogriseum*）对重金属污染土壤中豆科灌木 *Coronilla juncea* 的生长没有显著的作用（Carrasco et al.，2011）。

二、其他微生物在菌根植物修复中的作用

土壤中含有种类繁多、数量庞大的微生物，土壤微生物群体之间的关系可以简单地概括为寄生（parasitism）、共生（symbiosis）、偏利共栖（commensalism）、互利共栖（mutualism）、竞争（competition）、颉颃（antagonism）和捕食（predation）等不同类型，某些细菌会存在于根外菌丝中（Gonzalez-Chavez et al.，2008）。在云南会泽废弃铅锌矿区的植物有 10 种同时被 AM 真菌和深色有隔内生真菌侵染（梁昌聪等，2007）。深色有隔内生真菌甚至比 AM 真菌表现出更强的重金属耐受性和适应性（Deram et al.，2008；班宜辉等，2012）。土壤微生物会改变植物吸收重金属和 AM 真菌的效应（Glassman and Casper，2012）。多数情况下，有益微生物和 AM 真菌往往可以在促进植物生长、提高植物耐性等方面表现出协同作用，有利于菌根修复。

（一）其他微生物对菌根侵染率的影响

在重金属污染条件下，接种其他有益微生物（如 PGPR）一般能促进菌根侵染。在 Cd、Pb、Zn、Ni 等重金属污染条件下，从重金属污染土壤分离的短芽孢杆菌（*Brevibacillus brevis*）可以提高 *Glomus mosseae* 对红三叶的菌根侵染率（Vivas et al.，2003a，2003b，2003e，2006a，2006b，2006c）。在 Mn 毒害条件下，大豆的菌根侵染率与 Mn 还原细菌的数量正相关（Nogueira et al.，2007）。在 Cd 污染土壤中，接种黑曲霉促进了 *Glomus mosseae* 对白三叶的侵染率（Medina et al.，2005）。在 Cd、Pb 等重金属污染土壤中，接种同色镰孢菌或康氏木霉促进了 *Glomus mosseae* 或 *Glomus deserticola* 对蓝桉的侵染（Arriagada et al.，2007b）。

我们从铜污染土壤中分离出了耐铜的细菌（B，未鉴定）和真菌（青霉菌，F），在与 AM 真菌 *Glomus caledonium* 90036（36）、混合土著 AM 真菌（ZJ）复合接种后，绝大多数情况下增加了海州香薷和玉米的菌根侵染率（图 6-1）。

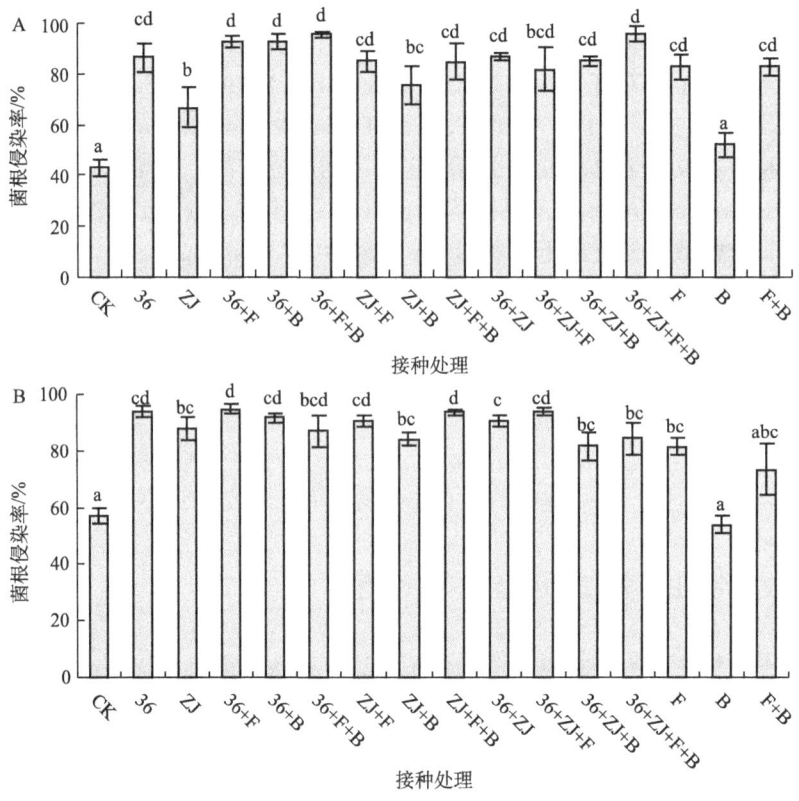

图 6-1 不同接种处理海州香薷（A）和玉米（B）的菌根侵染率
图中柱形上方竖棒表示标准误差，不同字母表示在 $P<0.05$ 水平差异显著

（二）复合接种有益微生物和 AM 真菌对植物生物量和营养的作用

在重金属污染条件下，接种其他有益微生物往往比单独接种 AM 真菌更能改善植物营养状况，促进植物生长。在 Cd、Pb、Zn、Ni 等重金属污染条件下，从重金属污染土壤分离的短短芽孢杆菌与 Glomus mosseae 复合接种促进了红三叶的生物量，并显著改善植物 N、P 营养状况，结瘤数量也显著增加（Vivas et al., 2003a, 2003b, 2003e, 2006a, 2006b, 2006c）。在 Zn 或 Cd 污染土壤中，双接种 AM 真菌和根瘤菌能够增加豇豆的干重，根冠比，叶绿素，N、P 含量和重金属耐性（Al-Garni，2006）。在 Cd、Pb 等重金属污染条件下 Glomus mosseae、Glomus deserticola 增加了蓝桉的干重，茎长，总 N、P、K 含量和叶绿素含量，使用腐生真菌同色镰刀菌和康氏木霉进一步增加了地上部干重，N、P、K 含量（Arriagada et al., 2007b）。在 Cd 污染土壤中，接种黑曲霉和 Glomus mosseae 促进了白三叶的生物量和结瘤量（Medina et al., 2005）。单独接种 AM 真菌 Glomus fasciculatum、拟康氏木霉均可促进制革厂污泥中的向日葵生长，但是二者复合接种效应最显著（Nazir and Firdause，2011）。AM 真菌和拟康氏木霉双接种对生长于制革厂固体废弃物中的孔雀草（Tagetes patula）具有显著促生效应（Firdause and Nazir，2010）。砷污染土壤中哈茨

木霉（*Trichoderma harzianum*）和 *Glomus claroideum* 在抵抗 As 毒害方面具有协同作用，蓝桉表现出更高的干重、叶绿素、菌根侵染率和琥珀酸脱氢酶活性（Arriagada et al., 2009a）。从复合重金属污染土壤中分离的 AM 真菌、蜡样芽孢杆菌（*Bacillus cereus*）和近平滑假丝酵母，单独或双接种于白三叶后能够显著增加其生物量，同时增加抗氧化胁迫能力（Azcon et al., 2010）。

我们研究了接种不同微生物，以及与 AM 真菌复合接种对海州香薷和玉米生长的影响，结果发现，对海州香薷来说，除 36 和 36+ZJ 处理外，其他接种处理都显著增加植株地上部干重，尤其以 ZJ+F 和 36+ZJ+F 处理效应最为显著。对于根系干重来说，36+ZJ 处理没有发生显著变化，其他接种处理都显著增加植株根系干重，尤以 36+ZJ+F 处理效应最为显著（图 6-2）。

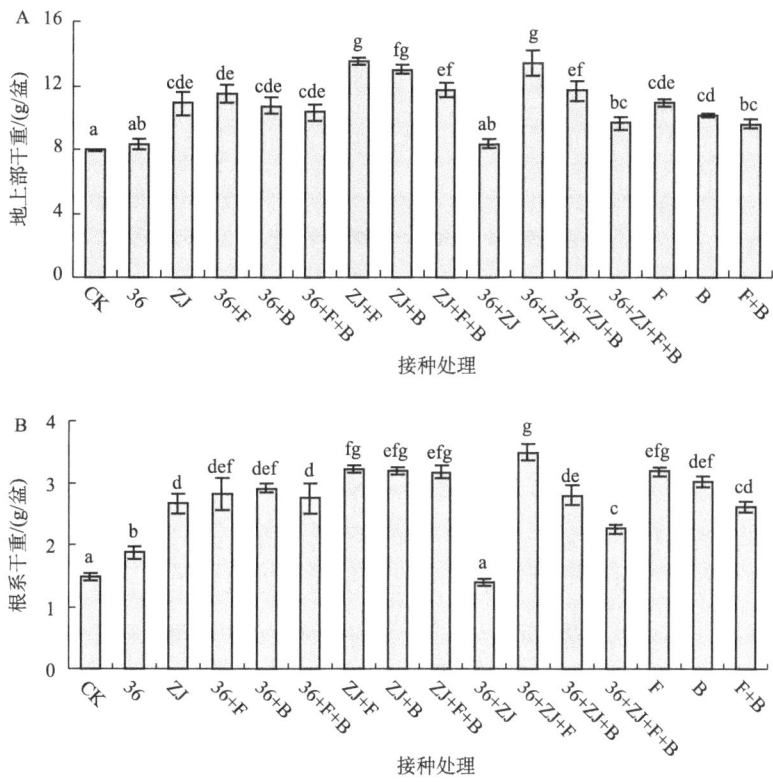

图 6-2 不同接种处理对海州香薷地上部（A）和根系（B）干重的影响
图中柱形上方竖棒表示标准误差，不同字母表示在 $P<0.05$ 水平差异显著

对玉米来说，接种处理没有显著增加植株地上部干重，ZJ+F、ZJ+B、ZJ+F+B 等几个处理还降低了地上部干重。36+F、36+ZJ+F、36+ZJ+B、36+ZJ+F+B 等接种处理增加了根系干重，其他处理与对照间没有显著差异（图 6-3）。

与对照相比，大多数接种处理都显著改善海州香薷地上部和（或）根系 P 营养，但不同接种处理之间有较大差异（图 6-4）。大多数接种处理没有显著影响玉米地上部和根系 P 含量（图 6-5）。

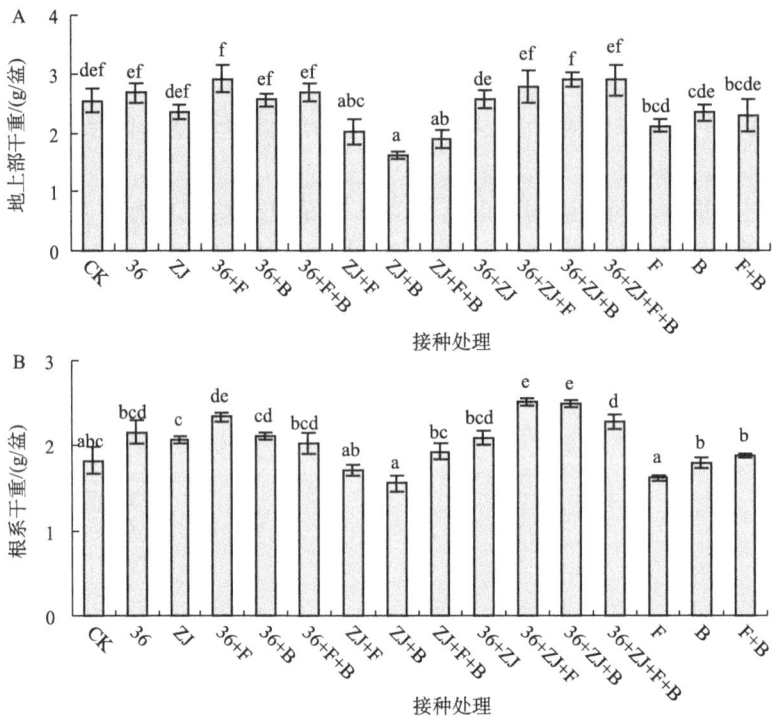

图 6-3 不同接种处理对玉米地上部（A）和根系（B）干重的影响
图中柱形上方竖棒表示标准误差，不同字母表示在 $P<0.05$ 水平差异显著

（三）复合接种有益微生物和 AM 真菌对植物体内重金属含量和吸收量的影响

在重金属污染条件下，复合接种其他有益微生物和 AM 真菌往往比单独接种 AM 真菌更能降低重金属含量，减轻重金属毒害，从而促进植物生长。在 Cd、Pb、Zn、Ni 等重金属污染条件下，复合接种短芽孢杆菌与 *Glomus mosseae* 一般会降低三叶草体内重金属的含量，并降低向地上部的转运（Vivas et al.，2003a，2003b，2003e，2006a，2006b，2006c）。Juwarkar 等（2010）筛选了固氮菌（慢生根瘤菌 *Bradyrhizobium*、固氮菌 *Azotobacter*）和 AM 真菌（*Glomus*、*Gigaspora*）用于锌矿废渣的植物修复。Durán 等（2013）研究了接种细菌（*Stenotrophomonas* sp. B19、*Enterobacter* sp. B16、*Bacillus* sp. R12、*Pseudomonas* sp. R8）、AM 真菌（*Glomus claroideum*）对小麦籽粒中 Se 含量的影响，单独接种 *Enterobacter* sp. B16 小麦籽粒中的 Se 含量（236mg/kg）高于其他单独接种处理，混合接种细菌的处理籽粒含量为 587mg/kg，而混合接种细菌＋AM 真菌的处理籽粒 Se 含量高达 725mg/kg。在 Cd 污染土壤中，与单接种 AM 真菌相比，复合接种玫瑰色微球菌和 AM 真菌显著增加了玉米地上部和根系 Cd 吸收量、植物提取效率、转运效率和吸收效率（Malekzadeh et al.，2011）。单一或复合接种内生菌印度梨形孢（*Piriformospora indica*）、AM 真菌 *Glomus mosseae* 均促进了小麦的生长，在高 Cd 污染条件下印度梨形孢降低了小麦地上部 Cd 含量、增加了根系 Cd 含

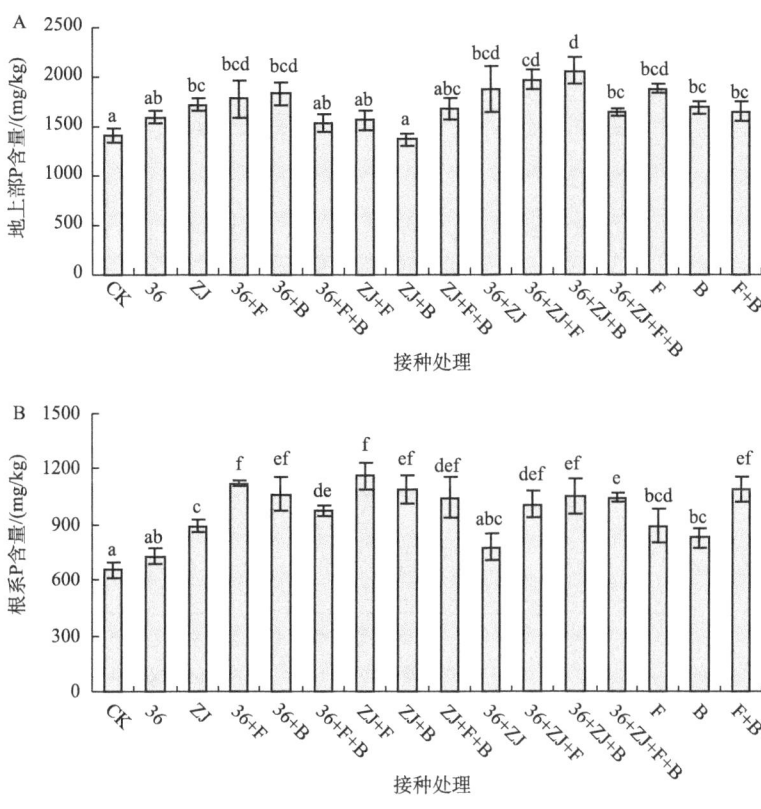

图 6-4 不同接种处理对海州香薷地上部（A）和根系（B）P 含量的影响
图中柱形上方竖棒表示标准误差，不同字母表示在 $P<0.05$ 水平差异显著

量，在低 Cd 污染条件下，*Glomus mosseae* 降低了根系 Cd 含量（Shahabivand et al.，2012）。硫氧化细菌和 AM 真菌对于增加辣薄荷（*Mentha piperita*）根系 Cd 吸收和 BCF 有协同作用（Khorrami Vafa et al.，2012）。AM 真菌和根瘤菌可以复合用于银合欢对 Cr 污染土壤的植物修复（Gardezi et al.，2005）。

也有利用土壤真菌与 AM 真菌双接种的研究。在 Cd 污染土壤中，复合接种黑曲霉和 *Glomus mosseae* 比单独接种 AM 真菌显著降低白三叶的 Cd 含量（Medina et al.，2005）。双接种 AM 真菌和蜡样芽孢杆菌或近平滑假丝酵母能够显著增加白三叶生物量，改善营养状况，降低地上部 Al、Cd、As、Ni 等重金属含量，同时增加抗氧化胁迫能力（Azcon et al.，2010）。其作用可能主要与降低地上部金属含量有关。*Glomus fasciculatum* 和拟康氏木霉二者复合接种显著促进制革厂污泥中的向日葵重金属吸收（Nazir and Firdause，2011）。双接种 AM 真菌和拟康氏木霉显著增加生长于制革厂固体废弃物中的孔雀草对 Cd、Cr、Cu、Na 的植物提取，AM 真菌和拟康氏木霉可能在促进生长和植物提取方面存在协同作用（Firdause and Nazir，2010）。在基质 Cd 浓度为 50mg/L 时，与单一接种相比，复合接种 *Glomus deserticola* 和康氏木霉显著提高了大豆和蓝桉地上部的生物量和 Cd 含量，Cd 吸收量显著增加（Arriagada et al.，2004）。

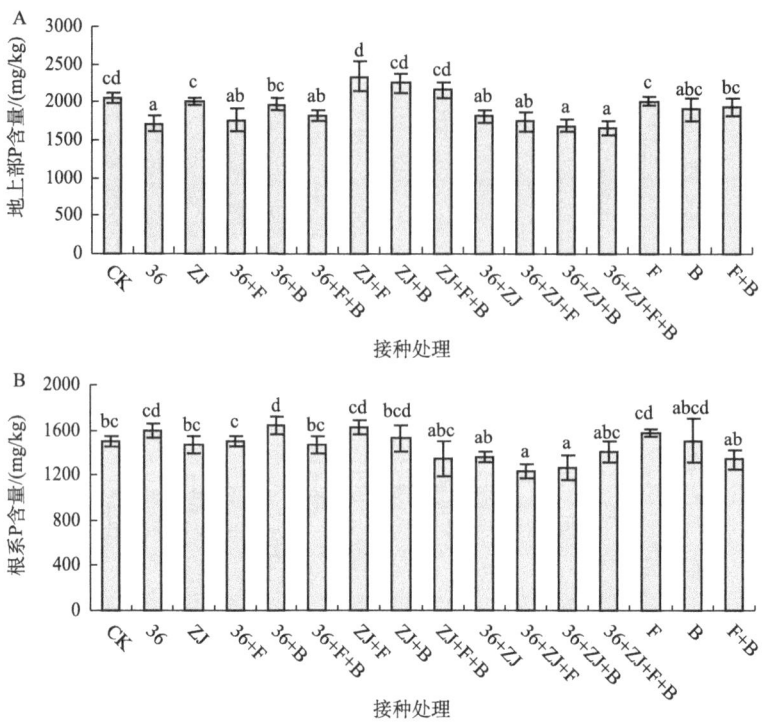

图 6-5　不同接种处理对玉米地上部（A）和根系（B）P 含量的影响

图中柱形上方竖棒表示标准误差，不同字母表示在 $P<0.05$ 水平差异显著

在 Pb 污染条件下，*Glomus deserticola* 改善了桉树营养状况、提高了蓝桉树地上部的生物量和对 Pb 的吸收量，复合接种康氏木霉后能积极提高 AM 真菌的作用（Arriagada et al.，2005）。在 Cd、Pb 等重金属污染土壤中，接种同色镰孢菌或康氏木霉比单独接种 *Glomus mosseae* 或 *Glomus deserticola* 提高了蓝桉地上部和根系中 Cd、Pb 的含量，尤其以康氏木霉和 AM 真菌 *Glomus deserticola* 复合接种最为有效（Arriagada et al.，2007b）。复合接种 *Glomus deserticola* 和 *Clomus rigida* 显著提高蓝桉对铜的耐性和积累（几乎达到超富集植物水平）（Arriagada et al.，2009b）。双接种哈茨木霉和 *Glomus claroideum* 比单一接种更显著增加蓝桉植株 As 含量和吸收量（Arriagada et al.，2009a）。土壤中添加 Zn 含量至 500mg/kg 和 1000mg/kg 时，菌根处理中蓝桉地上部和根系中的 Zn 含量均高于对照，同时施加腐生真菌会增加菌根处理的 Zn 吸收量（Arriagada et al.，2010）。可见，复合施加 AM 真菌和腐生真菌能够增加蓝桉对 Zn 的耐性和植物修复能力。AM 真菌和丝状腐生真菌复合使用可以促进芦荟（*Aloe vera*）和香根草对制革厂污泥（富含 Cr）的修复（Sharma and Adholeya，2011）。

我们重点研究了复合接种非土著 AM 真菌 *Glomus caledonium* 90036（36）、混合土著 AM 真菌（ZJ）、耐铜真菌（F）和细菌（B）对海州香薷及玉米重金属吸收的影响。与 CK 相比，大多数接种处理改变了海州香薷地上部 Cu、Zn、Pb、Cd 的含量。Cu 含量以 36＋ZJ＋F 处理中的最高，Zn 含量以 36＋ZJ 处理中的最高，Pb 含量以 36＋

ZJ+F、36+F+B 处理中的最高，但所有接种处理都降低了 Cd 含量，尤以 36+F 处理降低得最多。多数接种处理改变了海州香薷根系 Cu、Zn、Pb 的含量，Cu 含量以 36+ZJ+F 处理中的最高，Zn 含量以 F+B 处理中的最高，Pb 含量以 ZJ 处理中的最高。Cd 含量以 36+ZJ+F 处理中的最高，在其他接种处理中没有发生显著改变。

大多数接种处理改变了玉米地上部 Cu、Pb 的含量，但对 Zn 的影响不显著，也没有显著增加 Cd 含量。Cu、Zn、Cd 含量以 ZJ+F 处理中的最高，Pb 含量以 36+ZJ+B 处理中的最高。大多数处理没有显著增加玉米根系 Cu、Zn、Cd 的含量，但显著增加 Pb 的含量，其中以 ZJ+B、ZJ+F+B 处理中的最高。

与 CK 相比，大多数接种处理改变海州香薷地上部重金属吸收量。对于 Cu、Zn、Pb 来说，都以 36+ZJ+F 处理中的最高，而 Cd 吸收量以 ZJ+B 处理中的最高。根系 Cu、Zn、Cd 吸收量以 36+ZJ+F 处理中的最高，Pb 吸收量以 ZJ 处理中的最高。

大多数接种处理没有显著增加玉米地上部重金属吸收量。比较看来，Cu 吸收量以 ZJ+F 和 36+ZJ+F 处理中的最高，Zn 吸收量以 36+ZJ+F 中的最高，Pb 吸收量以 36+ZJ+B 中的最高，36+ZJ+F、36+ZJ+F+B 与 CK 的 Cd 吸收量同为最高。根系 Cu 吸收量以 36+ZJ+F 和 36+F 中的最高，Zn 和 Cd 吸收量以 36+ZJ+F 中的最高，Pb 吸收量以 ZJ+F+B 中的最高。

接种处理对于海州香薷重金属的吸收效率（植株金属吸收总量/根系干重）、转运效率（植株地上部金属吸收量/根系干重）和体内的分配比率（植株地上部与根系金属吸收量之比）有较大影响。大多数接种处理增加海州香薷对 Cu、Zn、Pb、Cd 的吸收效率，降低 Zn、Pb、Cd 向地上部的转运效率和在地上部的分配比率。对 Cu 的转运效率和分配比率来说，不同接种处理之间差异很大。生长效应较好的是 36+ZJ+F 处理，同时也增加了 Cu 向地上部的转运和地上部的分配比率，但降低了 Zn、Pb、Cd 向地上部的转运效率和地上部的分配比率。

大多数接种处理降低玉米对 Cu、Zn、Cd 的吸收效率，但是有多个处理增加 Pb 的吸收效率。大多数接种处理降低了玉米对 Cu、Zn、Pb 的转运效率，Cd 的转运效率在所有接种处理中都降低了。不同接种处理对玉米 Cu、Zn、Cd 分配比率的影响有较大差异，没有显示出规律性，而 Pb 的分配比率则大多降低了。

(四) 复合接种有益微生物和 AM 真菌影响植物生长和重金属耐性的机制

复合接种微生物和 AM 真菌在促进植物生长、提高植物耐性等方面表现出协同作用，原因之一可能是这些微生物可以通过某些途径影响 AM 真菌孢子萌发、侵染、菌丝生长及菌根形成等。研究发现，AM 真菌与某些微生物如根瘤菌、放线菌、蓝细菌、自生或联合固氮菌等可以与植物形成三重共生体，在 P、N 营养吸收方面相互补充，二者之间常表现出积极作用 (Barea et al., 2002a, 2002b; Linderman, 1988, 1992; Meyer and Linderman, 1986a)。许多假单孢菌、芽孢杆菌及菌根有益细菌 (mycorrhiza helper bacteria, MHB) 可通过分泌植物生长调节物质影响 AM 真菌孢子萌发、菌丝生长、菌根形成及功能的发挥 (Fracchia et al., 2004; Vivas et al., 2003c)，在促进植物生长等方面与 AM 真菌具有协同作用 (Duponnois and Plenchette, 2003; Vivas et al., 2003d;

Xavier and Germida，2003）。与 AM 真菌共生的伯克氏菌属（*Burkholderia*）细菌含有固氮基因（Minerdi et al.，2001），有可能在植物矿质营养方面与 AM 真菌产生互补或协同作用。接种假单胞菌和（或）AM 真菌可以改变番茄根系的形态结构，改善植物 P 营养，促进植物生长（Gamalero et al.，2004）。在 Zn、Cd 污染条件下，从相应重金属污染土壤中分离的短短芽孢杆菌促进了 *Glomus mosseae* 在体外培养基上的萌发和生长（Vivas et al.，2005a），其机制可能是：①细菌对重金属具有生物累积作用，降低了重金属的浓度和毒性；②分泌 IAA 等植物激素，促进 AM 真菌萌发和生长；③分泌柠檬酸等对重金属有螯合作用；④细菌分泌胞外聚多糖对重金属有固持作用。

复合接种 AM 真菌、细菌或腐生真菌对改善植物的 N、P 营养，促进植物生长和增加重金属耐性等方面具有协同作用（Arriagada et al.，2004，2009a；Gardezi et al.，2005；Vivas et al.，2003a，2003b，2003e）；而且某些细菌还能分泌 IAA，促进植物生长（Vivas et al.，2005b，2006a）。腐生真菌、细菌等微生物也可能和 AM 真菌一样具有溶 P 促生功能。已经证实，许多腐生真菌如曲霉、青霉、木霉等也具有溶 P 功能（Barrow and Osuna，2002；Crawford et al.，2000；Wakelin et al.，2004），与 AM 真菌在促进植物生长方面也表现出协同作用（Camprubi et al.，1995；Caravaca et al.，2004a，2004b；Omar，1998；Tarafdar and Marschner，1995；Zaidi et al.，2003）。已经报道有一些土壤酵母菌存在于 AM 真菌菌根或孢子内（Renker et al.，2004），并能促进孢子萌发和菌丝生长，有益于菌根共生体（Sampedro et al.，2004）。在重金属或有机污染条件下，这些有益微生物仍能与 AM 真菌表现出协同作用，提高植物耐性、促进植物生长。

土壤酶是土壤质量的重要指标。土壤磷酸酶可以促进有机磷向无机磷的转化，脲酶可以促进尿素水解为植物可利用的 N，因此这两种酶对植物的 P、N 营养有重要作用。土壤酶一般是由植物根系或土壤微生物合成并分泌到土壤中的，因此接种微生物可以直接或间接改变土壤酶活性。已经有很多报道证实，AM 真菌能够提高土壤酶活性，如磷酸酶、脱氢酶、脲酶、蛋白酶、β-葡糖苷酶（Alguacil et al.，2005；Caravaca et al.，2003，2004a；Dodd et al.，1987；Kothari et al.，1990b；Mar Vázquez et al.，2000）。在重金属污染条件下，接种 AM 真菌也能影响磷酸酶、脱氢酶等土壤酶活性（Hu et al.，2013a，2014a；Subramanian et al.，2009；Ultra et al.，2007a；Vivas et al.，2005b）。AM 真菌增加土壤酶活性的机制一般有以下几个方面：①AM 真菌自身合成土壤酶，例如，AM 真菌可以产生某些水解酶（García-Garrido et al.，1992；Varma，1999）；②AM 真菌通过改善植物营养、增加根系和（或）减轻重金属胁迫等途径促使宿主分泌更多的根系分泌物，这些分泌物中可能含有土壤酶，例如，给生长于石膏矿污染土壤中的植物接种 AM 真菌，能改善植物生长和 N、P 等营养，植物根际脱氢酶、磷酸酶和固氮酶活性也增加了（Rao and Tak，2001）；③AM 真菌可以通过改变植物根系或真菌分泌物影响根际微生物群落结构和土壤酶活性，而引起"菌根际效应"（Linderman，1992；Mar Vázquez et al.，2000）。在 Cd、Zn 污染土壤中，单一接种 *Glomus mosseae* 和短短芽孢杆菌或复合接种都显著提高土壤磷酸酶、脱氢酶和 β-葡糖苷酶活性（Vivas et al.，2005b，2006a）。作者的结果同样发现（图 6-6～图 6-9），接种 AM 真菌或其他微生物大多可以增加磷酸酶活性（Wang et al.，2006b），这或许是 AM 真菌和其他溶 P

微生物能改善植物 P 营养的机制之一。此外，还有多个接种处理增强了脲酶活性，这意味着接种这些微生物也可能改善植物的 N 营养。Moreno 等（2003）认为这两种酶对重金属较敏感，容易被重金属抑制，可以作为土壤重金属毒性测试的指标。因此，可以认为接种微生物降低了土壤重金属的毒性。

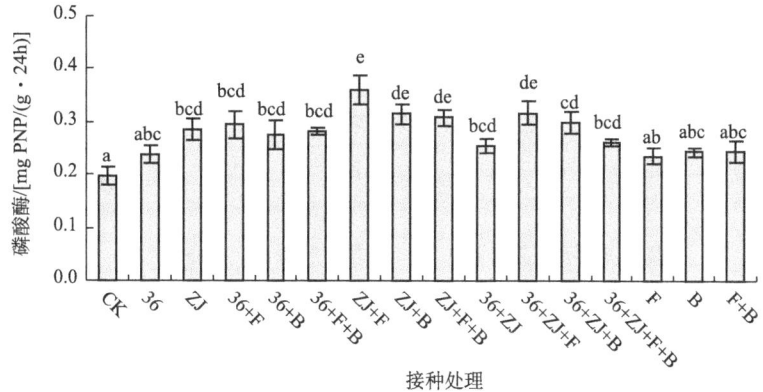

图 6-6　不同接种处理下海州香薷收获后土壤磷酸酶活性

图中柱形上方竖棒表示标准误差，不同字母表示在 $P<0.05$ 水平差异显著

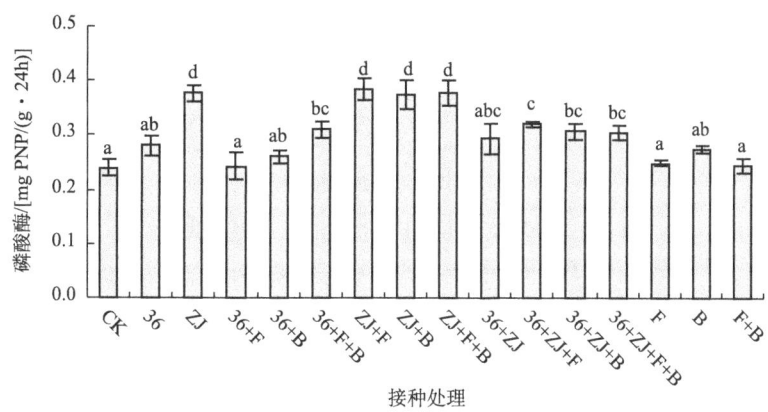

图 6-7　不同接种处理下玉米收获后土壤磷酸酶活性

图中柱形上方竖棒表示标准误差，不同字母表示在 $P<0.05$ 水平差异显著

此外微生物可以通过影响根际 pH 影响重金属的有效性和毒性。在 Zn 污染土壤中接种 *Glomus mosseae* 对红三叶生长没有影响，降低了植物体内的 Zn 含量和吸收量，同时发现菌根处理土壤 pH 比对照土壤高，土壤溶液中的 Zn 浓度低，在施 Zn 量大时尤为显著（Li and Christie，2001）。这意味着菌根可以通过改变根际 pH 或菌丝的固持作用降低植物对 Zn 的吸收，从而对植物起到保护作用。我们的研究发现，接种微生物多会降低土壤 pH（图 6-10，图 6-11），这与其他一些研究报道的接种 AM 真菌后土壤 pH 升高的结果相反，这可能是试验所用菌种、土壤及培养条件不同造成的，尤其是供试土壤的 pH、重金属浓度及有效性都有差异，这显然会影响植物的生长、代谢状况及根系

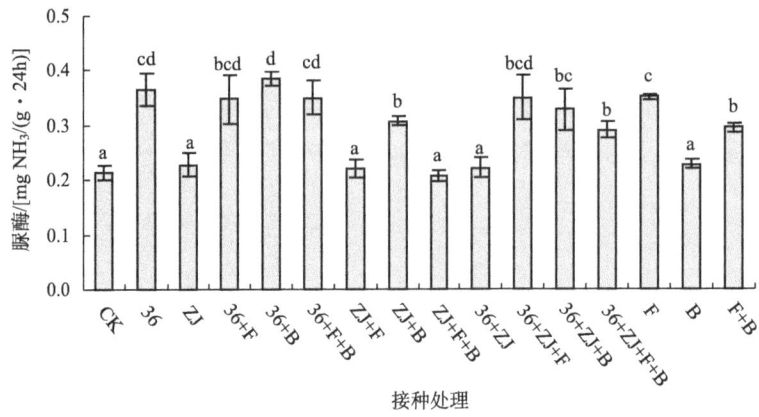

图 6-8 不同接种处理下海州香薷收获后土壤脲酶活性
图中柱形上方竖棒表示标准误差，不同字母表示在 $P<0.05$ 水平差异显著

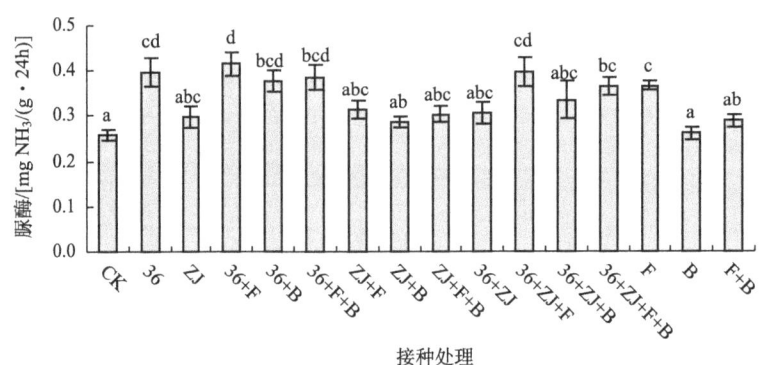

图 6-9 不同接种处理下玉米收获后土壤脲酶活性
图中柱形上方竖棒表示标准误差，不同字母表示在 $P<0.05$ 水平差异显著

分泌物的成分和数量，从而造成土壤 pH 的不同。需要进一步研究土壤 pH 和供试土壤、微生物、植物等多种因子之间的关系，以了解微生物影响土壤 pH 的机制。

除了 AM 真菌和土壤细菌，某些腐生真菌也能影响土壤重金属的化学行为。例如，某些青霉菌、曲霉菌等能产生有机酸，提高金属氧化物、碳酸盐、硅酸盐及氢氧化物等化合物的溶解性 (Alibhai et al., 1993; Bosecker, 1991; Tzeferis et al., 1994)，因此常被用于金属生物淋滤 (Bosecker, 1989; Burgstaller and Schinner, 1993)。结果表明，接种处理能影响海州香薷和玉米对 Cu、Zn、Pb、Cd 的吸收和转运，但这种作用与植物、接种菌剂的类型和重金属种类等有密切关系，其作用机制可能是多方面的。微生物可能通过分泌有机酸等途径降低根际土壤 pH，从而增加土壤重金属的有效性。结果显示，接种处理（除海州香薷接种 36 外）的土壤 pH 均显著降低了，这说明改变根际土壤 pH 的确是微生物影响植物吸收重金属的生理机制之一。另外，微生物改善 P 营养，增加植物根的生物量和对重金属的吸收面积，这样虽然植物吸收的重金属量增加了，但"生物稀释效应"使得重金属的毒性不会增加。

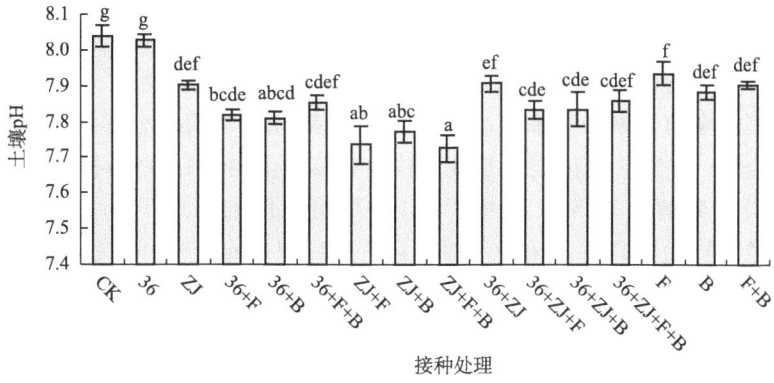

图 6-10　不同接种处理下海州香薷收获后土壤 pH

图中柱形上方竖棒表示标准误差，不同字母表示在 $P<0.05$ 水平差异显著

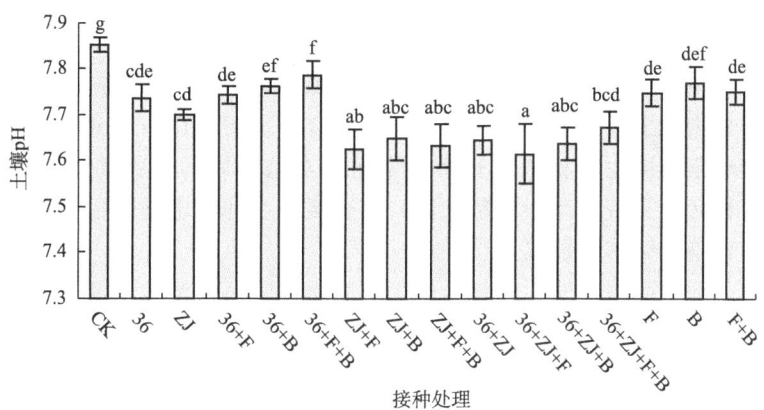

图 6-11　不同接种处理下玉米收获后土壤 pH

图中柱形上方竖棒表示标准误差，不同字母表示在 $P<0.05$ 水平差异显著

虽然重金属吸收量增加，但绝大多数接种处理却降低了植物对重金属的转运效率和地上部分配比率。AM 真菌等微生物吸收重金属并通过螯合作用等把植物不需要的重金属固持在微生物组织或植物根部，以缓解重金属对植物的毒性，这是微生物对植物的解毒机制之一（Christie et al.，2004）。但作者的研究发现，36＋ZJ＋F 等几个接种处理却增加了海州香薷对 Cu 的转运效率和地上部分配比率，这一方面可能与海州香薷具有耐 Cu 的生物学特性有关；另一方面，即使接种处理显著增加地上部 Cu 含量，其增加绝对值也相当小，最高 Cu 含量仍低于 10mg/kg，不会对植物造成毒害。事实上，不论接种与否，海州香薷地上部重金属含量远远低于根系重金属含量，把重金属固持在根部限制其向地上部转运可能是海州香薷避免重金属毒害的重要机制之一。

AM 真菌一般是作为群落存在于土壤或根中，它们很可能是集体作用于植物的营养吸收，如 P（Jakobsen et al.，2001）。AM 真菌和其他有益微生物可能在改善植物营养、促进植物生长、增加植物重金属耐性等方面分工合作，发挥互补作用。重金属污染一般会降低土壤微生物的物种多样性和功能多样性(林先贵和王发园,2004),微生物群落的恢复是土壤修复中的一个重要方面,施用含有多种微生物的混合菌剂作为接种物,对于污染土壤中微生物群落多样性和功能多样性的恢复有重要意义。

对于有机污染的菌根修复来说,有益微生物和 AM 真菌复合接种能更有效加速有机污染物的降解。显然,原因之一是接种这些有益微生物本身可能对有机污染物有降解作用,如 DEHP 降解菌与 AM 真菌复合接种后更能促进 DEHP 的降解(见第三章)。另外,这些微生物能和 AM 真菌一起影响宿主根际微生物群落和活性的改变(Joner et al.,2001;Joner and Leyval,2003);也可能是这些微生物和 AM 真菌直接或间接促进宿主根系分泌水解酶(如磷酸酶、脲酶等),有利于矿质养分的水解和植物的吸收,也可以分泌某些氧化酶(如 POD、CAT 等)来降解土壤中的有机污染物(Criquet et al.,2000;Salzer et al.,1999)。但是,这方面机制的研究较少,尚待进一步研究。

三、小结

从重金属的植物提取来讲,最值得关心的是地上部的重金属吸收量,这需要综合考虑接种处理对植物地上部干重和重金属含量两个方面。而从食品安全和植物稳定的角度出发,复合接种土壤微生物和 AM 真菌降低植物对重金属的吸收和转运同样具有积极意义。对于有机污染土壤的菌根修复来说,复合接种有利于土壤微生物群落的恢复和建立,这是加速污染物降解的前提。

植物修复的前提是植物能在污染土壤中健康生长,而在污染土壤中植物对 N、P 营养的吸收可能受到限制,从而制约植物在污染土壤上的定植。复合接种 AM 真菌和其他有益微生物菌种,可以提高土壤酶的活性,有利于植物营养的改善和生长,同时增强植物对污染物的耐性,无疑会对植物修复产生积极作用。

在复合接种微生物和 AM 真菌的植物修复工程中,对于其生理生化和分子机制了解甚少,需要深入研究。而且,不同菌株和共生体的生物学特性和生理特征可能受到多种环境因素的影响而发生改变,尤其是在田间条件下,环境因素非常复杂,其效应可能会受到抑制。需要研究各种环境因素对复合接种效应的影响,并优化各种农艺措施,以期发挥接种效应。此外,AM 真菌与微生物之间的作用受植物本身生物学特性及植物-真菌共生特性的影响较大,需要深入研究植物与这些微生物之间的关系,并针对不同植物和土壤污染情况筛选更多更有效的微生物。

第二节 化学调控剂的应用

研究中常用的化学螯合剂有乙二胺四乙酸(EDTA)、2-羟乙基乙二胺三乙酸(HEDTA)、DTPA、氮川三乙酸(NTA)、柠檬酸、硫氰酸铵等。这些螯合剂在植物修复中的作用主要包括(McGrath et al.,2001):①增加土壤溶液中重金属的浓度;②有利于重金属在根际的扩散;③促进重金属在植物体内的运输。有研究发现,螯合剂可以显著增加 Pb 的可溶性,并在印度芥菜木质部汁液和茎组织中检测到更易向地上部运输 Pb-EDTA 螯合物（Epstein et al.，1999；Vassil et al.，1998）。

施加螯合剂调控植物修复的研究很多。化学螯合剂可以使印度芥菜、玉米和豌豆地上部 Pb 含量达 10 000mg/kg（Huang et al.，1997）。施用一定量的 EDTA 可以提高向日葵地上部 Cd、Ni 含量和修复效率，HEDTA 也有类似作用（Chen and Cutright，2001）。施加 EDTA 增加了土壤溶液中 Cd、Zn、Pb 的浓度及石竹（*Dianthus chinensis*）地上部 Cd、Pb 含量，并增加了地上部 Pb 吸收量（Lai and Chen，2004）。Blaylock（2000）用这种措施成功修复了几处 Pb 污染土壤。也有人用柠檬酸协助修复 U 污染土壤（Huang et al.，1998）。此外向基质中施加硫氰酸铵，芥菜能积累 57mg/kg 的 Au（Anderson et al.，1998）。但是化学调控的效率与重金属种类、螯合剂的种类及施用量等多种因素有关。向重金属污染土壤中施加 EDTA，可以加强向日葵的 2 个栽培种对 Cd、Cr、Ni 的修复能力，当 EDTA 施加量为 0.1g/kg 时植物修复效果最佳，而施加柠檬酸则没有显著作用（Turgut et al.，2004）。但 EDTA 在植物修复中的作用与重金属种类有关，并受到土壤类型的影响（Turgut et al.，2005）。植物的重金属积累效率与螯合剂和金属的亲和力直接有关，不同的螯合剂对土壤 Pb 的解吸率大小顺序为：EDTA＞HEDTA＞DTPA＞乙二醇双（2-氨基乙醚）四乙酸（EGTA）＞EDDHA（Huang et al.，1997）。

螯合剂的使用过程中还要考虑以下因素：①对土壤中有效性较强的金属如 Cu、Zn、Cd 来说，化学螯合剂在增加重金属可溶性的同时，也增加了植物毒性，这将可能抑制植物生长，降低成功修复的可能性（McGrath and Zhao，2003）；②螯合态重金属更容易向地下水渗漏，其生态风险不容忽视（McGrath et al.，2001；Römkens et al.，2002；Wenzel et al.，2003）；③EDTA、HEDTA、DTPA 和 EDGA 等螯合剂本身可能具有毒性而抑制植物生长（Römkens et al.，2002）；④螯合剂如 EDTA 对土壤微生物（如真菌、细菌、放线菌等）和土壤动物（如线虫）产生胁迫，影响土壤生态系统的稳定（Grčman et al.，2001；Römkens et al.，2002）。因此，应该针对重金属污染情况和植物特性开发适宜的环境友好的化学调理剂。在 Pb 的修复中，复合施用低量的 EDTA 和表面活性剂可以代替施用大量的 EDTA（Elless and Blaylock，2000）。生物表面活性剂在提高重金属生物有效性方面也可能有很大潜力（Mulligan et al.，2001）。

鉴于此，要解决化学螯合剂的负面作用，出路可能有以下几个方面：①开发环境友好型的化学螯合剂，能迅速被植物、微生物吸收或降解而不在土壤中长期残留；②与微生物复合应用，降低化学螯合剂的施用剂量。

研究结果显示，微生物在促进植物生长和提高植物耐性方面作用显著，接种微生物可以提高地上部重金属的吸收量，但多数情况下，这种效应多体现在提高生物量上，对植物地上部重金属（尤其是 Pb、Cd 等有效性差的重金属）含量的影响甚小。此外，大多数情况下接种微生物抑制了重金属向植物地上部的转运，这对于植物提取不利。而化学螯合剂可以增加重金属的有效性，提高植物对重金属的吸收和转运，但往往抑制植物的生长，同时也具有一定生态风险。复合使用这两种调控措施可能会在一定程度上弥补彼此的不足。二者联合应用于重金属污染的植物修复可能互补彼此的不足，达到较为理想的效果。

一、化学螯合剂对 AM 真菌的影响

由于化学螯合剂能增加重金属的可溶性，往往会抑制 AM 真菌的侵染和发育。EDTA 是最常用的化学螯合剂之一。EDTA 处理促进芜菁（*Brassica rapa*）地上部 Zn、Pb、Cd 的积累，增加了土壤中 Pb、Zn、Cd 的可溶性，同时对三叶草表现出强烈的毒性作用（Grčman et al.，2001）；一次性施加 5mmol/kg 和 10mmol/kg 的 EDTA 会完全抑制 AM 真菌的发育，分次施用 EDTA，尽管 AM 真菌可以发育，但是侵染率远低于对照；对土壤真菌也产生毒害作用，并增加了对土壤微小动物的环境胁迫。在 Pb、Cd、Zn 污染土壤中，Jurkiewicz 等（2004）研究了 AM 真菌和 EDTA 对 15 个玉米品种重金属吸收的影响，发现施加 EDTA 降低了 *Glomus intraradices* 碱性磷酸酶活性，但没有完全消除 AM 真菌；在施加 EDTA 处理 6 周后根系中的丛枝发育很弱，而孢子和泡囊较多。在 Zn 污染条件下，EDTA 显著抑制 *Glomus claroideum* 和 *Glomus intraradices* 对龙葵的侵染，但对前者的抑制作用更强（Marques et al.，2008b）。Chen 等（2004a）却发现在 300mg/kg、600mg/kg Zn 水平下施加 EDTA 对 *Glomus caledonium* 侵染玉米的能力没有显著影响。

乙二胺二琥珀酸（EDDS）是 EDTA 的同分异构体，在植物修复领域的作用正备受关注，EDDS 与 Cu、Zn、Pb 的金属螯合物的稳定系数与 EDTA 相近，但 EDDS 及其金属螯合物易被生物降解，潜在的环境风险较 EDTA 低（Vandevivere et al.，2001）。在 Pb 处理条件下，施加 EDDS 没有对玉米侵染率产生显著影响，但是降低了根外菌丝长度和 NADH-二氢硫辛酸脱氢酶活性（Sudova et al.，2007b）。在 Zn 污染条件下，EDDS 对 *Glomus intraradices* 的侵染有一定抑制作用，但菌根毒性低于 EDTA（Marques et al.，2008b）。

壳聚糖（chitosan）是一种由甲壳素脱乙酰基后形成的产物，它可以有效地螯合 Cu 等重金属离子。在重金属 Cu、Zn、Pb、Cd 复合污染的土壤中，施加壳聚糖没有降低海州香薷的菌根侵染率（图 6-12），证明壳聚糖对 AM 真菌的侵染没有抑制作用，说明这种螯合剂对 AM 真菌没有毒性。

二、化学螯合剂和 AM 真菌对植物生长和营养状况的影响

一般情况下，化学螯合剂能增加重金属的生物有效性和重金属对植物的毒性，或者其本身对植物具有一定的毒性，从而抑制植物生长。多数研究证实，与单独接种 AM 真菌相比，复合施加化学螯合剂对植物生长不利或没有显著影响植物生长。

在 Pb 处理条件下，施加 EDDS 显著降低烟草地上部和根系的生物量（Sudova et al.，2007b）。在 200mg/kg Pb 水平的土壤中，施加苯菌灵与 EDTA 的处理中黑麦草叶片 Pb 含量最高，富集因子和植物提取率提高，但是植物生长受到抑制（Perry et al.，2012）。显然，苯菌灵会抑制丛枝菌根形成，对植物生长不利。在 Pb、Cd、Zn 污染土壤中，与单独接种 AM 真菌相比，施加 EDTA 对玉米地上部生物量的影响跟品种有密

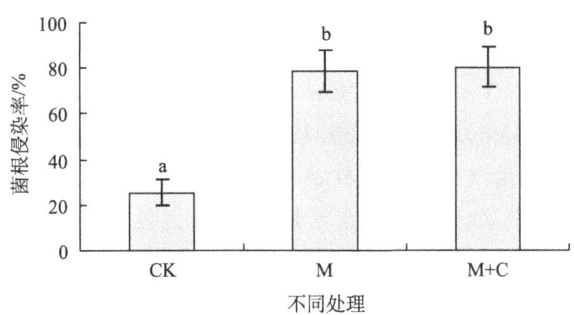

图 6-12 不同处理下海州香薷的菌根侵染率

CK. 对照处理；M. 接种微生物菌剂处理；M+C. 接种微生物菌剂同时施加壳聚糖处理；
图中柱形上方竖棒表示标准误差，不同字母表示在 $P<0.05$ 水平差异显著

切关系，多数没有显著影响（Jurkiewicz et al.，2004）。

施加 EDDS 或 EDTA 没有显著影响龙葵的生物量，但污染土壤中植株受害症状加重，与 AM 真菌之间几乎没有显著交互作用（Marques et al.，2008b）。Chen 等（2004a）在盆栽试验条件下研究在土壤低营养水平时接种 AM 真菌和施加 EDTA 对玉米吸收 Zn 的影响，发现在施 Zn0mg/kg、300mg/kg 和 600mg/kg 时施加 EDTA 都显著降低了玉米地上部和根系干重，而且 AM 真菌与 EDTA 之间没有显著交互作用。随着 EDTA 水平的增加，植物吸收的 P 显著减少，而收获后土壤有效 P 水平却增加了。

作者的研究（Wang et al.，2007a）发现，与微生物菌剂处理相比，微生物壳聚糖复合处理没有显著影响海州香薷地上部干重和根系干重（表 6-1）。由此可见，化学螯合剂的植物毒性与螯合剂种类和特性、植物种类和品种、污染物种类和水平及土壤条件等多种因素相关。

表 6-1 不同处理下海州香薷的生物量

处理	地上部干重/（kg/hm²）	根系干重/（kg/hm²）
CK	48 129（634）a	2 221（29）a
M	59 352（1602）b	2 460（66）b
M+C	59 024（1609）b	2 550（69）b

注：括号内数字为标准误差，同列不同字母表示在 $P<0.05$ 水平差异显著

三、化学螯合剂和 AM 真菌对植物重金属含量和吸收量的影响

一般情况下，施加化学螯合剂会增加重金属的有效性，促进植物吸收，因而植物体内重金属含量一般会增加，但是重金属含量增加的同时会抑制植物生长，因此植物对重金属的吸收量尤其是地上部吸收量便易较大，如果植物生物量没有受到抑制或降低不多，吸收量可能会增加，如果植物生长困难，生物量显著降低，重金属总吸收量也可能降低。

尽管在Pb处理条件下，施加EDDS显著降低烟草地上部和根系的生物量及菌根侵染率，但是其体内Pb含量增加了数倍，而且促进了向地上部的转运，地上部和根系Pb吸收量都显著增加；接种 *Glomus intraradices* 能够减轻Pb对玉米的毒性，增加Pb在根系中的积累和分配（Sudova et al.，2007b）。施用EDDS和EDDA均能够显著增加龙葵根、茎、叶中的Zn含量（Marques et al.，2008b）；EDDS对AM真菌的毒性比EDTA要低，收获后土壤中Zn的有效性与EDTA类似甚至更低；与单独接种 *Glomus claroideum* 相比，复合施用EDTA能够增加龙葵茎、叶中的Zn含量，说明EDTA和AM真菌复合使用可能更有利于植物提取。在Pb、Cd、Zn污染土壤中，对大多数玉米品种来说，接种AM真菌降低玉米地上部Pb、Zn、Cd含量，施加EDTA会增加重金属含量，但品种之间存在差异（Jurkiewicz et al.，2004）。在施Zn水平600mg/kg时施加EDTA增加了玉米叶片和根系中的Zn含量，在0mg/kg和300mg/kg Zn水平时没有显著影响；在300mg/kg和600mg/kg显著增加了玉米根系Zn吸收量，但是对地上部的作用不显著；Zn污染时施加EDTA可以减少Zn向玉米地上部的运输，增加Zn在根系中的固定（Chen et al.，2004a）。

在重金属复合污染条件下，作者研究了施加壳聚糖对海州香薷重金属吸收的影响（Wang et al.，2007a）。与微生物接种处理相比，微生物壳聚糖复合处理提高了海州香薷地上部Zn、Pb、Cd含量（图6-13），降低了根系Zn含量（图6-14），提高了海州香薷地上部与根系重金属含量之比（表6-2）。

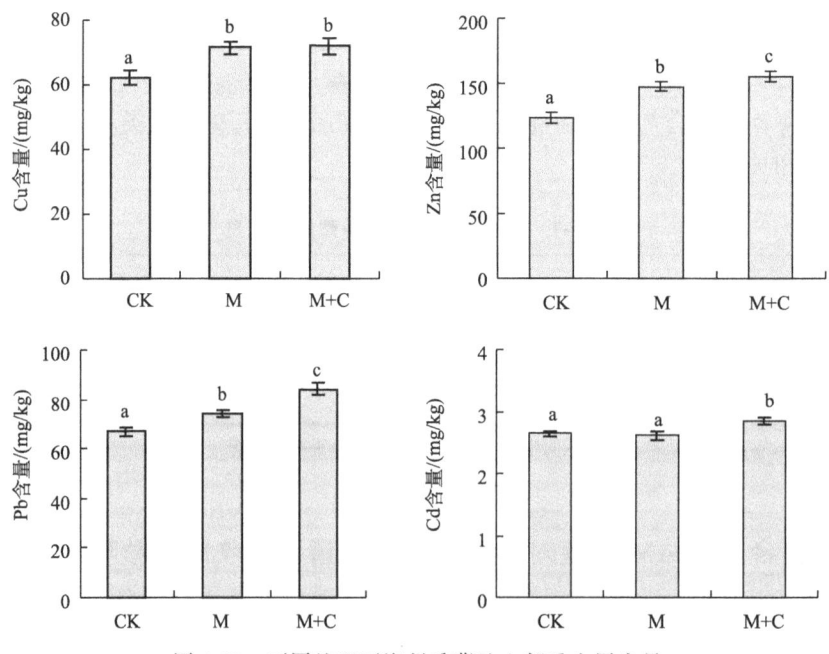

图6-13 不同处理下海州香薷地上部重金属含量

CK. 对照处理；M. 接种微生物菌剂处理；M+C. 接种微生物菌剂同时施加壳聚糖处理；图中柱形上方竖棒表示标准误差，不同字母表示在 $P<0.05$ 水平差异显著

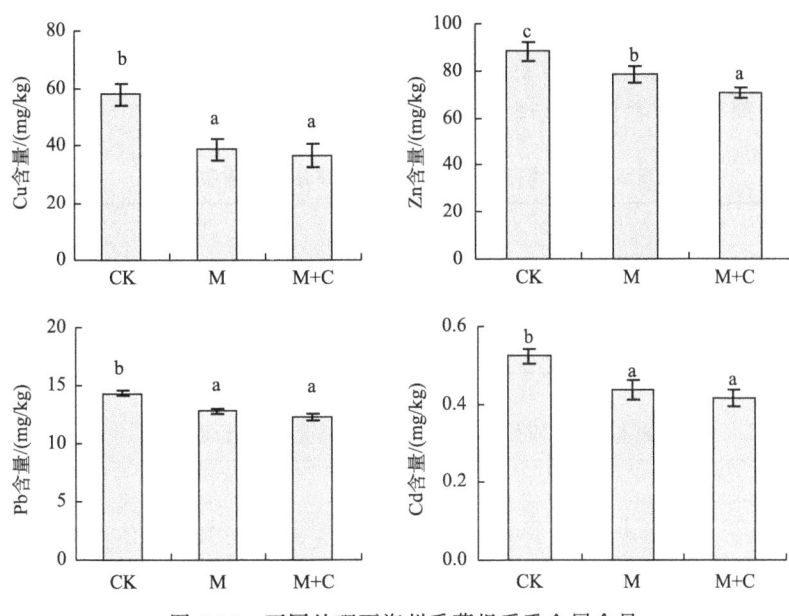

图 6-14 不同处理下海州香薷根系重金属含量

CK. 对照处理；M. 接种微生物菌剂处理；M+C. 接种微生物菌剂同时施加壳聚糖处理；
图中柱形上方竖棒表示标准误差，不同字母表示在 $P<0.05$ 水平差异显著

表 6-2 不同处理下海州香薷地上部与根系重金属含量之比

处理	Cu	Zn	Pb	Cd
CK	1.07	1.40	4.68	5.04
M	1.85	1.89	5.79	6.01
M+C	1.96	2.22	6.85	6.85

对于海州香薷地上部重金属吸收量来说，微生物壳聚糖复合处理比微生物接种更显著增加地上部 Zn、Pb、Cd 吸收量（表 6-3），没有显著影响根系重金属吸收量（表 6-4）。

表 6-3 不同处理下海州香薷地上部重金属吸收量　　（单位：g/hm^2）

处理	Cu	Zn	Pb	Cd
CK	2984 (39) a	5934 (78) a	3223 (42) a	127 (1.7) a
M	4244 (115) b	8766 (134) b	4402 (119) b	155 (4.2) b
M+C	4250 (116) b	9180 (80) c	4973 (136) c	168 (4.6) c

注：括号内数字为标准误差，同列不同字母表示在 $P<0.05$ 水平差异显著

表 6-4 不同处理下海州香薷根系重金属吸收量　　（单位：g/hm^2）

处理	Cu	Zn	Pb	Cd
CK	128 (1.7) b	196 (2.6) b	31.8 (0.4) a	1.2 (0.02) b
M	95 (2.6) a	193 (5.2) ab	31.5 (0.9) a	1.1 (0.03) a
M+C	94 (2.6) a	179 (4.9) a	31.4 (0.9) a	1.1 (0.03) a

注：括号内数字为标准误差，同列不同字母表示在 $P<0.05$ 水平差异显著

与微生物菌剂处理相比，微生物壳聚糖复合处理对于提高 Zn、Pb、Cd 的吸收效率、转运效率和分配比率的效应更为显著（表 6-5～表 6-7），但对于 Cu 来说，微生物壳聚糖复合处理和微生物菌剂处理之间的效应差异不大。

表 6-5　不同处理下海州香薷对重金属的吸收效率　　（单位：mg/g）

处理	Cu	Zn	Pb	Cd
CK	1.40	2.76	1.47	0.06
M	1.76	3.64	1.80	0.06
M+C	1.70	3.67	1.96	0.07

表 6-6　不同处理下海州香薷对重金属的转运效率　　（单位：mg/g）

处理	Cu	Zn	Pb	Cd
CK	1.34	2.67	1.45	0.06
M	1.73	3.56	1.79	0.06
M+C	1.67	3.60	1.95	0.07

表 6-7　不同处理下重金属在海州香薷中的分配比率

处理	Cu	Zn	Pb	Cd
CK	23	30	101	109
M	45	46	140	145
M+C	45	51	159	159

四、化学螯合剂和 AM 真菌影响植物生长和重金属吸收的机制

化学螯合剂影响植物生长和重金属吸收的原因有直接和间接两个方面，一是本身可能对植物具有毒性，二是通过影响土壤重金属有效性、土壤微生物活性、土壤养分特性等间接作用于植物。这里重点讨论螯合剂对土壤微生物和土壤养分的影响。

AM 真菌可能会对重金属元素有固持作用，影响植物的生长和对重金属的吸收，EDTA 等化学螯合剂抑制 AM 真菌的发育，这必将间接影响植物的生长和重金属吸收。此外，螯合剂对其他土壤微生物、土壤微小动物都有不利影响（Grčman et al.，2001），而这些土壤生物对于土壤重金属有效性、土壤养分循环、土壤理化状况、植物营养状况等可能发挥重要作用，从而影响植物的生长和重金属吸收。

环境友好型的螯合剂对微生物群落的功能多样性影响不大，甚至可能增加微生物活性。在田间条件下，我们研究了在复合污染土壤施用微生物菌剂和壳聚糖对微生物活性和功能多样性的影响，发现与对照相比，微生物菌剂处理降低了土壤微生物的平均吸光值（AWCD）值，复合施用微生物菌剂和壳聚糖时，AWCD 值略有增加，但仍低于对照（图 6-15）。

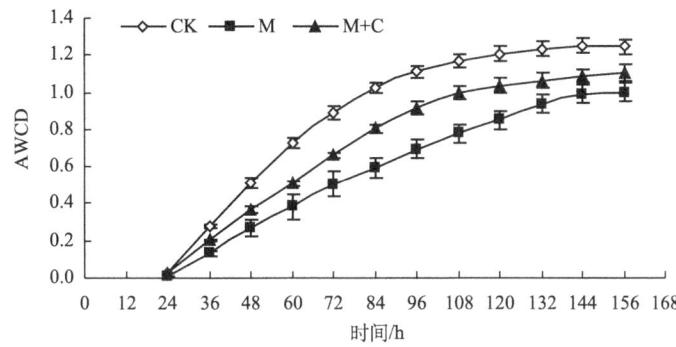

图 6-15　不同处理下土壤微生物培养过程中平均吸光值（AWCD）的变化

CK. 对照处理；M. 接种微生物菌剂处理；M+C. 接种微生物菌剂同时施加壳聚糖处理

不同的多样性指数可以用来分析土壤微生物群落的功能多样性，其反映了土壤微生物群落多样性的不同方面。Shannon 指数主要反映了群落中的物种丰富度，Simpson 指数较多的反映群落中最常见的物种，而 McIntosh 指数则是群落物种均一性的衡量（Magurran，1988）。采用 96h 的数据计算得到各多样性指数（图 6-16）。与 CK 相比，微生物菌剂处理降低了 Shannon、Simpson 和 McIntosh 指数，微生物壳聚糖复合处理没有显著影响 Shannon 和 Simpson 指数。对于 McIntosh 指数来说，CK>（M+C）>M。

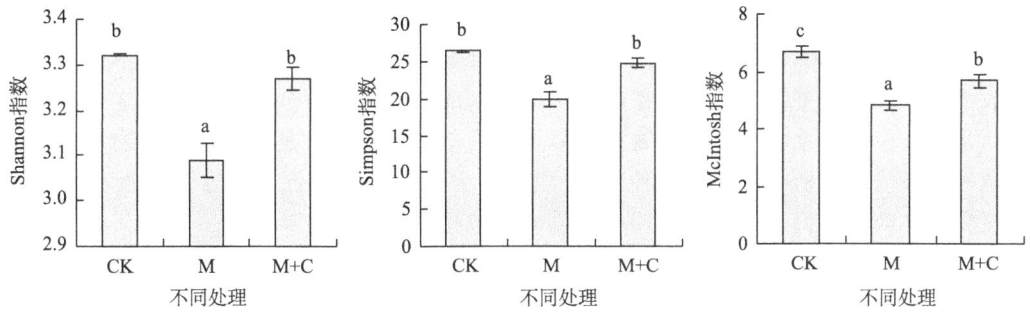

图 6-16　不同处理下土壤微生物多样性指数

CK. 对照处理；M. 接种微生物菌剂处理；M+C. 接种微生物菌剂同时施加壳聚糖处理；
图中柱形上方竖棒表示标准误差，不同字母表示在 $P<0.05$ 水平差异显著

95 种碳源的测定结果形成了描述微生物群落代谢特征的多元向量，不易直观比较，因此应用主成分分析（PCA）来研究不同培养时期土壤微生物对 BIOLOG ECO 微平板上 95 种碳源的利用情况。采用 96h 时的读数进行主成分分析（PCA）（图 6-17）。可以看出，不同处理下的主成分 PCA1 和 PCA2 有明显的分离，表明对土壤微生物利用不同碳源的能力产生了很大的影响。

在大多数情况下，植物根系最先受到螯合剂和（或）重金属的毒害作用，其生理活性包括养分、水分的吸收、运输和代谢都受到影响，生长发育受到抑制。

EDTA 等化学螯合剂可能通过影响土壤重金属元素和养分的有效性，导致植物矿

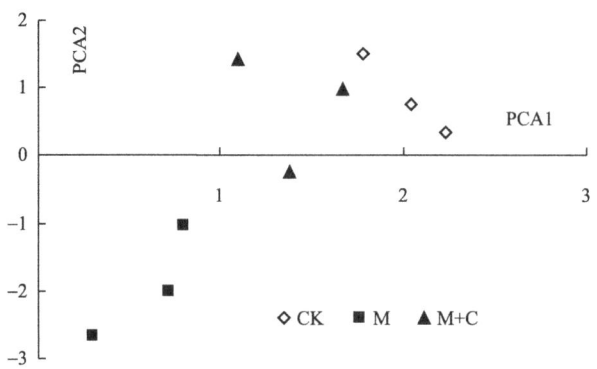

图 6-17 不同处理下土壤微生物碳源利用特性的主成分分析
CK. 对照处理；M. 接种微生物菌剂处理；M+C. 接种微生物菌剂同时施加壳聚糖处理

质的失调。在污染条件下，EDTA 不仅对于引起污染的重金属元素有活化作用，对于 Fe、Mn 等微量元素及植物非必需元素也可能有活化作用，离子间的协同作用或颉颃作用可能会引起植物对某种离子的匮乏或过量。螯合剂对重金属元素的螯合作用可能会引起无机磷源中 P 的释放 (Chen et al., 2004a)。

五、小结

由于研究使用的材料方法不同，对化学螯合剂应用于菌根修复的观点尚不一致，大多数情况下，施加螯合剂增加了植物地上部和（或）根系中重金属的含量，这意味着螯合剂是可以应用于植物提取或植物稳定修复工程中。事实上，复合使用微生物和化学措施调控菌根修复与植物种类（品种）、微生物种类及生物学特性、螯合剂、重金属污染状况等多种因素有关，在实际应用中需要综合考虑。

化学螯合剂在菌根修复中的应用需要进一步研究。首先要考虑到螯合剂的施用量。一般来说，微生物对重金属有脱毒作用，而螯合剂则增加重金属的毒性，如何协调二者间的关系，使它们能发挥出最佳效果，这是很重要的课题。其次要考虑到螯合剂的毒性，开发环境友好型的对微生物影响小的螯合剂。还要研究螯合剂对土壤生态系统和地下水的影响，对其环境风险进行全面评价。

第三节 土壤动物的应用

一般把土壤动物定义为生活史中有一段时间定期在土壤中度过，而且对土壤有一定影响的动物（武海涛等，2006）。土壤动物涉及的类群非常广泛，常见的主要有蚯蚓、线虫、蠕虫、蜗牛、蚂蚁、螨、昆虫等。土壤动物是土壤生态系统中的重要组成成分，对土壤的形成发育、理化性质、肥力、保水性、通气性、保温性，以及在土壤物质循环和能量转化过程中等诸多方面均起着重要作用。土壤动物对于植物和土壤微生物也有直接和间接的影响。

土壤动物可以直接和间接地影响 AM 真菌。蚯蚓、蚂蚁、马陆、白蚁对土壤中 AM 真菌的传播有一定影响。将蚯蚓的粪便接种到无菌土栽培的洋葱上，发现洋葱被 AM 真菌侵染，这证明了 AM 真菌繁殖体的存在；蚂蚁、马陆、白蚁等对 AM 真菌的传播也有类似作用，但它们所携带的真菌繁殖体活力不同 (Harinikumar and Bagyaraj, 1994)。据信这些动物的主要作用是把 AM 真菌的繁殖体从地下带到地上，从而在风、水或其他动物的作用下传播得更广更远。然而，有一些小型节肢动物，如螨和一些弹尾目昆虫常以 AM 真菌的孢子和菌丝为食，因此对 AM 真菌的生存不利 (Moore et al., 1985)。弹尾目跳虫白符跳 (*Folsomia candida*) 影响 Zn 污染条件下 AM 真菌对玉米锌吸收的作用，高密度时还降低菌根侵染率和菌丝长度 (Seres et al., 2006)。线虫在土壤中大量存在，内寄生线虫与 AM 真菌之间往往有竞争作用，彼此抑制，食真菌线虫能以 AM 真菌的繁殖体为食，也对 AM 真菌的生存不利，但是也有报道发现线虫与 AM 真菌具有协同作用，这与线虫和 AM 真菌种类、植物等多种因素有关 (Ingham, 1988)。

在污染土壤中，土壤动物对污染的反应较敏感，可以作为生物指示物；同时可以参与污染物的吸收、降解和转化等过程。有研究发现，蚯蚓可通过肠道消化等过程影响土壤中重金属的化学行为 (Dai et al., 2004)。蚯蚓通过取食、挖掘和排泄等生命活动、体表分泌物及与微生物的相互作用提高土壤中重金属的生物有效性，同时通过改善土壤水分、养分、通气等促进植物生长，从而可以应用于污染土壤的植物修复中 (冯凤玲等, 2006)。

蚯蚓在陆地生态系统中占有非常重要的地位，它们参与土壤有机质的分解和养分循环，其取食活动直接或间接地对土壤起到了机械翻动的作用，并改善了土壤的结构、通气性和透水性，使土壤迅速熟化。同时，蚯蚓也是土壤有机质和微生物的"搅拌机"和"传播器"，对提高土壤中微生物的活力及有机质的转化效率起重要作用。而且蚯蚓在正常代谢过程中产生的蚓粪含有大量的微生物群落和复杂的有机化学成分，并具有特殊的物理结构，在改善土壤的理化结构和提高土壤肥力等方面具有非常重要的作用。因而，蚯蚓被誉为"农业的犁手"和"改良土壤的能手"。

综上所述，蚯蚓可能在菌根修复中发挥重要作用，本节将重点讨论蚯蚓在菌根修复重金属污染土壤中的应用。

一、污染条件下蚯蚓对 AM 真菌的影响

通常认为蚯蚓能通过自身的活动来传播 AM 真菌孢子，促进 AM 真菌在土壤中的扩散，从而利于 AM 真菌侵染植物 (Rabatin and Stinner, 1988)。梯形流蚓 (*Aporrectodea trapezoides*) 可能通过取食或对菌丝网的扰动而抑制了 *Glomus intraradices* 对植物根系的侵染，但这种抑制作用可能是短暂的，随着培养时间的延长，蚯蚓传播的孢子可能会进一步增加侵染力 (Pattinson et al., 1997)。而 Gormsen 等 (2004) 研究表明蚯蚓或土壤中其他动物对菌根侵染植物无影响，但能促进 AM 真菌菌丝量的增加。可见，蚯蚓对菌根侵染植物的作用是积极的。白建峰 (2007) 研究了在 As 污染土壤中接

种蚯蚓对玉米和蜈蚣草菌根侵染率的影响，结果发现，在低含量 As 土壤中，接种蚯蚓对于土著 AM 真菌的侵染没有显著影响，在高含量 As 土壤中，蚯蚓显著提高了玉米和蜈蚣草的侵染率；但是蚯蚓对于外接混合 AM 真菌的侵染能力没有显著影响。在 Cd 污染土壤中蚯蚓使黑麦草菌根侵染率增加（成杰民等，2005）。在不同施 Cd 水平下，接种蚯蚓（Pheretima sp.）显著增加 Glomus 菌剂对黑麦草的侵染率等，而且接种蚯蚓和接种菌剂之间有显著的交互作用（Yu et al.，2005）。在含有铅、锌尾矿的土壤中，与单独接种 AM 真菌相比，复合接种威廉环毛蚓（Pheretima guillelmi）增加了银合欢的菌根侵染率（Ma et al.，2006）。肖艳平等（2010）通过田间试验证实，接种 AM 真菌和蚯蚓均显著提高玉米根系的 AM 真菌侵染率，且双接种处理显著高于单接种处理。

二、污染条件下蚯蚓和 AM 真菌对植物生长和营养状况的改善作用

在低 As 污染土壤中，与单独接种 AM 真菌相比，复合接种蚯蚓和 AM 真菌都没有显著影响玉米和蜈蚣草的生长，但在高 As 污染土壤中，显著增加了玉米地上部、蜈蚣草地上部和根系的生物量，而且对蜈蚣草的促生效应比较显著（白建峰，2007）。有意思的是，单独接种蚯蚓也显著增加玉米和蜈蚣草的生长。复合接种在低 As 或高 As 污染土壤中都显著改善植物 P 营养，但是对蜈蚣草 P 营养改善作用仅在高 As 污染条件下才能体现。田间试验也证实接种蚯蚓或双接种蚯蚓与 AM 真菌能显著提高玉米生物量和土壤磷酸酶活性（肖艳平等，2010）。

在不同施 Cd 水平下，单独接种 AM 真菌没有显著影响黑麦草的生物量，而接种蚯蚓、复合接种蚯蚓和 AM 真菌处理的黑麦草地上部生物量显著增加，双因子方差分析显示，对植物的促生作用主要来自蚯蚓，AM 真菌没有贡献，蚯蚓与 AM 真菌之间没有显著的交互作用（Yu et al.，2005）。利用同样的材料和方法，成杰民等（2006）发现黑麦草单独接种蚯蚓或菌根，或复合接种显著改善了黑麦草地上部 N、P 营养，而 K 含量与对照相比无显著性差异；同时接种蚯蚓和菌根的处理与只接种蚯蚓和只接种 AM 真菌的处理相比，黑麦草地上部 N 含量显著增加。此外，他们还发现，试验结束后各接种处理土壤中土壤速效 N 含量均显著高于对照，复合接种蚯蚓和菌根处理中土壤中速效 N 比单独菌根处理的显著增加。在只加蚯蚓、只加菌根、复合接种蚯蚓和菌根的处理中，土壤速效 P 含量均显著高于对照，但各处理之间无显著差异。各处理对土壤中速效 K 的含量均无显著影响（成杰民等，2006）。

在不添加、添加 25% 和 50% 铅/锌尾矿的土壤中，接种蚯蚓、AM 真菌、复合接种蚯蚓和 AM 真菌只在添加 50% 铅/锌尾矿的土壤中促进银合欢的生长，复合接种更为有效（Ma et al.，2006）。研究还发现，土壤 NH_4^+-N 受到蚯蚓和 AM 真菌的影响，在尾矿含量较高时二者间有协同作用，但是土壤有效 K 只受 AM 真菌的影响。在大多数情况下，复合接种蚯蚓和 AM 真菌对植物的生长和 N、P、K 营养状况及重金属耐性等方面表现出比单独接种更积极的累加作用。但在促进植物结瘤方面，复合接种没有比单独接种 AM 真菌更有效，植物的固氮能力主要受 AM 真菌影响，蚯蚓似乎抑制 AM 真菌对植物固氮能力的影响；而蚯蚓在增加土壤微生物活性方面比 AM 真菌更有效。

三、污染条件下蚯蚓和 AM 真菌对植物重金属含量和吸收量的影响

田间试验证实（图 6-18），接种蚯蚓或复合接种蚯蚓和 AM 真菌能够增加玉米根系中 As 含量，并增加土壤中晶态的水合铁、铝氧化物态砷含量（肖艳平等，2010）；接种 AM 真菌和蚯蚓均显著降低土壤砷含量，且复合接种处理效果更显著（图 6-19），说明接种 AM 真菌和蚯蚓可以明显提高玉米对砷污染土壤的修复效率。

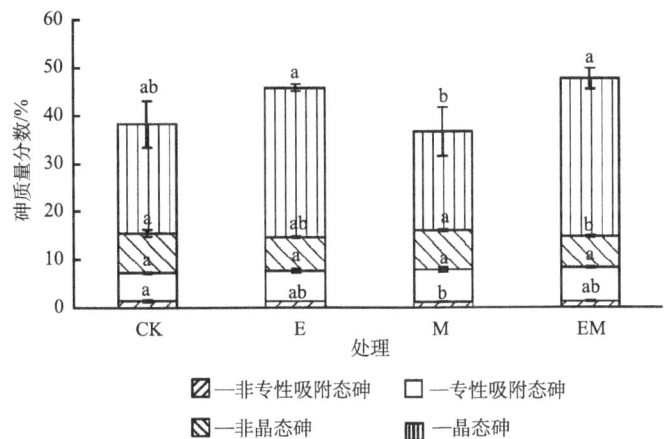

图 6-18 接种 AM 真菌和蚯蚓对土壤中各形态砷质量分数的影响

CK. 对照；E. 接种蚯蚓；M. 接种 AM 真菌；EM. 接种 AM 真菌＋蚯蚓；竖杠表示标准差，英文小写字母相同表示在 $P<0.05$ 水平上各处理间同一形态砷质量分数差异不显著

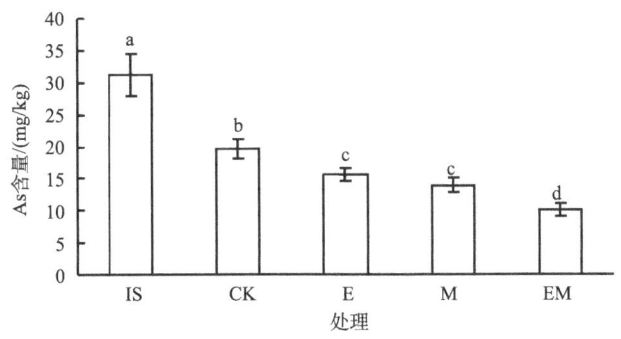

图 6-19 接种 AM 真菌和蚯蚓对土壤砷含量的影响

CK. 对照；E. 接种蚯蚓；M. 接种 AM 真菌；EM. 接种 AM 真菌＋蚯蚓；竖杠表示标准差，英文小写字母相同表示在 $P<0.05$ 水平上各处理间同一形态砷质量分数差异不显著

白建峰（2007）发现，在低 As 土壤中，单独接种蚯蚓没有影响玉米、蜈蚣草的地上部和根系 As 含量，接种 AM 真菌对玉米体内 As 含量也没有显著影响，但显著增加蜈蚣草根系 As 含量；复合接种蚯蚓和 AM 真菌显著增加了玉米和蜈蚣草地上部和根系 As 含量和 As 吸收量，二者表现出协同作用。在高 As 污染土壤中，单独接种蚯蚓对玉

米体内 As 含量没有显著影响，但显著增加了蜈蚣草地上部 As 含量；单独接种 AM 真菌显著增加了玉米和蜈蚣草的地上部、根系 As 含量；复合接种蚯蚓和 AM 真菌仅仅对蜈蚣草地上部 As 含量表现出累加作用，对于玉米地上部和根系 As 含量及蜈蚣草根系 As 含量，反而表现出一定程度的抑制作用。

植物修复重金属污染土壤时一般是收割地上部以移除土壤中重金属，因此，在低 As 土壤中，因玉米生长期短、种植方式简便，可能更适合作为进行低浓度 As 土壤生物修复的植物材料。而在 As 污染较重时，蚯蚓在增加蜈蚣草地上部 As 吸收量方面与 AM 真菌有协同作用，可以把蚯蚓和 AM 真菌复合应用于蜈蚣草对 As 的植物提取。

在不同施 Cd 水平下，单独接种蚯蚓没有显著影响黑麦草体内的 Cd 含量，接种 AM 真菌增加了地上部 Cd 含量，而复合接种蚯蚓时没有表现出协同作用，而且在 20mg/kg Cd 时甚至降低了 AM 真菌的效应；对于复合接种处理 5mg/kg 和 10mg/kg 时对于黑麦草地上部 Cd 吸收量的增加显示出积极作用，在 20mg/kg Cd 时降低了地上部 Cd 吸收量；而对于根系 Cd 吸收量来说，与单独接种 AM 真菌相比，复合接种没有影响或显著降低了 Cd 吸收（Yu et al.，2005）。但成杰民等（2005）发现，蚯蚓活动促进了黑麦草根系对 Cd 的吸收和积累，接种 AM 真菌不仅能促进黑麦草对 Cd 的吸收，而且还能促进 Cd 从根部向地上部转移，因此二者可能在 Cd 的植物提取方面产生协同作用。

在不添加和添加 25% 铅/锌尾矿的土壤中，接种 AM 真菌降低银合欢根系 Zn、Pb 含量和植株 Zn、Pb 总吸收量，复合接种蚯蚓则促进 AM 真菌的效应，但在添加 50% 铅/锌尾矿的土壤中，无论是接种 AM 真菌还是复合接种对银合欢 Pb、Zn 含量和吸收量没有显著影响，二者同时使用能够降低 Pb、Zn 在土壤中的移动性（Ma et al.，2006）。

四、污染条件下蚯蚓影响丛枝菌根和重金属吸收的机制

跟非污染条件下类似，在重金属污染条件下，蚯蚓仍然可以影响 AM 真菌的孢子萌发、繁殖和传播等。蚯蚓表皮的黏液对 AM 真菌孢子的传播起作用，蚯蚓对土壤的吞咽作用使 AM 真菌孢子的萌发率增加（Brown，1995）。有研究发现蚓粪中 AM 真菌活性繁殖体的数量比邻近土壤中的高约 10 倍（Gange，1993），这能改变 AM 真菌在土壤中的分布和对植物的侵染能力。同时，蚯蚓的挖掘和取食作用可能破坏根外菌丝跟宿主根系的联系，从而降低真菌生物量和菌丝长度（Klironomos and Ursic，1998；Larsen and Jakobsen，1996a，1996b），但 Gormsen 等（2004）发现蚯蚓刺激了菌丝的生长，究其原因，蚯蚓的活动促进了土壤 N、P 的矿化（Brown et al.，2000），为菌丝和植物生长提供了更多的养分，同时植物生长良好也为菌丝提供了更多的碳源，这弥补了蚯蚓的挖掘对菌丝造成的扰动。蚯蚓能对菌丝运输养分的功能产生影响，主要原因也是蚯蚓增加了土壤中 N、P 养分的有效性，从而影响菌丝对这些养分的吸收和向植物根系的运输（Sharpley et al.，1979；Tuffen et al.，2002）。

重金属污染土壤尤其是一些矿区土壤限制植被生存的因素主要是重金属含量过高、植物必需的矿质养分缺乏及土壤结构性较差。蚯蚓可以提高土壤肥力、改善土壤结构和土壤理化性状等促进植物生长（Lee，1985），尤其是蚯蚓在促进土壤有机养分的矿化和有效性

方面有显著作用,这对于植物在重金属污染环境中的生长极具意义。在非污染土壤中,接种蚯蚓可以使得土壤 pH、土壤可溶性碳含量和微生物数量升高,有效态重金属增加,促进植物生长和对 Zn、Cu、Cr、Cd、Co、Ni、Pb 等重金属的吸收(Wen et al.,2004)。

在重金属污染土壤中,蚯蚓仍然可以对土壤养分的活化和周转发挥重要作用。在添加了铅、锌尾矿的土壤中,接种蚯蚓提高了土壤中的 NO_3-N(Ma et al.,2003)和 NH_4-N 含量(Ma et al.,2006)。在 Cd 处理土壤中,接种蚯蚓和复合接种蚯蚓和 AM 真菌的处理中,土壤速效 N、P 含量高于对照(成杰民等,2006)。白建峰(2007)研究发现,在不同 As 污染土壤中,接种蚯蚓能增加土壤速效 P 的含量。

土壤微生物是有机物的分解者,能增加难溶性养分的释放,蚯蚓增加土壤养分有效性和周转率多与土壤微生物的活性有关。在非污染土壤中,接种蚯蚓使得微生物数量增加(Wen et al.,2004)。在含有 Pb、Zn 的土壤中,给银合欢接种蚯蚓增加了土壤脱氢酶和磷酸酶的活性(Ma et al.,2006)。在不同 As 含量的土壤中,接种蚯蚓显著提高了土壤脱氢酶和磷酸酶活性(白建峰,2007)。复合接种蚯蚓和 AM 真菌的 As 污染土壤中,土壤磷酸酶活性显著增加(肖艳平等,2013)。土壤脱氢酶能反映土壤微生物新陈代谢的整体活性,可以作为微生物氧化还原能力的指标。磷酸酶是催化土壤中磷酸单酯和磷酸二酯水解的酶,能将有机磷酸酯水解为无机态的磷酸。产生土壤酶的生物有细菌、真菌等微生物,原生动物和植物根系等,酶活性的增加说明蚯蚓对土壤中的微生物(尤其是分解菌)活性有显著促进作用,这有利于土壤中的有机氮、磷的矿化。重金属污染往往会抑制微生物的活性,蚯蚓可能通过吞咽作用和分泌物等降低重金属的毒性,从而在一定程度上对微生物起到保护作用。

在重金属污染条件下,蚯蚓能通过多种机制影响重金属的有效性和植物对重金属的吸收。蚯蚓可以在体内组织中累积重金属,并通过金属硫蛋白和金属结合蛋白等对重金属进行脱毒(Dallinger et al.,2000;Morgan et al.,1989;Suzuki et al.,1980)。蚯蚓的挖掘和取食作用影响土壤中重金属的形态。在不同 Zn 水平土壤中,接种蚯蚓影响 Zn 的形态,在红壤中显著增加 DTPA-Zn 和盐酸羟胺提取态 Zn 的含量,在潮土中增加盐酸羟胺提取态锌的含量降低有机结合态锌含量,在水稻土中增加了 $CaCl_2$ 提取态锌和有机结合态锌含量(Cheng and Wong,2002)。在 As 污染土壤中,在复合接种蚯蚓和 AM 真菌处理中玉米根际的非专性吸附态和晶态的铁、铝水合氧化物型 As 含量比单独接种 AM 真菌或蚯蚓的高,而专性吸附态和非晶态的铁、铝水合氧化物态 As 含量低。由于不同形态的重金属生物有效性不同,这势必影响植物对重金属的吸收和运输。

大多数的研究发现蚯蚓的吞咽消化作用会使重金属有效性增加。在非污染土壤中,接种蚯蚓后土壤 pH 和土壤可溶性碳(DOC)含量升高,水溶性重金属含量增加(Wen et al.,2004)。持续 3 年的田间小区试验证明,接种蚯蚓或蚯蚓与 AM 真菌复合接种能显著提高玉米地上部和根系生物量,并促进土壤中晶态的水合铁、铝氧化物态砷含量升高(肖艳平等,2010)。在重金属污染土壤中,蚯蚓可以降低土壤 pH,重金属的有效性会增加。在含不同水平 Cd 的土壤中种植黑麦草,收获后发现接种蚯蚓的处理土壤 pH 降低,但是蚯蚓与 AM 真菌间无协同作用(Yu et al.,2005),只加蚯蚓和同时加蚯蚓和菌根处理的蚓粪中 DTPA 提取态镉含量均显著高于相应处理土壤中的含量,通过相关性分析发现，蚓粪中有效态镉是植物吸收镉的重要供源（成杰民等，2007）。在不同 Zn 水平土壤中，接种蚯蚓可以增加 DTPA-Zn 的浓度，有利于黑麦草和印度芥菜的吸收（Wang et al.，2006a）。在含铅、锌尾矿的土壤中，接种蚯蚓后，土壤中有效态铅和锌浓度分别增加了 48.2% 和 24.8%（Ma et al.，2002），但是土壤 pH 却略有升高。在同样的土壤条件下种植银合欢，土壤 pH 也略有升高，但接种蚯蚓后 Pb、Zn 的生物有效性却没有显著变化（Ma et al.，2003）。在不同 As 含量的土壤中，接种蚯蚓没有显著影响土壤 pH（白建峰，2007）。蚯蚓降低了红壤的 pH，增加了 Zn 的有效性，但对潮土和水稻土没有显著影响（Cheng and Wong，2002）。显然，蚯蚓对土壤 pH 的影响与所用土壤的初始 pH 及酸碱缓冲能力有关。

土壤可溶性碳（DOC）是土壤水溶性有机物的主要组成部分，其含有羧基、羟基、羰基和甲氧基等活性功能团（李淑芬等，2002），可以络合重金属元素形成无机复合体，增加金属离子在土壤中的生物有效性（张敬锁和张福锁，1999）。蚯蚓对可溶性碳的贡献也是影响重金属有效性的途径之一，蚯蚓或菌根的加入均能显著增加土壤中可溶性有机碳含量，蚯蚓的影响大于菌根，但同时加入蚯蚓和接种 AM 真菌对土壤中 DOC 的增加有一定的颉颃作用（成杰民等，2007）。

也有研究发现蚯蚓能降低重金属的生物有效性。在含有铅/锌尾矿的土壤中，给银合欢接种蚯蚓、AM 真菌或复合接种蚯蚓和 AM 真菌后土壤 Pb、Zn 的有效性比对照中减少 14%~25%，这在一定程度上减轻了重金属的毒害作用，有利于植物在重金属尾矿的生存（Ma et al.，2006）。

五、小结

蚯蚓与 AM 真菌复合接种对植物吸收重金属的效应和机制尚待进一步研究和确定，有研究发现复合接种蚯蚓和 AM 真菌促进或抑制植物吸收重金属和重金属向地上部转运（Ma et al.，2006；成杰民等，2007），这可能与植物、蚯蚓、AM 真菌种类、重金属种类及污染水平、土壤等多种因素有关。

蚯蚓与 AM 真菌复合接种应用于植物修复还需要深入研究。首先，在重金属污染条件下，蚯蚓对重金属的脱毒机制如何？影响重金属有效性的机制如何？据推测，蚯蚓分泌物对重金属的络合/螯合可能是重金属活化的重要机制，但至今仍未能分离出相应的化学基团。其次，蚯蚓是如何影响 AM 真菌的？有研究认为蚯蚓可以刺激 AM 真菌的孢子萌发和菌丝生长，其机制如何？在重金属污染条件下是否也有类似作用？这都待证实和研究。最后，要进一步研究蚯蚓-AM 真菌-植物三者间的相互关系，筛选重金属耐性强的蚯蚓、AM 真菌和植物种类（品种），并根据实际技术（植物提取或植物稳定）需要筛选修复效率高的组合。

无论如何，复合接种蚯蚓和 AM 真菌在提高土壤肥力、改善植物营养、促进植物生长、保护植物免受重金属毒害方面体现出一定程度的协同作用或互补作用，而提高植物生物量和重金属耐性是植物修复的前提条件，因此，可以预见，蚯蚓和 AM 真菌必能在未来植物提取或植物稳定工程中发挥重要作用。

第四节 施 肥

由于菌根修复主要是应用 AM 真菌-植物共生体发挥作用,其他有利于植物生长的措施均能用于丛枝菌根修复中。尽可能使植物生长良好是一切植物修复技术的前提,施肥是最常用的有效手段之一。肥料不仅仅影响 AM 真菌、促进植物生长,而且可以影响重金属的结合态和有效性(徐明岗等,2006),从而影响植物对重金属的吸收和运输。AM 真菌和肥料往往有利于植被在重金属污染环境中的定植(Hetrick et al.,1994)、提高植物的重金属耐性(Shetty et al.,1994),这是植物修复的前提。本节将重点讨论施用磷肥和有机肥在菌根修复中的作用。

一、磷肥

已经证实,高浓度的 P 往往抑制 AM 真菌生长发育,在土壤 P 含量高时,菌根侵染率和孢子数量往往较低。农业生产中往往施加磷肥,尤其是速效磷肥,这降低了 AM 真菌对植物的侵染,从而使 AM 真菌没有体现出有益作用(Ryan and Angus,2003;Ryan and Graham,2002)。

在重金属污染条件下,AM 真菌受到重金属毒害作用,其对植物营养的改善作用和植物生长的促进作用也受到抑制,此时施磷肥往往会对植物生长更有效,而且可能与 AM 真菌之间有协同促进作用。在不同施 Zn 水平的土壤中,施 P [$Ca(H_2PO_4)_2$] 和接种 AM 真菌复合处理的红三叶具有最高的生物量,植物体内具有最低的 Zn 含量和吸收量,同时土壤溶液中的 Zn 浓度也最低,这说明 P 和 AM 真菌在促进植物生长和保护植物免受侵害方面具有协同作用(Bi et al.,2003)。

在田间试验中,Chen 等(2005c)发现 AM 真菌对大麦的侵染率随施 P 水平的升高而降低,总体上大麦的生物量随着施 P 水平的增加而增加,但是 AM 真菌只是在不施 P 和 20mg/kg P 时促进植物生长,在 60mg/kg P 时没有促进植物生长,其效应与大麦的基因型密切相关,无根毛型对菌根的响应要大于野生型;植物对 U 的累积主要是在根系中,与植物基因型、P 水平和 AM 真菌密切相关,高 P 抑制植物对 U 的吸收。在盆栽试验中也发现菌根能促进大麦从磷酸岩中吸收 P 和 U,但是降低了 U 向地上部的转运(Chen et al.,2005b)。因此在 U 的植物稳定修复中可以应用 AM 真菌,但必须考虑到磷肥施用量的影响。

砷与磷化学性质相似,可通过磷转运途径进入细胞。一般认为,在土壤和植物系统中的砷、磷呈竞争关系(Heeraman et al.,2001;Meharg and Macnair,1992)。但有研究发现,添加适量的磷肥可以提高蜈蚣草对砷的吸收效率,在蜈蚣草中磷、砷之间呈现协同效应(陈同斌等,2002a;廖晓勇等,2004)。Jankong 等(2007)通过盆栽和田间试验证实施加磷肥显著提高粉叶蕨对 As 的吸收和提取效率。在 As 污染条件下,接种 AM 真菌和施 P 对蜈蚣草的生长体现出协同作用;在 100mg/kg As 污染水平下,接种 AM 真菌使得地上部 As 含量和吸收量显著增加,并且 As 吸收量与 P 水平呈显著正相关(Al Agely et al.,2005)。接种混合 AM 真菌同时施加磷矿粉促进了蜈蚣草的生长,提高了 N、P 营养和叶绿素含量、As 向地上部的转运及去除效率（Leung et al.，2010a，2010b）。在利用蜈蚣草植物修复 As 污染土壤工程中必须考虑到 AM 真菌与磷肥的作用。

AM 真菌和 P 对向日葵的生长体现出协同作用，接种 AM 真菌降低了地上部 As 含量，施 P 增加了地上部 As 含量，同时施加 AM 真菌和 P 的处理向日葵的 As 吸收量最高，但这主要得益于生物量的增加（Ultra et al.，2007a）。接种 *Glomus aggregatum* 同时施加磷肥的向日葵生长最好，二甲基胂酸仅在菌根根际土壤中存在（Ultra et al.，2007b）。在非灭菌条件下，与单独接种 AM 真菌菌剂相比，复合施加磷肥能够显著改善莴苣磷营养、促进生长，并降低地上部和根系 As 含量。结果显示磷肥和 AM 真菌复合应用能够改善植物磷营养而不增加 As 含量（Cozzolino et al.，2010）。白来汉等（2011）通过盆栽模拟试验研究了不同磷石膏添加量（0mg/kg、20mg/kg、40mg/kg）和接种 *Glomus mosseae*、*Glomus aggregatum*、*Glomus spurcum* 对玉米生长及其磷、硫、砷吸收的影响，试验结果表明，无论接种与否，添加磷石膏改善玉米植株的生长，同一磷石膏施加水平下，接种 *Glomus spurcum* 能增加玉米根系的磷含量从而促进植株生长，通过向低硫缺磷土壤添加不同量磷石膏和接种 AM 真菌有利于玉米生长。在同一磷石膏添加水平下，接种 *Glomus mosseae* 显著增加了烤烟 NC297 磷的吸收效率（SAR）和磷砷吸收比，地上部磷、硫含量及吸收量，显著降低了不施磷石膏处理下 NC297 地上部和根系的砷含量及砷吸收量（张丽等，2014）。在烟草安全生产和植物修复中，可以根据需要筛选合适的施磷量和 AM 真菌，以达到不同的目的。

由于磷往往会影响 AM 真菌的功能和重金属形态及有效性，菌根修复中施加磷肥的效应和机制还需要深入研究。施肥影响土壤中的养分平衡、土壤 pH、土壤微生物及其他理化性状，磷酸根会影响土壤胶体的表面电荷，从而影响重金属的吸附和解吸平衡。此外，磷肥本身一般含有较多的重金属（如 Cd）。因此，施用磷肥可能对土壤重金属含量、形态和有效性造成显著影响，但是研究结果很不一致（Kaushik et al.，1993；Shuman，1988；Tu et al.，2000）。

另外，在菌根修复中，植物对 P 和重金属的吸收和运输表现出协同或颉颃作用，其有关机制尚待深入研究。此外，要根据重金属污染的实际需要，研究 AM 真菌-磷肥-植物的相互关系，筛选高效的磷肥-AM 真菌-植物组合。

综合以上研究，磷肥能促进植物生长，显著提高植物生物量，重金属污染条件下 AM 真菌可以降低植物对重金属的吸收，但由于生物量的增加，植物体内尤其是根系的重金属吸收量往往也相应增加，因此，磷肥和 AM 真菌可以复合应用于重金属的植物稳定。对于 As 污染的菌根修复来说，磷肥增加植物（尤其是蜈蚣草）的生物量和地上部 As 含量，显著提高植物提取效率，因此，有必要在 As 污染土壤的菌根修复中合理施用磷肥。

二、有机肥和有机废弃物

有机肥包括动物厩肥、绿肥、堆肥等，可以改善土壤的理化性状、增加土壤肥力，促进植物生长。与有机肥类似，有机废弃物含有大量的有机物质和 N、P、K 等营养元素，排放到环境中不但产生严重的污染，而且造成资源的浪费，因此对有机废弃物进行资源化研究与利用，具有有效利用资源和预防环境污染的双重意义。利用有机肥和有机废弃物作为材料来强化菌根修复污染土壤值得深入研究。

AM 真菌在促进土壤团聚体的形成和提高土壤肥力方面也有较突出的作用（Bearden and Petersen，2000）。速效化肥（如磷肥）往往抑制 AM 真菌的发育和功能，而有机肥对于 AM 真菌的生存有利，利于 AM 真菌的生长、发育、侵染、繁殖等过程（Douds Jr et al.，1993；Ryan et al.，1994），因此有机肥可能在改善土壤性状、增加土壤肥力等方面跟 AM 真菌有协同作用。有研究发现，土壤中施用接种了 AM 真菌的堆肥显著改善土壤的物理性状，如稳定团聚体、总孔度、饱和导水率、容重、有机质含量等（Celik et al.，2004），这必然有利于土壤生态系统的健康和植物的生长发育。Noyd 等（1996）通过田间试验证实，在铁燧岩尾矿的复垦过程中，施用堆肥能提高 AM 真菌的侵染力和繁殖、传播速度，二者复合施用有利于植被的恢复重建。Madejón 等（2012）发现在含砷硫金矿尾矿中施加生物固体显著促进了 AM 真菌对 *Eucalyptus cladocalyx* 的侵染及植物早期建立和生长，施加生物固体和 AM 真菌提高了土壤脱氢酶活性。但是，如果有机肥中含有较多的磷，则可能不利于 AM 真菌侵染和发挥功能。无论是在自然 Zn 污染土壤中还是在添加 Zn 的污染土壤中，施加有机肥显著降低了 *Glomus claroideum* 和 *Glomus intraradices* 对龙葵的菌根侵染率（Marques et al.，2008a）。其原因可能是有机肥中含有较多的养分，尤其是磷素，抑制了 AM 真菌的侵染能力，在养分充足的情况下，植物形成菌根的必要性降低。但在中

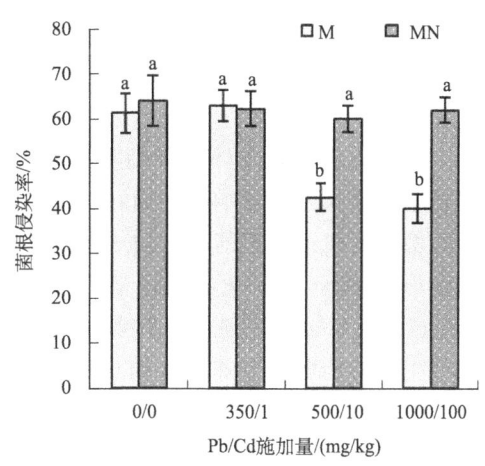

图 6-20　Pb、Cd 复合污染土壤中烟草的菌根侵染率
M. 接种 *Glomus intraradices* BEG 141；
MN. 接种 AM 真菌同时施加腐熟牛粪

度、重度铅镉复合污染条件下，施加有机肥（腐熟牛粪）显著提高了烟草的菌根侵染率（图 6-20），说明有机肥可能对 AM 真菌起到保护作用（Wang et al.，2013）。

有机肥可以为植物提供养分，促进其生长，因此对植物修复一般是有利的。在铅镉复合污染条件下，施加有机肥、接种 AM 真菌均显著改善烟草 P 营养，促进植株生长，但在重污染条件下，只有接菌的烟草生长较好，AM 真菌和有机肥共同作用效果最为显著（表 6-8）。施用污水污泥和 AM 真菌显著促进了向日葵的生长（Kacprzak and Fijałkowski，2009）。甜菜废弃物可以促进假金属植物月见草（*Oenothera picensis*）地上部干重，在铜污染水平低时改善 P 营养（Meier et al.，2011）。Azcon 等（2009）研究了接种 AM 真菌 *Glomus mosseae*、PGPR 和（或）使用黑曲霉处理的农业废物对重金属（Zn、Cd、Cu、Pb、Ni、As、Cr）污染土壤中白三叶抗氧化体系和重金属吸收的影响，使用废物处理根系和地上部生物量分别增加 296% 和 504%，促生效应随侵染率增加，P、K 吸收量增加，从土壤向地上部转运的重金属降低而增加，有机废物和 AM

真菌共同使用时对植物生长和土壤恢复的作用最为显著。

表 6-8　铅镉复合污染下不同处理对烟草干重的影响

处理		土壤中 Pb/Cd 施加量/（mg/kg）			
		0/0	350/1	500/10	1000/100
地上部干重/（g/盆）	对照	2.94 (0.06)	1.36 (0.14)	0.33 (0.02)	0.25 (0.02)
	有机肥	4.01 (0.22)	2.86 (0.17)	2.05 (0.08)	0.32 (0.01)
	AM 真菌	4.58 (0.12)	3.84 (0.13)	3.57 (0.19)	2.99 (0.20)
	复合处理	4.97 (0.20)	5.09 (0.13)	4.90 (0.08)	4.43 (0.09)
根系干重/（g/盆）	对照	0.29 (0.01)	0.12 (0.01)	0.04 (0.00)	0.03 (0.00)
	有机肥	0.34 (0.02)	0.28 (0.02)	0.20 (0.01)	0.04 (0.00)
	AM 真菌	0.50 (0.02)	0.39 (0.01)	0.36 (0.02)	0.33 (0.02)
	复合处理	0.48 (0.01)	0.47 (0.01)	0.46 (0.01)	0.45 (0.02)

注：表中数字表示平均值（标准偏差）

除了影响土壤性状之外，有机质（腐殖质）可以与重金属离子发生络合或螯合反应，降低重金属毒性，影响重金属在土壤中的形态和生物有效性，以及植物对重金属的吸收。土壤中有机质一般能通过与土壤中的重金属元素形成植物难利用的有机结合态、碳酸盐结合态或金属氧化物结合态，从而降低了重金属的移动性及其植物有效性（Walker et al.，2004；张亚丽和沈其荣，2001）。在铅、镉复合污染土壤中，施加有机肥（腐熟牛粪）能够部分降低土壤中铅、镉的生物有效性，尤其是在与 AM 真菌共同作用时（表 6-9）。研究发现，施加牛粪、接种 AM 真菌使得土壤 pH 升高，这可能是 Pb、Cd 生物有效性降低的原因之一。

表 6-9　烟草收获后土壤 DTPA 提取态 Pb 和 Cd 含量

重金属含量/（mg/kg）	处理	土壤中 Pb/Cd 施加量/（mg/kg）			
		0/0	350/1	500/10	1000/100
Pb	对照	1.58 (0.15)	3.71 (0.16)	5.59 (0.09)	6.69 (0.24)
	有机肥	1.49 (0.13)	2.67 (0.17)	5.02 (0.17)	6.88 (0.07)
	AM 真菌	1.59 (0.13)	2.72 (0.27)	4.90 (0.20)	6.90 (0.14)
	复合处理	1.39 (0.07)	2.73 (0.13)	4.57 (0.20)	5.84 (0.20)
Cd	对照	0.07 (0.002)	0.22 (0.008)	1.01 (0.049)	3.29 (0.065)
	有机肥	0.07 (0.002)	0.20 (0.004)	0.81 (0.050)	3.08 (0.060)
	AM 真菌	0.07 (0.001)	0.18 (0.003)	0.74 (0.030)	3.00 (0.072)
	复合处理	0.07 (0.001)	0.17 (0.005)	0.76 (0.015)	3.05 (0.084)

注：表中数字表示平均值（标准偏差）

向 Cd、Zn 污染土壤中加入有机肥，促进了重金属由交换态向有机结合态和铁锰氧化物结合态转变，从而减少植物的吸收（张亚丽和沈其荣，2001）。在重金属污染土壤中施加堆肥显著增加了白三叶的地上部和根系干重，P、K、Fe、Mn、Cu、Zn吸收量增加，土壤中有效态重金属含量降低（Fernández-Gómez et al.，2012）。黄腐酸能够减轻 Pb、Mn 对 AM 真菌 *Glomus intraradices* 的毒性（Malcová et al.，2002a）。但是也有研究发现，因有机质中的组分和环境条件不同，有机质对 Cd 的溶解性有促进和抑制两个方面（余贵芬等，2002）。如果是水溶性有机成分增加，可与重金属配位结合，增加重金属的迁移活性（Jordan et al.，1997；王艮梅和周立祥，2003）。在铜尾矿表层施加生物固体（biosolid）增加了黑麦草地上部生物量和叶绿素含量，增加土壤可溶性有机碳，并与铜形成有机-铜复合物，从而增加了铜的可溶性，利于根系吸收和向地上部的运输，这一作用尤其是在没有添加石灰的处理中更显著（Verdugo et al.，2010）。

有机质除了与重金属形成有机结合态外，还能通过多种途径影响重金属移动性和植物有效性。施加城市固体废弃物和生物固体等堆肥促进了蜈蚣草对木材防腐剂铜、铬、砷污染土壤中的 As 的吸收，但却降低了对 Na_2HAsO_4 污染土壤中 As 的吸收（Cao et al.，2003）。究其原因，堆肥促进了 CCA 中水溶性 As 的含量及 As（+5）向 As（+3）的转化，而在 Na_2HAsO_4 污染土壤中 As 的有效性大，堆肥反而对其有吸附作用，使得其有效性降低。有机质能增加土壤 pH，降低重金属溶解性（Diaz-Barrientos et al.，2003），能与重金属形成不溶的盐（Walker et al.，2003），如堆肥中含有大量的 P，可与 Zn 结合形成不溶的磷酸锌盐。此外，有机肥中往往也含有一定量的重金属，可能也会对土壤中的重金属含量和形态产生影响。

AM 真菌和有机质水平都可以影响植物对重金属的吸收。Oudeh 等（2002）发现韭葱（*Allium ampeloprasum*）的重金属吸收与 AM 真菌和有机质水平有关，AM 真菌增加了根系 Cd 和 Zn 的含量，并受到土壤有机质水平的影响。在铅、镉复合污染土壤中，施加有机肥（腐熟牛粪）、接种 AM 真菌、二者复合使用能够部分降低烟草中铅、镉含量（表 6-10，表 6-11），有利于提高烟草的质量安全。

表 6-10 铅镉复合污染下不同处理对烟草铅含量的影响

Pb 含量 / (mg/kg)	处理	土壤中 Pb/Cd 施加量/ (mg/kg)			
		0/0	350/1	500/10	1000/100
地上部	对照	nd	11.42 (0.64)	16.57 (1.43)	27.21 (3.44)
	有机肥	nd	8.15 (0.52)	11.18 (0.48)	25.00 (3.10)
	AM 真菌	nd	9.31 (0.35)	11.98 (0.48)	10.66 (0.30)
	复合处理	nd	8.62 (0.54)	12.49 (0.87)	11.55 (0.26)
根系	对照	0.68 (0.09)	116.74 (11.57)	172.16 (16.56)	444.13 (37.24)
	有机肥	0.25 (0.05)	82.57 (4.78)	100.20 (6.38)	404.33 (32.22)
	AM 真菌	nd	91.77 (7.91)	133.97 (13.29)	341.74 (10.07)
	复合处理	nd	69.27 (4.75)	95.86 (4.89)	224.92 (12.67)

注：表中数字表示平均值（标准偏差）；nd 表示低于检测限

表 6-11　铅镉复合污染下不同处理对烟草镉含量的影响

Cd 含量 /（mg/kg）	处理	土壤中 Pb/Cd 施加量/（mg/kg）			
		0/0	350/1	500/10	1000/100
地上部	对照	5.38 (0.25)	26.25 (2.04)	187.04 (11.63)	298.47 (14.44)
	有机肥	5.67 (0.33)	24.58 (1.17)	125.10 (6.69)	330.00 (38.70)
	AM 真菌	2.63 (0.06)	15.68 (1.99)	93.01 (1.19)	245.22 (3.98)
	复合处理	3.83 (0.33)	14.15 (0.93)	70.84 (5.06)	240.18 (8.65)
根系	对照	1.86 (0.38)	10.45 (1.18)	111.07 (12.75)	500.80 (47.88)
	有机肥	0.62 (0.26)	5.69 (0.69)	65.55 (1.04)	506.24 (48.81)
	AM 真菌	0.62 (0.54)	4.05 (0.32)	25.05 (3.73)	365.49 (22.54)
	复合处理	1.00 (0.23)	4.71 (0.98)	27.32 (2.48)	360.54 (17.97)

注：表中数字表示平均值（标准偏差）

龙葵是 Zn 超富集植物，Zn 耐性很强，在污染条件下能积累较高量的 Zn，接种 AM 真菌促进了 Zn 吸收量（Marques et al.，2006）。Marques 等（2008a）研究了接种 AM 真菌和施加有机肥对龙葵吸收 Zn 的影响，结果发现，在两种污染土壤中，施加有机肥显著促进植物生长，而且厩肥的效果比堆肥更好。究其原因，可能是厩肥中的养分更容易被植物吸收利用，而堆肥中养分的释放速度要缓慢得多（Walker et al.，2003）。自然污染土壤中，不论施肥与否，两种 AM 真菌对植物生物量没有显著影响；在施 Zn 的污染土壤中，在不施肥时 *Glomus intraradices* 促进植物生长，*Glomus claroideum* 抑制植物生长，施肥时接种 AM 真菌都没有显著作用（Marques et al.，2008a）。显然，AM 真菌的效应是与真菌种类和 Zn 的污染水平密切相关的。在不施肥时，接种 AM 真菌增加自然污染土壤中植物各器官中 Zn 含量和施 Zn 污染土壤中植物叶片 Zn 含量；施有机肥降低植物体内 Zn 含量，尤其是厩肥效果更显著；AM 真菌与有机肥之间存在显著交互作用。值得注意的是，在施 Zn 土壤中施加厩肥时接种 AM 真菌降低了植物体内的 Zn 含量。总体上，接种 *Glomus intraradices* 的植物 Zn 吸收量最高，有利于植物提取；施加有机肥降低了植物 Zn 吸收量。此外，与不种植龙葵的土壤相比，种植植物及施用有机肥（尤其是厩肥）的处理增加了土壤的持水量，减少了土壤渗滤液的体积及滤液中的 Zn 含量，从而减少了 Zn 向地下水的淋滤（可达 70%~80%），降低了环境风险。这说明有机肥更有利于重金属的植物稳定。

有机肥和 AM 真菌可以复合用于植物修复中。研究显示，在铅镉复合污染条件下，尽管施加有机肥和 AM 真菌降低了烟草体内的 Pb、Cd 含量，但是其地上部生物量极显著增加（表 6-8），重金属吸收量也显著增加，因此利于植物提取。同时，土壤 pH 升高、铅镉生物有效性降低，意味着施加有机肥和 AM 真菌对于重金属的钝化也具有一定作用。在 Cd 污染条件下，黑曲霉处理过的干橄榄饼和 AM 真菌在改善三叶草营养、促进植物生长方面具有协同作用，而且可以促进 Cd 在土壤中的固定（Medina et al.，2010）。在葡萄牙的某工业污染区研究发现接种 *Glomus claroideum*、*Glomus intraradices* 使龙葵的 Zn 积累量分别增加 83% 和 49%（Marques et al.，2009）；施

EDTA 或 EDDS 能够增加土壤中 Zn 的生物有效性，而施加有机肥可以增加龙葵生物量，降低地上部 Zn 含量，有利于 Zn 的植物稳定。综合考虑，利用龙葵、AM 真菌和有机肥的植物稳定更适合于此区域的植物修复。

综合以上研究来看，有机肥更适合应用于重金属的植物稳定，而 AM 真菌多可以通过 GRSP 的螯合作用和菌丝的固持作用等钝化重金属、抑制有毒重金属向植物地上部转移，防止其进入地下水或食物链，也对植物稳定有利（Chen et al.，2005c，2006；Orlowska et al.，2005a）。这意味着 AM 真菌和有机肥可以复合应用在植物稳定修复中，但这方面的研究还较少，需要全面深入研究有机肥、AM 真菌、植物和重金属之间的相互关系。有研究发现，用堆肥、蛭石等可以实现 AM 真菌接种剂的田间生产（Douds Jr et al.，2006），这更为有机肥和 AM 真菌的复合应用开辟了更广阔的道路。

三、秸秆

秸秆也属于有机肥料，与厩肥、堆肥等相比，秸秆含有的营养成分较全面，但植物秸秆种类不同，营养元素差异较大。另外，秸秆需要经过土壤微生物的分解转化后才能被植物吸收利用，因此发挥肥效需要一个过程，而且与秸秆的组成、土壤条件尤其是微生物等密切相关。其他有机肥类似，秸秆也能提高、改善土壤和植物的营养状况，促进植物生长。

在重金属污染条件下，施加秸秆一般降低重金属生物有效性。在 Cd 污染的黄泥土中，施加稻草后微生物 C、N 含量增加，土壤脱氢酶和 CAT 活性增加，Cd 的生物活性降低，微生物 C、N 含量与土壤有效态 Cd 之间有显著的负相关关系。稻草和紫云英均显著降低了交换铜的含量，提高了紧有机结合态和无定形氧化铁结合态铜的含量，交换态铜含量与土壤 pH 及有机态铜含量呈显著负相关；稻草和紫云英显著地抑制了水稻根对铜的吸收（王果和陈建斌，1999）。

但是也有不同的报道，在铜镉复合污染土壤，施加秸秆后土壤水溶性有机物（DOM）增加，从而对 Cu 产生活化作用，使小麦的 Cu、Cd 吸收量增加（潘逸和周立祥，2007a，2007b）。从一方面说，秸秆的这一效应可能威胁食品安全，但从植物提取的角度出发，是有利的。施加稻草对矿山中的 Zn 超富集植物东南景天的生物量没有显著影响，但显著增加了地上部 Zn 含量，从而有利于 Zn 的植物提取（龙新宪等，2004）。

在 Cu 污染土壤中施加秸秆对黑麦草地上部生物量影响不大，促进了根系生物量和 Cu 吸收量的增加（王丹丹等，2007）。这说明秸秆对于植物提取意义不大，但是有利于植物稳定。事实上，一般情况下，秸秆的 C/N 较高，其分解过程会消耗大量矿质态氮，使土壤有效态氮减少，而限制植物生长；加入秸秆后，土壤微生物数量增多，更多有效态碳、氮被固定到微生物体中，发生微生物同植物根系抢夺养分的状况。这两种情况都不利于植物的生长。因此，在植物修复过程中应用秸秆时也要考虑到速效氮肥的施用。

秸秆对 AM 真菌的生存也是有利的。有研究发现土壤中施加秸秆有利于 AM 真菌根外菌丝的生长（Joner and Jakobsen，1992）。一般情况下，重金属污染土壤中微生物活性不强，可能会影响秸秆的分解转化，接种 AM 真菌有助于微生物群落的恢复和秸秆的分解转化。

白建峰（2007）发现，在不同 As 污染水平（低、中、高）土壤中，施加秸秆提高了土壤脱氢酶、磷酸酶活性；土壤有效 P 含量显著增加；在高 As 污染土壤中，秸秆改善了玉米的 P 营养和生长状况，地上部及根系 As 含量显著降低。P 和 As 的吸收运输往往存在颉颃作用，秸秆使得植物吸收了更多 P 可能是导致 As 含量降低因素之一。而在同样的土壤条件下用蜈蚣草作供试植物，结果却与玉米不一致。施用秸秆也显著改善蜈蚣草的 P 营养和生长状况，但是体内 As 含量却显著增加了。蜈蚣草是一种 As 超富集植物，其对 As 有着特殊的吸收、运输和解毒机制。此外，还发现蜈蚣草存在 P 和 As 的协同吸收现象。进一步研究发现，AM 真菌、有益微生物、蚯蚓和秸秆复合施用有利于提高蜈蚣草对 As 的植物提取。

总的看来，秸秆是可以应用于重金属植物修复的，但是由于不同种类的秸秆性质差异很大，需要深入研究秸秆、AM 真菌、重金属和修复植物之间的关系，并根据污染实际情况选择合适的修复技术组合。

四、小结

重金属污染土壤的生态功能受到破坏，有机质水平和肥力通常较低，这不利于土壤微生物群落和植被的恢复，因此施肥是必要的。但是从修复植物的需求来看，需要把肥效缓慢而持久的有机肥和肥效迅速但短暂的速效肥结合施用，使土壤保持一定的保肥性和供肥性。接种 AM 真菌可以增加肥料的利用率，降低肥料施用量，是提高植物修复效率和避免二次污染的有效措施之一。未来应深入研究有机肥、化肥在植物修复中的合理施用，研究接种 AM 真菌与施肥之间的相互关系，以及这些措施对植物修复的影响和作用机制。

此外，施肥、土壤动物和 AM 真菌也可能具有复杂的关系。Hua 等（2010）研究了接种混合 AM 真菌（*Acaulospora* spp. 和 *Glomus* spp.）、施加稻草和蚯蚓对线虫群落和玉米 As 吸收的影响，发现接种 AM 真菌增加根系干重，而复合处理根系中 As 含量最高，AM 真菌对线虫有利而蚯蚓对线虫不利。这说明 AM 真菌、土壤施肥、土壤生物之间对重金属的有效性和吸收可能比较复杂，值得深入探讨。

第七章 菌根修复技术的局限和展望

第一节 菌根修复技术存在的局限

菌根修复实际上是把菌根技术应用于植物修复中，实质是利用 AM 真菌与植物根系共生的特点，改善植物营养和生长状况，提高植物对污染物的耐/抗性，加速污染物的降解或吸收，从而提高植物修复效率。而无论是菌根技术还是植物修复技术都存在一定的局限性，因此目前菌根修复技术存在不少问题。

一、植物修复技术存在的问题

（一）植物修复技术的应用范围受限制

目前植物修复的核心技术之一——基于超富集植物的植物提取，应用范围有局限：①重金属超富集植物往往根系较浅、生长缓慢、生物量低，而高生物量作物或速生植物往往缺乏对重金属的耐性，无法富集重金属。②超富集植物对生物气候条件的要求比较严格，区域性较强，这使成功引种受到严重限制；而高生物量作物或速生植物受到重金属的胁迫而难以正常生长。③超富集植物的专一性很强，往往只对某种特定的重金属表现出超富集能力；高生物量作物或速生植物专一性不强，但对重金属的富集能力有限；目前的土壤污染往往是复合污染，包含多种重金属、有机污染物甚至放射性元素等，单一的超富集植物对复合污染的修复无能为力。以上局限可能造成土壤修复周期较长或修复效果不佳。更为棘手的是，修复植物的后续处理也是个问题，植物体内含有重金属等污染物限制了修复植物的资源化利用，一旦处置不当，可能会造成二次污染，而目前的回收技术导致回收成本过高，缺乏回收价值和高效回收技术。

对于有机污染的土壤修复来说，利用植物降解技术把污染物分解、转化成简单无毒的无机物是最佳选择，但是许多有机污染物难以被植物降解，或降解速率缓慢，影响修复效果。植物挥发技术的应用范围更是局限于 Hg、Se 等少数重金属元素，而且可能造成对大气环境的二次污染。植物稳定技术常被推荐用于矿山、矿区废弃物或污染土壤、放射性污染土壤的修复，但显然，对于被污染的农田、菜地等需要用于农业生产的地方是不合适的。

植物修复技术多适用于表层污染土壤的修复治理，对于较深的土壤污染，植物根系可能无法到达，自然无法起到修复效果。

所有植物修复技术还有一个前提，那就是污染不能超过植物的生存忍耐极限，在重度污染的地方，植物不能生长或生长羸弱，植物修复技术同样是不能应用的。一般情况下，植物修复常应用于轻中度污染的土壤治理。

（二）植物修复技术的环境风险

植物修复过程中，污染物在被吸附、吸收、运输、转化、降解等过程中可能造成污染物或污染物的代谢产物向地下水或大气环境中释放、转移，从而引起二次污染。更为重要的是，植物作为初级生产者，往往被植食性动物取食，可能造成污染物在食物链中的传递、富集和向环境中的转移。

（三）植物修复技术的不稳定性

植物修复实际上也是一种农业生产，种植修复植物同样需要施肥、浇水等各项农业耕作及管理措施，同时，其生长发育状况还受到土壤理化状况、污染物水平和毒性、气候等各种因素影响。相似地，土壤污染也受土壤理化状况、气候、生物及人为干扰等多种环境因素的影响，常处于动态变化之中。因此，植物修复的效果常常是不确定的。

二、菌根修复技术存在的问题

（一）AM 真菌的应用范围受限制

AM 真菌是严格的共生微生物，虽然宿主范围非常广泛，但是对宿主有一定的选择性和专一性。例如，许多超富集植物属于十字花科，但这个科的植物一般不能被 AM 真菌侵染或侵染较弱。其他重金属超富集植物也往往由于体内重金属含量很高而限制了 AM 真菌、内生细菌等有益微生物与之共生。这显然限制了 AM 真菌在植物提取中的应用。

另外，在重金属污染土壤中，AM 真菌往往减少植物对重金属的吸收和向地上部的转运，这不利于植物提取。

同植物根系一样，AM 真菌对于结构较为复杂的有机污染物往往无降解功能或降解能力有限。此时，需要其他功能微生物的联合作用。

（二）菌根效应的不确定性

目前被广泛接受的是，AM 真菌在植物修复中能改善植物营养和生长状况，但对污染物的影响却是不确定的，其效应受 AM 真菌自身生物学特性、植物、污染物水平和毒性、土壤理化状况等多种因素影响，这给 AM 真菌的实际应用增加了难度。而且，由于 AM 真菌分布广泛，污染土壤中往往存在土著 AM 真菌，会与施加的 AM 真菌菌剂竞争，加上 AM 真菌对环境的适应性，使得接种的菌剂功能发生退化。

（三）菌根菌剂的生产技术待突破

AM 真菌是共生微生物，目前仍无法实现纯培养，这限制了菌根菌剂的规模化生产和长期保存。而且，AM 真菌对宿主植物具有一定的选择性，在应用时需要考虑到其与宿主植物的共生效率。

三、小结

尽管还存在种种问题，但作为正处于发展中的技术，植物修复技术日益受到国内外专家的重视。而 AM 真菌在植物多样性、生态系统、土壤肥力和健康方面的积极作用早已为人们所认识（Jeffries et al.，2003；van der Heijden et al.，1998a，1998b）。有专家指出，在矿区尾矿、重金属污染土壤、有机污染土壤、放射性污染土壤的治理中应用菌根修复技术是必要的（de Boulois et al.，2005b；Gohre and Paszkowski，2006；Joner and Leyval，2003；Khan，2006；Turnau et al.，2006）。转基因技术可以赋予植物抵御或吸收污染物的能力大大增强，可能应用于环境修复中。有研究发现，AM 真菌能够侵染转基因烟草，并显著促进转基因（金属硫蛋白基因）烟草的生长，但降低了 Cd 的植物提取效率（Janouskova et al.，2005a）。转基因 Bt 棉花没有对土著 AM 真菌产生不利影响（Tan et al.，2011）。抗虫、抗草甘膦的转基因棉花没有影响 AM 真菌的侵染，播种 3 周后侵染率可高达 70%～80%（Knox et al.，2008）。但也有研究认为转基因作物对 AM 真菌有一定影响（Liu，2010），需要深入研究。相信随着分子生物学技术尤其是转基因技术的发展及各种环境技术的不断发展和应用，存在的问题能够得到解决，植物修复、菌根修复有希望为土壤污染治理做出应有的贡献。

第二节　菌根修复技术的研究热点和展望

目前，菌根修复技术的研究正向以下几个方面转变：①从现象研究向机制尤其是分子和蛋白质机制研究发展；②从普通植物的研究向超富集植物和转基因植物的研究发展；③从单一污染的修复研究向复合污染的修复研究发展；④菌根技术和其他修复技术在植物修复中的复合应用；⑤从理论研究向理论与应用研究相结合发展；⑥基因工程技术的应用。

一、丛枝菌根吸收和转运重金属的分子机制

在菌根植物对重金属的吸收或运输、迁移或积累等过程中，AM 真菌很可能参与调控这些基因的表达，AM 真菌自身也可能具有重金属耐性基因。重金属胁迫下 AM 真菌侵染的番茄、豌豆与对照植物在某些抗性基因的表达上表现出差异（Ouziad et al.，2005；Rivera-Becerril et al.，2005）。已经从 AM 真菌中分离出金属硫蛋白基因、重金属转运基因等与重金属耐性、吸收、转运相关的基因（见第四章）。未来需要应用高通量基因测序技术等进行菌根功能基因组学的研究。2013 年 11 月 25 日，*PNAS* 在线发表了 AM 真菌 *Rhizophagus irregularis*（即 *Glomus intraradices*）的基因组测序结果（Tisserant et al.，2013），这势必对 AM 真菌功能基因的相关研究产生积极作用。

二、丛枝菌根的蛋白质组学研究

功能基因最终要通过蛋白质起作用，目前已经有研究利用蛋白质组学技术探讨了菌根植物的蛋白质表达差异（Aloui et al.，2009，2011；Bona et al.，2010；Cicatelli et al.，2012）。研究丛枝菌根中的功能蛋白质差异有助于理解 AM 真菌的修复机制。

三、菌根植物降解有机污染物的机制

AM 真菌可以促进有机污染物的降解和转化，加速有机污染土壤的生物修复，降低有机污染物在农产品和土壤中的残留，但相关作用机制尚不很清楚，许多还存在争议或停留在假说阶段。多数研究认为 AM 真菌往往通过间接影响根际微生物活性和宿主植物而对有机污染物产生作用（见第三章第五节）。AM 真菌能否直接降解有机污染物还有待进一步证实，对于 AM 真菌影响有机污染物降解的分子机制尚缺乏研究，应该深入研究 AM 真菌及宿主体内与有机污染物的降解有关的基因。

四、AM 真菌对超富集植物重金属吸收的影响及其机制

超富集植物是植物提取的核心要素之一，以前大多数研究者认为 AM 真菌只是涉及非积累植物，重金属超富集植物一般不形成菌根，尤其是十字花科的植物。近来有报道发现某些重金属超富集植物也可以形成丛枝菌根，包括一些十字花科的超富集植物。盆栽研究发现，接种 AM 真菌提高菊科 Ni 超富集植物 *Berkheya coddii* 地上部生物量和 Ni 含量，并与不同 AM 真菌的耐性和植物-真菌共生特性有关（Turnau and Mesjasz-Przybylowicz，2003）。在 As 污染条件下，AM 真菌对砷超富集植物蜈蚣草生长和 As 吸收的影响不一致（见第四章第五节）。野外调查发现，AM 真菌对十字花科超富集植物 *Thlaspi* spp. 的侵染较弱，在温室内也不容易侵染（Regvar et al.，2003；Vogel-Mikus et al.，2005）。接种 AM 真菌没有促进超富集植物 *Thlaspi praecox* 的生长，但能改善其营养状况，降低 Cd 和 Zn 的吸收（Vogel-Mikus et al.，2006）。超富集植物本身对重金属有特殊的吸收、运输、储藏、解毒机制，而 AM 真菌可以改变积累植物对重金属的忍耐机制，未来应深入研究。

五、基因工程技术在菌根修复中的应用

自然界中存在许多对污染物有很强耐性的生物尤其是微生物，从这些微生物中克隆污染物的降解、吸收和转运基因，利用转基因技术构建高效基因工程植物、AM 真菌及菌根组合，以提高菌根修复效率，会是未来的研究方向之一。

目前在植物修复中，研究较多的是重金属转基因植物（Pilon-Smits and Pilon，2002）。转基因（金属硫蛋白）植物往往对重金属有更强的抗性，在植物修复中可能更

具有优势，AM 真菌与转基因植物重金属吸收的研究也是未来的发展方向之一。尽管有研究发现接种 AM 真菌降低了转基因（金属硫蛋白）烟草对 Cd 的植物提取效率（Janouskova et al.，2005a），尚需进一步研究 AM 真菌与转基因植物之间的相互关系及其在污染修复中的作用及其机制。

六、其他土壤生物在菌根修复中的复合作用

关于这方面的研究在第三、六章中已经有比较详细的阐述。由于 AM 真菌对有机污染物的降解能力有限，筛选高效降解菌对于有机污染土壤的菌根修复具有更重要的意义。有研究发现玉米接种 AM 真菌后促进了土壤中阿特拉津的降解，但一般认为 AM 真菌很少或不直接降解阿特拉津，而是接种导致根系酶活性增加和微生物增加所致（Huang et al.，2007）。筛选有益土壤动物、微生物与 AM 真菌复合应用于有机污染的修复可能提高修复效率。未来还要筛选更多的有益（微）生物，并加强相关理论研究和应用基础研究。

七、丛枝菌根与化学修复剂在植物修复中的复合作用

化学修复剂包括无机修复剂和有机修复剂两类，无机修复剂如石灰、粉煤灰、无机磷肥及各种无机吸附剂、抑制剂等，有机修复剂包括氨基多羧基酸、有机酸、有机质和有机肥、生物乳化剂等。化学螯合剂和肥料在菌根修复中的应用研究较多（见第六章），而其他化学修复剂应用于菌根修复的研究较少，尚待进一步加强（胡振琪等，2006；杨秀敏等，2012）。未来要加强研究化学修复剂、AM 真菌、植物种类（品种）、污染物等之间的相互关系，筛选高效组合。

八、AM 真菌对放射性污染的修复作用

放射性污染土壤的修复是个难点，利用菌根植物稳定修复放射性污染具有良好前景（见第五章）。未来要研究 AM 真菌对放射性元素的固定作用和解毒机制，加强多种放射性元素复合污染的菌根修复研究。

九、AM 真菌对复合污染土壤的修复作用

目前的重金属污染大多数伴有多种重金属，甚至是重金属和有机物等多种污染源引起的复合污染。有机污染的污染源也复杂多样，同时可能伴有无机污染。研究复合污染土壤的菌根植物修复更有现实意义（见第四章第八节）。

十、丛枝菌根-植物修复的田间试验和现场试验研究

任何土壤修复技术的研究最终都是为了能够实际应用于污染土壤的修复治理，在注

重理论研究的同时也必须注意与实践相结合。温室盆栽试验条件和污染场地条件有很大差异，盆栽试验的结果需要经过大田试验和现场试验验证才能确认各种修复措施是否有效。土壤、气候、水分、施肥、病害等因子都影响菌根修复的大田应用和修复效果，未来还需要更深层次的研究。

十一、新兴污染物的菌根修复

目前美国化学文摘登记的化学品数量已经有7000多万种，而且近年来以每年数百万至千余万种的增速在不断增加（王斌等，2013）。随着检测技术的发展，环境中各类新兴污染物不断被发现，其菌根修复也值得关注。

土壤污染破坏了生态系统的平衡和稳定，作为生态系统的初级生产者，植被的恢复重建是修复脆弱生态系统的要素之一，也是植物修复的前提。AM真菌对植物个体、群落及生态系统等不同层次都有突出的表现，对于维持植物的群落结构、多样性和生态系统的生产力有重要意义（van der Heijden et al., 1998a, 1998b）。鉴于AM真菌在生态系统中的重要性，在植物修复过程中引进AM真菌不仅是可能的，而且也是必要的。

尽管目前还有很多机制性的问题不清楚，但这并不妨碍AM真菌在植物修复污染土壤中的应用。首先，在环保意识和可持续发展思想被人们普遍接受的今天，生物修复技术越来越得到人们的认可。菌根修复技术的环保作用明显，不易造成再次污染，生态风险小，且该方法应用简便，经济实惠。其次，AM真菌等微生物数量庞大、资源丰富，而且生物学特性各异，分布于污染土壤在内的各种逆境环境中，这为优良菌种的筛选提供了可能。另外，分子生物学技术的发展也为构建高效修复污染土壤的基因工程菌和转基因植物提供了可能，原先不能被AM真菌侵染的植物在改造后也有可能与AM真菌高效共生。总的说来，随着微生物学、分子生物学、环境科学、污染生态学等学科的发展和植物修复技术、菌根生物技术、基因工程等技术的不断完善，菌根修复必将逐渐成为环境污染治理的重要技术手段之一。菌根修复技术在污染土壤修复中的应用研究值得更加关注。

参考文献

安琼,靳伟,李勇,等.1999.酞酸酯类增塑剂对土壤—作物系统的影响.土壤学报,36(1):118-125.

白建峰.2007.As 污染农田联土壤的微生物—蚯蚓—植物联合修复研究.北京:中国科学院研究生院博士学位论文.

白建峰,秦华,张承龙,等.2013.蚯蚓和丛枝菌根真菌对南瓜修复多环芳烃污染土壤的影响.土壤通报,44(1):202-206.

白来汉,张仕颖,张乃明,等.2011.不同磷石膏添加量与接种菌根对玉米生长及磷、砷、硫吸收的影响.环境科学学报,31(11):2485-2492.

白伟,张程程,姜文君,等.2009.纳米材料的环境行为及其毒理学研究进展.生态毒理学报,4(2):174-182.

班宜辉,徐舟影,杨玉荣,等.2012.不同程度铅锌污染区丛枝菌根真菌和深色有隔内生真菌侵染特征.西北植物学报,32(11):2336-2343.

包玉英,闫伟,张美庆.2007.内蒙古草原常见植物根围 AM 真菌.菌物学报,26(1):51-58.

毕银丽,汪洪钢,李晓林.1999.VA 菌根真菌对转移 Ri T-DNA 胡萝卜根器官的侵染.植物营养与肥料学报,5(1):76-80.

毕银丽,汪洪钢,李晓林.2000.丛枝菌根的双重培养方法及其菌丝际的建立.菌物系统,19(4):517-521.

蔡邦平,陈俊愉,张启翔,等.2009.梅根际丛枝菌根真菌五个中国新记录种.菌物学报,(1):73-78.

蔡邦平,董怡然,郭良栋,等.2012.丛枝菌根真菌四个中国新记录种.菌物学报,31(1):62-67.

蔡邦平,张英,陈俊愉,等.2007.藏东南野梅根际丛枝菌根真菌三个我国新记录种.菌物学报,26(1):36-39.

陈保东,冯固,李晓林,等.2000.玻璃珠分室培养 AM 真菌方法的建立.菌物系统,19(2):212-216.

陈怀满.1996.土壤—植物系统中重金属污染.北京:科学出版社.

陈怀满,郑春荣.2002.复合污染与交互作用研究——农业环境保护中研究的热点与难点.农业环境保护,21(2):192.

陈瑞蕊,林先贵,尹睿,等.2005.有机污染土壤中菌根的作用.生态学杂志,24(2):176-180.

陈同斌,范稚莲,雷梅,等.2002a.磷对超富集植物蜈蚣草吸收砷的影响及其科学意义.科学通报,47(15):1156-1159.

陈同斌,韦朝阳,黄泽春,等.2002b.砷超富集植物蜈蚣草及其对砷的富集特征.科学通报,47(3):207-210.

陈欣,方治国,唐建军.2001.红壤坡地杂草群落 VA 菌根真菌的宿主物种调查.生物多样性,9(2):122-128.

陈英旭.2007.农业环境保护.北京:化学工业出版社.

陈则友,曹学章,彭安萍,等.2012.AM 真菌和水分条件对稀土尾矿堆中植物生长的影响.农业环境科学学报,31(11):2101-2107.

成杰民,俞协治,黄铭洪.2005.蚯蚓-菌根在植物修复镉污染土壤中的作用.生态学报,25(6):1256-1263.

成杰民,俞协治,黄铭洪.2006.蚯蚓-菌根相互作用对 Cd 污染土壤中速效养分及植物生长的影响.农业环境科学学报, 25 (3): 685-689.

成杰民, 俞协治, 黄铭洪. 2007. 蚯蚓-菌根相互作用对土壤-植物系统中 Cd 迁移转化的影响. 环境科学学报, 27 (2): 228-234.

程俐陶, 郭巧生, 刘作易. 2010. 栽培及野生半夏丛枝菌根研究. 中国中药杂志, 35 (4): 405-410.

程兆霞, 凌婉婷, 高彦征, 等. 2008. 丛枝菌根对芘污染土壤修复及植物吸收的影响. 植物营养与肥料学报, 14 (6): 1178-1185.

董昌金, 赵斌. 2003. 影响丛枝菌根真菌孢子萌发的几种因素研究. 植物营养与肥料学报, 9 (4): 449-489.

董昌金, 赵斌. 2004. 类黄酮物质 apigenin 和 daidzein 诱导 AM 真菌侵染十字花科植物芥菜. 科学通报, 49 (10): 953-960.

董昌金, 赵斌. 2005. 大豆除草剂对 2 种丛枝菌根的影响. 植物病理学报, 34 (6): 518-524.

董武娟, 吴仁海. 2003. 土壤放射性污染的来源、积累和迁移. 云南地理环境研究, 15 (2): 83-87.

董秀丽, 赵斌. 2006. 嵌套多重 PCR——研究田间植物部分丛枝菌根真菌和微生物区系的一个可行技术. 中国科学 (C 辑), 36 (1): 59-65.

范洁群, 冯固, 李晓林. 2006. 有机磷杀虫剂——灭克磷对丛枝菌根真菌 *Glomus mosseae* 生长的效应. 菌物学报, 25 (1): 127-132.

方宇澄, 黄镇, 刘延荣. 2000. 烟草 VA 菌根菌区系研究. 中国烟草学报, 6 (4): 26-30.

方宇澄, 刘延荣, 方榕. 1986. 烟草内生菌根真菌的分离鉴定. 真菌学报, 5 (3): 185-190.

冯凤玲, 成杰民, 王德霞. 2006. 蚯蚓在植物修复重金属污染土壤中的应用前景. 土壤通报, 37 (4): 809-814.

冯固, 白灯莎, 杨茂秋, 等. 1999. 盐胁迫对 VA 菌根形成及接种 VAM 真菌对植物耐盐性的效应. 应用生态学报, 10 (1): 79-82.

冯固, 白灯莎, 杨茂秋, 等. 2000a. 盐胁迫下 AM 真菌对玉米生长及耐盐生理指标的影响. 作物学报, 26 (6): 743-750.

冯固, 白灯莎, 杨茂秋, 等. 2001. 不同生态型摩西球囊霉菌株对棉花耐盐性的影响. 生态学报, 21 (2): 259-264.

冯固, 李晓林, 张福锁, 等. 2000b. 盐胁迫下丛枝菌根真菌对玉米水分和养分状况的影响. 应用生态学报, 11 (4): 595-598.

冯固, 杨茂秋, 白灯莎. 1998. 盐胁迫下 VA 菌根真菌对无芒雀麦体内矿质元素含量及组成的影响. 草业学报, 7 (3): 21-28.

冯海艳, 刘茵, 冯固, 等. 2005. 接种 AM 真菌对黑麦草吸收和分配 Cd 的影响. 农业环境科学学报, 24 (3): 426-431.

盖京苹, 刘润进. 2000. 野生植物根围的丛枝菌根真菌 I. 菌物系统, 19 (1): 24-28.

盖京苹, 刘润进, 孟祥霞. 2000. 野生植物根围的丛枝菌根真菌 II. 菌物系统, 19 (2): 205-211.

高清明, 张英, 郭良栋. 2006. 西藏东南部地区的丛枝菌根真菌. 菌物学报, 25 (2): 234-243.

高彦征, 朱利中, 胡晨剑, 等. 2004. Tween 80 对植物吸收菲和芘的影响. 环境科学学报, 24 (4): 713-718.

耿春女, 李培军, 陈素华, 等. 2002. 不同 AM 真菌对三叶草耐油性的影响. 应用与环境生物学报, 8 (6): 648-652.

耿春女, 李培军, 陈素华, 等. 2003. 不同丛枝菌根真菌对万寿菊生长及柴油降解率的影响. 应用生态学报, 14 (10): 1775-1779.

耿春女, 李培军, 韩桂云, 等. 2001. 生物修复的新方法——菌根根际生物修复. 环境污染治理技术与设

参考文献

备, 2 (5): 20-26.

顾向阳, 胡正嘉. 1994. VA 菌根真菌 *Glomus mosseae* 对棉花根区微生物量和生物量的影响. 生态学杂志, 13 (2): 7-11.

郭观林, 周启星. 2003. 土壤—植物系统复合污染研究进展. 应用生态学报, 14 (5): 823-828.

郭绍霞, 刘润进. 2010. 丛枝菌根真菌 *Glomus mosseae* 对盐胁迫下牡丹渗透调节的影响. 植物生理学报, 46 (10): 8.

郭绍霞, 张玉刚, 王莲英, 等. 2010. 中国牡丹主栽培区根围土壤中的丛枝菌根真菌的分离鉴定. 青岛农业大学学报 (自然科学版), 27 (2): 105-109.

郭伟, 赵仁鑫, 赵文静, 等. 2013. 丛枝菌根真菌对稀土尾矿中大豆生长和稀土元素吸收的影响. 环境科学, 34 (5): 1915-1921.

郭伟, 赵文静, 赵仁鑫, 等. 2013. 5 种丛枝菌根真菌在草原生态系统铜尾矿植被恢复中的作用. 安全与环境学报, 13 (4): 54-59.

韩亚楠, 陈可, 师进生, 等. 2014. 镧对丛枝菌根发育的影响. 菌物学报, 33 (4): 847-857.

何新华, 段英华, 陈应龙, 等. 2012. 中国菌根研究 60 年: 过去、现在和将来. 中国科学 (C 辑), 42 (6): 431-454.

何翊, 魏薇, 吴海. 2004. 菌剂-菌根联合修复石油污染土壤的实验研究. 土壤, 36 (6): 675-677.

何永辉, 王玲, 孙德祥, 等. 2013. AM 真菌和牛粪对铅污染土壤的修复效应. 中国烟草科学, 34 (3): 65-69.

何勇田, 熊先哲. 1994. 复合污染研究进展. 环境科学, 15 (6): 79-83.

贺湘逸. 1978. 红壤土. 江西农业科技, (3): 17.

贺学礼, 赵丽莉, 李英鹏. 2005. NaCl 胁迫下 AM 真菌对棉花生长和叶片保护酶系统的影响. 生态学报, 25 (1): 188-193.

贺忠群, 贺超兴, 闫妍, 等. 2011. 盐胁迫下丛枝菌根真菌对番茄吸水及水孔蛋白基因表达的调控. 园艺学报, 38 (2): 273-280.

贺忠群, 邹志荣, 贺超兴, 等. 2006. 盐胁迫下丛枝菌根真菌对番茄细胞膜透性及谷胱甘肽过氧化物酶活性的影响. 西北农林科技大学学报 (自然科学版), 12 (12): 53-64.

侯晓龙, 常青山, 刘国锋, 等. 2012. Pb 超富集植物金丝草 (*Pogonatherum crinitum*)、柳叶箬 (*Lsache globosa*). 环境工程学报, 6 (3): 889-995.

胡弘道. 1988. 杉木与台湾杉内生菌根之研究. 中华林学季刊, 21 (2): 45-72.

胡省英, 冉伟彦. 2006. 土壤环境中砷元素的生态效应. 物探与化探, 30 (1): 83-86.

胡振琪, 杨秀红, 高爱林, 等. 2007. 镉污染土壤的菌根修复研究. 中国矿业大学学报, 36 (2): 237-240.

胡振琪, 杨秀红, 张迎春. 2006. 重金属污染土壤的粘土矿物与菌根稳定化修复技术. 北京: 地质出版社.

华建峰, 林先贵, 蒋倩. 2009. AM 真菌对烟草砷吸收及根际 pH 的影响. 生态环境学报, 18 (5): 1746-1752.

黄昌勇. 2000. 土壤学. 北京: 中国农业出版社.

黄继纲, 唐明, 牛振川, 等. 2007. 四川遂宁地区石油污染土壤中丛枝菌根真菌. 生态学杂志, 26 (9): 1389-1392.

黄佳玉, 谈宇, 廖好婕, 等. 2013. 丛枝菌根真菌对桉树吸收 Cu 和 Zn 的作用研究. 广西师范大学学报 (自然科学版), 31 (2): 118-122.

黄晶, 凌婉婷, 孙艳娣, 等. 2012. 丛枝菌根真菌对紫花苜蓿吸收土壤中镉和锌的影响. 农业环境科学学报，31（1）：99-105.
黄玲玲，李莎，唐明. 2012. 石油污染土壤中不同人工林木根际丛枝菌根真菌与球囊霉素的研究. 西北植物学报，32（3）：573-578.
黄铭洪. 2003. 环境污染与生态恢复. 北京：科学出版社.
黄艺，陈有键，陶澍. 2000. 菌根植物根际环境对污染土壤中Cu、Zn、Pb、Cd形态的影响. 应用生态学报，11（3）：431-434.
黄艺，陈有键，陶澍. 2002. 污染条件下VAM玉米元素积累和分布与根际重金属形态变化的关系. 应用生态学报，13（7）：859-862.
姜理英，石伟勇，杨肖娥. 2002. 铜矿区超积累Cu植物的研究. 应用生态学报，13（7）：906-908.
姜攀，王明元，卢静婵. 2012. 福建漳州常见药用植物根围的丛枝菌根真菌. 菌物学报，31（5）：676-689.
孔凡美，冯固，李晓林，等. 2004. 土壤重金属污染对丛枝菌根真菌产孢量的影响. 应用与环境生物学报，（02）：218-222.
孔凡美，史衍玺，冯固，等. 2007. AM菌对三叶草吸收、累积重金属的影响. 中国生态农业学报，（03）：92-96.
李丹. 2013. AM菌根真菌—植物—氮添加对石油污染盐渍土壤的联合修复. 济南：山东师范大学硕士学位论文.
李法云，曲向荣，吴龙华. 2006. 污染土壤生物修复理论基础与技术. 北京：化学工业出版社.
李晶，胡霞林，陈启晴，等. 2011. 纳米材料对水生生物的生态毒理效应研究进展. 环境化学，30（12）：1993-2002.
李秋玲，凌婉婷，高彦征，等. 2008. 丛枝菌根对土壤中多环芳烃降解的影响. 农业环境科学学报，27（5）：1705-1710.
李淑芬，俞元春，何晟. 2002. 土壤溶解有机碳的研究进展. 土壤与环境，11（4）：422-429.
李涛，陈保冬. 2012. 丛枝菌根真菌通过上调根系及自身水孔蛋白基因表达提高玉米抗旱性. 植物生态学报，36（9）：973-981.
李涛，李建平，赵之伟. 2004. 丛枝菌根真菌的两个中国新记录种. 菌物学报，23（1）：144-145.
李晓林，曹一平. 1992. 菌根和非菌根三叶草根际土壤磷钾养分变化. 土壤通报，23（4）：180-182.
李晓林，冯固. 2001. 丛枝菌根生理生态. 北京：华文出版社.
李晓明. 1994. VA菌根真菌和根瘤菌对大豆固氮和吸磷的合效应. 大豆通报，3：14-15.
李滢，区自清，孙铁珩. 2000. 表面活性剂对小麦吸收多环芳烃（PAHs）的影响. 生态学报，20（1）：99-102.
梁昌聪，肖艳萍，赵之伟. 2007. 云南会泽废弃铅锌矿区植物丛枝菌根和深色有隔内生真菌研究. 应用与环境生物学报，13（6）：811-817.
廖继佩. 2002. 丛枝菌根对玉米吸收重金属和生物学特性的影响. 北京：中国科学院研究生院博士学位论文.
廖继佩，林先贵，曹志洪，等. 2002. 丛枝菌根真菌与重金属的相互作用对玉米根际微生物数量和磷酸酶活性的影响. 应用与环境生物学报，8（4）：408-413.
廖晓勇，陈同斌，谢华，等. 2004. 磷肥对砷污染土壤的植物修复效率的影响：田间实例研究. 环境科学学报，24（3）：455-462.
廖妤婕，谈宇，付旺，王维生. 2014. 丛枝菌根真菌作用下桉树对铅的耐受机制研究. 基因组学与应用生物学，33（3）：633-639.
林先贵. 2010. 土壤微生物研究原理与方法. 北京：高等教育出版社.

林先贵,郝文英,施亚琴.1991.三种除草剂对VA菌根真菌的侵染和植物生长的影响.环境科学学报,11(4):439-444.

林先贵,王发园.2004.土壤污染对微生物多样性的影响//段昌群.生态科学进展.北京:高等教育出版社.

刘柏玉,雷泽周.1992.丛枝菌根对蚕豆吸收钼磷营养的研究.土壤学报,29(3):290-291.

刘德良,杨期和.2013.接种丛枝菌根对鬼针草吸收煤矿区土壤重金属的影响.生态与农村环境学报,29(3):342-347.

刘灵芝,张玉龙,李培军,等.2012.铅锌矿区分离丛枝菌根真菌对万寿菊生长与吸镉的影响.土壤学报,49(1):43-49.

刘润进,李晓林.2000a.丛枝菌根及其应用.北京:科学出版社.

刘润进,李晓林.2000b.丛枝菌根真菌对玉米和棉花内源激素的影响.菌物系统,19(1):91-96.

刘润进,沈崇尧,裘维蕃.1994.VAM真菌与黄萎病菌存在侵染中的竞争作用.土壤学报,31(增刊):224-229.

刘润进,王发园,孟祥霞.2002.潮海湾岛屿的丛枝菌根真菌.菌物系统,21(4):525-532.

刘世亮,骆永明,丁克强,等.2004a.菌根真菌对土壤中有机污染物的修复研究.地球科学进展,19(2):197-203.

刘世亮,骆永明,丁克强,等.2004b.苯并[a]芘污染土壤的丛枝菌根真菌强化植物修复作用研究.土壤学报,41(3):336-342.

刘威,束文圣,蓝崇钰.2003.宝山堇菜(*Viola baoshanensis*)——一种新的镉超富集植物.科学通报,48(19):2046-2049.

刘魏魏.2009.多环芳烃污染农田土壤的生物协同修复及有机废物调控强化修复技术.南京:南京农业大学硕士学位论文.

刘小秧,程桂荪.1992.酞酸二丁酯对作物及微生物的影响.中国环境科学,12(2):158-160.

刘延荣,方宇澄,黄镇.2001.山东烟区土壤VA菌根真菌的分离鉴定.吉林农业大学学报,23(1):40-45.

刘茵,孔凡美,冯固,等.2004a.丛枝菌根真菌对紫羊茅镉吸收与分配的影响.环境科学学报,24(6):1122-1127.

刘茵,刘秀花,冯固,等.2004c.甲胺磷污染对丛枝菌根(AM)共生体形成及宿主番茄生长的影响.湖北农业科学,(4):64-67.

刘茵,马原松,杜长海,等.2004b.镉污染环境中丛枝菌根真菌对紫羊茅生长及镉积累的影响.湖北农业科学,(5):58-61.

刘云霞,周益奇,董妍,等.2012.接种丛枝菌根真菌(*Glomus mosseae*)对旱稻吸收砷及土壤砷形态变化的影响.生态毒理学报,7(2):195-200.

龙良鲲,姚青,黄永恒,等.2009.粤北大宝山重金属污染土壤中AM真菌的研究.华南农业大学学报,30(2):117-120.

龙新宪,倪吾钟,叶正钱,等.2004.有机物料对东南景天提取污染土壤中锌的影响.广东微量元素科学,11(4):22-28.

陆爽,郭欢,王绍明,等.2011.盐胁迫下AM真菌对紫花苜蓿生长及生理特征的影响.水土保持学报,25(2):227-231.

鹿金颖,毛永民,申连英,等.2003.VA菌根真菌对酸枣实生苗抗旱性的影响.园艺学报,30(1):29-33.

吕华军,刘德辉,董元华,等.2011.Bradford法测定土壤球囊霉素相关蛋白的影响因子.生态与农村环境学报，27（5）：93-97.

吕继涛，张淑贞.2013.人工纳米材料与植物的相互作用：植物毒性、吸收和传输.化学进展，25（1）：156-163.

罗巧玉，王晓娟，李媛媛，等.2013a.AM真菌在植物病虫害生物防治中的作用机制.生态学报，33（19）：5997-6005.

罗巧玉，王晓娟，林双双，等.2013b.AM真菌对重金属污染土壤生物修复的应用与机理.生态学报，33（13）：3898-3906.

骆永明.2012.重金属污染土壤的香薷植物修复.北京：科学出版社.

骆永明，滕应，过园.2005.土壤修复-新兴的土壤科学分支学科.土壤，37（3）：230-235.

马文漪，杨柳燕.1998.环境微生物工程.南京：南京大学出版社.

毛达如，申建波.2004.植物营养研究方法.北京：中国农业大学出版社.

牛东玲，王启基.2002.盐碱地治理研究进展.土壤通报，33（6）：449-455.

牛振川，唐明，黄继绰，等.2007.土壤铅和锌对植物根际丛枝菌根真菌分布的影响.西北植物学报，27（6）：1233-1238.

潘幸来，张贵云，王永杰，等.1997.黄土高原的一个VA菌根真菌新种：三红盾巨孢.菌物系统，16（3）：169-171.

潘逸，周立祥.2007a.施用有机物料对土壤中Cu、Cd形态及小麦吸收的影响：田间微区试验.南京农业大学学报，30（2）：142-146.

潘逸，周立祥.2007b.小麦地土壤水溶性有机物动态及对土壤铜镉活性的影响：田间微区试验.环境科学，28（4）：859-865.

彭婧媛，李明仁.2007.丛枝菌根菌 *Glomus mosseae* 对锌污染土壤培育相思树苗木生长之效应.台湾大学生物资源暨农学院实验林研究报告，21（1）：1-13.

彭生斌，沈崇尧，裘维蕃.1990.中国的内囊霉科菌根真菌.真菌学报，9（3）：167-175.

齐国辉，郄荣庭.1997.VA菌根菌对苹果组培苗内源激素含量的影响.河北农业大学学报，20（4）：51-54.

乔红权，张英，郭良栋，等.2005.新疆北部地区常见植物根围的丛枝菌根真菌.菌物学报，24（1）：130-136.

秦华，林先贵，陈瑞蕊，等.2005.DEHP对土壤脱氢酶活性及微生物功能多样性的影响.土壤学报，42（5）：829-834.

秦华，林先贵，尹睿，等.2006.丛枝菌根真菌和两株细菌对土壤中DEHP降解及绿豆生长的影响.环境科学学报，26（10）：1651-1657.

秦华，林先贵，尹睿，等.2008.两株细菌与丛枝菌根真菌联合接种对红壤中DEHP降解的影响.土壤学报，45（1）：143-149.

屈雁朋，房玉林，刘延琳，等.2009.镉胁迫下接种AM真菌对葡萄次生代谢酶活性的影响.西北林学院学报，24（5）：101-105.

任磊，黄延林.2000.土壤的石油污染.农业环境保护，19（6）：360-363.

邵树勋，郑宝山，苏宏灿，等.2008.湖北渔塘坝硒矿区发现超富集硒植物.矿物学报，27（3）：567-570.

申鸿，陈保东，冯固，等.2002.锌污染土壤接种丛枝菌根真菌对玉米苗期生长的影响.农业环境保护，21（5）：399-402.

申鸿，刘于，白淑兰，等.2006.AM真菌对锌污染土壤中玉米微量元素营养的影响.西南农业大学学报，28（2）：205-212.

申鸿,刘于,李晓林,等.2005.丛枝菌根真菌（Glomus caledonium）对铜污染土壤生物修复机理初探.植物营养与肥料学报,11（2）：199.

沈德中.2002.污染环境的生物修复.北京：化学工业出版社.

盛敏,唐明,张峰峰,等.2011.盐胁迫下接种AM真菌对玉米耐盐性的影响.西北植物学报,31（2）：332-337.

施亚琴,林先贵,郝文英.1993.VA菌根真菌接种剂类型、剂量和接种方法对侵染的影响.微生物学通报,20（3）：134-136.

石兆勇,陈应龙,刘润进.2003.西双版纳地区龙脑香科植物根围的AM真菌.菌物系统,22（3）：402-409.

石兆勇,陈应龙,刘润进.2004.丛枝菌根真菌—新记录种.菌物学报,23（2）：312.

束文圣,杨开颜.2001.湖北铜绿山古铜矿冶炼渣植被与优势植物的重金属含量研究.应用与环境生物学报,7（1）：7-12.

宋玉芳,常士俊,李利,等.1997.污灌土壤中多环芳烃（PAHs）的积累与动态变化研究.应用生态学报,8（1）：93-98.

宋玉芳,孙铁珩,许华夏.1999.表面活性剂TW-80对土壤中多环芳烃生物降解的影响.应用生态学报,10（2）：230-232.

孙吉庆,刘润进,李敏.2012.丛枝菌根真菌提高植物抗逆性的效应及其机制研究进展.植物生理学报,48（9）：845-852.

孙铁珩,李培军,周启星.2005.土壤污染形成机理与修复技术.北京：科学出版社.

汤叶涛,仇荣亮,曾晓雯,等.2005.一种新的多金属超富集植物—圆锥南芥（Arabis paniculata L.）.中山大学学报（自然科学版）,44（4）：135-136.

唐明,陈辉,商鸿生.2000.VA菌根真菌提高杨树抗溃疡病机制的研究.林业科学,36（2）：87-92.

唐世荣.2000.重金属在海州香薷和鸭跖草叶片提取物中的分配.植物生理学通讯,36（2）：128-129.

唐世荣.2006.污染环境植物修复的原理与方法.北京：科学出版社.

唐秀欢,潘孝兵,万俊生.2008.放射性污染植物修复技术田间试验及前景分析.环境科学与技术,31（4）：63-67.

唐振尧,程安宙.1986.红壤接种菌根对柑桔吸收难溶性磷肥的作用.园艺学报,13（2）：75-79.

唐振尧,何守林.1990.丛枝菌根对柑桔吸收铁素效应研究初报.园艺学报,17（4）：157-162.

唐振尧,何首林.1991.菌根促进柑桔吸收难溶性磷肥的机理研究—Ⅰ.磷酸酶活性对柑桔吸收磷的作用.中国柑橘,20（2）：7-10.

唐振尧,赖毅,何首林.1989.VA菌根真菌对柑桔吸收钙素效应的研究初报.真菌学报,8（2）：133-139.

唐振尧,臧穆.1984.内囊霉科检索表的增补和新种—柑橘球囊霉.云南植物研究,6（3）：295-304.

陶红群,李晓林,张俊铃.1997.锌污染条件下VA菌根对三叶草生长和元素吸收的影响.应用与环境生物学报,3（3）：263-267.

陶红群,李晓林,张俊伶.1998.丛枝菌根菌丝对重金属元素Zn和Cd吸收的研究.环境科学学报,18（5）：545-548.

汪冰,丰伟悦,赵宇亮,等.2005.纳米材料生物效应及其毒理学研究进展.中国科学B辑（化学）,35（1）：1-10.

汪洪钢,吴观以,李慧全.1992.一个我国内囊霉科实果内囊霉属新纪录的种—弯曲波纹状.真菌学报,11（1）：78-79.

王斌,邓述波,黄俊,等.2013.我国新兴污染物环境风险评价与控制研究进展.环境化学,32（7）：

1129-1136.

王丹丹,李辉信,胡锋,等. 2007. 蚯蚓-秸秆及其交互作用对黑麦草修复 Cu 污染土壤的影响. 生态学报, 27 (4).

王发园. 2012. 人工纳米颗粒的植物毒性及其在植物中的吸收和累积. 生态毒理学报, 7 (2): 140-147.

王发园,陈欣,孙鲜明,等. 2010. 接种 AM 真菌对胡萝卜生长和辛硫磷残留的影响. 环境科学, 31 (12): 3075-3080.

王发园,林先贵. 2007. 丛枝菌根在植物修复重金属污染土壤中的作用. 生态学报, 27 (2): 793-801.

王发园,林先贵,尹睿. 2005a. 丛枝菌根真菌对海州香薷生长及其 Cu 吸收的影响. 环境科学, 26 (5): 174-180.

王发园,林先贵,尹睿. 2006. 不同施铜水平下接种 AM 真菌对海州香薷根际 pH 的影响. 植物营养与肥料学报, 12 (6): 922-925.

王发园,林先贵,周健民. 2005b. 中国 AM 真菌的生物多样性. 生态学杂志, 23 (6): 149-154.

王发园,刘润进. 2002a. 黄河三角洲盐碱地的丛枝菌根真菌. 菌物系统, 21 (2): 196-202.

王发园,刘润进. 2002b. 丛枝菌根真菌一新种——枣庄球霉. 菌物系统, 21 (4): 522-524.

王发园,石兆勇. 2012. 丛枝菌根: 从多样性到应用. 北京: 中国环境科学出版社.

王艮梅,周立祥. 2003. 施用有机物料对污染土壤水溶性有机物和铜活性的动态影响. 环境科学学报, 23 (4): 452-457.

王果,陈建斌. 1999. 稻草和紫云英对土壤外源铜的形态及生态效应的影响. 生态学报, 19 (4): 551-556.

王丽萍,郭光霞,华素兰,等. 2009. 丛枝菌根真菌-植物对石油污染土壤修复实验研究. 中国矿业大学学报, 38 (1): 91-95.

王淼焱,丛蕾,李敏,等. 2006. 丛枝菌根真菌的三个我国新记录种. 菌物学报, 25 (2): 244-246.

王明元,夏仁学. 2009. 不同 pH 值下丛枝菌根真菌对枳生长及铁吸收的影响. 微生物学报, (10): 1374-1379.

王平,胡正嘉. 1989. 棉花 VA 菌根真菌的分离鉴定. 华中农业大学学报, 8 (1): 36-44.

王曙光,林先贵,尹睿. 2002. VA 菌根对土壤中 DEHP 降解的影响. 环境科学学报, 22 (3): 369-373.

王曙光,林先贵,尹睿. 2003a. 接种丛枝菌根 (AM) 真菌对植物 DBP 污染的影响. 应用生态学报, 14 (4): 589-592.

王曙光,林先贵,尹睿. 2003b. 土壤中酞酸酯 (PAEs) 对丛枝菌根化植物生长的影响. 农村生态环境, 19 (1): 31-35.

王卫中,王发园,李帅,等. 2014. 丛枝菌根影响纳米 ZnO 对玉米的生物效应. 环境科学, 35 (8): 3135-3141.

王银波,黄衍龙,赵震庆. 1995. 重金属污染土壤 VA 菌根菌繁殖体数之季节性变化. 中国农业化学会志, 33 (4): 459-467.

王幼珊,张美庆,王克宁,等. 1998. 我国东南沿海地区的 AM 真菌 IV. 四个我国新记录种. 菌物系统, 17 (4): 301-303.

王元贞,张木清,柯王琴,等. 1995. 水分胁迫下菌根菌接种对蔗叶活性氧代谢的影响. 生态农业研究, 3 (2): 10-15.

王振红,罗专溪,颜昌宙,等. 2011. 纳米氧化锌对绿豆芽生长的影响. 农业环境科学学报, 30 (4): 619-624.

王震宇,赵建,李娜,等. 2010. 人工纳米颗粒对水生生物的毒性效应及其机制研究进展. 环境科学, 31 (6): 1409-1418.

参 考 文 献

韦朝阳, 陈同斌, 黄泽春, 等. 2002. 大叶井口边草——一种新发现的富集砷的植物. 生态学报, 22 (5): 777-778.

韦朝阳, 陈同斌. 2002. 高砷区植物的生态与化学特征. 植物生态学报, 26 (6): 695-700.

魏树和, 周启星, 王新, 等. 2005. 一种新发现的镉超积累植物龙葵 (Solanum nigrum L.). 科学通报, 49 (24): 2568-2573.

吴春华, 陈欣, 王兆骞. 2004. 铅污染土壤中杂草对铅的吸收. 应用生态学报, 15 (8): 1451-1454.

吴春华, 唐建军, 陈欣, 等. 2005. 模拟铅污染土壤中杂草的菌根形成及对铅的吸收. 生态学报, 25 (6): 1325-1330.

吴福勇, 刘雪平, 毕银丽, 等. 2013. 不同生态型摩西球囊霉菌株对蜈蚣草砷吸收的影响. 生态学杂志, 32 (6): 1539-1544.

吴继光, 陈瑞青. 1986. 台湾内生菌之调查 I. 溪头地区孟宗竹林内生菌科之调查. 中华林学季刊, 31: 65.

吴继光, 陈瑞青. 1987. 台湾的内囊霉科 II. *Sclerocystis* 的两个新种. 中华真菌学会会刊, 2 (2): 73-83.

吴杰民. 1994. 聚烯烃类农膜及酞酸酯类 (PAEs) 在环境中的残留及生物降解前景. 环境科学, 15 (2): 77-80.

吴启堂, 陈同斌. 2007. 环境生物修复技术. 北京: 化学工业出版社.

吴铁航, 郝文英, 林先贵, 等. 1994a. VA 菌根真菌在某些红壤中的分布和数量变化. 土壤学报, 31: 71-78.

吴铁航, 郝文英. 1995. 红壤中 VA 菌根真菌 (球囊霉目) 的种类和生态分布. 真菌学报, 14 (2): 81-85.

吴铁航, 郝文英, 林先贵, 等. 1994b. 我国 VA 菌根真菌的两个新记录种. 真菌学报, 13 (4): 310-311.

吴重华, 马义生. 2000. 太白山自然保护区巴山冷杉 (Abies fargesii Franch) 根际土壤中的 5 种 AM 真菌. 西北林学院学报, 15 (2): 49-52.

吴重华, 王吉忍, 杨俊秀, 等. 2001. 太白山自然保护区 AM 真菌资源调查研究. 西北林学院学报, 16 (2): 35-39.

武海涛, 吕宪国, 杨青, 等. 2006. 土壤动物主要生态特征与生态功能研究进展. 土壤学报, 43 (2): 314-323.

夏家淇, 骆永明. 2007. 我国土壤环境质量研究几个值得探讨的问题. 生态与农村环境学报, 23 (1): 1-6.

夏立江, 王宏康. 2001. 土壤污染及其防治. 上海: 华东理工大学出版社.

夏增禄. 1992. 中国土壤环境容量. 北京: 地震出版社.

肖敏, 高彦征, 凌婉婷, 等. 2009a. 菲、芘污染土壤中丛枝菌根真菌对土壤酶活性的影响. 中国环境科学, 29 (6): 668-672.

肖敏, 凌婉婷, 高彦征, 等. 2009b. 丛枝菌根对菲芘污染土壤中几种酶活性的影响. 农业环境科学学报, 28 (5): 919-924.

肖青青, 王宏镔, 王海娟, 等. 2009. 滇白前 (Silene viscidula) 对铅、锌、镉的共超富集特征. 生态环境学报, 18 (4): 1299-1306.

肖雪毅, 陈保冬, 朱永官. 2006. 丛枝菌根真菌对铜尾矿上植物生长和矿质营养的影响. 环境科学学报, 26 (2): 312-317.

肖艳萍, 李涛, 费洪运, 等. 2008. 云南金顶铅锌矿区丛枝菌根真菌多样性的研究. 菌物学报, 27 (5): 652-662.

肖艳萍, 邵玉芳, 沈生元, 等. 2010. 丛枝菌根真菌与蚯蚓对玉米修复砷污染农田土壤的影响. 生态与农村环境学报,26(3):235-240.
谢小林,许朋阳,朱红惠,等.2011.球囊霉素相关土壤蛋白的提取条件.菌物学报,30(1):92-99.
谢学锦,徐邦梁.1952.铜矿指示植物海州香薷.地质学报,32(4):88-90.
邢晓科,李玉,Yolande D. 2000.吉林省参地中的10种VA菌根真菌.吉林农业大学学报,22(2):41-46.
熊礼明,史瑞和.1988.菌根形成后根系游离氨基酸的变化及其在过量金属环境下的可能意义.氨基酸和生物资源,(4):5-7.
熊毅,李庆逵.1987.中国土壤.北京:科学出版社.
徐明岗,刘平,宋正国,等.2006.施肥对污染土壤中重金属行为影响的研究进展.农业环境科学学报,25(1):328-333.
许加,唐明.2013.铅锌矿污染区不同林木根际丛枝菌根真菌与土壤因子的关系.西北农林科技大学学报(自然科学版),41(5):75-80.
许秀强,李敏,刘润进.2009.农药污染土壤中AM真菌多样性初步调查.青岛农业大学学报(自然科学版),26(1):1-3.
薛生国,陈英旭,林琦,等.2003.中国首次发现的锰超积累植物——商陆.生态学报,23(5):935-937.
杨安娜,李凌飞,赵之伟.2005.中国丛枝菌根真菌一新记录种.菌物学报,23(4):603-604.
杨慧,肖家欣,杨安娜,等.2011.五种丛枝菌根真菌对枳实生苗耐锌污染的影响.生态学杂志,30(1):93-97.
杨玲,王国华,任立成,等.2002.苋科植物的丛枝菌根.云南植物研究,24(1):37-40.
杨瑞恒,姚青,郭俊,等.2010.磷和镉对根内球囊霉 Glomus intraradices 孢子萌发、菌丝生长和外生菌丝内聚磷酸累积的影响.菌物学报,29(3):421-428.
杨瑞恒,姚青,郭俊,等.2011.钙、镉和钙离子通道抑制剂对根内球囊霉孢子萌发和菌丝生长的影响.华南农业大学学报,2011,32(1):68-72.
杨婷.2010.多环芳烃污染农田土壤的菌根修复及强化技术研究.杨凌:西北农林科技大学硕士学位论文.
杨婷,胡君利,王一明,等.2009a.发酵牛粪和造纸干粉对土壤中多环芳烃降解的影响.生态环境学报,18(6):2161-2165.
杨婷,林先贵,胡君利,等.2009b.丛枝菌根真菌对紫花苜蓿与黑麦草修复多环芳烃污染土壤的影响.生态与农村环境学报,25(4):72-76.
杨肖娥,龙新宪,倪吾钟,等.2002.东南景天(Sedum alfreii H)——一种新的锌超积累植物.科学通报,47(13):1003-1006.
杨新萍,赵方杰.2013.植物对纳米颗粒的吸收、转运及毒性效应.环境科学,34(11):4495-4502.
杨秀梅,陈保冬,朱永官,等.2008.丛枝菌根真菌(Glomus intraradices)对铜污染土壤上玉米生长的影响.生态学报,28(3):1052-1058.
杨秀敏,杨春霞,闫爱博.2012.海泡石和菌根修复重金属污染土壤研究.金属矿山,41(8):153-155.
姚青,赵紫娟,冯固,等.2000.VA菌根真菌外生菌丝对难溶性无机磷酸盐的活化及利用.核农学报,14(3):145-150.
叶常明.1993.环境中的邻苯二甲酸酯.环境科学进展,1(2):36-47.
尹睿,张华勇,王曙光,等.2004.邻苯二甲酸二异辛酯在番茄根际土壤中的持留动态.环境科学学报,24(3):444-449.
余贵芬,蒋新,孙磊,等.2002.有机物质对土壤镉有效性的影响研究综述.生态学报,22(5):770-776.

张从, 夏立江. 2000. 污染土壤生物修复技术. 北京: 中国环境科学出版社.

张海, 彭程, 杨建军, 等. 2013. 金属型纳米颗粒对植物的生态毒理效应研究进展. 应用生态学报, 24 (3): 885-892.

张敬锁, 李花粉, 衣纯真, 等. 1999. 有机酸对活化土壤中镉和小麦吸收镉的影响. 土壤学报, 36 (1): 61-66.

张丽, 张传光, 谷林静, 等. 2014. 接种 Glomus mosseae 对磷石膏施用烤烟苗期生长及磷、硫、砷吸收的影响. 中国农学通报, 30 (4): 162-169.

张美庆, 王幼珊. 1990. 铅铜镉砷对 VA 真菌侵染小麦根的影响. 北京农业科学, (3): 47-48.

张美庆, 王幼珊. 1991. 我国北部的七种 VA 菌根真菌. 真菌学报, 10 (1): 13-21.

张美庆, 王幼珊, 王克宁, 等. 1996. 我国东南沿海的 VA 菌根真菌 II. 球囊霉属四个种. 真菌学报, 15 (4): 241-246.

张美庆, 王幼珊, 王克宁, 等. 1998. 我国东南沿海地区的 VA 菌根真菌 III. 无硬霍属 7 个我国新记录种. 菌物系统, 17 (1): 15-18.

张美庆, 王幼珊, 邢礼军. 1997. 球囊霉目一新种: 长孢球囊霉. 菌物系统, 16 (4): 241-243.

张美庆, 王幼珊, 邢礼军, 等. 2001. 广西平果铝矿区的三个 AM 真菌新记录种. 菌物系统, 20 (2): 271-272.

张壬午, 张洪生, 张汝安. 2001. 中国环境保护与农业可持续发展. 北京: 北京出版社.

张淑彬, 冯固, 李晓林. 2005. 土壤中镉对丛枝菌根真菌 Glomus mosseae 生长的效应. 菌物学报, 24 (4): 576-581.

张伟, 陈熠, 李增平. 2014. 海南八门湾红树林丛枝菌根真菌物种多样性. 热带作物学报, 35 (3): 583-589.

张旭红, 高艳玲, 林爱军, 等. 2008. 重金属污染土壤接种丛枝菌根真菌对蚕豆毒性的影响. 环境工程学报, 2 (2): 274-278.

张旭红, 林爱军, 张莘, 等. 2012. Cu 污染土壤接种丛枝菌根真菌对旱稻生长的影响. 环境工程学报, 6 (5): 1677-1681.

张亚丽, 沈其荣. 2001. 有机肥料对镉污染土壤的改良效应. 土壤学报, 38 (2): 212-218.

张英, 高清明, 郭良栋. 2007. 中国丛枝菌根真菌七个新记录种. 菌物学报, 26 (2): 174-178.

张英, 郭良栋, 刘润进. 2003. 都江堰亚热带地区常见植物根围的丛枝菌根真菌. 菌物系统, 22 (2): 204-210.

张玉凤, 冯固, 李晓林. 2003. 丛枝菌根真菌对三叶草根系分泌的有机酸组分和含量的影响. 生态学报, 23 (1): 30-37.

赵丹丹, 李凌飞, 赵之伟. 2006. 中国丛枝菌根真菌的三个新记录种. 菌物学报, 25 (1): 142-144.

赵景联. 2006. 环境修复原理与技术. 北京: 化学工业出版社.

赵之伟. 1998. 云南热带、亚热带蕨类植物根际土壤中的 VA 菌根真菌. 云南植物研究, 20 (2): 183-192.

赵之伟, 社刚. 1997. 云南热带蕨类植物根际土壤中的六种 VA 菌根真菌. 菌物系统, 6 (3): 208-211.

甄燕红, 成颜君, 潘根兴, 等. 2008. 中国部分市售大米中 Cd、Zn、Se 的含量及其食物安全评价. 安全与环境学报, 8 (1): 119-122.

郑世学, 董秀丽, 喻子牛, 等. 2004. 以新鲜根段进行 AM 真菌的分子检测及竞争性侵染研究. 菌物学报, 23 (1): 126-132.

周启星, 宋玉芳. 2004. 污染土壤修复原理与方法. 北京: 科学出版社.

周文敏, 傅德黔, 孙宗光. 1991. 中国水中优先控制污染物黑名单的确定. 环境科学研究, 4 (6): 9-12.

邹德勋, 骆永明, 滕应, 等. 2006. 多环芳烃长期污染土壤的微生物强化修复初步研究. 土壤, 38 (5): 652-656.

Abd-Alla M H, Omar S A, Karanxha S. 2000. The impact of pesticides on arbuscular mycorrhizal and nitrogen-fixing symbioses in legumes. Applied Soil Ecology, 14 (3): 191-200.

Abdel-Azeem A M, Abdel-Moneim T S, Ibrahim M E, et al. 2007. Effects of long-term heavy metal contamination on diversity of terricolous fungi and nematodes in Egypt - A case study. Water, Air, & Soil Pollution, 186 (1-4): 233-254.

Abdel-Fattah G M, Asrar A W A. 2012. Arbuscular mycorrhizal fungal application to improve growth and tolerance of wheat (*Triticum aestivum* L.) plants grown in saline soil. Acta Physiologiae Plantarum, 34 (1): 267-277.

Abou-Shanab R, Angle J, Delorme T, et al. 2003. Rhizobacterial effects on nickel extraction from soil and uptake by *Alyssum murale*. New Phytologist, 158 (1): 219-224.

Aguilera P, Borie F, Seguel A, et al. 2011. Fluorescence detection of aluminum in arbuscular mycorrhizal fungal structures and glomalin using confocal laser scanning microscopy. Soil Biology & Biochemistry, 43 (12): 2427-2431.

Ahmed F R S, Alexander I J, Mwinyihija M, et al. 2011. Effect of superphosphate and arbuscular mycorrhizal fungus *Glomus mosseae* on phosphorus and arsenic uptake in lentil (*Lens culinaris* L.). Water, Air, & Soil Pollution, 221 (1-4): 169-182.

Ahmed F R S, Killham K, Alexander I. 2006. Influences of arbuscular mycorrhizal fungus *Glomus mosseae* on growth and nutrition of lentil irrigated with arsenic contaminated water. Plant and Soil, 283 (1-2): 33-41.

Al Agely A, Sylvia D M, Ma L Q. 2005. Mycorrhizae increase arsenic uptake by the hyperaccumulator Chinese brake fern (*Pteris vittata* L.). Journal of Environmental Quality, 34 (6): 2181-2186.

Alarcón A, Davies F T, Reed D W, et al. 2004. *Glomus intraradices* enhances growth and gas exchange of *Lolium perenne* seedlings in petroleum-contaminated soil. HortScience, 39 (4): 770.

Alarcón A, Davies Jr F T, Autenrieth R L, et al. 2008. Arbuscular mycorrhiza and petroleum-degrading microorganisms enhance phytoremediation of petroleum-contaminated soil. International Journal of Phytoremediation, 10 (4): 251-263.

Alarcón A, Delgadillo-Martinez J, Franco-Ramirez A, et al. 2006. Influence of two polycyclic aromatic hydrocarbons on spore germination, and phytoremediation potential of *Gigaspora margarita-Echynochloa polystachya* symbiosis in benzo [a] pyrene-polluted substrate. Revista Internacional de Contaminacion Ambiental, 22 (1): 39-47.

Alguacil M M, Torrecillas E, Caravaca F, et al. 2011. The application of an organic amendment modifies the arbuscular mycorrhizal fungal communities colonizing native seedlings grown in a heavy-metal-polluted soil. Soil Biology & Biochemistry, 43 (7): 1498-1508.

Alguacil M, Caravaca F, Roldán A. 2005. Changes in rhizosphere microbial activity mediated by native or allochthonous AM fungi in the reafforestation of a Mediterranean degraded environment. Biology and Fertility of Soils, 41 (1): 59-68.

Alibhai K, Dudeney A, Leak D, et al. 1993. Bioleaching and bioprecipitation of nickel and iron from laterites. FEMS Microbiology Reviews, 11 (1-3): 87-95.

Allaway W H. 1968. Agronomic controls over the environmental cycling of trace elements. Advances in Agronomy, 20: 235-274.

Almeida R T, Schenck N. 1990. A revision of the genus *Sclerocystis* (Glomaceae, Glomales). Mycologia, 82 (6): 703-714.

Alori E, Fawole O. 2012. Phytoremediation of soils contaminated with aluminium and manganese by two arbuscular mycorrhizal fungi. Journal of Agricultural Science, 4 (8): 246.

Aloui A, Dumas-Gaudot E, Daher Z, et al. 2012. Influence of arbuscular mycorrhizal colonisation on cadmium induced *Medicago truncatula* root isoflavonoid accumulation. Plant Physiology and Biochemistry, 60: 233-239.

Aloui A, Recorbet G, Gollotte A, et al. 2009. On the mechanisms of cadmium stress alleviation in *Medicago truncatula* by arbuscular mycorrhizal symbiosis: A root proteomic study. Proteomics, 9 (2): 420-433.

Aloui A, Recorbet G, Robert F, et al. 2011. Arbuscular mycorrhizal symbiosis elicits shoot proteome changes that are modified during cadmium stress alleviation in *Medicago truncatula*. BMC Plant Biology, 11: 75.

Al-Amri S M. 2013. The functional roles of arbuscular mycorrhizal fungi in improving growth and tolerance of *Vicia faba* plants grown in wastewater contaminated soil. African Journal of Microbiology Research, 7 (35): 4435-4442.

Al-Garni S M S. 2006. Increased heavy metal tolerance of cowpea plants by dual inoculation of an arbuscular mycorrhizal fungi and nitrogen-fixer *Rhizobium* bacterium. African Journal of Biotechnology, 5 (2): 133-142.

Al-Karaki G N. 2000. Growth of mycorrhizal tomato and mineral acquisition under salt stress. Mycorrhiza, 10 (2): 51-54.

Ames R N, Schneider R W. 1979. *Entrophospora*, a new genus in the Endogonaceae. Mycotaxon, 8: 347-352.

Ames R, Reid C, Porter L, et al. 1983. Hyphal uptake and transport of nitrogen from two ^{15}N-labelled sources by *Glomus mosseae*, a vesicular-arbuscular mycorrhizal fungus. New Phytologist, 95 (3): 381-396.

Amir H, Jasper D A, Abbott L K. 2008. Tolerance and induction of tolerance to Ni of arbuscular mycorrhizal fungi from New Caledonian ultramafic soils. Mycorrhiza, 19 (1): 1-6.

Amir H, Lagrange A, Hassaine N, et al. 2013. Arbuscular mycorrhizal fungi from New Caledonian ultramafic soils improve tolerance to nickel of endemic plant species. Mycorrhiza, 23 (7): 585-595.

Amir H, Perrier N, Rigault F, et al. 2007. Relationships between Ni-hyperaccumulation and mycorrhizal status of different endemic plant species from New Caledonian ultramafic soils. Plant and Soil, 293 (1-2): 23-35.

Amora-Lazcano E, Vazquez M, Azcon R. 1998. Response of nitrogen-transforming microorganisms to arbuscular mycorrhizal fungi. Biology and Fertility of Soils, 27 (1): 65-70.

Anderson C W, Brooks R R, Stewart R B, et al. 1998. Harvesting a crop of gold in plants. Nature, 395 (6702): 553-554.

Andrade G, Linderman R, Bethlenfalvay G. 1998. Bacterial associations with the mycorrhizosphere and hyphosphere of the arbuscular mycorrhizal fungus *Glomus mosseae*. Plant and Soil, 202 (1): 79-87.

Andrade S A L, Abreu C A, de Abreu M F, et al. 2004. Influence of lead additions on arbuscular mycorrhiza and *Rhizobium* symbioses under soybean plants. Applied Soil Ecology, 26 (2): 123-131.

Andrade S A L, Gratao P L, Azevedo R A, et al. 2010a. Biochemical and physiological changes in jack bean under mycorrhizal symbiosis growing in soil with increasing Cu concentrations. Environmental and Experimental Botany, 68 (2): 198-207.

Andrade S A L, Gratao P L, Schiavinato M A, et al. 2009b. Zn uptake, physiological response and stress attenuation in mycorrhizal jack bean growing in soil with increasing Zn concentrations. Chemosphere, 75 (10): 1363-1370.

Andrade S A L, Silveira A P D, Mazzafera P. 2010b. Arbuscular mycorrhiza alters metal uptake and the physiological response of *Coffea arabica* seedlings to increasing Zn and Cu concentrations in soil. Science of the Total Environment, 408 (22): 5381-5391.

Andrade S, Mazzafera P, Schiavinato M, et al. 2009a. Arbuscular mycorrhizal association in coffee. The Journal of Agricultural Science, 147 (2): 105-115.

Anjum N A, Gill S S, Duarte A C, et al. 2013. Silver nanoparticles in soil-plant systems. Journal of Nanoparticle Research, 15 (9): 1-26.

Arias J A, Peralta-Videa J R, Ellzey J T, et al. 2010. Plant growth and metal distribution in tissues of *Prosopis juliflora-velutina* grown on chromium contaminated soil in the presence of *Glomus deserticola*. Environmental Science & Technology, 44 (19): 7272-7279.

Arines J, Porto M, Vilariño A. 1992. Effect of manganese on vesicular-arbuscular mycorrhizal development in red clover plants and on soil Mn-oxidizing bacteria. Mycorrhiza, 1 (3): 127-131.

Arines J, Vilarino A. 1991. Growth, micronutrient content and vesicular-arbuscular fungi infection of herbaceous plants on lignite mine spoils: a greenhouse pot experiment. Plant and Soil, 135 (2): 269-273.

Arora K, Sharma S. 2009. Toxic metal (Cd) removal from soil by AM fungi inoculated sorghum. Asian Journal of Experimental Sciences, 23: 341-348.

Arriagada C A, Herrera M A, Ocampo J A. 2005. Contribution of arbuscular mycorrhizal and saprobe fungi to the tolerance of *Eucalyptus globulus* to Pb. Water, Air, & Soil Pollution, 166 (1-4): 31-47.

Arriagada C A, Herrera M A, Ocampo J A. 2007b. Beneficial effect of saprobe and arbuscular mycorrhizal fungi on growth of *Eucalyptus globulus* co-cultured with *Glycine max* in soil contaminated with heavy metals. Journal of Environmental Management, 84 (1): 93-99.

Arriagada C, Aranda E, Sampedro I, et al. 2009a. Contribution of the saprobic fungi *Trametes versicolor* and *Trichoderma harzianum* and the arbuscular mycorrhizal fungi *Glomus deserticola* and *G. claroideum* to arsenic tolerance of *Eucalyptus globulus*. Bioresource Technology, 100 (24): 6250-6257.

Arriagada C, Aranda E, Sampedro I, et al. 2009b. Interactions of *Trametes versicolor*, *Coriolopsis rigida* and the arbuscular mycorrhizal fungus *Glomus deserticola* on the copper tolerance of *Eucalyptus globulus*. Chemosphere, 77 (2): 273-278.

Arriagada C, Herrera M, Borie F, et al. 2007a. Contribution of arbuscular mycorrhizal and saprobe fungi to the aluminum resistance of *Eucalyptus globulus*. Water, Air, & Soil Pollution, 182 (1-4): 383-394.

Arriagada C, Herrera M, García-Romera I, et al. 2004. Tolerance to Cd of soybean (*Glycine max*) and eucalyptus (*Eucalyptus globulus*) inoculated with arbuscular mycorrhizal and saprobe fungi. Symbiosis, 36 (3): 285-299.

Arriagada C, Pereira G, Garcia-Romera I, et al. 2010. Improved zinc tolerance in *Eucalyptus globulus* inoculated with *Glomus deserticola* and *Trametes versicolor* or *Coriolopsis rigida*. Soil Biology &

Biochemistry, 42 (1): 118-124.

Asher C, Reay P. 1979. Arsenic uptake by barley seedlings. Functional Plant Biology, 6 (4): 459-466.

Audet P, Charest C. 2006. Effects of AM colonization on "wild tobacco" plants grown in zinc-contaminated soil. Mycorrhiza, 16 (4): 277-283.

Audet P, Charest C. 2009. Contribution of arbuscular mycorrhizal symbiosis to *in vitro* root metal uptake: from trace to toxic metal conditions. Botany-Botanique, 87 (10): 913-921.

Audet P, Charest C. 2010. Determining the impact of the AM-mycorrhizosphere on "Dwarf" sunflower Zn uptake and soil-Zn bioavailability. Journal of Botany, 2010 (2010): 11.

Audet P, Charest C. 2013. Assessing arbuscular mycorrhizal plant metal uptake and soil metal bioavailability among 'dwarf' sunflowers in a stratified compartmental growth environment. Archives of Agronomy and Soil Science, 59 (4): 533-548.

Azcon R, del Carmen Peralvarez M, Roldan A, et al. 2010. Arbuscular mycorrhizal fungi, *Bacillus cereus*, and *Candida parapsilosis* from a multicontaminated soil alleviate metal toxicity in plants. Microbial Ecology, 59 (4): 668-677.

Azcon R, Peralvarez M D C, Biro B, et al. 2009. Antioxidant activities and metal acquisition in mycorrhizal plants growing in a heavy-metal multicontaminated soil amended with treated lignocellulosic agrowaste. Applied Soil Ecology, 41 (2): 168-177.

Azcon R, Tobar R M. 1998. Activity of nitrate reductase and glutamine synthetase in shoot and root of mycorrhizal *Allium cepa*: Effect of drought stress. Plant Science, 133 (1): 1-8.

Azcon-Aguilar C, Alba C, Montilla M, et al. 1993. Isotopic (^{15}N) evidence of the use of less available N forms by VA mycorrhizas. Symbiosis, 15: 39.

Azcón-Aguilar C, Barea J. 1992. Interactions between mycorrhizal fungi and other rhizosphere microorganisms. In: Allen M F. Mycorrhizal functioning, an integrative plant-fungal process. New York: Chapman & Hall Inc.

Bago B, Pfeffer P E, Shachar-Hill Y. 2000. Carbon metabolism and transport in arbuscular mycorrhizas. Plant Physiology, 124 (3): 949-958.

Bai J, Lin X, Yin R, et al. 2008. The influence of arbuscular mycorrhizal fungi on As and P uptake by maize (*Zea mays* L.) from As-contaminated soils. Applied Soil Ecology, 38 (2): 137-145.

Baldantoni D, Bellino A, Cicatelli A, et al. 2011. Artificial mycorrhization does not influence the effects of iron availability on Fe, Zn, Cu, Pb and Cd accumulation in leaves of a heavy metal tolerant white poplar clone. Plant Biosystems, 145 (1): 236-240.

Baltruschat H, Schönbeck F. 1975. The influence of endotrophic mycorrhiza on the infestation of tobacco by *Thielaviopsis basicola*. Phytopathol Z, 84: 172-188.

Bansal M, Mukerji K. 1994. Positive correlation between VAM-induced changes in root exudation and mycorrhizosphere mycoflora. Mycorrhiza, 5 (1): 39-44.

Barea J M, Azcón R, Azcón-Aguilar C. 2002a. Mycorrhizosphere interactions to improve plant fitness and soil quality. Antonie van Leeuwenhoek, 81 (1-4): 343-351.

Barea J, Gryndler M, Lemanceau P, et al. 2002b. The rhizosphere of mycorrhizal plants. In: Gianinazzi S, Schuepp H, Barea J M, et al. Mycorrhizal Technology in Agriculture. Heidberg: Springer.

Barrow J, Osuna P. 2002. Phosphorus solubilization and uptake by dark septate fungi in fourwing saltbush, *Atriplex canescens* (Pursh) Nutt. Journal of Arid Environments, 51 (3): 449-459.

Bartolome-Esteban H, Schenck N C. 1994. Spore germination and hyphal growth of arbuscular mycorrhizal fungi in relation to soil aluminum saturation. Mycologia, 86: 217-226.

Barua A, Gupta S D, Mridha M A U, et al. 2010. Effect of arbuscular mycorrhizal fungi on growth of *Gmelina arborea* in arsenic-contaminated soil. Journal of Forestry Research, 21 (4): 423-432.

Bary F, Gange A C, Crane M, et al. 2005. Fungicide levels and arbuscular mycorrhizal fungi in golf putting greens. Journal of Applied Ecology, 42 (1): 171-180.

Bearden B N, Petersen L. 2000. Influence of arbuscular mycorrhizal fungi on soil structure and aggregate stability of a vertisol. Plant and Soil, 218 (1-2): 173-183.

Bedini S, Turrini A, Rigo C, et al. 2010. Molecular characterization and glomalin production of arbuscular mycorrhizal fungi colonizing a heavy metal polluted ash disposal island, downtown Venice. Soil Biology & Biochemistry, 42 (5): 758-765.

Belimov A A, Safronova V I, Sergeyeva T A, et al. 2001. Characterization of plant growth promoting rhizobacteria isolated from polluted soils and containing 1-aminocyclopropane-1-carboxylate deaminase. Canadian Journal of Microbiology, 47 (7): 642-652.

Bell R, Evans C S, Roberts E R. 1988. Decreased incidence of mycorrhizal root-tips associated with soil heavy-metal enrichment. Plant and Soil, 106 (1): 143-145.

Benabdellah K, Merlos M Á, Azcón-Aguilar C, et al. 2009. *GintGRX*1, the first characterized glomeromycotan glutaredoxin, is a multifunctional enzyme that responds to oxidative stress. Fungal Genetics and Biology, 46 (1): 94-103.

Benabdellah K, Valderas A, Azcon-Aguilar C. 2007. Identification of the first Glomeromycotan P1b-ATPase. *In*: Abstracts of the 14th international workshop on plant membrane biology. Valencia: Universidad Polite'cnica de Valencia.

Benedetto A, Magurno F, Bonfante P, et al. 2005. Expression profiles of a phosphate transporter gene (*GmosPT*) from the endomycorrhizal fungus *Glomus mosseae*. Mycorrhiza, 15 (8): 620-627.

Benhamou N, Fortin J A, Hamel C, et al. 1994. Resistance responses of mycorrhizal Ri T-DNA-transformed carrot roots to infection by *Fusarium oxysporum* f. sp. chrysanthemi. Phytopathology, 84 (9): 958-968.

Benjamin R. 1979. Zygomycetes and their spores. *In*: B Kendrick. Whole fungus: the sexual-asexual synthesis. Ottawa: National Museum of Natural Sciences and National Museum of Canada.

Bento R A, Saggin-Júnior O J, Pitard R M, et al. 2012. Selection of leguminous trees associated with symbiont microorganisms for phytoremediation of petroleum-contaminated soil. Water, Air, & Soil Pollution, 223 (9): 5659-5671.

Berkeley M J, Broome C E. 1873. Enumeration of the fungi of Ceylon. Part II. Journal of the Linnean Society of London, Botany, 14 (73): 29-64.

Berliner R, Torrey J G. 1989. On tripartite Frankia-mycorrhizal associations in the Myricaceae. Canadian Journal of Botany, 67 (6): 1708-1712.

Bernhardt E S, Colman B P, Hochella M F, et al. 2010. An ecological perspective on nanomaterial impacts in the environment. Journal of Environmental Quality, 39 (6): 1954-1965.

Berreck M, Haselwandter K. 2001. Effect of the arbuscular mycorrhizal symbiosis upon uptake of cesium and other cations by plants. Mycorrhiza, 10 (6): 275-280.

Berta G, Fusconi A, Hooker J. 2002. Arbuscular mycorrhizal modifications to plant root systems: scale, mechanisms and consequences. *In*: Gianinazzi S, Schüepp H, Barea J M, Haselwandter K. Mycorrhizal Technology in Agriculture. Heidberg: Springer.

Berta G, Fusconi A, Trotta A, et al. 1990. Morphogenetic modifications induced by the mycorrhizal fungus *Glomus* strain E3 in the root system of *Allium porrum* L. New Phytologist, 114 (2): 207-215.

Berta G, Trotta A, Fusconi A, et al. 1995. Arbuscular mycorrhizal induced changes to plant growth and root system morphology in Prunus cerasifera. Tree Physiology, 15 (5): 281-293.

Bethlenfalvay G J, Franson R L. 1989. Manganese toxicity alleviated by mycorrhizae in soybean. Journal of Plant Nutrition, 12 (8): 953-970.

Bethlenfalvay G, Brown M, Pacovsky R. 1982. Parasitic and mutualistic associations between a mycorrhizal fungus and soybean: development of the host plant. Phytopathology, 72: 894-897.

Bhaduri A M, Fulekar M. 2012. Assessment of arbuscular mycorrhizal fungi on the phytoremediation potential of *Ipomoea aquatica* on cadmium uptake. 3 Biotech, 2 (3): 193-198.

Bi Y, Li X, Christie P. 2003. Influence of early stages of arbuscular mycorrhiza on uptake of zinc and phosphorus by red clover from a low-phosphorus soil amended with zinc and phosphorus. Chemosphere, 50 (6): 831-837.

Biermann B, Linderman R. 1983. Use of vesicular-arbuscular mycorrhizal roots, intraradical vesicles and extraradical vesicles as inoculum. New Phytologist, 95 (1): 97-105.

Binet P, Portal J, Leyval C. 2000. Dissipation of 3-6-ring polycyclic aromatic hydrocarbons in the rhizosphere of ryegrass. Soil Biology & Biochemistry, 32 (14): 2011-2017.

Biro I, Nemeth T, Takács T. 2009. Changes of parameters of infectivity and efficiency of different *Glomus mosseae* arbuscular mycorrhizal fungi strains in cadmium-loaded soils. Communications in Soil Science and Plant Analysis, 40 (1-6): 227-239.

Bissonnette L, St-Arnaud M, Labrecque M. 2010. Phytoextraction of heavy metals by two Salicaceae clones in symbiosis with arbuscular mycorrhizal fungi during the second year of a field trial. Plant and Soil, 332 (1-2): 55-67.

Bizily S P, Rugh C L, Summers A O, et al. 1999. Phytoremediation of methylmercury pollution: merB expression in Arabidopsis thaliana confers resistance to organomercurials. Proceedings of the National Academy of Sciences, 96 (12): 6808-6813.

Bizly S, Rugh C, Meager R. 2000. Efficient phytodetoxification of the environmental pollutant methylmercury by engineered plants. Nature Biotechnology, 18: 213-214.

Blaylock M J. 2000. Field demonstrations of phytoremediation of lead-contaminated soils. Boca Raton: Lewis Publishers.

Blee K A, Anderson A J. 1996. Defense-related transcript accumulation in *Phaseolus vulgaris* L. colonized by the arbuscular mycorrhizal fungus *Glomus intraradices* Schenck & Smith. Plant Physiology, 110 (2): 675-688.

Bolan N S, Adriano D C, Curtin D. 2003. Soil acidification and liming interactions with nutrientand heavy metal transformationand bioavailability. Advances in Agronomy, 78: 215-272.

Bona E, Cattaneo C, Cesaro P, et al. 2010. Proteomic analysis of *Pteris vittata* fronds: Two arbuscular mycorrhizal fungi differentially modulate protein expression under arsenic contamination. Proteomics, 10 (21): 3811-3834.

Bona E, Marsano F, Massa N, et al. 2011. Proteomic analysis as a tool for investigating arsenic stress in *Pteris vittata* roots colonized or not by arbuscular mycorrhizal symbiosis. Journal of Proteomics, 74 (8): 1338-1350.

Bonfante P, Perotto S. 1995. Strategies of arbuscular mycorrhizal fungi when infecting host plants. New

Phytologist, 130 (1): 3-21.

Bonfante-Fasolo P. 1984. Anatomy and morphology of VA mycorrhizae. Boca Raton: CRC Press.

Borie F, Rubio R. 1999. Effects of arbuscular mycorrhizae and liming on growth and mineral acquisition of aluminum-tolerant and aluminum-sensitive barley cultivars. Journal of Plant Nutrition, 22 (1): 121-137.

Bosecker K. 1989. Bioleaching of valuable metals from silicate ores and silicate waste products. Jackson Hale: Biohydrometallurgy-Proceedings of the International Symposium.

Bosecker K. 1991. Chemical and microbial leaching of silicate manganese ore from Razoare (Romania). Geology Journal, 127: 593-603.

Boulet F M, Lambers H. 2005. Characterisation of arbuscular mycorrhizal fungi colonisation in cluster roots of *Hakea verrucosa* F. Muell (Proteaceae), and its effect on growth and nutrient acquisition in ultramafic soil. Plant and Soil, 269 (1-2): 357-367.

Boyle M, Paui E. 1988. Vesicular-arbuscular mycorrhizal associations with barley on sewage-amended plots. Soil Biology & Biochemistry, 20 (6): 945-948.

Bradley R, Burt A J, Read D J. 1981. Mycorrhizal infection and resistance to heavy-metal toxicity in *Calluna vulgaris*. Nature, 292 (5821): 335-337.

Breuillin F, Schramm J, Hajirezaei M, et al. 2010. Phosphate systemically inhibits development of arbuscular mycorrhiza in *Petunia* hybrida and represses genes involved in mycorrhizal functioning. The Plant Journal, 64 (6): 1002-1017.

Brown G G. 1995. How do earthworms affect microfloral and faunal community diversity? Plant and Soil, 170 (1): 209-231.

Brown G G, Barois I, Lavelle P. 2000. Regulation of soil organic matter dynamics and microbial activityin the drilosphere and the role of interactionswith other edaphic functional domains. European Journal of Soil Biology, 36 (3): 177-198.

Brundrett M C. 2008. Mycorrhizal Associations. http://mycorrhizas.info.

Brundrett M, Piche Y, Peterson R. 1984. A new method for observing the morphology of vesicular-arbuscular mycorrhizae. Canadian Journal of Botany, 62 (10): 2128-2134.

Bucholtz F. 1912. Beitrage zur Kenntnis der Gattung Endogone Link. Beih Bot Zbl, 29: 147-225.

Burd G I, Dixon D G, Glick B R. 1998. A plant growth-promoting bacterium that decreases nickel toxicity in seedlings. Applied and Environmental Microbiology, 64 (10): 3663-3668.

Burd G I, Dixon D G, Glick B R. 2000. Plant growth-promoting bacteria that decrease heavy metal toxicity in plants. Canadian Journal of Microbiology, 46 (3): 237-245.

Burgstaller W, Schinner F. 1993. Leaching of metal with fungi. Journal of Biotechnology, 27: 91-116.

Burleigh S H, Kristensen B K, Bechmann I E. 2003. A plasma membrane zinc transporter from *Medicago truncatula* is up-regulated in roots by Zn fertilization, yet down-regulated by arbuscular mycorrhizal colonization. Plant Molecular Biology, 52 (5): 1077-1088.

Buwalda J, Goh K. 1982. Host-fungus competition for carbon as a cause of growth depressions in vesicular-arbuscular mycorrhizal ryegrass. Soil Biology & Biochemistry, 14 (2): 103-106.

Bürkert B, Robson A. 1994. ^{65}Zn uptake in subterranean clover (*Trifolium subterraneum* L.) by three vesicular-arbuscular mycorrhizal fungi in a root-free sandy soil. Soil Biology & Biochemistry, 26 (9): 1117-1124.

Cabello M N. 1997. Hydrocarbon pollution: its effect on native arbuscular mycorrhizal fungi (AMF).

FEMS Microbiology Ecology, 22 (3): 233-236.

Cabello M N. 1999. Effectiveness of indigenous arbuscular mycorrhizal fungi (AMF) isolated from hydrocarbon polluted soils. Journal of Basic Microbiology, 39 (2): 89-95.

Cabral L, Siqueira J O, Soares C R F S, et al. 2010. Retention of heavy metals by arbuscular mycorrhizal fungi mycelium. Quimica Nova, 33 (1): 25-29.

Cai B P, Chen J Y, Zhang Q X, et al. 2008. Three new records of arbuscular mycorrhizal fungi associated with *Prunus mume* in China. Mycosystema, 27 (4): 538-542.

Calonne M, Fontaine J, Debiane D, et al. 2014. The arbuscular mycorrhizal *Rhizophagus irregularis* activates storage lipid biosynthesis to cope with the benzo [a] pyrene oxidative stress. Phytochemistry, 97: 30-37.

Campagnac E, Fontaine J, Sahraoui A L H, et al. 2009. Fenpropimorph slows down the sterol pathway and the development of the arbuscular mycorrhizal fungus *Glomus intraradices*. Mycorrhiza, 19 (6): 365-374.

Camprubi A, Calvet C, Estaun V. 1995. Growth enhancement of *Citrus reshni* after inoculation with *Glomus intraradices* and *Trichoderma aureoviride* and associated effects on microbial populations and enzyme activity in potting mixes. Plant and Soil, 173 (2): 233-238.

Cantrell I C, Linderman R G. 2001. Preinoculation of lettuce and onion with VA mycorrhizal fungi reduces deleterious effects of soil salinity. Plant and Soil, 233 (2): 269-281.

Cao X, Ma L Q, Shiralipour A. 2003. Effects of compost and phosphate amendments on arsenic mobility in soils and arsenic uptake by the hyperaccumulator, *Pteris vittata* L. Environmental Pollution, 126 (2): 157-167.

Cappellazzo G, Lanfranco L, Bonfante P. 2007. A limiting source of organic nitrogen induces specific transcriptional responses in the extraradical structures of the endomycorrhizal fungus *Glomus intraradices*. Current Genetics, 51 (1): 59-70.

Caravaca F, Alguacil M, Azcón R, et al. 2004a. Comparing the effectiveness of mycorrhizal inoculation and amendment with sugar beet, rock phosphate and *Aspergillus niger* to enhance field performance of the leguminous shrub *Dorycnium pentaphyllum* L. Applied Soil Ecology, 25 (2): 169-180.

Caravaca F, Alguacil M, Figueroa D, et al. 2003. Re-establishment of *Retama sphaerocarpa* as a target species for reclamation of soil physical and biological properties in a semi-arid Mediterranean area. Forest Ecology and Management, 182 (1): 49-58.

Caravaca F, Alguacil M, Vassileva M, et al. 2004b. AM fungi inoculation and addition of microbially-treated dry olive cake-enhanced afforestation of a desertified Mediterranean site. Land Degradation & Development, 15 (2): 153-161.

Cardoso I M, Kuyper T W. 2006. Mycorrhizas and tropical soil fertility. Agriculture, Ecosystems & Environment, 116 (1): 72-84.

Carrasco L, Azcón R, Kohler J, et al. 2011. Comparative effects of native filamentous and arbuscular mycorrhizal fungi in the establishment of an autochthonous, leguminous shrub growing in a metal-contaminated soil. Science of the Total Environment, 409 (6): 1205-1209.

Carvalho L M, Caçcador I, Martins-Loução M A. 2006. Arbuscular mycorrhizal fungi enhance root cadmium and copper accumulation in the roots of the salt marsh plant *Aster tripolium* L. Plant and Soil, 285 (1-2): 161-169.

Castañón-Silva P A, Venegas-Urrutia M A, Lobos-Valenzuela M G, et al. 2013. Influence of arbuscular mycorrhizal *Glomus* spp. on growth and accumulation of copper in sunflower *Helianthus annuus* L. Agrociencia, 47 (4): 309-317.

Castillo O, Dasgupta-Schubert N, Alvarado C, et al. 2011. The effect of the symbiosis between *Tagetes erecta* L. (marigold) and *Glomus intraradices* in the uptake of Copper (II) and its implications for phytoremediation. New Biotechnology, 29 (1): 156-164.

Cavagnaro T R. 2008. The role of arbuscular mycorrhizas in improving plant zinc nutrition under low soil zinc concentrations: a review. Plant and Soil, 304 (1-2): 315-325.

Cavagnaro T R, Dickson S, Smith F A. 2010. Arbuscular mycorrhizas modify plant responses to soil zinc addition. Plant and Soil, 329 (1-2): 307-313.

Cavallazzi J R P, Klauberg Filho O, Stürmer S L, et al. 2007. Screening and selecting arbuscular mycorrhizal fungi for inoculating micropropagated apple rootstocks in acid soils. Plant Cell, Tissue and Organ Culture, 90 (2): 117-129.

Celik I, Ortas I, Kilic S. 2004. Effects of compost, mycorrhiza, manure and fertilizer on some physical properties of a Chromoxerert soil. Soil and Tillage Research, 78 (1): 59-67.

Chabot S, Becard G, Piche Y. 1992. Life cycle of *Glomus intraradices* in root organ culture. Mycologia, 84: 315-321.

Chao C C, Wang Y P. 1990. Effects of heavy-metals on the infection of vesicular-arbuscular mycorrhizae and the growth of maize. Journal of the Agricultural Association of China, 152 (1): 34-45.

Chao C, Wang Y. 1991. Effects of heavy metals on vesicular-arbuscular mycorrhizae and nitrogen fixation of soybean in major soil groups of Taiwan. Journal of the Chinese Agricultural Chemical Society, 29: 290-300.

Chaudhry T, Hill L, Khan A, et al. 1999. Colonization of iron and zinc contaminated dumped filter cake waste by microbes, plants and associated mycorrhizae. Boca Raton: CRC Press.

Chen A, Hu J, Sun S, et al. 2007a. Conservation and divergence of both phosphate-and mycorrhiza-regulated physiological responses and expression patterns of phosphate transporters in solanaceous species. New Phytologist, 173 (4): 817-831.

Chen B D, Christie P, Li X L. 2001. A modified glass bead compartment cultivation system for studies on nutrient and trace metal uptake by arbuscular mycorrhiza. Chemosphere, 42 (2): 185-192.

Chen B D, Liu Y, Shen H, et al. 2004b. Uptake of cadmium from an experimentally contaminated calcareous soil by arbuscular mycorrhizal maize (*Zea mays* L.). Mycorrhiza, 14 (6): 347-354.

Chen B D, Tang X Y, Zhu Y G, et al. 2005d. Metal concentrations and mycorrhizal status of plants colonizing copper mine tailings: potential for revegetation. Science in China Series C-Life Sciences, 48: 156-164.

Chen B D, Zhu Y G, Duan J, et al. 2007c. Effects of the arbuscular mycorrhizal fungus *Glomus mosseae* on growth and metal uptake by four plant species in copper mine tailings. Environmental Pollution, 147 (2): 374-380.

Chen B D, Zhu Y G, Smith F A. 2006. Effects of arbuscular mycorrhizal inoculation on uranium and arsenic accumulation by Chinese brake fern (*Pteris vittata* L.) from a uranium mining-impacted soil. Chemosphere, 62 (9): 1464-1473.

Chen B, Jakobsen I, Roos P, et al. 2005a. Effects of the mycorrhizal fungus *Glomus intraradices* on uranium uptake and accumulation by *Medicago truncatula* L. from uranium-contaminated soil. Plant and Soil, 275 (1-2): 349-359.

Chen B, Li X, Tao H, et al. 2003. The role of arbuscular mycorrhiza in zinc uptake by red clover growing in a calcareous soil spiked with various quantities of zinc. Chemosphere, 50 (6): 839-846.

Chen B, Roos P, Borggaard O K, et al. 2005b. Mycorrhiza and root hairs in barley enhance acquisition of phosphorus and uranium from phosphate rock but mycorrhiza decreases root to shoot uranium transfer. New Phytologist, 165 (2): 591-598.

Chen B, Shen H, Li X, et al. 2004a. Effects of EDTA application and arbuscular mycorrhizal colonization on growth and zinc uptake by maize (*Zea mays* L.) in soil experimentally contaminated with zinc. Plant and Soil, 261 (1-2): 219-229.

Chen B, Xiao X, Zhu Y G, et al. 2007b. The arbuscular mycorrhizal fungus *Glomus mosseae* gives contradictory effects on phosphorus and arsenic acquisition by *Medicago sativa* Linn. Science of the Total Environment, 379 (2-3): 226-234.

Chen B, Zhu Y G, Zhang X, et al. 2005c. The influence of mycorrhiza on uranium and phosphorus uptake by barley plants from a field-contaminated soil. Environmental Science and Pollution Research, 12 (6): 325-331.

Chen H, Cutright T. 2001. EDTA and HEDTA effects on Cd, Cr, and Ni uptake by *Helianthus annuus*. Chemosphere, 45 (1): 21-28.

Chen R R, Yin R, Lin X G, et al. 2005e. Effect of arbuscular mycorrhizal inoculation on plant growth and phthalic ester degradation in two contaminated soils. Pedosphere, 15 (2): 263-269.

Chen X H, Zhao B. 2007. Arbuscular mycorrhizal fungi mediated uptake of lanthanum in Chinese milk vetch (*Astragalus sinicus* L.). Chemosphere, 68 (8): 1548-1555.

Chen X H, Zhao B. 2009. Arbuscular mycorrhizal fungi mediated uptake of nutrient elements by Chinese milk vetch (*Astragalus sinicus* L.) grown in lanthanum spiked soil. Biology and Fertility of Soils, 45 (6): 675-678.

Chen X, Li H, Chan W F, et al. 2012. Arsenite transporters expression in rice (*Oryza sativa* L.) associated with arbuscular mycorrhizal fungi (AMF) colonization under different levels of arsenite stress. Chemosphere, 89 (10): 1248-1254.

Chen X, Wu C H, Tang J J, et al. 2005f. Arbuscular mycorrhizae enhance metal lead uptake and growth of host plants under a sand culture experiment. Chemosphere, 60 (5): 665-671.

Chen X, Wu F, Li H, et al. 2013. Phosphate transporters expression in rice (*Oryza sativa* L.) associated with arbuscular mycorrhizal fungi (AMF) colonization under different levels of arsenate stress. Environmental and Experimental Botany, 87: 92-99.

Cheng J, Wong M H. 2002. Effects of earthworms on Zn fractionation in soils. Biology and Fertility of Soils, 36 (1): 72-78.

Chern E C, Tsai D W, Ogunseitan O A. 2007. Deposition of glomalin-related soil protein and sequestered toxic metals into watersheds. Environmental Science & Technology, 41 (10): 3566-3572.

Cheung K, Zhang J, Deng H, et al. 2008. Interaction of higher plant (jute), electrofused bacteria and mycorrhiza on anthracene biodegradation. Bioresource Technology, 99 (7): 2148-2155.

Choi O, Hu Z. 2008. Size dependent and reactive oxygen species related nanosilver toxicity to nitrifying bacteria. Environmental Science & Technology, 42 (12): 4583-4588.

Chou W N, Yen C H, Chung H H. 1991. Species of *Gigaspora* and *Scutellospora* (Endogonaceae) in Taiwan. Transactions of the Mycological Society of Republic of China, 6 (3&4): 1-17.

Christie P, Kilpatrick D J. 1992. Vesicular-arbuscular mycorrhiza infection in cut grassland following long-term slurry application. Soil Biology & Biochemistry, 24 (4): 325-330.

Christie P, Li X L, Chen B D. 2004. Arbuscular mycorrhiza can depress translocation of zinc to shoots of host plants in soils moderately polluted with zinc. Plant and Soil, 261 (1-2): 209-217.

Christophersen H M, Smith F A, Smith S E. 2009. Arbuscular mycorrhizal colonization reduces arsenate uptake in barley via downregulation of transporters in the direct epidermal phosphate uptake pathway. New Phytologist, 184 (4): 962-974.

Christophersen H M, Smith F A, Smith S E. 2012. Unraveling the influence of arbuscular mycorrhizal colonization on arsenic tolerance in *Medicago*: *Glomus mosseae* is more effective than *G. intraradices*, associated with lower expression of root epidermal Pi transporter genes. Frontiers in Physiology, 3: 91.

Cicatelli A, Lingua G, Todeschini V, et al. 2010. Arbuscular mycorrhizal fungi restore normal growth in a white poplar clone grown on heavy metal-contaminated soil, and this is associated with upregulation of foliar metallothionein and polyamine biosynthetic gene expression. Annals of Botany, 106 (5): 791-802.

Cicatelli A, Lingua G, Todeschini V, et al. 2012. Arbuscular mycorrhizal fungi modulate the leaf transcriptome of a *Populus alba* L. clone grown on a zinc and copper-contaminated soil. Environmental and Experimental Botany, 75: 25-35.

Citterio S, Prato N, Fumagalli P, et al. 2005. The arbuscular mycorrhizal fungus *Glomus mosseae* induces growth and metal accumulation changes in *Cannabis sativa* L. Chemosphere, 59 (1): 21-29.

Clapperton M J, Reid D M. 1992. A relationship between plant growth and increasing VA mycorrhizal inoculum density. New Phytologist, 120 (2): 227-234.

Clark R, Zeto S. 2000. Mineral acquisition by arbuscular mycorrhizal plants. Journal of Plant Nutrition, 23 (7): 867-902.

Clark R, Zeto S, Zobel R. 1999a. Arbuscular mycorrhizal fungal isolate effectiveness on growth and root colonization of *Panicum virgatum* in acidic soil. Soil Biology & Biochemistry, 31 (13): 1757-1763.

Clark R. 1997. Arbuscular mycorrhizal adaptation, spore germination, root colonization, and host plant growth and mineral acquisition at low pH. Plant and Soil, 192 (1): 15-22.

Clark R, Zobel R, Zeto S. 1999b. Effects of mycorrhizal fungus isolates on mineral acquisition by *Panicum virgatum* in acidic soil. Mycorrhiza, 9 (3): 167-176.

Clayton J, Bagyaraj D. 1984. Vesicular-arbuscular mycorrhizas in submerged aquatic plants of New Zealand. Aquatic Botany, 19 (3): 251-262.

Cooper K M, Tinker P. 1978. Translocation and transfer of nutrients in vesicular-arbuscular mycorrhizas. New Phytologist, 81 (1): 43-52.

Cordier C, Gianinazzi S, Gianinazzi-Pearson V. 1996. Colonisation patterns of root tissues by *Phytophthora nicotianae* var. *parasitica* related to reduced disease in mycorrhizal tomato. Plant and Soil, 185 (2): 223-232.

Corkidi L, Bohn J, Evans M. 2009. Effects of bifenthrin on mycorrhizal colonization and growth of corn. HortTechnology, 19 (4): 809-812.

Cornejo P, Meiera S, Borie G, et al. 2008. Glomalin-related soil protein in a Mediterranean ecosystem affected by a copper smelter and its contribution to Cu and Zn sequestration. Science of the Total Environment, 406 (1-2): 154-160.

Cornejo P, Perez-Tienda J, Meier S, et al. 2013. Copper compartmentalization in spores as a survival strategy of arbuscular mycorrhizal fungi in Cu-polluted environments. Soil Biology & Biochemistry, 57: 925-928.

Cornelissen J, Aerts R, Cerabolini B, et al. 2001. Carbon cycling traits of plant species are linked with mycorrhizal strategy. Oecologia, 129 (4): 611-619.

Corradi N, Ruffner B, Croll D, et al. 2009. High-level molecular diversity of copper-zinc superoxide dismutase genes among and within species of arbuscular mycorrhizal fungi. Applied and Environmental Microbiology, 75 (7): 1970-1978.

Cozzolino V, Pigna M, Di Meo V, et al. 2010. Effects of arbuscular mycorrhizal inoculation and phosphorus supply on the growth of *Lactuca sativa* L. and arsenic and phosphorus availability in an arsenic polluted soil under non-sterile conditions. Applied Soil Ecology, 45 (3): 262-268.

Crawford R, Floyd M, Li C. 2000. Degradation of serpentine and muscovite rock minerals and immobilization of cations by soil *Penicillium* spp. Phyton, 40 (2): 315-322.

Criquet S, Joner E, Leglize P, et al. 2000. Anthracene and mycorrhiza affect the activity of oxidoreductases in the roots and the rhizosphere of lucerne (*Medicago sativa* L.). Biotechnology Letters, 22 (21): 1733-1737.

Cuenca G, Azcón R. 1994. Effects of ammonium and nitrate on the growth of vesicular-arbuscular mycorrhizal *Erythrina poeppigiana* O. I. Cook seedlings. Biology and Fertility of Soils, 18 (3): 249-254.

Cuenca G, de Andrade Z, Meneses E. 2001. The presence of aluminum in arbuscular mycorrhizas of *Clusia multiflora* exposed to increased acidity. Plant and Soil, 231 (2): 233-241.

Cui M, Nobel P S. 1992. Nutrient status, water uptake and gas exchange for three desert succulents infected with mycorrhizal fungi. New Phytologist, 122 (4): 643-649.

Cumming J R, Ning J. 2003. Arbuscular mycorrhizal fungi enhance aluminium resistance of broomsedge (*Andropogon virginicus* L.). Journal of Experimental Botany, 54 (386): 1447-1459.

da Silva G A, Trufem S F B, Júnior O J S, et al. 2005. Arbuscular mycorrhizal fungi in a semiarid copper mining area in Brazil. Mycorrhiza, 15 (1): 47-53.

da Silva S, Siqueira J O, Fonseca Sousa Soares C R. 2006. Mycorrhizal fungi influence on brachiariagrass growth and heavy metal extraction in a contaminated soil. Pesquisa Agropecuaria Brasileira, 41 (12): 1749-1757.

Daft M, Nicolson T. 1974. Arbuscular mycorrhizas in plants colonizing coal wastes in Scotland. New Phytologist, 73 (6): 1129-1138.

Dai J, Becquer T, Henri Rouiller J, et al. 2004. Heavy metal accumulation by two earthworm species and its relationship to total and DTPA-extractable metals in soils. Soil Biology & Biochemistry, 36 (1): 91-98.

Dallinger R, Berger B, Gruber C, et al. 2000. Metallothioneins in terrestrial invertebrates: structural aspects, biological significance and implications for their use as biomarkers. Cellular and Molecular Biology (Noisy-le-Grand, France), 46 (2): 331-346.

Dangeard P A. 1896. Une maladie du peuplier dans l'ouest de la France. Botaniste, 58: 38-43.

Davies F T, Puryear J D, Newton R J, et al. 2001. Mycorrhizal fungi enhance accumulation and tolerance of chromium in sunflower (*Helianthus annuus*). Journal of Plant Physiology, 158 (6): 777-786.

Davies F T, Puryear J D, Newton R J, et al. 2002. Mycorrhizal fungi increase chromium uptake by sunflower plants: Influence on tissue mineral concentration, growth, and gas exchange. Journal of Plant

Nutrition, 25 (11): 2389-2407.

de Andrade S A L, da Silveira A P D, Jorge R A, et al. 2008. Cadmium accumulation in sunflower plants influenced by arbuscular mycorrhiza. International Journal of Phytoremediation, 10 (1): 1-13.

de Andrade S A L, Jorge R A, da Silveira A P D. 2005. Cadmium effect on the association of jackbean (*Canavalia ensiformis*) and arbuscular mycorrhizal fungi. Scientia Agricola, 62 (4): 389-394.

de Boulois H D, Delvaux B, Declerck S. 2005a. Effects of arbuscular mycorrhizal fungi on the root uptake and translocation of radiocaesium. Environmental Pollution, 134 (3): 515-524.

de Boulois H D, Joner E, Leyval C, et al. 2008. Impact of arbuscular mycorrhizal fungi on uranium accumulation by plants. Journal of Environmental Radioactivity, 99 (5): 775-784.

de Boulois H D, Leyval C, Joner E, et al. 2005b. Use of mycorrhizal fungi for the phytostabilisation of radio-contaminated environment (European project MYRRH): Overview on the scientific achievements. Radioprotection, 40 (S1): S41-S46.

de Boulois H D, Voets L, Delvaux B, et al. 2006. Transport of radiocaesium by arbuscular mycorrhizal fungi to *Medicago truncatula* under *in vitro* conditions. Environmental Microbiology, 8 (11): 1926-1934.

de Rome L, Gadd G M. 1991. Use of pelleted and immobilized yeast and fungal biomass for heavy metal and radionuclide recovery. Journal of Industrial Microbiology, 7 (2): 97-104.

de Souza L A, Lopez de Andrade S A, Ribeiro de Souza S C, et al. 2012. Arbuscular mycorrhiza confers Pb tolerance in *Calopogonium mucunoides*. Acta Physiologiae Plantarum, 34 (2): 523-531.

de Souza M P, Chu D, Zhao M, et al. 1999b. Rhizosphere bacteria enhance selenium accumulation and volatilization by Indian mustard. Plant Physiology, 119 (2): 565-574.

de Souza M P, Pilon-Smits E A, Lytle C M, et al. 1998. Rate-limiting steps in selenium assimilation and volatilization by Indian mustard. Plant Physiology, 117 (4): 1487-1494.

de Souza M, Huang C, Chee N, et al. 1999a. Rhizosphere bacteria enhance the accumulation of selenium and mercury in wetland plants. Planta, 209 (2): 259-263.

Debiane D, Calonne M, Fontaine J, et al. 2012. Benzo [α] pyrene induced lipid changes in the monoxenic arbuscular mycorrhizal chicory roots. Journal of Hazardous Materials, 209: 18-26.

Debiane D, Garçon G, Verdin A, et al. 2009. Mycorrhization alleviates benzo [α] pyrene-induced oxidative stress in an *in vitro* chicory root model. Phytochemistry, 70 (11): 1421-1427.

Declerck S, Dupré de Boulois H, Bivort C, et al. 2003. Extraradical mycelium of the arbuscular mycorrhizal fungus *Glomus lamellosum* can take up, accumulate and translocate radiocaesium under root-organ culture conditions. Environmental Microbiology, 5 (6): 510-516.

Dehn B, Schuepp H. 1990. Influence of VA mycorrhizae on the uptake and distribution of heavy-metals in plants. Agriculture Ecosystems & Environment, 29 (1-4): 79-83.

Dehne H. 1982. Interaction between vesicular-arbuscular mycorrhizal fungi and plant pathogens. Phytopathology, 72: 1115-1118.

Del Val C, Barea J M, Azcon-Aguilar C. 1999a. Assessing the tolerance to heavy metals of arbuscular mycorrhizal fungi isolated from sewage sludge-contaminated soils. Applied Soil Ecology, 11 (2-3): 261-269.

Del Val C, Barea J M, Azcon-Aguilar C. 1999b. Diversity of arbuscular mycorrhizal fungus populations in heavy-metal-contaminated soils. Applied and Environmental Microbiology, 65 (2): 718-723.

Delorme T, Gagliardi J, Angle J, et al. 2001. Influence of the zinc hyperaccumulator *Thlaspi caerules-*

cens J. & C. Presl. and the nonmetal accumulator *Trifolium pratense* L. on soil microbial populations. Canadian Journal of Microbiology, 47 (8): 773-776.

Deram A, Languereau F, van Haluwyn C. 2011. Mycorrhizal and endophytic fungal colonization in *Arrhenatherum elatius* L. roots according to the soil contamination in heavy metals. Soil & Sediment Contamination, 20 (1): 114-127.

Deram A, Languereau-Leman F, Howsam M, et al. 2008. Seasonal patterns of cadmium accumulation in *Arrhenatherum elatius* (Poaceae): Influence of mycorrhizal and endophytic fungal colonisation. Soil Biology & Biochemistry, 40 (3): 845-848.

Desalme D, Binet P, Bernard N, et al. 2011. Atmospheric phenanthrene transfer and effects on two grassland species and their root symbionts: a microcosm study. Environmental and Experimental Botany, 71 (2): 146-151.

Desalme D, Chiapusio G, Bernard N, et al. 2012. Arbuscular mycorrhizal fungal infectivity in two soils as affected by atmospheric phenanthrene pollution. Water, Air, & Soil Pollution, 223 (6): 3295-3305.

Diaz G, AzconAguilar C, Honrubia M. 1996. Influence of arbuscular mycorrhizae on heavy metal (Zn and Pb) uptake and growth of *Lygeum spartum* and *Anthyllis cytisoides*. Plant and Soil, 180 (2): 241-249.

Diaz G, Honrubia M. 1993. Notes on Glomales from Spanish semiarid lands. Nova Hedwigia, 57 (1-2): 159-168.

Diehl P, Mazzarino M J, Fontenla S. 2008. Plant limiting nutrients in Andean-Patagonian woody species: effects of interannual rainfall variation, soil fertility and mycorrhizal infection. Forest Ecology and Management, 255 (7): 2973-2980.

Dighton J, Terry G. 1996. Uptake and immobilization of caesium in UK grassland and forest soils by fungi, following the Chernobyl accident. *In*: Frankland J C, Magan N, Gadd G M. Fungi and environmental change: symposium of the British Mycological Society. Cranfield University.

Dodd J, Burton C, Burns R, et al. 1987. Phosphatase activity associated with the roots and the rhizosphere of plants infected with vesicular-arbuscular mycorrhizal fungi. New Phytologist, 107 (1): 163-172.

Dong Y, Zhu Y G, Smith F A, et al. 2008. Arbuscular mycorrhiza enhanced arsenic resistance of both white clover (*Trifolium repens* Linn.) and ryegrass (*Lolium perenne* L.) plants in an arsenic-contaminated soil. Environmental Pollution, 155 (1): 174-181.

Doubkova P, Suda J, Sudova R. 2011. Arbuscular mycorrhizal symbiosis on serpentine soils: the effect of native fungal communities on different Knautia arvensis ecotypes. Plant and Soil, 345 (1-2): 325-338.

Doubkova P, Suda J, Sudova R. 2012. The symbiosis with arbuscular mycorrhizal fungi contributes to plant tolerance to serpentine edaphic stress. Soil Biology & Biochemistry, 44 (1): 56-64.

Doubkova P, Sudova R. 2014. Nickel tolerance of serpentine and non-serpentine *Knautia arvensis* plants as affected by arbuscular mycorrhizal symbiosis. Mycorrhiza, 24 (3): 209-217.

Douds Jr D D, Janke R, Peters S. 1993. VAM fungus spore populations and colonization of roots of maize and soybean under conventional and low-input sustainable agriculture. Agriculture, Ecosystems & Environment, 43 (3): 325-335.

Douds Jr D, Nagahashi G, Pfeffer P, et al. 2006. On-farm production of AM fungus inoculum in mixtures of compost and vermiculite. Bioresource Technology, 97 (6): 809-818.

Driscoll C T, Lawrence G B, Bulger A J, et al. 2001. Acidic deposition in the northeastern United States: Sources and inputs, ecosystem effects, and management strategies. Bioscience, 51 (3): 180-198.

Driver J D, Holben W E, Rillig M C. 2005. Characterization of glomalin as a hyphal wall component of arbuscular mycorrhizal fungi. Soil Biology & Biochemistry, 37 (1): 101-106.

Druille M, Cabello M N, Omacini M, et al. 2013. Glyphosate reduces spore viability and root colonization of arbuscular mycorrhizal fungi. Applied Soil Ecology, 64: 99-103.

Drüge U, Schonbeck F. 1993. Effect of vesicular-arbuscular mycorrhizal infection on transpiration, photosynthesis and growth of flax (*Linum usitatissimum* L.) in relation to cytokinin levels. Journal of Plant Physiology, 141 (1): 40-48.

Duan X, Neuman D S, Reiber J M, et al. 1996. Mycorrhizal influence on hydraulic and hormonal factors implicated in the control of stomatal conductance during drought. Journal of Experimental Botany, 47 (10): 1541-1550.

Dubchak S, Ogar A, Mietelski J, et al. 2010. Influence of silver and titanium nanoparticles on arbuscular mycorrhiza colonization and accumulation of radiocaesium in *Helianthus annuus*. Spanish Journal of Agricultural Research, 8: 103-108.

Dudhane M, Borde M, Jite P K. 2012. Effect of aluminium toxicity on growth responses and antioxidant activities in *Gmelina arborea* Roxb. inoculated with AM fungi. International Journal of Phytoremediation, 14 (7): 643-655.

Dudka S, Piotrowska M, Chlopecka A. 1994. Effect of elevated concentrations of Cd and Zn in soil on spring wheat yield and the metal contents of the plants. Water, Air, & Soil Pollution, 76 (3-4): 333-341.

Dueck T A, Visser P, Ernst W H O, et al. 1986. Vesicular-arbuscular mycorrhizae decrease zinc-toxicity to grasses growing in zinc-polluted soil. Soil Biology & Biochemistry, 18 (3): 331-333.

Dumas-Gaudot E, Grenier J, Furlan V, et al. 1992. Chitinase, chitosanase and β-1, 3-glucanase activities in *Allium* and *Pisum* roots colonized by *Glomus* species. Plant Science, 84 (1): 17-24.

Duponnois R, Plenchette C. 2003. A mycorrhiza helper bacterium enhances ectomycorrhizal and endomycorrhizal symbiosis of Australian Acacia species. Mycorrhiza, 13 (2): 85-91.

Durán P, Acuña J, Jorquera M, et al. 2013. Enhanced selenium content in wheat grain by co-inoculation of selenobacteria and arbuscular mycorrhizal fungi: A preliminary study as a potential Se biofortification strategy. Journal of Cereal Science, 57 (3): 275-280.

Ekamawanti H A, Setiadi Y, Sopandie D, et al. 2014. The role of arbuscular mycorrhizal fungus (*Gigaspora margarita*) on mercury and nutrients accumulation by *Enterolobium cyclocarpum* seedlings. Microbiology Indonesia, 7 (4): 167-176.

Elahi F E, Mridha M A U, Aminuzzaman F M. 2012. Role of AMF on plant growth, nutrient uptake arsenic toxicity and chlorophyll content of chili grown in arsenic amended soil. Bangladesh Journal of Agricultural Research, 37 (4): 635-644.

Elless M, Blaylock M. 2000. Amendment optimization to enhance lead extractability from contaminated soils for phytoremediation. International Journal of Phytoremediation, 2 (1): 75-89.

El-Kherbawy M, Angle J, Heggo A, et al. 1989. Soil pH, rhizobia, and vesicular-arbuscular mycorrhizae inoculation effects on growth and heavy metal uptake of alfalfa (*Medicago sativa* L.).

Biology and Fertility of Soils, 8 (1): 61-65.

Entry J A, Rygiewicz P T, Watrud L S, et al. 2002. Influence of adverse soil conditions on the formation and function of arbuscular mycorrhizas. Advances in Environmental Research, 7 (1): 123-138.

Entry J, Watrud L, Reeves M. 1999. Accumulation of ^{137}Cs and ^{90}Sr from contaminated soil by three grass species inoculated with mycorrhizal fungi. Environmental Pollution, 104 (3): 449-457.

Epstein A L, Gussman C D, Blaylock M J, et al. 1999. EDTA and Pb-EDTA accumulation in *Brassica juncea* grown in Pb-amended soil. Plant and Soil, 208 (1): 87-94.

Estaun V, Cortes A, Velianos K, et al. 2010. Effect of chromium contaminated soil on arbuscular mycorrhizal colonisation of roots and metal uptake by *Plantago lanceolata*. Spanish Journal of Agricultural Research, 8: S109-S115.

Etchevería P. 2009. Glomalin in evergreen forest associations, deciduous forest and a plantation of *Pseudotsuga menziesii* in the X Región, Chile. Universidad de La Frontera.

Fabrega J, Luoma S N, Tyler C R, et al. 2011. Silver nanoparticles: behaviour and effects in the aquatic environment. Environment International, 37 (2): 517-531.

Fageria N, Baligar V. 2008. Ameliorating soil acidity of tropical Oxisols by liming for sustainable crop production. Advances in Agronomy, 99: 345-399.

Fang Y C, McGraw A C, Modjo H, et al. 1983. A procedure for isolation of single-spore cultures of certain endomycorrhizal fungi. New Phytologist, 95 (1): 107-114.

Feng G, Song Y, Li X, et al. 2003. Contribution of arbuscular mycorrhizal fungi to utilization of organic sources of phosphorus by red clover in a calcareous soil. Applied Soil Ecology, 22 (2): 139-148.

Feng G, Zhang F, Li X, et al. 2002a. Improved tolerance of maize plants to salt stress by arbuscular mycorrhiza is related to higher accumulation of soluble sugars in roots. Mycorrhiza, 12 (4): 185-190.

Feng G, Zhang F, Li X, et al. 2002b. Uptake of nitrogen from indigenous soil pool by cotton plant inoculated with arbuscular mycorrhizal fungi. Communications in Soil Science and Plant Analysis, 33 (19-20): 3825-3836.

Feng Y, Cui X, He S, et al. 2013. The role of metal nanoparticles in influencing arbuscular mycorrhizal fungi effects on plant growth. Environmental Science & Technology, 47 (16): 9496-9504.

Fernandez-Fernandez O, Carrillo-Gonzalez R, Vangrosveld J, et al. 2008. Arbuscular mycorrhizal fungi and Zn accumulation in the metallophytic plant *Viola calaminaria* (Gingins.) Lej. Revista Chapingo Serie Horticultura, 14 (3): 355-360.

Fernández-Gómez M J, Quirantes M, Vivas A, et al. 2012. Vermicomposts and/or arbuscular mycorrhizal fungal inoculation in relation to metal availability and biochemical quality of a soil contaminated with heavy metals. Water, Air, & Soil Pollution, 223 (5): 2707-2718.

Ferrol N, González-Guerrero M, Valderas A, et al. 2009. Survival strategies of arbuscular mycorrhizal fungi in Cu-polluted environments. Phytochemistry Reviews, 8 (3): 551-559.

Fester T. 2013. Arbuscular mycorrhizal fungi in a wetland constructed for benzene methyl tert-butyl ether-and ammonia-contaminated groundwater bioremediation. Microbial Biotechnology, 6 (1): 80-84.

Firdaus E B, Nazir A. 2010. Metal decontamination of tannery solid waste using *Tagetes patula* in association with saprobic and mycorrhizal fungi. Environmentalist, 30 (1): 45-53.

Fomina M, Hillier S, Charnock J, et al. 2005. Role of oxalic acid overexcretion in transformations of toxic metal minerals by Beauveria caledonica. Applied and Environmental Microbiology, 71 (1):

371-381.

Fomina M, Ritz K, Gadd G M. 2003. Nutritional influence on the ability of fungal mycelia to penetrate toxic metal-containing domains. Mycological Research, 107 (7): 861-871.

Fracchia S, Sampedro I, Scervino J, et al. 2004. Influence of saprobe fungi and their exudates on arbuscular mycorrhizal symbioses. Symbiosis, 36 (2): 169-182.

Franco-Ramírez A, Ferrera-Cerrato R, Varela-Fregoso L, et al. 2007. Arbuscular mycorrhizal fungi in chronically petroleum-contaminated soils in Mexico and the effects of petroleum hydrocarbons on spore germination. Journal of Basic Microbiology, 47 (5): 378-383.

Frank A B. 1885. Ueber die auf Wurzelsymbiose beruhende Ernhrung gewisser Baume durch unterirdische Pilze. Ber Dtsch Bot Ges, 3: 128-145.

Franklin N M, Rogers N J, Apte S C, et al. 2007. Comparative toxicity of nanoparticulate ZnO, bulk ZnO, and $ZnCl_2$ to a freshwater microalga (*Pseudokirchneriella subcapitata*): the importance of particle solubility. Environmental Science & Technology, 41 (24): 8484-8490.

Fries E M. 1849. Summa Vegetabilium. Scandinaveae, 2: 257-261.

Gadd G M. 1986. Fungal response towards heavy metals. *In*: Hebert R A, Codd G A. Microbes in extreme environments. London: Academic Press.

Gadd G M. 1999. Fungal production of citric and oxalic acid: importance in metal speciation, physiology and biogeochemical processes. Advances in Microbial Physiology, 41: 47-92.

Gallaud J. 1905. Etude sur les mycorrhizes endotrophes. Rev Gen Bot, 17: 5-48, 66-83, 123-136, 223-249, 313-325, 425-433, 479-500.

Galli U, Schuepp H, Brunold C. 1994. Heavy-metal binding by mycorrhizal fungi. Physiologia Plantarum, 92 (2): 364-368.

Galli U, Schuepp H, Brunold C. 1995. Thiols of Cu-treated maize plants inoculated with the arbuscular-mycorrhizal fungus *Glomus intraradices*. Physiologia Plantarum, 94 (2): 247-253.

Galun M, Keller P, Malki D, et al. 1983. Removal of uranium (VI) from solution by fungal biomass and fungal wall-related biopolymers. Science, 219 (4582): 285-286.

Gamalero E, Trotta A, Massa N, et al. 2004. Impact of two fluorescent pseudomonads and an arbuscular mycorrhizal fungus on tomato plant growth, root architecture and P acquisition. Mycorrhiza, 14 (3): 185-192.

Ganesan V, Ragupathy S, Parthipan B, et al. 1991. Distribution of vesicular-arbuscular mycorrhizal fungi in coal, lignite, and calcite mine spoils of India. Biology and Fertility of Soils, 12 (2): 131-136.

Gange A C. 1993. Translocation of mycorrhizal fungi by earthworms during early succession. Soil Biology & Biochemistry, 25 (8): 1021-1026.

Gao X, Kuyper T W, Zou C, et al. 2007. Mycorrhizal responsiveness of aerobic rice genotypes is negatively correlated with their zinc uptake when nonmycorrhizal. Plant and Soil, 290 (1-2): 283-291.

Gao X, Tenuta M, Flaten D N, et al. 2011a. Cadmium concentration in flax colonized by mycorrhizal fungi depends on soil phosphorus and cadmium concentrations. Communications in Soil Science and Plant Analysis, 42 (15): 1882-1897.

Gao Y, Li Q, Ling W, et al. 2011b. Arbuscular mycorrhizal phytoremediation of soils contaminated with phenanthrene and pyrene. Journal of Hazardous Materials, 185 (2): 703-709.

Gao Y, Zhu L. 2004. Plant uptake, accumulation and translocation of phenanthrene and pyrene in soils.

Chemosphere, 55 (9): 1169-1178.

García-Garrido J, García-Romera I, Ocampo J. 1992. Cellulase production by the vesicular-arbuscular mycorrhizal fungus *Glomus mosseae* (Nicol. &. Gerd.) Gerd. and Trappe. New Phytologist, 121 (2): 221-226.

Gardea-Torresdey J L, Rico C M, White J C. 2014. Trophic transfer, transformation, and impact of engineered nanomaterials in terrestrial environments. Environmental Science &. Technology, 48 (5): 2526-2540.

Gardezi A K, Barcelo-Quintal I D, Cetina-Alcala V M, et al. 2005. Phytoremediation by Leucaena leucocephala in Association with arbuscular endomycorrhiza and Rhizobium in soil polluted by Cr. In: Callaos N, Lesso W, Su J S, Conrad M (eds) WMSCI 2005: 9th World Multi-Conference on Systemics, Cybernetics and Informatics.

Garg N, Aggarwal N. 2011. Effects of interactions between cadmium and lead on growth, nitrogen fixation, phytochelatin, and glutathione production in mycorrhizal *Cajanus cajan* (L.) millsp. Journal of Plant Growth Regulation, 30 (3): 286-300.

Garg N, Aggarwal N. 2012. Effect of mycorrhizal inoculations on heavy metal uptake and stress alleviation of *Cajanus cajan* (L.) Millsp genotypes grown in cadmium and lead contaminated soils. Plant Growth Regulation, 66 (1): 9-26.

Garg N, Bhandari P. 2012. Influence of cadmium stress and arbuscular mycorrhizal fungi on nodule senescence in *Cajanus cajan* (L.) millsp. International Journal of Phytoremediation, 14 (1): 62-74.

Garg N, Chandel S. 2012. Role of arbuscular mycorrhizal (AM) fungi on growth, cadmium uptake, osmolyte, and phytochelatin synthesis in *Cajanus cajan* (L.) Millsp under NaCl and Cd stresses. Journal of Plant Growth Regulation, 31 (3): 292-308.

Garg N, Kaur H. 2012. Influence of zinc on cadmium-induced toxicity in nodules of pigeonpea (*Cajanus cajan* L. Millsp.) inoculated with arbuscular mycorrhizal (AM) fungi. Acta Physiologiae Plantarum, 34 (4): 1363-1380.

Garg N, Kaur H. 2013a. Impact of cadmium-zinc interactions on metal uptake, translocation and yield in pigeonpea genotypes colonized by arbuscular mycorrhizal fungi. Journal of Plant Nutrition, 36 (1): 67-90.

Garg N, Kaur H. 2013b. Response of antioxidant enzymes, phytochelatins and glutathione production towards Cd and Zn stresses in *Cajanus cajan* (L.) Millsp genotypes colonized by arbuscular mycorrhizal fungi. Journal of Agronomy and Crop Science, 199 (2): 118-133.

Garg N, Singla P. 2012. The role of *Glomus mosseae* on key physiological and biochemical parameters of pea plants grown in arsenic contaminated soil. Scientia Horticulturae, 143: 92-101.

Gattai G S, Pereira S V, Costa C M C, et al. 2011. Microbial activity, arbuscular mycorrhizal fungi and inoculation of woody plants in lead contaminated soil. Brazilian Journal of Microbiology, 42 (3): 859-867.

Gerdemann J W, Trappe J M. 1974. The Endogonaceae in the Pacific Northwest. Mycologia Memoir, 5: 1-76.

Gerdemann J, Nicolson T H. 1963. Spores of mycorrhizal *Endogone* species extracted from soil by wet sieving and decanting. Transactions of the British Mycological Society, 46 (2): 235-244.

Ghorbanli M, Ebrahimzadeh H, Sharifi M. 2004. Effects of NaCl and mycorrhizal fungi on antioxidative enzymes in soybean. Biologia Plantarum, 48 (4): 575-581.

Gianinazzi-Pearson V, Gollotte A, Tisserant B, et al. 1995. Cellular and molecular approaches in the characterization of symbiotic events in functional arbuscular mycorrhizal associations. Canadian Journal of Botany, 73 (S1): 526-532.

Gildon A, Tinker P B. 1981. A heavy metal-tolerant strain of a mycorrhizal fungus. Transactions of the British Mycological Society, 77: 648-649.

Gildon A, Tinker P B. 1983a. Interactions of vesicular arbuscular mycorrhizal infection and heavy-metals in plants. 1. The effects of heavy-metals on the development of vesicular arbuscular mycorrhizas. New Phytologist, 95 (2): 247-261.

Gildon A, Tinker P B. 1983b. Interactions of vesicular arbuscular mycorrhizal infections and heavy-metals in plants. 2. The effects of infection on uptake of copper. New Phytologist, 95 (2): 263-268.

Giovannetti M, Mosse B. 1980. An evaluation of techniques for measuring vesicular arbuscular mycorrhizal infection in roots. New Phytologist, 84 (3): 489-500.

Giri B, Kapoor R, Mukerji K. 2007. Improved tolerance of *Acacia nilotica* to salt stress by arbuscular mycorrhiza, *Glomus fasciculatum* may be partly related to elevated K/Na ratios in root and shoot tissues. Microbial Ecology, 54 (4): 753-760.

Giri B, Mukerji K. 2004. Mycorrhizal inoculant alleviates salt stress in *Sesbania aegyptiaca* and *Sesbania grandiflora* under field conditions: evidence for reduced sodium and improved magnesium uptake. Mycorrhiza, 14 (5): 307-312.

Glassman S I, Casper B B. 2012. Biotic contexts alter metal sequestration and AMF effects on plant growth in soils polluted with heavy metals. Ecology, 93 (7): 1550-1559.

Glassop D, Smith S E, Smith F W. 2005. Cereal phosphate transporters associated with the mycorrhizal pathway of phosphate uptake into roots. Planta, 222 (4): 688-698.

Glick B R. 2003. Phytoremediation: synergistic use of plants and bacteria to clean up the environment. Biotechnology Advances, 21 (5): 383-393.

Glick B R, Penrose D M, Li J. 1998. A model for the lowering of plant ethylene concentrations by plant growth-promoting bacteria. Journal of Theoretical Biology, 190 (1): 63-68.

Gnekow M, Marschner H. 1989. Influence of the fungicide pentachloronitrobenzene on VA-mycorrhizal and total root length and phosphorus uptake of oats (*Avena sativa*). Plant and Soil, 114 (1): 91-98.

Gohre V, Paszkowski U. 2006. Contribution of the arbuscular mycorrhizal symbiosis to heavy metal phytoremediation. Planta, 223 (6): 1115-1122.

Goicoechea N, Antolin M, Sánchez-Diaz M. 1997. Gas exchange is related to the hormone balance in mycorrhizal or nitrogen-fixing alfalfa subjected to drought. Physiologia Plantarum, 100 (4): 989-997.

Gomez-Eyles J L, Sizmur T, Collins C D, et al. 2011. Effects of biochar and the earthworm *Eisenia fetida* on the bioavailability of polycyclic aromatic hydrocarbons and potentially toxic elements. Environmental Pollution, 159 (2): 616-622.

Gonzalez-Chavez C, D'Haen J, Vangronsveld J, et al. 2002a. Copper sorption and accumulation by the extraradical mycelium of different *Glomus* spp. (arbuscular mycorrhizal fungi) isolated from the same polluted soil. Plant and Soil, 240 (2): 287-297.

Gonzalez-Chavez C, Harris P J, Dodd J, et al. 2002b. Arbuscular mycorrhizal fungi confer enhanced arsenate resistance on *Holcus lanatus*. New Phytologist, 155 (1): 163-171.

Gonzalez-Chavez M C, Carrillo-Gonzalez R, Gutierrez-Castorena M C. 2009. Natural attenuation in a slag heap contaminated with cadmium: The role of plants and arbuscular mycorrhizal fungi. Journal of Hazardous Materials, 161 (2-3): 1288-1298.

Gonzalez-Chavez M D C A, Carrillo-Gonzalez R. 2013. Tolerance of *Chrysantemum maximum* to heavy metals: The potential for its use in the revegetation of tailings heaps. Journal of Environmental Sciences-China, 25 (2): 367-375.

Gonzalez-Chavez M D C A, del Pilar Ortega-Larrocea M, Carrillo-Gonzalez R, et al. 2011. Arsenate induces the expression of fungal genes involved in As transport in arbuscular mycorrhiza. Fungal Biology, 115 (12): 1197-1209.

Gonzalez-Chavez M D C A, Miller B, Maldonado-Mendoza I E, et al. 2014. Localization and speciation of arsenic in *Glomus intraradices* by synchrotron radiation spectroscopic analysis. Fungal Biology, 118 (5-6): 444-452.

Gonzalez-Chavez M D C A, Newsam R, Linderman R, et al. 2008. Bacteria associated with the extraradical mycelium of an arbuscular mycorrhizal fungus in an As/Cu polluted soil. Agrociencia, 42 (1): 1-10.

Gonzalez-Chavez M, Carrillo-Gonzalez R, Wright S, et al. 2004. The role of glomalin, a protein produced by arbuscular mycorrhizal fungi, in sequestering potentially toxic elements. Environmental Pollution, 130 (3): 317-323.

Gonzalez-Guerrero M, Azcon-Aguilar C, Mooney M, et al. 2005. Characterization of a *Glomus intraradices* gene encoding a putative Zn transporter of the cation diffusion facilitator family. Fungal Genetics and Biology, 42 (2): 130-140.

Gonzalez-Guerrero M, Benabdellah K, Valderas A, et al. 2010. *GintABC*1 encodes a putative ABC transporter of the MRP subfamily induced by Cu, Cd, and oxidative stress in *Glomus intraradices*. Mycorrhiza, 20 (2): 137-146.

Gonzalez-Guerrero M, Cano C, Azcon-Aguilar C, et al. 2007. *GintMT*1 encodes a functional metallothionein in *Glomus intraradices* that responds to oxidative stress. Mycorrhiza, 17 (4): 327-335.

Gonzalez-Guerrero M, Melville L H, Ferrol N, et al. 2008. Ultrastructural localization of heavy metals in the extraradical mycelium and spores of the arbuscular mycorrhizal fungus *Glomus intraradices*. Canadian Journal of Microbiology, 54 (2): 103-110.

Gonzalez-Mendoza D, Zapata-Perez O. 2008. Mechanisma of plant tolerance to potentially toxic elements. Boletin de la Sociedad Botanica de Mexico, 82: 53-61.

Gormsen D, Olsson P A, Hedlund K. 2004. The influence of collembolans and earthworms on AM fungal mycelium. Applied Soil Ecology, 27 (3): 211-220.

Govindarajulu M, Pfeffer P E, Jin H, et al. 2005. Nitrogen transfer in the arbuscular mycorrhizal symbiosis. Nature, 435 (7043): 819-823.

Grčman H, Velikonja-Boltaš, Vodnik D, et al. 2001. EDTA enhanced heavy metal phytoextraction: metal accumulation, leaching and toxicity. Plant and Soil, 235 (1): 105-114.

Graham J, Eissenstat D. 1994. Host genotype and the formation and function of VA mycorrhizae. Plant and Soil, 159 (1): 179-185.

Graham J, Timmer L, Fardelmann D. 1986. Toxicity of fungicidal copper in soil to citrus seedlings and vesicular-arbuscular mycorrhizal fungi. Phytopathology, 76 (1): 66-70.

Green C D, Stodola A, Augé R M. 1998. Transpiration of detached leaves from mycorrhizal and nonmycorrhizal cowpea and rose plants given varying abscisic acid, pH, calcium, and phosphorus. Mycorrhiza, 8 (2): 93-99.

Griffioen W A J. 1994. Characterization of a heavy metal-tolerant endomycorrhizal fungus from the surroundings of a zinc refinery. Mycorrhiza, 4 (5): 197-200.

Griffioen W A J, Ietswaart J H, Ernst W H O. 1994. Mycorrhizal infection of an *Agrostis capillaris* population on a copper contaminated soil. Plant and Soil, 158 (1): 83-89.

Griffioen W, Ernst W. 1990. The role of VA mycorrhiza in the heavy metal tolerance of *Agrostis capillaris* L. Agriculture, Ecosystems & Environment, 29 (1): 173-177.

Grime J, Mackey J, Hillier S, et al. 1987. Floristic diversity in a model system using experimental microcosms. Nature, 328: 420-422.

Gucwa-Przepiora E, Blaszkowski J, Kurtyka R, et al. 2013. Arbuscular mycorrhiza of *Deschampsia cespitosa* (Poaceae) at different soil depths in highly metal-contaminated site in southern Poland. Acta Societatis Botanicorum Poloniae, 82 (4): 251-258.

Gucwa-Przepiora E, Malkowski E, Sas-Nowosielska A, et al. 2007. Effect of chemophytostabilization practices on arbuscular mycorrhiza colonization of *Deschampsia cespitosa* ecotype Warynski at different soil depths. Environmental Pollution, 150 (3): 338-346.

Gucwa-Przepiora E, Turnau K. 2001. Arbuscular mycorrhiza and plant succession on zinc smelter spoil heap in Katowice-Welnowiec. Acta Societatis Botanicorum Poloniae, 70 (2): 153-158.

Guo Y, George E, Marschner H. 1996. Contribution of an arbuscular mycorrhizal fungus to the uptake of cadmium and nickel in bean and maize plants. Plant and Soil, 184 (2): 195-205.

Gupta R, Krishnamurthy K V. 1996. Response of mycorrhizal and nonmycorrhizal Arachis hypogaea to NaCl and acid stress. Mycorrhiza, 6: 145-149.

Guralchuk Z Z, Del Val C, Barea J M, et al. 2006. Influence of arbuscular mycorrhizal fungi on alfalfa growth under pollution by heavy metals and arsenicum. Fiziologiya i Biokhimia Kulturnykh Rastenii, 38 (3): 209-213.

Guralchuk Z Z, Del Val C, Barea J M, et al. 2009. Influence of arbuscular mycorrhizal fungi *Glomus mosseae* (Nicol. Et Gerd.) gerd et trappe on alfalfa growth under pollution by Zn, Pb, Cu, Cd and As. Fiziologiya i Biokhimia Kulturnykh Rastenii, 41 (1): 50-58.

Gyaneshwar P, Kumar G N, Parekh L, et al. 2002. Role of soil microorganisms in improving P nutrition of plants. Plant and Soil, 245 (1): 83-93.

Hagerberg D, Manique N, Brandt K K, et al. 2011. Low concentration of copper inhibits colonization of soil by the arbuscular mycorrhizal fungus *Glomus intraradices* and changes the microbial community structure. Microbial Ecology, 61 (4): 844-852.

Hajiboland R, Aliasgharzad N, Barzeghar R. 2009. Influence of arbuscular mycorrhizal fungi on uptake of Zn and P by two contrasting rice genotypes. Plant Soil and Environment, 55 (3): 93-100.

Halary S, Daubois L, Terrat Y, et al. 2013. Mating type gene homologues and putative sex pheromone-sensing pathway in arbuscular mycorrhizal fungi, a presumably asexual plant root symbiont. PLoS ONE, 8 (11): e80729.

Hancock L M S, Ernst C L, Charneskie R, et al. 2012. Effects of cadmium and mycorrhizal fungi on growth, fitness, and cadmium accumulation in flax (*Linum usitatissimum*; Linaceae). American Journal of Botany, 99 (9): 1445-1452.

Hansen S F, Baun A. 2012. When enough is enough. Nature Nanotechnology, 7: 409-411.

Harinikumar K, Bagyaraj D. 1994. Potential of earthworms, ants, millipedes, and termites for dissemination of vesicular-arbuscular mycorrhizal fungi in soil. Biology and Fertility of Soils, 18 (2): 115-118.

Harrison M J, Dewbre G R, Liu J. 2002. A phosphate transporter from *Medicago truncatula* involved in the acquisition of phosphate released by arbuscular mycorrhizal fungi. The Plant Cell, 14 (10): 2413-2429.

Harrison M J, Dixon R A. 1993. Isoflavonoid accumulation and expression of defense gene transcripts during the establishment of vesicular-arbuscular mycorrhizal associations in roots of *Medicago truncatula*. Molecular Plant Microbe Interactions, 6: 643.

Harrison M J, van Buuren M L. 1995. A phosphate transporter from the mycorrhizal fungus *Glomus versiforme*. Nature, 378: 626.

Haselwandter K, Leyval C, Sanders F. 1994. Impact of arbuscular mycorrhizal fungi on plant uptake of heavy metals and radionuclides from soil. *In*: Gianinazzi S, Schüepp H. Impact of arbuscular mycorrhizas on sustainable agriculture and natural ecosystems. Heidberg: Springer.

Hasnain S, Sabri A N. 1997. Growth stimulation of *Triticum aestivum* seedlings under Cr-stresses by non-rhizospheric pseudomonad strains. Environmental Pollution, 97 (3): 265-273.

Hassan S E D, Boon E, St-Arnaud M, et al. 2011. Molecular biodiversity of arbuscular mycorrhizal fungi in trace metal-polluted soils. Molecular Ecology, 20 (16): 3469-3483.

Hassan S E, Hijri M, St-Arnaud M. 2013. Effect of arbuscular mycorrhizal fungi on trace metal uptake by sunflower plants grown on cadmium contaminated soil. New Biotechnology, 30 (6): 780-787.

Hawkes C V. 2003. Nitrogen cycling mediated by biological soil crusts and arbuscular mycorrhizal fungi. Ecology, 84 (6): 1553-1562.

Hayes W, Chaudhry T, Buckney R, et al. 2003. Phytoaccumulation of trace metals at the Sunny Corner mine, New South Wales, with suggestions for a possible remediation strategy. Australasian Journal of Ecotoxicology, 9 (1): 69-82.

Haystead A, Malajczuk N, Grove T. 1988. Underground transfer of nitrogen between pasture plants infected with vesicular-arbuscular mycorrhizal fungi. New Phytologist, 108 (4): 417-423.

He Z, Yang X, Zhu Z, et al. 1994. Effect of phosphate on the sorption, desorption and plant-availability of selenium in soil. Fertilizer Research, 39 (3): 189-197.

Heeraman D, Claassen V, Zasoski R. 2001. Interaction of lime, organic matter and fertilizer on growth and uptake of arsenic and mercury by Zorro fescue (*Vulpia myuros* L.). Plant and Soil, 234 (2): 215-231.

Heggo A, Angle J S, Chaney R L. 1990. Effects of vesicular arbuscular mycorrhizal fungi on heavy-metal uptake by soybeans. Soil Biology & Biochemistry, 22 (6): 865-869.

Heijne B, van Dam D, Heil G, et al. 1996. Acidification effects on vesicular-arbuscular mycorrhizal (VAM) infection, growth and nutrient uptake of established heathland herb species. Plant and Soil, 179 (2): 197-206.

Heinonsalo J, Jørgensen K S, Haahtela K, et al. 2000. Effects of *Pinus sylvestris* root growth and mycorrhizosphere development on bacterial carbon source utilization and hydrocarbon oxidation in forest and petroleum-contaminated soils. Canadian Journal of Microbiology, 46 (5): 451-464.

Hepper C M. 1979. Germination and growth of *Glomus caledonium* spores: the effects of inhibitors and nutrients. Soil Biology & Biochemistry, 11: 269-277.

Hermann B, Katarina V M, Paula P, et al. 2013. Metallophyte status of violets of the section *Melanium*.

Chemosphere, 93 (9): 1844-1855.

Hernández-Dorrego A, Mestre-Parés J. 2010. Evaluation of some fungicides on mycorrhizal symbiosis between two *Glomus* species from commercial inocula and *Allium porrum* L. seedlings. Spanish Journal of Agricultural Research, 8 (S1): 43-50.

Hernández-Ortega H A, Alarcón A, Ferrera-Cerrato R, et al. 2012. Arbuscular mycorrhizal fungi on growth, nutrient status, and total antioxidant activity of *Melilotus albus* during phytoremediation of a diesel-contaminated substrate. Journal of Environmental Management, 95: S319-S324.

Hetrick B, Wilson G, Figge D. 1994. The influence of mycorrhizal symbiosis and fertilizer amendments on establishment of vegetation in heavy metal mine spoil. Environmental Pollution, 86 (2): 171-179.

Hickman Z A, Reid B J. 2008. Earthworm assisted bioremediation of organic contaminants. Environment International, 34 (7): 1072-1081.

Hildebrandt U, Kaldorf M, Bothe H. 1999. The zinc violet and its colonization by arbuscular mycorrhizal fungi. Journal of Plant Physiology, 154 (5-6): 709-717.

Hodge A, Campbell C D, Fitter A H. 2001. An arbuscular mycorrhizal fungus accelerates decomposition and acquires nitrogen directly from organic material. Nature, 413 (6853): 297-299.

Hoflich G, Metz R. 1997. Interactions of plant-microorganism-associations in heavy metal containing soils from sewage farms. Bodenkultur, 48 (4): 239-247.

Holbrook R D, Murphy K E, Morrow J B, et al. 2008. Trophic transfer of nanoparticles in a simplified invertebrate food web. Nature Nanotechnology, 3 (6): 352-355.

Hossain M, Ismail M R, Ashrafuzzaman M, et al. 2011. Reduction of Al-induced oxidative damage in wheat. Australian Journal of Crop Science, 5 (10): 1157-1162.

Hovsepyan A, Greipsson S. 2004. Effect of arbuscular mycorrhizal fungi on phytoextraction by corn (*Zea mays*) of lead-contaminated soil. International Journal of Phytoremediation, 6 (4): 305-321.

Hu H T. 2002. *Glomus spinosum* sp. nov. in the Glomaceae from Taiwan. Mycotaxon, 83: 159-164.

Hu J, Chan P T, Wu F, et al. 2013b. Arbuscular mycorrhizal fungi induce differential Cd and P acquisition by Alfred stonecrop (*Sedum alfredii* Hance) and upland kangkong (*Ipomoea aquatica* Forsk.) in an intercropping system. Applied Soil Ecology, 63: 29-35.

Hu J, Li J, Wu F, et al. 2013c. Arbuscular mycorrhizal fungi induced differential Cd and P phytoavailability via intercropping of upland kangkong (*Ipomoea aquatica* Forsk.) with Alfred stonecrop (*Sedum alfredii* Hance): post-harvest study. Environmental Science and Pollution Research, 20 (12): 8457-8463.

Hu J, Wang H, Wu F, et al. 2014a. Arbuscular mycorrhizal fungi influence the accumulation and partitioning of Cd and P in bashfulgrass (*Mimosa pudica* L.) grown on a moderately Cd-contaminated soil. Applied Soil Ecology, 73: 51-57.

Hu J, Wu F, Wu S, et al. 2014b. Biochar and *Glomus caledonium* influence Cd accumulation of upland kangkong (*Ipomoea aquatica* Forsk.) intercropped with Alfred stonecrop (*Sedum alfredii* Hance). Scientific Reports, 4: 4671.

Hu J, Wu S, Wu F, et al. 2013a. Arbuscular mycorrhizal fungi enhance both absorption and stabilization of Cd by Alfred stonecrop (*Sedum alfredii* Hance) and perennial ryegrass (*Lolium perenne* L.) in a Cd-contaminated acidic soil. Chemosphere, 93 (7): 1359-1365.

Hua J F, Lin X G, Bai J F, et al. 2010. Effects of arbuscular mycorrhizal fungi and earthworm on nematode communities and arsenic uptake by maize in arsenic-contaminated soils. Pedosphere, 20 (2): 163-173.

Hua J, Lin X, Yin R, et al. 2009. Effects of arbuscular mycorrhizal fungi inoculation on arsenic accumulation by tobacco (*Nicotiana tabacum* L.). Journal of Environmental Sciences-China, 21 (9): 1214-1220.

Huang H, Zhang S, Chen B D, et al. 2006. Uptake of atrazine and cadmium from soil by maize (*Zea mays* L.) in association with the arbuscular mycorrhizal fungus *Glomus etunicatum*. Journal of Agricultural and Food Chemistry, 54 (25): 9377-9382.

Huang H, Zhang S, Shan X Q, et al. 2007. Effect of arbuscular mycorrhizal fungus (*Glomus caledonium*) on the accumulation and metabolism of atrazine in maize (*Zea mays* L.) and atrazine dissipation in soil. Environmental Pollution, 146 (2): 452-457.

Huang H, Zhang S, Wu N, et al. 2009. Influence of *Glomus etunicatum*/*Zea mays* mycorrhiza on atrazine degradation, soil phosphatase and dehydrogenase activities, and soil microbial community structure. Soil Biology & Biochemistry, 41 (4): 726-734.

Huang J W, Blaylock M J, Kapulnik Y, et al. 1998. Phytoremediation of uranium-contaminated soils: role of organic acids in triggering uranium hyperaccumulation in plants. Environmental Science & Technology, 32 (13): 2004-2008.

Huang J W, Chen J, Berti W R, et al. 1997. Phytoremediation of lead-contaminated soils: role of synthetic chelates in lead phytoextraction. Environmental Science & Technology, 31 (3): 800-805.

Hutchinson J, Young S, Black C, et al. 2004. Determining uptake of radio-labile soil cadmium by arbuscular mycorrhizal hyphae using isotopic dilution in a compartmented-pot system. New Phytologist, 164 (3): 477-484.

Idris R, Trifonova R, Puschenreiter M, et al. 2004. Bacterial communities associated with flowering plants of the Ni hyperaccumulator *Thlaspi goesingense*. Applied and Environmental Microbiology, 70 (5): 2667-2677.

Ietswaart J, Griffioen W A, Ernst W. 1992. Seasonality of VAM infection in three populations of *Agrostis capillaris* (Gramineae) on soil with or without heavy metal enrichment. Plant and Soil, 139 (1): 67-73.

Ingham R. 1988. Interactions between nematodes and vesicular-arbuscular mycorrhizae. Agriculture, Ecosystems & Environment, 24 (1): 169-182.

Ipsilantis I, Samourelis C, Karpouzas D G. 2012. The impact of biological pesticides on arbuscular mycorrhizal fungi. Soil Biology & Biochemistry, 45: 147-155.

Jackson N, Miller R, Franklin R. 1973. The influence of vesicular-arbuscular mycorrhizae on uptake of ^{90}Sr from soil by soybeans. Soil Biology & Biochemistry, 5 (2): 205-212.

Jakobsen I, Abbott L, Robson A. 1992a. External hyphae of vesicular-arbuscular mycorrhizal fungi associated with *Trifolium subterraneum* L. 1. Spread of hyphae and phosphorus inflow into roots. New Phytologist, 120 (3): 371-380.

Jakobsen I, Abbott L, Robson A. 1992b. External hyphae of VA mycorrhizal fungi associated with *Trifolium subterraneum* L. 2. Hyphal transport of ^{32}P over defined distances. New Phytologist, 120: 509-516.

Jakobsen I, Gazey C, Abbott L. 2001. Phosphate transport by communities of arbuscular mycorrhizal fungi in intact soil cores. New Phytologist, 149 (1): 95-103.

Jamal A, Ayub N, Usman M, et al. 2002. Arbuscular mycorrhizal fungi enhance zinc and nickel uptake from contaminated soil by soybean and lentil. International Journal of Phytoremediation, 4 (3): 205-221.

Jankong P, Visoottiviseth P. 2008. Effects of arbuscular mycorrhizal inoculation on plants growing on arsenic contaminated soil. Chemosphere, 72 (7): 1092-1097.

Jankong P, Visoottiviseth P, Khokiattiwong S. 2007. Enhanced phytoremediation of arsenic contaminated land. Chemosphere, 68 (10): 1906-1912.

Janouskova M, Pavlikova D, Macek T, et al. 2005a. Arbuscular mycorrhiza decreases cadmium phytoextraction by transgenic tobacco with inserted metallothionein. Plant and Soil, 272 (1-2): 29-40.

Janouskova M, Pavlikova D, Macek T, et al. 2005b. Influence of arbuscular mycorrhiza on the growth and cadmium uptake of tobacco with inserted metallothionein gene. Applied Soil Ecology, 29 (3): 209-214.

Janouskova M, Pavlikova D, Vosatka M. 2006. Potential contribution of arbuscular mycorrhiza to cadmium immobilisation in soil. Chemosphere, 65 (11): 1959-1965.

Janouskova M, Pavlikova D. 2010. Cadmium immobilization in the rhizosphere of arbuscular mycorrhizal plants by the fungal extraradical mycelium. Plant and Soil, 332 (1-2): 511-520.

Janouskova M, Vosatka M, Rossi L, et al. 2007. Effects of arbuscular mycorrhizal inoculation on cadmium accumulation by different tobacco (*Nicotiana tabacum* L.) types. Applied Soil Ecology, 35 (3): 502-510.

Janouskova M, Vosatka M. 2005. Response to cadmium of *Daucus carota* hairy roots dual cultures with *Glomus intraradices* or *Gigaspora margarita*. Mycorrhiza, 15 (3): 217-224.

Janse J M. 1897. Les endophytes radicaux de quelques plantes Javanaises. Ann Jardin Bot Buitenzorg, 14: 53-201.

Jeffries P, Gianinazzi S, Perotto S, et al. 2003. The contribution of arbuscular mycorrhizal fungi in sustainable maintenance of plant health and soil fertility. Biology and Fertility of Soils, 37 (1): 1-16.

Jindal V, Atwal A, Sekkhon B S, et al. 1993. Effect of vesicular-arbuscular mycorrhizae on metabolism of moong plants under NaCl salinity. Plant Physiology and Biochemistry, 31 (4): 475-481.

Johansen A, Finlay R D, Olsson P A. 1996. Nitrogen metabolism of external hyphae of the arbuscular mycorrhizal fungus *Glomus intraradices*. New Phytologist, 133 (4): 705-712.

Johnson D, Krsek M, Wellington E M, et al. 2005. Soil invertebrates disrupt carbon flow through fungal networks. Science, 309 (5737): 1047.

Johnson D, Leake J, Read D. 2002. Transfer of recent photosynthate into mycorrhizal mycelium of an upland grassland: short-term respiratory losses and accumulation of ^{14}C. Soil Biology & Biochemistry, 34 (10): 1521-1524.

Johnson D, Maguire K, Anderson D, et al. 2004. Enhanced dissipation of chrysene in planted soil: the impact of a rhizobial inoculum. Soil Biology & Biochemistry, 36 (1): 33-38.

Joner E J, Briones R, Leyval C. 2000. Metal-binding capacity of arbuscular mycorrhizal mycelium. Plant and Soil, 226 (2): 227-234.

Joner E J, Jakobsen I. 1994. Contribution by two arbuscular mycorrhizal fungi to P uptake by cucumber (*Cucumis sativus* L.) from ^{32}P-labelled organic matter during mineralization in soil. Plant and Soil, 163 (2): 203-209.

Joner E J, Johansen A. 2000. Phosphatase activity of external hyphae of two arbuscular mycorrhizal fungi. Mycological Research, 104 (01): 81-86.

Joner E J, Johansen A, Loibner A P, et al. 2001. Rhizosphere effects on microbial community structure and dissipation and toxicity of polycyclic aromatic hydrocarbons (PAHs) in spiked soil. Environmental Science & Technology, 35 (13): 2773-2777.

Joner E J, Leyval C. 1997. Uptake of ^{109}Cd by roots and hyphae of a *Glomus mosseae/Trifolium subterraneum* mycorrhiza from soil amended with high and low concentrations of cadmium. New Phytologist, 135 (2): 353-360.

Joner E J, Leyval C. 2001. Time-course of heavy metal uptake in maize and clover as affected by root density and different mycorrhizal inoculation regimes. Biology and Fertility of Soils, 33 (5): 351-357.

Joner E J, Leyval C. 2003. Phytoremediation of organic pollutants using mycorrhizal plants: a new aspect of rhizosphere interactions. Agronomie, 23 (5-6): 495-502.

Joner E, Corgie S, Amellal N, et al. 2002. Nutritional constraints to degradation of polycyclic aromatic hydrocarbons in a simulated rhizosphere. Soil Biology & Biochemistry, 34 (6): 859-864.

Joner E, Jakobsen I. 1992. Enhanced growth of external VA mycorrhizal hyphae in soil amended with straw. In: Read D J, Lewis D H, Fitter A H, Alexander I J. Mycorrhizas in ecosystems. Wallingford: CABI Publishing.

Joner E, Roos P, Jansa J, et al. 2004. No significant contribution of arbuscular mycorrhizal fungi to transfer of radiocesium from soil to plants. Applied and Environmental Microbiology, 70 (11): 6512-6517.

Jones F R. 1924. A mycorrhizal fungus in the roots of legumes and some other plants. Journal of Agricultural Research, 29: 459-470.

Jonker M T, van der Heijden S A, Kreitinger J P, et al. 2007. Predicting PAH bioaccumulation and toxicity in earthworms exposed to manufactured gas plant soils with solid-phase microextraction. Environmental Science & Technology, 41 (21): 7472-7478.

Jordan R N, Yonge D R, Hathhorn W E. 1997. Enhanced mobility of Pb in the presence of dissolved natural organic matter. Journal of Contaminant Hydrology, 29 (1): 59-80.

Judy J D, Unrine J M, Bertsch P M. 2010. Evidence for biomagnification of gold nanoparticles within a terrestrial food chain. Environmental Science & Technology, 45 (2): 776-781.

Jurkiewicz A, Orlowska E, Anielska T, et al. 2004. The influence of mycorrhiza and EDTA application on heavy metal uptake by different maize varieties. Acta Biologica Cracoviensia Series Botanica, 46: 7-18.

Juwarkar A A, Singh S K. 2010. Microbe-assisted phytoremediation approach for ecological restoration of zinc mine spoil dump. International Journal of Environment and Pollution, 43 (1): 236-250.

Kästner M, Mahro B. 1996. Microbial degradation of polycyclic aromatic hydrocarbons in soils affected by the organic matrix of compost. Applied Microbiology and Biotechnology, 44 (5): 668-675.

Kacprzak M, Fijalkowski K. 2009. Mycorrhiza and sewage sludge effect on biomass of sunflower and willow during phytoremediation of degraded terrains within zinc foundry zone. Environment Protection Engineering, 35 (2): 181-186.

Kaldorf M, Kuhn A J, Schroder W H, et al. 1999. Selective element deposits in maize colonized by a heavy metal tolerance conferring arbuscular mycorrhizal fungus. Journal of Plant Physiology, 154 (5-6): 718-728.

Kangwankraiphaisan T, Suntornvongsagul K. 2013. Cu accumulation in the rhizosphere of *Lindenbergia philippensis* (Cham.) Benth. growing in the contaminated sediment. Journal of Applied Sciences, 13 (5): 743-748.

Kapoor R, Bhatnagar A K. 2007. Attenuation of cadmium toxicity in mycorrhizal celery (*Apium graveolens* L.). World Journal of Microbiology & Biotechnology, 23 (8): 1083-1089.

Karagiannidis N, Bletsos F, Stavropoulos N. 2002. Effect of *Verticillium* wilt (*Verticillium dahliae* Kleb.) and mycorrhiza (*Glomus mosseae*) on root colonization, growth and nutrient uptake in tomato and eggplant seedlings. Scientia Horticulturae, 94 (1): 145-156.

Karagiannidis N, Nikolaou N, Mattheou A. 1995. Influence of 3 VA-mycorrhiza species on the growth and nutrient-uptake of 3 grapevine rootstocks and one table grape cultivar. Vitis, 34 (2): 85-89.

Karn B, Kuiken T, Otto M. 2009. Nanotechnology and in situ remediation: a review of the benefits and potential risks. Environmental Health Perspectives, 117 (12): 1813-1831.

Kaushik R, Gupta V, Singh J. 1993. Distribution of zinc, cadmium, and copper forms in soils as influenced by phosphorus application. Arid Land Research and Management, 7 (2): 163-171.

Kelley B, Tuovinen O. 1988. Microbiological oxidations of minerals in mine tailings. In: Solomons W, Foerstner U. Chemistry and biology of solid waste. Heidberg: Springer.

Kelly C, Morton J, Cumming J. 2005. Variation in aluminum resistance among arbuscular mycorrhizal fungi. Mycorrhiza, 15 (3): 193-201.

Ker K, Charest C. 2010. Nickel remediation by AM-colonized sunflower. Mycorrhiza, 20 (6): 399-406.

Khade S W, Alok A. 2008. Incidence of *Glomus claroideum* Schenck and Smith Emend. Walker and Vestberg in *Sorghum bicolor* L. from metal contaminated soils adjoining Kanpur Tanneries, Uttar Pradesh. Mycorrhiza News, 20 (1): 8-11.

Khade S W, Alok A. 2009. Arbuscular mycorrhizal association in plants growing on metal-contaminated and noncontaminated soils adjoining Kanpur Tanneries, Uttar Pradesh, India. Water, Air, & Soil Pollution, 202 (1/4): 45-56.

Khan A G. 2001. Relationships between chromium biomagnification ratio, accumulation factor, and mycorrhizae in plants growing on tannery effluent-polluted soil. Environment International, 26 (5-6): 417-423.

Khan A G. 2003. Vetiver grass as an ideal phytosymbiont for glomalian fungi for ecological restoration of heavy metal contaminated derelict land. Proceedings of the 3rd International Conference on Vetiver and Exhibition.

Khan A G. 2006. Mycorrhizoremediation--an enhanced form of phytoremediation. Journal of Zhejiang University (Science B), 7 (7): 503-514.

Khan A, Kuek C, Chaudhry T, et al. 2000. Role of plants, mycorrhizae and phytochelators in heavy metal contaminated land remediation. Chemosphere, 41 (1): 197-207.

Khorrami Vafa M, Shokri K, Sayyadian K, et al. 2012. Contribution of microbial associations to the cadmium uptake by peppermint (*Mentha piperita*). Annals of Biological Research, 3 (5): 2325-2329.

Killham K, Firestone M K. 1983. Vesicular arbuscular mycorrhizal mediation of grass response to acidic and heavy-metal depositions. Plant and Soil, 72 (1): 39-48.

Kirk J L, Moutoglis P, Klironomos J, et al. 2005. Toxicity of diesel fuel to germination, growth and colonization of *Glomus intraradices* in soil and *in vitro* transformed carrot root cultures. Plant and Soil, 270 (1): 23-30.

Kivlin S N, Hawkes C V, Treseder K K. 2011. Global diversity and distribution of arbuscular mycorrhizal fungi. Soil Biology & Biochemistry, 43 (11): 2294-2303.

Klironomos J, Ursic M. 1998. Density-dependent grazing on the extraradical hyphal network of the arbuscular mycorrhizal fungus, *Glomus intraradices*, by the collembolan, *Folsomia candida*. Biology and Fertility of Soils, 26 (3): 250-253.

Klugh K R, Cumming J R. 2007. Variations in organic acid exudation and aluminum resistance among arbuscular mycorrhizal species colonizing *Liriodendron tulipifera*. Tree Physiology, 27 (8): 1103-1112.

Klugh-Stewart K, Cumming J R. 2009. Organic acid exudation by mycorrhizal *Andropogon virginicus* L. (broomsedge) roots in response to aluminum. Soil Biology & Biochemistry, 41 (2): 367-373.

Knox O, Nehl D, Mor T, et al. 2008. Genetically modified cotton has no effect on arbuscular mycorrhizal colonisation of roots. Field Crops Research, 109 (1): 57-60.

Knudson J A, Meikle T, DeLuca T H. 2003. Role of mycorrhizal fungi and phosphorus in the arsenic tolerance of basin wildrye. Journal of Environmental Quality, 32 (6): 2001-2006.

Koide R, Kabir Z. 2000. Extraradical hyphae of the mycorrhizal fungus *Glomus intraradices* can hydrolyse organic phosphate. New Phytologist, 148 (3): 511-517.

Koomen I, McGrath S P, Giller K E. 1990. Mycorrhizal infection of clover is delayed in soils contaminated with heavy-metals from past sewage-sludge applications. Soil Biology & Biochemistry, 22 (6): 871-873.

Kothari S, Marschner H, George E. 1990a. Effect of VA mycorrhizal fungi and rhizosphere microorganisms on root and shoot morphology, growth and water relations in maize. New Phytologist, 116 (2): 303-311.

Kothari S, Marschner H, Römheld V. 1990b. Direct and indirect effects of VA mycorrhizal fungi and rhizosphere microorganisms on acquisition of mineral nutrients by maize (*Zea mays* L.) in a calcareous soil. New Phytologist, 116 (4): 637-645.

Kothari S, Marschner H, Römheld V. 1991a. Contribution of the VA mycorrhizal hyphae in acquisition of phosphorus and zinc by maize grown in a calcareous soil. Plant and Soil, 131 (2): 177-185.

Kothari S, Marschner H, Römheld V. 1991b. Effect of a vesicular-arbuscular mycorrhizal fungus and rhizosphere micro-organisms on manganese reduction in the rhizosphere and manganese concentrations in maize (*Zea mays* L.). New Phytologist, 117 (4): 649-655.

Kumari M, Khan S S, Pakrashi S, et al. 2011. Cytogenetic and genotoxic effects of zinc oxide nanoparticles on root cells of *Allium cepa*. Journal of Hazardous Materials, 190 (1): 613-621.

Lagrange A, Ducousso M, Jourand P, et al. 2011. New insights into the mycorrhizal status of Cyperaceae from ultramafic soils in New Caledonia. Canadian Journal of Microbiology, 57 (1): 21-28.

Laheurte F, Leyval C, Berthelin J. 1990. Root exudates of maize, pine and beech seedlings influenced by mycorrhizal and bacterial inoculation. Symbiosis, 9 (1-3): 111-116.

Lai H Y, Chen Z S. 2004. Effects of EDTA on solubility of cadmium, zinc, and lead and their uptake by rainbow pink and vetiver grass. Chemosphere, 55 (3): 421-430.

Lambert D, Baker D E, Cole H. 1979. The role of mycorrhizae in the interactions of phosphorus with zinc, copper, and other elements. Soil Science Society of America Journal, 43 (5): 976-980.

Lanfranco L, Bolchi A, Ros E C, et al. 2002. Differential expression of a metallothionein gene during the presymbiotic versus the symbiotic phase of an arbuscular mycorrhizal fungus. Plant Physiology, 130 (1): 58-67.

Lanfranco L, Novero M, Bonfante P. 2005. The mycorrhizal fungus *Gigaspora margarita* possesses a CuZn superoxide dismutase that is up-regulated during symbiosis with legume hosts. Plant Physiology, 137 (4): 1319-1330.

Langer I, Syafruddin S, Steinkellner S, et al. 2010. Plant growth and root morphology of *Phaseolus vulgaris* L. grown in a split-root system is affected by heterogeneity of crude oil pollution and mycorrhizal colonization. Plant and Soil, 332 (1-2): 339-355.

Larsen E H, Lobinski R, Burger-Meÿer K, et al. 2006. Uptake and speciation of selenium in garlic cultivated in soil amended with symbiotic fungi (mycorrhiza) and selenate. Analytical and Bioanalytical Chemistry, 385 (6): 1098-1108.

Larsen J, Jakobsen I. 1996a. Effects of a mycophagous Collembola on the symbioses between *Trifolium subterraneum* and three arbuscular mycorrhizal fungi. New Phytologist, 133 (2): 295-302.

Larsen J, Jakobsen I. 1996b. Interactions between a mycophagous Collembola, dry yeast and the external mycelium of an arbuscular mycorrhizal fungus. Mycorrhiza, 6 (4): 259-264.

Latef A A. 2013. Growth and some physiological activities of pepper (*Capsicum annuum* L.) in response to cadmium stress and mycorrhizal symbiosis. Journal of Agricultural Science and Technology, 15: 1437-1448.

Lee C W, Mahendra S, Zodrow K, et al. 2010. Developmental phytotoxicity of metal oxide nanoparticles to *Arabidopsis thaliana*. Environmental Toxicology and Chemistry, 29 (3): 669-675.

Lee K E. 1985. Earthworms: their ecology and relationships with soils and land use. Washington: Academic Press Inc.

Lee Y J, George E. 2005. Contribution of mycorrhizal hyphae to the uptake of metal cations by cucumber plants at two levels of phosphorus supply. Plant and Soil, 278 (1-2): 361-370.

Lerch K. 1980. Copper metallothionein, a copper-binding protein from *Neurospora crassa*. Nature, 284 (5754): 368-370.

Leung H M, Leung A O W, Ye Z H, et al. 2013. Mixed arbuscular mycorrhizal (AM) fungal application to improve growth and arsenic accumulation of *Pteris vittata* (As hyperaccumulator) grown in As-contaminated soil. Chemosphere, 92 (10): 1367-1374.

Leung H M, Wu F Y, Cheung K C, et al. 2010b. The effect of arbuscular mycorrhizal fungi and phosphate amendement on arsenic uptake, accumulation and growth of *Pteris vittata* in As-contaminated soil. International Journal of Phytoremediation, 12 (4): 384-403.

Leung H M, Ye Z H, Wong M H. 2006. Interactions of mycorrhizal fungi with *Pteris vittata* (As hyperaccumulator) in As-contaminated soils. Environmental Pollution, 139 (1): 1-8.

Leung H M, Ye Z H, Wong M H. 2007. Survival strategies of plants associated with arbuscular mycorrhizal fungi on toxic mine tailings. Chemosphere, 66 (5): 905-915.

Leung H, Wu F, Cheung K, et al. 2010a. Synergistic effects of arbuscular mycorrhizal fungi and phosphate rock on heavy metal uptake and accumulation by an arsenic hyperaccumulator. Journal of Hazardous Materials, 181 (1): 497-507.

Levard C m, Hotze E M, Lowry G V, et al. 2012. Environmental transformations of silver nanoparticles: impact on stability and toxicity. Environmental Science & Technology, 46 (13): 6900-6914.

Leyval C, Binet P. 1998. Effect of polyaromatic hydrocarbons in soil on arbuscular mycorrhizal plants.

Journal of Environmental Quality, 27 (2): 402-407.

Leyval C, Joner E J, Gobran G, et al. 2001. Bioavailability of heavy metals in the mycorrhizosphere. In: Gobran G R, Wenzel WW, Enzo Lombi E. Trace elements in the rhizosphere. Florida: CRC Press.

Leyval C, Singh B R, Joner E J. 1995. Occurrence and infectivity of arbuscular mycorrhizal fungi in some norwegian soils influenced by heavy-metals and soil properties. Water, Air, & Soil Pollution, 84 (3-4): 203-216.

Leyval C, Turnau K, Haselwandter K. 1997. Effect of heavy metal pollution on mycorrhizal colonization and function: physiological, ecological and applied aspects. Mycorrhiza, 7 (3): 139-153.

Li H Y, Liu R J, Shu H. 2005. *Chibl* and *PAL*5 directly involved in the defense responses induced by the arbuscular mycorrhizal fungus *Glomus fasciculatus* against nematode. Mycosystema, 24 (3): 385-393.

Li H, Wu C, Ye Z H, et al. 2011a. Uptake kinetics of different arsenic species in lowland and upland rice colonized with *Glomus intraradices*. Journal of Hazardous Materials, 194: 414-421.

Li H, Ye Z H, Chan W F, et al. 2011b. Can arbuscular mycorrhizal fungi improve grain yield, As uptake and tolerance of rice grown under aerobic conditions? Environmental Pollution, 159 (10): 2537-2545.

Li T, Hu Y J, Hao Z P, et al. 2013. First cloning and characterization of two functional aquaporin genes from an arbuscular mycorrhizal fungus *Glomus intraradices*. New Phytologist, 197 (2): 617-630.

Li X L, George E, Marschner H. 1991a. Extension of the phosphorus depletion zone in VA-mycorrhizal white clover in a calcareous soil. Plant and Soil, 136 (1): 41-48.

Li X L, George E, Marschner H. 1991c. Phosphorus depletion and pH decrease at the root-soil and hyphae-soil interfaces of VA mycorrhizal white clover fertilized with ammonium. New Phytologist, 119 (3): 397-404.

Li X L, Marschner H, George E. 1991b. Acquisition of phosphorus and copper by VA-mycorrhizal hyphae and root-to-shoot transport in white clover. Plant and Soil, 136 (1): 49-57.

Li X L, Zhang J L, George E, et al. 1997. Phosphorus acquisition from compacted soil by hyphae of a mycorrhizal fungus associated with red clover (*Trifolium pratense*). Canadian Journal of Botany, 75 (5): 723-729.

Li X, Christie P. 2001. Changes in soil solution Zn and pH and uptake of Zn by arbuscular mycorrhizal red clover in Zn-contaminated soil. Chemosphere, 42 (2): 201-207.

Li Y, Peng J, Shi P, et al. 2009. The effect of Cd on mycorrhizal development and enzyme activity of *Glomus mosseae* and *Glomus intraradices* in *Astragalus sinicus* L. Chemosphere, 75 (7): 894-899.

Liang C, Li T, Xiao Y, et al. 2009. Effects of inoculation with arbuscular mycorrhizal fungi on maize grown in multi-metal contaminated soils. International Journal of Phytoremediation, 11 (8): 692-703.

Liao J P, Lin X G, Cao Z H, et al. 2003. Interactions between arbuscular mycorrhizae and heavy metals under sand culture experiment. Chemosphere, 50 (6): 847-853.

Lin A J, Zhang X H, Wong M H, et al. 2007. Increase of multi-metal tolerance of three leguminous plants by arbuscular mycorrhizal fungi colonization. Environmental Geochemistry and Health, 29 (6): 473-481.

Lin D, Xing B. 2007. Phytotoxicity of nanoparticles: inhibition of seed germination and root growth. Environmental Pollution, 150 (2): 243-250.

Lin D, Xing B. 2008. Root uptake and phytotoxicity of ZnO nanoparticles. Environmental Science & Technology, 42 (15): 5580-5585.

Lin X, Wang S, Shi Y. 2001. Tolerance of VA mycorrhizal fungi to soil acidity. Pedosphere, 11 (2): 105-113.

Linderman R G. 1992. Vesicular-arbuscular mycorrhizae and soil microbial interactions. In: Bethlenfalvay G J, Linderman R G. Mycorrhizae in sustainable agriculture. Madison: ASA Spec Publ: 45-70.

Linderman R. 1988. Mycorrhizal interactions with the rhizosphere microflora: the mycorrhizosphere effect. Phytopathology, 78 (3): 366-371.

Lingua G, Bona E, Todeschini V, et al. 2012. Effects of heavy metals and arbuscular mycorrhiza on the leaf proteome of a selected poplar clone: A time course analysis. PLoS ONE, 7 (6): e38662.

Lingua G, Franchin C, Todeschini V, et al. 2008. Arbuscular mycorrhizal fungi differentially affect the response to high zinc concentrations of two registered poplar clones. Environmental Pollution, 153 (1): 137-147.

Link H F. 1809. Observations in ordine plantarum naturales. Ges Naturforsch Freunde Berl Mag, 3: 3-42.

Lins C E L, Cavalcante U M T, Sampaio E, et al. 2006. Growth of mycorrhized seedlings of *Leucaena leucocephala* (Lam.) de Wit. in a copper contaminated soil. Applied Soil Ecology, 31 (3): 181-185.

Lioi L, Giovannetti M. 1989. Vesicular-arbuscular mycorrhizae and species of the Endogonaceae in an Italian serpentine soil. Giornale Botanico Italiano, 123 (1-2): 1-8.

Liu A, Dalpé Y. 2009. Reduction in soil polycyclic aromatic hydrocarbons by arbuscular mycorrhizal leek plants. International Journal of Phytoremediation, 11 (1): 39-52.

Liu A, Hamel C, Hamilton R I, et al. 2000. Acquisition of Cu, Zn, Mn and Fe by mycorrhizal maize (*Zea mays* L.) grown in soil at different P and micronutrient levels. Mycorrhiza, 9 (6): 331-336.

Liu J, Maldonado-Mendoza I, Lopez-Meyer M, et al. 2007. Arbuscular mycorrhizal symbiosis is accompanied by local and systemic alterations in gene expression and an increase in disease resistance in the shoots. The Plant Journal, 50 (3): 529-544.

Liu L Z, Gong Z Q, Zhang Y L, et al. 2011. Growth, cadmium accumulation and physiology of marigold (*Tagetes erecta* L.) as affected by arbuscular mycorrhizal fungi. Pedosphere, 21 (3): 319-327.

Liu L Z, Gong Z Q, Zhang Y L, et al. 2012. Arbusular mycorrhizal fungi effects of the growth, Cd uptake and physiology of *Solanum lycopersicum* seedlings under Cd stress. Advanced Materials Research, 518: 4994-4999.

Liu R J, Li H F, Shen C Y, et al. 1995. Detection of pathogenesis-related proteins in cotton plants. Physiological and Molecular Plant Pathology, 47 (6): 357-363.

Liu S, Luo Y, Cao Z, et al. 2004. Degradation of benzo [α] pyrene in soil with arbuscular mycorrhizal alfalfa. Environmental Geochemistry and Health, 26 (2): 285-293.

Liu W. 2010. Do genetically modified plants impact arbuscular mycorrhizal fungi? Ecotoxicology, 19 (2): 229-238.

Liu Y, Christie P, Zhang J, et al. 2009. Growth and arsenic uptake by Chinese brake fern inoculated with an arbuscular mycorrhizal fungus. Environmental and Experimental Botany, 66 (3): 435-441.

Liu Y, Zhu Y G, Chen B D, et al. 2005a. Influence of the arbuscular mycorrhizal fungus *Glomus mosseae* on uptake of arsenate by the As hyperaccumulator fern *Pteris vittata* L. Mycorrhiza, 15 (3): 187-192.

Liu Y, Zhu Y G, Chen B D, et al. 2005b. Yield and arsenate uptake of arbuscular mycorrhizal tomato colonized by *Glomus mosseae* BEG167 in As spiked soil under glasshouse conditions. Environment International, 31 (6): 867-873.

Lodewyckx C, Mergeay M, Vangronsveld J, et al. 2002. Isolation, characterization, and identification of bacteria associated with the zinc hyperaccumulator *Thlaspi caerulescens* subsp. *calaminaria*. International Journal of Phytoremediation, 4 (2): 101-115.

Long L K, Yao Q, Guo J, et al. 2010. Molecular community analysis of arbuscular mycorrhizal fungi associated with five selected plant species from heavy metal polluted soils. European Journal of Soil Biology, 46 (5): 288-294.

Loth F G, Hofner W. 1995. Influence of VA-mycorrhiza on heavy-metal uptake of oat (*Avena sativa* L.) from soils differing in heavy-metal contamination. Zeitschrift Fur Pflanzenernahrung Und Bodenkunde, 158 (4): 339-345.

Loth-Pereda V, Orsini E, Courty P E, et al. 2011. Structure and expression profile of the phosphate *Pht*1 transporter gene family in mycorrhizal *Populus trichocarpa*. Plant Physiology, 156 (4): 2141-2154.

Lovelock C E, Wright S F, Clark D A, et al. 2004. Soil stocks of glomalin produced by arbuscular mycorrhizal fungi across a tropical rain forest landscape. Journal of Ecology, 92 (2): 278-287.

Lowry G V, Gregory K B, Apte S C, et al. 2012. Transformations of nanomaterials in the environment. Environmental Science & Technology, 46 (13): 6893-6899.

Lucy M, Reed E, Glick B R. 2004. Applications of free living plant growth-promoting rhizobacteria. Antonie van Leeuwenhoek, 86 (1): 1-25.

Lugon-Moulin N, Martin F, Krauss M R, et al. 2006. Cadmium concentration in tobacco (*Nicotiana tabacum* L.) from different countries and its relationship with other elements. Chemosphere, 63 (7): 1074-1086.

Lugon-Moulin N, Zhang M, Gadani F, et al. 2004. Critical review of the scienceand options for reducing cadmium in tobacco (*Nicotiana Tabacum* L.) and other plants. Advances in Agronomy, 83: 111-180.

Lux H B, Cumming J R. 2001. Mycorrhizae confer aluminum resistance to tulip-poplar seedlings. Canadian Journal of Forest Research, 31 (4): 694-702.

López-Pedrosa A, González-Guerrero M, Valderas A, et al. 2006. *GintAMT*1 encodes a functional high-affinity ammonium transporter that is expressed in the extraradical mycelium of *Glomus intraradices*. Fungal Genetics and Biology, 43 (2): 102-110.

Ma B, Gao L, Zhang H, et al. 2012. Aluminum-induced oxidative stress and changes in antioxidant defenses in the roots of rice varieties differing in Al tolerance. Plant Cell Reports, 31 (4): 687-696.

Ma W, Zalec K, Glick B R. 2001. Effects of the bioluminescence-labeling of the soil bacterium *Kluyvera ascorbata* SUD 165/26. FEMS Microbiology Ecology, 35: 137-144.

Ma X, Geiser-Lee J, Deng Y, et al. 2010. Interactions between engineered nanoparticles (ENPs) and plants: phytotoxicity, uptake and accumulation. Science of the Total Environment, 408 (16): 3053-3061.

Ma Y, Dickinson N, Wong M. 2002. Toxicity of Pb/Zn mine tailings to the earthworm *Pheretima* and the effects of burrowing on metal availability. Biology and Fertility of Soils, 36 (1): 79-86.

Ma Y, Dickinson N, Wong M. 2003. Interactions between earthworms, trees, soil nutrition and metal mobility in amended Pb/Zn mine tailings from Guangdong, China. Soil Biology & Biochemistry, 35 (10): 1369-1379.

Ma Y, Dickinson N, Wong M. 2006. Beneficial effects of earthworms and arbuscular mycorrhizal fungi on establishment of leguminous trees on Pb/Zn mine tailings. Soil Biology & Biochemistry, 38 (6): 1403-1412.

Ma Y, Prasad M, Rajkumar M, et al. 2011. Plant growth promoting rhizobacteria and endophytes accelerate phytoremediation of metalliferous soils. Biotechnology Advances, 29 (2): 248-258.

Malachowska-Jutsz A, Kalka J. 2010. Influence of mycorrhizal fungi on remediation of soil contaminated by petroleum hydrocarbons. Fresenius Environmental Bulletin, 19 (12): 3217-3223.

Madejón E, Doronila A, Madejón P, et al. 2012. Biosolids, mycorrhizal fungi and eucalypts for phytostabilization of arsenical sulphidic mine tailings. Agroforestry Systems, 84 (3): 389-399.

Maeda D, Ashida K, Iguchi K, et al. 2006. Knockdown of an arbuscular mycorrhiza-inducible phosphate transporter gene of *Lotus japonicus* suppresses mutualistic symbiosis. Plant and Cell Physiology, 47 (7): 807-817.

Magurran A E. 1988. Ecological diversity and its measurement. Heidberg: Springer.

Mahesh V, Selvaraj T. 2007. Occurrence and distribution of arbuscular mycorrhizal fungi in banana rhizosphere soils polluted with industrial effluents. Journal of Ecobiology, 20 (3): 219.

Makarian H, Poozesh V, Asghari H R. 2013. Effect of arbuscular mycorrhizal fungi on plant growth under soil applied herbicide. International Journal of Agronomy and Plant Production, 4 (9): 2158-2165.

Maki T, Nomachi M, Yoshida S, et al. 2008. Plant symbiotic microorganisms in acid sulfate soil: significance in the growth of pioneer plants. Plant and Soil, 310 (1-2): 55-65.

Malcová R, Gryndler M, Hršelová H, et al. 2002a. The effect of fulvic acids on the toxicity of lead and manganese to arbuscular mycorrhizal fungus *Glomus intraradices*. Folia Microbiologica, 47 (5): 521-526.

Malcová R, Gryndler M. 2003. Amelioration of Pb and Mn toxicity to arbuscular mycorrhizal fungus *Glomus intraradices* by maize root exudates. Biologia Plantarum, 47 (2): 297-299.

Malcová R, Gryndler M, Vosátka M. 2002b. Magnesium ions alleviate the negative effect of manganese on *Glomus claroideum* BEG23. Mycorrhiza, 12 (3): 125-129.

Malcová R, Rydlova J, Vosatka M. 2003a. Metal-free cultivation of *Glomus* sp. BEG 140 isolated from Mn-contaminated soil reduces tolerance to Mn. Mycorrhiza, 13 (3): 151-157.

Malcová R, Vosatka M, Gryndler M. 2003b. Effects of inoculation with *Glomus intraradices* on lead uptake by *Zea mays* L. and *Agrostis capillaris* L. Applied Soil Ecology, 23 (1): 55-67.

Malcová R, Vosátka M, Albrechtová J. 1999. Influence of arbuscular mycorrhizal fungi and simulated acid rain on the growth and coexistence of the grasses *Calamagrostis villosa* and *Deschampsia flexuosa*. Plant and Soil, 207 (1): 45-57.

Maldonado-Mendoza I E, Dewbre G R, Harrison M J. 2001. A phosphate transporter gene from the extra-radical mycelium of an arbuscular mycorrhizal fungus *Glomus intraradices* is regulated in response to phosphate in the environment. Molecular Plant-Microbe Interactions, 14 (10): 1140-1148.

Malekzadeh E, Alikhani H, Savaghebi-Firoozabadi G, et al. 2011. Influence of arbuscular mycorrhizal fungi and an improving growth bacterium on Cd uptake and maize growth in Cd-polluted soils. Spanish Journal of Agricultural Research, 9 (4): 1213-1223.

Malekzadeh E, Alikhani H, Savaghebi-Firoozabadi G, et al. 2012. Bioremediation of cadmium-contaminated soil through cultivation of maize inoculated with plant growth-promoting rhizobacteria. Bioremediation Journal, 16 (4): 204-211.

Manceau A, Nagy K L, Marcus M A, et al. 2008. Formation of metallic copper nanoparticles at the soil-root interface. Environmental Science & Technology, 42 (5): 1766-1772.

Mandal D, Panja B N, Sengupta A, et al. 2007. Abuscular mycorrhizal status of plants grown on Kolkata Municipal waste and sewage amended agricultural soil. Journal of Interacademicia, 11 (4): 432-439.

Mar Vázquez M, César S, Azcón R, et al. 2000. Interactions between arbuscular mycorrhizal fungi and other microbial inoculants (*Azospirillum*, *Pseudomonas*, *Trichoderma*) and their effects on microbial population and enzyme activities in the rhizosphere of maize plants. Applied Soil Ecology, 15 (3): 261-272.

Marambio-Jones C, Hoek E M. 2010. A review of the antibacterial effects of silver nanomaterials and potential implications for human health and the environment. Journal of Nanoparticle Research, 12 (5): 1531-1551.

Marques A P G C, Oliveira R S, Rangel A O S S, et al. 2006. Zinc accumulation in *Solanum nigrum* is enhanced by different arbuscular mycorrhizal fungi. Chemosphere, 65 (7): 1256-1263.

Marques A P G C, Oliveira R S, Rangel A O, et al. 2008a. Application of manure and compost to contaminated soils and its effect on zinc accumulation by *Solanum nigrum* inoculated with arbuscular mycorrhizal fungi. Environmental Pollution, 151 (3): 608-620.

Marques A P G C, Oliveira R S, Samardjieva K A, et al. 2007. *Solanum nigrum* grown in contaminated soil: Effect of arbuscular mycorrhizal fungi on zinc accumulation and histolocalisation. Environmental Pollution, 145 (3): 691-699.

Marques A P G C, Oliveira R S, Samardjieva K A, et al. 2008b. EDDS and EDTA-enhanced zinc accumulation by *Solanum nigrum* inoculated with arbuscular mycorrhizal fungi grown in contaminated soil. Chemosphere, 70 (6): 1002-1014.

Marques A P G C, Rangel A O, Castro P M. 2009. Remediation of heavy metal contaminated soils: phytoremediation as a potentially promising clean-up technology. Critical Reviews in Environmental Science and Technology, 39 (8): 622-654.

Marshall M J, Beliaev A S, Dohnalkova A C, et al. 2006. c-Type cytochrome-dependent formation of U (IV) nanoparticles by Shewanella oneidensis. PLoS Biology, 4 (8): e268.

Matschullat J. 2000. Arsenic in the geosphere—a review. Science of the Total Environment, 249 (1): 297-312.

Maynard A, Aitken R J, Butz T, et al. 2006. Safe handling of nanotechnology. Nature, 444 (7117): 267.

McGee P. 1987. Alteration of growth of *Solanum opacum* and *Plantago drummondii* and inhibition of regrowth of hyphae of vesicular-arbuscular mycorrhizal fungi from dried root pieces by manganese. Plant and Soil, 101 (2): 227-233.

McGonigle T, Miller M, Evans D, et al. 1990. A new method which gives an objective measure of colonization of roots by vesicular-arbuscular mycorrhizal fungi. New Phytologist, 115 (3): 495-501.

McGrath S P, Zhao F J. 2003. Phytoextraction of metals and metalloids from contaminated soils. Current Opinion in Biotechnology, 14 (3): 277-282.

McGrath S, Zhao F, Lombi E. 2001. Plant and rhizosphere processes involved in phytoremediation of metal-contaminated soils. Plant and Soil, 232 (1-2): 207-214.

McGraw A C, Gamble J F, Schenck N C. 1979. Vesicular-arbuscular mycorrhizal uptake of cesium- 134 in two tropical pasture grass species. Phytopathology, 69: 1038-1041.

Medeiros C, Clark R, Ellis J. 1994. Effects of excess aluminum on mineral uptake in mycorrhizal sorghum. Journal of Plant Nutrition, 17 (8): 1399-1416.

Medina A, Vassilev N, Azcon R. 2010. The interactive effect of an AM fungus and an organic amendment with regard to improving inoculum potential and the growth and nutrition of *Trifolium repens* in Cd-contaminated soils. Applied Soil Ecology, 44 (2): 181-189.

Medina A, Vassilev N, Barea J, et al. 2005. Application of *Aspergillus niger*-treated agrowaste residue and *Glomus mosseae* for improving growth and nutrition of *Trifolium repens* in a Cd-contaminated soil. Journal of Biotechnology, 116 (4): 369-378.

Meding S, Zasoski R. 2008. Hyphal-mediated transfer of nitrate, arsenic, cesium, rubidium, and strontium between arbuscular mycorrhizal forbs and grasses from a California oak woodland. Soil Biology & Biochemistry, 40 (1): 126-134.

Meharg A A, Cairney J W G. 2000. Co-evolution of mycorrhizal symbionts and their hosts to metal-contaminated environments. Advances in Ecological Research, 30: 69-112.

Meharg A A, Hartley-Whitaker J. 2002. Arsenic uptake and metabolism in arsenic resistant and nonresistant plant species. New Phytologist, 154 (1): 29-43.

Meharg A, Bailey J, Breadmore K, et al. 1994. Biomass allocation, phosphorus nutrition and vesicular-arbuscular mycorrhizal infection in clones of Yorkshire Fog, *Holcus lanatus* L. (Poaceae) that differ in their phosphate uptake kinetics and tolerance to arsenate. Plant and Soil, 160 (1): 11-20.

Meharg A, Macnair M. 1992. Suppression of the high affinity phosphate uptake system: a mechanism of arsenate tolerance in *Holcus lanatus* L. Journal of Experimental Botany, 43 (4): 519-524.

Mehrotra V. 1998. Arbuscular mycorrhizal associations of plants colonizing coal mine spoil in India. The Journal of Agricultural Science, 130 (2): 125-133.

Meier S, Azcon R, Cartes P, et al. 2011. Alleviation of Cu toxicity in *Oenothera picensis* by copper-adapted arbuscular mycorrhizal fungi and treated agrowaste residue. Applied Soil Ecology, 48 (2): 117-124.

Meier S, Borie F, Curaqueo G, et al. 2012. Effects of arbuscular mycorrhizal inoculation on metallophyte and agricultural plants growing at increasing copper levels. Applied Soil Ecology, 61: 280-287.

Mendoza J, Borie F. 1998. Effect of *Glomus etunicatum* inoculation on aluminum, phosphorus, calcium, and magnesium uptake of two barley genotypes with different aluminum tolerance. Communications in Soil Science and Plant Analysis, 29 (5-6): 681-695.

Menendez A, Martínez A, Chiocchio V, et al. 2010. Influence of the insecticide dimethoate on arbuscular mycorrhizal colonization and growth in soybean plants. International Microbiology, 2 (1): 43-45.

Meyer J R, Linderman R. 1986a. Response of subterranean clover to dual inoculation with vesicular-arbuscular mycorrhizal fungi and a plant growth-promoting bacterium, *Pseudomonas putida*. Soil Biology & Biochemistry, 18 (2): 185-190.

Meyer J R, Linderman R. 1986b. Selective influence on populations of rhizosphere or rhizoplane bacteria and actinomycetes by mycorrhizas formed by *Glomus fasciculatum*. Soil Biology & Biochemistry, 18 (2): 191-196.

Miller R, Jastrow J, Reinhardt D. 1995. External hyphal production of vesicular-arbuscular mycorrhizal fungi in pasture and tallgrass prairie communities. Oecologia, 103 (1): 17-23.

Minerdi D, Fani R, Gallo R, et al. 2001. Nitrogen fixation genes in an endosymbiotic *Burkholderia* strain. Applied and Environmental Microbiology, 67 (2): 725-732.

Miransari M. 2010. Contribution of arbuscular mycorrhizal symbiosis to plant growth under different types of soil stress. Plant Biology, 12 (4): 563-569.

Miransari M. 2013. Arbuscular mycorrhizal fungi and uptake of nutrients. *In*: Aroca R. Symbiotic Endophytes, Soil Biology. Heidberg: Springer.

Miransari M, Maleki T G, Besahrati H, et al. 2013. Using *Pseudomonas* spp. and arbuscular mycorrhizal fungi to alleviate the stress of zinc pollution by corn (*Zea Mays* L.) plant. Journal of Plant Nutrition, 36 (13): 2061-2069.

Mohammad A, Mittra B. 2013. Effects of inoculation with stress-adapted arbuscular mycorrhizal fungus *Glomus deserticola* on growth of *Solanum melogena* L. and *Sorghum sudanese* Staph. seedlings under salinity and heavy metal stress conditions. Archives of Agronomy and Soil Science, 59 (2): 173-183.

Mohammad M J, Malkawi H I, Shibli R. 2003. Effects of arbuscular mycorrhizal fungi and phosphorus fertilization on growth and nutrient uptake of barley grown on soils with different levels of salts. Journal of Plant Nutrition, 26 (1): 125-137.

Moore J C, St. John T, Coleman D. 1985. Ingestion of vesicular-arbuscular mycorrhizal hyphae and spores by soil microarthropods. Ecology, 66: 1979-1981.

Morandi D. 1996. Occurrence of phytoalexins and phenolic compounds in endomycorrhizal interactions, and their potential role in biological control. Plant and Soil, 185 (2): 241-251.

Morandi D, Bailey J, Gianinazzi-Pearson V. 1984. Isoflavonoid accumulation in soybean roots infected with vesicular-arbuscular mycorrhizal fungi. Physiological Plant Pathology, 24 (3): 357-364.

Moreau F. 1953. Les champigons tome II. systematique. Encyclopédie Mycologique, 23: 941-2120.

Moreira H, Marques A P G C, Rangel A O S S, et al. 2011. Heavy metal accumulation in plant species indigenous to a contaminated portuguese site: prospects for phytoremediation. Water, Air, & Soil Pollution, 221 (1-4): 377-389.

Moreno J, Garcia C, Hernandez T. 2003. Toxic effect of cadmium and nickel on soil enzymes and the influence of adding sewage sludge. European Journal of Soil Science, 54 (2): 377-386.

Morgan J, Norey C, Morgan A, et al. 1989. A comparison of the cadmium-binding proteins isolated from the posterior alimentary canal of the earthworms *Dendrodrilus rubidus* and *Lumbricus rubellus*. Comparative Biochemistry and Physiology Part C: Comparative Pharmacology, 92 (1): 15-21.

Morton J B, Benny G L. 1990. Revised classification of arbuscular mycorrhizal fungi (Zygomycetes): a new order, Glomales, two new suborders, Glomineae and Gigasporinae, and two families, Acaulosporaceae and Gigasporaceae, with an emendation of Glomaceae. Mycologia, 80: 520-524.

Morton J B, Redecker D. 2001. Two new families of Glomales, Archaeosporaceae and Paraglomaceae, with two new genera *Archaeospora* and *Paraglomus*, based on concordant molecular and morphological characters. Mycologia, 93: 181-195.

Morton J B. 1986. Three new species of *Acaulospora* (Endogonaceae) from high aluminum, low pH soils in West Virginia. Mycologia, 78 (4): 641-648.

Mosse B. 1953. Fructifications associated with mycorrhizal strawberry roots. Nature, 171: 974.

Mosse B. 1956. Fructifications of an *Endogone* species causing endotrophic mycorrhiza in fruit plants. Annals of Botany, 20 (2): 349-362.

Mosse B. 1961. Experimental techniques for obtaining a pure inoculum of an *Endogone* sp., and some observations on the vesicular-arbuscular infections caused by it and other fungi. Recent Advances in Botany, 2: 1728-1732.

Mosse B. 1985. Endotrophic mycorrhiza (1885-1950): the dawn and the middle ages. In: Molina R. Proceedings of the 6th North American conference on mycorrhizae, Forest Research Laboratory. Corvallis: Oregon State University.

Mozafar A, Ruh R, Klingel P, et al. 2002. Effect of heavy metal contaminated shooting range soils on mycorrhizal colonization of roots and metal uptake by leek. Environmental Monitoring and Assessment, 79 (2): 177-191.

Mrnka L, Kuchar M, Cieslarova Z, et al. 2012. Effects of endo- and ectomycorrhizal fungi on physiological parameters and heavy metals accumulation of two species from the family Salicaceae. Water, Air, & Soil Pollution, 223 (1): 399-410.

Mullen M, Wolf D, Beveridge T, et al. 1992. Sorption of heavy metals by the soil fungi *Aspergillus niger* and *Mucor rouxii*. Soil Biology & Biochemistry, 24 (2): 129-135.

Mulligan C, Yong R, Gibbs B. 2001. Remediation technologies for metal-contaminated soils and groundwater: an evaluation. Engineering Geology, 60 (1): 193-207.

Munier-Lamy C, Deneux-Mustin S, Mustin C, et al. 2007. Selenium bioavailability and uptake as affected by four different plants in a loamy clay soil with particular attention to mycorrhizae inoculated ryegrass. Journal of Environmental Radioactivity, 97 (2): 148-158.

Nägeli C. 1842. Pilze im Innern von Zellen. Linnaea, 16: 278-285.

Nagy R, Karandashov V, Chague V, et al. 2005. The characterization of novel mycorrhiza-specific phosphate transporters from Lycopersicon esculentum and *Solanum tuberosum* uncovers functional redundancy in symbiotic phosphate transport in solanaceous species. The Plant Journal, 42 (2): 236-250.

Naik D, Smith E, Cumming J R. 2009. Rhizosphere carbon deposition, oxidative stress and nutritional changes in two poplar species exposed to aluminum. Tree Physiology, 29 (3): 423-436.

Nakatani A S, Mescolotti D L, Nogueira M A, et al. 2011. Dosage-dependent shift in the spore community of arbuscular mycorrhizal fungi following application of tannery sludge. Mycorrhiza, 21 (6): 515-522.

Nasseem M G, Ashour A S, Koreish E A. 2010. The role of arbuscular mycorrhizae in the growth and zinc uptake of wheat plant grown on a calcareous soil contaminated with zinc. Alexandria Journal of Agricultural Research, 55 (1): 111-122.

Navarro E, Baun A, Behra R, et al. 2008. Environmental behavior and ecotoxicity of engineered nanoparticles to algae, plants, and fungi. Ecotoxicology, 17 (5): 372-386.

Nazir A, Firdaus e B. 2011. Synergistic effect of *Glomus fasciculatum* and *Trichoderma pseudokoningii* on *Heliathus annuus* to decontaminate tannery sludge from toxic metals. African Journal of Biotechnology, 10 (22): 4612-4618.

Neagoe A, Iordache V, Bergmann H, et al. 2013. Patterns of effects of arbuscular mycorrhizal fungi on plants grown in contaminated soil. Journal of Plant Nutrition and Soil Science, 176 (2): 273-286.

Nedumpara M, Moorman T, Jayachandran K. 1999. Effect of a vesicular-arbuscular mycorrhizal fungus (*Glomus epigaeus*) on herbicide uptake by roots. Biology and Fertility of Soils, 30 (1-2): 75-82.

Nel A, Xia T, Mädler L, et al. 2006. Toxic potential of materials at the nanolevel. Science, 311 (5761): 622-627.

Nelson S D, Khan S U. 1992. Uptake of atrazine by hyphae of *Glomus* vesicular-arbuscular mycorrhizae and root systems of corn (*Zea mays* L.). Weed Science, 40: 161-170.

Newman E, Heap A J, Lawley R. 1981. Abundance of mycorrhizas and root-surface micro-organisms of *Plantago lanceolata* in relation to soil and vegetation: A multi-variate approach. New Phytologist, 89 (1): 95-108.

Nezami M T, Kalantari M. 2013. Phytoremediation of heavy metals (lead and zinc) by three plant species: grass pea (*Lathyrus sativus*), alfalfa (*Medicago sativa*), and vetch flower cluster (*Vicia villosa*), and the role of mycorrhiza (*Glomus intraradices*). Technical Journal of Engineering and Applied Sciences, 3 (6): 460-464.

Nicolotti G, Egli S. 1998. Soil contamination by crude oil: impact on the mycorrhizosphere and on the revegetation potential of forest trees. Environmental Pollution, 99 (1): 37-43.

Nicolson T H, Gerdemann J W. 1968. Mycorrhizal Endogone species. Mycologia, 60 (2): 313-325.

Nie L, Shah S, Rashid A, et al. 2002. Phytoremediation of arsenate contaminated soil by transgenic canola and the plant growth-promoting bacterium *Enterobacter cloacae* CAL2. Plant Physiology and Biochemistry, 40 (4): 355-361.

Nie M, Wang Y, Yu J, et al. 2011. Understanding plant-microbe interactions for phytoremediation of petroleum-polluted soil. PLoS ONE, 6 (3): e17961.

Nielsen K B, Kjøller R, Olsson P A, et al. 2004. Colonisation and molecular diversity of arbuscular mycorrhizal fungi in the aquatic plants *Littorella uniflora* and *Lobelia dortmanna* in southern Sweden. Mycological Research, 108 (6): 616-625.

Nogales A, Cortes A, Velianos K, et al. 2012. *Plantago lanceolata* growth and Cr uptake after mycorrhizal inoculation in a Cr amended substrate. Agricultural and Food Science, 21 (1): 72-79.

Nogueira M A, Magalhães G C, Cardoso E J. 2004. Manganese toxicity in mycorrhizal and phosphorus-fertilized soybean plants. Journal of Plant Nutrition, 27 (1): 141-156.

Nogueira M, Nehls U, Hampp R, et al. 2007. Mycorrhiza and soil bacteria influence extractable iron and manganese in soil and uptake by soybean. Plant and Soil, 298 (1-2): 273-284.

Nonomura N, Kawada Y, Minamiya Y, et al. 2011. Molecular identification of arbuscular mycorrhizal fungi colonizing *Athyrium yokoscense* of the Ikuno mine site, Japan. Journal of Japanese Botany, 86 (2): 73-81.

Novoa M D, Palma S S, Gaete O H. 2010. Effect of arbuscular mycorrhizal fungi *Glomus* spp. inoculation on alfalfa growth in soils with copper. Chilean Journal of Agricultural Research, 70 (2): 259-265.

Nowak J. 2007. Effects of cadmium and lead concentrations and arbuscular mycorrhiza on growth, flowering and heavy metal accumulation in scarlet sage (*Salvia splendens* Sello 'Torreador'). Acta Agrobotanica, 60 (1): 79-83.

Noyd R K, Pfleger F, Norland M R. 1996. Field responses to added organic matter, arbuscular mycorrhizal fungi, and fertilizer in reclamation of taconite iron ore tailing. Plant and Soil, 179 (1): 89-97.

Nurlaeny N, Marschner H, George E. 1996. Effects of liming and mycorrhizal colonization on soil phosphate depletion and phosphate uptake by maize (*Zea mays* L.) and soybean (*Glycine max* L.) grown in two tropical acid soils. Plant and Soil, 181 (2): 275-285.

O'Connor R J, Li Q, Stephens W E, et al. 2010. Cigarettes sold in China: design, emissions and metals. Tobacco Control, 19 (Suppl 2): i47-i53.

Oehl F, Sieverding E, Ineichen K, et al. 2003. Impact of land use intensity on the species diversity of arbuscular mycorrhizal fungi in agroecosystems of Central Europe. Applied and Environmental Microbiology, 69 (5): 2816-2824.

Oehl F, Sieverding E, Palenzuela J, et al. 2011. Advances in Glomeromycota taxonomy and classification. IMA Fungus: The Global Mycological Journal, 2 (2): 191-199.

Ogiyama S, Suzuki H, Sakamoto K, et al. 2010. Absorption of zinc and copper by maize and sweet potato in an arable field after pig farmyard manure application - contribution of arbuscular mycorrhizal fungi and effects of wood charcoal application. HortResearch, (64): 9-18.

Olsson P, Francis R, Read D, et al. 1998. Growth of arbuscular mycorrhizal mycelium in calcareous dune sand and its interaction with other soil microorganisms as estimated by measurement of specific fatty acids. Plant and Soil, 201 (1): 9-16.

Olusola S, Anslem E. 2010. Bioremediation of a crude oil polluted soil with *PLeurotus pulmonarius* and *Glomus mosseae* using amaranthus hybridus as a test plant. Journal of Bioremediation & Biodegradation, 1 (3): 113.

Omar S. 1998. The role of rock-phosphate-solubilizing fungi and vesicular-arbuscular-mycorrhiza (VAM) in growth of wheat plants fertilized with rock phosphate. World Journal of Microbiology and Biotechnology, 14 (2): 211-218.

Orlowska E, Mesjasz-Przybylowicz J, Przybylowicz W, et al. 2008. Nuclear microprobe studies of elemental distribution in mycorrhizal and non-mycorrhizal roots of Ni-hyperaccumulator *Berkheya coddii*. X-Ray Spectrometry, 37 (2): 129-132.

Orlowska E, Orlowski D, Mesjasz-Przybylowicz J, et al. 2010. Role of mycorrhizal colonization in plant establishment on an alkaline gold mine tailing. International Journal of Phytoremediation, 13 (2): 185-205.

Orlowska E, Godzik B, Turnau K. 2012. Effect of different arbuscular mycorrhizal fungal isolates on growth and arsenic accumulation in *Plantago lanceolata* L. Environmental Pollution, 168: 121-130.

Orlowska E, Jurkiewicz A, Anielska T, et al. 2005a. Influence of different arbuscular mycorrhiza fungal (AMF) strains on heavy metal uptake by *Plantago lanceolata* (Plantaginaceae). Polish Botanical Studies, 19: 65-72.

Orlowska E, Przybylowicz W, Orlowski D, et al. 2011. The effect of mycorrhiza on the growth and elemental composition of Ni-hyperaccumulating plant *Berkheya coddii* Roessler. Environmental Pollution, 159 (12): 3730-3738.

Orlowska E, Przybylowicz W, Orlowski D, et al. 2013. Mycorrhizal colonization affects the elemental distribution in roots of Ni-hyperaccumulator *Berkheya coddii* Roessler. Environmental Pollution, 175: 100-109.

Orlowska E, Zubek S, Jurkiewicz A, et al. 2002. Influence of restoration on arbuscular mycorrhiza of *Biscutella laevigata* L. (Brassicaceae) and *Plantago lanceolata* L. (Plantaginaceae) from calamine spoil mounds. Mycorrhiza, 12 (3): 153-160.

Ortas I, Ortakçi D, Kaya Z, et al. 2002. Mycorrhizal dependency of sour orange in relation to phosphorus and zinc nutrition. Journal of Plant Nutrition, 25 (6): 1263-1279.

Ortega-Larrocea M D P, Xoconostle-Cazares B, Maldonado-Mendoza I E, et al. 2010. Plant and fungal biodiversity from metal mine wastes under remediation at Zimapan, Hidalgo, Mexico. Environmental Pollution, 158 (5): 1922-1931.

Ortega-Larrocea M P, Siebe C, Estrada A, et al. 2007. Mycorrhizal inoculum potential of arbuscular mycorrhizal fungi in soils irrigated with wastewater for various lengths of time, as affected by heavy metals and available P. Applied Soil Ecology, 37 (1-2): 129-138.

Ortowska E, Ryszka P, Jurkiewicz A, et al. 2005b. Effectiveness of arbuscular mycorrhizal fungal (AMF) strains in colonisation of plants involved in phytostabilisation of zinc wastes. Geoderma, 129 (1-2): 92-98.

Oudeh M, Khan M, Scullion J. 2002. Plant accumulation of potentially toxic elements in sewage sludge as affected by soil organic matter level and mycorrhizal fungi. Environmental Pollution, 116 (2): 293-300.

Ouziad F, Hildebrandt U, Schmelzer E, et al. 2005. Differential gene expressions in arbuscular mycorrhizal-colonized tomato grown under heavy metal stress. Journal of Plant Physiology, 162 (6): 634-649.

Pallara G, Todeschini V, Lingua G, et al. 2013. Transcript analysis of stress defence genes in a white poplar clone inoculated with the arbuscular mycorrhizal fungus *Glomus mosseae* and grown on a polluted soil. Plant Physiology and Biochemistry, 63: 131-139.

Parrish Z D, White J C, Isleyen M, et al. 2006. Accumulation of weathered polycyclic aromatic hydrocarbons (PAHs) by plant and earthworm species. Chemosphere, 64 (4): 609-618.

Pasaribu A, Mohamad R, Hashim A, et al. 2013. Effect of herbicide on growth response and phosphorus uptake by host plant in symbiotic association with VA mycorrhiza (*Glomus mosseae*). Journal of Food Agriculture & Environment, 11 (2): 352-357.

Paszkowski U, Kroken S, Roux C, et al. 2002. Rice phosphate transporters include an evolutionarily divergent gene specifically activated in arbuscular mycorrhizal symbiosis. Proceedings of the National Academy of Sciences, 99 (20): 13324-13329.

Patharajan S, Raaman N. 2012. Influence of arbuscular mycorrhizal fungi on growth and selenium uptake by garlic plants. Archives of Phytopathology and Plant Protection, 45 (2): 138-151.

Pattinson G S, Smith S E, Doube B. 1997. Earthworm *Aporrectodea trapezoides* had no effect on the dispersal of a vesicular-arbuscular mycorrhizal fungi, *Glomus intraradices*. Soil Biology & Biochemistry, 29 (7): 1079-1088.

Pawlowska T E, Blaszkowski J, Ruhling A. 1996. The mycorrhizal status of plants colonizing a calamine spoil mound in southern Poland. Mycorrhiza, 6 (6): 499-505.

Pawlowska T E, Chaney R L, Chin L, et al. 2000. Effects of metal phytoextraction practices on the indigenous community of arbuscular mycorrhizal fungi at a metal-contaminated landfill. Applied and Environmental Microbiology, 66 (6): 2526-2530.

Pawlowska T E, Charvat I. 2004. Heavy-metal stress and developmental patterns of arbuscular mycorrhizal fungi. Applied and Environmental Microbiology, 70 (11): 6643-6649.

Perrier N, Amir H, Colin F. 2006. Occurrence of mycorrhizal symbioses in the metal-rich lateritic soils of the Koniambo Massif, New Caledonia. Mycorrhiza, 16 (7): 449-458.

Perry V R, Krogstad E J, El-Mayas H, et al. 2012. Chemically enhanced phytoextraction of lead-contaminated soils. International Journal of Phytoremediation, 14 (7): 703-713.

Peterson R L, Bonfante P. 1994. Comparative structure of vesicular-arbuscular mycorrhizas and ectomycorrhizas. Plant and Soil, 159 (1): 79-88.

Pfeiffer C, Bloss H. 1988. Growth and nutrition of guayule (*Parthenium argentatum*) in a saline soil as influenced by vesicular-arbuscular mycorrhiza and phosphorus fertilization. New Phytologist, 108 (3): 315-321.

Phieler R, Voit A, Kothe E. 2014. Microbially supported phytoremediation of heavy metal contaminated soils: strategies and applications. Advances in Biochemical Engineering Biotechnology, 144: 211-235.

Phillips J M, Hayman D S. 1970. Improved procedures for clearing roots and staining parasitic and vesicular-arbuscular mycorrhizal fungi for rapid assessment of infection. Transactions of the British Mycological Society, 55: 158-161.

Pilon-Smits E, Pilon M. 2002. Phytoremediation of metals using transgenic plants. Critical Reviews in Plant Sciences, 21 (5): 439-456.

Pirozynski K, Dalpé Y. 1989. Geological history of the Glomaceae with particular reference to mycorrhizal symbiosis. Symbiosis, 7: 1-36.

Po C, Cumming J. 1998. Mycorrhizal fungi alter the organic acid exudation profile of red clover rhizospheres. Current Topics in Plant Physiology, 18: 517-519.

Pongrac P, Sonjak S, Vogel-Mikuš K, et al. 2009. Roots of metal hyperaccumulating population of *Thlaspi praecox* (Brassicaceae) harbour arbuscular mycorrhizal and other fungi under experimental conditions. International Journal of Phytoremediation, 11 (4): 347-359.

Pongrac P, Vogel-Mikuš K, Regvar M, et al. 2008. Glucosinolate profiles change during the life cycle and mycorrhizal colonization in a Cd/Zn hyperaccumulator *Thlaspi praecox* (Brassicaceae). Journal of Chemical Ecology, 34 (8): 1038-1044.

Pongrac P, Vogel-Mikus K, Kump P, et al. 2007. Changes in elemental uptake and arbuscular mycorrhizal colonisation during the life cycle of *Thlaspi praecox* Wulfen. Chemosphere, 69 (10): 1602-1609.

Posta K, Marschner H, Römheld V. 1994. Manganese reduction in the rhizosphere of mycorrhizal and nonmycorrhizal maize. Mycorrhiza, 5 (2): 119-124.

Postma J W, Olsson P A, Falkengren-Grerup U. 2007. Root colonisation by arbuscular mycorrhizal, fine endophytic and dark septate fungi across a pH gradient in acid beech forests. Soil Biology & Biochemistry, 39 (2): 400-408.

Priester J H, Ge Y, Mielke R E, et al. 2012. Soybean susceptibility to manufactured nanomaterials with evidence for food quality and soil fertility interruption. Proceedings of the National Academy of Sciences, 109 (37): E2451-E2456.

Punamiya P, Datta R, Sarkar D, et al. 2010. Symbiotic role of *Glomus mosseae* in phytoextraction of lead in vetiver grass *Chrysopogon zizanioides* (L.). Journal of Hazardous Materials, 177 (1-3): 465-474.

Purin S, Rillig M C. 2007. The arbuscular mycorrhizal fungal protein glomalin: Limitations, progress, and a new hypothesis for its function. Pedobiologia, 51 (2): 123-130.

Purin S, Rillig M C. 2008. Immuno-cytolocalization of glomalin in the mycelium of the arbuscular mycorrhizal fungus *Glomus intraradices*. Soil Biology & Biochemistry, 40 (4): 1000-1003.

Pérez-Tienda J, Testillano P S, Balestrini R, et al. 2011. GintAMT2, a new member of the ammonium transporter family in the arbuscular mycorrhizal fungus *Glomus intraradices*. Fungal Genetics and Biology, 48 (11): 1044-1055.

Römkens P, Bouwman L, Japenga J, et al. 2002. Potentials and drawbacks of chelate-enhanced phytoremediation of soils. Environmental Pollution, 116 (1): 109-121.

Rabatin S, Stinner B. 1988. Indirect effects of interactions between VAM fungi and soil-inhabiting invertebrates on plant processes. Agriculture, Ecosystems & Environment, 24 (1): 135-146.

Rabie G. 2005. Influence of arbuscular mycorrhizal fungi and kinetin on the response of mungbean plants to irrigation with seawater. Mycorrhiza, 15 (3): 225-230.

Rahmaty R, Khara J. 2011. Effects of vesicular arbuscular mycorrhiza *Glomus intraradices* on photosynthetic pigments, antioxidant enzymes, lipid peroxidation, and chromium accumulation in maize plants treated with chromium. Turkish Journal of Biology, 35 (1): 51-58.

Rajapaksha R, Amarakoon I. 2011. Response of lettuce and rhizosphere biota to successive additions of zinc and cadmium to a tropical Entisol. Communications in Soil Science and Plant Analysis, 42 (11): 1336-1348.

Raman N, Nagarajan N, Gopinathan S, et al. 1993. Mycorrhizal status of plant species colonizing a magnesite mine spoil in India. Biology and Fertility of Soils, 16 (1): 76-78.

Raman N, Sambandan K. 1998. Distribution of VAM fungi in tannery effluent polluted soils of Tamil Nadu, India. Bulletin of Environmental Contamination and Toxicology, 60 (1): 142-150.

Rao A, Tak R. 2001. Influence of mycorrhizal fungi on the growth of different tree species and their nutrient uptake in gypsum mine spoil in India. Applied Soil Ecology, 17 (3): 279-284.

Rashid A, Ayub N, Ahmad T, et al. 2009. Phytoaccumulation prospects of cadmium and zinc by mycorrhizal plant species growing in industrially polluted soils. Environmental Geochemistry and Health, 31 (1): 91-98.

Rausch C, Daram P, Brunner S, et al. 2001. A phosphate transporter expressed in arbuscule-containing cells in potato. Nature, 414 (6862): 462-470.

Read D. 1998. Biodiversity: plants on the web. Nature, 396 (6706): 22-23.

Redecker D, Morton J B, Bruns T D. 2000. Molecular phylogeny of the arbuscular mycorrhizal fungi *Glomus sinuosum* and *Sclerocystis coremioides*. Mycologia, 92 (2): 282-285.

Redecker D, Schüßler A, Stockinger H, et al. 2013. An evidence-based consensus for the classification of arbuscular mycorrhizal fungi (Glomeromycota). Mycorrhiza, 23 (7): 515-531.

Redon P O, Beguiristain T, Leyval C. 2008. Influence of *Glomus intraradices* on Cd partitioning in a pot experiment with *Medicago truncatula* in four contaminated soils. Soil Biology & Biochemistry, 40 (10): 2710-2712.

Redon P O, Beguiristain T, Leyval C. 2009. Differential effects of AM fungal isolates on *Medicago truncatula* growth and metal uptake in a multimetallic (Cd, Zn, Pb) contaminated agricultural soil. Mycorrhiza, 19 (3): 187-195.

Regvar M, Vogel K, Irgel N, et al. 2003. Colonization of pennycresses (*Thlaspi* spp.) of the Brassicaceae by arbuscular mycorrhizal fungi. Journal of Plant Physiology, 160 (6): 615-626.

Rengel Z. 2002. Genetic control of root exudation. Food Security in Nutrient-Stressed Environments: Exploiting Plants' Genetic Capabilities. Heidberg: Springer.

Renker C, Blanke V, Börstler B, et al. 2004. Diversity of *Cryptococcus* and *Dioszegia* yeasts (Basidiomycota) inhabiting arbuscular mycorrhizal roots or spores. FEMS Yeast Research, 4 (6): 597-603.

Repetto O, Bestel-Corre G, Dumas-Gaudot E, et al. 2003. Targeted proteomics to identify cadmium-induced protein modifications in *Glomus mosseae*-inoculated pea roots. New Phytologist, 157 (3): 555-567.

Ricken B, Hofner W. 1996. Effect of arbuscular mycorrhizal fungi (AMF) on heavy metal tolerance of alfalfa (*Medicago sativa* L.) and oat (*Avena sativa* L.) on a sewage-sludge treated soil. Zeitschrift Fur Pflanzenernahrung Und Bodenkunde, 159 (2): 189-194.

Rico C M, Majumdar S, Duarte-Gardea M, et al. 2011. Interaction of nanoparticles with edible plants and their possible implications in the food chain. Journal of Agricultural and Food Chemistry, 59 (8): 3485-3498.

Rivera-Becerril F, Calantzis C, Turnau K, et al. 2002. Cadmium accumulation and buffering of cadmium-induced stress by arbuscular mycorrhiza in three *Pisum sativum* L. genotypes. Journal of Experimental Botany, 53 (371): 1177-1185.

Rivera-Becerril F, van Tuinen D, Martin-Laurent F, et al. 2005. Molecular changes in *Pisum sativum* L. roots during arbuscular mycorrhiza buffering of cadmium stress. Mycorrhiza, 16 (1): 51-60.

Rogers R, Williams S. 1986. Vesicular-arbuscular mycorrhiza: influence on plant uptake of cesium and cobalt. Soil Biology & Biochemistry, 18 (4): 371-376.

Rohyadi A, Smith F A, Murray R S, et al. 2004. Effects of pH on mycorrhizal colonisation and nutrient uptake in cowpea under conditions that minimise confounding effects of elevated available aluminium. Plant and Soil, 260 (1-2): 283-290.

Rosendahl C, Rosendahl S. 1991. Influence of vesicular-arbuscular mycorrhizal fungi (*Glomus* spp.) on the response of cucumber (*Cucumis sativus* L.) to salt stress. Environmental and Experimental Botany, 31 (3): 313-318.

Rosewarne G M, Barker S J, Smith S E, et al. 1999. A Lycopersicon esculentum phosphate transporter (*LePT1*) involved in phosphorus uptake from a vesicular-arbuscular mycorrhizal fungus. New Phytologist, 144 (3): 507-516.

Rosén K, Weiliang Z, Mårtensson A. 2005. Arbuscular mycorrhizal fungi mediated uptake of ^{137}Cs in leek and ryegrass. Science of the Total Environment, 338 (3): 283-290.

Rouphael Y, Cardarelli M, di Mattia E, et al. 2010. Enhancement of alkalinity tolerance in two cucumber genotypes inoculated with an arbuscular mycorrhizal biofertilizer containing *Glomus intraradices*. Biology and Fertility of Soils, 46 (5): 499-509.

Rubio R, Borie F, Schalchli C, et al. 2002. Plant growth responses in natural acidic soil as affected by arbuscular mycorrhizal inoculation and phosphorus sources. Journal of Plant Nutrition, 25 (7): 1389-1405.

Rufyikiri G, Declerck S, Dufey J, et al. 2000. Arbuscular mycorrhizal fungi might alleviate aluminium toxicity in banana plants. New Phytologist, 148 (2): 343-352.

Rufyikiri G, Declerck S, Thiry Y. 2004a. Comparison of ^{233}U and ^{33}P uptake and translocation by the arbuscular mycorrhizal fungus *Glomus intraradices* in root organ culture conditions. Mycorrhiza, 14 (3): 203-207.

Rufyikiri G, Huysmans L, Wannijn J, et al. 2004b. Arbuscular mycorrhizal fungi can decrease the uptake of uranium by subterranean clover grown at high levels of uranium in soil. Environmental Pollution, 130 (3): 427-436.

Rufyikiri G, Thiry Y, Declerck S. 2003. Contribution of hyphae and roots to uranium uptake and translocation by arbuscular mycorrhizal carrot roots under root-organ culture conditions. New Phytologist, 158 (2): 391-399.

Rufyikiri G, Thiry Y, Wang L, et al. 2002. Uranium uptake and translocation by the arbuscular mycorrhizal fungus, *Glomus intraradices*, under root-organ culture conditions. New Phytologist, 156 (2): 275-281.

Rugh C L, Gragson G M, Meagher R B, et al. 1998a. Toxic mercury reduction and remediation using transgenic plants with a modified bacterial gene. HortScience, 33 (4): 618-621.

Rugh C L, Senecoff J F, Meagher R B, et al. 1998b. Development of transgenic yellow poplar for mercury phytoremediation. Nature Biotechnology, 16 (10): 925-928.

Ruiz-Lozano J M, Collados C, Barea J M, et al. 2001. Cloning of cDNAs encoding SODs from lettuce plants which show differential regulation by arbuscular mycorrhizal symbiosis and by drought stress. Journal of Experimental Botany, 52 (364): 2241-2242.

Ruiz-Lozano J, Azcon R, Gomez M. 1996b. Alleviation of salt stress by arbuscular-mycorrhizal *Glomus* species in *Lactuca sativa* plants. Physiologia Plantarum, 98 (4): 767-772.

Ruiz-Lozano J, Azcón R, Palma J. 1996a. Superoxide dismutase activity in arbuscular mycorrhizal *Lactuca sativa* plants subjected to drought stress. New Phytologist, 134 (2): 327-333.

Ruiz-Lozano J, Azcón R. 1996. Mycorrhizal colonization and drought stress as factors affecting nitrate reductase activity in lettuce plants. Agriculture, Ecosystems & Environment, 60 (2): 175-181.

Ruscitti M, Arango M, Ronco M, et al. 2011. Inoculation with mycorrhizal fungi modifies proline metabolism and increases chromium tolerance in pepper plants (*Capsicum annuum* L.). Brazilian Journal of Plant Physiology, 23 (1): 15-25.

Ryan M H, Angus J. 2003. Arbuscular mycorrhizae in wheat and field pea crops on a low P soil: increased Zn-uptake but no increase in P-uptake or yield. Plant and Soil, 250 (2): 225-239.

Ryan M H, Graham J H. 2002. Is there a role for arbuscular mycorrhizal fungi in production agriculture? Plant and Soil, 244 (1-2): 263-271.

Ryan M, Chilvers G, Dumaresq D. 1994. Colonisation of wheat by VA-mycorrhizal fungi was found to be higher on a farm managed in an organic manner than on a conventional neighbour. Plant and Soil, 160 (1): 33-40.

Rydlova J, Vosatka M. 2003. Effect of *Glomus intraradices* isolated from Pb-contaminated soil on Pb uptake by *Agrostis capillaris* is changed by its cultivation in a metal-free substrate. Folia Geobotanica, 38 (2): 155-165.

Ryszka P, Turnau K. 2007. Arbuscular mycorrhiza of introduced and native grasses colonizing zinc wastes: implications for restoration practices. Plant and Soil, 298 (1-2): 219-229.

Søndergaard M, Laegaard S. 1977. Vesicular-arbuscular mycorrhiza in some aquatic vascular plants. Nature, 268: 232-233.

Saif S. 1987. Growth responses of tropical forage plant species to vesicular-arbuscular mycorrhizae. Plant and Soil, 97 (1): 25-35.

Sainz M, González-Penalta B, Vilariño A. 2006. Effects of hexachlorocyclohexane on rhizosphere fungal propagules and root colonization by arbuscular mycorrhizal fungi in *Plantago lanceolata*. European Journal of Soil Science, 57 (1): 83-90.

Salt D E, Benhamou N, Leszczyniecka M, et al. 1999. A possible role for rhizobacteria in water treatment by plant roots. International Journal of Phytoremediation, 1 (1): 67-79.

Salzer P, Corbière H, Boller T. 1999. Hydrogen peroxide accumulation in *Medicago truncatula* roots colonized by the arbuscular mycorrhiza-forming fungus *Glomus intraradices*. Planta, 208 (3): 319-325.

Sambandan K, Kannan K, Raman N. 1992. Distribution of vesicular-arbuscular mycorrhizal fungi in heavy-metal polluted soils of Tamil-nadu, India. Journal of Environmental Biology, 13 (2): 159-167.

Sampedro I, Aranda E, Scervino J, et al. 2004. Improvement by soil yeasts of arbuscular mycorrhizal symbiosis of soybean (*Glycine max*) colonized by *Glomus mosseae*. Mycorrhiza, 14 (4): 229-234.

Sarand I, Timonen S, Nurmiaho-Lassila E L, et al. 1998. Microbial biofilms and catabolic plasmid harbouring degradative fluorescent pseudomonads in Scots pine mycorrhizospheres developed on petroleum contaminated soil. FEMS Microbiology Ecology, 27 (2): 115-126.

Sayer J A, Cotter-Howells J D, Watson C, et al. 1999. Lead mineral transformation by fungi. Current Biology, 9 (13): 691-694.

Schenck N C. 1985. VA mycorrhizal fungi 1950 to the present: the era of enlightenment. *In*: Molina R. Proceedings of the 6th North American conference on mycorrhizae, Forest Research Laboratory. Corvallis: Oregon State University.

Schlegel H, Cosson J P, Baker A. 1991. Nickel-hyperaccumulating plants provide a niche for nickel-resistant bacteria. Botanica Acta, 104 (1): 18-25.

Schneider J, de Oliveira L M, Guimaraes Guilherme L R, et al. 2012. Tropical pteridophytes species in association with arbuscular mycorrhizal fungi in arsenic-contaminated soil. Quimica Nova, 35 (4): 709-714.

Schneider J, Stuermer S L, Guimaraes Guilherme L R, et al. 2013. Arbuscular mycorrhizal fungi in arsenic-contaminated areas in Brazil. Journal of Hazardous Materials, 262: 1105-1115.

Schreiner R P, Bethlenfalvay G J. 1997. Plant and soil response to single and mixed species of arbuscular mycorrhizal fungi under fungicide stress. Applied Soil Ecology, 7 (1): 93-102.

Schuepp H, Dehn B, Sticher H. 1987. VA mycorrhiza and heavy-metal stress. Angewandte Botanik, 61 (1-2): 85-96.

Schweiger P, Jakobsen I. 1998. Dose-response relationships between four pesticides and phosphorus uptake by hyphae of arbuscular mycorrhizas. Soil Biology & Biochemistry, 30 (10): 1415-1422.

Schweiger P, Spliid N, Jakobsen I. 2001. Fungicide application and phosphorus uptake by hyphae of arbuscular mycorrhizal fungi into field-grown peas. Soil Biology & Biochemistry, 33 (9): 1231-1237.

Schüβler A. 2002. Molecular phylogeny, taxonomy, and evolution of *Geosiphon pyriformis* and arbuscular mycorrhizal fungi. Plant and Soil, 244 (1-2): 75-83.

Schüβler A, Wolf E. 2005. *Geosiphon pyriformis*-a glomeromycotan soil fungus forming endosymbiosis with cyanobacteria. *In*: Declerck S, Strullu D G, Fortin A. *In vitro* culture of mycorrhizas. Heidberg: Springer.

Schüβler A, Schwarzott D, Walker C. 2001. A new fungal phylum, the Glomeromycota: phylogeny and evolution. Mycological Research, 105 (12): 1413-1421.

Seguel A, Cumming J R, Klugh-Stewart K, et al. 2013. The role of arbuscular mycorrhizas in decreasing aluminium phytotoxicity in acidic soils: a review. Mycorrhiza, 23 (3): 167-183.

Selvaraj T, Chellappan P, Jeong Y J, et al. 2005. Occurrence and quantification of vesicular-arbuscular mycorrhizal (VAM) fungi in industrial polluted soils. Journal of Microbiology and Biotechnology, 15 (1): 147-154.

Seres A, Bakonyi G, Posta K. 2006. Zn uptake by maize under the influence of AM-fungi and Collembola *Folsomia candida*. Ecological Research, 21 (5): 692-697.

Service R F. 2003. Nanomaterials show signs of toxicity. Science, 300 (5167): 243.

Sessitsch A, Reiter B, Berg G. 2004. Endophytic bacterial communities of field-grown potato plants and their plant-growth-promoting and antagonistic abilities. Canadian Journal of Microbiology, 50 (4): 239-249.

Shahabivand S, Maivan H Z, Goltapeh E M, et al. 2012. The effects of root endophyte and arbuscular mycorrhizal fungi on growth and cadmium accumulation in wheat under cadmium toxicity. Plant Physiology and Biochemistry, 60: 53-58.

Shalaby A M. 2003. Responses of arbuscular mycorrhizal fungal spores isolated from heavy metal-polluted and unpolluted soil to Zn, Cd, Pb and their interactions *in vitro*. Pakistan Journal of Biological Sciences, 6 (16): 1416-1422.

Shan X, Wang H, Zhang S, et al. 2003. Accumulation and uptake of light rare earth elements in a hyperaccumulator *Dicropteris dichotoma*. Plant Science, 165 (6): 1343-1353.

Shanker A K, Ravichandran V, Pathmanabhan G. 2005. Phytoaccumulation of chromium by some multipurpose-tree seedlings. Agroforestry Systems, 64 (1): 83-87.

Sharma A, Srivastava P, Johri B N. 1999. Multiphasic zinc uptake system in mycorrhizal and nonmycorrhizal roots of French bean (*Phaseolus vulgaris* L.). Current Science, 76 (2): 228-230.

Sharma A, Srivastava R, Srivastava P, et al. 2007. Kinetics of zinc uptake in sorghum (*Sorghum bicolor* L., Moench) roots infected with arbuscular mycorrhizal fungus, *Glomus macrocarpum*. Journal of Biological Sciences, 7 (8): 1496-1499.

Sharma S, Adholeya A. 2011. Phytoremediation of Cr-contaminated soil using *Aloe vera* and *Chrysopogon zizanioides* along with AM fungi and filamentous saprobe fungi: a research study towards possible practical application. Mycorrhiza News, 22 (4): 16-20.

Sharples J, Meharg A, Chambers S, et al. 2000. Evolution: symbiotic solution to arsenic contamination. Nature, 404 (6781): 951-952.

Sharpley A, Syers J, Springett J. 1979. Effect of surface-casting earthworms on the transport of phosphorus and nitrogen in surface runoff from pasture. Soil Biology & Biochemistry, 11 (5): 459-462.

Shen H, Christie P, Li X. 2006. Uptake of zinc, cadmium and phosphorus by arbuscular mycorrhizal maize (*Zea mays* L.) from a low available phosphorus calcareous soil spiked with zinc and cadmium. Environmental Geochemistry and Health, 28 (1-2): 111-119.

Shetty K G, Hetrick B A D, Figge D A H, et al. 1994. Effects of mycorrhizae and other soil microbes on revegetation of heavy-metal contaminated mine spoil. Environmental Pollution, 86 (2): 181-188.

Shetty K G, Hetrick B A D, Schwab A P. 1995. Effects of mycorrhizae and fertilizer amendments on zinc tolerance of plants. Environmental Pollution, 88 (3): 307-314.

Shilev S, Ruso J, Puig A, et al. 2001. Rhizospheric bacteria promote sunflower (*Helianthus annuus* L.) plant growth and tolerance to heavy metals. Minerva Biotecnologica, 13 (1): 37-39.

Shivakumar C K, Hemavani C, Thippeswamy B, et al. 2011. Effect of inoculation with arbuscular mycorrhizal fungi on green gram grown in soil containing heavy metal zinc. Journal of Experimental Sciences, 2 (10): 17-21.

Shuman L. 1988. Effect of phosphorus level on extractable micronutrients and their distribution among soil fractions. Soil Science Society of America Journal, 52 (1): 136-141.

Silva Filho G N, Vidor C. 2001. Phosphate solubilizing activity of microorganisms in the presence of nitrogen, iron, calcium and potassium. Pesquisa Agropecuaria Brasileira, 36 (12): 1495-1508.

Simon L, Lalonde M, Bruns T. 1992. Specific amplification of 18S fungal ribosomal genes from vesicular-arbuscular endomycorrhizal fungi colonizing roots. Applied and Environmental Microbiology, 58 (1): 291-295.

Singh J, Kumar M, Vyas A. 2014. Healthy response from chromium survived pteridophytic plant *Ampelopteris prolifera* with the interaction of mycorrhizal fungus *Glomus deserticola*. International Journal of Phytoremediation, 16 (5): 524-535.

Singh S. 1998. Interaction of mycorrhizae with soil microflora and microfauna—Part II. Interaction with free-living nitrogen fixers and soil micro-faunal. Mycorrhiza News, 10 (2): 2-13.

Siqueira J, Hubbell D, Mahmud A. 1984. Effect of liming on spore germination, germ tube growth and root colonization by vesicular-arbuscular mycorrhizal fungi. Plant and Soil, 76 (1-3): 115-124.

Slezack S, Dumas-Gaudot E, Rosendahl S, et al. 1999. Endoproteolytic activities in pea roots inoculated with the arbuscular mycorrhizal fungus *Glomus mosseae* and/or *Aphanomyces euteiches* in relation to bioprotection. New Phytologist, 142 (3): 517-529.

Slomka A, Kuta E, Szarek-Lukaszewska G, et al. 2011. Violets of the section Melanium, their colonization by arbuscular mycorrhizal fungi and their occurrence on heavy metal heaps. Journal of Plant Physiology, 168 (11): 1191-1199.

Smith S E, Christophersen H M, Pope S, et al. 2010. Arsenic uptake and toxicity in plants: integrating mycorrhizal influences. Plant and Soil, 327 (1-2): 1-21.

Smith S E, Read D J. 1997. Mycorrhizal Symbiosis. 2nd Ed. London: Academic Press.

Smith S E, Read D J. 2008. Mycorrhizal Symbiosis. 3rd Ed. London: Academic Press.

Smith S E, Smith F A, Jakobsen I. 2003. Mycorrhizal fungi can dominate phosphate supply to plants irrespective of growth responses. Plant Physiology, 133 (1): 16-20.

Smith S, Gianinazzi-Pearson V, Koide R, et al. 1994. Nutrient transport in mycorrhizas: structure, physiology and consequences for efficiency of the symbiosis. Plant and Soil, 159 (1): 103-113.

Smith S, Gianinazzi-Pearson V. 1988. Physiological interactions between symbionts in vesicular-arbuscular mycorrhizal plants. Annual Review of Plant Physiology and Plant Molecular Biology, 39 (1): 221-244.

Smith S, John B, Smith F, et al. 1985. Activity of glutamine synthetase and glutamate dehydrogenase in *Trifolium subterraneum* L. and *Allium cepa* L: effects of mycorrhizal infection and phosphate nutrition. New Phytologist, 99 (2): 211-227.

Smith S, Smith F. 1990. Structure and function of the interfaces in biotrophic symbioses as they relate to nutrient transport. New Phytologist, 114 (1): 1-38.

Soares C R F S, Siqueira J O. 2008. Mycorrhiza and phosphate protection of tropical grass species against heavy metal toxicity in multi-contaminated soil. Biology and Fertility of Soils, 44 (6): 833-841.

Sokolski S, Dalpé Y, Piché Y. 2011. Phosphate transporter genes as reliable gene markers for the identification and discrimination of arbuscular mycorrhizal fungi in the genus *Glomus*. Applied and Environmental Microbiology, 77 (5): 1888-1891.

Solis-Dominguez F A, Valentin-Vargas A, Chorover J, et al. 2011. Effect of arbuscular mycorrhizal fungi on plant biomass and the rhizosphere microbial community structure of mesquite grown in acidic lead/zinc mine tailings. Science of the Total Environment, 409 (6): 1009-1016.

Sommer P, Burguera G, Wieshammer G, et al. 2002. Effects of mycorrhizal associations on the metal uptake by willows from polluted soils: implication for soil remediation by phytoextraction. Jahrestagung derösterreichischen Bodenkundlichen Gesllschaft, Wien.

Sonjak S, Beguiristain T, Leyval C, et al. 2009. Temporal temperature gradient gel electrophoresis (TTGE) analysis of arbuscular mycorrhizal fungi associated with selected plants from saline and metal polluted environments. Plant and Soil, 314 (1-2): 25-34.

Souza L A, Lopez Andrade S A, Ribeiro Souza S C, et al. 2013. Evaluation of mycorrhizal influence on the development and phytoremediation potential of *Canavalia gladiata* in Pb-contaminated soils. International Journal of Phytoremediation, 15 (5): 465-476.

Sparling G P, Tinker P B. 1975. Mycorrhizas in Pennine grassland. *In*: Sanders F, Mosse B, Tinker P. Endomycorrhizas Proceedings of a Symposium held at the University of Leeds. London: Academic Press.

Sriprang R, Hayashi M, Yamashita M, et al. 2002. A novel bioremediation system for heavy metals using the symbiosis between leguminous plant and genetically engineered rhizobia. Journal of Biotechnology, 99 (3): 279-293.

Srivastava J, Shukla D, Chand V, et al. 2010. Mycorrhizal colonization affects the survival of *Vetiveria zizanioides* (L.) Nash grown in water containing As (III). Clean-Soil Air Water, 38 (8): 771-774.

Staddon P L, Ramsey C B, Ostle N, et al. 2003. Rapid turnover of hyphae of mycorrhizal fungi determined by AMS microanalysis of ^{14}C. Science, 300 (5622): 1138-1140.

Stahl P D, Williams S. 1986. Oil shale process water affects activity of vesicular-arbuscular fungi and *rhizobium* 4 years after application to soil. Soil Biology & Biochemistry, 18 (4): 451-455.

Steiner M, Linkov I, Yoshida S. 2002. The role of fungi in the transfer and cycling of radionuclides in forest ecosystems. Journal of Environmental Radioactivity, 58 (2): 217-241.

Stokłosa A, Nandanavanam R, Puczel U, et al. 2011. Influence of isoxaflutole on colonization of corn (*Zea mays* L.) roots with arbuscular mycorrhizal fungus *Glomus intraradices*. Canadian Journal of Plant Science, 91 (1): 143-145.

Stokes P, Lindsay J. 1979. Copper tolerance and accumulation in *Penicillium* ochro-chloron isolated from copper-plating solution. Mycologia, 11 (4): 796-806.

Stommel M, Mann P, Franken P. 2001. EST-library construction using spore RNA of the arbuscular mycorrhizal fungus *Gigaspora rosea*. Mycorrhiza, 10 (6): 281-285.

Straker C, Weiersbye I, Witkowski E. 2007. Arbuscular mycorrhiza status of gold and uranium tailings and surrounding soils of South Africa's deep level gold mines: I. Root colonization and spore levels. South African Journal of Botany, 73 (2): 218-225.

Stroomberg G J, Zappey H, Steen R J, et al. 2004. PAH biotransformation in terrestrial invertebrates—a new phase II metabolite in isopods and springtails. Comparative Biochemistry and Physiology Part C: Toxicology & Pharmacology, 138 (2): 129-137.

Strullu D G, Romand C, Plenchette C. 1991. Axenic culture and encapsulation of the intraradical forms of *Glomus* spp. World Journal of Microbiology and Biotechnology, 7 (3): 292-297.

Subramanian K S, Bharathi C, Jegan A. 2008. Response of maize to mycorrhizal colonization at varying levels of zinc and phosphorus. Biology and Fertility of Soils, 45 (2): 133-144.

Subramanian K S, Charest C. 1998. Arbuscular mycorrhizae and nitrogen assimilation in maize after drought and recovery. Physiologia Plantarum, 102 (2): 285-296.

Subramanian K S, Charest C. 1999. Acquisition of N by external hyphae of an arbuscular mycorrhizal fungus and its impact on physiological responses in maize under drought-stressed and well-watered conditions. Mycorrhiza, 9 (2): 69-75.

Subramanian K S, Tenshia V, Jayalakshmi K, et al. 2009. Biochemical changes and zinc fractions in arbuscular mycorrhizal fungus (*Glomus intraradices*) inoculated and uninoculated soils under differential zinc fertilization. Applied Soil Ecology, 43 (1): 32-39.

Sudova R, Doubkova P, Vosatka M. 2008. Mycorrhizal association of *Agrostis capillaris* and *Glomus intraradices* under heavy metal stress: Combination of plant clones and fungal isolates from contaminated and uncontaminated substrates. Applied Soil Ecology, 40 (1): 19-29.

Sudova R, Jurkiewicz A, Turnau K, et al. 2007a. Persistence of heavy metal tolerance of the arbuscular mycorrhizal fungus *Glomus intraradices* under different cultivation regimes. Symbiosis, 43 (2): 71-81.

Sudova R, Pavlikova D, Macek T, et al. 2007b. The effect of EDDS chelate and inoculation with the arbuscular mycorrhizal fungus *Glomus intraradices* on the efficacy of lead phytoextraction by two tobacco clones. Applied Soil Ecology, 35 (1): 163-173.

Sudova R, Vosatka M. 2007. Differences in the effects of three arbuscular mycorrhizal fungal strains on P and Pb accumulation by maize plants. Plant and Soil, 296 (1-2): 77-83.

Sumner M E, Noble A D. 2003. Soil acidification: the world story. *In*: Rengel Z. Handbook of soil acidity. New York: Marcel Dekker.

Suresh C, Bagyaraj D, Reddy D. 1985. Effect of vesicular-arbuscular mycorrhiza on survival, penetration and development of root-knot nematode in tomato. Plant and Soil, 87 (2): 305-308.

Suzuki H, Kumagai H, Oohashi K, et al. 2001. Transport of trace elements through the hyphae of an arbuscular mycorrhizal fungus into marigold determined by the multitracer technique. Soil Science and Plant Nutrition, 47 (1): 131-137.

Suzuki H, Sakamoto K, Inubushi K. 1999. Effects of arbuscular mycorrhizal colonization on ammonium-N uptake activity of the host plant. Japanese Journal of Soil Science and Plant Nutrition, 70 (1): 59-63.

Suzuki K T, Yamamura M, Mori T. 1980. Cadmium-binding proteins induced in the earthworm. Archives of Environmental Contamination and Toxicology, 9 (4): 415-424.

Taheri W I, Bever J D. 2010. Adaptation of plants and arbuscular mycorrhizal fungi to coal tailings in Indiana. Applied Soil Ecology, 45 (3): 138-143.

Tak H I, Ahmad F, Babalola O O. 2013. Advances in the application of plant growth-promoting rhizobacteria in phytoremediation of heavy metals. Reviews of Environmental Contamination and Toxicology, 223: 33-52.

Tamura Y, Kobae Y, Mizuno T, et al. 2011. Identification and expression analysis of arbuscular mycorrhiza-inducible phosphate transporter genes of soybean. Bioscience, Biotechnology, and Biochemistry, 76 (2): 309-313.

Tan F, Wang J, Chen Z, et al. 2011. Assessment of the arbuscular mycorrhizal fungal community in roots and rhizosphere soils of Bt corn and their non-Bt isolines. Soil Biology & Biochemistry, 43 (12): 2473-2479.

Tan Z, Hu Y, Lin Z. 2012. *PhPT*4 is a mycorrhizal-phosphate transporter suppressed by lysophosphatidylcholine in petunia roots. Plant Molecular Biology Reporter, 30 (6): 1480-1487.

Tang S, Wilke B M, Huang C. 1999. The uptake of copper by plants dominantly growing on copper mining spoils along the Yangtze River, the People's Republic of China. Plant and Soil, 209 (2): 225-232.

Tang Y, Qiu R, Zeng X, et al. 2009. Zn and Cd hyperaccumulating characteristics of *Picris divaricata* Vant. International Journal of Environment and Pollution, 38 (1): 26-38.

Tarafdar J, Marschner H. 1994. Phosphatase activity in the rhizosphere and hyphosphere of VA mycorrhizal wheat supplied with inorganic and organic phosphorus. Soil Biology & Biochemistry, 26 (3): 387-395.

Tarafdar J, Marschner H. 1995. Dual inoculation with *Aspergillus fumigatus* and *Glomus mosseae* enhances biomass production and nutrient uptake in wheat (*Triticum aestivum* L.) supplied with organic phosphorus as Na-phytate. Plant and Soil, 173 (1): 97-102.

Tarafdar J, Rao A. 1996. Contribution of *Aspergillus* strains to acquisition of phosphorus by wheat (*Triticum aestivum* L.) and chick pea (*Cicer arietinum* Linn.) grown in a loamy sand soil. Applied Soil Ecology, 3 (2): 109-114.

Thaxter R. 1922. A revision of the Endogoneae. Proc Am Acad Arts Sci, 57: 292-348.

Thompson J, Clewett T, Fiske M. 2013. Field inoculation with arbuscular-mycorrhizal fungi overcomes phosphorus and zinc deficiencies of linseed (*Linum usitatissimum*) in a vertisol subject to long-fallow disorder. Plant and Soil, 371 (1-2): 117-137.

Thompson J. 1990. Soil sterilization methods to show VA-mycorrhizae aid P and Zn nutrition of wheat in vertisols. Soil Biology & Biochemistry, 22 (2): 229-240.

Thompson J. 1994. Inoculation with vesicular-arbuscular mycorrhizal fungi from cropped soil overcomes long-fallow disorder of linseed (*Linum usitatissimum* L.) by improving P and Zn uptake. Soil Biology & Biochemistry, 26 (9): 1133-1143.

Thompson J. 1996. Correction of dual phosphorus and zinc deficiencies of linseed (*Linum usitatissimum* L.) with cultures of vesicular-arbuscular mycorrhizal fungi. Soil Biology & Biochemistry, 28 (7): 941-951.

Tisserant E, Malbreil M, Kuo A, et al. 2013. Genome of an arbuscular mycorrhizal fungus provides insight into the oldest plant symbiosis. Proceedings of the National Academy of Sciences, 110 (50): 20117-20122.

Tiwari M, Tiwari A, Pande N. 2008. Arbuscular mycorrhizal colonization status and growth of *Acacia catechu* Wills. seedlings under pesticide application. Proceedings of the National Academy of Sciences India Section B-Biological Sciences, 78: 61-65.

Toler H D, Morton J B, Cumming J R. 2005. Growth and metal accumulation of mycorrhizal sorghum exposed to elevated copper and zinc. Water, Air, & Soil Pollution, 164 (1-4): 155-172.

Tonin C, Vandenkoornhuyse P, Joner E J, et al. 2001. Assessment of arbuscular mycorrhizal fungi diversity in the rhizosphere of *Viola calaminaria* and effect of these fungi on heavy metal uptake by clover. Mycorrhiza, 10 (4): 161-168.

Toro M, Azcón R, Barea J. 1998. The use of isotopic dilution techniques to evaluate the interactive effects of *Rhizobium* genotype, mycorrhizal fungi, phosphate-solubilizing rhizobacteria and rock phosphate on nitrogen and phosphorus acquisition by *Medicago sativa*. New Phytologist, 138 (2):

265-273.

Toth R, Miller R, Jarstfer A, et al. 1991. The calculation of intraradical fungal biomass from percent colonization in vesicular-arbuscular mycorrhizae. Mycologia, 83 (5): 553-558.

Trappe J M. 1987. Phylogenetic and ecologic aspects of mycotrophy in the angiosperms from an evolutionary standpoint. Boca Raton: CRC Press.

Trappe J, Stahly E, Benson N, et al. 1973. Mycorrhizal deficiency of apple trees in high arsenic soils. HortScience, 8 (1): 52-53.

Treseder K K, Cross A. 2006. Global distributions of arbuscular mycorrhizal fungi. Ecosystems, 9 (2): 305-316.

Trindade A V, Siqueira J O, Stürmer S L. 2006. Arbuscular mycorrhizal fungi in papaya plantations of Espirito Santo and Bahia, Brazil. Brazilian Journal of Microbiology, 37 (3): 283-289.

Trotta A, Falaschi P, Cornara L, et al. 2006. Arbuscular mycorrhizae increase the arsenic translocation factor in the As hyperaccumulating fern *Pteris vittata* L. Chemosphere, 65 (1): 74-81.

Tseng C C, Wang J Y, Yang L. 2009. Accumulation of copper, lead, and zinc by in situ plants inoculated with AM fungi in multicontaminated soil. Communications in Soil Science and Plant Analysis, 40 (21-22): 3367-3386.

Tsezos M, Volesky B. 1982. The mechanism of uranium biosorption by *Rhizopus arrhizus*. Biotechnology and Bioengineering, 24 (2): 385-401.

Tu C, Zheng C, Chen H. 2000. Effect of applying chemical fertilizers on forms of lead and cadmium in red soil. Chemosphere, 41 (1): 133-138.

Tuffen F, Eason W, Scullion J. 2002. The effect of earthworms and arbuscular mycorrhizal fungi on growth of and ^{32}P transfer between *Allium porrum* plants. Soil Biology & Biochemistry, 34 (7): 1027-1036.

Tulasne L R, Tulasne C. 1844. Fungi nonnulli hipogaei, novi v. minus cogniti auct. Giornale Botanico Italiano, 2 (1): 55-63.

Tullio M, Pierandrei F, Salerno A, et al. 2003. Tolerance to cadmium of vesicular arbuscular mycorrhizae spores isolated from a cadmium-polluted and unpolluted soil. Biology and Fertility of Soils, 37 (4): 211-214.

Turgut C, Katie Pepe M, Cutright T J. 2004. The effect of EDTA and citric acid on phytoremediation of Cd, Cr, and Ni from soil using *Helianthus annuus*. Environmental Pollution, 131 (1): 147-154.

Turgut C, Katie Pepe M, Cutright T J. 2005. The effect of EDTA on *Helianthus annuus* uptake, selectivity, and translocation of heavy metals when grown in Ohio, New Mexico and Colombia soils. Chemosphere, 58 (8): 1087-1095.

Turnau K. 1998. Heavy metal content and localization in mycorrhizal *Euphorbia cyparissias* from zinc wastes in southern Poland. Acta Societatis Botanicorum Poloniae, 67 (1): 105-113.

Turnau K, Anielska T, Ryszka P, et al. 2008. Establishment of arbuscular mycorrhizal plants originating from xerothermic grasslands on heavy metal rich industrial wastes-new solution for waste revegetation. Plant and Soil, 305 (1-2): 267-280.

Turnau K, Gucwa E, Mleczko P, et al. 1998. Metal content in fruit-bodies and mycorrhizas of Pisolithus arrhizus from zinc wastes in Poland. Acta Mycologica, 33 (1): 59-67.

Turnau K, Kottke I, Oberwinkler F. 1993. Element localization in mycorrhizal roots of *Pteridium aquilinum* (L.) Kuhn collected from experimental plots treated with cadmium dust. New Phytologist,

123 (2): 313-324.

Turnau K, Mesjasz-Przybylowicz J. 2003. Arbuscular mycorrhiza of *Berkheya coddii* and other Ni-hyperaccumulating members of Asteraceae from ultramafic soils in South Africa. Mycorrhiza, 13 (4): 185-190.

Turnau K, Miszalski Z, Trouvelot A, et al. 1996. *Oxalis acetosella* as a monitoring plant on highly polluted soils. Mycorrhizas in integrated systems: from genes to plant development, European commissions. EUR, 16728: 483-486.

Turnau K, Orlowska E, Ryszka P, et al. 2006. Role of mycorrhizal fungi in phytoremediation and toxicity monitoring of heavy metal rich industrial wastes in Southern Poland. *In*: Twardowska I. Soil and Water Pollution Monitoring, Protection and Remediation. Heidberg: Springer.

Turnau K, Przybylowicz W J, Ryszka P, et al. 2013. Mycorrhizal fungi modify element distribution in gametophytes and sporophytes of a fern *Pellaea viridis* from metaliferous soils. Chemosphere, 92 (9): 1267-1273.

Turnau K, Ryszka P, Gianinazzi-Pearson V, et al. 2001. Identification of arbuscular mycorrhizal fungi in soils and roots of plants colonizing zinc wastes in southern Poland. Mycorrhiza, 10 (4): 169-174.

Tzeferis P, Agatzini S, Nerantzis E. 1994. Mineral leaching of non-sulphide nickel ores using heterotrophic micro-organisms. Letters in Applied Microbiology, 18 (4): 209-213.

Ullrich-Eberius C, Sanz A, Novacky A. 1989. Evaluation of arsenate-and vanadate-associated changes of electrical membrane potential and phosphate transport in *Lemna gibba* G1. Journal of Experimental Botany, 40 (1): 119-128.

Ultra V U Y, Jr Tanaka S, Sakurai K, et al. 2007b. Arbuscular mycorrhizal fungus (*Glomus aggregatum*) influences biotransformation of arsenic in the rhizosphere of sunflower (*Helianthus annuus* L.). Soil Science and Plant Nutrition, 53 (4): 499-508.

Ultra V U, Jr Tanaka S, Sakurai K, et al. 2007a. Effects of arbuscular mycorrhiza and phosphorus application on arsenic toxicity in sunflower (*Helianthus annuus* L.) and on the transformation of arsenic in the rhizosphere. Plant and Soil, 290 (1-2): 29-41.

Usman A R A, Mohamed H M. 2009. Effect of microbial inoculation and EDTA on the uptake and translocation of heavy metal by corn and sunflower. Chemosphere, 76 (7): 893-899.

Vallino M, Massa N, Lumini E, et al. 2006. Assessment of arbuscular mycorrhizal fungal diversity in roots of *Solidago gigantea* growing in a polluted soil in Northern Italy. Environmental Microbiology, 8 (6): 971-983.

van Aarle I M, Olsson P A, Söderström B. 2002. Arbuscular mycorrhizal fungi respond to the substrate pH of their extraradical mycelium by altered growth and root colonization. New Phytologist, 155 (1): 173-182.

van der Heijden M G, Boller T, Wiemken A, et al. 1998a. Different arbuscular mycorrhizal fungal species are potential determinants of plant community structure. Ecology, 79 (6): 2082-2091.

van der Heijden M G, Klironomos J N, Ursic M, et al. 1998b. Mycorrhizal fungal diversity determines plant biodiversity, ecosystem variability and productivity. Nature, 396 (6706): 69-72.

Vandevivere P C, Saveyn H, Verstraete W, et al. 2001. Biodegradation of metal- [S, S] -EDDS complexes. Environmental Science & Technology, 35 (9): 1765-1770.

Varma A. 1999. Hydrolytic enzymes from arbuscular mycorrhizae: the current status. *In*: Varma A, Hock B. Mycorrhiza: Structure, Function, Molecular Biology and Biotechnology. Heidberg:

Springer.

Vassil A D, Kapulnik Y, Raskin I, et al. 1998. The role of EDTA in lead transport and accumulation by Indian mustard. Plant Physiology, 117 (2): 447-453.

Verdugo C, Sanchez P, Santibanez C, et al. 2010. Efficacy of lime, biosolids, and mycorrhiza for the phytostabilization of sulfidic copper tailings in Chile: a greenhouse experiment. International Journal of Phytoremediation, 13 (2): 107-125.

Vierheilig H, Coughlan A P, Wyss U, et al. 1998. Ink and vinegar, a simple staining technique for arbuscular-mycorrhizal fungi. Applied and Environmental Microbiology, 64 (12): 5004-5007.

Vinichuk M, Mårtensson A, Rosén K. 2013. Inoculation with arbuscular mycorrhizae does not improve ^{137}Cs uptake in crops grown in the Chernobyl region. Journal of Environmental Radioactivity, 126: 14-19.

Vivas A, Azcon R, Biro B, et al. 2003a. Influence of bacterial strains isolated from lead-polluted soil and their interactions with arbuscular mycorrhizae on the growth of *Trifolium pratense* L. under lead toxicity. Canadian Journal of Microbiology, 49 (10): 577-588.

Vivas A, Barea J M, Azcon R. 2005a. *Brevibacillus brevis* isolated from cadmium- or zinc-contaminated soils improves *in vitro* spore germination and growth of *Glomus mosseae* under high Cd or Zn concentrations. Microbial Ecology, 49 (3): 416-424.

Vivas A, Barea J M, Azcon R. 2005b. Interactive effect of *Brevibacillus brevis* and *Glomus mosseae*, both isolated from Cd contaminated soil, on plant growth, physiological mycorrhizal fungal characteristics and soil enzymatic activities in Cd polluted soil. Environmental Pollution, 134 (2): 257-266.

Vivas A, Barea J M, Biro B, et al. 2006a. Effectiveness of autochthonous bacterium and mycorrhizal fungus on *Trifolium* growth, symbiotic development and soil enzymatic activities in Zn contaminated soil. Journal of Applied Microbiology, 100 (3): 587-598.

Vivas A, Biro B, Campos E, et al. 2003b. Symbiotic efficiency of autochthonous arbuscular mycorrhizal fungus (*G. mosseae*) and *Brevibacillus* sp. isolated from cadmium polluted soil under increasing cadmium levels. Environmental Pollution, 126 (2): 179-189.

Vivas A, Biro B, Nemeth T, et al. 2006b. Nickel-tolerant *Brevibacillus brevis* and arbuscular mycorrhizal fungus can reduce metal acquisition and nickel toxicity effects in plant growing in nickel supplemented soil. Soil Biology & Biochemistry, 38 (9): 2694-2704.

Vivas A, Biro B, Ruiz-Lozano J M, et al. 2006c. Two bacterial strains isolated from a Zn-polluted soil enhance plant growth and mycorrhizal efficiency under Zn-toxicity. Chemosphere, 62 (9): 1523-1533.

Vivas A, Marulanda A, Gómez M, et al. 2003c. Physiological characteristics (SDH and ALP activities) of arbuscular mycorrhizal colonization as affected by *Bacillus thuringiensis* inoculation under two phosphorus levels. Soil Biology & Biochemistry, 35 (7): 987-996.

Vivas A, Marulanda A, Ruiz-Lozano J M, et al. 2003d. Influence of a *Bacillus* sp. on physiological activities of two arbuscular mycorrhizal fungi and on plant responses to PEG-induced drought stress. Mycorrhiza, 13 (5): 249-256.

Vivas A, Voros A, Biro B, et al. 2003e. Beneficial effects of indigenous Cd-tolerant and Cd-sensitive *Glomus mosseae* associated with a Cd-adapted strain of *Brevibacillus* sp. in improving plant tolerance to Cd contamination. Applied Soil Ecology, 24 (2): 177-186.

Vodnik D, Grcman H, Macek I, et al. 2008. The contribution of glomalin-related soil protein to Pb and Zn sequestration in polluted soil. Science of the Total Environment, 392 (1): 130-136.

Vogel-Mikus K, Drobne D, Regvar M. 2005. Zn, Cd and Pb accumulation and arbuscular mycorrhizal colonisation of pennycress *Thlaspi praecox* Wulf. (Brassicaceae) from the vicinity of a lead mine and smelter in Slovenia. Environmental Pollution, 133 (2): 233-242.

Vogel-Mikus K, Pongrac P, Kump P, et al. 2006. Colonisation of a Zn, Cd and Pb hyperaccumulator *Thlaspi praecox* Wulfen with indigenous arbuscular mycorrhizal fungal mixture induces changes in heavy metal and nutrient uptake. Environmental Pollution, 139 (2): 362-371.

Volante A, Lingua G, Cesaro P, et al. 2005. Influence of three species of arbuscular mycorrhizal fungi on the persistence of aromatic hydrocarbons in contaminated substrates. Mycorrhiza, 16 (1): 43-50.

Voros I, Biro B, Takacs T, et al. 1998. Effect of arbuscular mycorrhizal fungi on heavy metal toxicity to *Trifolium pratense* in soils contaminated with Cd, Zn and Ni salts. Agrokemia es Talajtan, 47 (1/4): 277-288.

Vosatka M, Dodd J. 1998. The role of different arbuscular mycorrhizal fungi in the growth of *Calamagrostis villosa* and *Deschampsia flexuosa*, in experiments with simulated acid rain. Plant and Soil, 200 (2): 251-263.

Wakelin S A, Warren R A, Harvey P R, et al. 2004. Phosphate solubilization by *Penicillium* spp. closely associated with wheat roots. Biology and Fertility of Soils, 40 (1): 36-43.

Walker C, Reed L, Sanders F. 1984. *Acaulospora nicolsonii*, a new endogonaceous species from Great Britain. Transactions of the British Mycological society, 83 (2): 360-364.

Walker C, Sanders F E. 1986. Taxonomic concepts in the Endogonaceae. I. The seperation of *Scutellospora* gen. nov. from *Gigaspora* Gerd. & Trappe. Mycotaxon, 27: 169-182.

Walker C, Schüßler A. 2004. Nomenclatural clarifications and new taxa in the Glomeromycota *Pacispora*. Mycological Research, 108 (9): 981-982.

Walker D J, Clemente R, Bernal M P. 2004. Contrasting effects of manure and compost on soil pH, heavy metal availability and growth of *Chenopodium album* L. in a soil contaminated by pyritic mine waste. Chemosphere, 57 (3): 215-224.

Walker D J, Clemente R, Roig A, et al. 2003. The effects of soil amendments on heavy metal bioavailability in two contaminated Mediterranean soils. Environmental Pollution, 122 (2): 303-312.

Wanek P L, Vance G F, Stahl P D. 1999. Selenium uptake by plants: Effects of soil steaming, root addition, and selenium augmentation. Communications in Soil Science and Plant Analysis, 30 (1-2): 265-278.

Wang D, Li H, Wei Z, et al. 2006a. Effect of earthworms on the phytoremediation of zinc-polluted soil by ryegrass and Indian mustard. Biology and Fertility of Soils, 43 (1): 120-123.

Wang F Y, Lin M G, Yin R. 2007a. Role of microbial inoculation and chitosan in phytoextraction of Cu, Zn, Pb and Cd by *Elsholtzia splendens* - a field case. Environmental Pollution, 147 (1): 248-255.

Wang F Y, Lin X G, Hu J L. 2009. *Glomus caledonium* spores can be occupied by *Glomus microaggregatum* spores. Annals of Microbiology, 59 (4): 693-697.

Wang F Y, Lin X G, Yin R, et al. 2006b. Effects of arbuscular mycorrhizal inoculation on the growth of *Elsholtzia splendens* and *Zea mays* and the activities of phosphatase and urease in a multi-metal-contaminated soil under unsterilized conditions. Applied Soil Ecology, 31 (1-2): 110-119.

Wang F Y, Lin X G, Yin R. 2005. Heavy metal uptake by arbuscular mycorrhizas of *Elsholtzia splen-*

dens and the potential for phytoremediation of contaminated soil. Plant and Soil, 269 (1-2): 225-232.

Wang F Y, Lin X G, Yin R. 2007b. Effect of arbuscular mycorrhizal fungal inoculation on heavy metal accumulation of maize grown in a naturally contaminated soil. International Journal of Phytoremediation, 9 (4): 345-353.

Wang F Y, Lin X G, Yin R. 2007c. Inoculation with arbuscular mycorrhizal fungus *Acaulospora mellea* decreases Cu phytoextraction by maize from Cu-contaminated soil. Pedobiologia, 51 (2): 99-109.

Wang F Y, Shi Z Y, Tong R J, et al. 2011a. Dynamics of phoxim residues in green onion and soil as influenced by arbuscular mycorrhizal fungi. Journal of Hazardous Materials, 185 (1): 112-116.

Wang F Y, Shi Z Y, Xu X F, et al. 2013. Contribution of AM inoculation and cattle manure to lead and cadmium phytoremediation by tobacco plants. Environmental Science-Processes & Impacts, 15 (4): 794-801.

Wang F Y, Tong R J, Shi Z Y, et al. 2011b. Inoculations with arbuscular mycorrhizal fungi increase vegetable yields and decrease phoxim concentrations in carrot and green onion and their soils. PLoS ONE, 6 (2): e16949.

Wang F Y, Wang L, Shi Z Y, et al. 2012a. Effects of AM inoculation and organic amendment, alone or in combination, on growth, P nutrition, and heavy-metal uptake of tobacco in Pb-Cd-contaminated soil. Journal of Plant Growth Regulation, 31 (4): 549-559.

Wang Y, Huang J, Gao Y. 2012b. Arbuscular mycorrhizal colonization alters subcellular distribution and chemical forms of cadmium in *Medicago sativa* L. and resists cadmium toxicity. PLoS ONE, 7 (11): e48669.

Wang Z H, Zhang J L, Christie P, et al. 2008. Influence of inoculation with *Glomus mosseae* or *Acaulospora morrowiae* on arsenic uptake and translocation by maize. Plant and Soil, 311 (1-2): 235-244.

Waschke A, Sieh D, Tamasloukht M, et al. 2006. Identification of heavy metal-induced genes encoding glutathione S-transferases in the arbuscular mycorrhizal fungus *Glomus intraradices*. Mycorrhiza, 17 (1): 1-10.

Watts-Williams S J, Cavagnaro T R. 2012. Arbuscular mycorrhizas modify tomato responses to soil zinc and phosphorus addition. Biology and Fertility of Soils, 48 (3): 285-294.

Watts-Williams S J, Patti A F, Cavagnaro T R. 2013. Arbuscular mycorrhizas are beneficial under both deficient and toxic soil zinc conditions. Plant and Soil, 371 (1-2): 299-312.

Weiersbye I M, Straker C J, Przybylowicz W J. 1999. Micro-PIXE mapping of elemental distribution in arbuscular mycorrhizal roots of the grass, *Cynodon dactylon*, from gold and uranium mine tailings. Nuclear Instruments & Methods in Physics Research Section B-Beam Interactions with Materials and Atoms, 158 (1-4): 335-343.

Weissenhorn I, Glashoff A, Leyval C, et al. 1994. Differential tolerance to Cd and Zn of arbuscular mycorrhizal (AM) fungal spores isolated from heavy metal-polluted and unpolluted soils. Plant and Soil, 167 (2): 189-196.

Weissenhorn I, Leyval C. 1995. Root colonization of maize by a Cd-sensitive and a Cd-tolerant *Glomus mosseae* and cadmium uptake in sand culture. Plant and Soil, 175 (2): 233-238.

Weissenhorn I, Leyval C, Belgy G, et al. 1995a. Arbuscular mycorrhizal contribution to heavy-metal uptake by maize (*Zea mays* L.) in pot culture with contaminated soil. Mycorrhiza, 5 (4): 245-251.

Weissenhorn I, Leyval C, Berthelin J. 1993. Cd-tolerant arbuscular mycorrhizal (AM) fungi from heavy-metal polluted soils. Plant and Soil, 157 (2): 247-256.

Weissenhorn I, Leyval C, Berthelin J. 1995c. Bioavailability of heavy-metals and abundance of arbuscular mycorrhiza in a soil polluted by atmospheric deposition from a smelter. Biology and Fertility of Soils, 19 (1): 22-28.

Weissenhorn I, Mench M, Leyval C. 1995b. Bioavailability of heavy-metals and arbuscular mycorrhiza in a sewage-sludge-amended sandy soil. Soil Biology & Biochemistry, 27 (3): 287-296.

Wen B, Hu X Y, Liu Y, et al. 2004. The role of earthworms (*Eisenia fetida*) in influencing bioavailability of heavy metals in soils. Biology and Fertility of Soils, 40 (3): 181-187.

Wenzel W W, Unterbrunner R, Sommer P, et al. 2003. Chelate-assisted phytoextraction using canola (*Brassica napus* L.) in outdoors pot and lysimeter experiments. Plant and Soil, 249 (1): 83-96.

White J C, Parrish Z D, Gent M P, et al. 2006a. Soil amendments, plant age, and intercropping impact p, p'-DDE bioavailability to *Cucurbita pepo*. Journal of Environmental Quality, 35 (4): 992-1000.

White J C, Ross D W, Gent M P, et al. 2006b. Effect of mycorrhizal fungi on the phytoextraction of weathered p, p-DDE by *Cucurbita pepo*. Journal of Hazardous Materials, 137 (3): 1750-1757.

Whitfield Åslund M L, Lunney A I, Rutter A, et al. 2010. Effects of amendments on the uptake and distribution of DDT in *Cucurbita pepo* ssp. *pepo* plants. Environmental Pollution, 158 (2): 508-513.

Whitfield L, Richards A J, Rimmer D L. 2004a. Effects of mycorrhizal colonisation on *Thymus polytrichus* from heavy-metal-contaminated sites in northern England. Mycorrhiza, 14 (1): 47-54.

Whitfield L, Richards A J, Rimmer D L. 2004b. Relationships between soil heavy metal concentration and mycorrhizal colonisation in *Thymus polytrichus* in northern England. Mycorrhiza, 14 (1): 55-62.

Whiting S N, de Souza M P, Terry N. 2001. Rhizosphere bacteria mobilize Zn for hyperaccumulation by *Thlaspi caerulescens*. Environmental Science & Technology, 35 (15): 3144-3150.

Wilcke W. 2000. Polycyclic aromatic hydrocarbons (PAHs) in soil—a review. Journal of Plant Nutrition and Soil Science, 163 (3): 229-248.

Wischmann H, Steinhart H. 1997. The formation of PAH oxidation products in soils and soil/compost mixtures. Chemosphere, 35 (8): 1681-1698.

Wong C C, Wu S C, Kuek C, et al. 2007. The role of mycorrhizae associated with vetiver grown in Pb-/Zn-contaminated Soils: Greenhouse study. Restoration Ecology, 15 (1): 60-67.

Wu C G, Liu Y S, Hwuang L. 1995. Glomales of Taiwan: V. *Glomus chimonobambusae* and *Entrophospora kentinesis* spp. nov. Mycotaxon, 5: 283-294.

Wu F Y, Bi Y L, Leung H M, et al. 2010a. Accumulation of As, Pb, Zn, Cd and Cu and arbuscular mycorrhizal status in populations of *Cynodon dactylon* grown on metal-contaminated soils. Applied Soil Ecology, 44 (3): 213-218.

Wu F Y, Ye Z H, Wong M H. 2009a. Intraspecific differences of arbuscular mycorrhizal fungi in their impacts on arsenic accumulation by *Pteris vittata* L. Chemosphere, 76 (9): 1258-1264.

Wu F Y, Ye Z H, Wu S C, et al. 2007. Metal accumulation and arbuscular mycorrhizal status in metallicolous and nonmetallicolous populations of *Pteris vittata* L. and *Sedum alfredii* Hance. Planta, 226 (6): 1363-1378.

Wu F, Yu X, Wu S, et al. 2011a. Phenanthrene and pyrene uptake by arbuscular mycorrhizal maize and their dissipation in soil. Journal of Hazardous Materials, 187 (1): 341-347.

Wu F, Yu X, Wu S, et al. 2014. Effects of inoculation of PAH-degrading bacteria and arbuscular mycorrhizal fungi on responses of ryegrass to phenanthrene and pyrene. International Journal of Phytoremediation, 16 (2): 109-122.

Wu N, Huang H, Zhang S, et al. 2009b. Phenanthrene uptake by *Medicago sativa* L. under the influence of an arbuscular mycorrhizal fungus. Environmental Pollution, 157 (5): 1613-1618.

Wu N, Zhang S, Huang H, et al. 2008a. Enhanced dissipation of phenanthrene in spiked soil by arbuscular mycorrhizal alfalfa combined with a non-ionic surfactant amendment. Science of the Total Environment, 394 (2): 230-236.

Wu N, Zhang S, Huang H, et al. 2008b. DDT uptake by arbuscular mycorrhizal alfalfa and depletion in soil as influenced by soil application of a non-ionic surfactant. Environmental Pollution, 151 (3): 569-575.

Wu Q S, Zou Y N, He X H. 2010b. Contributions of arbuscular mycorrhizal fungi to growth, photosynthesis, root morphology and ionic balance of citrus seedlings under salt stress. Acta Physiologiae Plantarum, 32 (2): 297-304.

Wu S C, Wong C C, Shu W S, et al. 2011b. Mycorrhizo-remediation of lead/zinc mine tailings using vetiver: A field study. International Journal of Phytoremediation, 13 (1): 61-74.

Wu T, Hao W, Lin X, et al. 2002. Screening of arbuscular mycorrhizal fungi for the revegetation of eroded red soils in subtropical China. Plant and Soil, 239 (2): 225-235.

Xavier L J, Germida J J. 2003. Bacteria associated with *Glomus clarum* spores influence mycorrhizal activity. Soil Biology & Biochemistry, 35 (3): 471-478.

Xia Y S, Chen B D, Christie P, et al. 2007. Arsenic uptake by arbuscular mycorrhizal maize (*Zea mays* L.) grown in an arsenic-contaminated soil with added phosphorus. Journal of Environmental Sciences-China, 19 (10): 1245-1251.

Xie X, Huang W, Liu F, et al. 2013. Functional analysis of the novel mycorrhiza-specific phosphate transporter *AsPT*1 and *PHT*1 family from *Astragalus sinicus* during the arbuscular mycorrhizal symbiosis. New Phytologist, 198 (3): 836-852.

Xu G H, Chague V, Melamed-Bessudo C, et al. 2007. Functional characterization of *LePT*4: a phosphate transporter in tomato with mycorrhiza-enhanced expression. Journal of Experimental Botany, 58 (10): 2491-2501.

Xu P, Christie P, Liu Y, et al. 2008. The arbuscular mycorrhizal fungus *Glomus mosseae* can enhance arsenic tolerance in *Medicago truncatula* by increasing plant phosphorus status and restricting arsenate uptake. Environmental Pollution, 156 (1): 215-220.

Xu Z Y, Tang M, Chen H, et al. 2012. Microbial community structure in the rhizosphere of *Sophora viciifolia* grown at a lead and zinc mine of northwest China. Science of the Total Environment, 435: 453-464.

Yamato M, Iwasaki M. 2002. Morphological types of arbuscular mycorrhizal fungi in roots of forest floor plants. Mycorrhiza, 12: 291-296.

Yang M J, Yang X E, Römheld V. 2002. Growth and nutrient composition of *Elsholtzia splendens* Nakai under copper toxicity. Journal of Plant Nutrition, 25 (7): 1359-1375.

Yang Q, Tu S, Wang G, et al. 2012. Effectiveness of applying arsenate reducing bacteria to enhance arsenic removal from polluted soils by *Pteris vittata* L. International Journal of Phytoremediation, 14 (1): 89-99.

Yang R, Yu G, Tang J, et al. 2008. Effects of metal lead on growth and mycorrhizae of an invasive plant species (*Solidago canadensis* L.). Journal of Environmental Sciences-China, 20 (6): 739-744.

Yang R, Zan S, Tang J, et al. 2010. Variation in community structure of arbuscular mycorrhizal fungi associated with a Cu tolerant plant *Elsholtzia splendens*. Applied Soil Ecology, 44 (3): 191-197.

Yang X, Shi W, Fu C, et al. 1998. Copper-hyperaccumulators of Chinese native plants characteristics and possible use for phytoremediation. *In*: Bassam N E L. Sustainable agriculture for food, energy and industry. London: James & James: 484-489.

Yano K, Takaki M. 2005. Mycorrhizal alleviation of acid soil stress in the sweet potato (*Ipomoea batatas*). Soil Biology & Biochemistry, 37 (8): 1569-1572.

Yao Q, Li X L, Feng G, et al. 2010. Mobilization of scarcely-soluble inorganic phosphate by external mycelium of arbuscular mycorrhizal fungus. Plant and Soil, 230: 279-285.

Yoon S J, Kwak J I, Lee W M, et al. 2014. Zinc oxide nanoparticles delay soybean development: A standard soil microcosm study. Ecotoxicology and Environmental Safety, 100: 131-137.

Yu X, Cheng J, Wong M H. 2005. Earthworm-mycorrhiza interaction on Cd uptake and growth of ryegrass. Soil Biology & Biochemistry, 37 (2): 195-201.

Yu X, Wu S, Wu F, et al. 2011a. Enhanced dissipation of PAHs from soil using mycorrhizal ryegrass and PAH-degrading bacteria. Journal of Hazardous Materials, 186 (2): 1206-1217.

Yu Y, Luo L, Yang K, et al. 2011b. Influence of mycorrhizal inoculation on the accumulation and speciation of selenium in maize growing in selenite and selenate spiked soils. Pedobiologia, 54 (5): 267-272.

Yu Y, Zhang S, Huang H, et al. 2009. Arsenic accumulation and speciation in maize as affected by inoculation with arbuscular mycorrhizal fungus *Glomus mosseae*. Journal of Agricultural and Food Chemistry, 57 (9): 3695-3701.

Yu Y, Zhang S, Huang H. 2010a. Behavior of mercury in a soil-plant system as affected by inoculation with the arbuscular mycorrhizal fungus *Glomus mosseae*. Mycorrhiza, 20 (6): 407-414.

Yu Y, Zhang S, Huang H, et al. 2010b. Uptake of arsenic by maize inoculated with three different arbuscular mycorrhizal fungi. Communications in Soil Science and Plant Analysis, 41 (6): 735-743.

Yu Y, Zhang S, Wen B, et al. 2011c. Accumulation and speciation of selenium in plants as affected by arbuscular mycorrhizal fungus *Glomus mosseae*. Biological Trace Element Research, 143 (3): 1789-1798.

Yuan L, Zhu Y, Lin Z Q, et al. 2013. A novel selenocystine-accumulating plant in selenium-mine drainage area in Enshi, China. PLoS ONE, 8 (6): e65615.

Zaefarian F, Rezvani M, Rejali F, et al. 2011. Effect of heavy metals and arbuscular mycorrhizal fungal on growth and nutrients (N, P, K, Zn, Cu and Fe) accumulation of alfalfa (*Medicago sativa* L.). American-Eurasian Journal of Agricultural & Environmental Sciences, 11 (3): 346-352.

Zaidi A, Khan M S, Amil M. 2003. Interactive effect of rhizotrophic microorganisms on yield and nutrient uptake of chickpea (*Cicer arietinum* L.). European Journal of Agronomy, 19 (1): 15-21.

Zak J, Danielson R, Parkinson D. 1982. Mycorrhizal fungal spore numbers and species occurrence in two amended mine spoils in Alberta, Canada. Mycologia, 74 (5): 785-792.

Zarei M, Hempel S, Wubet T, et al. 2010. Molecular diversity of arbuscular mycorrhizal fungi in relation to soil chemical properties and heavy metal contamination. Environmental Pollution, 158 (8): 2757-2765.

Zarei M, Koenig S, Hempel S, et al. 2008b. Community structure of arbuscular mycorrhizal fungi associated to *Veronica rechingeri* at the Anguran zinc and lead mining region. Environmental Pollution, 156 (3): 1277-1283.

Zarei M, Saleh-Rastin N, Jouzani G S, et al. 2008a. Arbuscular mycorrhizal abundance in contaminated soils around a zinc and lead deposit. European Journal of Soil Biology, 44 (4): 381-391.

Zarei M, Saleh-Rastin N, Savaghebi G. 2011. Effectiveness of arbuscular mycorrhizal fungi in phytoremediation of zinc polluted soils using maize (*Zea mays* L.). JWSS-Isfahan University of Technology, 15 (55): 151-168.

Zayed A, Lytle C M, Terry N. 1998. Accumulation and volatilization of different chemical species of selenium by plants. Planta, 206 (2): 284-292.

Zhan F, He Y, Zu Y, et al. 2013. Heavy metal and sulfur concentrations and mycorrhizal colonizing status of plants from abandoned lead/zinc mine land in Gejiu, Southwest China. African Journal of Microbiology Research, 7 (30): 3943-3952.

Zhang H H, Tang M, Chen H, et al. 2010. Effect of inoculation with AM fungi on lead uptake, translocation and stress alleviation of *Zea mays* L. seedlings planting in soil with increasing lead concentrations. European Journal of Soil Biology, 46 (5): 306-311.

Zhang X H, Lin A J, Chen B D, et al. 2006b. Effects of *Glomus mosseae* on the toxicity of heavy metals to *Vicia faba*. Journal of Environmental Sciences-China, 18 (4): 721-726.

Zhang X H, Lin A J, Gao Y L, et al. 2009. Arbuscular mycorrhizal colonisation increases copper binding capacity of root cell walls of *Oryza sativa* L. and reduces copper uptake. Soil Biology & Biochemistry, 41 (5): 930-935.

Zhang X H, Yang W J, Wang L M, et al. 2013. Effects of arbuscular mycorrhizal fungi (AMF) on growth of upland rice under soil Pb contamination. Agricultural Science & Technologr. 11: 1624-1628.

Zhang X H, Zhu Y G, Chen B D, et al. 2005. Arbuscular mycorrhizal fungi contribute to resistance of upland rice to combined metal contamination of soil. Journal of Plant Nutrition, 28 (12): 2065-2077.

Zhang X H, Zhu Y G, Lin A J, et al. 2006a. Arbuscular mycorrhizal fungi can alleviate the adverse effects of chlorothalonil on *Oryza sativa* L. Chemosphere, 64 (10): 1627-1632.

Zhang Y, Guo L D. 2007. Arbuscular mycorrhizal structure and fungi associated with mosses. Mycorrhiza, 17 (4): 319-325.

Zheng Z, Obbard J P. 2000. Removal of polycyclic aromatic hydrocarbons from soil using surfactant and the white rot fungus *Phanerochaete chrysosporium*. Journal of Chemical Technology and Biotechnology, 75 (12): 1183-1189.

Zhong W L, Li J T, Chen Y T, et al. 2012. A study on the effects of lead, cadmium and phosphorus on the lead and cadmium uptake efficacy of *Viola baoshanensis* inoculated with arbuscular mycorrhizal fungi. Journal of Environmental Monitoring, 14 (9): 2497-2504.

Zhou X, Cébron A, Béguiristain T, et al. 2009. Water and phosphorus content affect PAH dissipation in spiked soil planted with mycorrhizal alfalfa and tall fescue. Chemosphere, 77 (6): 709-713.

Zhou X, Zhou J, Xiang X, et al. 2013. Impact of four plant species and arbuscular mycorrhizal (AM) fungi on polycyclic aromatic hydrocarbon (PAH) dissipation in spiked soil. Polish Journal of Environmental Studies, 22 (4): 1239-1245.

Zhu Y G, Christie P, Laidlaw A S. 2001. Uptake of Zn by arbuscular mycorrhizal white clover from Zn-contaminated soil. Chemosphere, 42 (2): 193-199.

Zhu Y G, Miller M R. 2003. Carbon cycling by arbuscular mycorrhizal fungi in soil-plant systems. Trends in Plant Science, 8 (9): 407-409.

Zitka O, Merlos M A, Adam V, et al. 2012. Electrochemistry of copper (II) induced complexes in mycorrhizal maize plant tissues. Journal of Hazardous Materials, 203-204: 257-263.

Zocco D, Fontaine J, Lozanova E, et al. 2008. Effects of two sterol biosynthesis inhibitor fungicides (fenpropimorph and fenhexamid) on the development of an arbuscular mycorrhizal fungus. Mycological Research, 112 (5): 592-601.